“十二五”普通高等教育本科国家级规划教材

教育部普通高等教育精品教材

普通高等教育“十一五”国家级规划教材

中国海洋大学教材建设基金资助

# 食品化学

第三版

汪东风　徐莹　主编

化学工业出版社
·北京·

食品化学是食品科学与工程学科的专业基础课。本书系统地阐述了食品化学的基础理论，主要内容包括水分、碳水化合物、脂类、蛋白质、维生素、矿物质、酶、色素和着色剂、风味成分、食品添加剂及食品中有害成分。本书的编写力求系统性和科学性的统一，并紧密联系实际应用和食品化学最新的研究成果与前沿技术，精简了与基础生物化学重复的部分，相应增加了食品中有害成分化学内容，同时，配有实验教材、例题习题参考书和多媒体课件，方便教学使用。

本书可作为食品科学的专业基础课教材，也可供相关专业科研及工程技术人员参考。

**图书在版编目(CIP)数据**

食品化学/汪东风，徐莹主编. —3版. —北京：化学工业出版社，2019.8（2022.1重印）

“十二五”普通高等教育本科国家级规划教材 教育部普通高等教育精品教材 普通高等教育“十一五”国家级规划教材

ISBN 978-7-122-34695-7

Ⅰ.①食… Ⅱ.①汪…②徐… Ⅲ.①食品化学-高等学校-教材 Ⅳ.①TS201.2

中国版本图书馆CIP数据核字（2019）第118890号

责任编辑：赵玉清 周 倜　　装帧设计：关 飞

责任校对：王素芹

出版发行：化学工业出版社（北京市东城区青年湖南街13号 邮政编码100011）

印　　刷：三河市航远印刷有限公司

装　　订：三河市宇新装订厂

787mm×1092mm 1/16 印张22 字数560千字 2022年1月北京第3版第5次印刷

购书咨询：010-64518888　　售后服务：010-64518899

网　　址：http://www.cip.com.cn

凡购买本书，如有缺损质量问题，本社销售中心负责调换。

定　　价：49.00元

# 编写人员

**主　　编**　汪东风（中国海洋大学）

　　　　　　徐　莹（中国海洋大学）

**参编人员**　林　洪（中国海洋大学）

　　　　　　王明林（山东农业大学）

　　　　　　史雅凝（南京农业大学）

　　　　　　李宏军（山东理工大学）

　　　　　　张朝辉（中国海洋大学）

　　　　　　张　宾（浙江海洋大学）

　　　　　　吴　昊（青岛农业大学）

　　　　　　孙　逊（中国海洋大学）

# 前言

《食品化学》自出版发行以来，累计印刷了18次，受到了食品科学与工程等专业师生的欢迎，这是对我们工作的肯定和鼓励，也是对该教材第三版修订提出了更高的希望。

为满足食品科技的发展、新工科建设的要求和互联网+教育的需要，本着知识的继承和创新，体现教材的先进性、可读性和实用性。《食品化学》第三版在第二版基础上，重点在以下方面进行修订提高：①根据食品学科的发展和新工科建设的要求，更新及补充一些新的内容，体现出先进性。②根据国家最近颁布的食品相关规定或法规，完善其食品名词及定义，更改词不达意的句子、别字及错字，达到可读性。③随着新工科建设、现代教育技术普及应用和互联网+教育形式的实施，各高校都加强了基础课程的教学和电子图书及资料的建设，本教材第三版尽量减少能被电脑、智能手机等外部智能辅助设备方便获取的“文献资料式”的知识，同时删除前后相关课程中的相似或重复的内容，使其更简明，更实用。④与本教材的数字资源（内容已纳入《工程师宝典APP》）、在线自测试题库、中国大学MOOC及智慧树平台的多媒体等配套统一，形成立体化，以满足线上线下教学相结合的新需要。

第二版各章编写教授、河北科技大学李兴峰教授、昆明理工大学孙丽平教授、青岛农业大学肖军霞教授、齐鲁大学李海燕博士等对本教材的修订提出了宝贵建议；中国海洋大学、山东农业大学、青岛农业大学等高校的食品科学与工程专业历届用过第二版的曾羲言、张晓月等同学，在使用过程中认真钻研，对第二版的内容提出不少中肯的修订意见；食品化学与营养研究室的范明昊、刘成珍等博士，陈鹏、刘珠珠、张帅中、蓝祥、袁永凯、宋寒铮等硕士协助了资料收集和拓展材料的编译整理。全书由汪东风教授和徐莹副教授根据《食品化学》“十二五”普通高等教育本科国家级规划教材立项建设标准、上述师生们的建议和意见以及第三版编写的要求，进行修订和最后定稿；教材中化学式和结构式由孙逊博士协助修订。

本教材尤其是其数字资源（内容已纳入《工程师宝典APP》）、在线自测试题库等，在编写和审稿过程中得到化学工业出版社、中国海洋大学及许多高等院校同行及广大读者的热情鼓励和支持，在此一并致以最真挚的谢意。

希望《食品化学》第三版的出版，既有利于食品类各专业师生们教与学，又有利于学生线上线下学习。但由于食品化学发展很快，作者水平有限，难免存在疏漏及不足之处，敬请老师和同学们批评指正。

汪东风　徐　莹

2019年2月18日

# 前言

# 目　录

## 第1章　绪　论　/ 1


1.1　食品化学的概念及发展简史 ······ 1
1.2　食品化学在食品科学与工程学科中的地位 ······ 4
1.3　食品化学的研究方法 ······ 6


## 第2章　水　分　/ 8


2.1　水和冰的物理特性 ······ 9
2.2　食品中水的存在状态 ······ 11
2.3　水分活度 ······ 16
2.4　水分吸着等温线 ······ 18
2.5　水分活度与食品稳定性 ······ 21
2.6　冰在食品稳定性中的作用 ······ 24
2.7　分子流动性与食品稳定性 ······ 25
参考文献 ······ 30


## 第3章　碳水化合物　/ 31


3.1　概述 ······ 31
3.2　碳水化合物的理化性质 ······ 33
3.3　碳水化合物的食品功能性 ······ 44
3.4　非酶褐变反应 ······ 48
3.5　食品中重要的低聚糖和多糖 ······ 62
3.6　膳食纤维 ······ 84
参考文献 ······ 88


## 第4章　脂　类　/ 89


4.1　概述 ······ 89

4.2 脂类的物理特性 95
4.3 脂类的化学性质 98
参考文献 108

## 第5章 蛋白质 / 109

5.1 食品中常见的蛋白质 109
5.2 蛋白质的结构 110
5.3 蛋白质的功能性 113
5.4 蛋白质的营养及安全性 120
5.5 蛋白质在食品加工与贮藏过程中的变化 122
5.6 新型蛋白质资源开发与利用 128
参考文献 130

## 第6章 维生素 / 132

6.1 概述 132
6.2 影响食品中维生素含量的因素 133
6.3 食品中的维生素 136
参考文献 155

## 第7章 矿物质 / 156

7.1 概述 156
7.2 矿物质在食品中的存在状态 158
7.3 食品中矿物质的理化性质 164
7.4 食品中矿物质的营养性及有害性 166
7.5 影响食品中矿物质含量的因素 171
参考文献 174

## 第8章 酶 / 175

8.1 概述 175
8.2 影响酶催化反应的因素 177
8.3 酶与食品质量的关系 183
8.4 酶在食品加工及保鲜中的应用 191
参考文献 198

## 第9章 色素和着色剂 / 199

9.1 概述 199
9.2 食品中原有的色素 201
9.3 食品中添加的着色剂 223
参考文献 230

## 第10章 风味成分 / 231

10.1 滋味及呈味物质 231
10.2 气味及呈味物质 241
10.3 风味成分的形成途径 250
参考文献 255

## 第11章 食品添加剂 / 256

11.1 概述 256
11.2 常用人工合成的食品添加剂 257
11.3 常用天然的食品添加剂 271
11.4 一些功能性食品添加物 281
参考文献 287

## 第12章 食品中有害成分 / 288

12.1 内源性有害成分 289
12.2 外源性有害成分 300
12.3 微生物毒素 309
12.4 抗营养素 315
12.5 加工及贮藏中产生的有毒、有害成分 322
参考文献 332

## 附录 主要英文期刊及主要网站介绍 / 335

# 第1章 绪 论

**本章要点:** 食品的营养性、享受性和安全性是食品的三大基本属性。食品中成分相当复杂，食品化学就是从化学的角度和分子水平上研究食品中成分的结构、理化性质、营养作用、安全性及享受性，以及各种成分在食品生产、食品加工和贮藏期间的变化及其对食品属性影响的科学。食品化学在食品工业中有着重要的作用和特殊地位，发展迅速，是本专业重要的主干课程。

## 1.1 食品化学的概念及发展简史

### 1.1.1 食品化学的概念

营养素（nutrients）是指那些能维持人体正常生长发育和新陈代谢所必需的物质。人体所需要的营养物质较多，从化学性质及对人体营养的作用可将人体所需要的营养物质分为6类：水、碳水化合物、蛋白质、脂类、矿质元素和维生素。

食物、食料或食材（foodstuff）是指含有营养素的食用安全的物料。将上述物料进行加工（包括从简单的清洗到现代化的加工）以满足人们的营养及感官需要和保障其安全的产品称为食品（food）。也就是说营养性、享受性和安全性是食品的三大基本属性。食品的营养性主要与食品中一些营养成分有关，其数量有限，研究也较清楚。食品的享受性涉及内容较多，除与食品的色泽、质构、风味和形状等内容有关外，还涉及人们的文化背景、喜好及年龄等方面，可见与食品享受性相关的化学成分更为复杂。食品的安全性主要与食物中内源性、外源性及在加工或贮藏过程中产生的有害成分有关。

食品中的化学成分可分为：

食品中成分相当复杂，有些成分是动、植物及微生物体内原有的；有些是在加工过程、贮藏期间新产生的；有些是人为添加的；也有些是原料生产、加工或贮藏期间所污染的；还有的是包装材料所带来的。很明显，食品化学（food chemistry）就是从化学的角度和分子水平上研究食品（包括食物）中上述成分的结构、理化性质、营养作用、安全性及可享受性，以及各种成分在食品生产、食品加工和贮藏期间的变化及其对食品营养性、享受性和安全性影响的科学；是为改善食品品质、开发食品新资源、革新食品加工工艺和贮运技术、科学指导膳食结构、改进食品包装、加强食品质量与安全控制及提高食品原料加工和综合利用水平奠定理论基础的科学。

由此可见，食品化学研究的内涵和要素较为广泛，涉及化学、生物化学、物理化学、植物学、动物学、食品营养学、食品安全、高分子化学、环境化学、毒理学、分子生物学及包装材料等诸多学科与领域，是一门交叉性明显的应用学科。其中食品化学与化学及生物化学尤为紧密，是化学及生物化学在食品方面的应用，但食品化学与化学及生物化学研究的内容又有明显的不同，化学侧重于研究分子的构成、性质及反应，生物化学侧重于研究生命体内各种成分在生命的适宜条件或较适宜条件下的变化，而食品化学侧重于研究动、植物及微生物中各成分在生命的不适宜条件下，如冰藏、加热、干燥等条件下各种成分的变化，在复杂的食品体系中不同成分之间的相互作用，各种成分的变化和相互作用与食品的营养、安全及感官享受（色、香、味、形）之间的关系。

### 1.1.2 食品化学发展简史

食品化学成为一门独立学科的时间不长，它的起源虽然可追溯到远古时代，但与食品化学相关的研究和报道则始于18世纪末期。在这个时期，一些化学家、植物学家等开始以食物为对象，从中分离某些成分。如Carl Wilhelm Scheele 1785年从苹果中分离出了苹果酸。Sir Humphry Davy 1813年出版了《农业化学原理》，这是农业及食品化学方面的第一本书。1847年出版的《食品化学的研究》是本学科第一本有关食品化学方面的书籍。

随着食品交易的进行，人们对检测食品中水分、非食品成分的要求越来越强烈，并随着分析手段的进步，人们对食品中天然特性了解的欲望也日益增强。因此，在1820～1850年期间，化学及食品化学研究开始在欧洲有重要地位，极大地推动着食品化学的发展。1860年，德国学者W. Hanneberg和F. Stohman介绍了一种综合测定食品中不同成分的方法：先将某一样品分成几部分，测其水分含量、粗脂肪、灰分和氮，将氮乘以6.25得蛋白质含量。1874年成立的“Society of Public Analysts”，为社会提供分析方法，分析面包、牛奶及葡萄酒质量。其后不久，人们发现仅食用含有蛋白质、脂肪和碳水化合物的膳食不足以维持人类生命，促进了对其他营养素的研究。

到了20世纪，随着分析技术的进步及生物化学等学科的发展，特别是食品工业的快速发展，面临着食品加工新工艺的出现、贮藏期的延长等需要，食品化学得到了较快发展。这期间美国农业部研究员Harvey W. Wiley发挥着重要作用，正是他的努力，于1906年成立美国食品药品管理局，1908年美国化学会成立了农业与食品化学分会。有关食品化学方面的研究及论文日渐增多，刊载食品化学方面论文的期刊也日益增多，主要有“Agricultural and Biological Chemistry”（1923年创刊）、“Journal of Food Nutrition”（1928年创刊）、“Archives of Biochemistry and Biophysics”（1942年创刊）、“Journal of Food Science and Agricultural”（1950年创刊）、“Journal of Agricultural and Food Chemistry”（1953年创刊）及“Food Chemistry”（1966年创刊）等刊物。随着食品化学文献的日益增多和有关食品化学方面研究的深入及系统性增加，食品化学逐渐形成了较完整的体系。

夏延斌、杨瑞金等学者根据国内外文献将食品化学的发展归纳成四个阶段：第一阶段，天然动植物特征成分的分离与分析阶段。该时期是在化学学科发展的基础上，化学家应用有关分离与分析植物的理论与手段，对很多食物特征成分如乳糖、柠檬酸、苹果酸和酒石酸等进行了大量研究，积累了许多零散的有关食物成分的分析资料。第二阶段，19世纪早期（1820～1850年），食品化学在农业化学发展的过程中得到不断充实，开始在欧洲占据重要地位，体现在建立了专门的化学研究实验室，创立了新的化学研究杂志。与此同时，食品中的掺假现象日益严重，检测食品中杂质的要求成为食品化学发展的一个主要推动力。在此期间，Justus von Liebig优化了定量分析有机物质的方法，并于1847年出版了《食品化学研究》。第三阶段，19世纪中期英国的Arthur Hill Hassall绘制了显示纯净食品材料和掺杂食品材料的微观形象的示意图，将食品的微观分析提高至一个重要地位。1871年Jean Baptis M. D. M. 提出一种观点：仅由蛋白质、碳水化合物和脂肪组成的膳食不足以维持人类的生命。人类对自身营养状况及食品摄入的关注，进一步推动食品化学的发展。20世纪前半期，食品中多数成分被逐渐揭示，食品化学的文献也日益增多，到了20世纪中期，食品化学就逐渐成为一门独立的学科。目前食品化学的发展处于第四阶段。随着世界范围的社会、经济和科学技术的快速发展和各国人民生活水平的明显提高，为更好地满足人们对食品安全、营养、美味、方便食品的越来越高的需求，以及传统的食品加工快速向规模化、标准化、工程化及现代化方向发展，新工艺、新材料、新装备不断应用，极大地推动了食品化学的快速发展。另外，基础化学、生物化学、仪器分析等相关科学的快速发展也为食品化学的发展提供了条件和保证。食品化学已成为食品科学的一个重要方面。

### 1.1.3　“食品化学”体系的形成与现状

#### 1.1.3.1　国外“食品化学”体系的形成与现状

食品化学的教学体系是随着食品科学的教学和发展而逐步完善起来的，至20世纪60年代末才形成比较完整的体系。1976年到1985年间，美国、日本、德国等国出版了一些较权威的食品化学著作，其中有林淳三编写的《最新食品化学》（日本）、楼井芳人编写的《食品化学》（日本）、Owen R. Fennema主编的《食品化学》（美国）及H.-D. Belitz主编的《食品化学》（德国）等教材。随着食品行业对食品工作者提出更高的要求，国外高校的食品化学课程也随之更新。美国学者 Fennema 对当今食品化学教材体系的形成和发展做出了极大的贡献，他三次主持编写《食品化学》一书，并不断进行内容的充实和系统化，现已被多国学者所接受。1995 年发行的 Fennema 的第三版《食品化学》已被世界多国的高等院校作为教学参考书。为满足日益发展的食品科学的需要，目前 Fennema 的《食品化学》和 H.-D. Belitz 的《食品化学》均已修订，Fennema 的第四版及第五版《食品化学》已成为当前及今后的主要参考教材。在欧美及日本等国，食品化学都是食品科学与工程专业的专业基础课，其教学目的是为学生今后从事食品加工、保藏、安全、检测和开发新产品提供宽广的理论基础和基本技术技能。

#### 1.1.3.2 国内“食品化学”体系的形成与现状

我国最早开设的食品化学课程是食品生物化学，这与当时在本专业尚未开设生物化学有关。到了二十世纪八十年代，随着生物化学的开设，食品化学就取代了食品生物化学，并逐渐成为食品科学与工程各专业的主干课程。在国内原无锡轻工业大学率先开设“食品化学”课程，该课程采用由 Fennema 主编的《食品化学》（第二版）英文版作为参考教材。1991 年 Fennema 主编的《食品化学》（第二版）中译本出版后，成为各高校教学的参考书。随后该校王璋教授等根据 Fennema 主编的《食品化学》教材和国内外食品化学的最新发展，编写出版了《食品化学》教材。经过多年的实践证实，该教材在我国食品类专业高等教育中发挥着重要的作用。随着我国食品工业在国民经济中发展成为支柱性产业后，许多高校也相继在食品类各专业开设了食品化学课程。食品化学的教学基本上有理论教学和实验教学两部分，而且理论部分的教学内容都差异不大。为适应我国食品教学、科研和食品加工生产的需要，在引进教材的同时，国内近十年来陆续出版了多本食品化学教材并投入教学。目前国内食品化学的教材已呈百花齐放的状态。如王璋等编写的《食品化学》、谢笔钧主编的《食品化学》（国家“十一五”规划教材）、汪东风主编的《食品化学》（国家“十一五”和“十二五”规划教材）等。食品化学教学学分一般为 2～3，并配有 1 个学分的食品化学实验课程。

## 1.2 食品化学在食品科学与工程学科中的地位

食品科学与工程是建立在食品工业基础上的对食品原料、加工、包装、物流、技术装备、生产过程自动控制、食品安全与质量控制、饮食与人类健康、法规与标准，以及食品企业管理与可持续发展等有关的基础理论和工程研究体系。食品从原料生产，经过储藏、运输、加工到产品销售，每一个过程无不涉及一系列的化学和生物化学变化。有些变化会产生各种有营养性和享受性成分，也有些变化会产生非需宜的甚至是有害的成分。食品化学就是要阐明食品在加工、储运等过程中食品中成分之间的化学反应历程、中间产物和最终产物的化学结构及其对食品的营养性、享受性、安全性的影响，为食品加工及储藏工艺、新技术和新产品的研究与开发、膳食结构的科学调理和食品包装改进等，提供理论依据和基础。近年来，控制食品中各种物质的组成、性质、结构、功能和相互作用机制，复杂的食品体系的营养性和享受性的化学本质，食品组分间的相互作用，寻找新的食品资源和食品原料中可再生资源利用的化学基础，食品贮运与加工过程营养与品质变化规律，分子营养学、膳食结构与人体健康等领域的研究构成了食品化学的重要内容。随着科技的进步和基础学科在食品科学方面的应用，食品中有毒、有害成分化学的研究，已成为保障食品质量与安全的理论基础。食品化学在揭示食品与营养方面有了较快发展，如分子营养学、比较营养学等内容不断涌现。食品胶体化学、食品聚合物化学、玻璃态及非结晶固体研究、多成分主副反应动力学、感官及生物传感器品质鉴定科学、核酸食品、食品营养组学及矿质元素组学等方面已成为食品科学研究新分支，也必将给食品界带来新的理论基础和技术支撑。

由此可见，食品化学在食品科学和工程中有着重要的作用和特殊地位，而且是发展迅速的应用学科之一。

### 1.2.1 食品化学对食品工业技术发展的作用

现代食品向加强营养、保健、安全和享受性方向发展，食品化学的基础理论和应用研究成果，正在并继续指导人们依靠科技进步，健康而持续地发展食品工业（表 1-1）。现代实践证明，没有食品化学的理论指导就不可能有日益发展的现代食品工业。

**表 1-1 食品化学对各食品行业技术进步的影响**

| 食品工业 | 影响方面 |
|---|---|
| 基础食品工业 | 面粉改良，改性淀粉及新型可食用材料，高果糖浆，食品酶制剂，食品营养的分子基础，开发新型甜味料及其他天然食品添加剂，生产新型低聚糖，改性油脂，分离植物蛋白质，生产功能性肽，开发微生物多糖和单细胞蛋白质，野生、海洋和药食两用资源的开发利用等 |
| 果蔬加工贮藏 | 化学去皮，护色，质构控制，维生素保留，脱涩脱苦，打蜡涂膜，化学保鲜，气调贮藏，活性包装，酶促榨汁，过滤和澄清及化学防腐等 |
| 肉品加工贮藏 | 宰后处理，保汁和嫩化，护色和发色，提高肉糜乳化力、凝胶性和黏弹性，蛋白质的冷冻变性，超市鲜肉包装，烟熏剂的生产和应用，人造肉的生产，内脏的综合利用(制药)等 |
| 饮料工业 | 速溶，克服上浮下沉，稳定蛋白饮料，水质处理，稳定带肉果汁，果汁护色，控制澄清度，提高风味，白酒降度，啤酒澄清，啤酒泡沫和苦味改善，啤酒的非生物稳定性的化学本质及防范，啤酒异味，果汁脱涩，大豆饮料脱腥等 |
| 乳品工业 | 稳定酸乳和果汁乳，开发凝乳酶代用品及再制乳酪，乳清的利用，乳品的营养强化等 |
| 焙烤工业 | 生产高效蓬松剂，增加酥脆性，改善面包呈色和质构，防止产品老化和霉变等 |
| 食用油脂工业 | 精炼，油脂改性，二十二碳六烯酸(DHA)、二十碳五烯酸(EPA)及中链甘油三酸酯(MCT)的开发利用，食用乳化剂生产，抗氧化剂，减少油炸食品吸油量等 |
| 调味品工业 | 生产肉味汤料、核苷酸鲜味剂、海鲜等风味调味品、碘盐和有机硒盐等 |
| 发酵食品工业 | 发酵产品的后处理，后发酵期间的风味变化，水解蛋白质、菌体和残渣的综合利用等 |
| 食品安全 | 食品中外源性有害成分来源、防范及脱除，食品中内源性有害成分来源、防范及消减等，成分之间的协同效应或拮抗作用 |
| 食品检验 | 检验标准的制定，快速分析，生物传感器的研制，不同产品的指纹图谱等 |
| 保健食品 | 功能成分的活性研究及分离，功能成分的理化性质，多成分的协同作用等 |

由于食品化学的发展，食品行业对美拉德（Millard）反应、焦糖化反应、自动氧化反应、淀粉的糊化与老化、多糖的水解与改性、蛋白质水解及变性、色素变色与褪色、维生素降解、金属催化、酶催化、脂肪水解与酶交换、脂肪热氧化分解与聚合、风味物质的变化、食品添加剂的作用机理、玻璃态转变与食品稳定性、有害成分的化学性质及产生和食品原料采后生理生化反应等有了更深入的认识，为其发展注入了巨大活力。

### 1.2.2 食品化学对保障人类营养和健康的作用

自发现蛋白质、糖类和脂肪三大营养素以来，距今已有 2 个多世纪。食品的最基本属性是为人们提供营养和感官享受，而食品化学的主要要素之一就是研究食品原料和最终产品中的营养成分和色、香、味、形的构成成分，以及加工和储藏过程中它们的相互反应、对营养价值及享受性的影响。现代食品化学的责任不仅是要保证食品中的成分有益健康和具有享受性，而且要帮助和指导社会及消费者正确选择和认识食品的营养价值，以达到合理饮食。现今营养的概念已随着社会的发展和人类健康状况的变化发生了显著变化。从解决温饱问题转变为有效降低和控制主要疾病（如心脑血管疾病、癌症和糖尿病等）的风险、减少亚健康人群的比例，做到精准营养，这就给食品化学在新的历史时期提出了新的任务，从天然资源或食物中寻找具有重要生物活性的物质，研究和开发在一定时期内能有效降低主要疾病的健康食品；随着生活水平的快速提高和电商的兴起，营养、速食、复热食品化学研究对现代饮食和厨房革命有重要作用。社会的进步对健康食品的要求也有别于过去，除了有益健康和预防疾病，还需具有食品的“享乐”要素，达到营养、保健和风味的一体化。解决上述问题，同过去的食品化学在人类社会文明和科技进步的作用一样，也将有益于人类和谐社会的建设和国家经济的繁荣。反过来，社会文明和科技进步也将推动食品化学的发展。随着生物技术和食品加工新技术的出现，更需要了解产品和加工过程中的化学与安全问题，保证食品的质量与安全，提供公众需要的多样化具有营养、享乐及安全的食品。

关于危害人类健康的污染物质，是当今世界上共同关注的重要问题。微量和超微量化合物的分析与鉴定，对食品营养价值和享乐价值及有毒物质的控制、高质量食品的大量生产都是十分重要的。由此可见，食品化学不同于其他分支化学，需要考虑特别的化合物及分析方法，以建立完整的特殊研究体系。食品化学的发展不仅与人类健康和文明息息相关，同时还指导消费者对食物的认知和选择，实现精准营养和饮食健康，这对于人类健康和社会和谐是十分重要和有益的。

## 1.3 食品化学的研究方法

由于食品中存在多种成分，是一个复杂的成分体系，因此食品化学的研究方法也与一般化学研究方法有很大的不同，它应将对食品的化学组成、理化性质及其变化的研究同食品的营养性、享受性和安全性联系起来。这要求在食品化学研究的试验设计开始时，就应以揭示食品复杂体系及该食品体系在加工和贮藏条件下的营养性、享受性及安全性为目的进行。由于食品是一个非常复杂的体系，食品中各成分之间的相互作用、加工和贮藏过程中不同条件（如超高压、高温、冷冻、有氧或无氧等）下发生的变化十分复杂，因此，食品化学研究时，通常采用一个简化的、模拟的食品体系来进行试验，再将所得的试验结果应用于真实的食品体系，进而进一步解释真实的食品体系中的情况。

食品化学的试验除包括理化试验和仪器分析外，还应有感官试验。理化试验和仪器分析主要是对食品进行成分分析和结构分析，即分析试验系统中的营养成分、有害成分、色素和风味物的存在、分解、生成量和性质及其化学结构；感官试验是通过人的直观检评来分析试验系统的质构、风味和颜色的变化。

食品从原料生产，经过贮藏、运输、加工到产品销售，每一过程无不涉及一系列的变化。如生鲜原料的酶促变化和化学反应；水分活度的改变所引起的变化；激烈加工条件（高热、高压、机械作用等）引起的各类化学成分及成分之间的分解、聚合及变性；氧气或其他氧化剂所引起的氧化；光照所引起的光化学变化及包装材料的某些成分向食品迁移引起的变化等。这些变化中较重要的是非酶褐变、脂类水解及氧化、蛋白质的水解及变性、蛋白质交联、低聚糖和多糖的水解、天然色素存在状态的改变及降解等。这些反应的发生，有些对提高食品的营养性、享受性和安全性是必要的，而另一些则需要采取一定的工艺加以控制或防范（表1-2）。了解这些变化的机理和控制原理就构成了食品化学研究的核心内容，其研究成果最终将转化为：合理的原料配比、适当的保护或催化措施的应用、最佳反应时间和温度的设定、光照、氧含量、水分活度和pH值等的确定，从而得出最佳的食品加工和贮藏的方法。

**表1-2　食品加工或贮藏中常见的反应及对食品的影响**

| 常见的反应 | 实例 | 对食品的主要影响 |
| --- | --- | --- |
| 非酶褐变 | 焙烤食品表皮成色，贮藏时色泽变深等 | 产生需宜的色、香、味，营养损失，产生不需宜的色、香、味和有害成分等 |
| 氧化 | 维生素类的氧化，脂肪的氧化，酚类的氧化等 | 变色，产生需宜的风味，营养损失，产生异味和有害成分等 |
| 水解 | 脂类、蛋白质、碳水化合物等水解 | 增加可溶物，质地变化，产生需宜的色、香、味，增加营养，某些有害成分的毒性消失等 |
| 异构化 | 顺-反异构化、非共轭脂-共轭脂 | 变色，产生或消失某些功能等 |
| 聚合 | 油炸中油起泡沫，水不溶性褐色成分等 | 变色，营养损失，产生异味和有害成分等 |
| 蛋白质变性 | 卵清凝固、酶失活等 | 增加营养，某些有害成分的毒性消失等 |

食品化学是食品科学学科中发展较快的一个领域，食品化学的研究成果和方法已不断被食品界所接收和应用，为食品工业的发展注入了巨大活力。近十多年来，在食品科学的研究和食品工业的应用中发展了结构化学、游离基化学和膜分离、可食包装、微胶囊、挤压、膨化、超微碎化、活性包装、超临界提取、分子蒸馏、膜催化、生化反应器、食品胶体、食品中有害成分化学、食品分子营养及营养基因组学、非热加工及复热技术与食品保鲜、功能成分、感官品质变化等多种新技术和新学科。这些新技术和新学科的发展和应用必将促进食品工业的发展，反过来对食品化学的完善、提高又起到重要作用。

# 第2章 水分

**本章要点：** 食品中水分与非水分之间发生着多种理化作用，从而赋予水分有多种状态存在，使其活度也不同；水分活度不同的食品稳定性也不同，因此影响水分活度的因素也就影响了食品的稳定性；温度、食品组成等对水分结构、玻璃态相转变及分子流动性等有重要影响，了解这些影响可预测食品贮藏期间的质量变化。

食品中水分是食品的重要组成成分之一（表 2-1）。在食品体系中的水除直接参与水解反应外，还作为许多反应的介质，对许多反应都有重要的作用。水分通过与蛋白质、多糖、脂类、盐类等作用，对食品的结构、外观、质地、风味、新鲜程度等有重要的影响。因此，改变食品中水分含量或活度的工艺，都可改变食品的质量或货架期。

**表 2-1 部分食品的含水量**

| 食　品 | 含水量/% | 食　品 | 含水量/% |
| --- | --- | --- | --- |
| 猪肉 | 53～60 | 全粒谷物 | 10～12 |
| 牛肉(碎块) | 50～70 | 面粉、粗燕麦粉、粗面粉 | 10～13 |
| 鸡(无皮肉) | 74 | 馅饼 | 43～59 |
| 鱼(肌肉蛋白) | 65～81 | 蜂蜜 | 20 |
| 香蕉 | 75 | 青豌豆、甜玉米 | 74～80 |
| 樱桃、梨、葡萄、猕猴桃、菠萝 | 80～85 | 甜菜、硬花甘蓝、胡萝卜、马铃薯 | 80～85 |
| 苹果、桃、橘、甜橙、李子 | 85～90 | 大白菜、莴苣、西红柿、西瓜 | 90～95 |
| 草莓、杏、椰子 | 90～95 | 面包 | 35～45 |
| 奶油 | 15 | 饼干 | 3～8 |
| 山羊奶 | 87 | 茶叶 | 3～7 |
| 奶粉 | 4 | 果冻、果酱 | 15 |
| 冰淇淋 | 65 | 食用油 | 0 |

在食品贮藏加工过程中的诸多技术，在很大程度上都是针对食品中水分。如大多数新鲜食品和液态食品，其水分含量都较高，若希望长期贮藏这类食品，只要采取有效的贮藏方法限制水分所参与的各类反应或降低其活度就能够延长保藏期；新鲜蔬菜的脱水和水果加糖制成蜜饯等工艺就是降低水分活度以提高贮藏期；面包加工过程中加水是利用水作为介质，通过水与其他成分的作用，生产出可口的产品。

另外，水是人体的主要成分，是维持生命活动、调节代谢过程不可缺少的重要物质。人体所需要的水，除直接通过饮水补充外，主要还是通过日常饮食获取。

由上可见，水不仅是食品的主要营养素之一，它的存在还对食品的加工、贮藏及品质等方面有重要影响。

# 2.1 水和冰的物理特性

## 2.1.1 水分子

### 2.1.1.1 水分子

从水分子结构来看，水分子中氧的 6 个价电子参与杂化，形成 4 个 $sp^3$ 杂化轨道，有近似四面体的结构（图 2-1），其中 2 个杂化轨道与 2 个氢原子结合成两个 σ 共价键，另 2 个杂化轨道呈未键合电子对。

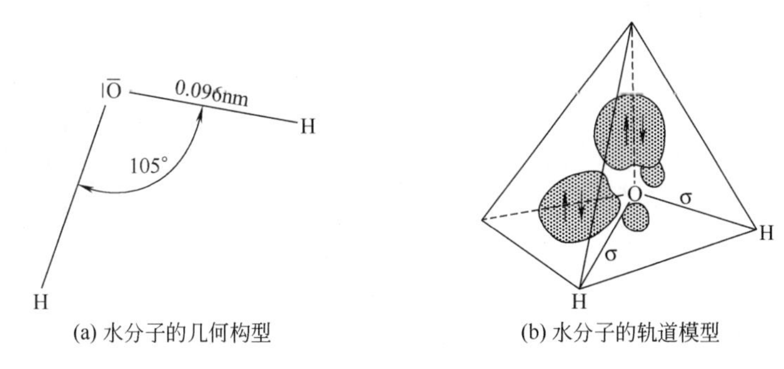


图 2-1 水分子结构示意图

### 2.1.1.2 水分子的缔合作用

水分子通过氢键作用与另 4 个水分子配位结合形成正四面体结构。水分子氧原子上 2 个未键合电子与其他 2 分子水上的氢形成氢键，水分子上 2 个氢与另外 2 个水分子上的氧形成氢键（图 2-2）。氢键的离解能约为 25kJ/mol。

在水分子形成配位结构中，由于同时存在 2 个氢键的给体和受体，可形成四个氢键，能够在三维空间形成较稳定的氢键网络结构。这种结构使水表现出与其他小分子不同的物理特性，如乙醇及一些与水分子等电位偶极相似的 $NH_3$ 和 HF。$NH_3$ 由 3 个氢键给体和 1 个氢键受体形成四面体排列，HF 的四面体排列只有 1 个氢键给体和 3 个氢键受体，它们没有相同数目的氢给体和受体。因此，它们只能在二维空间形成氢键网络结构。

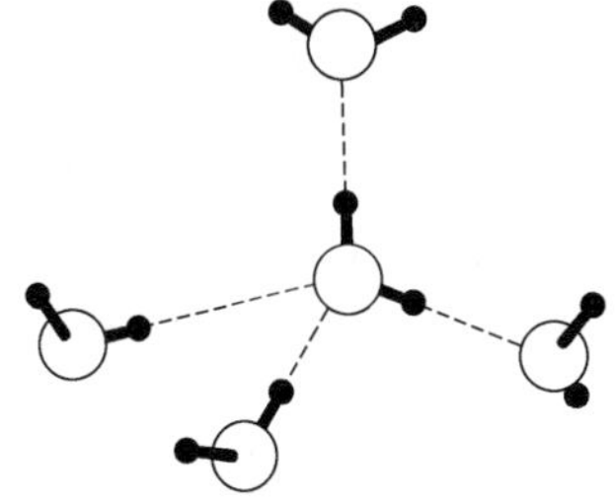

图 2-2 水分子配位结合形成的正四面体结构示意图

○ 氧原子；● 氢原子；▬ σ 键；--- 氢键

水分子中 H—O 键的极化作用可通过氢键使电子产生位移。因此，含有较多水分子复合物的瞬时偶极较高，使其稳定性提高。由于质子可通过氢键“桥”的转移，水分子中的质子可转移到另一个水分子上［图 2-3(a)］。通过这一途径形成的氢化 $H_3O^+$，其氢键的离解能增大，约为 100kJ/mol。同样的机理也形成 $OH^-$ ［图 2-3(b)］。

(a) (b)

图 2-3 水分子中的质子转移示意图

## 2.1.2 冰和水的结构

### 2.1.2.1 冰的结构

冰是由水分子有序排列形成的结晶。水分子之间靠氢键连接在一起形成非常稀疏（低密度）的刚性结构（图 2-4）。最邻近的水分子的 O—O 核间距为 2.76Å[1]，O—O—O 键角约为 109°，十分接近理想四面体的键角 109°28′。从图 2-4 可以看出，每个水分子能够缔合另外 4 个水分子（配位数为 4），即 1、2、3 和 W′，形成四面体结构。由于纯冰不仅含有普通水分子，而且含有 $H^+$（$H_3O^+$）和 $OH^-$ 以及 HOH 的同位素变体（数量非常少，在大多数情况下可忽略），因此冰的结构并非像上述那么完整的晶体。$H_3O^+$ 和 $OH^-$ 的运动以及 HOH 的振动，冰结晶并不是完整的晶体，通常是有方向性或离子型缺陷的。仅当冰的温度接近 −180℃或更低时，所有的氢键才会保持原来完整的状态。随着温度上升，由于热运动体系混乱程度增大，原来的氢键平均数将会逐渐减少。

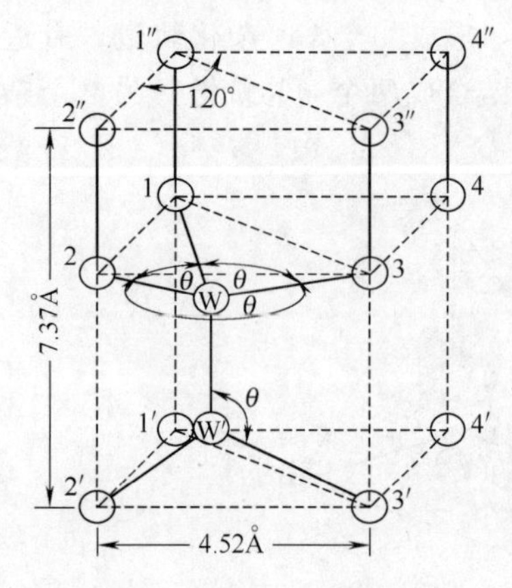


图 2-4 0℃时普通冰的晶胞
（圆圈表示水分子中的氧原子）

食品中由纯粹的水结冰是不存在的，食品中溶质的数量和种类对冰晶的数量、大小、结构、位置和取向都有影响。当有溶质存在时冰的结构就会变化，如六方型的、不规则树枝状的、粗糙球状的结构等。此外，还存在各种各样中间形式的结晶。

六方型是大多数冷冻食品中重要的冰结晶形式，它是一种高度有序的普通结构。食品在最适的低温冷却剂中缓慢冷冻，并且溶质的性质及浓度均不严重干扰水分子的迁移时，才有可能形成六方型冰结晶。高浓度明胶水溶液冷冻时则形成较无序的冰结晶形式。

### 2.1.2.2 水的结构

纯水是具有一定结构的液体。液体水的结构与冰的结构的区别在于它们的配位数和两个水分子之间的距离（表 2-2）。温度对氢键的键合程度影响较大，在 0℃时冰中水分子的配位数为 4，最邻近的水分子间的距离为 2.76Å，当温度上升，冰熔化成水时，邻近的原子距离增大。例如，0℃时为 2.76Å，1.5℃时为 2.90Å，83℃时为 3.05Å。邻近的原子距离增大会减小水的密度。但随着温度上升，水的配位数增多，如 0℃时为 4.0，1.5℃时为 4.4，83℃时为 4.9。配位数的增多可提高水的密度。综合原子距离和配位数对水的密度影响，冰在转变成水时，净密度增大，当继续升温至 3.98℃时密度可达到最大值，但随着温度继续上升密度开始逐渐下降。显然，温度在 0℃和 3.98℃之间水分子的配位数相对增大较多，而

[1] 1 Å=0.1nm。

O—H…O 距离又相对增加不多，所以在 3.98℃时，水的密度最大。

表 2-2　水与冰结构中水分子之间的配位数和距离

| 项　　目 | 配位数 | O—H…O 距离 |
|---|---|---|
| 冰(0.0℃) | 4.0 | 0.276nm |
| 水(1.5℃) | 4.4 | 0.290nm |
| 水(83℃) | 4.9 | 0.305nm |

水的结构是不稳定的，并不是单纯的由氢键构成的四面体形状。通过“H 桥”（H-bridges）的作用，水分子可形成短暂存在的多边形结构，这种结构处在不断形成与解离的平衡状态中。也就是说，水分子的排列是动态的，它们之间的氢键可迅速断裂，同时通过彼此交换又可形成新的氢键，因此能很快地改变各个分子氢键键合的排列方式。“H 桥”的这种非刚性性质使水分子具有低黏度。

水分子中氢键可被溶于其中的盐及具有亲水/疏水基团的分子破坏。在盐溶液里水分子中氧上未配对电子占据了阳离子的游离空轨道，形成较稳定的“水合物”（aqua complexes），与此同时，另外一些水分子通过“H 桥”的配位作用，在阳离子周围形成水化层(hydration shell)，从而破坏了纯水的结构。另外，极性基团也可通过偶极-偶极（dipole-dipole）相互作用或者“H 桥”形成水化层，从而破坏纯水的结构。

水和冰的三维网状的氢键状态赋予它们一些特有的性质，要破坏它们这一结构就需要额外的能量。这就是为什么水比相似的甲醇和二甲醚有更高的熔点、沸点的原因（表 2-3）。

表 2-3　水、甲醇和二甲醚的一些物理常数比较

| 分子式 | 熔点 $F_p$/℃ | 沸点 $K_p$/℃ |
|---|---|---|
| $H_2O$ | 0.0 | 100.0 |
| $CH_3OH$ | −98.0 | 64.7 |
| $CH_3OCH_3$ | −138.0 | −23.0 |

另外，通过在水中或水表面进行等离子体放电可得到等离子体活化水（plasma-activated water，PAW），也称为等离子体处理水（plasma-treated water，PTW）。PAW 具有良好的杀菌作用，对细菌、真菌、病毒、细菌孢子和生物膜都有一定的破坏作用，同时对食品的营养和风味影响小，在食品生产和安全控制领域有较好的应用前景，受到国内外学者的广泛关注。

# 2.2　食品中水的存在状态

除食用油外，其他食品都含有水和非水成分，有些非水成分是亲水性的，有些是疏水性的。亲水性成分靠离子-偶极或偶极-偶极相互作用同水发生强烈作用，因而改变了水的结构和流动性，以及亲水性物质的结构和反应性。疏水性的成分其疏水基团与邻近的水分子仅产生微弱的相互作用，邻近疏水基团的水比纯水的结构更为有序，疏水基团产生聚集，发生疏水相互作用。由此可见，水与非水成分产生多种作用。

## 2.2.1　水与溶质的相互作用

### 2.2.1.1　水与离子和离子基团的相互作用

在水中添加可解离的溶质，会使纯水靠氢键键合形成的四面体排列的正常结构遭到破

坏。对于既不具有氢键受体又没有给体的简单无机离子，它们与水相互作用时仅仅是离子-偶极的极性结合。如 NaCl 邻近的水分子可能出现的相互作用方式见图 2-5（图中仅指出了纸平面上第一层水分子），这种作用通常被称为离子水合作用。

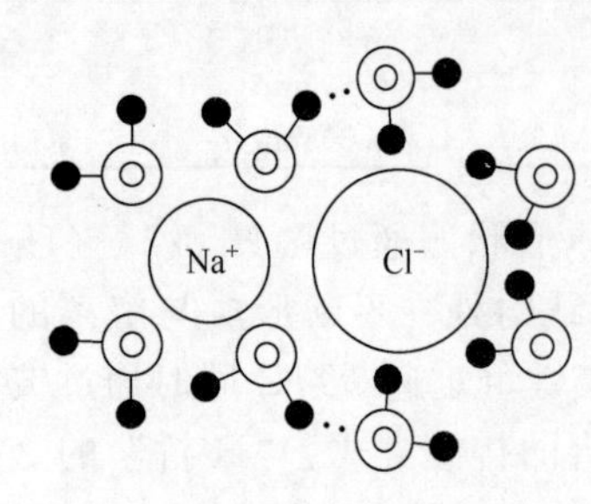


图 2-5 NaCl 邻近的水分子可能出现的排列方式（图中仅表示出纸平面上的水分子）

在不同的稀盐溶液中，离子对水结构的影响是不同的，某些离子，例如 $K^+$、$Rb^+$、$Cs^+$、$NH_4^+$、$Cl^-$、$Br^-$、$I^-$、$NO_3^-$、$BrO_3^-$、$IO_3^-$ 和 $ClO_4^-$ 等，具有破坏水的网状结构效应，其中 $K^+$ 的作用很小，而大多数是电场强度较弱的负离子和离子半径大的正离子，它们阻碍水形成网状结构，这类盐溶液的流动性比纯水更大。另一类是电场强度较强、离子半径小的离子，或多价离子，它们有助于水形成网状结构，因此这类离子的水溶液比纯水的流动性小，例如 $Li^+$、$Na^+$、$H_3O^+$、$Ca^{2+}$、$Ba^{2+}$、$Mg^{2+}$、$Al^{3+}$、$F^-$ 和 $OH^-$ 等属于这一类。实际上，从水的正常结构来看，所有的离子对水的结构都起破坏作用，因为它们能阻止水在 0℃下结冰。

离子的效应显然不止上述的对水结构的影响。通过它们对水结合能力的不同，除改变水的结构外，还影响水的介电常数，决定胶体粒子周围双电层的厚度；离子还显著影响水对其他非水溶质和悬浮物质的相容程度。离子的种类和数量同样也影响蛋白质的构象和胶体的稳定性。

#### 2.2.1.2 水与具有氢键键合能力的中性基团的相互作用

食品中蛋白质、淀粉、果胶等成分含有大量的具有氢键键合能力的中性基团，它们可与水分子通过氢键键合。水与这些溶质之间的氢键键合作用比水与离子之间的相互作用弱，与水分子之间的氢键相近。当然，各种有机成分上极性基团不同，则与水形成氢键的键合作用强弱也有区别。蛋白质多肽链中赖氨酸和精氨酸侧链上的氨基，天冬氨酸和谷氨酸侧链上的羧基，肽链两端的羧基和氨基，以及果胶中未酯化的羧基，它们与水形成的氢键，键能大，结合得牢固。而蛋白质中的酰胺基，淀粉、果胶、纤维素等分子中的羟基，它们与水形成的氢键，键能小，结合得不牢固。

由氢键结合的水，其流动性较小。凡能够产生氢键键合的溶质都可以强化纯水的结构，至少不会破坏这种结构。然而在某些情况下，溶质氢键键合的部位和取向在几何构型上与正常水不同，因此，这些溶质通常对水的正常结构也会产生破坏。像尿素这种小的氢键键合溶质，由于几何构型原因，对水的正常结构有明显的破坏作用。同样，大多数氢键键合溶质都会阻碍水结冰。但当体系中添加具有氢键键合能力的溶质时，每摩尔溶液中的氢键总数，可能由于已断裂的水-水氢键被水-溶质氢键所代替，不会明显地改变。因此，这类溶质对水的网状结构几乎没有影响。

另外，在生物大分子的两个部位或两个大分子之间，由于存在可产生氢键作用的基团，于是在生物大分子之间可形成由几个水分子所构成的“水桥”。图 2-6(a)、(b) 分别表示水与蛋白质分子中的两种功能团之间形成的氢键，以及木瓜蛋白酶中肽链之间由水分子构成的水桥，将肽链之间维持在一定的构象。

#### 2.2.1.3 水与非极性物质的相互作用

水与疏水性物质，例如烃、稀有气体及引入脂肪酸、氨基酸、蛋白质等非极性基团，因它们与水分子产生斥力，从而使疏水基团附近的水分子之间的氢键键合增强。处于这种状态

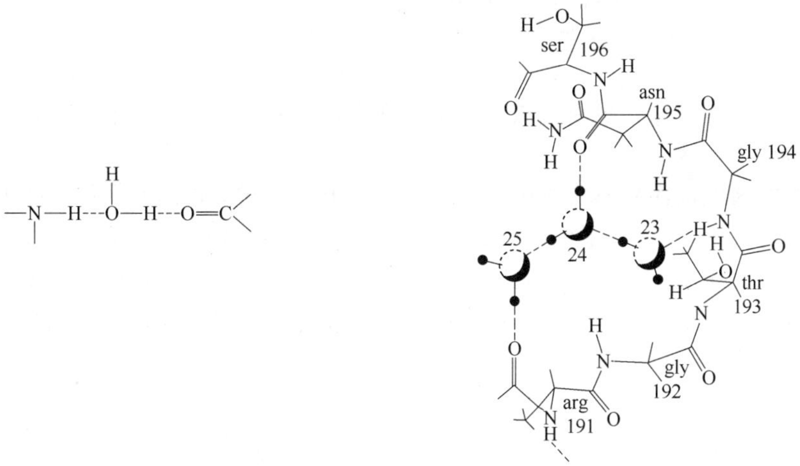

(a)　(b)

图 2-6　水与蛋白质分子中两种功能团之间形成的氢键（虚线）(a) 及水在木瓜蛋白酶中的水桥 (b)

的水与纯水的结构相似，甚至比纯水的结构更为有序，使得熵下降，此过程被称为疏水水合作用（hydrophobic hydration）[图 2-7(a)]。由于疏水水合作用是热力学上不利的过程，因此，水倾向于尽可能少地与疏水性基团缔合。如果水体系中存在多个分离的疏水性基团，那么疏水基团之间就会相互聚集，从而使它们与水的接触面积减小，此过程称为疏水相互作用（hydrophobic interaction）[图 2-7(b)]。由于疏水相互作用是热力学上有利的过程，所以这一过程会自发地进行。

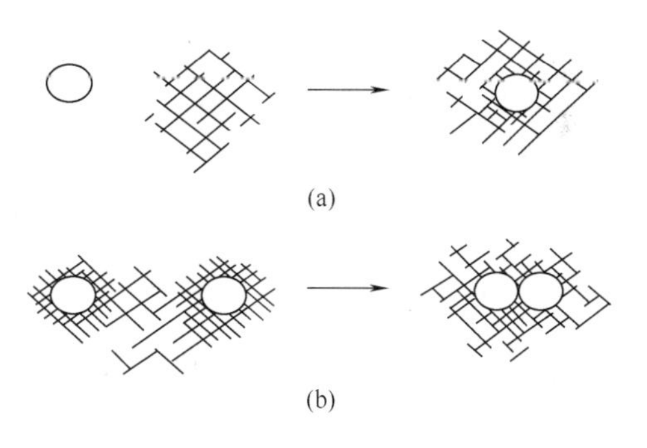


图 2-7　非极性物质与水相互作用示意图

非极性物质具有两种特殊的性质，一种是像上面介绍的与蛋白质分子产生的疏水相互作用，另一种是与水形成笼形水合物（clathrate hydrates）。笼形水合物就是水靠氢键键合形成像笼一样的结构，通过物理作用方式将非极性物质截留在笼中。通常被截留的物质称为“客体”，水为“宿主”。笼形水合物的“宿主”一般由 20～74 个水分子组成。“客体”是低分子量化合物，只有它们的形状和大小适合于笼的“宿主”才能被截留。典型的“客体”包括低分子量烃、稀有气体、短链的胺、烷基铵盐、卤烃、二氧化碳、二氧化硫、环氧乙烷、乙醇、硫、磷盐等。“宿主”水分子与“客体”分子的相互作用力一般是弱的范德华力，在某些情况下，也存在静电相互作用。此外，分子量大的“客体”如蛋白质、糖类、脂类和生物细胞内的其他物质也能与水形成笼形水合物，使水合物的凝固点降低。

笼形水合物的微结晶与冰的晶体很相似，但当形成大的晶体时，原来的四面体结构逐渐变成多面体结构。笼形水合物晶体在 0℃以上和适当压力下仍能保持稳定的晶体结构。生物物质中天然存在类似晶体的笼形水合物结构，对蛋白质等生物大分子的构象、反应及稳定等都有重要作用。

在水溶液中，溶质的疏水基团间的疏水相互作用是很重要的，因为大多数蛋白质分子中大约 40%的氨基酸含有非极性基团，因此疏水基团相互聚集的程度很高，从而对蛋白质的构象及功能性都有影响。蛋白质在水溶液环境中尽管产生疏水相互作用，但球状蛋白质的非极性基团有 40%～50%仍然占据在蛋白质的表面，暴露在水中，暴露的疏水基团与邻近的水除了产生微弱的范德华力外，它们相互之间并无吸引力。从图 2-8 可看出疏水基团周围的水分子对正离子产生排斥，吸引负离子，这与许多蛋白质在等电点以上 pH 值时能结合某些负离子的实验结果一致。

蛋白质的非极性基团暴露在水中，这在热力学上是不利的，因而促使了疏水基团缔合或发生“疏水相互作用”，引起了蛋白质的折叠（图 2-9），体系总的效果（净结果）是一个熵增过程。疏水相互作用是蛋白质折叠的主要驱动力，同时也是维持蛋白质三级结构的重要因素。因此，水及水的结构在蛋白质结构中起着重要作用。疏水相互作用与温度有关，降低温度，疏水相互作用变弱，而氢键增强。

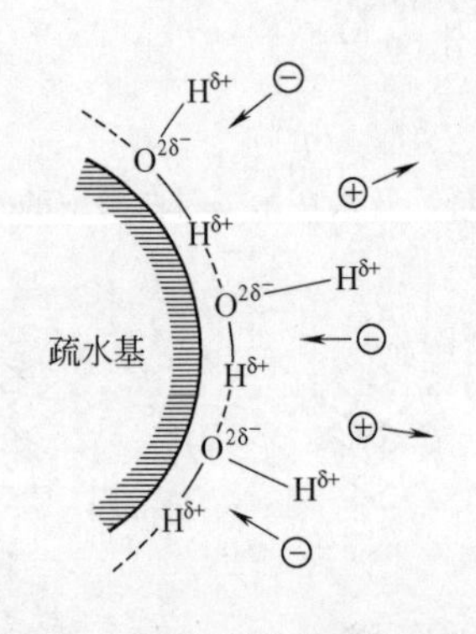


图 2-8 水在疏水表面的取向

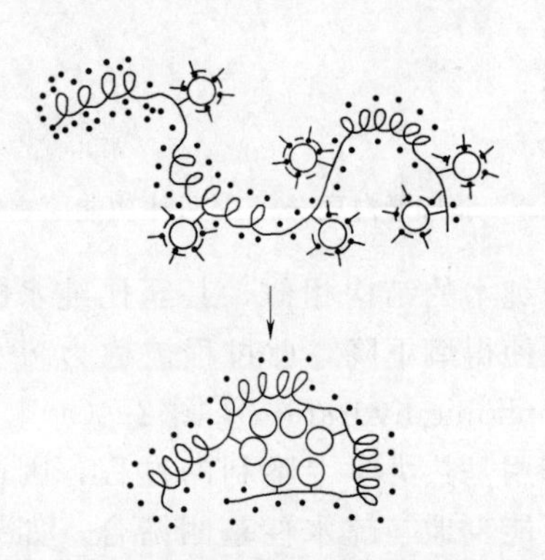

图 2-9 球状蛋白质的疏水相互作用

如图 2-9 所示，蛋白质的疏水基团受周围水分子的排斥而相互靠范德华力或疏水键结合得更加紧密，如果蛋白质暴露的非极性基团太多，就很容易聚集并产生沉淀。

#### 2.2.1.4 水与双亲分子的相互作用

水也能作为双亲分子的分散介质。在食品体系中这些双亲分子是指脂肪酸盐、蛋白脂质、糖脂、极性脂类和核酸等。双亲分子的特征是在同一分子中同时存在亲水和疏水基团（图 2-10）。水与双亲分子亲水部位羧基、羟基、磷酸基、羰基或一些含氮基团的缔合导致双亲分子的表观“增溶”。双亲分子可在水中形成大分子聚合体，即胶团。参与形成胶团的双亲分子数有几百到几千［图 2-10(5)］。从胶团结构示意图可知，双亲分子的非极性部分指向胶团的内部，而极性部分定向到水环境。

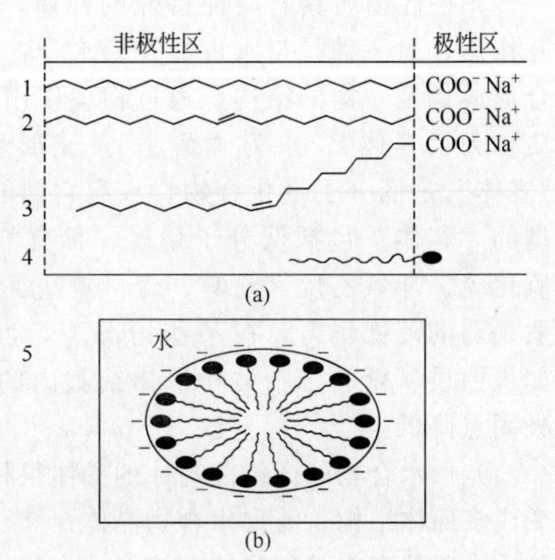


图 2-10 水与双亲分子作用示意图

1～3—双亲脂肪酸盐的各结构；4—双亲分子的一般结构；5—双亲分子在水中形成的胶团结构

### 2.2.2 食品中水分存在状态

食品中存在着多种成分，水分由于与这些非水成分之间发生着多种理化作用，从而使食品中水分有着多种存在状态。一般可将食品中的水分为自由水（或称游离水、体相水）和结合水（或称束缚水、固定水）。

#### 2.2.2.1 结合水

结合水通常是指存在于溶质或其他非水成分附近的、与溶质分子之间通过化学键结合的那部分水。根据结合水被结合的牢固程度，结合水可细分为以下形式：

**(1) 化合水** 是指那些结合最牢固的、构成非水物质组成的那些水。如化学水合物中的水。

**(2) 邻近水** 是指在非水成分中亲水基团周围结合的第一层水。与离子或离子基团缔合的水是结合最紧密的邻近水。水与它们的结合力主要有水-离子和水-偶极缔合作用，其次是一些具有呈电离或离子状态的基团与水形成的水-溶质氢键力。

**(3) 多层水** 是指位于以上所说的第一层的剩余位置的水和邻近水的外层形成的几个水层。多层水主要靠水-水和水-溶质间氢键而形成。尽管多层水不像邻近水那样牢固地结合，但仍然与非水组分结合得较为紧密，且性质也发生明显的变化，所以与纯水的性质也不相同。

因此，这里所指的结合水包括化合水和邻近水以及几乎全部多层水。由上可知，结合水通常是指存在于溶质或其他非水组分附近的那部分水，它与同一体系中的体相水比较，分子的运动减小，并且使水的其他性质明显地发生改变（表 2-4）。

**表 2-4 食品中不同状态水的性质比较**

| | 结合水 | 自由水 |
|---|---|---|
| 一般描述 | 存在于溶质或其他非水成分附近的那部分水，包括化合水、邻近水及几乎全部的多层水 | 距离非水成分位置最远，主要以水-水氢键存在 |
| 冰点（与纯水比较） | 冰点下降至－40℃都不结冰 | 能结冰，冰点略有下降 |
| 溶解溶质的能力 | 无 | 有 |
| 平动运动（分子水平）与纯水比较 | 大大降低，甚至无 | 变化较小 |
| 蒸发焓（与纯水比较） | 增大 | 基本无变化 |
| 在高水分食品（约 90%$H_2O$）中占总水分含量的百分比 | <0.03～3 | 约 96 |

#### 2.2.2.2 自由水

自由水（游离水、体相水）是指那些没有被非水物质化学结合的水。主要是通过一些物理作用而滞留的水。根据这部分水在食品中物理作用方式可细分为以下形式：

**(1) 滞化水** 是指被组织中的显微和亚显微结构及膜所阻留的水。由于这部分水不能自由流动，所以称为滞化水或不移动水。

**(2) 毛细管水** 是指生物组织的细胞间隙或食品的结构组织中所存在的一些毛细管，由于受到这些毛细管的物理作用的限制所滞留的水。这部分水与滞化水有相似的理化性质，如流动性降低、蒸汽压下降等。

**(3) 自由流动水** 是指动物的血浆、植物的导管和细胞内液泡中的水。由于它可以自由流动，所以称为自由流动水。

上述对食品中水分的划分只是相对的。食品中常说的水分含量，一般是指在常压、100～105℃条件下恒重后受试食品的减少量。

水在食品中的存在状态取决于食品中的化学成分和这些成分的物理状态。水与非水组分的结合十分复杂，它与不同类型的溶质之间的相互作用主要表现在与离子和离子基团的相互作用、与非极性物质的相互作用、与双亲分子的相互作用等方面。

食品中水分存在状态的不同及含量的高低，对食品的结构、加工特性、稳定性等产生重要影响。这与食品中不同状态的水的性质有关（表 2-4）。

根据表 2-4 所述，食品中结合水和自由水的性质区别在于：①食品中结合水与非水成分缔合强度大，其蒸汽压也比自由水的低得多，随着食品中非水成分的不同，结合水的量也不同，要想将结合水从食品中除去，需要的能量比除去自由水要多得多，且如果强行将结合水从食品中除去，食品的风味、质构等性质也将发生不可逆的改变。②结合水的冰点比自由水的低得多，这也是植物的种子及微生物孢子由于几乎不含自由水，可在较低温度生存的原因之一；而多汁的果蔬，由于自由水较多，所以冰点相对较高，易结冰破坏其组织。③结合水不能作为溶质的溶剂。④自由水能被微生物所利用，结合水则不能，所以自由水较多的食品易腐败。

## 2.3 水分活度

大量实践表明，不同种类的食品即使水分含量相同，其腐败变质的难易程度却存在着明显的差异。这说明以含水量作为判断食品稳定性的指标是不可靠的。这是由于食品中各种非水成分与水氢键键合的能力不同，只有与非水成分牢固结合的水才不可能被食品中的微生物生长和化学水解反应所利用，于是人们提出了水分活度这一概念。

### 2.3.1 水分活度的定义

水分活度（$a_w$）是指水与各种非水成分缔合的强度，是食品中可“使用”的水，是水的自由程度的度量。$a_w$ 比水分含量能更可靠地预示食品的稳定性、安全性和其他性质。$a_w$ 的定义可用下式表示：

$$a_w = \frac{p}{p_0} = \frac{\mathrm{ERH}}{100} \tag{2-1}$$

式中，$p$ 为某食品在密闭容器中达到平衡状态时的水蒸气分压；$p_0$ 为在同一温度下纯水的饱和蒸汽压；ERH（equilibrium relative humidity）是食品样品周围的空气平衡相对湿度。

严格地说，式(2-1) 仅适用于理想溶液和热力学平衡体系。然而，食品体系一般与理想溶液和热力学平衡体系是有一定差别的，因此式(2-1) 应看为一个近似值，更确切的表示是 $a_w \approx p/p_0$。由于 $p/p_0$ 项是可以测定的，所以常测定 $p/p_0$ 值来近似表示 $a_w$（如相对湿度传感器测定方法：将已知含水量的样品置于恒温密闭的小容器中，使其达到平衡，然后用电子或湿度测量仪测定样品和环境空气平衡的相对湿度，即可得到 $a_w$）。一般说来，物质溶于水后，该溶液的蒸汽压总要低于纯水的蒸汽压，所以食品中的 $a_w$ 值总在 0～1 之间。

### 2.3.2 水分活度与温度的关系

相同的 $a_w$ 在不同的温度下测定，其结果不同。因此，测定样品 $a_w$ 时，必须标明温度。经修改的克劳修斯-克拉伯龙（Clausius-Clapeyron）方程，精确地表示了 $a_w$ 与热力学温度的关系。

$$\frac{\mathrm{d}\ln a_{\mathrm{w}}}{\mathrm{d}(1/T)}=\frac{-\Delta H}{R} \tag{2-2}$$

式中，$T$ 为热力学温度；$R$ 为气体常数；$\Delta H$ 为样品中水分的等量净吸着热。

式(2-2) 经过整理，可推出式(2-3) 方程。

$$\ln a_{\mathrm{w}}=-\kappa(\Delta H/R)(1/T) \tag{2-3}$$

式中，$a_{\mathrm{w}}$、$R$ 和 $T$ 的意义同式(2-2)；$\Delta H$ 则为纯水的汽化潜热（40.5372kJ/mol）；$\kappa$ 的意义可由下式表示：

$$\kappa=\frac{\text{样品的热力学温度}-\text{纯水的蒸汽压为 }p\text{ 时的热力学温度}}{\text{纯水的蒸汽压为 }p\text{ 时的热力学温度}}$$

显然，以 $\ln a_{\mathrm{w}}$ 对 $1/T$ 作图（当水分含量一定时）应该是一条直线。也就说水分含量一定时，在一定的温度范围内，$a_{\mathrm{w}}$ 随着温度升高而增加（图 2-11）。$a_{\mathrm{w}}$ 起始值为 0.5 时，在 2～40℃ 范围内，温度系数为 0.0034/℃。一般说来，温度每变化 10℃，变化值约在 0.03～0.2 范围内改变。

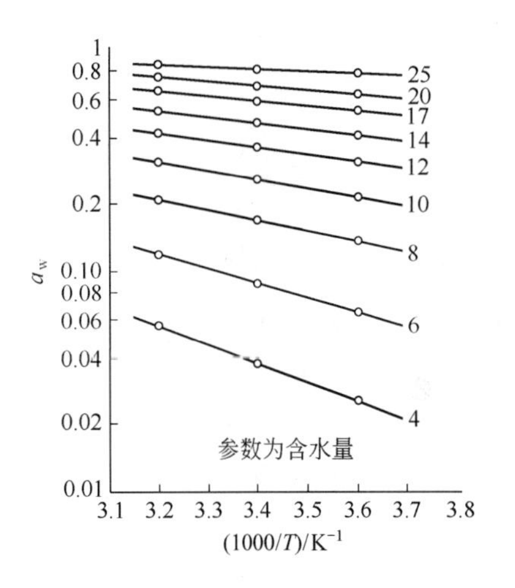


图 2-11 马铃薯淀粉的水分活度和温度的克劳修斯-克拉伯龙关系

图中 4，6，8，…，25 表示干淀粉中含水量

当温度范围较大时，以 $\ln a_{\mathrm{w}}$ 对 $1/T$ 作图并非始终是一条直线，当温度下降到开始结冰时，曲线一般会出现断点（图 2-12），因此在冰点温度以下时的食品 $a_{\mathrm{w}}$ 按下式定义：

$$a_{\mathrm{w}}=\frac{p_{\mathrm{ff}}}{p_{0(\mathrm{SCW})}}=\frac{p_{\mathrm{ice}}}{p_{0(\mathrm{SCW})}} \tag{2-4}$$

式中，$p_{\mathrm{ff}}$ 为未完全冷冻的食品中水的蒸汽分压；$p_{0(\mathrm{SCW})}$ 为过冷的纯水的蒸汽压；$p_{\mathrm{ice}}$ 为纯冰的蒸汽压。

$p_0$ 之所以用过冷纯水的蒸汽压来表示，是因为如果用冰的蒸汽压，那么含有冰晶的样品在冰点温度以下时是没有意义的，因为在冰点温度以下时，所有样品的 $a_{\mathrm{w}}$ 随温度变化的差都是相同的。另外，冷冻食品中水的蒸汽压与同一温度下冰的蒸汽压相等（过冷纯水的蒸汽是在温度降低至 -15℃ 时测定的，而测定冰的蒸汽压，温度比前者要低得多）。

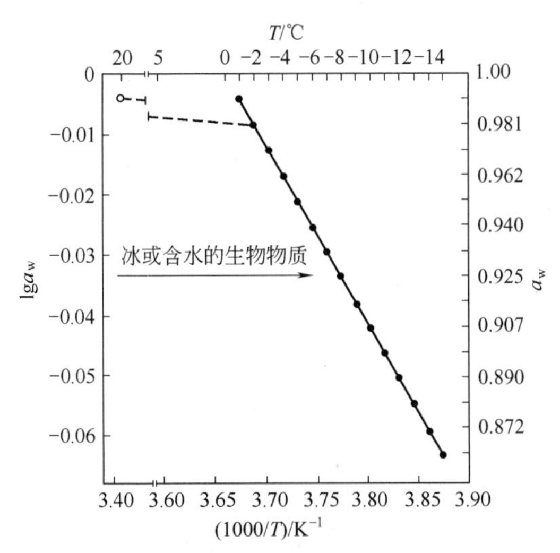


图 2-12 高于或低于冻结温度时样品的水分活度和温度之间的关系

图 2-12 所示为 $a_{\mathrm{w}}$的对数值对 $1/T$ 作图所得的关系图。图中说明：①在低于冰点温度时也是线性关系；②温度对 $a_{\mathrm{w}}$ 的影响在低于冰点温度时远比在高于冰点温度以上时要大得多；③样品在冰点时，图中直线出现明显的折断。

在比较冰点以上和冰点以下温度的 $a_{\mathrm{w}}$ 时，应注意以下两点：

① 在冰点温度以上，$a_{\mathrm{w}}$ 是样品成分和温度的函数，成分是影响 $a_{\mathrm{w}}$ 的主要因素。但在冰点温度以下时，$a_{\mathrm{w}}$ 与样品中的成分无关，只取决于温度，也就是说在有冰相存在时，

$a_w$不受体系中所含溶质种类和比例的影响。因此，不能根据$a_w$值来准确地预测在食品冰点以下温度时的体系中溶质的种类及其含量对体系变化所产生的影响。所以，在低于冰点温度时用$a_w$值作为食品体系中可能发生的物理化学和生理变化的指标，远不如在高于冰点温度时更有应用价值。

② 食品冰点温度以上和冰点温度以下时的$a_w$值的大小对食品稳定性的影响是不同的。例如，一种食品在－15℃和$a_w$ 0.86时，微生物不生长，化学反应进行缓慢，但在20℃，$a_w$ 0.86时，则出现相反的情况，有些化学反应将迅速地进行，某些微生物也能生长。因此，即使对于同一种食品，不能根据低于食品冰点温度时的$a_w$来预测冰点以上同一$a_w$的食品稳定性。

# 2.4 水分吸着等温线

## 2.4.1 定义和区间

**(1) 水分吸着等温线（moisture sorption isotherms，MSI）的定义** 在恒温条件下，食品的含水量（用每单位干物质质量中水的质量表示）与$a_w$的关系曲线。了解MSI在食品工业有重要意义：①在浓缩和干燥过程中样品脱水的难易程度与$a_w$有关；②配制混合食品必须避免水分在配料之间的转移；③测定包装材料的阻湿性的必要性；④了解水分含量与微生物生长的关系；⑤预测食品的化学和物理稳定性与水分含量的关系。

图2-13是高水分含量食品的水分MSI。从图2-13可知在食品中含水量＞10％时，$a_w$的微小改变，水含量有较大变化。而低水分含量时，含水量的微小改变，其$a_w$的变化就不能十分详细地表示出来。为此，扩大低水分含量范围，就得到如图2-14所示的更实用的MSI示意图。不同物质的MSI具有不同的形状，图2-15表示具有不同形状等温线的物质的真实水分吸着等温线。由图2-15可知，并不是所有物质都呈现如图2-14那样的“S”形。一般说来，大多数食品的等温线呈S形，而水果、糖制品、含有大量糖和其他可溶性小分子的咖啡提取物以及多聚物含量不高的食品的等温线为J形（图2-15曲线1）。

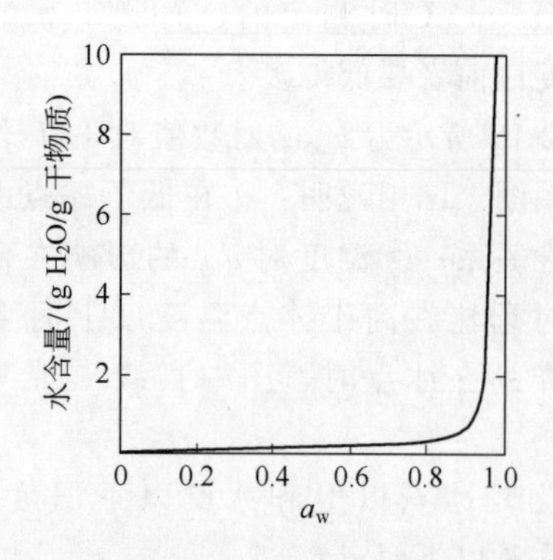


图2-13 高水分含量范围食品的水分吸着等温线

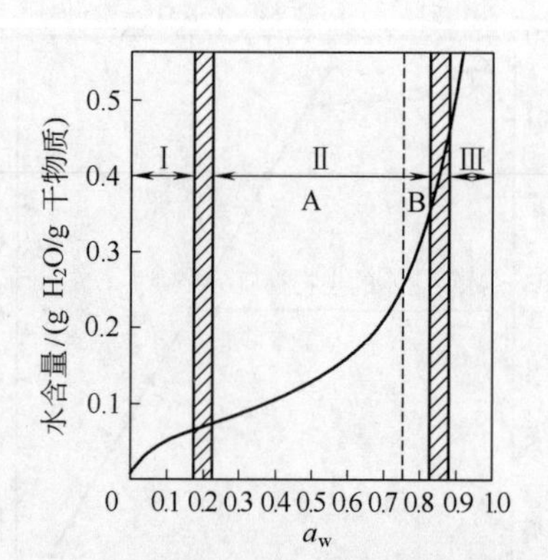


图2-14 低水分含量范围食品的水分吸着等温线

为了深入理解$a_w$与水分含量的关系，可将图2-14中的曲线分成三个区间。每个区间水的主要特性如下：

在区间Ⅰ中的水，是食品中吸附最牢固和最不容易移动的水。这部分水靠水-离子或水-

偶极相互作用吸附在极性部位，它在－40℃时不结冰，没有溶解溶质的能力，对食品的固形物不产生增塑效应，相当于固形物的组成部分。

在区间Ⅰ的高水分末端（区间Ⅰ和区间Ⅱ的分界线）位置的这部分水相当于食品的“BET 单分子层”水含量。目前对分子水平 BET 的单分子层的确切含义还不完全了解，最恰当的解释是把单分子层值看成是在干物质可接近的强极性基团周围形成 1 个单分子层所需水的近似量。对于淀粉，此量相当于每个脱水葡萄糖残基结合 1 个 $H_2O$ 分子。在高水分食品中，属于区间Ⅰ的水只占高水分食品中总水量的很小一部分。

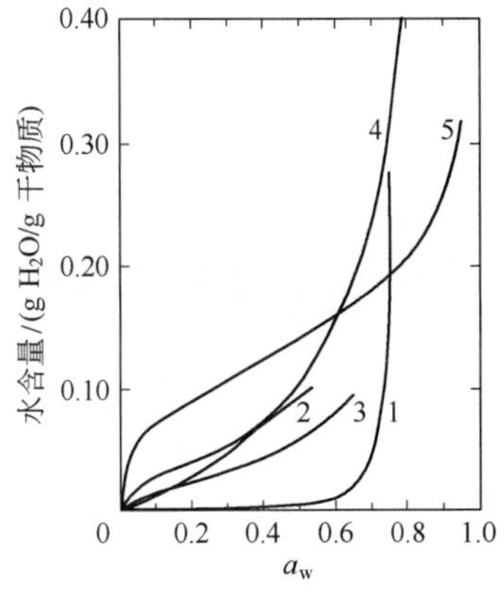


图 2-15　食品和生物材料的真实水分吸着等温线

1—糖果（主要成分为粉末状蔗糖）；2—喷雾干燥菊苣根提取物；3—焙烤后的咖啡；4—猪胰脏提取物粉末；5—天然稻米淀粉（注：1 为 40℃时样品的 MSI 曲线，其余的均为 20℃时样品的 MSI 曲线）

区间Ⅱ的水占据固形物表面第一层的剩余位置和亲水基团周围的另外几层位置，形成了多分子层结合水，主要靠水-水和水-溶质的氢键键合作用与邻近的分子缔合，同时还包括直径 $< 1\mu m$ 的毛细管中的水。

区间Ⅱ的 $a_w$ 在 0.25～0.8 之间，在区间Ⅱ的低 $a_w$ 区与区间Ⅱ的高 $a_w$ 区的水分性质是有区别的。区间Ⅱ这部分水的流动性比体相水稍差，其蒸发焓比纯水大，这种水大部分在－40℃时不能结冰。区间Ⅱ的高 $a_w$ 的水开始有溶解作用，并且具有增塑和促进基质溶胀的作用，此部分水可引起体系中反应物移动，使某些反应速率加快。

区间Ⅲ范围内增加的水是食品中结合最不牢固和最容易流动的水，一般称为体相水，$a_w$ 在 0.8～0.99。在凝胶和细胞体系中，因为体相水以物理方式被截留，所以宏观流动性受到阻碍，与稀盐溶液中水的性质相似。区间Ⅲ的水，蒸发焓基本上与纯水相同，可结冰，可作为溶剂，参与化学反应和微生物生长。

虽然等温线可划分为三个区间，但还不能准确地确定区间的分界线，而且除化合水外，等温线每一个区间内和区间与区间之间的水都能发生交换。另外，向干燥物质中增加水虽然能够稍微改变原来所含水的性质，即基质的溶胀和溶解过程，但是当等温线的区间Ⅱ增加水时，区间Ⅰ水的性质几乎保持不变。同样，在区间Ⅲ内增加水，区间Ⅱ水的性质也几乎保持不变。食品中结合得最不牢固的那部分水与食品的稳定性有更为密切的关系。

**(2) 单分子层水 (BET) 的概念**　1938 年 Brunauer、Emett 及 Teller 提出了单分子层吸附理论，简称 BET 概念。固体表面吸附一层气体分子后，由于气体本身的范德华引力，还可以继续发生多分子层吸附。由于第一层吸附的是气体分子和固体表面的直接作用，从第二层起的以后各层中被吸附气体同各种分子之间的相互作用，因为它们吸附的本质不同，第一层的吸附热和以后各层的吸附热也不一样。

用食品的单分子层水的值可以准确地预测干燥产品最大稳定性时的含水量，因此，它具有很大的实用意义。利用吸着等温线数据按布仑奥尔（Brunauer）等人提出的下述方程可以计算出食品的单分子层水值。

$$\frac{a_w}{m(1-a_w)}=\frac{1}{m_1 c}+\frac{c-1}{m_1 c}\times a_w$$

式中，$a_w$ 为水分活度；$m$ 为水含量，g $H_2O$/g 干物质；$m_1$ 为单分子层水值；$c$ 为常数。

根据此方程，显然以 $a_w/[m(1-a_w)]$ 对 $a_w$ 作图应得到一条直线，称为 BET 直线。图 2-16 表示马铃薯淀粉的 BET 直线。在 $a_w$ 值大于 0.35 时，线性关系开始出现偏差。

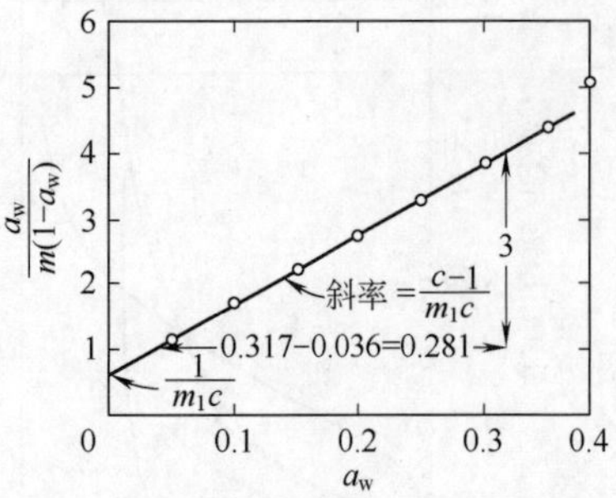

图 2-16 马铃薯淀粉的 BET 直线（回吸数据，20℃）

单分子层水值可按下式计算：

$$\text{单分子层水值}(m_1)=\frac{1}{(Y\ \text{截距})+\text{斜率}}$$

根据图 2-16 查得，$Y$ 截距为 0.6，斜率等于 10.7，于是可求出（在这个例子中，单分子层水值对应的 $a_w$ 为 0.2）：

$$m_1=\frac{1}{0.6+10.7}=0.088\text{g}H_2O/\text{g 干物质}$$

**(3) 等温线的制作方法** 目前主要有两种：其一是高水分食品，可通过测定脱水过程中水分含量与 $a_w$ 的关系，制作解吸等温线；其二是低水分食品，可通过向干燥的样品中逐渐加水，然后测定加水过程中水分含量与 $a_w$ 的关系，制作回吸等温线。同一样品，不同的制作方法，其等温线形状有所不同。因此，等温线形状除与试样的组成、物理结构、预处理、温度有关外，还与制作方法等因素有关。

## 2.4.2 水分吸着等温线与温度的关系

温度对水分吸着等温线也有重要影响。在一定的水分含量时，$a_w$ 随温度的上升而增大。由此，MSI 的图形也随温度的上升向高 $a_w$ 方向迁移（图 2-17）。

## 2.4.3 滞后现象

MSI 的制作有两种方法，即回吸（resorption）法和解吸（desorption）法。同一种食品按这两种方法制作的 MSI 图形并不一致，不互相重叠。这种现象称为滞后现象（hysteresis）（图 2-18）。

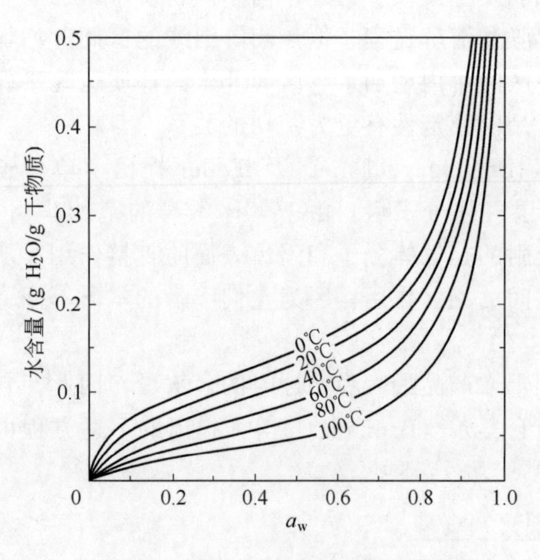


图 2-17 马铃薯在不同温度下的水分解吸等温线

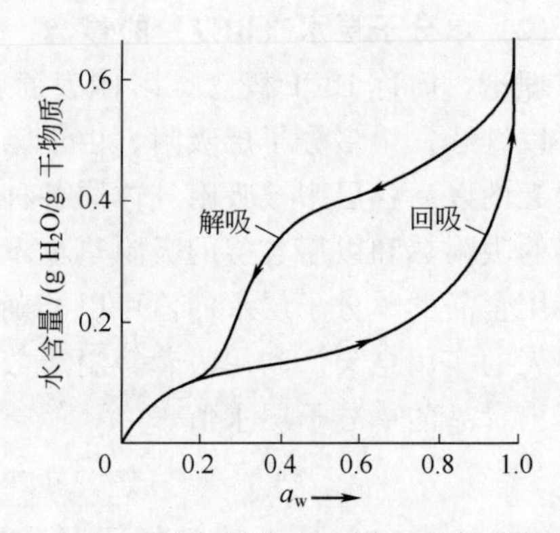


图 2-18 一种食品的 MSI 滞后现象示意图

图 2-18 表明：在一指定的 $a_w$ 时，解吸过程中试样的水分含量大于回吸过程中的水分含

量，这就是滞后现象的结果。造成滞后现象的原因主要有：

① 解吸过程中一些水分与非水成分结合紧密而无法放出水分。

② 不规则形状产生毛细管现象的部位，欲填满或抽空水分需不同的蒸汽压（要抽出需 $p_{内}>p_{外}$，要填满则需 $p_{外}>p_{内}$）。

③ 解吸作用时，因组织改变，当再吸水时无法紧密结合水，由此可导致回吸相同水分含量时处于较高的 $a_w$。也就是说，在给定的水分含量时，回吸的样品比解吸的样品有更高的 $a_w$ 值。

④ 温度、解吸的速度和程度及食品类型等都影响滞后环的形状。

由造成滞后现象产生的原因可知，食品种类不同，其组成成分也不同，滞后作用的大小、曲线的形状和滞后曲线（hysteresis loop）的起始点和终止点都会不同。对于高糖-高果胶食品，如空气干燥的苹果片［图 2-19(a)］，滞后现象主要出现在单分子层水区域，$a_w$ 超过 0.65 时就不存在滞后现象。对于高蛋白质食品，如冷冻干燥的熟猪肉［图 2-19(b)］，在 $a_w$ 低于 0.85 后一直存在滞后现象。对于高淀粉质食品，如干燥的大米［图 2-19(c)］，存在一个较大的滞后环现象。

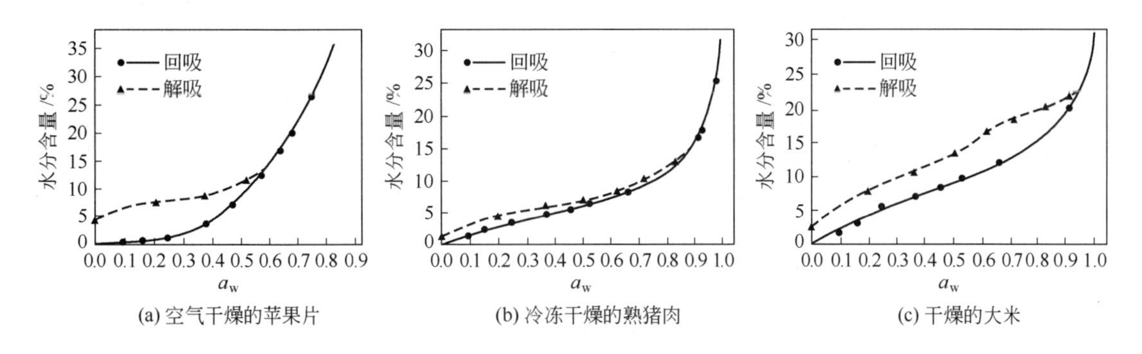


图 2-19　不同食品的 MSI 滞后现象示意图

# 2.5　水分活度与食品稳定性

实践证明，用 $a_w$ 比用水分含量能更好地反映食品稳定性。其原因与下列因素有关：

① $a_w$ 与微生物生长有更为密切的关系（表 2-5）。

② $a_w$ 与引起食品品质下降的诸多化学反应、酶促反应及质构变化有高度的相关性（图 2-20）。

③ 用 $a_w$ 比用水分含量更清楚地表示水分在不同区域移动情况。

④ 从 MSI 图中所示的单分子层水的 $a_w$（0.20～0.30）所对应的水分含量是干燥食品的最佳要求。

⑤ 另外，$a_w$ 比水分含量易测，且又不破坏试样。

## 2.5.1　食品中 $a_w$ 与微生物生长的关系

表 2-5 表明了适合于各种普通微生物生长的 $a_w$ 范围。从表 2-5 可知，细菌生长需要的 $a_w$ 较高，而霉菌需要的 $a_w$ 较低。在 $a_w$ 低于 0.5 后，所有的微生物都不能生长。

表 2-5　食品中 $a_w$ 与微生物生长的关系

| $a_w$ 范围 | 一般能抑制的微生物 | 在 $a_w$ 范围的食品 |
| --- | --- | --- |
| 1.00～0.95 | 假单胞菌属、埃希氏杆菌属、变形杆菌属、志贺氏杆菌属、芽孢杆菌属、克雷伯氏菌属、梭菌属、产生荚膜杆菌、几种酵母菌 | 极易腐败的新鲜食品、水果、蔬菜、肉、鱼和乳制品罐头、熟香肠和面包。含约 40%（质量分数）的蔗糖或 7% NaCl 的食品 |
| 0.95～0.91 | 沙门氏菌属、副溶血弧菌、肉毒杆菌、沙雷氏菌属、乳杆菌属、足球菌属、几种霉菌、酵母（红酵母属、毕赤酵母属） | 奶酪、咸肉和火腿、某些浓缩果汁、蔗糖含量为 55%（质量分数）或含 12% NaCl 的食品 |
| 0.91～0.87 | 许多酵母菌（假丝酵母、汉逊氏酵母属、球拟酵母属）、微球菌属 | 发酵香肠、蛋糕、干奶酪、人造黄油及含 65% 蔗糖（质量分数）或 15% NaCl 的食品 |
| 0.87～0.80 | 大多数霉菌（产霉菌毒素的青霉菌）、金黄色葡萄球菌、德巴利氏酵母 | 大多数果汁浓缩物、甜冻乳、巧克力糖、枫糖浆、果汁糖浆、面粉、大米、含 15%～17% 水分的豆类、水果糕点、火腿、软糖 |
| 0.80～0.75 | 大多数嗜盐杆菌、产霉菌毒素的曲霉菌 | 果酱、马茉兰、橘子果酱、杏仁软糖、果汁软糖 |
| 0.75～0.65 | 嗜干性霉菌、双孢子酵母 | 含 10% 水分的燕麦片、牛轧糖块、勿奇糖（一种软质奶糖）、果冻、棉花糖、糖蜜、某些干果、坚果、蔗糖 |
| 0.65～0.60 | 嗜高渗酵母、几种霉菌（二孢红曲霉） | 含水 15%～20% 的干果，某些太妃糖和焦糖、蜂蜜 |
| 0.50 | 微生物不繁殖 | 含水分约 12% 的面条和水分含量约 10% 的调味品 |
| 0.40 | 微生物不繁殖 | 水分含量约 5% 的全蛋粉 |
| 0.30 | 微生物不繁殖 | 含水量为 3%～5% 的甜饼、脆点心和面包屑 |
| 0.20 | 微生物不繁殖 | 水分为 2%～3% 的全脂奶粉、含水分 5% 的脱水蔬菜、含水约 5% 的玉米花、脆点心、烤饼 |

### 2.5.2　食品中 $a_w$ 与化学及酶促反应关系

$a_w$ 与化学及酶促反应的关系较为复杂。这是由于食品中水分有多种途径参与它们的反应：其一是水分不仅参与其反应，而且由于伴随水分的移动促使各反应的进行；其二是通过与极性基团及离子基团的水合作用影响它们的反应；其三是通过与生物大分子的水合作用和溶胀作用，使其暴露出新的作用位点。高含量的水，由于稀释作用可减慢反应。

### 2.5.3　食品中 $a_w$ 与脂质氧化的关系

图 2-20(c) 表示了脂类非酶氧化与 $a_w$ 之间的相互关系。从等温线的左端开始加入水至 BET 单分子层，脂类氧化速率随着 $a_w$ 值的增加而降低，若进一步增加水，直至 $a_w$ 值达到接近区间Ⅱ和区间Ⅲ分界线时，氧化速率逐渐增大。一般脂类氧化的速率最低点在 $a_w$ = 0.35 左右。

食品水分对脂质氧化既有促进作用，又有抑制作用。当食品中水分处在 BET（$a_w$ = 0.35 左右）时，可抑制氧化作用，原因可能主要有以下方面：其一是覆盖了可氧化的部位，阻止它与氧的接触；其二是与金属离子的水合作用，消除了由金属离子引发的氧化作用；其三是与氢过氧化物的氢键结合，抑制了由此引发的氧化作用；其四是促进了自由基间相互结合，由此抑制了自由基在脂质氧化中链式反应。

当食品中 $a_w$ 大于 0.35 后，水分对脂质氧化的促进作用可能原因有：其一是水分的溶剂化作用，使反应物和产物便于移动，有利于氧化作用的进行；其二是水分对生物大分子的溶胀作用，暴露出新的氧化部位，有利于氧化的进行。

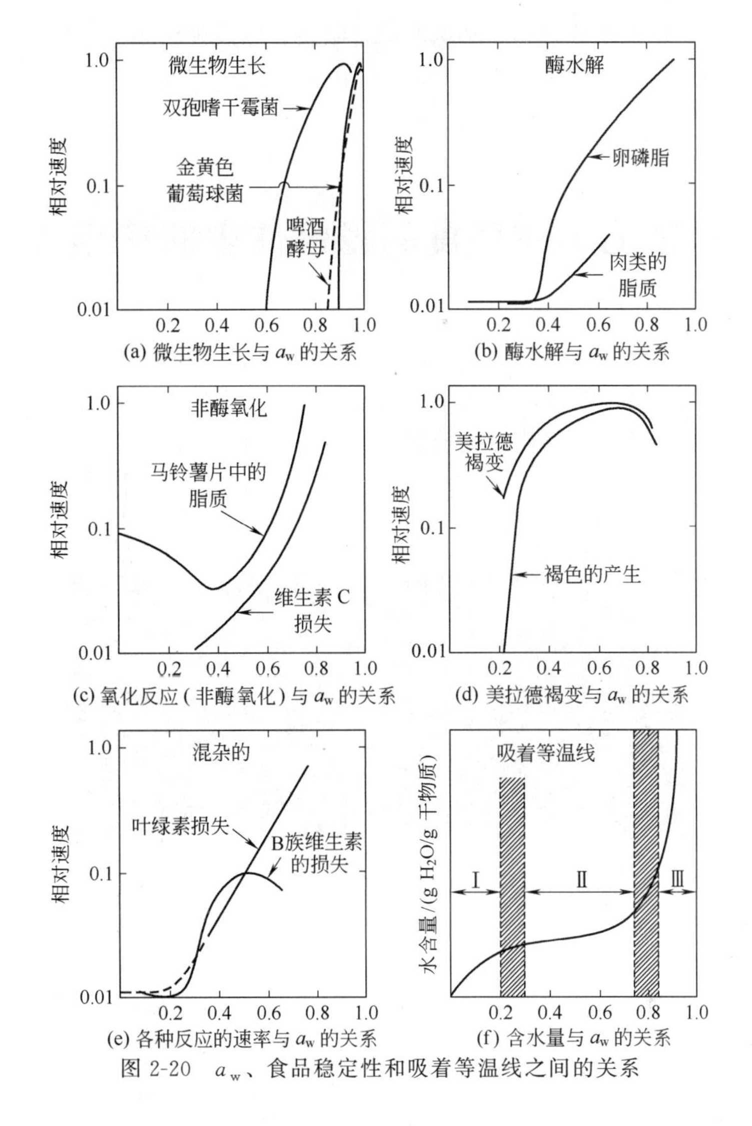


图 2-20　$a_w$、食品稳定性和吸着等温线之间的关系

## 2.5.4　食品中 $a_w$ 与美拉德褐变的关系

图 2-20(d) 表示了食品中 $a_w$ 与美拉德褐变的关系。这种关系表现出一种钟形曲线形状。当食品中 $a_w$=0.3～0.7 时，多数食品就会发生美拉德褐变反应。造成食品中 $a_w$ 与美拉德褐变的钟形曲线关系的主要原因可能有：虽然高于 BET 的 $a_w$ 以后美拉德褐变就可进行，但 $a_w$ 较低时，水多呈水-水和水-溶质的氢键键合作用与邻近的分子缔合作用不利于反应物和反应产物的移动，限制了美拉德褐变的进行。随着的 $a_w$ 增大，有利于反应物和反应产物的移动，美拉德褐变增大至最高点。但 $a_w$ 继续增大，反应物被稀释，美拉德褐变下降（图 2-21）。

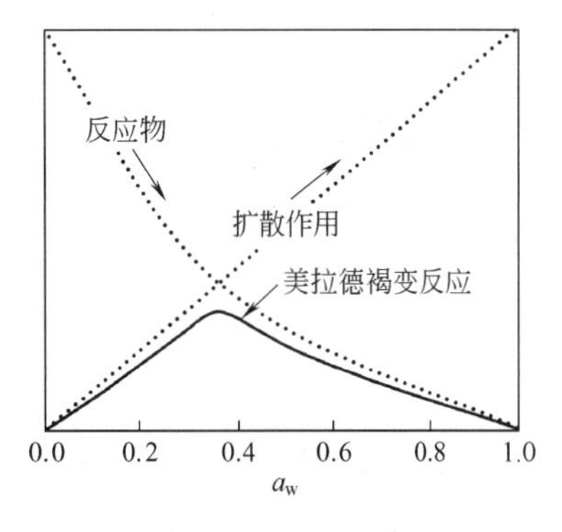


图 2-21　食品中 $a_w$ 与美拉德褐变的关系示意图

$a_w$ 值除影响化学反应和微生物生长外，对食品的质构也有重要影响。例如，欲保持饼干、膨化玉米花和油

炸马铃薯片的脆性，防止砂糖、奶粉和速溶咖啡结块，以及硬糖果、蜜饯等黏结，均应保持适当低的 $a_w$ 值。干燥物质保持需宜特性的允许最大 $a_w$ 为 0.35～0.5 范围。反之，对于生鲜的果蔬，则需要较大 $a_w$ 值。

# 2.6 冰在食品稳定性中的作用

冰在食品稳定性中的作用主要涉及冷冻保藏，其作用主要在于低温，而不仅仅是因为形成冰。具有细胞结构的食品和食品凝胶中的水结冰时，将出现两个非常不利的后果：①水结冰后，食品中非水组分的浓度将比冷冻前变大。另外，随冻结过程，一些水溶性成分几乎全部都浓集到未结冰的水中。②水结冰后其体积比结冰前增加 9%，其结构也发生了变化，这种变化可用电镜来观察（图 2-22）。

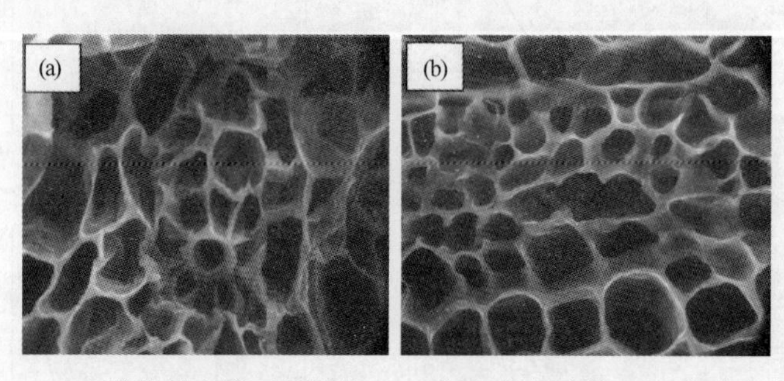


图 2-22 环境扫描电镜下新鲜的（a）和冷冻-解冻的（b）胡萝卜结构

随着食品冻结出现的浓缩效应，使非结冰相的 pH、可滴定酸度、离子强度、黏度、冰点、表面和界面张力、氧化-还原电位等都发生明显的变化。此外，还将使溶液中 $O_2$ 和 $CO_2$ 逸出。水的结构和水与溶质间的相互作用也剧烈地改变，同时大分子更紧密地聚集在一起，使之相互作用的可能性增大。上述发生的这些变化有利于提高某些反应的速率。由此可见，冷冻对反应速率有两个相反的影响，即降低温度使反应变得非常缓慢，而冷冻所产生的浓缩效应有时却又导致某些反应速率增大。

随着食品原料的冻结、细胞内冰晶的形成，将破坏细胞的结构，细胞壁被穿透发生机械损伤，解冻时细胞内的物质就会移至细胞外，致使食品汁液流失；结合水减少，使一些食物冻结后失去饱满性、膨胀性和脆性，对食品质量造成不利影响。采取速冻、添加抗冷冻剂等方法可降低冻结对食品的不利影响，更有利于冻结食品保持原有的色、香、味和品质。

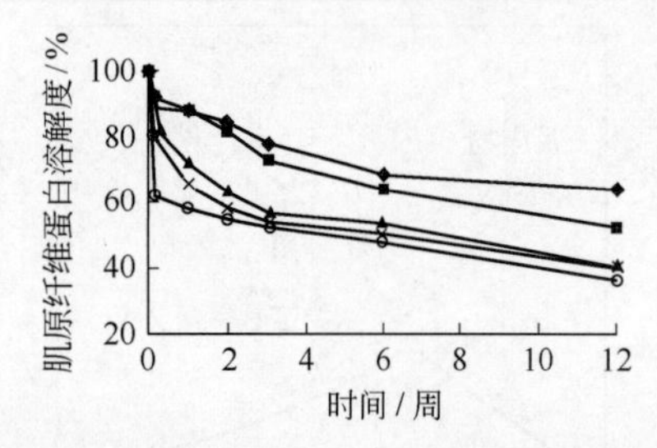


图 2-23 肌原纤维蛋白质溶解度的变化
○对照；◆山梨醇等组（抗冻剂）；■木瓜酶酶解物组；▲低温碱性酶酶解物组；×风味酶酶解物组

据报道，在鱼糜中分别添加 5%（质量分数，下同）不同酶的酶解物、4%山梨醇＋4%蔗糖＋0.13%多聚磷酸盐混合剂和纯鱼糜作为空白对照，在相同条件下于 −20℃冷藏一定时间。结果发现，冻藏 1d 后，空白组肌原纤维蛋白溶解度迅速下降至 6.12%，12 周后下降至 37.6%，蛋白质变性程度严重。而添加酶解物的样品在冻藏期间，未出现蛋白质急剧变性的情况（图 2-23）。

冻藏30d和60d后的鱼糜样品制作鱼肉肠，测量其破断强度。结果发现，新鲜鱼糜鱼肉肠破断强度为（1 990±21.03)g。空白组质量下降很快，冻藏60d后破断强度变为（948±36.82)g。加入酶解物后，凝胶破断强度下降减少，冻藏60d后均保持在66.80%以上，酶解物有利于蛋白质的冻藏。

总之，水不仅是食品中最丰富的组分，而且对食品中一些需宜性质有很大影响。水也是引起食品易腐败的原因，通过水能控制许多化学和生物化学反应的速率，有助于防止冷冻时产生非需宜的副作用。水与非水成分之间以多种复杂的方式联系在一起，一旦由于某些原因例如干燥或冷冻，破坏了它们之间的关系，再行复水将不可能完全恢复到原来的状态。

## 2.7 分子流动性与食品稳定性

利用 $a_w$ 预测和控制食品稳定性已经在生产中得到广泛应用，而且是一种十分有效的方法。除此以外，分子流动性（molecular mobility，Mm）与食品的稳定性也密切相关。

对于Mm的动力学特性，应用纯化学成分或纯的食品原料（如蛋白质、核酸或多糖）为对象的研究较多，但对食品流动性研究，由于食品中成分复杂，目前研究得相当少。

这里所指的食品Mm是指与食品贮藏期间的稳定性和加工性能有关的分子运动形式，它涵盖了以下分子运动形式：由分子的液态移动或机械拉伸作用导致其分子的移动或变形；由化学电位势或电场的差异所造成的溶剂或溶质的移动；由分子扩散所产生的布朗运动（Brownian movements）或原子基团的转动。另外，在某一容器或管道中反应物之间相互移动性，还促进了分子的交联、化学的或酶促反应的进行。Mm与分子的黏度也有密切关系，反过来，分子黏度的大小影响了Mm、机械性能、质构等（表2-6）。

**表2-6 由Mm决定的某些食品性质和特征**

| 干燥或半干食品 | 冷冻食品 |
|---|---|
| 流动性和黏性 | 水分迁移(冰的结晶作用) |
| 结晶和重结晶 | 乳糖结晶(冰冻甜食中的砂状结晶析出) |
| 巧克力中的糖霜 | 酶活力 |
| 食品在干燥时的破裂 | 冷冻干燥升华阶段的无定形相的结构塌陷 |
| 干燥和中等水分食品的质地 | 收缩(冷冻甜饼泡沫状结构的部分塌陷) |
| 冷冻干燥第二阶段(解吸)时的结构塌陷 | |
| 胶囊中固体、无定形基质的挥发性物质的逃逸 | |
| 酶活力 | |
| 美拉德反应 | |
| 淀粉的糊化 | |
| 淀粉变性引起的焙烤食品的老化 | |
| 焙烤食品冷却时的破裂 | |
| 微生物孢子的热失活 | |

注：摘自L. Sled和H. Levine (1991). Crit. Rev. Food. Sci. Nutr. 30：115-360。

一般说来，Mm主要受水合作用大小及温度高低的影响。水分含量的多少和水与非水成分之间作用，决定了所有的处在液相状态成分的流动特性；温度越高分子流动越快。另外，相态的转变也可改变Mm（如玻璃态转变成液态，结晶成分的熔化等)。

## 2.7.1 状态图

为便于讨论干燥、部分干燥或冷冻食品的 Mm 与稳定性的关系，有必要了解状态图(state diagrams）的概念。亚稳定食品的物理状态与食品的组成、贮藏期温度及时间等有密切关系。状态图就是描述不同含水量的食品在不同温度下所处的物理状态，它包括了平衡状态和非平衡状态的信息。

图 2-24 是二元体系的温度-组成的简化状态图，相对于标准的相图增加了玻璃化转变温度（$T_g$）曲线和一条从 $T_E$（低共熔点）延伸到 $T_g'$ 的曲线，这两条线表示亚稳状态。

图 2-24 是在理想状态得到的，由于食品中成分复杂，上述各种曲线很难确定。用 DSC (differential scanning calorimetry，差示扫描量热法）可测定简单的高分子体系，而大多数食品很难利用 DSC 正确测定 $T_g$，一般可以采用动态机械分析（DMA）或动态机械热分析(DMTA）方法测定。

用 DSC 测定的相变动力学，得到温度图（thermo gram），从中可知 $T_g'$（图 2-25）。图 2-25 中所提的橡胶态（或称塑料态）就是食品中亲水成分与水水合后所呈现的状态，由此可见水分含量对相变温度有重要的影响。

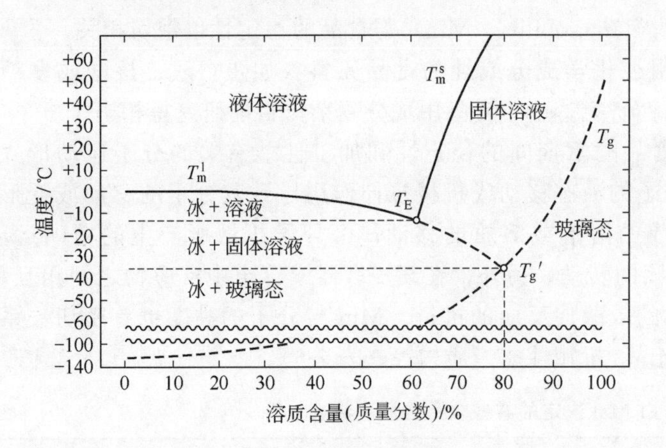


图 2-24 二元体系的状态图

假设：最大冷冻浓缩、无溶质结晶、恒压、无时间依赖性

$T_m^l$—熔点曲线；$T_E$—低共熔点；$T_m^s$—溶解度曲线；$T_g$—玻璃化转变温度曲线；$T_g'$—特定溶质的最大冷冻浓缩的玻璃化转变温度；粗虚线—亚稳态平衡条件；所有其他的线—平衡条件

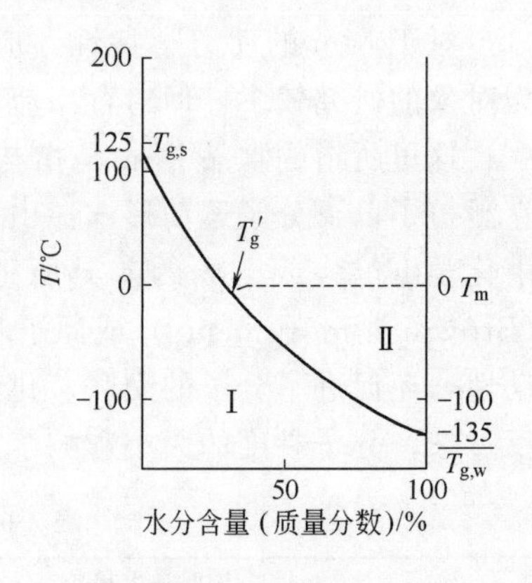


图 2-25 凝胶状淀粉-水系统的相变化图

$T_g'$ 表示溶质部分由玻璃态转变到橡胶态的大致温度；状态Ⅰ玻璃态；状态Ⅱ橡胶态(或称塑料态)；$T_{g,s}$ 和 $T_{g,w}$ 分别表示脱水淀粉和水的相变温度；$T_m$ 表示冰的熔点

上述所提到的 $T_g$ 与 $T_g'$ 及玻璃态与橡胶态是有区别的。根据食品材料含水量的多少，玻璃化转变温度有两种定义：对于低水分食品（LWF，水的质量分数小于 20%），其玻璃化转变温度一般大于 0℃，称为 $T_g$；对于高水分或中等水分食品（HMF 或 IMF，水的质量分数大于 20%），除了极小的样品，降温速率不可能达到很高，因此，一般不能实现完全玻璃化，此时，玻璃化转变温度指的是最大冻结浓缩溶液发生玻璃化转变时的温度，定义为 $T_g'$。

一般将基质在低于玻璃化转变温度时所处的状态称为玻璃态，这种状态是无固定形状和熔点的非晶体；将基质在高于玻璃化转变温度时所处的状态称为橡胶态。玻璃化转变是指基质从橡胶态到玻璃态的转变。玻璃态时，由于体系黏度较高而自由体积较小，一些受扩散控制的反应速率是十分缓慢的，甚至不会发生；而在橡胶态时，其体系的黏度明显降低，但自由体积相对增大，使受扩散控制的反应速率也相应加快。因此，玻璃态对食品加工、贮藏的安全性和稳定性都十分重要。

当液态食品冰冻到冻结点后，食品中部分水分就会结晶，从而引起水溶性成分浓缩在未能冻结的液相中。在图 2-24 的温度图中 $T'_g$ 就表示了浓缩的液体由玻璃态转变成似橡胶态的相变温度，在凝胶状淀粉-水系统的相变温度曲线（图 2-25）中 $T'_g$ 约为－5℃，在此温度下未能冻结水的含量小于 20%。表 2-7 列出了部分碳水化合物和蛋白质水溶液的 $T'_g$ 及在此温度下未能冻结水的含量 $W'_g$（表 2-7）。

**表 2-7　部分碳水化合物和蛋白质水溶液（20%）的 $T'_g$ 和 $W'_g$ 值**

| 物　质 | $T'_g$ | $W'_g$ | 物　质 | $T'_g$ | $W'_g$ |
|---|---|---|---|---|---|
| 甘油 | －65 | 0.85 | 海藻糖 | －29.5 | 0.20 |
| 木糖 | －48 | 0.45 | 棉子糖 | －26.5 | 0.70 |
| 核糖 | －47 | 0.49 | 麦芽糖 | －23.5 | 0.45 |
| 核糖醇 | －47 | 0.82 | 异麦芽糖 | －30.5 | 0.50 |
| 葡萄糖 | －43 | 0.41 | 明胶 | －13.5 | 0.46 |
| 果糖 | －42 | 0.96 | 可溶性胶质 | －15 | 0.71 |
| 半乳糖 | －41.5 | 0.77 | 牛血清白蛋白 | －13 | 0.44 |
| 山梨醇 | －43.5 | 0.23 | α-酪蛋白 | －12.5 | 0.61 |
| 蔗糖 | －32 | 0.56 | α-酪蛋白酸钠 | －10 | 0.64 |
| 乳糖 | －28 | 0.69 | 面筋 | －5～－10 | 0.07～0.41 |

## 2.7.2　分子流动性、状态图与食品性质的关系

### 2.7.2.1　理化反应的速率与 Mm 的关系

大多数食品都是以亚稳态或非平衡状态存在，而且食品中 Mm 取决于限制性扩散速率。通过状态图可以知道允许的亚稳态和非平衡状态存在时的温度与组成情况的相关性。然而，在讨论 Mm 与食品性质的关系时，还应注意以下例外：①化学反应的反应速率受扩散影响较小；②通过特定的化学作用（例如改变 pH 或氧分压）达到需宜或不需宜的效应；③试样的 Mm 是根据聚合物组分（聚合物的 $T_g$）估计的，而实际上渗透到聚合物的小分子才是决定产品重要性质的决定因素；④微生物的生长（因为 $a_w$ 是比 Mm 更可靠的估计指标）。

对于溶液中的化学反应速率主要受三方面的影响：扩散系数（$D$，一个反应的进行，反应物必须相互碰撞）、碰撞频率因子（$A$，单位时间内碰撞次数）和化学反应的活化能因子（$E_a$，反应物能量必须超过使它转变成产物的能量）。如果 $D$ 对反应的限制性大于 $A$ 和 $E_a$，那么该反应就是扩散限制反应。例如质子转移、自由基结合反应、酸碱中和反应、许多酶促反应、蛋白质折叠、聚合物链增长，以及血红蛋白和肌红蛋白的氧合/去氧合作用等。

高含水量食品，在室温下有的反应是限制性扩散，而对于如非催化的慢反应则是非限制性扩散，当温度降低到冰点以下和水分含量减少到溶质饱和/过饱和状态时，这些非限制性扩散反应也可能成为限制性扩散反应，主要原因可能是黏度增加引起的。

### 2.7.2.2　自由体积与分子流动性的关系

温度降低使体系中的自由体积减小，分子的平动和转动也就变得困难，因此也就影响聚合物链段的运动和食品的局部黏度。当温度降至 $T_g$，自由体积则显著变小，以致使聚合物链段的平动停止。由此，在温度低于 $T_g$ 时，食品的限制扩散性质的稳定性通常是好的。增加自由体积（一般是不期望的）的方法是添加小分子质量的溶剂（例如水），或者提高温度，两者的作用都是增加分子的平动，不利于食品的稳定性。以上说明，自由体积与 Mm 是正相关，减小自由体积在某种意义上有利于食品的稳定性，但不是绝对的，而且自由体积目前

还不能作为预测食品稳定性的定量指标。

### 2.7.2.3 水分对 $T_g$ 的影响

食品中的水分对食品的 $T_g$ 具有特别作用。水的 $T_g$ 极低，为−135℃，水分可看作一种强力增塑剂。一方面，水的分子量比较小，活动比较容易，可以很方便地提供分子链段活动所需的空间，从而使体系 $T_g$ 降低；另一方面，当成分与水相溶后，水可以与其他成分的分子上的极性基团相互作用，减小其本身分子内外的氢键作用，使其刚性降低而柔性增强，表现 $T_g$ 的降低。通常添加1%水能使 $T_g$ 降低5～10℃。

在没有其他外界因素的影响下，水分含量是影响食品体系玻璃化转变温度的主要因素。由于水分对无定形物质的增塑作用，其玻璃化转变温度受制品水分含量的影响很大，特别是水分含量相对较低的干燥食品，其加工贮藏中的物理性质和质构受水分增塑影响更显著。如任意比例的淀粉蔗糖混合物无水时，$T_g$ 为60℃；当水分上升到2%时，$T_g$ 降低到20℃；当水分升至6%时，$T_g$ 仅为10℃。表2-8给出了天然小麦淀粉和预糊化小麦淀粉的水分含量与 $T_g$ 的关系。从表2-8可以看出，尽管预糊化作用对淀粉的 $T_g$ 有一定的影响，但两种淀粉的 $T_g$ 都随水分含量的升高而降低。

**表2-8 淀粉的玻璃化转变温度与水分含量的关系**

| 预糊化小麦淀粉 | | 天然小麦淀粉 | |
|---|---|---|---|
| 含湿量/(g/100g) | $T_g$/℃ | 含湿量/(g/100g) | $T_g$/℃ |
| 0.153 | 62 | 0.151 | 90 |
| 0.166 | 53 | 0.164 | 67 |
| 0.181 | 40 | 0.178 | 59 |
| 0.222 | 28 | 0.221 | 40 |
| 0.247 | 25 | 0.256 | 33 |

### 2.7.2.4 碳水化合物及蛋白质对 $T_g$ 的影响

碳水化合物及蛋白质是食品中的主要成分之一，各种碳水化合物，尤其是可溶性的小分子碳水化合物和可溶性蛋白质对 $T_g$ 有重要的影响（表2-9）。另外，它们的分子量大小对 $T_g$ 也有重要的影响。一般来说，平均分子量越大，分子结构越坚固，分子自由体积越小，体系黏度越高，从而 $T_g$ 也越高。不同DE值（dextrose equivalent，葡萄糖值）的麦芽糊精在不同水分含量时有不同的 $T_g$ 值（表2-9）。DE值越低，说明麦芽淀粉的聚合度越高，即分子量越大。在相同水分含量时，随DE值增大，麦芽糊精的玻璃化转变温度降低。

**表2-9 不同DE值的麦芽糊精的 $T_g$ 比较**

| DE5 | | DE10 | | DE15 | |
|---|---|---|---|---|---|
| 含湿量/(g/100g) | $T_g$/℃ | 含湿量/(g/100g) | $T_g$/℃ | 含湿量/(g/100g) | $T_g$/℃ |
| 0.00 | 188 | 0.00 | 160 | 0.00 | 99 |
| 0.02 | 135 | 0.02 | 103 | 0.02 | 83 |
| 0.04 | 102 | 0.05 | 84 | 0.05 | 65 |
| 0.11 | 44 | 0.10 | 30 | 0.11 | 8 |
| 0.18 | 23 | 0.19 | −6 | 0.20 | −15 |

一般说来，$T_g$ 显著地依赖于溶质的种类和水分含量，而 $T_g'$ 则主要与溶质的类型有关，水分含量的影响很小。对于糖苷和多元醇（最大分子量约为1200），$T_g'$ 或 $T_g$ 随着溶质分子量的增加成比例地提高。当平均 $M_w$ 大于3000（淀粉水解物，其葡萄糖当量DE约大于6）时，$T_g$ 或 $T_g'$ 与平均 $M_w$ 关系较小（图2-26）。但有一些例外，当大分子是以形成“缠结网络”（entanglement networks，EN）的形式时，$T_g$ 将会随着 $M_w$ 的增加而继续升高。

图2-26是不同水解程度的淀粉水解产物的平均分子量与 $T_g'$ 的关系图。由图2-26可知，

位于竖线部分的产品主要是一些水解所得到的小分子，而位于该曲线的水平部分的产品主要是一些水解所得到的大分子。

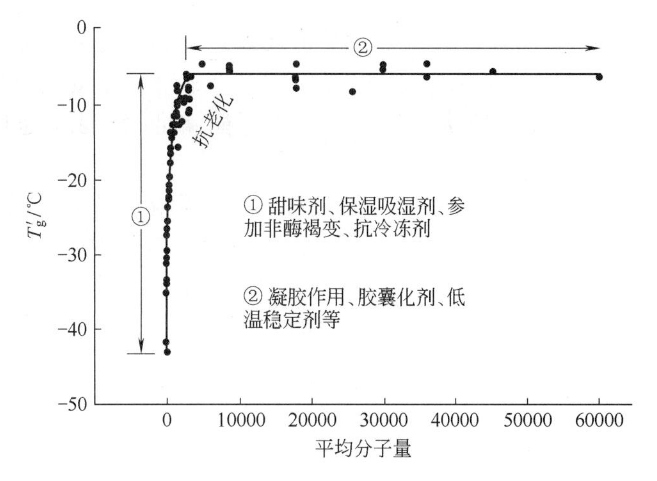


图 2-26　淀粉水解产物的平均分子量与 $T'_g$ 的关系

大多数生物大分子化合物，它们具有非常类似的玻璃化曲线和 $T'_g$（接近−10℃）。这些大分子主要是多糖类（淀粉、糊精、纤维素、半纤维素、羧甲基纤维素、葡聚糖和黄原胶等）和蛋白质（面筋蛋白、麦谷蛋白、麦醇溶蛋白、玉米醇溶蛋白、胶原蛋白、弹性蛋白、角蛋白、清蛋白、球蛋白、酪蛋白和明胶等）。

## 2.7.3　分子流动性、状态图与食品稳定性

食品的各种成分对于其体系的玻璃化转变温度会产生重要的影响，了解食品体系的玻璃化转变温度与食品中各成分的关系对于食品加工和贮藏都有极好的指导意义。但食品体系的玻璃化转变温度仅为预测食品贮藏稳定性提供了一个基本的准则，而且目前关于如何简单、快捷地准确测量实际食品玻璃化转变温度的方法仍处于发展阶段。如何将玻璃化转变温度、水分含量、水分活度等重要临界参数和现有的技术手段综合考虑，并应用于对各类食品的加工和贮藏过程的优化，是今后研究的重点。

### 2.7.3.1　温度、Mm 及食品稳定性的关系

在温度 10～100℃范围内，对于存在无定形区的食品，温度与 Mm 和分子黏度之间显示出较好的相关性。大多数分子在 $T_g$ 或低于 $T_g$ 温度时呈“橡胶态”或“玻璃态”，它的流动性被抑制。这就是说，使无定形区的食品处在低于 $T_g$ 温度，可提高食品的稳定性。

### 2.7.3.2　食品的玻璃化转变温度与稳定性

凡是含有无定形区或在冷冻时形成无定形区的食品，都具有玻璃化转变温度 $T_g$ 或某一范围的 $T_g$（相对于大分子高聚物）。在生物体系中，溶质很少在冷却或干燥时结晶，因此，可以根据 Mm 和 $T_g$ 的关系估计这类物质的限制性扩散稳定性，通常在 $T_g$ 以下，Mm 和所有的限制性扩散反应（包括许多变质反应）将受到严格的限制。因此，如食品的贮藏温度低于 $T_g$ 时，其稳定性就较好。

### 2.7.3.3　根据状态图判断食品的稳定性

已知 $a_w$ 是判断食品稳定性的有效指标。由上讨论可知，根据状态图也可粗略判断食品

的相对稳定性，从而达到预测食品货架期的目的。图 2-24 表示的是食品稳定性依赖于扩散性质的温度-组成状态图，图中指出了食品不同稳定性的区域。当食品处在图的左上角时具有很高的流动性，食品的稳定性差。

食品在低于 $T_g$ 和 $T_g'$ 温度下贮藏，对于受扩散限制影响的食品是非常有利的，可以明显提高食品的货架期。相反，食品在高于 $T_g$ 和 $T_g'$ 温度贮存，则食品容易腐败和变质。在食品贮存过程中应使贮藏温度低于 $T_g$ 和 $T_g'$，即使不能满足此要求，也应尽量减小贮藏温度与 $T_g$ 和 $T_g'$ 的差别。

一般说来，在估计由扩散限制的性质，如冷冻食品的理化性质，冷冻干燥的最佳条件和包括结晶作用、胶凝作用和淀粉老化等物理变化时，应用 Mm 的方法较为有效，但在不含冰的食品中非扩散及微生物生长方面，应用 $a_w$ 效果较好。目前由于测定 $a_w$ 较为快速、方便，因此应用 $a_w$ 评断食品的稳定性仍是较常用的方法。

## 参 考 文 献


[1] 阚健全主编．食品化学．北京：中国农业大学出版社，2002.

[2] 张佳程等主编．食品物理化学．北京：中国轻工业出版社，2007.

[3] Belitz H D，et al. Food Chemistry. Berlin：Springer-Verlag Heidelberg，2004.

[4] Blanshard J M V，et al. The Glassy State in Foods. Nottingham：Nottingham University Press，1993.

[5] Srinivasan Damodaran，Fennema O R. Food Chemistry. 4th ed. New York，Basel，Hong Kong：Marcel Dekker，Inc，2008.

[6] Hartel R W. Crystallization in Foods. Gaitherburg：Aspen，2001.

[7] Shafiur，et al. Food Properties Handbook. New York：CRC Press，Inc，1995.

[8] Walstra P. Physical Chemistry of Foods. New York：Marcel Dekker，Inc，2003.

[9] Kiani H，et al. Water crystallization and its importance to freezing of foods：A review. Trends in Food Science & Technology，2011，22 (8)：407-426.

[10] Maneffa A J，et al. Water activity in liquid food systems：A molecular scale interpretation. Food Chemistry，2017，237：1133-1138.

[11] Thirumdasa R，et al. Plasma activated water (PAW)：Chemistry，physico-chemical properties，applications in food and agriculture. Trends in Food Science & Technology，2018，77：21-31.

# 第3章　碳水化合物

**本章要点：** 食品中碳水化合物在加工及贮藏过程中的变化及其对食品的营养性、安全性及享受性的影响，碳水化合物理化性质、食品功能性及某些多糖或寡糖的性质及保健功能等。

碳水化合物占陆生植物和海藻干重的3/4，它存在于所有的谷物、蔬菜、水果以及其他人类能食用的动、植物及微生物中。碳水化合物是食品的主要组成成分之一，不仅提供了人类主要的膳食热量，而且还提供了人们期望的质构和口感。另外，碳水化合物在加工及贮藏过程中的成分变化也影响着食品的风味、质量及安全性。

## 3.1　概　述

### 3.1.1　碳水化合物的一般概念

碳水化合物主要是植物通过光合作用，由$CO_2$和水转变成的天然有机化合物。根据化学结构和性质，碳水化合物是一类多羟基醛或酮，或者经水解能生成多羟基醛或酮的化合物。

碳水化合物根据组成其单糖的数量可分为单糖、寡糖和多糖。单糖是一类结构最简单的不能再被水解的糖单位，根据其所含碳原子的数目分为丙糖、丁糖、戊糖和己糖等，或称为三碳糖、四碳糖、五碳糖、六碳糖等。单糖根据官能团的特点又分为醛糖和酮糖。寡糖一般是由2～20个单糖分子缩合而成，水解后产生单糖。寡糖又称低聚糖，且多存在于糖蛋白或脂多糖中。根据组成寡糖的单糖种类，寡糖又分为均寡糖或杂寡糖，前者是指由某一种单糖所组成，如麦芽糖、聚合度少于20的糊精等；后者是指由两种或两种以上的单糖所组成，如蔗糖、棉子糖等。多糖是由多个单糖分子缩合而成，其聚合度大于20。根据组成多糖的单糖种类，多糖又分为均多糖或杂多糖，前者如纤维素、淀粉等，后者如海藻多糖、茶叶多糖等；根据多糖的来源，多糖又可分为植物多糖、动物多糖和微生物多糖；根据多糖在生物体内的功能，多糖又可分为结构性多糖、贮藏性多糖和功能性多糖。由于多糖上有许多羟基，这些羟基可与肽链结合，形成了糖蛋白（glycoprotein）或蛋白多糖；与脂类结合可形成脂多糖（lipopolysaccharide）；与硫酸结合而含有硫酸基，则称为硫酸酯化多糖；多糖上的羟基还能与一些过渡性金属元素结合，形成金属元素结合多糖。一般又把上述这些多糖衍生物称为多糖配合物。

### 3.1.2 食品原料中的碳水化合物

食品原料中的碳水化合物根据是否溶于水，大致分为水溶性和水不溶性碳水化合物。一般来说，游离的单糖及寡糖是水溶性的，而多糖的水溶性较差，甚至是不溶的。淀粉是植物源食物中最普通的碳水化合物。糖原是动物源食品中所含的高分子碳水化合物。淀粉和糖原都是一种葡聚糖。淀粉在水溶液中溶解性很小，它对食品的甜味没有贡献，只有水解成低聚糖或葡萄糖后起甜味作用。

大多数植物源食物中只含少量的游离糖（表 3-1、表 3-2）。通常食用的谷物也只含少量的游离糖，大部分游离糖输送至种子中并转变为淀粉（表 3-3）。如玉米粒中仅含有 0.2%～0.5% 的 D-葡萄糖、0.1%～0.4% 的 D-果糖和 1%～2% 的蔗糖；小麦粒中这几种糖的含量分别小于 0.1%、0.1% 和 1%。游离糖不仅本身能赋予食品甜味，而且在热加工过程还能产生大量风味成分和一定的色泽。因此，如何使植物源食物中大量的不溶性多糖变成水可溶性游离糖是食品加工工艺中值得考虑的重要方面。如甜玉米具有甜味，就是基于在蔗糖尚未全部转变为淀粉时采摘。市场上销售的水果一般在未成熟前采收，一方面果实有一定硬度利于运输和贮藏；另一方面在贮藏和销售过程中，淀粉在酶的作用下生成蔗糖或其他单糖，水果经过这种后熟作用而变甜变软。目前加工的食品中水溶性糖含量比其相应的原料要多得多（表 3-4）。

**表 3-1 水果中游离糖含量**（鲜重计） %

| 水果 | D-葡萄糖 | D-果糖 | 蔗糖 | 水果 | D-葡萄糖 | D-果糖 | 蔗糖 |
|---|---|---|---|---|---|---|---|
| 苹果 | 1.17 | 6.04 | 3.78 | 温州蜜橘 | 1.50 | 1.10 | 6.01 |
| 葡萄 | 6.86 | 7.84 | 2.25 | 甜柿肉 | 6.20 | 5.41 | 0.81 |
| 桃子 | 0.91 | 1.18 | 6.92 | 枇杷肉 | 3.52 | 3.60 | 1.32 |
| 生梨 | 0.95 | 6.77 | 1.61 | 杏 | 4.03 | 2.00 | 3.04 |
| 樱桃 | 6.49 | 7.38 | 0.22 | 香蕉 | 6.04 | 2.01 | 10.03 |
| 草莓 | 2.09 | 2.40 | 1.03 | 西瓜 | 0.74 | 3.42 | 3.11 |

**表 3-2 蔬菜中游离糖含量**（鲜重计） %

| 蔬菜 | D-葡萄糖 | D-果糖 | 蔗糖 | 蔬菜 | D-葡萄糖 | D-果糖 | 蔗糖 |
|---|---|---|---|---|---|---|---|
| 甜菜 | 0.18 | 0.16 | 6.11 | 菠菜 | 0.09 | 0.04 | 0.06 |
| 硬花甘蓝 | 0.73 | 0.67 | 0.42 | 甜玉米 | 0.34 | 0.31 | 3.03 |
| 胡萝卜 | 0.85 | 0.85 | 4.24 | 甘薯 | 0.33 | 0.30 | 3.37 |
| 黄瓜 | 0.86 | 0.86 | 0.06 | 番茄 | 1.12 | 1.12 | 0.12 |
| 莴苣 | 0.07 | 0.16 | 0.07 | 嫩荚青刀豆 | 1.08 | 1.20 | 0.25 |
| 洋葱 | 2.07 | 1.09 | 0.89 | 青豌豆 | 0.32 | 0.23 | 5.27 |

**表 3-3 常见部分谷物食品原料中碳水化合物含量**（按每 100g 可食部分计）

| 谷 物 名 称 | 碳水化合物/g | 纤维素/g | 谷物名称 | 碳水化合物/g | 纤维素/g |
|---|---|---|---|---|---|
| 全粒小麦 | 69.3 | 2.1 | 全粒稻谷 | 71.8 | 1.0 |
| 强力粉 | 70.2 | 0.3 | 糙米 | 73.9 | 0.6 |
| 中力粉 | 73.4 | 0.3 | 精白米 | 75.5 | 0.3 |
| 薄力粉 | 74.3 | 0.3 | 全粒玉米 | 68.6 | 2.0 |
| 黑麦全粉 | 68.5 | 1.9 | 玉米糁 | 75.9 | 0.5 |
| 黑麦粉 | 75.0 | 0.7 | 玉米粗粉 | 71.1 | 1.4 |
| 全粒大麦 | 69.4 | 1.4 | 玉米细粉 | 75.3 | 0.7 |
| 大麦片 | 73.5 | 0.7 | 精小米 | 72.4 | 0.5 |
| 全粒燕麦 | 54.7 | 10.6 | 精黄米 | 71.7 | 0.8 |
| 燕麦片 | 66.5 | 1.1 | 高粱米 | 69.5 | 1.7 |

表 3-4　普通加工食品中的糖含量

| 食　　品 | 糖的百分含量/% | 食　　品 | 糖的百分含量/% |
|---|---|---|---|
| 可口可乐 | 9 | 蛋糕(干) | 36 |
| 脆点心 | 12 | 番茄酱 | 29 |
| 冰淇淋 | 18 | 果冻(干) | 83 |
| 橙汁 | 10 | | |

### 3.1.3　碳水化合物与食品质量

碳水化合物与食品的营养、色泽、口感、质构及某些食品功能等都有密切关系。具体表现在：①碳水化合物是六大营养素之一。人体所需要的能量中有70%左右是由糖提供的。②糖类在热作用下与食品中其他成分反应，或在水分较少情况下加热反应，均可产生有色物质，从而对食品的色泽产生一定的影响。③游离糖本身有甜度，对食品口感有重要作用。④食品的黏弹性也与碳水化合物有很大关系，如果胶、卡拉胶等。④食品中纤维素、果胶等不易被人体吸收，除对食品的质构有重要作用外，还能促进肠道蠕动，降低某些疾病发生的概率。⑤某些多糖或寡糖具有特定的生理功能，如香菇多糖、茶叶多糖等，这些功能性多糖是保健食品的主要活性成分。

## 3.2　碳水化合物的理化性质

### 3.2.1　碳水化合物的结构

#### 3.2.1.1　单糖

单糖的分子量较小，分子式为 $C_n(H_2O)_n$。单糖分子是不对称化合物，具有旋光性。由D-甘油醛衍生的单糖就为D型醛糖（D-甘油醛一般是右旋的，用“+”或“*d*”符号表示），L型醛糖是D型醛糖的对映体（L-甘油醛一般是左旋的，用“−”或“*l*”符号表示）。同样由二羟丙酮衍生的单糖就为酮糖。图3-1为由D-甘油醛衍生单糖示意图。

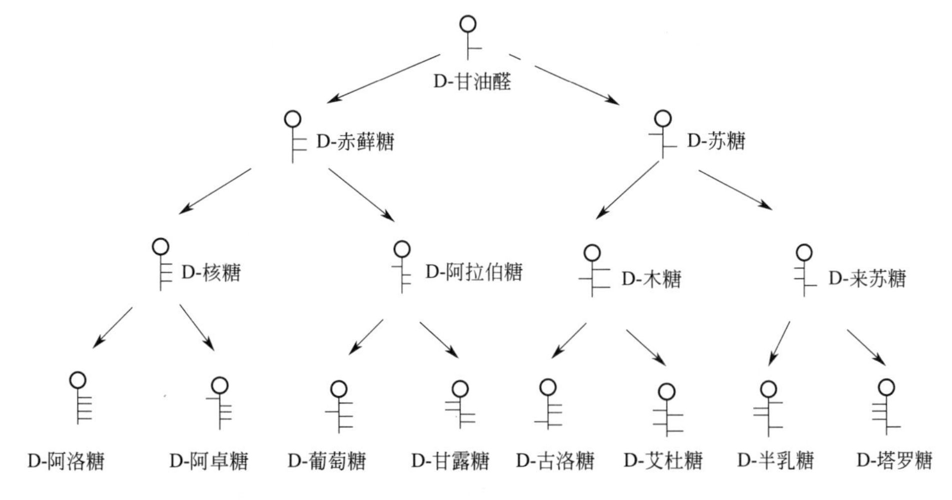


图 3-1　由D-甘油醛衍生单糖示意图

单糖分子的羰基可以与糖分子本身的一个醇基反应，形成比较稳定的五元环的呋喃糖环或六元环的吡喃糖环，并产生了半缩酮或半缩醛。例如，葡萄糖分子的C5羟基和C1羟基反应（图3-2），C5旋转180°使氧原子位于环的主平面，而C6处于平面的上方，C1是手性碳原子，具有两种不同的端基异构体，形成了立体构型不同的$\alpha$和$\beta$两种异头物。

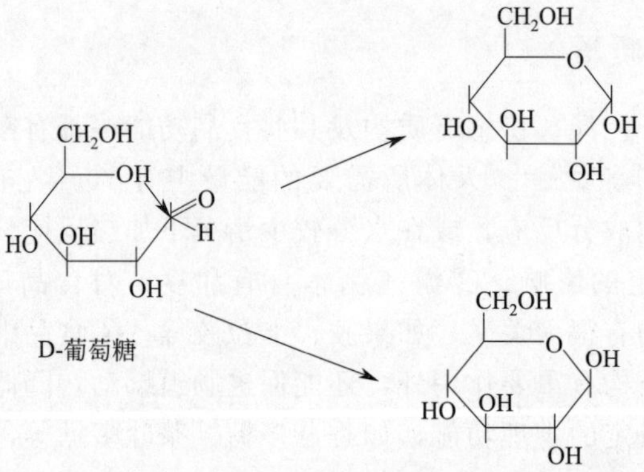

图3-2　D-葡萄糖的环形和异头结构

糖分子中除C1外，任何一种手性碳原子具有不同的构型，则称为差向异构。例如，D-甘露糖是D-葡萄糖的C2差向异构体，D-半乳糖为D-葡萄糖的C4差向异构体。自然界的单糖大多以D构型存在。葡萄糖、果糖、核糖等都是D构型的，而它们的对映体L型只是为证明其结构由化学合成的（用时须注明）。

生物体内的单糖，有部分基团发生变化，形成单糖衍生物。食品中主要的单糖衍生物有：单糖的磷酸酯、脱氧单糖、氨基糖、糖酸、糖醛酸、糖二酸、抗坏血酸（维生素C）、糖醇、肌醇、糖苷等。

#### 3.2.1.2　糖醇与糖苷

**(1) 糖醇**　糖醇指由糖经氢化还原后的多元醇（polyols），按其结构可分为单糖醇和双糖醇。目前所知，除海藻中有丰富的甘露糖醇外，自然界糖醇存在较少。目前食品中所用的糖醇多由相应糖的醛基、酮基或半缩醛羟基（还原性双糖）被还原为羟基所形成的多元羟基化合物。糖醇的商品名称原则上均以相应糖加上“醇”来称呼。糖醇大都是白色结晶，具有甜味，易溶于水，是低甜度、低热值物质。作为糖类重要的氢化产物，不具备糖类典型的鉴定性反应，具有对酸碱热稳定，具备醇类的通性，不发生美拉德褐变反应。

**(2) 肌醇**　肌醇是环己六醇，结构上可以排出九个异构体，其中七个是内消旋化合物，二个是旋光对映体。肌醇的异构体如表3-5中所示。肌醇异构体中具有生物活性的只有肌-肌醇，一般就称它为肌醇。肌醇通常以游离形式存在于动物的肌肉、心脏、肝、肺等组织中，同时多与磷酸结合形成磷酸肌醇。在高等植物中，肌醇的六个羟基都成磷酸酯，即肌醇六磷酸。磷酸肌醇还易与体内的钙、镁结合，形成肌醇六磷酸的钙镁盐。

**(3) 糖苷**　糖苷是单糖的半缩醛上羟基与非糖物质缩合形成的化合物。糖苷的非糖部分称为配基或非糖体，连接糖基与配基的键称苷键。根据苷键的不同，糖苷可分为含氧糖苷、含氮糖苷和含硫糖苷等。

糖苷通常包含一个呋喃糖环或一个吡喃糖环，新形成的手性中心有 $\alpha$ 和 $\beta$ 型两种。因此，D-吡喃葡萄糖应看成是 $\alpha$-D-异头物和 $\beta$-D-异头体的混合物，形成的糖苷也是 $\alpha$-D-吡喃葡萄糖苷和 $\beta$-D-吡喃葡萄糖苷的混合物。一般在自然界中存在的糖苷多为 $\beta$-糖苷。

**表 3-5　肌醇的异构体**

| 异构体 | 向上羟基位置 | 异构体符号 | |
|---|---|---|---|
| 顺-肌醇 | 1,2,3,4,5,6 | Cis | |
| 表-肌醇 | 1,2,3,4,5 | Epi | |
| 别-肌醇 | 1,2,3,4 | Allo | |
| 肌-肌醇 | 1,2,3,5 | Myo | |
| 黏-肌醇 | 1,2,4,5 | Muco | |
| 新-肌醇 | 1,2,3 | Neo | |
| D-(手性)-肌醇 | 1,2,4 | D-chiro | |
| L-(手性)-肌醇 | 1,2,4 | L-chiro | 肌-肌醇 |
| 间-肌醇 | 1,3,5 | Scyllo | |

### 3.2.1.3　低聚糖

低聚糖又称为寡糖，可溶于水，普遍存在于自然界。自然界中以游离状态存在的低聚糖的聚合度一般不超过 6 个糖单位，其中主要是二糖和三糖，熟知的二糖有蔗糖、麦芽糖，三糖有棉子糖。低聚糖的命名通常采用系统命名法，但在食品工业上常用习惯名称，如蔗糖、乳糖、麦芽糖、海藻糖、棉子糖、水苏四糖等。

此外，在食品工业中常用到一些分子量较大的低聚糖，如饴糖和玉米糖浆中的麦芽糖低聚物（聚合度或单糖残基数为 4～20），以及环状糊精（cyclodextrin）或简称环糊精。环状糊精是由 6～8 个 D-吡喃葡萄糖通过 $\alpha$-1,4-糖苷键连接而成的低聚物，分别称为 $\alpha$-环状糊精、$\beta$-环状糊精和 $\gamma$-环状糊精。这三种环状糊精除分子量不同外，水中溶解度、空穴内径等也有不同（表 3-6）。X 射线衍射和核磁共振分析证明，$\alpha$-环状糊精的结构（图 3-3）具有高

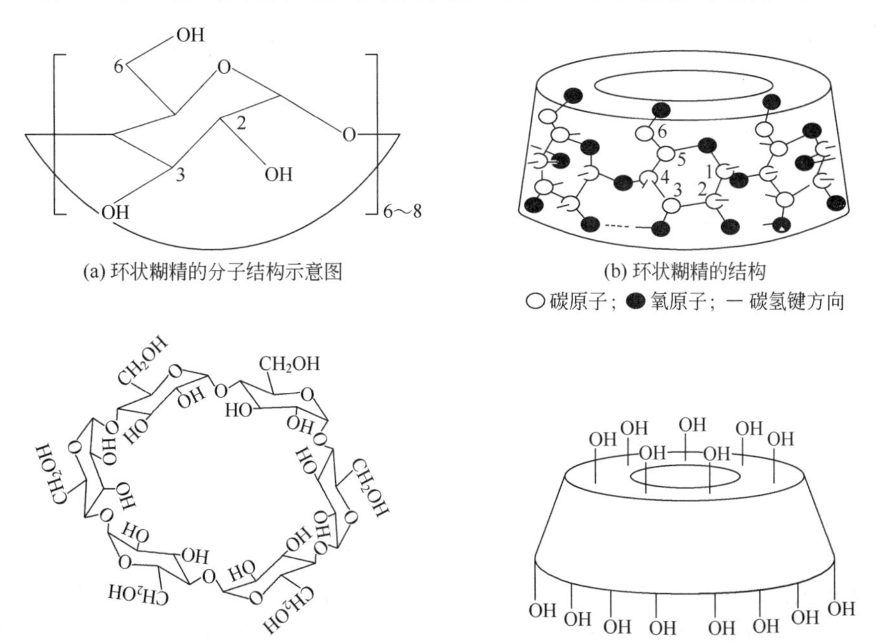

(a) 环状糊精的分子结构示意图

(b) 环状糊精的结构

(c) $\alpha$-环状糊精的结构示意图

(d) $\alpha$-环状糊精的形象表达式

图 3-3　环状糊精的结构示意图

度的对称性，是一个中间为空穴的圆柱体，其底部有 6 个 C6 羟基，上部排列 12 个 C2、C3 羟基，内壁被 C—H 所覆盖，与外侧相比有较强的疏水性。因此，环状糊精能稳定地将一些非极性化合物截留在环状空穴内，从而起到稳定食品香味的作用。

表 3-6 环状糊精一些理化特征

| 项目 | α-环状糊精 | β-环状糊精 | γ-环状糊精 |
|---|---|---|---|
| 葡萄糖残基数 | 6 | 7 | 8 |
| 分子量 | 972 | 1135 | 1297 |
| 水中溶解度(25℃)/(g/mol) | 14.5 | 8.5 | 23.2 |
| 旋光度[α]/(°) | +150.5 | +162.5 | +174.4 |
| 空穴内径/nm | 0.57 | 0.78 | 0.95 |
| 空穴高/nm | 0.67 | 0.70 | 0.70 |

### 3.2.1.4 多糖

**(1) 多糖的结构** 多糖的分子量较大，DP（degree of polymerization，聚合度）值由 21 到几千（也有教材将 DP 值大于 10 时定义为多糖）；多糖的形状有直链和支链两种，前者如纤维素和直链淀粉，后者如支链淀粉、糖原、瓜尔豆聚糖。多糖可由一种或几种单糖单位组成，单糖残基序列可以是周期性交替重复的，一个周期包含一个或几个交替的结构单元；结构单元序列也可能包含非周期性链段分隔的较短或较长的周期性排列残基链段（图 3-4）；也有一些多糖链的糖基序列全是非周期性的（如糖蛋白的多糖部分）。

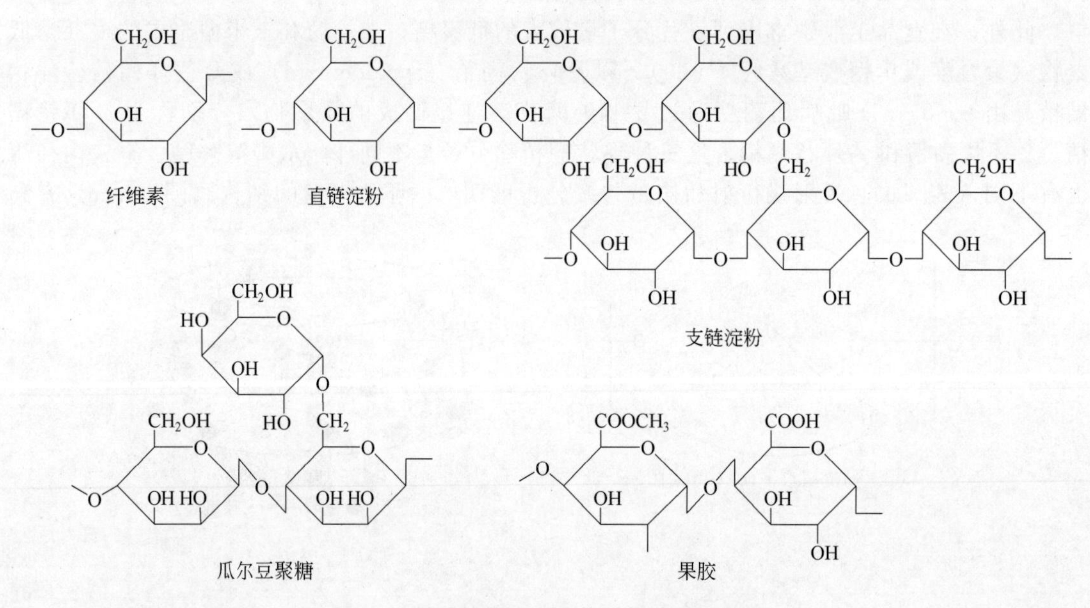


图 3-4 多糖结构中的交替重复单元示意图

多糖的聚合度实际上是不均一的，也就是说多糖的分子量没有固定值，多呈高斯分布，这与核酸、蛋白质有固定的分子量是不同的。多糖分子的不均一性主要与体内代谢状态有较大关系，如动物体内的糖原分子量就与血糖水平有密切关系，当血糖较低时，肝脏中糖原进行水解，以补充血液中葡萄糖，此时糖原的分子量较小；否则反之。此外，某些多糖以糖复合物或混合物形式存在，例如糖蛋白、糖肽、糖脂、糖缀合物等糖复合物，它们的分子量大小受影响因素更多。

**(2) 多糖的构象** 多糖在形状上虽然可分为两种，即直链形和支链形，但多糖的构象远比其形状要复杂。下面以葡聚糖和几种其他多糖为例，介绍某些有代表性的多糖链构象（图3-5）。

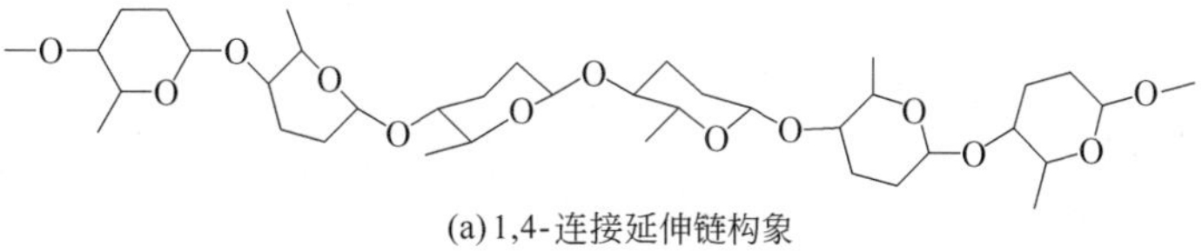

(a) 1,4-连接延伸链构象

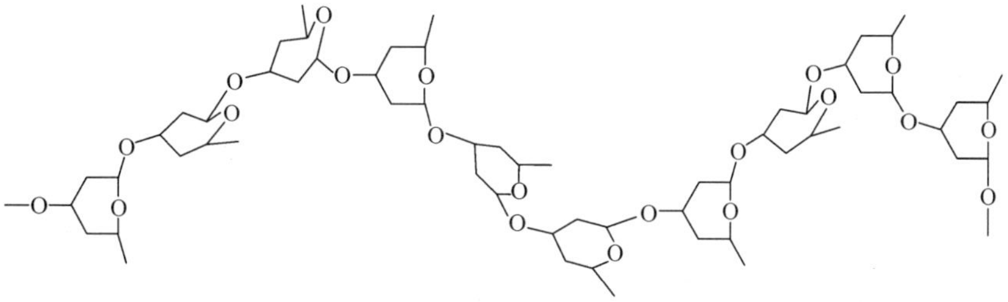

(b) 1,3-连接空心螺旋状构象

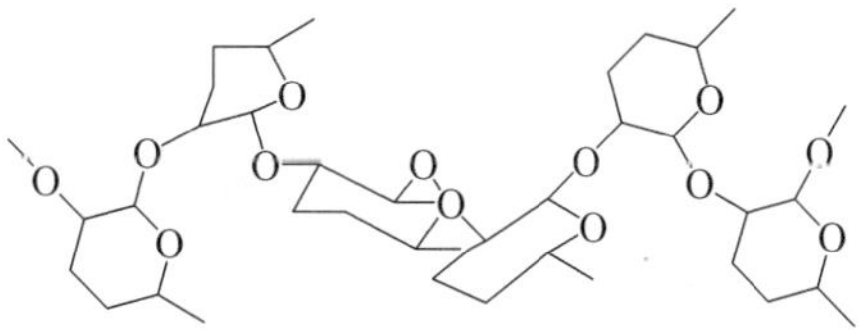

(c) 1,2-连接褶裥螺条构象

图 3-5　一些 β-D-葡聚糖的构象

（根据 Rees，1977）

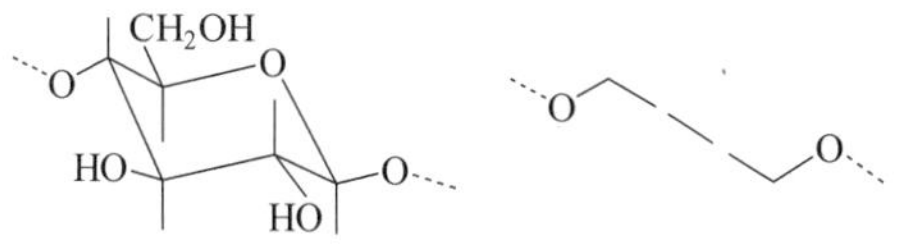

① 延伸或拉伸的带状构象（extended or stretched ribbon-type conformation）　延伸或拉伸的带状构象是 β-D-吡喃葡萄糖残基以 1,4-糖苷键连接成的多糖的特征（图 3-6）。由图 3-6 可知，延伸链构象是由于参与氧连接的单键的锯齿形几何构造形成的。这种链可以被缩短或压紧一些，从而使相邻残基之间的氢键形成，有利于构象的稳定。在带状类型延伸构象中，拐点处单糖的数量以 $n$ 表示，每个单体单元轴方向的倾斜度为 $h$，$n$ 的范围为 2 到 ±4。

$CH_2OH$ HO O HO

图 3-6　以 1,4-β-D-吡喃葡萄糖单位的多糖周期构象

另一种链构象是强褶裥螺条构象（plated ribbon-type conformation），如果胶和海藻酸（图 3-7）。果胶链段是由 1,4-连接的 α-D-吡喃半乳糖醛酸单位组成，海藻酸链段由 1,4-连接的 α-L-吡喃古洛糖醛酸单位构成。

由于海藻酸链段上有许多氧原子，可与某些过渡性金属元素呈配位结合。从图 3-7 海藻酸链段结构示意图可看出，海藻酸链段结合了 $Ca^{2+}$ 能使构象保持稳定。海藻酸链的上述结构特征，常呈现出二个海藻酸链装配成类似蛋箱的构象，通常称为蛋箱型构象。

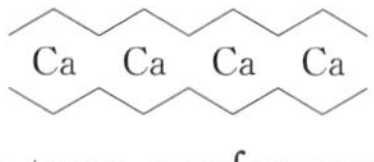

Ca　Ca　Ca　Ca

② 空心螺旋状构象（hollow helix-type conformation）　这种是以 1,3-糖苷键连接的 β-

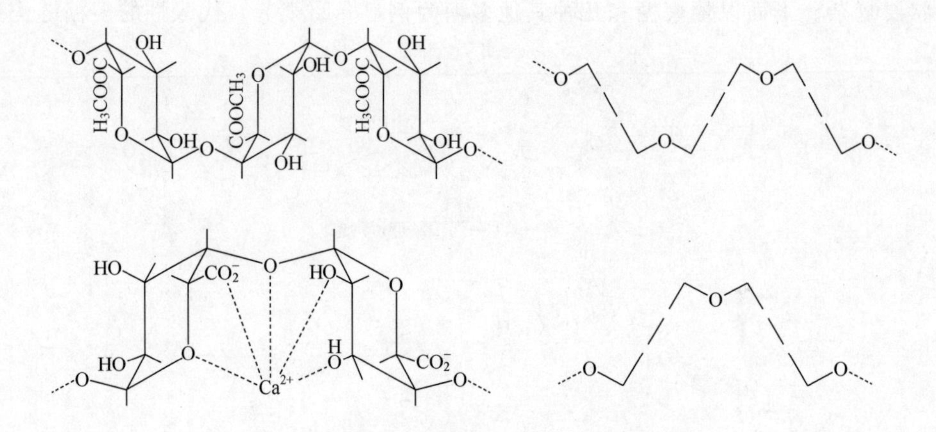


图 3-7　果胶和海藻酸的褶裥螺条构象链段

D-吡喃葡萄糖残基的典型构象，存在于苔藓状植物中的地衣多糖内，它是由 1,3-连接的 $\beta$-D-吡喃葡萄糖单位组成，以具有空心螺旋型构象为其结构特征［图 3-8(a)］。直链淀粉也具有这种几何形状，所以呈现螺旋构象［图 3-8(b)］。

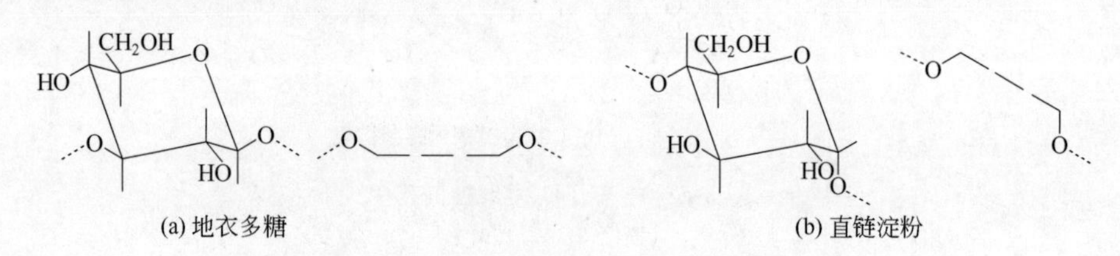


图 3-8　地衣多糖和直链淀粉的链构象

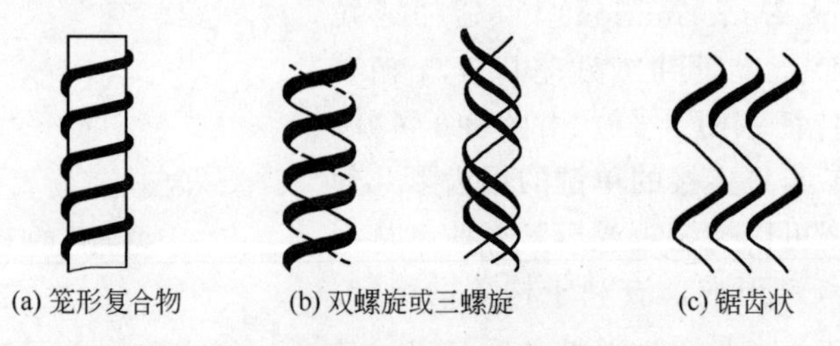


图 3-9　螺旋构象的稳定

（根据 Rees，1977）

螺旋构象可以通过许多方式来稳定。当螺旋直径较大时笼形复合物就形成了［图 3-9(a)］。较多的带有小螺旋直径的延伸链可以形成双螺旋或三螺旋［图 3-9(b)］，较强的延伸链为了稳定构象会形成锯齿状［图 3-9(c)］。

③ 褶皱型构象（crumpled-type conformation）　这种构象存在于 1,2-连接的 $\beta$-D-吡喃葡萄糖残基中，这种构象是由单体氧桥连接的褶皱几何形状引起的。$n$ 值的范围为 4 到 $-2$，$h$ 为 0.2～0.3nm。这种构象类型的多糖在自然界中很少存在。

④ 松散结合构象（loosely-joined conformation）　由 1,6-连接的 $\beta$-D-吡喃葡萄糖单位构成的葡聚糖，是这类多糖结构的典型，其构象表现出特别大的易变性。葡聚糖的这种构象具有很大的柔顺性，它与连接单体间的连接桥性质有关。连接桥有 3 个能自由旋转的键，而且糖残基之间相隔较远。

⑤ 杂多糖构象　从上面的例子可知，根据保持多糖的单体、单位键和氧桥的几何形状，可以预计均多糖的构象，但很难预计包含不同构象的几个单体周期序列的杂多糖构象，例如 $\iota$-卡拉胶中的 $\beta$-D-吡喃半乳糖-4-硫酸酯单位呈 U 形几何形状（图 3-10），而 3,6-脱水-$\alpha$-D-吡喃半乳糖-2-硫酸酯残基是锯齿形。

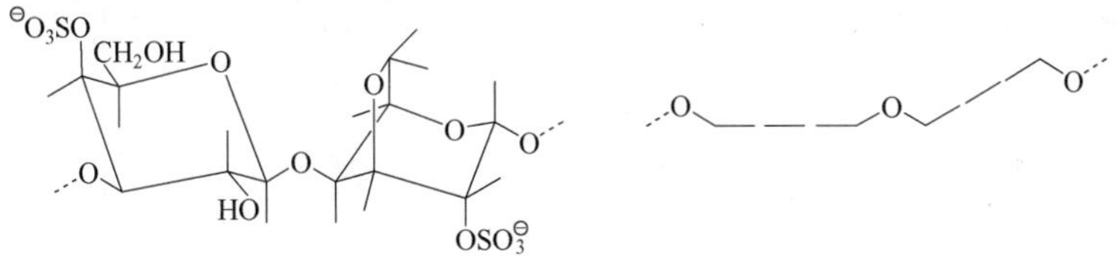

图 3-10　$\iota$-卡拉胶中的链构象

$\iota$-卡拉胶的构象可从短的压缩螺条形到拉伸的螺旋形不等，但实际上 X 射线衍射分析结果证明 $\iota$-卡拉胶存在拉伸螺旋，而且是稳定的双股螺旋构象。

⑥ 链间的相互作用　多糖中周期性排列的单糖序列可以被非周期性的片段所中断，这种序列的中断导致了构象的无序。$\iota$-卡拉胶可以更详细地解释上述现象，$\iota$-卡拉胶在其生物合成反应中最初得到的是 $\beta$-D-吡喃半乳糖-4-硫酸酯（$^4C_1$，图 3-11 Ⅰ）和 $\alpha$-D-吡喃半乳糖-2,6-二硫酸酯（$^4C_1$，图 3-11 Ⅱ）单位相互交替构成的周期序列。当链生物合成完全时，由于受到酶催化反作用，$\alpha$-D-吡喃半乳糖-2,6-二硫酸酯（Ⅱ）去掉了一个硫酸基，转变成 3,6-脱水-$\alpha$-D-吡喃半乳糖-2-硫酸酯（$^1C_4$，图 3-11 Ⅲ），这种转变与链的几何形状变化有关。某些已脱去一个硫酸酯的残基单位，在链序列中起到干扰作用。而一个链中未发生这种转变的有序链段，可以与另一个链的相同链段发生缔合，形成双螺旋。非周期或无序的链段则不能参与这种缔合（见图 3-12）。

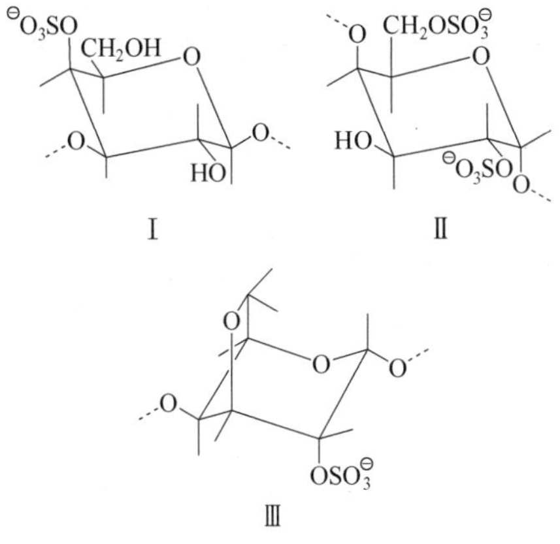

图 3-11　$\iota$-卡拉胶的结构单元

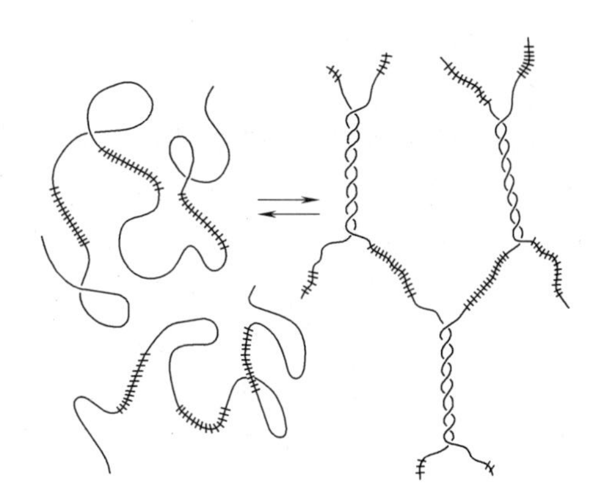

图 3-12　凝胶的胶凝过程示意图
——— 周期序列；########## 非周期序列

$\iota$-卡拉胶由于链与链的相互作用而形成具有三维网络结构的凝胶，溶剂被截留在网络之中，凝胶强度受 $\alpha$-D-吡喃半乳糖-2,6-二硫酸酯残基数和分布的影响。

$\iota$-卡拉胶凝胶形成机制可以解释其他大分子凝胶的形成。这种机制涉及了有序构象的序列片断中链与链之间的相互反应，并被对应的无序随机盘绕的片段所中断。除了充足的链长度，凝胶形成的结构上的前提条件是周期性序列和它的有序构象的中断。这种中断可以通过插入一个不同几何形状的糖残基来实现，也可以通过游离的和酯化的羧基（糖醛酸）的合理分布或通过插入支链来完成。凝胶形成过程中的链间结合（网状构象）可能存在双螺旋［图 3-13(a)］；双螺旋束［图 3-13(b)］；延伸带状构象之间的连接，例如蛋箱模型［图 3-13(c)］；一些其他的相似连接［图 3-13(d)］；或者还有双螺旋和带状构象组成的形式［图 3-13(e)］。

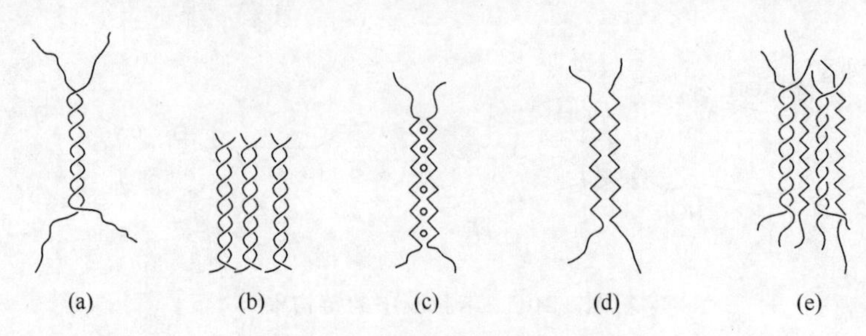


图 3-13　正规构象间链的聚集

(a) 双螺旋；(b) 双螺旋束；(c) 蛋箱模型；(d) 螺条-螺条；(e) 双螺旋、螺条相互作用

## 3.2.2　碳水化合物的理化性质

### 3.2.2.1　溶解性

单糖、糖醇、糖苷、低聚糖等一般可溶于水。如在 20℃时 100g 水中能溶解 195g 蔗糖。糖醇则因品种不同在水中溶解性能有很大差别，溶解度大于蔗糖的为山梨醇（220g/100g）；溶解度低于蔗糖的有甘露醇（17g/100g）、赤藓糖醇（50g/100g）、异麦芽酮糖醇（25g/100g）；和蔗糖相近的有麦芽糖醇、乳糖醇和木糖醇。由于糖醇在水中溶解时吸收的热量要比蔗糖高得多，如木糖醇的溶解热为 153.0J/g，而蔗糖为 17.9J/g，因此糖醇尤其是木糖醇特别适宜制备具有清凉感的食品。

糖苷的溶解性能与配体有很大关系，一般是糖苷的溶解性能要比相应的配体好得多，黄酮类一般难溶于水中，但它与糖形成糖苷后，就有利于在水中溶解，从而对食品的色泽和滋味产生重要影响。

多数情况下多糖分子链中的每个糖基单位平均含有 3 个羟基，每个羟基均可和一个或多个水分子形成氢键。此外，环上的氧原子以及糖苷键上的氧原子也可与水形成氢键。因此，多糖分子链中单糖单位能够完全被溶剂化，使之具有较强的持水能力和亲水性，易于水化和溶解。在食品体系中多糖具有控制水分移动的能力，同时水分又是影响多糖的物理和功能性质的重要因素。因此，食品的许多功能性质都与多糖和水分有关。

与多糖的羟基通过氢键结合的水被称为水合水或结合水，这部分水由于使多糖分子溶剂化而自身运动受到限制，通常这种水不会结冰（见第 2 章），也称为塑化水。这部分水的运动虽受到阻滞，但能自由地与其他水分子迅速发生交换，在凝胶和新鲜组织食品的总水分中，这种水合水所占的比例较小。

多糖是一类高分子化合物，水虽能使多糖分子溶剂化，但多糖不会增加水的渗透性而显著降低水的冰点，因此，多糖是一种冷冻稳定剂，例如淀粉溶液冻结时形成了两相体系，一相为结晶水（即冰），另一相是由大约 70％淀粉与 30％非冻结水组成的玻璃态（见第 2 章）。非冻结水构成了高浓度的多糖溶液，由于黏度很高，因而体系中的非冻结水的流动性受到限制。另一方面多糖在低温时的冷冻浓缩效应，不仅使分子的流动性受到了极大的限制，而且使水分子不能被吸附到晶核和结合在晶体生长的活性位置上，从而抑制了冰晶的生长。上述原因使多糖在低温下具有很好的稳定性。因此在冻藏温度（−18℃）以下，无论是高分子质量或低分子质量的多糖，均能有效阻止食品的质地和结构受到破坏，从而有利于提高产品的质量和贮藏稳定性。

在大分子碳水化合物中还有一部分高度有序的多糖，其分子链因相互紧密结合而形成结晶结构，与水接触的羟基极大地减少，因此不溶于水，只有使分子链间氢键断裂才能增溶。例如纤维素，由于它的结构中 $\beta$-D-吡喃葡萄糖基单位的有序排列和线性伸展，使得纤维素分子的长链和另一个纤维素分子中相同的部分相结合，导致纤维素分子在结晶区平行排列，使得水不能与纤维素的这些部位发生氢键键合，所以纤维素的结晶区不溶于水，而且非常稳定。

在大分子碳水化合物中大部分多糖不具有结晶结构，因此易在水中溶解或溶胀。在食品工业和其他工业中使用的水溶性多糖和改性多糖，通常被称为胶或亲水胶体。

大分子多糖溶液都有一定的黏稠性，其溶液的黏度取决于分子的大小、形状、所带净电荷和溶液中的构象。多糖（胶或亲水胶体）的增稠性和胶凝性对食品有重要的影响。

#### 3.2.2.2 水解反应

**(1) 糖苷的水解** 在食品中糖苷的含量虽然不高，但具有重要的生理效应和食品功能性。如天然存在的皂角苷是强泡沫形成剂和稳定剂，黄酮糖苷使食品产生苦味和颜色。除少量糖苷［如斯切维苷（stevoside）和奥斯莱丁（osladin）等］有较强的甜味外，大多数糖苷如芸香苷（rutin）、槲皮苷（quercetin），特别是当配基部分比甲基大时，则会产生微弱以至极强的苦味、涩味。一旦糖苷发生水解不仅其苷元的溶解度相应降低，而且其苦涩味也相应减轻，对食品的色泽及口感都产生重要影响。

氧糖苷连接的 $O$-苷键在中性和弱碱性 pH 环境中是稳定的，而在酸性条件下易水解。食品（除酸性较强的食品外）中大多数糖苷都是稳定的。糖苷在酸性条件下水解过程以甲基吡喃糖苷①为例加以说明，其酸水解过程是：其一通过𬭩盐（oxoniun salt）②和离子③；其二经过⑤和环离子⑥。最终都生成吡喃糖④。但以①→⑤→⑥→④途径为主（图 3-14）。

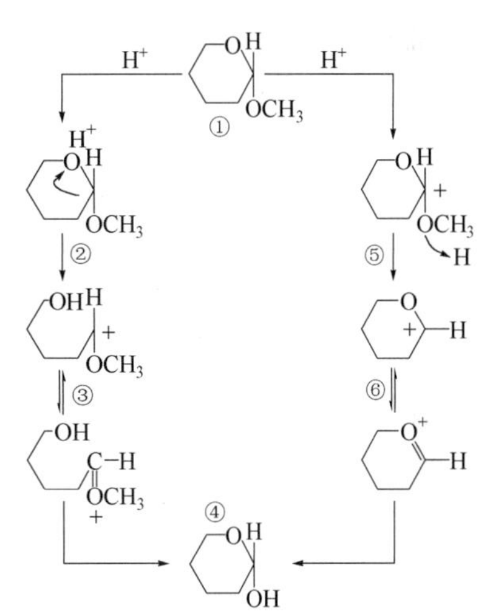

图 3-14 甲基吡喃糖苷在酸性条件下水解过程示意图

糖苷的酶水解时，糖基部分变为反应活性高的半椅式构象，使糖苷键变弱，糖苷从酶分子上得到质子给糖苷氧原子，当氧从这个碳原子上分离出来时，即产生一个碳正离子，此碳正离子与酶分子上的阴离子基团—$COO^-$ 作用而暂时稳定，直到与溶剂中的—$OH^-$ 作用完成水解作用。酶水解对糖苷和配基均有一定的专一性。

氮糖苷键连接的 $N$-糖苷不如 $O$-糖苷稳定，在水中易水解，如 $N$-糖苷（糖基胺）在水中不稳定，并通过一系列复杂反应产生有色物质，这些反应是引起美拉德褐变的主要原因。

$S$-糖苷的糖基和配基之间存在一个硫原子，这类化合物多是芥子和辣根中天然存在的成分，称为硫代葡萄糖苷或者硫葡萄糖苷。硫代葡萄糖苷是非常稳定的水溶性物质，但在硫代葡萄糖苷酶作用下可产生异硫氰酸等产物（图 3-15）。

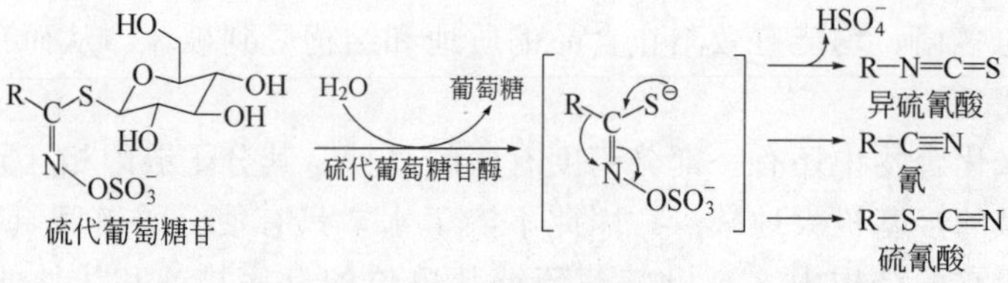

图 3-15 硫代葡萄糖苷在硫代葡萄糖苷酶作用下的水解示意图

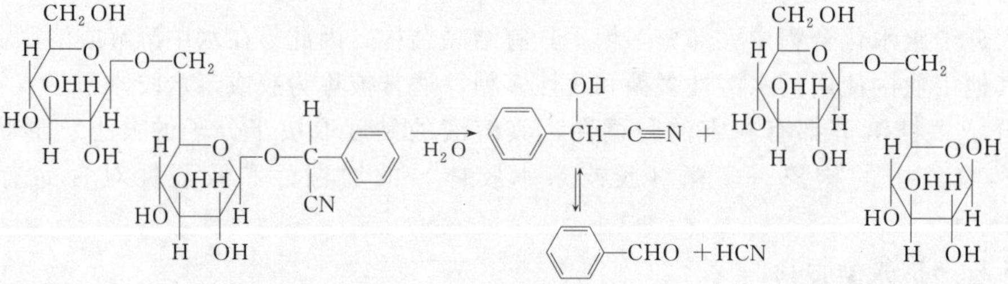

图 3-16 苦杏仁苷的酸水解或酶水解示意图

某些食物中含另一类重要的糖苷即生氰糖苷，在体内水解即产生氢氰酸，它们广泛存在于自然界，特别是杏、木薯、高粱、竹、利马豆中。苦杏仁苷（amygdalin）、扁桃腈（mandelonitrile）糖苷是人们熟知的生氰糖苷。苦杏仁苷彻底水解则生成 D-葡萄糖、苯甲醛和氢氰酸（图 3-16）。食物中主要的硫代糖苷及其水解产物详见第 12 章。

糖苷水解速率除受酶活性及酸、碱性强弱影响外，还受以下因素影响：糖苷键的构型，一般是 $\beta$ 型＞$\alpha$ 型；糖环上是否有取代基，一般是有取代基后其水解速率减慢；糖基氧环的大小，一般呋喃糖比吡喃糖苷水解速率快得多（表 3-7）。糖苷的水解速率随温度升高而急剧增大，符合一般反应速率常数的变化规律（表 3-7）。

**表 3-7 温度对糖苷水解速率的影响**

| 糖苷(0.5mol/L 硫酸溶液中) | $k$[①] $/\times10^6 s^{-1}$ | | |
|---|---|---|---|
| | 70℃ | 80℃ | 93℃ |
| 甲基-$\alpha$-D-吡喃葡萄糖苷 | 2.82 | 13.8 | 76.1 |
| 甲基-$\beta$-D-呋喃果糖苷 | 6.01 | 15.4 | 141.0 |

① $k$ 为一级反应速率常数。

**(2) 低聚糖及多糖的水解** 低聚糖如同其他糖苷一样容易被酸和酶水解，但对碱较稳定。蔗糖水解称为转化，生成等摩尔葡萄糖和果糖的混合物称为转化糖（invert suger）。多糖在酸或酶的催化下也易发生水解，并伴随黏度降低、甜度及溶解性增加。在果汁、果葡糖浆等生产过程中常利用酶水解多糖。工业上采用 α-淀粉酶和葡萄糖糖化酶水解玉米淀粉得到近乎纯的 D-葡萄糖。然后用异构酶使 D-葡萄糖异构化，形成由 54％D-葡萄糖和 42％D-果糖组成的平衡混合物，称为果葡糖浆。这种廉价甜味剂可以代替蔗糖。

正如糖苷的水解速率受它的结构、pH、时间、温度和酶的活力等因素的影响，低聚糖和多糖的水解速率也受它的结构、pH、时间、温度和酶活性等因素的影响。

#### 3.2.2.3 氧化反应

含有游离醛基的醛糖或能产生醛基的酮糖都是还原糖，如葡萄糖及果糖等。它们在碱性条件下，有弱的氧化剂存在时即可被氧化成醛糖酸（aldonic acid）；有强的氧化剂存在时，醛糖的醛基和伯醇基均被氧化成羧基，形成醛糖二酸（aldaric acid）。

醛糖在酶作用下也可发生氧化。如某些醛糖在特定的脱氢酶作用下其伯醇被氧化，而醛基被保留，生成糖醛酸（uronic acid）。常见的糖醛酸主要有 D-葡萄糖醛酸（D-glucuronic acid）、D-半乳糖醛酸（D-galacturonic acid）和 D-甘露糖醛酸（D-manuronic acid），它们都是很多杂多糖的组成成分。

D-葡萄糖在葡萄糖氧化酶作用下易氧化成 D-葡糖酸，商品 D-葡糖酸及其内酯的制备如图 3-17 所示。D-葡糖酸-$\delta$-内酯（D-葡萄糖-1,5-内酯）可通过中间双环的形式转变为 $\gamma$-内酯，葡糖酸-$\delta$-内酯和 $\gamma$-内酯可相互转换，在室温下葡糖酸-$\delta$-内酯和 $\gamma$-内酯都可以水解生成 D-葡糖酸，随着水解不断进行，pH 值逐渐下降，是一种温和的酸化剂，可用于要求缓慢释放酸的食品中。例如肉制品、乳制品和豆制品，特别是焙烤食品中作为发酵剂。

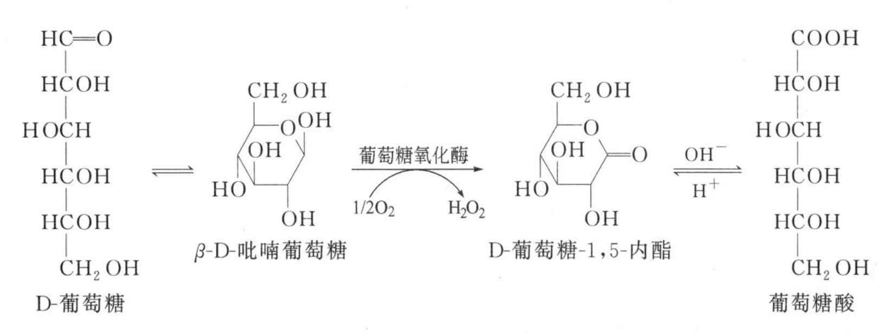


图 3-17 D-葡萄糖在葡萄糖氧化酶作用下的氧化

### 3.2.2.4 还原反应

单糖的羰基在适当的还原条件下可被还原成对应的糖醇（polyol），酮糖还原由于形成了一个新的手性碳原子，因此能得到两种相应的糖醇。图 3-18 是 D-葡萄糖及 D-果糖还原产生的糖醇。

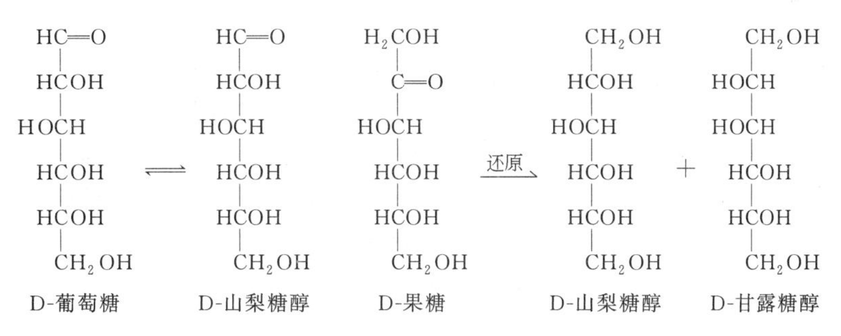


图 3-18 D-葡萄糖和 D-果糖的还原

### 3.2.2.5 酯化与醚化反应

糖分子中的羟基与小分子醇的羟基类似，能同有机酸和一些无机酸形成酯，如 D-葡萄糖-6-磷酸酯、D-果糖-1,6-二磷酸酯等（图 3-19）。马铃薯淀粉中发现含有少量磷酸酯基，卡拉胶中含有硫酸酯基。商业上常将玉米淀粉衍生化生成单酯和双酯，最典型的是琥珀酸酯、琥珀酸半酯和二淀粉己二酸酯。蔗糖脂肪酸酯是食品中一种常用的乳化剂。

糖中羟基，除能形成酯外还可生成醚。但天然存在的多糖醚类化合物不如多糖酯那样多。然而多糖醚化后可明显改善其性能。例如食品中使用的羧甲基纤维素钠和羟丙基淀粉等。

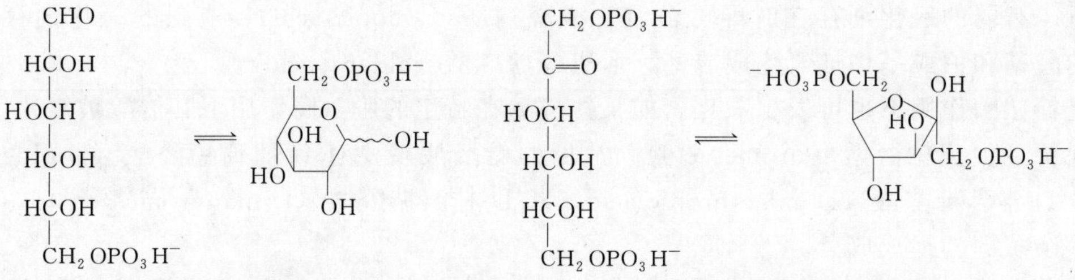

(a) D-葡萄糖-6-磷酸酯　　(b) D-果糖-1,6-二磷酸酯

图 3-19　糖磷酸酯结构示意图

在红藻多糖特别是琼脂胶、$\kappa$-卡拉胶和 $\iota$-卡拉胶中存在一种特殊的醚，即这些多糖中的D-半乳糖基的 C3 和 C6 之间脱水形成的内醚。

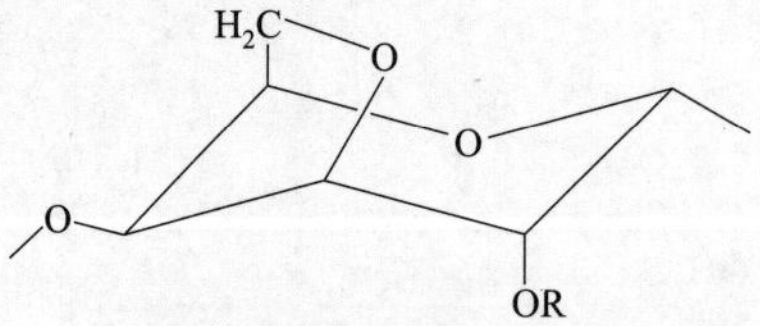

3,6-脱水-$\alpha$-D-半乳糖吡喃基

#### 3.2.2.6　乙酰化反应

多糖的乙酰化修饰是改变其理化性质又一方法。天然多糖链上羟基基团，在适当条件下可与乙酰化试剂（如乙酸或乙酸酐）发生亲核取代反应，生成相应的多糖酯（图 3-20）。

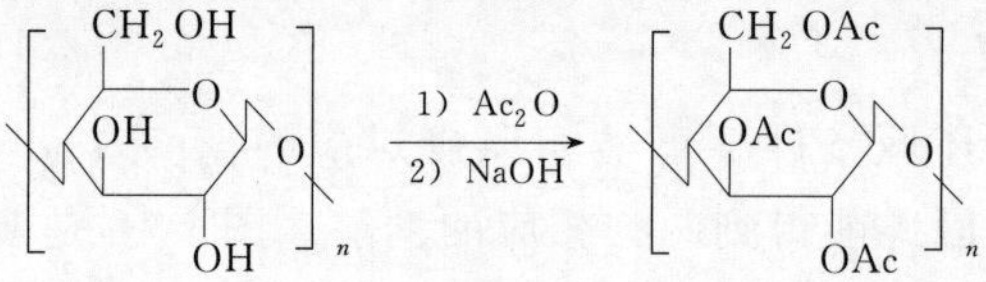

图 3-20　多糖乙酰化反应机理示意图

多糖的乙酰取代度大小将影响多糖的理化性质。乙酰化后的多糖水溶性明显增加，且随取代度增加越易溶解，如低取代的乙酰化绿豆淀粉溶解度及膨润力均增大，其水溶液的透明度增加；乙酰化淀粉的抗凝沉性增强，同时具有较好的凝胶特性。近年来，乙酰化反应已被广泛用于增加多糖的疏水性，多糖经乙酰化后显示出更好的降低油/水界面张力，赋予其两亲性（amphiphilic character）。且乙酰化的方法可根据多糖特性和改性的目的而变化。

## 3.3　碳水化合物的食品功能性

### 3.3.1　亲水功能

碳水化合物含有许多亲水性羟基，它们靠氢键键合与水分子相互作用，因而对水有较强的亲和力。例如将不同结构的单糖或低聚糖放置在不同的湿度（RH）若干时间后就能结合一定的空气中水分（表 3-8）。糖醇除了甘露醇、异麦芽酮糖醇外，均有一定吸湿性，特别是在相对湿度较高的情况下。此外糖醇的吸湿性和其自身的纯度有关，一般纯度低其吸湿性高。鉴于糖醇的吸湿性，它适于制取软式糕点和膏体的保湿剂。但也应注意在干燥条件下保存糖醇，以防止吸湿结块。多糖放置在不同的湿度（RH）若干时间后也能结合一定的空气中水分并有较好的持水性，即保湿性。

**表 3-8　糖吸收潮湿空气中水分的百分含量**　　%

| 糖 | 20℃、不同相对湿度(RH)和时间 | | |
|---|---|---|---|
| | 60%,1h | 60%,9d | 100%,25d |
| D-葡萄糖 | 0.07 | 0.07 | 14.5 |
| D-果糖 | 0.28 | 0.63 | 73.4 |
| 蔗糖 | 0.04 | 0.03 | 18.4 |
| 麦芽糖(无水) | 0.80 | 7.0 | 18.4 |
| 含结晶水麦芽糖 | 5.05 | 5.1 | 未测 |
| 无水乳糖 | 0.54 | 1.2 | 1.4 |
| 含结晶水乳糖 | 5.05 | 5.1 | 未测 |

碳水化合物的亲水能力是最重要的食品功能性质之一，碳水化合物结合水的能力通常体现在吸湿性和保湿性方面（图 3-21）。根据这些性质可以确定不同种类食品是需要限制从外界吸入水分或是控制食品中水分的损失。例如糖霜粉可作为前一种情况的例子，糖霜粉在包装后不应发生黏结，添加不易吸收水分的糖如乳糖或麦芽糖能满足这一要求。另一种情况是防止水分损失，如糖果蜜饯和面包，必须添加吸湿性较强的糖，即玉米糖浆、高果糖玉米糖浆或转化糖、糖醇等。

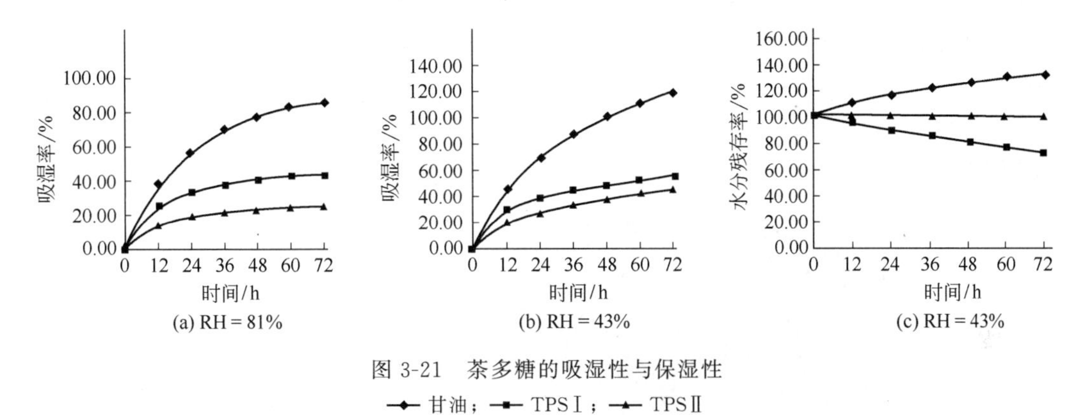


图 3-21　茶多糖的吸湿性与保湿性
—◆— 甘油；—■— TPSⅠ；—▲— TPSⅡ

## 3.3.2　黏度与凝胶作用

### 3.3.2.1　黏度的概念

黏度（viscosity）是表征流体流动时所受内摩擦阻力大小的物理量，是流体在受剪切应力作用时表现出的特性。黏度常用毛细管黏度计、旋转黏度计、落球式黏度计和振动式黏度计等来测定。

单糖、糖醇、低聚糖及可溶性大分子多糖都有一定的黏度，如 70%的山梨醇的黏度为 180mPa・s，75%的麦芽糖醇浆为 1500mPa・s。影响碳水化合物黏度的因素较多，主要有内在因素（如平均分子量大小、分子链形状等）和外界因素（如浓度、温度等）。

### 3.3.2.2　多糖溶液的黏度

多糖溶液的黏度与相应食品的黏稠性及胶凝性都有重要关系，可以影响食品的功能。此外，通过控制多糖溶液的黏度还可控制液体食品及饮料的流动性与质地，改变半固体食品的形态及O/W型乳浊液的稳定性。如糖厂在煮糖过程中，需要控制并降低糖浆的黏度。因为糖浆的黏度过高，会使糖浆的对流性能下降，不仅延长了煮糖的时间，额外地增加能耗；而且由于煮糖时间的延长，使糖浆与煮糖罐壁、加热管壁接触的时间也延长，加深了成品糖的色泽，并会出现一些不良晶体，如“伪晶”“并晶”等。但在某些食品生产时需要一定的黏度，以便形成凝胶，此时可通过增加多糖浓度来实现，多糖的使用量在0.25%～0.50%范围内，即可产生很高的黏度甚至形成凝胶。

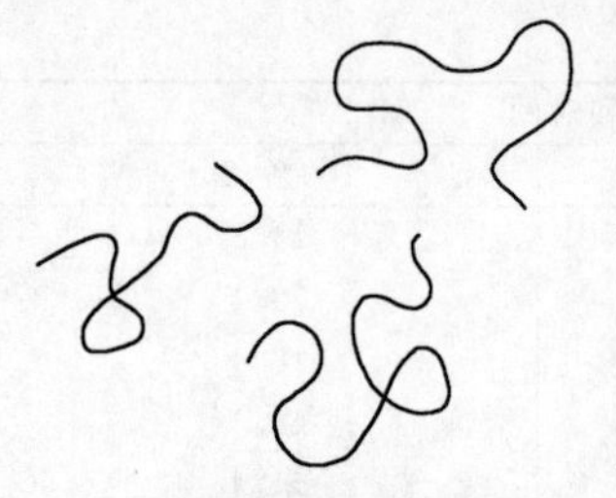

图3-22　多糖分子的无规线团状

多糖溶液的黏度同分子的大小、形状、所带净电荷及其所在溶液中的构象有关。多糖分子在溶液中的形状是围绕糖基连接键振动的结果，一般呈无序的无规线团状（图3-22）。大多数多糖在溶液中所呈现的无规线团状性质与多糖的组成及连接方式有密切关系。

同样聚合度（DP）的直链多糖和支链多糖在水溶液中的黏度就大不一样。直链多糖即线性多糖在溶液中占有较大的屈绕回转空间，其“有效体积”和流动产生的阻力一般都比支链多糖大，分子间彼此碰撞的频率高。因此，直链多糖即使在低浓度时也能产生很高的黏度。

支链多糖在溶液中链与链之间的相互作用不太明显，因而分子的溶剂化程度较直链多糖高，更易溶于水。特别是高度支化的支链多糖比同等DP的直链多糖占有的“有效体积”的回转空间要小得多（图3-23），因而分子之间相互碰撞的频率也较低，溶液的黏度也就远低于相同DP的直链多糖溶液。

多糖溶液的黏度大小除与多糖的聚合度（DP）、伸展程度和刚性有关外，还与多糖链溶剂化后的形状和柔顺性有关。

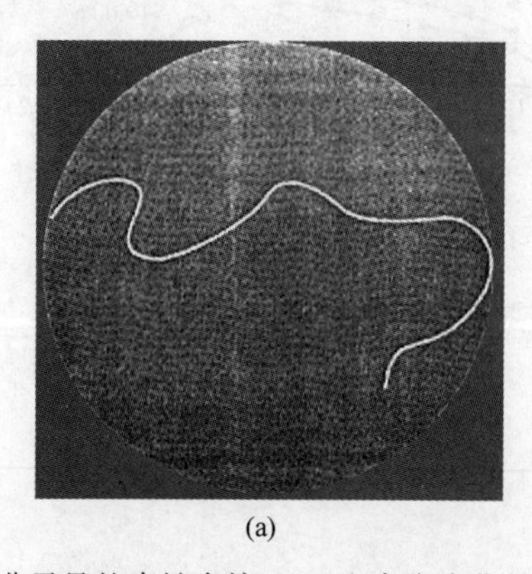

(a)

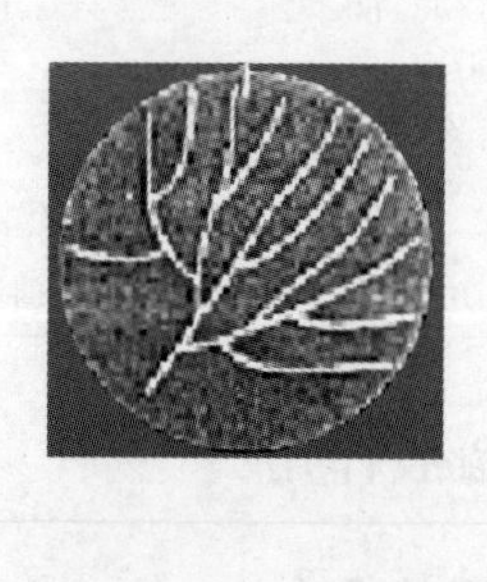

(b)

图3-23　相同分子量的直链多糖（a）和高度支化的支链多糖（b）在溶液中占有的相对体积

另外，多糖在溶液中所带电荷状态对其黏度也有重要影响。对于仅带一种电荷的直链多糖（一般是带负电荷，例如羧基、硫酸半酯基或磷酸基的电离），由于同种电荷产生静电斥力，使得分子伸展、链长增加、占有的“有效体积”也增加，因而溶液的黏度大大提高。pH值对黏度大小有较显著的影响，其原因与多糖在溶液中所带电荷状态有密切关系。如含羧基的多糖在pH2.8时电荷效应最小，这时羧基电离受到了抑制，这种聚合物的行为如同不带电荷的分子。

一般而言，不带电荷的直链均多糖，因其分子链中仅具有一种中性单糖的结构单元和一种键型，如纤维素或直链淀粉，分子链间倾向于缔合和形成部分结晶，这些结晶区不溶于水，而且非常稳定。通过加热，多糖分子溶于水并形成不稳定的分散体系，随后分子链间又相互作用形成有序排列，快速形成沉淀或胶凝现象。例如直链淀粉在加热后溶于水，分子链伸长，当溶液冷却时，分子链段相互碰撞，分子间形成氢键相互缔合，成为有序的结构，并在重力的作用下形成沉淀。淀粉中出现的这种不溶解效应称为“老化”。伴随老化，水被排除，则称为“脱水收缩”。面包和其他焙烤食品，会因直链淀粉分子缔合而变硬。支链淀粉在长期储藏后，分子间也可能缔合产生老化。

带电荷的直链均多糖会因静电斥力阻止分子链段相互接近，同时引起链伸展，产生高黏度，形成了稳定的溶液，因此很难发生老化现象。例如海藻酸、黄原胶和卡拉胶等都带电荷，因而能形成稳定的具有高黏度的溶液。卡拉胶直链分子中具有很多带负电的硫酸半酯基，是带负电的直链混合物，即使溶液的 pH 值较低时也不会出现沉淀，因为卡拉胶分子中的硫酸根在食品 pH 范围内都处于完全电离状态。

多糖溶液的黏度随着温度升高而下降，但黄原胶溶液除外，黄原胶溶液在 0～100℃内黏度基本保持不变。因此，可利用温度对黏度的影响即在较高温度下溶解较多的多糖，降低温度后即可得到稠的胶体。

#### 3.3.2.3 胶凝作用

胶凝作用是多糖的又一重要特性。在食品加工中，多糖或蛋白质等大分子，可通过氢键、疏水相互作用、范德华引力、离子桥接（ionic cross bridging）、缠结或共价键等相互作用，形成海绵状的三维网状凝胶结构（图 3-24）。网孔中充满着液相，液相是由较小分子量的溶质和部分高聚物组成的水溶液。

很明显，凝胶具有二重性，既有固体的某些特性，又有液体的某些属性。凝胶不像连续液体那样具有完全的流动性，也不像有序固体那样具有明显的刚性，而是一种能保持一定形状，可显著抵抗外界应力作用，具有黏性液体某些特性的黏弹性半固体。凝胶中含有大量的水，有时甚至高达 99%，例如带果块的果冻、肉冻、鱼冻等。

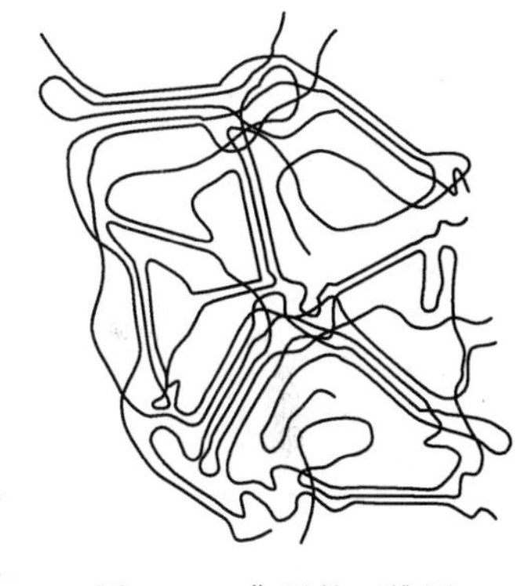

图 3-24 典型的三维网状凝胶结构示意图

凝胶强度依赖于联结区结构的强度，如果联结区不长，链与链不能牢固地结合在一起，那么在压力或温度升高时，聚合物链的运动增大，于是分子分开，这样的凝胶属于易破坏和热不稳定凝胶。若联结区包含长的链段，则链与链之间的作用力非常强，足可耐受所施加的压力或热的刺激，这类凝胶硬而且稳定。因此，适当地控制联结区的长度可以形成多种不同硬度和稳定性的凝胶。

支链分子或杂聚糖分子间不能很好地结合，因此不能形成足够大的联结区和一定强度的凝胶。这类多糖分子只形成黏稠、稳定的溶胶。同样，带电荷基团的分子，例如含羧基的多糖，链段之间的负电荷可产生库仑斥力，因而阻止联结区的形成。

不同的凝胶具有不同的用途，选择标准取决于所期望的黏度、凝胶强度、流变性质、体系的 pH 值、加工时的温度、与其他配料的相互作用、质构等。

多糖溶液的上述性质，赋予多糖在食品及轻工业广泛的应用，如作为增稠剂、絮凝剂、泡沫稳定剂、吸水膨胀剂和乳状液稳定剂等。

### 3.3.3 风味结合功能

碳水化合物是一类很好的风味固定剂，能有效地保留挥发性风味成分，如醛类、酮类及酯类。环状糊精由于内部呈非极性环境，能够有效地截留非极性的风味成分和其他小分子化合物。阿拉伯树胶在风味成分的周围形成一层厚膜，从而可以防止水分的吸收、挥发和化学氧化造成的损失。如阿拉伯树胶和明胶的混合物用于微胶囊和微乳化技术。对于喷雾或冷冻干燥脱水的那些食品，食品中的碳水化合物在脱水过程中对保持挥发性风味成分起着重要作用，随着脱水的进行，使糖-水的相互作用转变成糖-风味剂的相互作用。

### 3.3.4 碳水化合物褐变产物与食品风味

碳水化合物在非酶褐变过程中除了产生深颜色类黑精色素外，还生成了多种挥发性物质，使加工食品产生特殊的风味，例如花生、咖啡豆在焙烤过程中产生的褐变风味。褐变产物除了能使食品产生风味外，它本身也可能具有特殊的风味或者能增强其他的风味，具有这种双重作用的焦糖化产物是麦芽酚和乙基麦芽酚。

### 3.3.5 甜味

甜度是一个相对值，它是在相同条件下以蔗糖的甜度为 100 作为标准，通过比较得出的。所有糖、糖醇及低聚糖均有一定甜度，某些糖苷、多糖复合物也有很好的甜度，这是赋予食品甜味的主要原因。例如，蜂蜜和大多数果实的甜味就主要取决于其含有一定量的蔗糖、D-果糖或 D-葡萄糖。人所能感觉到的甜味因糖的组成、构型和物理形态不同而异（表 3-9）。

表 3-9 糖的相对甜度

| 糖 | 溶液的相对甜度 | 结晶的相对甜度 | 糖 | 溶液的相对甜度 | 结晶的相对甜度 |
|---|---|---|---|---|---|
| 蔗糖 | 100 | 100 | β-D-甘露糖 | 苦味 | 苦味 |
| β-D-果糖 | 100～175 | 180 | α-D-乳糖 | 16～38 | 16 |
| α-D-葡萄糖 | 40～79 | 74 | β-D-乳糖 | 48 | 32 |
| β-D-葡萄糖 | <α 异头体 | 82 | β-D-麦芽糖 | 46～52 | — |
| α-D-半乳糖 | 27 | 32 | 棉子糖 | 23 | 1 |
| β-D-半乳糖 | — | 21 | 水苏四糖 | — | 10 |
| α-D-甘露糖 | 59 | 32 | | | |

糖醇比起其对应的糖，甜度有明显变化。例如山梨醇的甜度低于葡萄糖，但木糖醇的甜度要高于木糖。总的来说，除了木糖醇其甜度和蔗糖相近，其他糖醇的甜度均比蔗糖低。由于糖醇的热值比葡萄糖（4.06kcal[1]/g）要低些，因此，糖醇还是很好的低热量食品甜味剂。

## 3.4 非酶褐变反应

非酶褐变反应主要是指碳水化合物在热的作用下发生的一系列化学反应，产生了大量的有色成分和无色成分、挥发性和非挥发性成分。由于反应的结果使食品产生了褐色，故将这类反应统称为非酶褐变反应。就碳水化合物而言，非酶褐变反应主要是美拉德反应和焦糖化

[1] 1kcal＝4.1840kJ。

褐变。抗坏血酸和多酚类非常容易自动氧化而产生褐变，故这类成分的非酶氧化褐变也一并在此介绍。

## 3.4.1 非酶褐变的类型及历程

### 3.4.1.1 美拉德反应及其反应历程

美拉德反应是非酶褐变的主要类型，主要是指还原糖与氨基酸、蛋白质之间的复杂反应。自从人类开始烧烤食品以来，食品加工业就一直应用美拉德反应。美拉德反应不仅与传统食品的生产有关，也与现代食品工业化生产有关，如焙烤食品、咖啡等。美拉德反应为食品提供了可口的风味和诱人的色泽。

1912 年，法国人 Louis-Camille Maillard 发现了这个反应，1953 年 John Hodge 等把这个反应正式命名为 Mailard（美拉德）反应，并将其反应历程归纳成图 3-25。

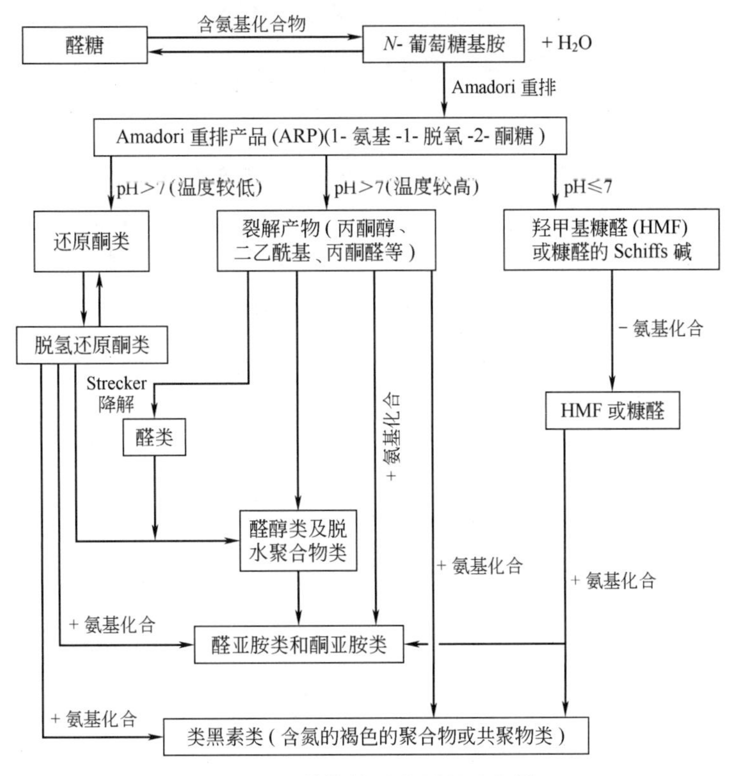

图 3-25 美拉德反应历程示意图

**（1）开始阶段** 还原糖如葡萄糖和氨基酸或蛋白质中的自由氨基失水缩合生成 *N*-葡萄糖基胺（*N*-substituted glycosyamine），*N*-葡萄糖基胺经 Amadori 重排反应生成 1-氨基-1-脱氧-2-酮糖（图 3-26）。

**（2）中间阶段** 1-氨基-1-脱氧-2-酮糖根据 pH 值的不同发生降解，当 pH 值等于或小于 7 时，Amadori 产物主要发生 1,2-烯醇化而形成糠醛（furfural）（当糖是戊糖时）或羟甲基糠醛（hydromethylfurfural，HMF）（当糖为己糖时）（图 3-27）。当 pH 值大于 7、温度较低时，1-氨基-1-脱氧-2-酮糖较易发生 2,3-烯醇化而形成还原酮类（reductones），还原酮较不稳定，既有较强的还原作用，也可异构成脱氢还原酮（dehydroreductones）（二羰基化合物类）（反应历程如图 3-28）。当 pH 值大于 7、温度较高时，1-氨基-1-脱氧-2-酮糖较易裂解，产生包括1-羟基-2-丙酮、丙酮醛、二乙酰基在内的很多产物。所有这些都是高活性的中间体，将继续参与反应。如脱氢还原酮易使氨基酸发生脱羧、脱氨反应形成醛类和α-氨基酮类，这个反应又称为 Strecker 反应（图3-29）。

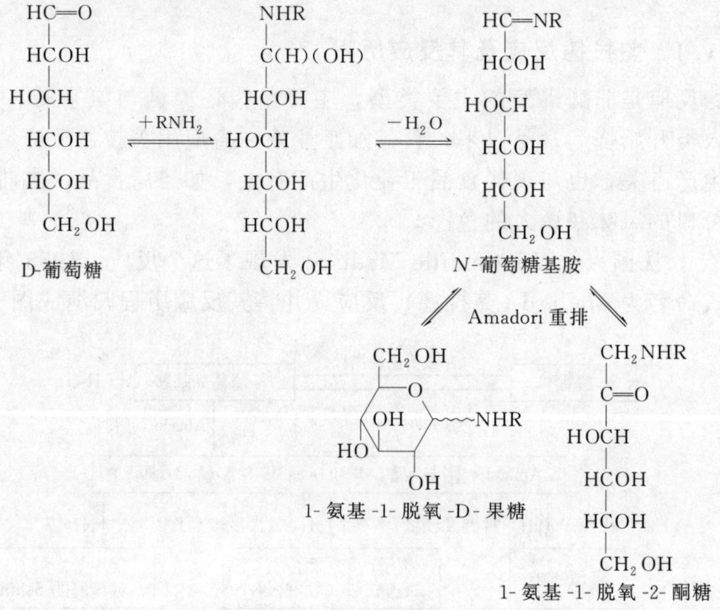

D-葡萄糖 $\xrightleftharpoons{+RNH_2}$ → $\xrightleftharpoons{-H_2O}$ *N*-葡萄糖基胺 ⇌ Amadori 重排 → 1-氨基-1-脱氧-D-果糖；1-氨基-1-脱氧-2-酮糖

图 3-26 美拉德反应的起始反应

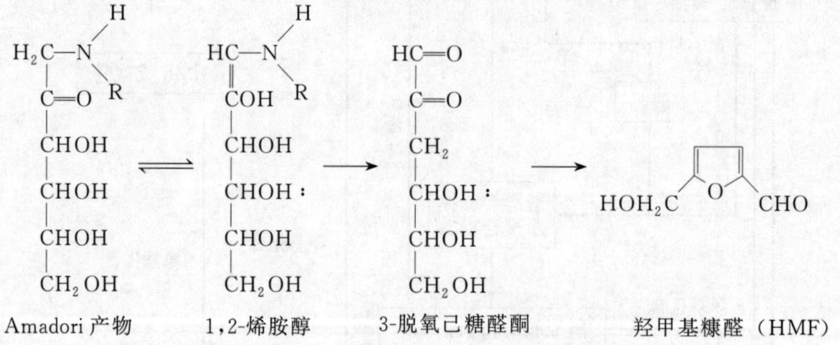

Amadori 产物 ⇌ 1,2-烯胺醇 → 3-脱氧己糖醛酮 → 羟甲基糠醛（HMF）

图 3-27 羟甲基糠醛（HMF）形成示意图

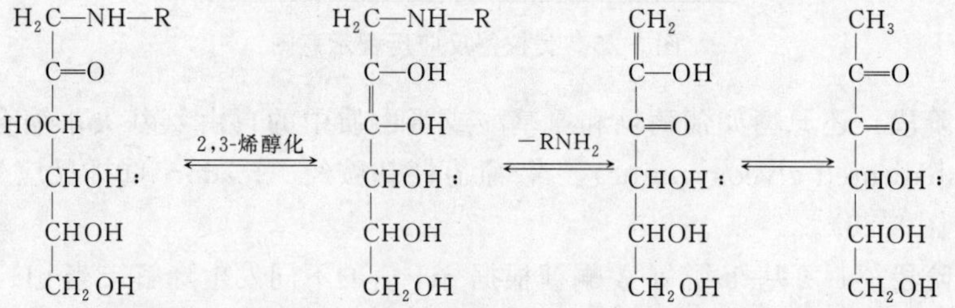

$\xrightleftharpoons{2,3\text{-烯醇化}}$ $\xrightleftharpoons{-RNH_2}$ ⇌

图 3-28 二羰基化合物反应历程示意图

$$R-\underset{\displaystyle O}{\overset{}{\underset{\|}{C}}}-\underset{\displaystyle O}{\underset{\|}{C}}-R' + CH_3\underset{\displaystyle NH_2}{\underset{|}{CH}}{}^*COOH \longrightarrow R-\underset{\displaystyle NH_2}{\underset{|}{CH}}-\underset{\displaystyle O}{\underset{\|}{C}}-R' + CH_3CHO + {}^*CO_2$$

图 3-29 Strecker 反应历程示意图

**(3) 终束阶级** 反应过程中形成的醛类、酮类都不稳定，它们可发生缩合作用产生醛醇类及脱水聚合物类（图 3-30）。在有氨基存在时，由美拉德反应历程示意图（图 3-25）所示，都能与氨基发生一系列反应，包括缩合、脱氢、重排、异构化等，进一步缩合，最终形成含氮的棕色聚合物或共聚物，统称为类黑素（melanoidin）。类黑素是分子结构未知的复杂高分子色素。在聚合作用的早期，色素是水溶性的，在可见光谱范围内没有特征吸收峰，它们的吸光值随波长降低而以连续的无特征吸收光谱的状态增加。红外光谱、化学成分分析等实验表明，类黑素类色素中含有不饱和键、杂环结构以及一些完整的氨基酸残基等。

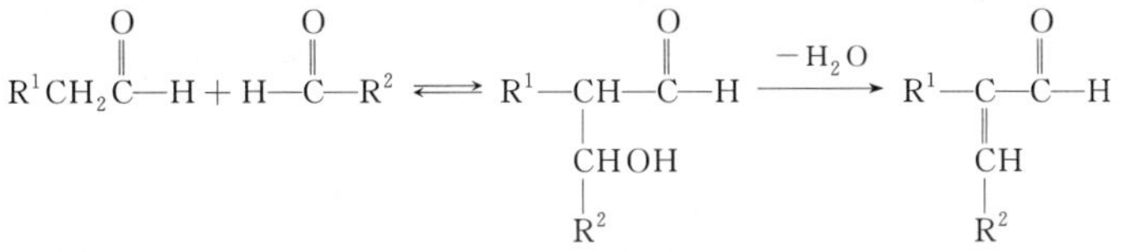

$$R^1CH_2\overset{\overset{O}{\|}}{C}—H + H—\overset{\overset{O}{\|}}{C}—R^2 \rightleftharpoons R^1—\underset{\underset{\underset{R^2}{|}}{CHOH}}{\underset{|}{CH}}—\overset{\overset{O}{\|}}{C}—H \xrightarrow{-H_2O} R^1—\underset{\underset{\underset{R^2}{|}}{CH}}{\underset{\|}{C}}—\overset{\overset{O}{\|}}{C}—H$$

图 3-30 醛酮缩合作用示意图

虽然上述的 Hodge 的美拉德反应历程至今仍被广泛应用，但也有其不足之处：①Hodge 的美拉德反应历程仅仅是大致过程，更多的细节至今仍不清楚；②近 50 年来，又有许多有关美拉德反应的研究成果，在 Hodge 的美拉德反应历程中没有表示出来，尤其是与食品工业密切相关的一些研究成果，如美拉德反应所产生的风味成分途径、美拉德反应产物的抗氧化作用以及影响美拉德反应的因素等。

#### 3.4.1.2 焦糖化褐变及其反应历程

糖类在没有含氨基化合物存在时加热到熔点以上，也会变为黑褐的色素物质，这种作用称为焦糖化作用（caramelization）。温和加热或初期热分解能引起糖异头移位（anomeric shifts）、环的改变和糖苷键断裂以及生成新的糖苷键。但是，热分解由于脱水主要引起左旋葡聚糖的形成或者在糖环中形成双键，后者可产生不饱和的环状中间体，例如呋喃环。共轭双键具有吸收光和产生颜色的特性，也能发生缩合反应使之聚合，使食品产生色泽和风味。一些食品，例如焙烤、油炸食品，焦糖化作用控制得当，可使产品得到悦人的色泽与风味。各种糖类生成的焦糖在成分上都相似，但较复杂，至今还不清楚。一般可将焦糖化作用所产生的成分分为两类：一类是糖脱水后的聚合产物，即焦糖或称酱色（caramel）；另一类是一些热降解产物，如挥发性的醛、酮、酚类等物质。

焦糖化作用的历程可概括如下：

**(1) 焦糖的形成** 糖类在无水及含氨基化合物存在条件下加热或高浓度时以稀酸处理，可发生焦糖化作用。从图 3-31 可知焦糖化作用是以连续的加热失水、聚合作用为主线，所产生的焦糖是一类结构不明的大分子物质；与此同时，糖环的大小改变和糖苷键断裂以及产生一些热分解产物，使食品产生色泽和风味。焦糖的水溶液呈胶态，其等电点（p*I*）多数在 pH3.0～6.9 范围内，少数可低于 pH3.0。催化剂可加速这类反应的发生，例如，蔗糖在酸或酸性铵盐存在的溶液中加热可制备出焦糖色素，并广泛适用于食品的调色。

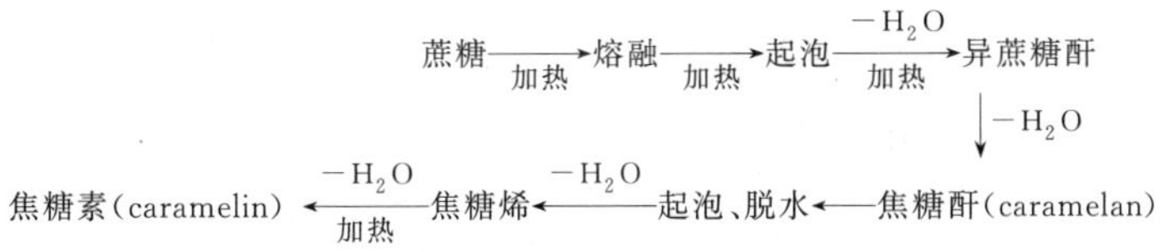

$$\text{蔗糖}\xrightarrow[\text{加热}]{}\text{熔融}\xrightarrow[\text{加热}]{}\text{起泡}\xrightarrow[\text{加热}]{-H_2O}\text{异蔗糖酐}$$

$$\downarrow -H_2O$$

$$\text{焦糖素(caramelin)}\xleftarrow[\text{加热}]{-H_2O}\text{焦糖烯}\xleftarrow{-H_2O}\text{起泡、脱水}\longleftarrow\text{焦糖酐(caramelan)}$$

图 3-31 焦糖形成示意图

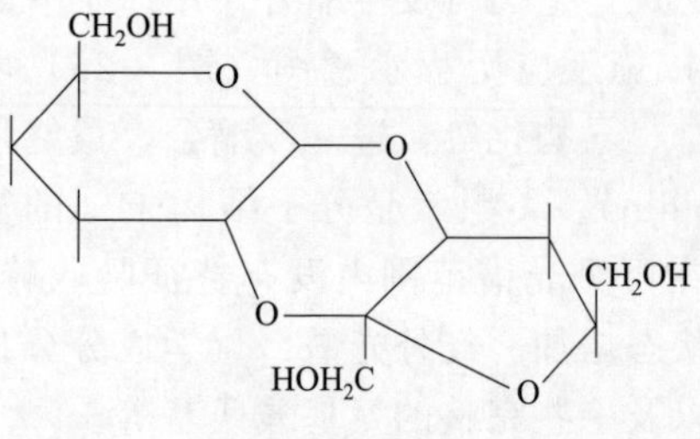

由蔗糖形成焦糖素的反应历程可分三阶段：

第一阶段由蔗糖熔化开始，经一段时间起泡，蔗糖脱去一水分子，生成异蔗糖酐（isosaccharosan），结构式如图 3-32，无甜味而具温和的苦味，这是焦糖化的开始反应，起泡暂时停止。

图 3-32 异蔗糖酐（1,3′,2,2′-双脱水-α-D-吡喃葡萄糖苷基-β-D-呋喃果糖）结构式

第二阶段是持续较长时间的失水阶段，在此阶段由异蔗糖酐脱去一水分子缩合为焦糖酐（caramelan）。焦糖酐是由二个蔗糖脱去四个水分子所形成，平均分子式为 $C_{24}H_{36}O_{18}$，浅褐色色素。焦糖酐的熔点为 138℃，可溶于水及乙醇，味苦。

$$2C_{12}H_{22}O_{11}-4H_2O \longrightarrow C_{24}H_{36}O_{18}$$

第三阶段是由焦糖酐进一步脱水形成焦糖烯（caramelen），若再继续加热，则生成高分子量的难溶性焦糖素（caramelin）。焦糖烯的熔点为 154℃，可溶于水，味苦，分子式为 $C_{36}H_{50}O_{25}$。焦糖素的分子式为 $C_{125}H_{188}O_{80}$，难溶于水，外观为深褐色。

$$3C_{12}H_{22}O_{11}-8H_2O \longrightarrow C_{36}H_{50}O_{25}$$

铁的存在能强化焦糖色泽。磷酸盐、无机盐、碱、柠檬酸、氨水或硫酸铵等对焦糖形成有催化作用。氨和硫酸铵可提高糖色出品率，加工也方便。其缺点是在高温下形成 4-甲基咪唑，它是一种惊厥剂，长期食用，影响神经系统健康。

焦糖是一种焦状物质，溶于水呈棕红色，是我国一种传统的着色剂。它的等电点在 pH3.0～6.9 之间，甚至可低于 pH3，随制造方法而异。一种 pH4～5 的饮料，若使用等电点为 pH4.6 的焦糖，就会发生絮凝、混浊以至沉淀的现象，应注意。

**(2) 热降解产物的产生**

① 酸性条件下醛类的形成。在酸性条件下加热，醛糖或酮糖进行烯醇化，生成 1，2-烯醇式己糖。

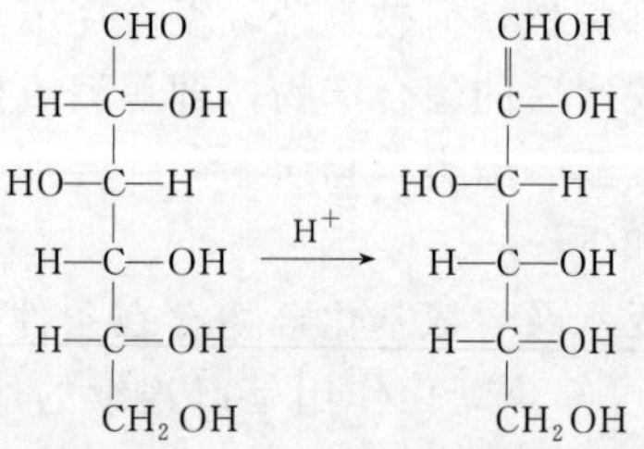

$$\begin{array}{c} CHO \\ | \\ H-C-OH \\ | \\ HO-C-H \\ | \\ H-C-OH \\ | \\ H-C-OH \\ | \\ CH_2OH \\ \text{葡萄糖} \end{array} \xrightarrow{H^+} \begin{array}{c} CHOH \\ \| \\ C-OH \\ | \\ HO-C-H \\ | \\ H-C-OH \\ | \\ H-C-OH \\ | \\ CH_2OH \\ \text{1,2-烯醇式己糖} \end{array}$$

随后进行一系列的脱水步骤：

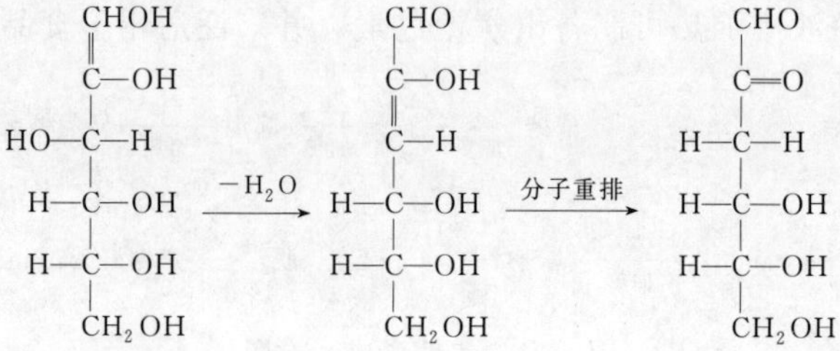

$$\begin{array}{c} CHOH \\ \| \\ C-OH \\ | \\ HO-C-H \\ | \\ H-C-OH \\ | \\ H-C-OH \\ | \\ CH_2OH \\ \text{1,2-烯醇式己糖} \end{array} \xrightarrow{-H_2O} \begin{array}{c} CHO \\ | \\ C-OH \\ \| \\ C-H \\ | \\ H-C-OH \\ | \\ H-C-OH \\ | \\ CH_2OH \end{array} \xrightarrow{\text{分子重排}} \begin{array}{c} CHO \\ | \\ C=O \\ | \\ H-C-H \\ | \\ H-C-OH \\ | \\ H-C-OH \\ | \\ CH_2OH \\ \text{3-脱氧葡萄糖醛酮} \end{array}$$

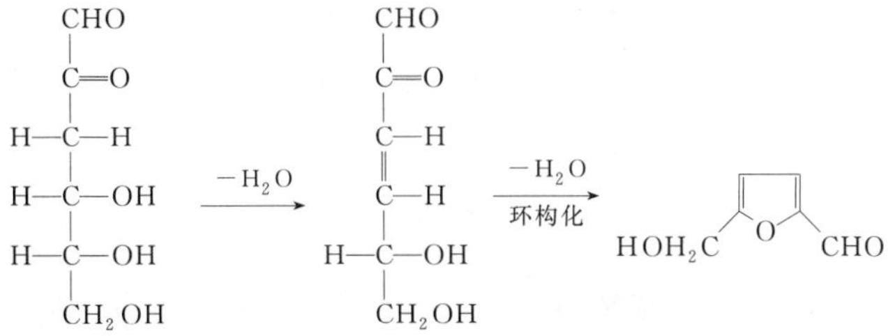

3-脱氧葡萄糖醛酮 $\xrightarrow{-H_2O}$ $\xrightarrow[\text{环构化}]{-H_2O}$ 羟甲基糠醛

糠醛形成后可进一步反应生成黑色素，反应历程目前还没有完全清楚，但可肯定的是一旦有糠醛的形成，就有一些结构不明的黑色素产生。

② 碱性条件下醛类的形成。还原糖在碱性条件下发生互变异构作用，形成中间产物1，2-烯醇式己糖，例如果糖。1,2-烯醇式己糖形成后，在强热下可裂解（图3-33）。

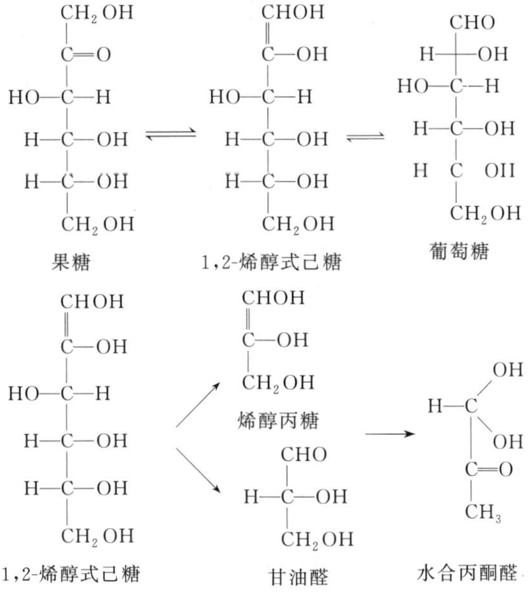

果糖 ⇌ 1,2-烯醇式己糖 ⇌ 葡萄糖

1,2-烯醇式己糖 → 烯醇丙糖 + 甘油醛 → 水合丙酮醛

图3-33　1,2-烯醇式己糖在强热下裂解示意图

#### 3.4.1.3　抗坏血酸褐变及其反应历程

抗坏血酸（维生素C）不仅具有酸性而且具有还原性，因此常作为天然抗氧化剂。抗坏血酸在对其他成分抗氧化的同时它自身也极易氧化。其氧化有两种途径：有氧时抗坏血酸被氧化形成脱氢抗坏血酸，再脱水形成DKG（2,3-diketogulomicacid,2,3-二酮古洛糖酸）后，脱羧产生酮木糖（xylosone），最终产生还原酮，还原酮参与美拉德反应的中间及最终阶段，此时抗坏血酸主要是受溶解氧及外部气体的影响，分解反应相当迅速（图3-34）。当食品中存在有比抗坏血酸氧化还原电位高的成分时，即使无氧抗坏血酸也因脱氢而被氧化，生成脱氢抗坏血酸或抗坏血酸酮式环状结构，在水参与下抗坏血酸酮式环状结构开环成2,3-二酮古洛糖酸；2,3-二酮古洛糖酸进一步脱羧、脱水生成呋喃醛或脱羧生成还原酮。呋喃醛、还原酮等都会参与美拉德反应，生成含氮的褐色聚合物或共聚物类（图3-34）。抗坏血酸在 $pH<5.0$ 的酸性溶液中氧化生成脱氢抗坏血酸，速度缓慢，其反应是可逆的。

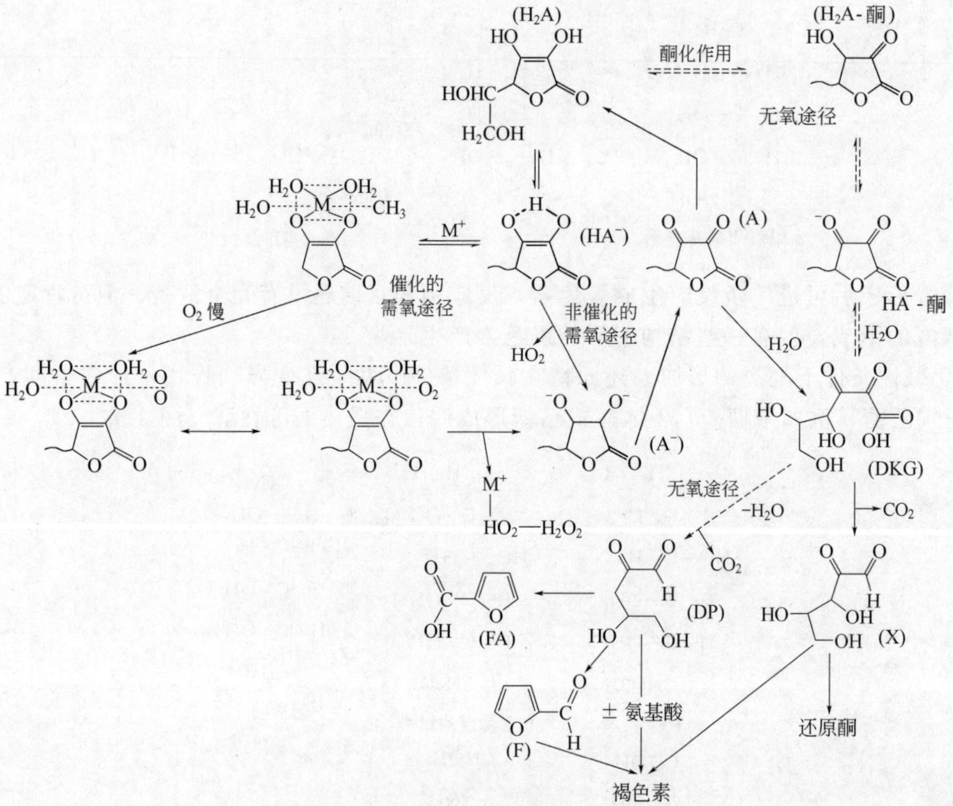

图 3-34 抗坏血酸氧化与褐色的形成

粗线为抗坏血酸活性的各种主要形式；$H_2A$ 为还原抗坏血酸；$HA^-$ 为抗坏血酸的一元阴离子；A 为去氢抗坏血酸；$A^-$ 为抗坏血酸自由基阴离子；DKG 为 2,3-二酮古洛糖酸；$M^+$ 为金属催化剂；$HO_2$ 为氢过氧化根；DP 为 3 - 去氧戊糖醛酮；X 为木糖醛酮；F 为呋喃醛；FA 为呋喃酸

#### 3.4.1.4 酚类成分的褐变及其反应历程

食品中酚类成分含量较高，如绿茶中多酚类含量有的可高达 30%以上。酚类成分中酚性羟基在空气中容易被氧化，尤其是碱性环境中更易被氧化。在高温、潮湿条件下酚类容易自动氧化成各种有色物质。虽然酚类不是糖类，但酚类也是造成食品褐变的原因之一，故在此节一并介绍。下面以儿茶素为例，简要介绍其褐变及反应历程。

**(1) 儿茶素的结构** 儿茶素的结构，有 A、B、C 三个核（**1**），它是 $\alpha$-苯基苯并吡喃的衍生物。

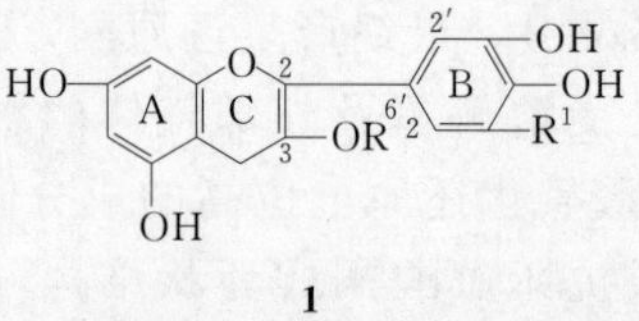

**1**

当 $R^1=R^2=H$ 时，B 环是儿茶酚基，结构式 **1** 为儿茶素；当 $R^1=OH$、$R^2=H$ 时，B 环是焦没食子酸基，结构式 **1** 是没食子儿茶素。当 $R^2=-\mathrm{C(=O)}-$（D 环，3个 OH）时，发生了儿茶素与

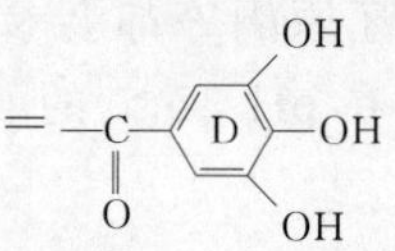

没食子酸的酯化作用，故可称为酯型儿茶素或复杂儿茶素；$R^1$ = H 时为儿茶素没食子酸酯，$R^1$ = OH 时为没食子儿茶素没食子酸酯。

儿茶素分子中含有较多的酚性羟基，所以具有极易被氧化、聚合、缩合等性质。尤其是B环上有邻位或连位羟基时，更易发生上述变化。儿茶素是白色结晶，在空气中被氧化成黄棕色胶状物质，易溶于水、乙醇、甲醇、丙酮及乙酐，部分溶于乙酸乙酯及醋酸中，难溶于三氯甲烷和无水乙醚。

**(2) 儿茶素的氧化反应历程** 儿茶素在高温、潮湿条件下容易自动氧化成各种有色物质。儿茶素分子中羟基位置对氧化难易有很大影响，邻位和连位羟基比较容易被氧化，而3位上的—OH不能被氧化。连位羟基中的两个相邻的羟基被氧化后，由于结构的改变未被氧化的另一羟基就不再被氧化。

儿茶素在非酶情况下的自动氧化过程较为复杂，目前还没有得出较清楚的反应历程。一般认为它大致经历两个较为明显的反应：其一是先形成邻醌；其二是邻醌非常不稳定，一旦形成便进行缩合反应，在缩合早期，其缩合物是水溶性、浅黄色和具苦涩味，随着反应的进行，如有氨基成分，可进一步缩合形成含有氮素成分的褐色高聚物。大致反应历程如图3-35。

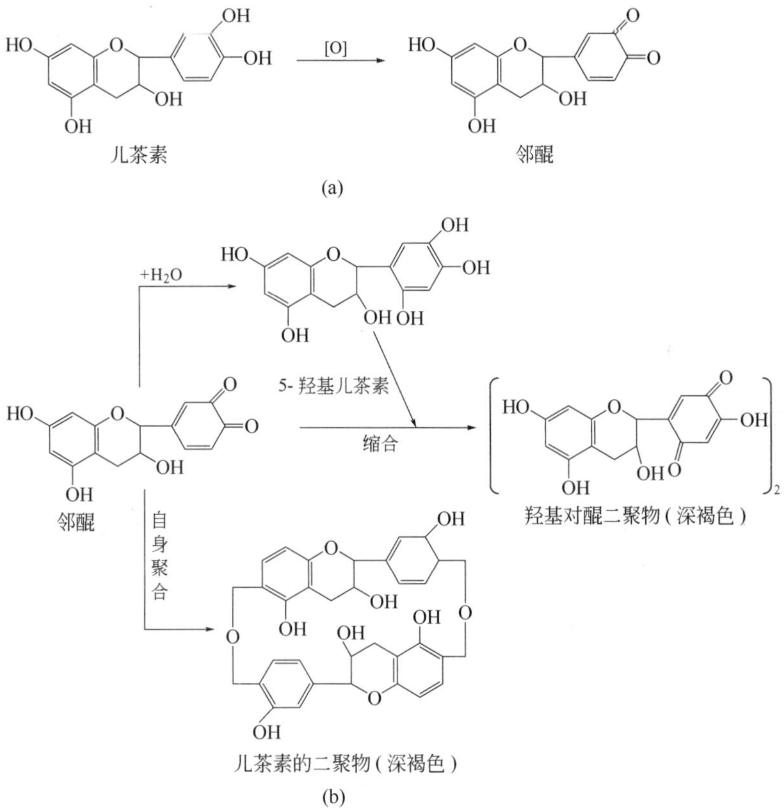

儿茶素 [O] 邻醌

(a)

邻醌 +$H_2O$ 5-羟基儿茶素 缩合 羟基对醌二聚物（深褐色） 自身聚合 儿茶素的二聚物（深褐色）

(b)

图 3-35 儿茶素非酶氧化历程示意图

## 3.4.2 非酶褐变对食品的影响

非酶褐变反应是食品在加工及贮存过程中的主要反应之一。参与反应的主要有糖类、氨基酸、酚类及维生素C等。反应产物主要有挥发性和非挥发性两大类，它们对食品的色、香、味及食品的营养与安全等都有重要的影响。

#### 3.4.2.1 非酶褐变对食品色泽的影响

非酶褐变反应中可以产生两大类对食品色泽有影响的成分：一类是低分子量的有色物质，分子量低于1000的水可溶的小分子成分；另一类是分子量可达10万的水不可溶的大分子高聚物。非酶褐变反应中呈色成分较多且复杂，到目前为止，人们根据不同的模拟反应结果得到水可溶的小分子呈色成分主要有以下几种（图3-36）：

在木糖-赖氨酸模拟美拉德反应体系中分离出两种黄色物质，通过质谱（MS）、核磁共振（NMR）等仪器分析得出结构式为**2**和**3**。

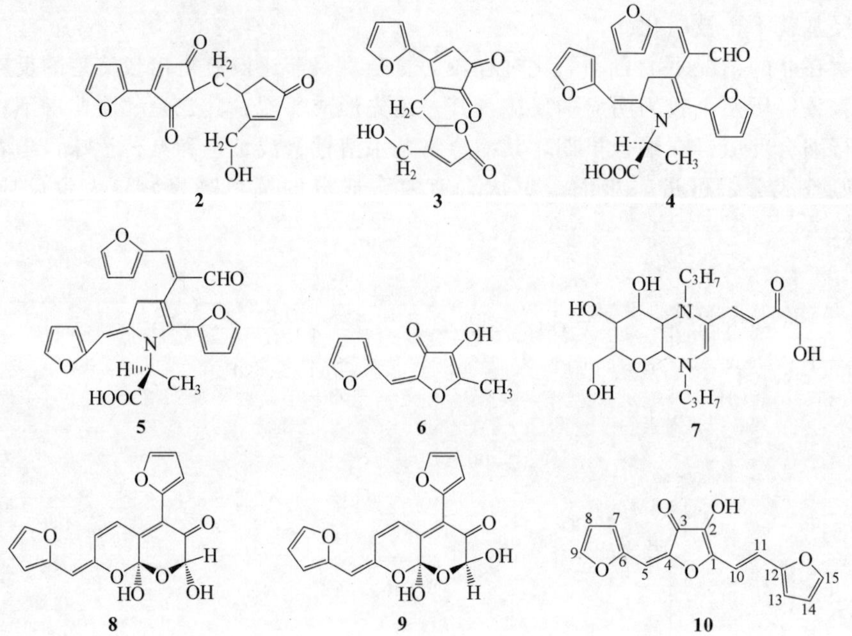

图3-36 非酶褐变中的呈色成分

在呋喃-2-羧醛与L-丙氨酸反应时，可生成两种红色产物，结构式为**4**和**5**。用木糖和L-丙氨酸反应时，生成一生色产物，结构式为**6**。从葡萄糖和丙基胺的乙醇溶液中分离到一种黄色产物，结构式为**7**。在羰基化合物存在下，通过逐渐稀释和仪器分析等方法，从木糖和丙氨酸反应中分离出橘黄色的化合物，结构式为**8**和**9**；红色的化合物，结构式为**10**。

关于水不可溶大分子高聚物的结构还不是很清楚。正如水可溶的小分子生色成分随起始原料及反应条件的不同，其结构也有很大不同一样，大分子高聚物质类黑素的结构受多方面的影响，如起始原料、反应条件等对其结构和组成有重要影响。有关类黑素的结构形成历程可能如下：类黑素聚合物主要是由重复单元的吡咯或呋喃组成，通过缩聚反应最终形成美拉德反应的高聚物质类黑素，或者低分子量的生色团通过赖氨酸的ε-$NH_2$或精氨酸和蛋白质交联形成高分子量的有颜色物质。类黑素聚合物可能的形成历程见图3-37。

#### 3.4.2.2 非酶褐变对食品风味的影响

非酶褐变反应过程中的中间产物及终产物对食品的风味有重要的作用。在高温条件下，糖类脱水后，碳链裂解、异构及氧化还原反应可产生一些化学物质，例如乙酰丙酸、甲酸、

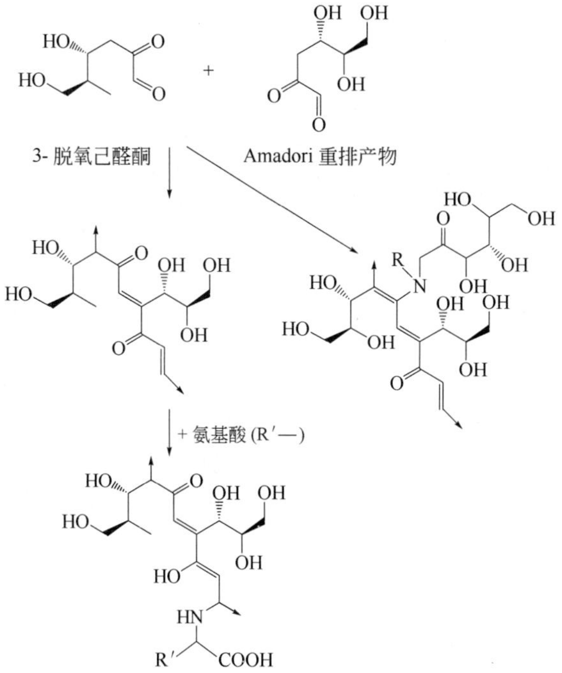

图 3-37　一种类黑素形成的可能机理

丙酮醇（1-羟-2-丙酮）、3-羟基丁酮、二乙酰、乳酸、丙酮酸和醋酸；非酶褐变反应过程中产生的二羰基化合物，可促进很多成分的变化，如氨基酸的脱氨脱羧，产生大量的醛类（图 3-38，表 3-10）。非酶褐变反应可产生需宜或非需宜的风味。例如麦芽酚（3-羟基-2-甲基吡喃-4-酮）和异麦芽酚（3-羟基-2-乙酰呋喃）使焙烤的面包产生香味；4-羟基-5-甲基-3(2*H*)呋喃-3-酮有烤肉的焦香味，可作为风味和甜味增强剂；非酶褐变反应产生的吡嗪类及某些醛类等是食品高火味及焦煳味的主要成分。

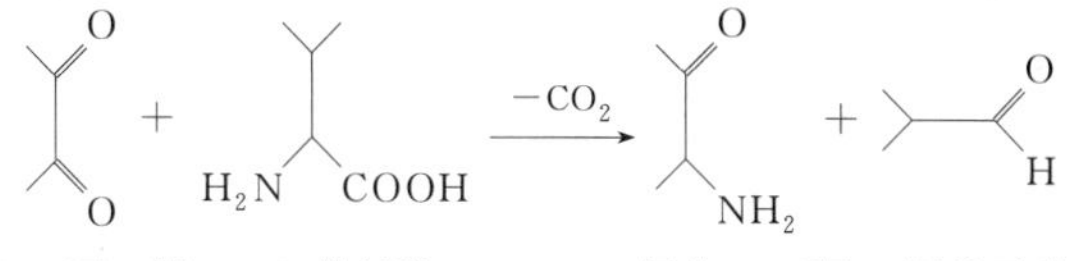

2,3-丁二酮　L-赖氨酸　$-CO_2$　3-氨基-2-丁酮　甲基丙醛

图 3-38　L-赖氨酸与 2,3-丁二酮的 Strecher 降解反应

**表 3-10　氨基酸与葡萄糖（1∶1）混合加热后的香型变化**

| 氨基酸 | Strecher 反应中生成的醛 | 香型 | |
|---|---|---|---|
| | | 100℃ | 180℃ |
| Gly | 甲醛 | 焦糖香 | 烧煳的糖味 |
| Ala | 乙醛 | 甜焦糖香 | 烧煳的糖味 |
| Val | 异丁醛 | 黑麦面包的风味 | 沁鼻的巧克力香 |
| Leu | 异戊醛 | 果香、甜巧克力香 | 烧煳的干酪味 |
| Ile | 2- 甲基丁醛 | 霉腐味、果香 | 烧煳的干酪味 |
| Thr | α-羟基丙醛 | 巧克力香 | 烧煳的干酪味 |
| Phe | α-甲基苯丙醛 | 紫罗兰、玫瑰香 | 紫罗兰、玫瑰香 |

Strecker 降解产生了 $CO_2$。$CO_2$ 的逸出率与二羰基化合物的含量成正比。当还原糖与氨基酸反应时，可生成各种还原性醛酮，它们都易氧化成酸性物。因此，非酶褐变反应会引

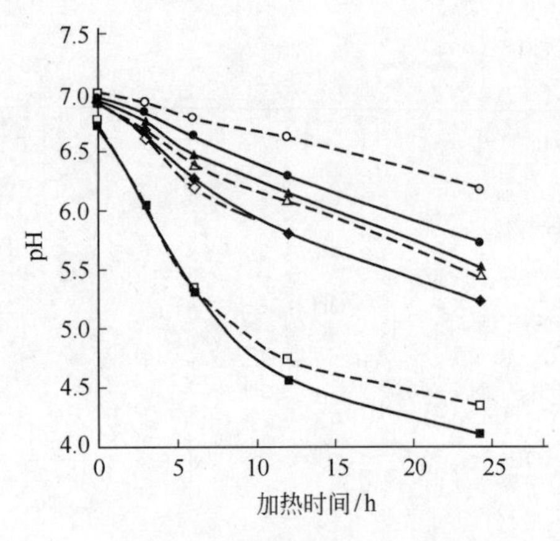


图 3-39　糖/氨溶液在 100℃加热不同时间情况下的 pH 变化

○葡萄糖；●乳糖；
▲乳糖+丙氨酸；△葡萄糖+丙氨酸；
◇乳糖+甘氨酸；◆葡萄糖+甘氨酸；
□葡萄糖+赖氨酸；■乳糖+赖氨酸

起食品的 pH 值降低（图 3-39），这对食品的风味也有一定的影响。

#### 3.4.2.3　非酶褐变产物的抗氧化作用

褐变反应过程中生成醛、酮等还原性物质，它们有一定的抗氧化能力，对防止食品中油脂的氧化较为显著。如葡萄糖与赖氨酸共存，经焙烤后着色，对稳定油脂的氧化有较好作用。众所周知，脂质过氧化是食品在有氧条件下哈败的主要机理，脂质过氧化会损坏食品的风味、芳香、色泽、质地和营养价值，而且会生成一些有毒物质，对食品稳定性和安全性造成极大危害。传统上，食品工业主要是添加人工合成抗氧化剂以抑制脂质过氧化，鉴于人工合成的抗氧化剂没有天然的安全营养，因此，自二十世纪八十年代以来，美拉德产物（MRPs）抗氧化性引起广泛关注。

多数 MRPs 的抗氧化活性研究主要应用 MRPs 和脂质的模型系统。1954 年，Franzke 和 Iwainsky 首次发现甘氨酸与葡萄糖加热的反应产物可提高人造奶油氧化稳定性。但在随后二三十年中，却没有引起足够重视，直到二十世纪八十年代，对美拉德产物抗氧化活性的研究才逐渐增多。然而，到目前为止那些具有抗氧化活性的 MRPs 确切结构还是没有完全搞清楚。现将目前有关这方面的研究成果简介如下：

Elizalde 等报道葡萄糖-甘氨酸反应系统加热褐变程度对抗氧化性的影响，结果发现在加热 12～18h 下 MRPs 抗氧化活性最佳。添加了葡萄糖-甘氨酸的 MRPs 的大豆油氧化诱导时间较未添加 MRPs 的样品增长 3 倍，氧化链传播的速度降低一半，且能减少已醛的形成。Bedingbaus 和 Ockerman 研究不同氨基酸与糖类的 MRPs 对冷藏的加工牛排脂类氧化抑制作用，结果发现不同来源的 MRPs 能良好抑制脂类氧化作用，如木糖-赖氨酸、木糖-色氨酸、二羟基丙酮-组氨酸和二羟基丙酮-色氨酸的 MRPs 等对脂类氧化有较好抑制作用。Yamaguchi 等将由木糖-甘氨酸的 MRPs 经 Sephadex G-15 分离出低分子量的类黑精，再进一步用 Sephadex G-50 和 G-100 分离，其中一部分类黑精的抗氧化能力在亚油酸中超过 BHA、没食子酸丙酯等。Yoshimura 等通过电子自旋共振研究葡萄糖-甘氨酸系统 MRPs 对活性氧抑制作用，结果表明此模式下的 MRPs 可抑制 90%以上以 ·OH 形式存在的活性氧。

F. J. Morales 等以 DPPH·（1,2-二苯基-2-苦基肼基，2,2-diphenyl-1-pycrylhydrazyl）为指标，考察了不同的糖-氨热反应产物对其的清除作用。结果发现不论是葡萄糖与丙氨酸、甘氨酸或赖氨酸的热反应产物，还是乳糖与丙氨酸、甘氨酸或赖氨酸的热反应产物，它们对 DPPH·都有很好的清除作用（图 3-40）。

虽然 MRPs 的抗氧化研究已经很全面，但将其作为有效的抗氧化剂应用于其他食品中仍存在许多问题，主要是对 MRPs 的特殊结构和对其抗氧化机理还不完全清楚。早期研究认为，MRPs 中间体——还原酮类化合物的还原能力及 MRPs 的螯合金属离子的特性与其抗氧化能力有关；近年来研究表明，MRPs 具有很强的消除活性氧的能力。也认为 MRPs 的中间体——还原酮类化合物通过供氢原子而终止自由基的反应链。

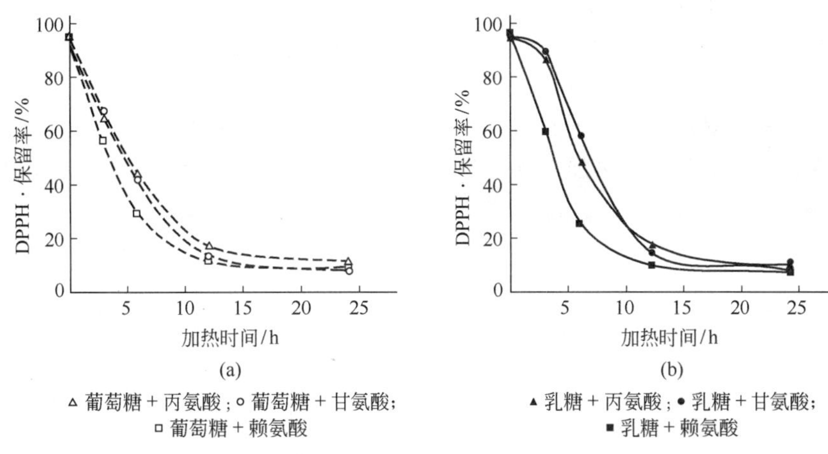


图 3-40　糖/氨溶液在 100℃加热不同时间情况下对自由基的清除能力变化

#### 3.4.2.4　非酶褐变降低了食品的营养性

食品褐变后，有些营养成分损失，有些营养成分变得不易消化。因此，食品发生非酶褐变后，其营养价值有所下降，主要表现在：

首先是氨基酸的损失。当一种氨基酸或一部分蛋白质链参与美拉德反应时，显然会造成氨基酸的损失，这种破坏对必需氨基酸来说显得特别重要，其中以含有游离 ε-氨基的赖氨酸最为敏感，因而最容易损失。另外，碱性氨基酸（如 L-精氨酸和 L-组氨酸）侧链上有相对呈碱性的氮原子存在，所以比其他氨基酸对降解反应敏感。氨基酸的损失除了糖氨反应外，Strecker 降解也能造成氨基酸的损失。由于非酶褐变中有大量的二羰基化合物产生，无疑也有大量的氨基酸在 Strecker 降解中损失。

其次是糖及维生素 C 等损失。从非酶褐变反应的历程中可知，可溶性糖及维生素 C 在非酶褐变反应过程中将大量损失；蛋白质上氨基如果参与了非酶褐变反应，其溶解度也会降低。由此，人体对它们的利用率也随之降低。为了解非酶褐变对其营养价值的降低情况，有学者将山羊酪蛋白的赖氨酸残基用 $^{14}C$ 进行标记，同葡萄糖在 37℃下进行羰氨反应，然后进行动物实验，结果发现，与对照相比，褐变蛋白质衍生物形成后，其吸收减少，营养性下降。

另外，食品一旦发生非酶褐变，其食品中矿质元素的生物有效性也有下降。Whitelaw 等将 $^{65}ZnCl_2$、甘氨酸、D-亮氨酸、L-脯氨酸、L-赖氨酸、L-谷氨酸同 D-葡萄糖混合并进行热处理，产生美拉德反应后，用透析的方法制得高分子（6～8kDa）的 $^{65}Zn$ 化合物，然后进行动物实验，与对照相比，用上述方法制备出的美拉德反应产物结合锌的生物有效性大大降低。给大鼠饲喂含有 0.5%的可溶性葡萄糖-谷氨酸的 MRPs 时，结果发现粪尿中锌分泌增多，而体内锌含量减少。

#### 3.4.2.5　非酶褐变产生有害成分

人们对 MRPs 的安全性给予了高度重视。对非酶褐变产生有害成分的研究也越来越多，如，食物中氨基酸和蛋白质通过非酶褐变反应生成了能引起突变和致畸的杂环胺物质；乳糖-赖氨酸、乳果糖-赖氨酸和麦芽糖-赖氨酸等由美拉德反应产生的糠氨酸（ε-*N*-2-呋喃甲基-L-赖氨酸，FML）；美拉德反应的热转化产物 D-糖胺等。它们都有一定的安全隐患。但由于非酶褐变反应的复杂性、中间体的不稳定性等原因，目前对非酶褐变产生有害成分研究较为清楚的只有丙烯酰胺（详见第 12 章）。

丙烯酰胺（acrylamide）是化工原料，为已知的致癌物，并能引起神经损伤。因此食品中存在丙烯酰胺的问题引起了全球的关注。从目前所报道的丙烯酰胺数据看，几乎所有的食品都含有丙烯酰胺。据对 200 多种经煎、炸或烤等高温加工处理的富含碳水化合物的食品进行多次重复检测的结果表明，热加工碳水化合物等食品可产生大量的丙烯酰胺（表 3-11）。

**表 3-11　高碳水化合物食品高温加热后含丙烯酰胺值**

| 食　品 | 丙烯酰胺含有量/(μg/kg) | | 样品数 |
|---|---|---|---|
| | 中央值 | 最小值～最大值 | |
| 马铃薯片 | 1200 | 330～2300 | 14 |
| 法式油炸食品 | 450 | 300～1100 | 9 |
| 饼干、椒盐饼干 | 410 | <30～650 | 14 |
| 油炸面包 | 140 | <30～1900 | 21 |
| 美式早餐 | 160 | <30～1400 | 15 |
| 玉米片 | 150 | 120～180 | 3 |
| 面包 | 50 | <30～160 | 20 |
| 其他(烤饼、油煎鱼、比萨饼等) | 40 | <30～60 | 9 |

注：符号"<"表示样品分析结果似于实验室分析方法的检测限。

## 3.4.3　影响非酶褐变反应的因素及控制方法

### 3.4.3.1　糖类与氨基化合物等的影响

糖类与氨类化合物发生褐变反应的速率，与参与反应的糖及氨基化合物的结构有关。还原糖是主要成分，其中以五碳糖的反应最强，约为六碳糖的 10 倍。部分五碳糖的褐变反应速率是：核糖＞阿拉伯糖＞木糖。部分六碳糖的褐变反应速率是：半乳糖＞甘露糖＞葡萄糖。

在羰基化合物中，以 α-己烯醛褐变最快，其次是 α-双羰基化合物，酮的褐变最慢。抗坏血酸属于还原酮类，其结构中烯二醇的还原力较强，在空气中易被氧化而生成 α-双羰基化合物，故容易褐变。

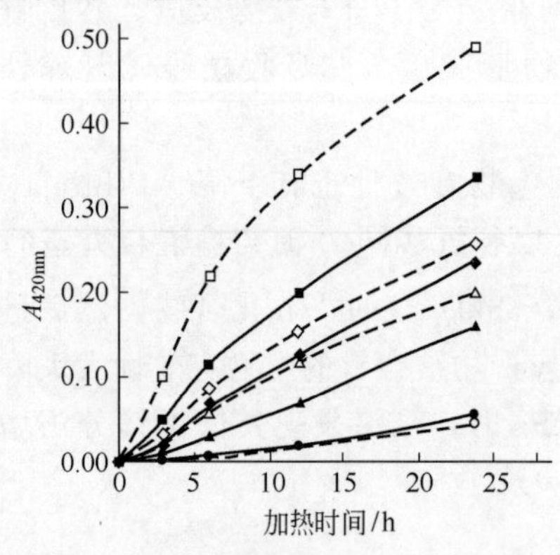


图 3-41　糖/氨溶液在 100℃加热不同时间与褐色形成的关系

□ 葡萄糖＋赖氨酸；■ 乳糖＋赖氨酸；◇ 葡萄糖＋甘氨酸；◆ 乳糖＋甘氨酸；△ 葡萄糖＋丙氨酸；▲ 乳糖＋丙氨酸；● 乳糖；○ 葡萄糖

至于氨基化合物，在氨基酸中碱性的氨基酸易褐变，氨基酸的氨基在 ε-位或在末端者比在 α-位易褐变；胺类一般较氨基酸易于褐变。有报道表明，在氨基酸中，天冬酰胺最易与碳水化合物反应，形成的丙烯酰胺也较多。

蛋白质也能与羰基化合物发生美拉德反应，但其褐变的速率要比肽和氨基酸缓慢。

### 3.4.3.2　温度和时间

褐变反应受温度的影响较大。一般来说，温度相差 10℃，褐变速率相差 3～5 倍。30℃以上褐变较快，20℃以下较慢，所以置于 10℃以下贮藏较妥。

热作用时间对褐变反应的影响也较大。将双糖或单糖与不同的氨基酸溶液在 100℃下反应不同时间，然后考察其吸光值 $A_{420nm}$ 的变化，结果表明褐色的形成与热作用时间基本上成正相关（图 3-41）。

褐变反应温度和时间不仅对食品色泽和风味有影响，对非酶褐变产生的有害成分也有重要影响。用等摩尔（0.1mol）的天冬酰胺和葡萄糖加热处理，发现120℃时开始产生丙烯酰胺，随着温度的升高，丙烯酰胺产生量增加，至170℃左右达到最高。加热时间对丙烯酰胺也有较大影响。将葡萄糖与天冬酰胺、谷氨酰胺和蛋氨酸在180℃下共热5～60min，发现3种氨基酸产生丙烯酰胺的表现不同，天冬酰胺产生量最高，但5min后随反应时间的增加而下降；谷氨酰胺在10min时达到最高，而后保持不变；蛋氨酸在30min前随加热时间延长而增加，而后达到一个平稳水平。

#### 3.4.3.3 食品体系中的pH值

pH可影响美拉德反应进而影响食品的质量。用木糖-赖氨酸溶液分别在pH5和pH4条件下加热回流15min，经HPLC分析比较，结果发现一些峰是两种pH反应体系中共有的，一些峰只在一种反应体系中出现。

一般说来，当糖与氨基酸共存，pH值在3以上时，褐变随pH增加而加快；pH2.0～3.0间，褐变与pH值成反比；在较高pH值时，食品很不稳定，容易褐变。pH与美拉德褐变可用图3-42示意。降低pH可防止食品褐变，如酸度高的食品，褐变就不易发生（如泡菜）。也可加入亚硫酸盐来防止食品褐变，因亚硫酸盐能抑制葡萄糖生成5-羟基糠醛，从而可抑制褐变发生。

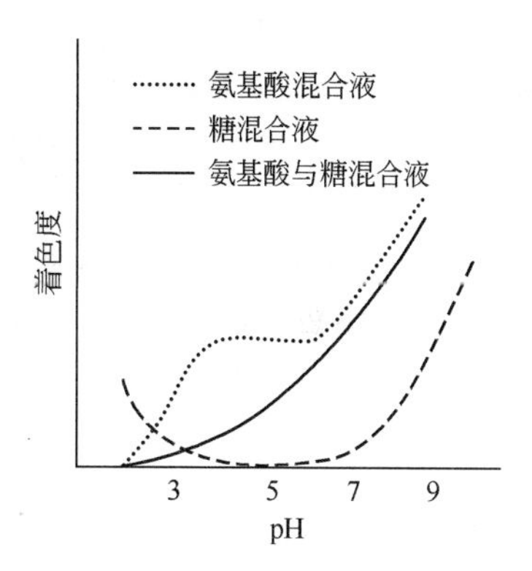

图3-42 褐变与pH的关系

中性或碱性溶液中，由抗坏血酸生成脱氢抗坏血酸的速度较快，不易产生可逆反应，并生成2,3-二酮古洛糖酸。碱性溶液中，食品中多酚类也易发生自动氧化，产生褐色产物。这些都是中性或碱性液态食品较酸性食品易褐变的原因之一。

#### 3.4.3.4 食品中水分活度及金属离子

非酶褐变反应与水分有密切关系。一般情况下，食品中水分含量在10%～15%时容易发生非酶褐变；水分含量在3%以下时，非酶褐变反应会受到抑制。含水量较高有利于反应物和产物的流动，因此水分含量的多少对于美拉德反应、抗坏血酸及酚类的褐变有重要的影响。但并不是含水量越高越利于美拉德反应，因为水过多会使反应物被稀释，反应速率下降。非酶褐变中产生的丙烯酰胺与食品中含水量也有重要关系。在一定的水分含量范围内食品中水分含量越多，产生的丙烯酰胺量也多；但也不是含水量越高越利于丙烯酰胺的产生，这与热加工中的Maillard反应相一致。

金属离子，铜离子、铁离子可促进抗坏血酸及酚类的褐变，铅离子次之，锌离子和锡离子较小。

#### 3.4.3.5 高压的影响

最近人们对利用高压（通常在100～800MPa）作为保存食品的手段或使食品产生不同的属性表现出很大兴趣，高压技术将成为食品加工中又一新技术。高压技术对非酶褐变的影响也引起了人们的极大兴趣。将葡萄糖-赖氨酸水溶液在50℃、pH6.5～10.1范围和不同的压力保温反应相同的时间，结果发现，在常压或者600MPa下，颜色形成速率（$A_{420nm}$/h，其数值大小表示褐变的快慢）随pH增加而增大。然而，压力对褐变的影响，则随着体系中的pH不同而变化（表3-12）。在pH6.5时褐变率在常压下较快，但是在pH8.0和pH10.1

时，高压下较快。

表 3-12 葡萄糖-赖氨酸水溶液在不同 pH 及不同压力下的褐变率（$A_{420nm}$/h）

| pH | 常压 | 高压(600MPa) |
|---|---|---|
| 6.5 | 0.02 | 0.006 |
| 8.0 | 0.1 | 0.5 |
| 10.1 | 3 | 23 |

#### 3.4.3.6 非酶褐变的控制

非酶褐变反应是某些食品加工时所需要的，但某些食品如有非酶褐变反应就有可能降低食品的质量。因此，有必要采取控制措施以防止非酶褐变反应的发生。根据上述影响非酶褐变反应的因素可知，防止非酶褐变主要采取以下措施。

① 降温　降温可减缓化学反应速率，因此低温冷藏的食品可延缓非酶褐变。

②亚硫酸处理　羰基可与亚硫酸根生成加成产物，此加成产物与 $RNH_2$ 反应的生成物不能进一步生成席夫碱，因此，$SO_2$ 和亚硫酸盐可用来抑制羰氨反应褐变。

③ 改变 pH 值　一般来说羰氨反应在碱性条件下较易进行，所以降低 pH 值是控制褐变方法之一。

④ 降低产品浓度　适当降低产品浓度，也可降低褐变速率。如柠檬汁比橘子汁易褐变，故柠檬汁的浓缩比常为 4∶1，橘子汁为 6∶1。

⑤ 使用不易发生褐变的糖类　因为游离羰基的存在是发生羰氨反应的必要条件，所以可用蔗糖代替还原糖。

⑥ 发酵法和生物化学法　有的食品中糖含量甚微，可加入酵母用发酵法除糖，例如蛋粉和脱水肉末的生产中就采用此法。生物化学法是用葡萄糖氧化酶和过氧化氢酶混合酶制剂除去食品中微量葡萄糖和氧。此法也用于除去罐装食品容器顶隙中的残氧。

⑦ 钙盐　钙可与氨基酸结合成不溶性化合物，因此，钙盐有协同 $SO_2$ 防止褐变的作用。

## 3.5 食品中重要的低聚糖和多糖

低聚糖和多糖广泛分布于自然界，对食品质量及营养有重要意义。食品中低聚糖和多糖除本身的组成及理化性质对食品质量及营养有作用外，食品在加工及贮藏过程中也利用多糖的某些属性来改善品质或加工出特定产品，如作为增稠剂、胶凝剂、结晶抑制剂、澄清剂、稳定剂（用作泡沫、乳胶体和悬浮液的稳定）、成膜剂、絮凝剂、缓释剂、膨胀剂和胶囊剂等。利用功能性碳水化合物还能加工出功能性食品。本节将简要介绍食品中重要的低聚糖和多糖的性质及其在食品中的应用。

### 3.5.1 食品中重要的低聚糖

低聚糖存在于多种天然食物中，尤以植物类食物较多，如果蔬、谷物、豆科和海藻等。此外，在牛奶、蜂蜜和昆虫类中也含有。蔗糖、麦芽糖、乳糖和环状糊精是食品加工中最常用的低聚糖。许多特殊的低聚糖（如低聚果糖、低聚木糖、甲壳低聚糖和低聚魔芋葡甘露糖）具有显著的生理功能，如在机体胃肠道内不被消化吸收而直接进入大肠内为双歧杆菌所利用，作为双歧杆菌的增殖因子；还有防止龋齿、降低血清胆固醇、增强免疫等功能。

常见的双糖主要有纤维二糖、麦芽糖、异麦芽糖、龙胆二糖和海藻糖等，它们是均低聚糖。除海藻糖外，都有还原性。

蔗糖、乳糖、乳酮糖（lactulose）和蜜二糖是杂低聚糖，除蔗糖外其余都有还原性。糖的还原性或非还原性在食品加工中具有重要的作用，特别是当食品中同时含有蛋白质或其他含氨基的化合物时，在加工或保藏时易受热效应的影响而发生非酶褐变反应。乳糖，存在于牛奶和其他非发酵型乳制品中。乳糖在到达小肠前不能被消化，当到达小肠后在乳糖酶的作用下水解成D-葡萄糖和D-半乳糖，因此被小肠所吸收。但如果缺乏乳糖酶，乳糖在大肠内被厌氧微生物发酵生成醋酸、乳酸和其他短链酸，倘若这些产物大量积累则会引起腹泻，营养学上称为乳糖不耐症。

三糖有同聚三糖和杂聚三糖、还原性糖和非还原性糖之分，如麦芽三糖（同聚三糖，还原性D-葡萄糖低聚物）、甘露三糖（杂三糖，由D-葡萄糖和D-半乳糖组成的还原性低聚物）和蜜三糖（非还原性的杂聚三糖，由D-半乳糖基、D-葡萄糖基和D-果糖基单位组成的杂三糖）。在一般的食品中三糖的含量都较少。

在一些天然食物中还存在一些不被消化吸收并具有某些特殊功能的低聚糖，如低聚果糖、低聚木糖等，它们又称功能性低聚糖。功能性低聚糖一般具有以下特点：不被人体消化吸收，提供的热量很低，能促进肠道双歧杆菌的增殖，预防牙齿龋变、结肠癌等。

#### 3.5.1.1 大豆低聚糖（soyben oligosaccharide）

大豆低聚糖广泛存在于各种植物中，以豆科植物含量居多，典型的大豆低聚糖是从大豆中提取，主要成分是水苏糖（stachyose，占成熟大豆干基3.7%）、棉子糖（raffinose，占大豆干基1.3%）和蔗糖（占大豆干基5%）。成人每天服用3～5g大豆低聚糖即可起到增殖双歧杆菌的作用。

#### 3.5.1.2 低聚果糖（fructo-oligosaccharide）

低聚果糖是在蔗糖分子上结合1～3个果糖的寡糖，存在于果蔬中，如牛蒡（3.6%）、洋葱（2.8%）、大蒜（1.0%）、黑麦（0.7%）、香蕉（0.3%）。天然的和微生物法得到的低聚果糖几乎都是直链结构（图3-43）。有试验表明，如果成人每天服用5～8g低聚果糖，2周后粪便中双歧杆菌数可增加10～100倍。低聚果糖还可作为高血压、糖尿病和肥胖症患者的甜味剂，它也是一种防龋齿的甜味剂。

#### 3.5.1.3 低聚木糖（xylo-oligosaccharide）

低聚木糖是由2～7个木糖以$\beta$-1,4-糖苷键结合而成的低聚糖，其甜度约为蔗糖的40%。低聚木糖的热稳定性好，在酸性条件下（pH2.5～7.0）加热也基本不分解，可用在酸奶、乳酸菌饮料和碳酸饮料等酸性饮料中。

低聚木糖产品的主要成分为木糖、木二糖、木三糖及少量三糖以上的木聚糖，其中以木二糖为主要成分。木二糖含量越高，则低聚木糖的质量越好。低聚木糖一般是以富含木聚糖（xylan）的植物如玉米芯、蔗渣、棉子壳和麸皮等为原料，通过木聚糖酶水解而制得。自然界中很多霉菌和细菌都产木聚糖酶，工业上多采用球毛壳酶产生内切木聚糖酶水解木聚糖，然后分离提取低聚木糖。低聚木糖在肠道内难以消化，是极好的双歧杆菌生长因子，每天仅摄入0.7g即有明显效果。

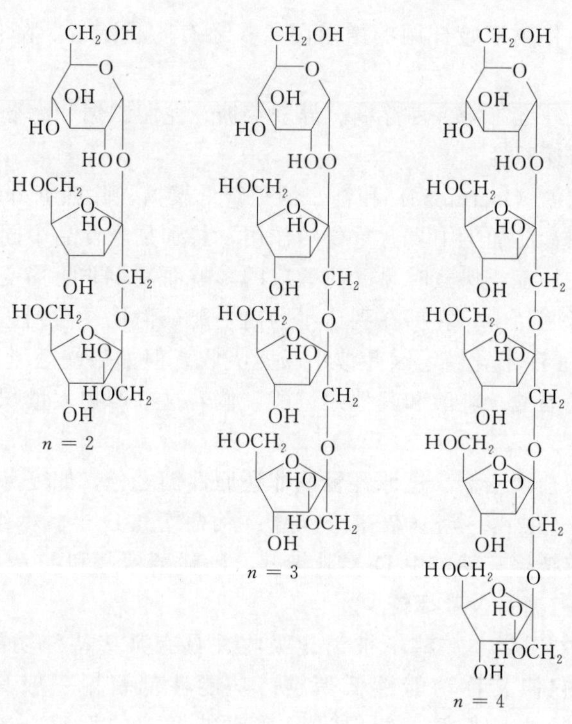


图 3-43 低聚果糖的化学结构式

#### 3.5.1.4 甲壳低聚糖

甲壳低聚糖是一类由 *N*-乙酰-D-氨基葡萄糖和D-氨基葡萄糖通过 $\beta$-1,4-糖苷键连接起来的低聚合度的水溶性氨基葡聚糖，结构式见图 3-44。由于分子中有氨基，在酸性溶液中易成盐，呈阳离子性质，甲壳低聚糖的许多性质都与此有关。甲壳低聚糖有许多生理活性，如提高机体免疫力、增强机体的抗病抗感染能力、抗肿瘤作用、促进双歧杆菌增殖等。

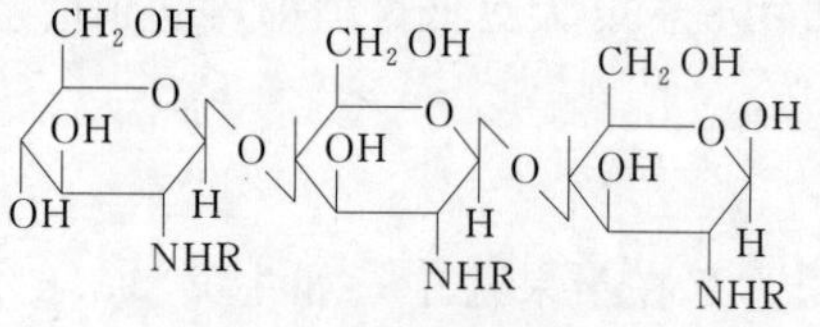

图 3-44 甲壳低聚糖的结构式

R=H（氨基葡萄糖）；

$R= -\overset{O}{\overset{\|}{C}}-CH_3$ （*N*-乙酰氨基葡萄糖）

#### 3.5.1.5 其他低聚糖

帕拉金糖（palatinose，6-*O*-$\alpha$-D-吡喃葡糖基-D-果糖）是在甜菜制糖过程中发现的一种结晶状双糖，具有还原性，后来在蜂蜜和甘蔗汁中也发现了天然帕拉金糖的存在。从化学结构上看它是异麦芽酮糖（isomaltulose），与蔗糖和乳糖不同的是帕拉金糖没有吸湿性，将它与柠檬酸混合保藏 22d，也没有转化糖出现。这表明对含有机酸或维生素C的食品来说，用帕拉金糖为增甜剂比用蔗糖稳定。大多数细胞和酵母不能发酵帕拉金糖，因此，在发酵食品和饮料生产中添加，其甜味易于保存。

乳酮糖（lactulose）也称异构化乳糖。乳糖是由半乳糖和葡萄糖组成的，而乳酮糖是半乳糖和果糖以 $\beta$-1,4-糖苷键结合而成的双糖，其化学名为 4-*O*-$\beta$-D-吡喃型半乳糖-D-果糖。乳酮糖的制取通常是用碱液处理使乳糖异构化而得的，日本人从加热的乳中检测到了这种糖，而新鲜生乳中没有，说明乳品加热后可形成少量的乳酮糖。

低聚异麦芽糖、低聚半乳糖、低聚乳果糖以及低聚龙胆糖等都是双歧杆菌生长因子，可使肠内双歧杆菌增殖，保持双歧杆菌菌群优势，有保健作用。

## 3.5.2 淀粉及糖原

### 3.5.2.1 淀粉

淀粉是多数食品的主要组成成分之一，也是人类营养最重要的碳水化合物来源。淀粉生产的原料为玉米、小麦、马铃薯、甘薯、稻等农作物（表 3-13）。

淀粉一般由直链淀粉和支链淀粉构成。常见的食物中直链淀粉和支链淀粉的构成见表 3-14。当直链淀粉比例较高时不易糊化，甚至有的在温度 100℃以上才能糊化；否则反之。直链淀粉容易发生“老化”，糊化形成的糊化物不稳定，而支链淀粉糊化后是非常稳定的。

**表 3-13 主要食物中淀粉含量** %

| 品种 | 含量 | 品种 | 含量 |
|---|---|---|---|
| 糙米 | 73 | 马铃薯 | 16 |
| 玉米 | 70 | 小麦 | 66 |
| 大麦 | 40 | 高粱 | 60 |
| 蚕豆 | 49 | 荞麦面 | 72 |
| 甘薯(鲜) | 19 | 豌豆 | 58 |

**表 3-14 一些淀粉中直链淀粉与支链淀粉的比例**

| 淀粉来源 | 直链淀粉/% | 支链淀粉/% | 淀粉来源 | 直链淀粉/% | 支链淀粉/% |
|---|---|---|---|---|---|
| 高直链玉米 | 50～85 | 15～50 | 籼米 | 26～31 | 74～69 |
| 玉米 | 26 | 74 | 马铃薯 | 21 | 79 |
| 蜡质玉米 | 1 | 99 | 木薯 | 17 | 83 |
| 小麦 | 28 | 72 | 粳米 | 17 | 83 |

淀粉具有独特的理化性质及营养功能，人类对淀粉消耗量是其他多糖所不能比拟的。由于制备淀粉的原料易得，价格低廉，在食品工业中淀粉被广泛用作增稠剂、黏合剂、稳定剂等，还被大量用作布丁、汤汁、沙司、粉丝、婴儿食品、馅饼、蛋黄酱等的原料。

**(1) 淀粉的化学结构** 直链淀粉是由 $\alpha$-D-吡喃葡萄糖残基以 1,4-键连接而成的直链分子（图 3-45），分子量为 $10^6$ 左右，呈右手螺旋结构，在螺旋内部只含氢原子，具亲油性；糖链上羟基在螺旋外部，具亲水性。大多数直链淀粉分子链上还存在很少量的 $\alpha$-D-1,6-键分支，平均每 180～320 个糖单位有一个支链，分支点的 $\alpha$-D-1,6-键占总糖苷键的 0.3%～0.5%。

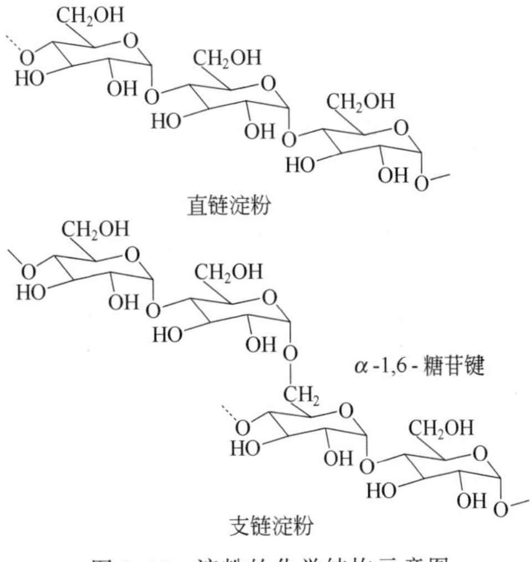

图 3-45 淀粉的化学结构示意图

支链淀粉是一分支很高的大分子（图 3-45，图 3-46）。葡萄糖基通过 $\alpha$-1,4-糖苷键连接构成它的主链，支链通过 $\alpha$-1,6-糖苷键与主链连接，分支点的 $\alpha$-D-1,6-键占总糖苷键的 4%～5%。支链淀粉含有还原端的 C 链，即线形主链，主链上有很多支链，称为 B 链，B 链上又有侧链，称为 A 链 [图 3-46(a)]。支链淀粉的分支平行排列成簇状或以双螺旋形式存在 [图 3-46(b)(c)]。因此，很可能淀粉粒的主要结晶部分是由支链淀粉形成的，例如蜡

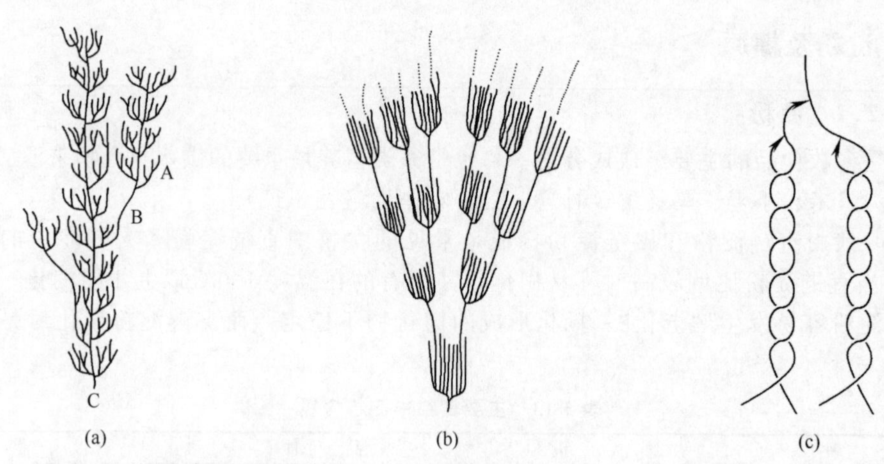


图 3-46　支链淀粉分子结构形状（a）、平行排列成簇状（b）和双螺旋（c）示意图

质玉米淀粉的结晶区。支链淀粉的分子量很大，为 $10^7$～$5\times10^8$。大多数淀粉中含有大约75％的支链淀粉（表 3-14），蜡质玉米淀粉中几乎全为支链淀粉。马铃薯淀粉因含有磷酸酯基，略带负电荷，在水中加热可形成非常黏的透明溶液，一般不易老化。

**(2) 淀粉粒的特性及淀粉的糊化**

① 淀粉粒的特性　淀粉在植物细胞内以颗粒状存在，故称淀粉粒。淀粉粒形状主要有圆形、椭圆形、多角形等；淀粉粒大小 0.001～0.15mm 之间，马铃薯淀粉粒最大，谷物淀粉粒最小（图 3-47）。用偏振光显微镜观察及 X 射线研究，淀粉粒能产生双折射及 X 射线衍射现象，说明它有结晶结构的一些特点，结晶区与无定形区呈现交替的层状结构［图 3-48(a)］。在淀粉粒中约有 70％的淀粉处在无定形区，30％为结晶状态，无定形区中主要是直链淀粉，但也含少量支链淀粉；结晶区主要为支链淀粉，支链与支链彼此间形成螺旋结构，并缔合成束状。直链淀粉分子易形成能截留脂肪酸、烃类物质的螺旋结构，这类复合物称为包含复合物。在溶液中直链淀粉以双螺旋形式存在，甚至在淀粉粒中也是这种形式存在。在淀粉粒中直链淀粉与支链淀粉分子呈径向排列［图 3-48(b)］。

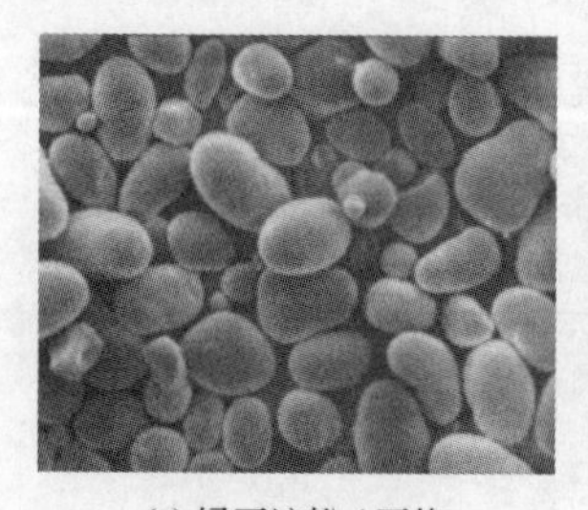

(a) 绿豆淀粉 ( 平均粒径 0.016mm)

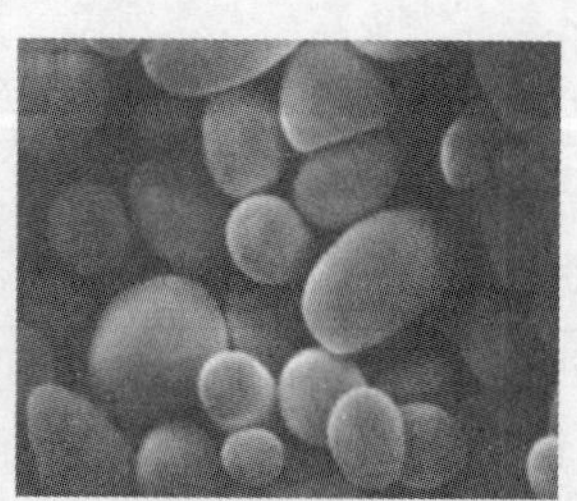

(b) 马铃薯淀粉 ( 平均粒径 0.049mm)

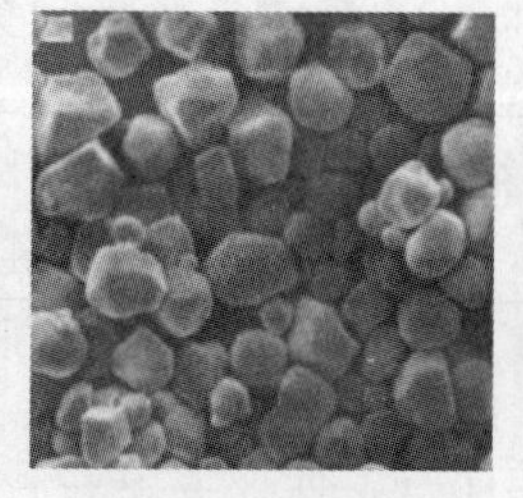

(c) 普通玉米淀粉 ( 平均粒径 0.013mm)

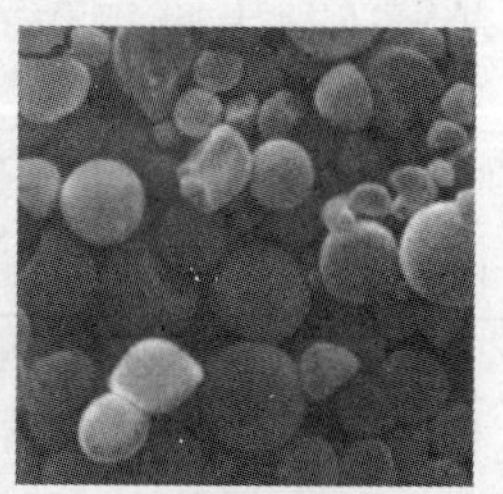

(d) 甘薯淀粉 ( 平均粒径 0.017mm)

图 3-47　不同淀粉粒在电子显微镜下的形状（×1200）

② 淀粉的糊化　淀粉分子结构上虽有许多羟基，但由于羟基之间通过氢键缔合形成完整的淀粉粒不溶于冷水，能可逆地吸水并略微溶胀。如果给水中淀粉粒加热，则随着温度上升淀粉分子的振动加剧，分子之间的氢键断裂，因而淀粉分子有更多的位点可以和水分子发生氢键缔合。水渗入淀粉粒，使更多和更长的淀粉分子链分离，导致结构的混乱度增大，同时结晶区的数目和大小均减小。继续加热，淀粉发生不可逆溶胀。此时支链淀粉由于水合作用而出现无规卷曲，淀粉分子的有序结构受到破坏，最后完全成为无序状态，双折射和结晶

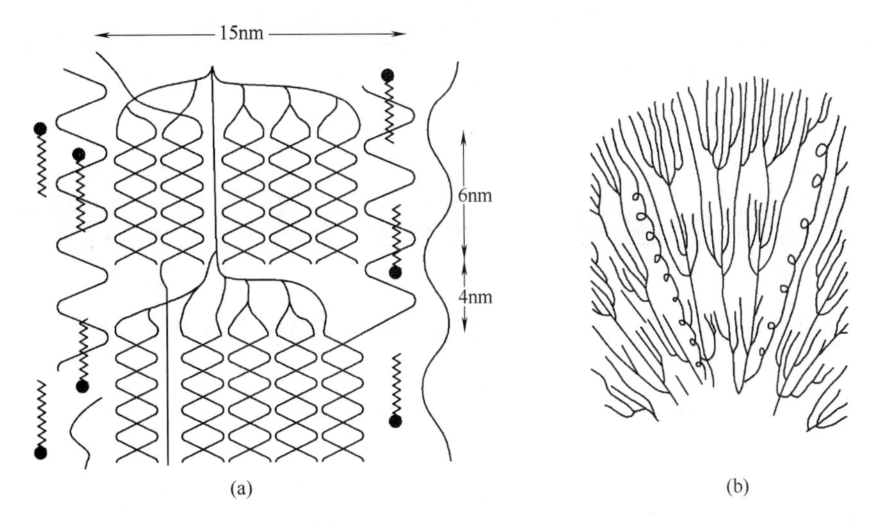


图 3-48　淀粉粒的结晶区模型（a）和直链淀粉与支链淀粉分子呈径向排列示意图（b）

支链淀粉双螺旋；直链淀粉和支链淀粉的混合双螺旋结构；

直链淀粉的 V 螺旋和螺旋中包含的脂；游离脂；游离直链淀粉

结构也完全消失，淀粉的这个过程称为糊化（gelatinization）。淀粉糊化的本质是淀粉微观结构从有序转变成无序。

淀粉糊化分为三个阶段。第一阶段：水温未达到糊化温度时，水分只是由淀粉粒的孔隙进入粒内，与许多无定形部分的极性基相结合，或简单地吸附，此时若取出脱水，淀粉粒仍可以恢复。第二阶段：加热至糊化温度，这时大量的水渗入到淀粉粒内，引起淀粉粒溶胀并像蜂窝一样紧密地相互推挤。扩张的淀粉粒流动受阻使之产生黏稠性（图 3-49），这可用 Brabender 仪记录淀粉糊的黏度-温度曲线。此阶段水分子进入微晶束结构，淀粉原有的排列取向被破坏，随着温度的升高，黏度增加。第三阶段：使膨胀的淀粉粒继续分离支解。当在 95℃恒定一段时间后，则黏度急剧下降。淀粉糊冷却时，一些淀粉分子重新缔合形成不可逆凝胶（图 3-50）。

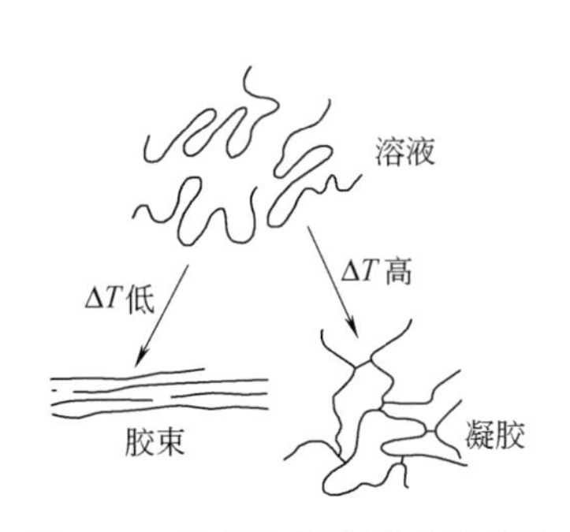


图 3-49　淀粉的凝胶形成示意图

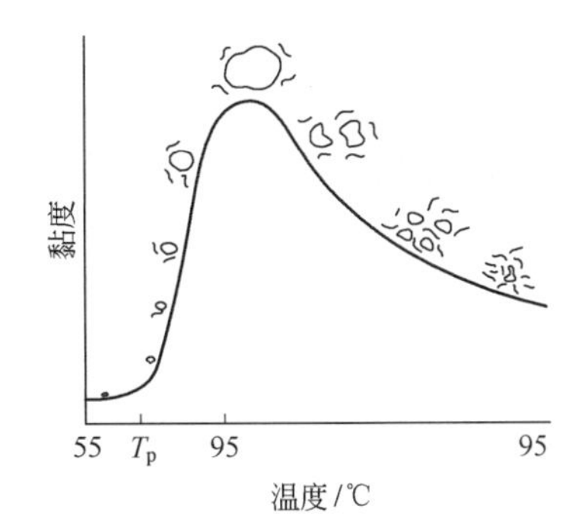


图 3-50　淀粉颗粒悬浮液加热到 95℃并恒定在 95℃的黏度变化曲线

以淀粉为原料的食品在加工过程中，由于直链淀粉和支链淀粉发生部分分离，会影响淀粉糊和加工食品的特性。已糊化的淀粉混合物在温度约 65℃以下贮存时，因直链淀粉和支链淀粉分离，老化现象更严重。直链淀粉和支链淀粉的性质概括于表 3-15。

表 3-15　直链淀粉和支链淀粉的性质

| 性　　质 | 直链淀粉 | 支链淀粉 |
| --- | --- | --- |
| 分子量 | 50000～200000 | 一百万到几百万 |
| 糖苷键 | 主要是α-D-(1→4) | α-D-(1→4)，α-D-(1→6) |
| 对老化的敏感性 | 高 | 低 |
| β-淀粉酶作用的产物 | 麦芽糖 | 麦芽糖，β-极限糊精 |
| 葡萄糖淀粉酶作用的产物 | D-葡萄糖 | D-葡萄糖 |
| 分子形状 | 主要为线形 | 灌木形 |

③ 影响淀粉糊化的因素　影响淀粉糊化的因素很多，首先是淀粉粒中直链淀粉与支链淀粉的含量和结构，其次是温度、水分活度、淀粉中其他共存物质和 pH 等。

a. 水分活度　食品中的水分活度对淀粉糊化影响较大。食品中盐类、低分子量的碳水化合物和其他成分对水分活度有很重要的影响，这些成分的存在将会降低水分活度，进而会抑制淀粉的糊化，或仅产生有限的糊化。如高浓度的水溶性糖的存在会使淀粉糊化受到严重抑制，因为同水结合力强的小分子糖与淀粉争夺结合水，因而抑制淀粉糊化。

b. 淀粉结构　当淀粉中直链淀粉比例较高时不易糊化，甚至有的在温度100℃以上才能糊化；否则反之。

c. 盐　高浓度的盐使淀粉糊化受到抑制；低浓度的盐对糊化几乎没有影响。但对马铃薯淀粉例外，因为它含有磷酸酯基，低浓度的盐影响它的电荷效应。

d. 脂类　脂类可与淀粉形成包合物，即脂类被包含在淀粉螺旋环内（图 3-51），不易从螺旋环中浸出，并可阻止水渗透入淀粉粒。因此，凡能直接与淀粉配位的脂肪都将阻止淀粉粒溶胀，从而影响淀粉的糊化。在淀粉中添加含 16～18 碳脂肪酸的单酰甘油，会使糊化温度上升，形成凝胶的温度下降，凝胶的强度减弱。

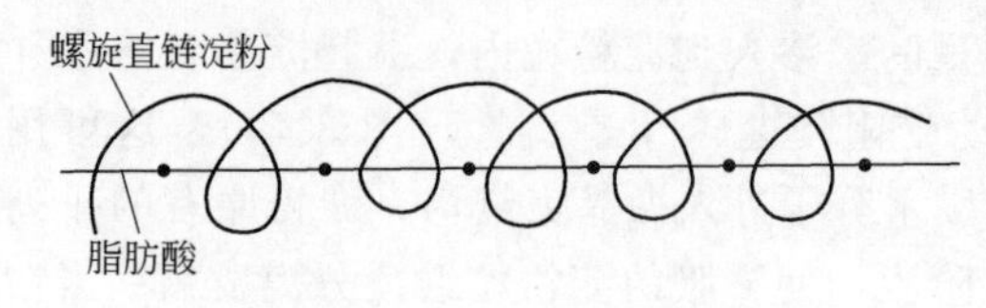

图 3-51　脂类被淀粉包围

e. pH 值　食品中 pH 值对淀粉糊化的影响主要表现在以下方面：当食品的 pH<4 时，淀粉将被水解为糊精，黏度降低。为防止酸对淀粉增稠的影响，对于那些高酸食品的增稠需用交联淀粉作为食品的增稠剂，由于这类淀粉分子非常庞大，只有在完全水解时黏度才明显降低。当食品的 pH=4～7 时，对淀粉糊化几乎无影响。pH≥10 时，糊化速度迅速加快，但 pH≥10 的食品几乎不存在，故在食品工业中意义不大。

f. 淀粉酶　在糊化初期，淀粉粒吸水膨胀已经开始而淀粉酶尚未被钝化前，可使淀粉降解（稀化），淀粉酶的这种作用将使淀粉糊化加速。故新米（淀粉酶活性较高）比陈米更易煮烂。

g. 淀粉粒大小　同一种淀粉，颗粒大小不一样，糊化温度也不一样，颗粒大的先糊化，颗粒小的后糊化。一般来说，小颗粒淀粉的糊化温度高于大颗粒淀粉的糊化温度。

**（3）淀粉的老化**　热的淀粉糊冷却时，通常形成黏弹性的凝胶，凝胶中联结区的形成表明淀粉分子开始结晶，并失去溶解性。通常将淀粉糊冷却或贮藏时，淀粉分子通过氢键相互作用产生沉淀或不溶解的现象，称做淀粉老化。淀粉老化实质上是一个再结晶的过程。许多食品在贮藏过程中品质变差，如面包的陈化（staling）、米汤的黏度下降并产生白色沉淀等，都是淀粉老化的结果。影响淀粉老化的因素主要有以下方面。

① 淀粉的种类　直链淀粉分子呈直链状结构，在溶液中空间障碍小，易于氢键结合，所以容易老化。分子量大的直链淀粉由于取向困难，比分子量小的老化慢。聚合度在 100～200 的直链淀粉，由于易于扩散，最易老化。而支链淀粉分子呈树枝状结构，不易老化。

② 淀粉的浓度　溶液浓度大，分子碰撞机会多，易于老化。但水分在 10%以下时，淀

粉难以老化；水分含量在30%～60%，尤其是在40%左右，淀粉最易老化。

③ 无机盐的种类　无机盐离子有阻碍淀粉分子定向取向的作用，阻碍作用大小的顺序如下：$SCN^- > PO_4^{3-} > CO_3^{2-} > I^- > NO_3^- > Br^- > Cl^-$，$Ba^{2+} > Ca^{2+} > K^+ > Na^+$。

④ 食品的pH值　溶液的pH值对淀粉老化有影响，pH值在5～7时，老化速度快。而在偏酸或偏碱性时，因带有同种电荷，老化减缓。

⑤ 温度的高低　淀粉老化的最适温度是2～4℃，60℃以上或－20℃以下就不易老化，但温度恢复至常温，老化仍会发生。

⑥ 冷冻的速度　糊化的淀粉缓慢冷却时，淀粉分子有足够的时间取向排列，会加重老化。而速冻使淀粉分子间的水分迅速结晶，不易"脱水收缩"，阻碍淀粉分子靠近，淀粉分子来不及取向，分子间的氢键结合不易发生，故可降低老化程度。

⑦ 共存物的影响　脂类和乳化剂可抗老化；多糖（果胶例外）、蛋白质等亲水大分子可与淀粉竞争水分子，干扰淀粉分子平行靠拢，从而起到抗老化作用。表面活性剂或具有表面活性的极性脂如单酰甘油及其衍生物硬脂酰-$\alpha$-乳酸钠（SSL）添加到面包和其他食品中，可延长货架期。直链淀粉的疏水螺旋结构，使之可与极性脂分子的疏水部分相互作用形成配合物，从而影响淀粉糊化、抑制淀粉分子的重新排列，可推迟淀粉的老化过程。

**(4) 淀粉的水解**　淀粉中糖苷键在酸及酶的催化下可发生不同程度的随机水解。淀粉水解后，其产品的功能性质发生了较大改变（表3-16）。淀粉分子用酸进行轻度水解，只有少数的糖苷键被水解，这个过程即为变稀，也称为酸改性或变稀淀粉。用酸改性淀粉后，其凝胶的透明度和强度有所提高，且不易老化。酸改性淀粉有多种用途，可用作成膜剂和黏合剂，如用作焙烤果仁和糖果的涂层、风味保护剂、风味物质微胶囊化的壁材（或胶囊剂、包香剂）和微乳化的保护剂。

商业上以玉米淀粉为原料，应用酶水解作用制成不同类型的糖浆。如生产高果糖玉米糖浆，以玉米为原料，用$\alpha$-淀粉酶和葡萄糖淀粉酶进行水解，得到较高纯度的D-葡萄糖，再用D-葡萄糖异构酶，将D-葡萄糖转化成D-果糖，一般可得到约含58%D-葡萄糖和42%D-果糖的玉米糖浆。欲制备高果糖玉米糖浆（high-fructose corn syrup，HFCS，果糖含量达到55%以上），可将异构化的糖浆通过钙离子交换树脂，使果糖与树脂结合，然后回收得到富含果糖的玉米糖浆。高果糖玉米糖浆一般用作软饮料甜味剂。

淀粉转化为D-葡萄糖的程度（即淀粉糖化值）可用淀粉水解为葡萄糖当量（dextrose equivalency，DE）来衡量，其定义是还原糖（按葡萄糖计）在玉米糖浆中所占的百分数（按干物质计）。DE与聚合度（DP）的关系式如下：

$$DE=\frac{100}{DP}$$

通常将DE<20的水解产品称为麦芽糊精，DE为20～60的叫做玉米糖浆。表3-16给出了淀粉水解产品的功能性质。

**表3-16　淀粉水解产品的功能性质**

| 水解度较大的产品[①] | 水解度较小的产品[②] | 水解度较大的产品 | 水解度较小的产品 |
|---|---|---|---|
| 甜味 | 黏稠性 | 可发酵性 | 阻止冰晶生长 |
| 吸湿性和保湿性 | 形成质地 | 褐变反应 | |
| 降低冰点 | 泡沫稳定性 | | |
| 风味增强剂 | 抑制糖结晶 | | |

① 高DE糖浆。

② 低DE糖浆和麦芽糖浆。

**(5) 淀粉改性** 天然淀粉通过物理、化学或生物化学的方法进行改性，可增强其食品功能性，甚至可作为化工及医药等方面的材料。这里仅介绍改性的食品淀粉。

① 低黏度变性淀粉 低于糊化温度时的酸水解，在淀粉粒的无定形区发生，剩下较完整的结晶区。玉米淀粉的支链淀粉比直链淀粉酸水解更完全，淀粉经酸处理后，生成在冷水中不易溶解而易溶于沸水的产品。这种产品称为低黏度变性淀粉或酸变性淀粉，其热糊黏度、特性黏度和凝胶强度均有所降低，而糊化温度提高，不易发生老化，可用于增稠和制成膜。

② 预糊化淀粉 淀粉悬浮液在高于糊化温度下加热，采用滚筒干燥法、喷雾干燥法或挤压膨胀法干燥脱水后，即得到可溶于冷水和能发生胶凝的淀粉产品。预糊化淀粉可用于生产老人及婴幼儿食品、鱼糜系列产品、火腿、腊肠以及烘烤食品等。预糊化淀粉在冷水中可溶，省去了食品蒸煮的步骤，且原料丰富，价格低，比其他食品添加剂经济，故常用于方便食品中。

③ 淀粉醚化 淀粉含有大量的羟基，其中少量的羟基被酯化、醚化或氧化，则淀粉的性质将发生相当大的变化，从而扩大了淀粉的用途。

淀粉分子中D-吡喃葡萄糖上三个游离羟基均可进行醚化。低取代度（degree of substitution，DS）的羟乙基淀粉糊化温度降低，淀粉颗粒的溶胀速度加快，淀粉糊形成凝胶和老化的趋势减弱。羟烷基淀粉如羟丙基淀粉可作为色拉调味汁、馅饼食品的添加剂和其他食品的增稠剂。

④ 淀粉酯 淀粉和酸式正磷酸盐、酸式焦磷酸盐以及三聚磷酸盐的混合物在一定温度范围内反应可制成淀粉磷酸单酯。典型反应条件为50～60℃加热1h，取代度一般低于0.25，制备较高取代度的衍生物需提高温度和磷酸盐浓度并延长反应时间。淀粉磷酸单酯也可在120～175℃下干法加热淀粉和碱性磷酸盐或碱性三聚磷酸盐制得。

$$R—OH \xrightarrow[POCl_3/\text{碱性磷酸盐}]{OH^{\ominus}} R—OPO_3H^{\ominus}$$

淀粉磷酸单酯和未改性的淀粉比较，糊化温度更低。取代度0.07或更高的淀粉磷酸酯在冷水中可发生溶胀。与其他淀粉衍生物比较，淀粉磷酸酯糊状物的黏度和透明度增大，老化现象减弱。其特性与马铃薯淀粉很相似，因为马铃薯淀粉也含有磷酸酯基。

淀粉磷酸单酯因具有极好的冷冻-解冻稳定性，所以适合于加工冷冻食品，通常作为冷冻肉汁和冷冻奶油馅饼的增稠剂，在这类食品中，使用淀粉磷酸单酯优于未改性淀粉。预糊化淀粉磷酸酯在冷水中易分散，适用于速溶甜食粉和糖霜的加工。

淀粉可与有机酸在加热条件下反应生成酯，例如与醋酸、长链脂肪酸（$C_6$～$C_{26}$）、琥珀酸、己二酸或柠檬酸反应生成的淀粉有机酸酯，其增稠性、糊的透明性和稳定性均优于天然淀粉，可用作焙烤食品、汤汁粉料、沙司、布丁、冷冻食品的增稠剂和稳定剂，以及脱水水果的保护涂层、保香剂和微胶囊包被剂。

低取代度的淀粉醋酸酯可形成稳定的溶液，因为这种淀粉只含有几个乙酰基，所以能够抑制直链淀粉分子和支链淀粉的外层长链发生缔合。在有（或无）催化剂存在的条件下（例如醋酸或碱性水溶液），用醋酸或醋酐处理粒状淀粉便可得到低取代度的淀粉醋酸酯。在pH7～11和25℃条件下，用淀粉和醋酸酐反应可制成取代度为0.5的产品。

低取代度淀粉醋酸酯的糊化温度低，形成的糊冷却后具有良好的抗老化性能，这种淀粉糊透明而且稳定，可用于冷冻水果馅饼、焙烤食品、速溶布丁、馅饼和肉汁。取代度较高的淀粉醋酸酯能降低凝胶生成的能力。表 3-17 列举了各种淀粉改性前后的性质。

**表 3-17 各种淀粉改性前后的性质比较**

| 种类 | 直链淀粉/支链淀粉 | 糊化温度范围/℃ | 性质 |
| --- | --- | --- | --- |
| 普通淀粉 | 1∶3 | 62～72 | 冷却解冻稳定性不好 |
| 糯质淀粉 | 0∶1 | 63～70 | 不易老化 |
| 高直链淀粉 | (3∶2)～(4∶1) | 66～92 | 颗粒双折射小于普通淀粉 |
| 酸变性淀粉 | 可变 | 69～79 | 与未变性淀粉相比，热糊的黏性降低 |
| 羟乙基化 | 可变 | 58～68($DS_{0.04}$) | 增加糊的透明性，降低老化作用 |
| 磷酸单酯 | 可变 | 56～66 | 降低糊化温度和老化作用 |
| 交联淀粉 | 可变 | 高于未改性的淀粉，取决于交联度 | 峰值黏度减小，糊的稳定性增大 |
| 乙酰化淀粉 | 可变 | 55～65 | 糊状物透明，稳定性好 |

⑤ 交联淀粉　交联淀粉是由淀粉与含有双或多官能团的试剂反应生成的衍生物。常用的交联试剂有三偏磷酸二钠、氧氯化磷、表氯醇或醋酸与二元羧酸酐的混合物等。

与淀粉磷酸单酯比较，淀粉磷酸二酯有两个被磷酸酯化的羟基，通常是两条相邻的淀粉链各有一个羟基被酯化，因此，在毗邻的淀粉链之间可形成一个化学桥键，这类淀粉称为交联淀粉。这种由淀粉链之间形成的共价键能阻止淀粉粒溶胀，对热和振动的稳定性更大。

淀粉的水悬浊液与磷酰氯反应生成交联淀粉，淀粉与三偏磷酸盐反应或淀粉浆与 2%三偏磷酸盐在 50℃和 pH10～11 反应 1h，均可形成交联淀粉。

$$2R{-}OH + R'CO{-}O{-}CO{-}(CH_2)_n{-}CO{-}O{-}COR' \longrightarrow R{-}O{-}CO{-}(CH_2)_n{-}CO{-}O{-}R$$

$$R{-}OH + \underset{\text{O}}{\diagdown\!\diagup}{-}CH_2Cl \xrightarrow{OH^{\ominus}} R{-}O{-}CH_2{-}\underset{\underset{OH}{|}}{CH}{-}CH_2Cl \xrightarrow{OH^{\ominus}}$$

$$R{-}O{-}CH_2{-}\underset{\text{O}}{\diagdown\!\diagup} \xrightarrow[OH^{\ominus}]{ROH} R{-}O{-}CH_2{-}\underset{\underset{OH}{|}}{CH}{-}CH_2{-}O{-}R$$

$$2R{-}OH \xrightarrow{(NaPO_3)_3} R{-}O{-}\overset{\overset{O}{\|}}{\underset{\underset{O^{\ominus}}{|}}{P}}{-}O{-}R$$

磷酸交联键能增强溶胀淀粉粒的稳定性，与淀粉磷酸单酯相反，淀粉磷酸二酯的糊不透明。交联度大的淀粉在高温、低 pH 和机械振动条件下都非常稳定，淀粉糊化温度随交联度加大成比例增大。若淀粉高度交联则可抑制溶胀，甚至在沸水中也不溶胀。

交联淀粉主要用于婴儿食品、色拉调味汁、水果馅饼和奶油型玉米食品。作为食品增稠剂和稳定剂，淀粉磷酸二酯优于未改性的淀粉，因为它能使食品在煮过以后仍然保持悬浮状态，能阻止胶凝和老化，有良好的冷冻-解冻稳定性，放置后也不发生脱水收缩。

⑥ 氧化淀粉　淀粉水悬浮液与次氯酸钠在低于糊化温度下发生水解和氧化反应，生成的氧化产物平均每 25～50 个葡萄糖残基有一个羧基。氧化淀粉用于色拉调味料和蛋黄酱等较低黏度的填充料，但它不同于低黏度变性淀粉，既不易老化也不能凝结成不透明的凝胶。

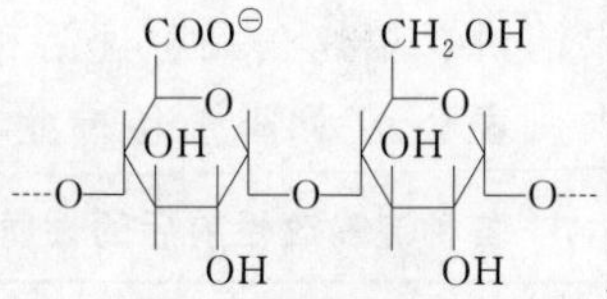

$$\cdots O-[\text{COO}^{\ominus}\text{ 糖醛酸单元}]-O-[\text{CH}_2\text{OH 葡萄糖单元}]-O\cdots$$

氧化淀粉

#### 3.5.2.2 糖原

糖原又称动物淀粉，是肌肉和肝脏组织中储存的主要碳水化合物。它在肌肉和肝脏中的浓度都很低，所以糖原在食品中的含量很少。

糖原是同聚糖，与支链淀粉的结构相似，含 α-D-(1→4) 和 α-D-(1→6) 糖苷键。但糖原比支链淀粉的分子量大，支链多。从玉米淀粉或其他淀粉中也可分离出少量植物糖原(phytoglycogen)，它属于低分子量和高度支化的多糖。

### 3.5.3 纤维素和半纤维素

#### 3.5.3.1 纤维素

纤维素是植物细胞壁的主要结构成分，通常与半纤维素、果胶和木质素结合在一起，其结合方式和程度对植物源食品的质地影响很大。而植物在成熟和后熟时质地的变化则是由果胶物质发生变化引起的。人体消化道不存在纤维素酶，纤维素是一类重要的膳食纤维（详见3.6）。

纤维素是由 D-吡喃葡萄糖通过 β-D-1,4-糖苷键连接构成的线形同聚糖。纤维素有无定形区和结晶区之分，无定形区容易受溶剂和化学试剂的作用，利用无定形区和结晶区在反应性质上的这种差别，可以将纤维素制成微晶纤维素。即无定形区被酸水解，剩下很小的耐酸结晶区，这种产物（分子量一般在 30000～50000）商业上叫做微晶纤维素（avieol)，它仍然不溶于水，常在低热量食品加工中被用作填充剂和流变控制剂。

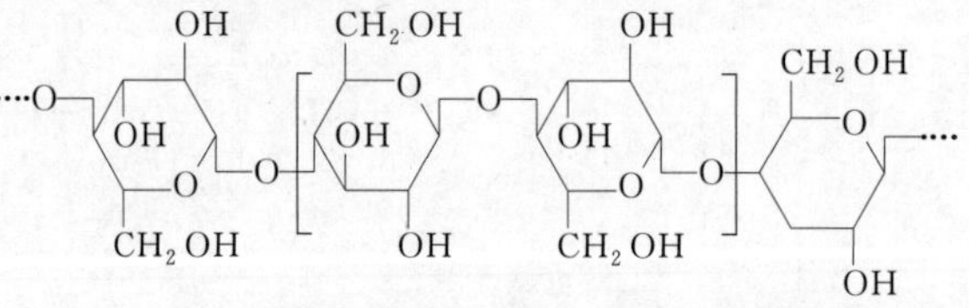

纤维素

纤维素的聚合度（DP）视植物的来源和种类的不同而不同，可从 1000 至 14000，相当于分子量 162000～2268000。纤维素由于分子量大且具有结晶结构，所以不溶于水，而且溶胀性和吸水性都很小。纯化的纤维素常作为配料添加到面包中，可增加持水力和延长货架期，提供一种低热量食品。

**(1) 羧甲基纤维素** 纤维素经化学改性，可制成纤维素基食物胶。最广泛应用的纤维素衍生物是羧甲基纤维素钠，它是用氢氧化钠-氯乙酸处理纤维素制成的，一般产物的取代度(DS）为 0.3～0.9，聚合度为 500～2000。其反应如下所示：

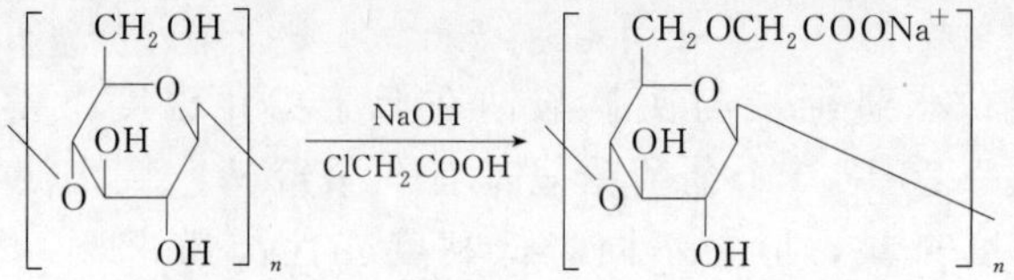

$$[\text{葡萄糖单元}(CH_2OH)]_n \xrightarrow[ClCH_2COOH]{NaOH} [\text{葡萄糖单元}(CH_2OCH_2COO^-Na^+)]_n$$

纤维素　　　　羧甲基纤维素钠

羧甲基纤维素分子链长、具有刚性、带负电荷，在溶液中因静电排斥作用使之呈现高黏度和稳定性，它的这些性质与取代度和聚合度密切相关。低取代度（DS≤0.3）的产物不溶于水而溶于碱性溶液；高取代度（DS>0.4）羧甲基纤维素易溶于水。此外，溶解度和黏度还取决于溶液的 pH 值。

取代度 0.7～1.0 的羧甲基纤维素（carboxymethylcellulose，CMC）可用来增加食品的黏性，溶于水可形成非牛顿流体，其黏度随着温度上升而降低；pH5～10 时溶液较稳定，pH7～9 时稳定性最大。羧甲基纤维素一价阳离子形成可溶性盐，但当二价离子存在时则溶解度降低并生成悬浊液，三价阳离子可引起胶凝或沉淀。

羧甲基纤维素有助于食品蛋白质的增溶，例如明胶、干酪素和大豆蛋白等。在增溶过程中，羧甲基纤维素与蛋白质形成复合物。特别在蛋白质的等电点附近，可使蛋白质保持稳定的分散体系。

羧甲基纤维素具有适宜的流变学性质、无毒以及不被人体消化等特点，因此在食品中得到广泛的应用，如在馅饼、牛奶蛋糊、布丁、干酪涂抹料中作为增稠剂和黏合剂。因为羧甲基纤维素对水的结合能力大，在冰淇淋和其他食品中用以阻止冰晶的生成，防止糖果、糖衣和糖浆中产生糖结晶。此外，还用于增加蛋糕及其他焙烤食品的体积、延长货架期，保持色拉调味汁乳胶液的稳定性，使食品疏松、增加体积，并改善蔗糖的口感。在低热量碳酸饮料中羧甲基纤维素用于防止 $CO_2$ 的逸出。

**（2）甲基纤维素和羟丙基甲基纤维素**　甲基纤维素是纤维素的醚化衍生物，其制备方法与羧甲基纤维素相似，在强碱性条件下将纤维素同三氯甲烷反应即得到甲基纤维素（methylcellulose，MC），取代度依反应条件而定，商业产品的取代度一般为 1.1～2.2。

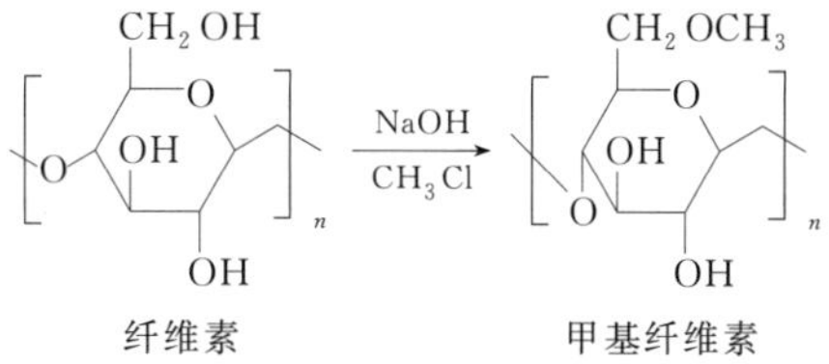

$CH_2OH$ … $OH$ … $OH$ $\xrightarrow[CH_3Cl]{NaOH}$ $CH_2OCH_3$ … $OH$ … $OH$

纤维素　　　　甲基纤维素

甲基纤维素的特点是热胶凝性，即溶液加热时形成凝胶，冷却后又恢复溶液状态。甲基纤维素溶液加热时，最初黏度降低，然后迅速增大并形成凝胶，这是由各个分子周围的水合层受热后破裂，聚合物之间的疏水键作用增强引起的。电解质例如 NaCl 和非电解质例如蔗糖或山梨醇均可使胶凝温度降低，因为它们争夺水分子的作用很强。甲基纤维素不能被人体消化，是膳食中的无热量多糖。

羟丙基甲基纤维素（hydroxypropylmethylcellulose，HPMC）是纤维素与氯甲烷和环氧丙烷在碱性条件下反应得到的，取代度通常在 0.002～0.3 范围。同甲基纤维素一样，可溶于冷水，这是因为在纤维素分子链中引入了甲基和羟丙基两个基团，从而干扰了羟丙基甲基纤维素分子链的结晶堆积和缔合，因此有利于链的溶剂化，增加了纤维素的水溶性，但由于极性羟基减少，其水合作用降低。纤维素被醚化后，分子具有一些表面活性且易在界面吸附，这有助于乳浊液和泡沫稳定。

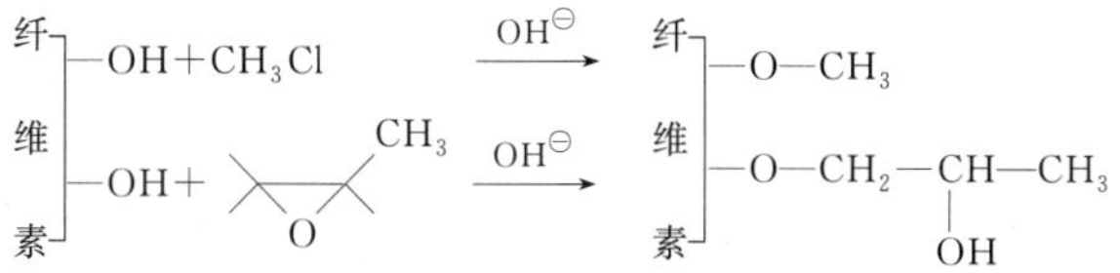

纤维素—OH + $CH_3Cl$ $\xrightarrow{OH^{\ominus}}$ 纤维素—O—$CH_3$

纤维素—OH + 环氧丙烷（$CH_3$，O） $\xrightarrow{OH^{\ominus}}$ 纤维素—O—$CH_2$—CH(OH)—$CH_3$

甲基纤维素和羟丙基甲基纤维素的起始黏度随着温度上升而下降，在特定温度可形成可逆性凝胶，胶凝温度和凝胶强度与取代基的种类和取代度及水溶胶的浓度有关，羟丙基可以使大分子周围的水合层稳定，从而提高胶凝温度。改变甲基与羟丙基的比例，可使凝胶在较广的温度范围内凝结。

甲基纤维素和羟丙基甲基纤维素可增强食品对水的吸收和保持，使油炸食品不至于过度吸收油脂，例如炸油饼。在某些保健食品中甲基纤维素被用作脱水收缩抑制剂和填充剂；在不含面筋的加工食品中作为质地和结构物质；在冷冻食品中用于抑制脱水收缩，特别是沙司、肉、水果、蔬菜；在色拉调味汁中可作为增稠剂和稳定剂。此外，甲基纤维素和羟丙基甲基纤维素还用于各种食品的可食涂布料和代脂肪。

#### 3.5.3.2 半纤维素

半纤维素也是植物细胞壁的构成成分，它是一类聚合物，水解时生成大量戊糖、葡萄糖醛酸和某些脱氧糖。食品中最普遍存在的半纤维素是由 *β*-1,4-D-吡喃木糖单位组成的木聚糖，这种聚合物通常含有连接在某些 D-木糖基 3 碳位上的 *β*-L-呋喃阿拉伯糖基侧链，其他特征成分包括 D-葡萄糖醛酸-4-*O*-甲基醚、D-或 L-半乳糖和乙酰酯基。

半纤维素在食品焙烤中最主要的作用是提高面粉对水的结合能力，改善面包面团的混合品质，降低混合所需能量，有助于蛋白质的掺和，增加面包体积。含植物半纤维素的面包比不含半纤维素的可推迟变干硬的时间。半纤维素也是膳食纤维的来源之一。

### 3.5.4 果胶

果胶广泛分布于植物体内，是由 *α*-1,4-D-吡喃半乳糖醛酸单位组成的聚合物，主链上还存在 α-L-鼠李糖残基，在鼠李糖富集的链段中，鼠李糖残基处于毗连或交替的位置。果胶的伸长侧链还包括少量的半乳聚糖和阿拉伯聚糖。果胶存在于植物细胞的胞间层，各种果胶的主要差别是它们的甲氧基含量或酯化度不相同。植物成熟时甲氧基和酯化度略微减少。酯化度（DE）用 D-半乳糖醛酸残基总数中 D-半乳糖醛酸残基的酯化分数×100 表示。例如酯化度 50％的果胶物质的结构如下所示：

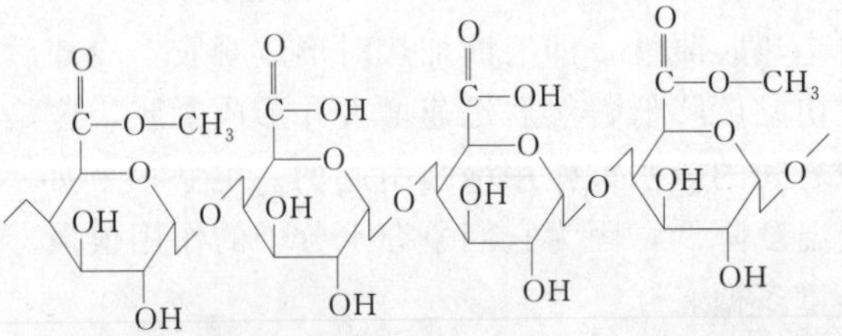

通常将酯化度大于 50％的果胶称为高甲氧基果胶（high-methoxyl pectin），酯化度低于 50％的果胶称为低甲氧基果胶（low-methoxyl pectins）。原果胶是未成熟的果实、蔬菜中高度甲酯化且不溶于水的果胶，它使果实、蔬菜具有较硬的质地。

果胶酯酸（pectinic acid）是甲酯化程度不太高的果胶，原果胶在原果胶酶和果胶甲酯酶的作用下转变成果胶酯酸。果胶酯酸因聚合度和甲酯化程度的不同可以是胶体形式或水溶性的，水溶性果胶酯酸又称为低甲氧基果胶。果胶酯酸在果胶甲酯酶的持续作用下，甲酯基可全部脱去，形成果胶酸。

果胶酶有助于植物后熟过程中产生良好的质地，在此期间，原果胶酶使原果胶转变成胶态果胶或水溶性果胶酯酸。果胶甲酯酶（果胶酶）裂解果胶的甲酯，生成多聚 D-半乳糖醛酸（poly-D-galacturonic acid）或果胶酸，然后被多聚半乳糖醛酸酶部分降解为 D-半乳糖醛酸单位。上述酶在果实成熟期共同起作用，对改善水果和蔬菜的质地起着重要的作用。

果胶能形成具有弹性的凝胶，不同酯化度的果胶形成凝胶的机制是有差别的，高甲氧基果胶必须在低 pH 值和高糖浓度中才能形成凝胶，一般要求果胶含量<1%、蔗糖浓度58%～75%、pH2.8～3.5。因为在 pH2.0～3.5 时可阻止羧基离解，使高度水合作用和带电的羧基转变为不带电荷的分子，从而使其分子间的斥力减小，分子的水合作用降低，结果有利于分子间的结合和三维网络结构的形成。蔗糖浓度达到 58%～75%后，由于糖争夺水分子，致使中性果胶分子溶剂化程度大大降低，有利于形成分子间氢键和凝胶。果胶凝胶加热至接近 100℃时仍保持其特性。果胶的胶凝作用不仅与其浓度有关，而且因果胶的种类而异，普通果胶在浓度 1%时可形成很好的凝胶。

果胶的高凝胶强度与分子量和分子间缔合呈正相关。一般说来，果胶酯化度从 30%增加到 50%将会延长胶凝时间，随着如甲酯基的增加，果胶分子间氢键键合的立体干扰增大。酯化度为 50%～70%时，由于分子间的疏水相互作用增强，从而缩短了胶凝时间。果胶的胶凝特性是果胶酯化度的函数（表 3-18）。

**表 3-18　果胶酯化度对形成凝胶的影响**

| 酯化度/%① | 形成凝胶的条件 | | | 凝胶形成的快慢 |
|---|---|---|---|---|
| | pH | 糖/% | 二价离子 | |
| >70 | 2.8～3.4 | 65 | 无 | 快 |
| 50～70 | 2.8～3.4 | 65 | 无 | 慢 |
| <50 | 2.5～2.6 | 无 | 有 | 快 |

① 酯化度=(酯化的 D-半乳糖醛酸残基数/D-半乳糖醛酸残基总数)×100。

低酯化度（低甲氧基）果胶在没有糖存在时也能形成稳定的凝胶，但必须有二价金属离子（$M^{2+}$）存在。例如钙离子，在果胶分子间形成交联键，随着 $Ca^{2+}$ 浓度的增加，胶凝温度和凝胶强度也增加，这同褐藻酸钠形成蛋箱形结构的凝胶机理类似，这种凝胶为热可塑性凝胶，常用来加工不含糖或低糖营养果酱或果冻。低甲氧基果胶对 pH 的变化不及普通果胶那样敏感，在 pH2.5～6.5 范围内可以形成凝胶，而普通果胶只能在 pH2.7～3.5 范围内形成凝胶，最适 pH 为 3.2。虽然低甲氧基果胶不添加糖也能形成凝胶，但加入 10%～20%的蔗糖可明显改善凝胶的质地。低甲氧基果胶凝胶中如果不添加糖或增塑剂，则比普通果胶的凝胶更容易脆裂，且弹性小。钙离子对凝胶的硬化作用适用于增加番茄、酸黄瓜罐头的硬度，以及含低甲氧基果胶的营养果酱和果冻的制备。

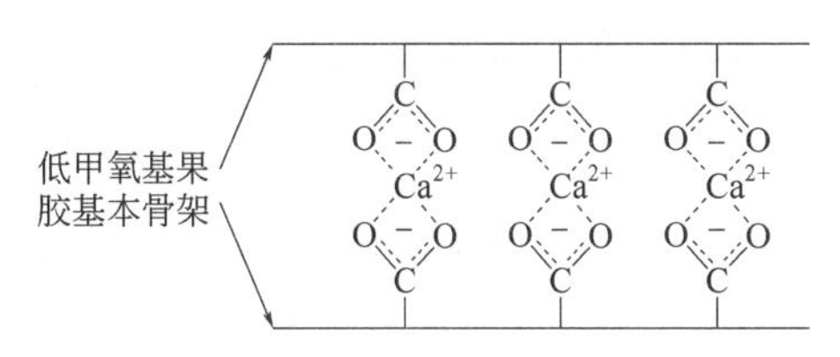


果胶凝胶在受到弱的机械力作用时，会出现可塑性流动，作用力强度增大会使凝胶破碎。这表明凝胶结构中可能存在两种键，一种是容易断裂但能复原的弱键，另一种是无规则分布的较强的键。

果胶常用于制作果酱和果冻的胶凝剂、生产酸奶的水果基质，以及饮料和冰淇淋的稳定剂与增稠剂。

## 3.5.5　琼胶

琼胶（agar）又名琼脂、洋菜、冻粉、凉粉等，日本称“寒天”，是一种复杂的水溶性多糖化合物，是由红海藻纲的某些海藻提取的亲水性胶体。

生产琼胶的原料过去一直是以石花菜（*Gelidium amansii*）为主，墨西哥等国的主要琼胶生产原料依旧是石花菜。后来，发现碱处理可大大改善江蓠琼胶的性能，在石花菜资源被过度开采以及江蓠大面积养殖获得成功之后，江蓠（*Gracilaria*）已成为世界范围内生产琼胶的主要原料。

#### 3.5.5.1 琼胶的结构与性质

琼胶为无色或淡黄色的细条或粉末；半透明，表面皱缩，微有光泽，质轻软而韧，不易折断，完全干燥后，则脆而易碎；无臭，味淡；不溶于冷水，但能膨胀成胶块状，在沸水中能缓缓溶解。琼胶是由1,3-连接的β-D-吡喃半乳糖与1,4-连接的3,6-内醚-α-L-吡喃半乳糖（3,6-AG）交替连接而成的线性多糖。不过，琼胶糖分子中不同位置的羟基，不同程度地被甲基、硫酸基和丙酮酸所取代。土壤和海洋生物中的琼胶分解酶能特异性切断β-1,4-糖苷键，由此可得到琼胶低聚糖。琼胶糖的结构如图3-52。

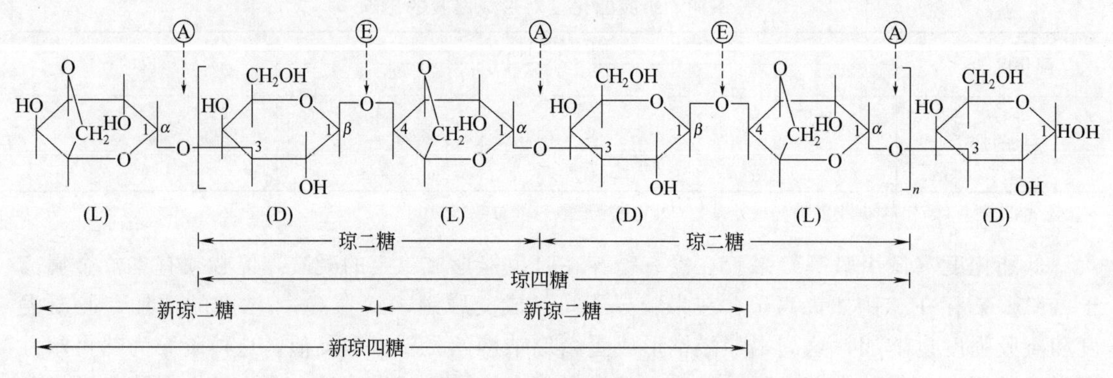


图3-52 琼胶糖的结构

A—易被酸水解的键；E—易被β-琼胶酶水解的键；L—3,6-内醚-α-L-吡喃半乳糖（3,6-AG）；D—β-D-吡喃半乳糖

#### 3.5.5.2 琼胶在食品工业中的应用

在食品工业中，琼胶除作为一种海藻类膳食纤维外，还可作为软糖、羊羹、果冻布丁、果酱、鱼肉类罐头、冰淇淋等的凝固剂、稳定剂、增稠剂，发酵工业固定化酶和固定化细胞的载体，也可凉拌直接食用，是优质的低热量食品。

### 3.5.6 卡拉胶

卡拉胶也称鹿角菜胶、角叉菜胶等。卡拉胶主要存在于红藻纲中的麒麟菜属、角叉菜属、杉藻属和沙菜属等的细胞壁中。它是海藻胶的重要组成部分，是一种具有商业价值的亲水凝胶（属天然多糖植物胶）。目前卡拉胶的生产原料主要有：角叉菜（*Chondrus ocellatus*）、伊谷草（*Ahnfeltia furcellata*）、琼枝（*Eucheuma gelatinae*）、麒麟菜（*Eucheuma muricatum*）、珍珠麒麟菜（*Eucheuma oramurai*）、小杉藻（*Gigartina intermedia*）、海萝（*Gloiopeltis furcata*）、叉枝藻（*Gymnogongrus flabelliformis*）、冻沙菜（*Hypnea japonika*）、鹿角沙菜（*Hypnea cervicornis*）、长枝沙菜（*Hypnea charoides*）等。

#### 3.5.6.1 卡拉胶的结构和性质

卡拉胶是从红藻中提取的一种水溶性、天然高分子多糖化合物。其分子量一般介于1～

$5\times10^5$ 之间，食品级卡拉胶的平均分子量约为 20 万。卡拉胶是以 1,3-β-D-吡喃半乳糖和 1,4-α-D-吡喃半乳糖作为基本骨架，交替连接硫酸酯的钙、钾、钠、镁、铵盐和 3,6-内醚-半乳糖直链聚合物。一般来说，κ-卡拉胶结构中的硫酸基约占 25%，3,6-内醚-半乳糖的含量为 34%；τ-卡拉胶硫酸基含量为 32%，3,6-内醚-半乳糖的含量为 30%；λ-卡拉胶含 35%硫酸基，而 3,6-内醚-半乳糖的含量极低。根据半酯式硫酸基在半乳糖上连接位置的不同（即组成和结构的不同），卡拉胶可分为七种类型：κ-卡拉胶、τ-卡拉胶、λ-卡拉胶、μ-卡拉胶、ν-卡拉胶、θ-卡拉胶、ξ-卡拉胶。

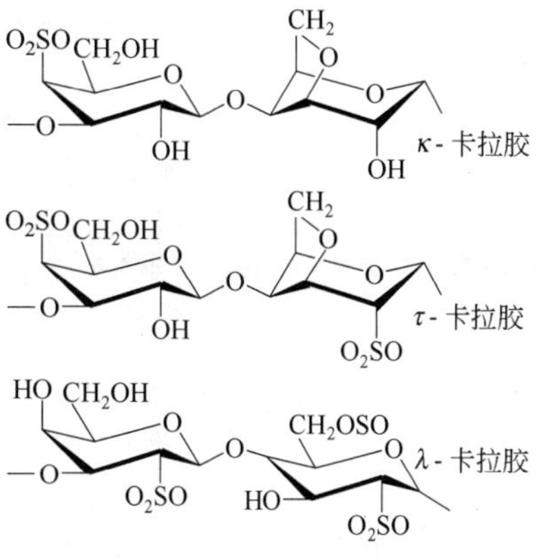

图 3-53　三种基本型号卡拉胶的结构示意图

三种基本型号卡拉胶的结构见图 3-53。

卡拉胶产品一般为无臭、无味的白色至淡黄色粉末。卡拉胶形成的凝胶是热可逆的，即加热可使之熔化成溶液，溶液放冷时，又形成凝胶。在热水或热牛奶中所有类型的卡拉胶都能溶解；在冷水中，卡拉胶可以溶解，卡拉胶的钠盐也能溶解，但卡拉胶的钾盐或钙盐只能吸水膨胀而不能溶解。卡拉胶不溶于甲醇、乙醇、丙醇、乙丙醇和丙酮等有机溶剂。食品工业上有应用价值的三种卡拉胶（κ-、τ-、λ-）的基本性质归纳见表 3-19。

**表 3-19　卡拉胶的基本性质**

| 性质 | 条件 | κ-卡拉胶 | τ-卡拉胶 | λ-卡拉胶 |
|---|---|---|---|---|
| 溶解性 | 热水 | 70℃以上溶解 | 70℃以上溶解 | 溶解 |
| | 冷水 | $Na^+$ 盐可溶；$NH_4^+$ 盐膨胀 | $Na^+$ 盐可溶；$Ca^{2+}$ 盐形成触变分散体 | 所有盐类溶解 |
| | 热牛奶 | 溶解 | 溶解 | 溶解 |
| | 冷牛奶 | 不溶 | 不溶 | 分散并增稠 |
| | 冷牛奶（加焦磷酸钠） | 增稠或凝固 | 增稠或凝固 | 增稠或凝固 |
| | 浓糖水 | 热溶 | 难溶 | 热溶 |
| | 浓盐水 | 冷、热不溶 | 热溶 | 热溶 |
| | 有机溶剂 | 不溶 | 不溶 | 不溶 |
| 凝固性 | 阳离子影响 | 加 $K^+$ 形成硬凝胶 | 加 $Ca^{2+}$ 形成强凝胶 | 不凝固 |
| | 凝胶类型 | 脆硬并泌水 | 有弹性，不泌水 | 不凝固 |
| | 刺槐豆胶的影响 | 协同 | 不协同 | 不协同 |
| | 中性和碱性 | 稳定 | 稳定 | 稳定 |
| | 酸性（pH=3.5） | 溶液水解，加热加速水解；凝胶态稳定 | | 水解 |
| 可混性 | | 通常可与非离子表面活性剂和阴离子表面活性剂相混，但不能与阳离子表面活性剂相混 | | |

### 3.5.6.2　卡拉胶在食品工业中的应用

卡拉胶作为天然食品添加剂，在食品工业中已得到广泛应用。一方面卡拉胶在价格上比琼胶便宜，可以代替琼胶使用；另一方面卡拉胶的性质特殊，有凝固力很强的 κ-卡拉胶，有凝固力适宜且富有弹性的 τ-卡拉胶，还有黏度很高但无凝固力的 λ-卡拉胶。卡拉胶具有凝固性、溶解性、稳定性、黏性和反应性等特点，所以在食品工业中卡拉胶主要用作凝固剂、增稠剂、乳化剂、悬浮剂和稳定剂（表 3-20）。其凝胶强度、黏度和其他特性在很大程度上取决于卡拉胶的类型、分子量、pH 值、盐含量、酒精、氧化剂和其他食品胶的状况。在实际应用时，需要考虑的是凝胶强度、成胶温度、胶特性、黏度及流体特性、蛋白质作用活性和冷冻脱水收缩等。

表 3-20　卡拉胶在食品工业中应用

| 食　品 | 卡拉胶的作用 | 食　品 | 卡拉胶的作用 |
|---|---|---|---|
| 冰淇淋(雪糕) | 预防乳清分离、延缓溶化 | 甜果冻、羊羹 | 胶凝剂 |
| 巧克力牛奶、胶脂牛乳 | 悬浮,增加质感 | 果汁饮料 | 使细小果肉粒均匀,悬浮,增加软糖口感,优良胶凝剂 |
|  | 滑润,增加质感 |  |  |
| 炼乳 | 乳化稳定 | 面包 | 增加保水能力,延缓变硬 |
| 加工干酪 | 防止脱液收缩 | 馅饼 | 糊状效应,增加质感 |
| 婴儿奶粉 | 防止脱脂和乳浆分离 | 调味品 | 悬浮剂,赋形剂,带来亮泽感觉 |
| 牛奶布丁 | 胶凝剂,增加质感 | 罐装食品 | 胶凝,稳定脂肪 |
| 奶昔 | 悬浮,增加质感 | 肉食品 | 防止脱液收缩,黏结剂 |
| 酸化乳品 | 增加质感,滑腻 | 啤酒工业 | 澄清剂,稳定剂 |

## 3.5.7　褐藻胶

褐藻胶（algin），又称海藻胶，包括水溶性褐藻酸钠、钾等碱金属盐类和水不溶性褐藻酸（alginic acid）及其与二价以上金属离子结合的褐藻酸盐类（alginates）。市场上出售的褐藻胶一般是指水溶性的褐藻酸钠或海藻酸钠（sodium alginate）。

褐藻胶是褐藻细胞壁的填充物质，是所有褐藻共有的。如巨藻（*Macrocystis pyrifera*）、海带类（*Laminaria*）、泡叶藻（*Ascophyllum nodosum*）、马尾藻类（*Sargassum*）、爱森藻（*Eisenia bicylis*）、雷松藻（*Lessonia*）等。

### 3.5.7.1　褐藻胶的结构和性质

褐藻胶是由糖醛酸聚合成的大分子线性聚合物，大多以钠盐形式存在。褐藻酸是由两种单体 $\beta$-D-吡喃甘露糖醛酸（M）和 $\alpha$-L-吡喃古洛糖醛酸（G）单位组成的。褐藻胶分子长链不均匀，分为 $(M)_n$、$(G)_n$ 和 $(MG)_n$ 各段。M 段区域是平的，像一条带状构象，类似于纤维素，这是因为 M 段区域结构是由平伏-平伏成键所致。G 段区域具有褶状（波纹的）构象，这是由于形成了轴向-轴向糖苷键。从不同的褐藻提取得到的褐藻胶（褐藻酸盐）M/G 的比例是不同的，因而具有不同的性质。研究发现，褐藻中所含的褐藻胶在生物合成过程中由 D-甘露糖醛酸随着成熟而逐步地在分子水平上转变成 L-古洛糖醛酸。其在分子中转变的量和位置等依海藻种类、生态环境、季节有明显的变化。

褐藻酸在纯水中几乎不溶，为无色非晶体物，也不溶于乙醇、四氯化碳等有机溶剂。但褐藻酸在 pH 值 5.8～7.5 之间可吸水膨胀，成均匀透明的液体状，当在其中加入酸时，大部分褐藻酸析出。褐藻酸钠易与蛋白质、糖、盐、甘油、少许淀粉和磷酸盐共溶。

褐藻酸钠溶于水后具有较高的黏性，黏度的高低与褐藻酸分子量有关，分子量越大，黏度也越大，产品的黏度还会随加工工艺的不同而不同。一般的褐藻胶产品浓度在 3%以上时溶液便失去了流动性，无论是低黏度的还是高黏度的褐藻酸钠，其溶液的黏度随浓度的增加而急剧上升，随着温度上升而逐渐下降。温度每上升 1℃，黏度约下降 3%，当加热温度到 80℃以上时会发生脱羧反应，黏度明显下降。褐藻胶在储藏、生产过程中受温度、光照、金属离子、微生物等的影响，也会引起聚合度降低、黏度下降。

褐藻胶在 pH 5.8 以上时易溶于水，当 pH 值在 5.8 以下时，水溶性降低并逐渐形成褐藻酸凝胶。在褐藻酸溶液中加入部分钙离子可置换褐藻酸钠中的钠离子，从而形成较坚固的凝胶。褐藻酸钙不溶于水，这是由于钙离子和分子链中 G 段区域自动相互作用产生不溶性盐，因两条分子链的 G 段间存在一个结合钙离子的空洞，所以褐藻胶的凝胶强度与 G 段含量以及钙离子浓度有关。

#### 3.5.7.2 褐藻胶在食品工业中的应用

因褐藻酸钠具有增稠、悬浮、乳化、稳定、形成凝胶和形成薄膜的作用，所以褐藻酸钠在食品工业等方面有广泛应用。在美国褐藻酸钠被誉为“奇妙的食品添加剂”，在日本被誉为“长寿食品”。

如冰淇淋、巧克力牛奶、冰牛奶等制品，在制作时加入0.05%～0.25%的褐藻酸钠可起到很好的热稳定性作用。在冰淇淋中加入褐藻酸钠可抑制冰晶长大。褐藻酸钠是很好的增稠剂，可代替果胶、琼胶等，在果酱、果冻、色拉、调味汁、布丁（甜点心）、肉卤罐头等的制作中有广泛的应用。另外，褐藻酸钙还用作肠衣薄膜、蛋白质纤维、固定化酶的载体（以生产各种氨基酸、醇类等）。褐藻胶在食品工业中的主要用途和性能见表3-21。

表3-21　褐藻胶在食品工业中的主要用途和性能

| 褐藻胶种类 | 用途 | 主要利用性能 |
| --- | --- | --- |
| 褐藻酸钠、褐藻酸钙、褐藻酸丙二酯(PGA) | 冷食(冰淇淋、雪糕等) | 增稠性，水合性，钙反应 |
| 褐藻酸钠、褐藻酸钙、PGA | 乳制品(奶油、干酪、乳剂等) | 稳定性，增稠性，乳化性 |
| PGA，褐藻酸钠 | 酱类(果酱、蛋黄酱、番茄酱、调味汁) | 胶凝性，增稠性，耐酸性 |
| PGA，褐藻酸钠 | 面食(挂面、方便面、通心粉、面包) | 水合性，组织改良性 |
| PGA，褐藻酸钠 | 胶冻食品(肉冻、果冻等) | 胶凝性 |
| PGA，褐藻酸钠 | 酒类(啤酒、白酒、果酒等) | 泡沫稳定性，凝集澄清性 |
| 褐藻酸钠、褐藻酸钙，PGA | 糖果(饴糖、胶奶糖、巧克力等) | 增稠性，黏结性 |
| 褐藻酸钠，PGA | 肉糜、鱼糜等 | 稳定性，黏结性 |

### 3.5.8 海藻硒多糖

海藻硒多糖（selenium polysaccharide，SPS）是硒同海藻多糖分子结合形成的新型有机硒化物。目前研究的海藻硒多糖主要有：硒化卡拉胶、微藻（螺旋藻）硒多糖和单细胞绿藻（绿色巴夫藻）硒多糖等几种。其中硒可能以硒氢基（—SeH）和硒酸酯两种形式存在。

硒化卡拉胶（kappa-selenocarrageenan）又称硒酸酯多糖，是以海洋藻类的提取物$\kappa$-卡拉胶为载体人工合成的硒多糖。硒化卡拉胶为浅黄色粉末，无臭、无味，可溶于热水（>75℃）中，溶解度仅受粒度的影响，不溶于有机溶剂。在中性和碱性电解质中很稳定，但在pH<4时易发生水解，若加热水解更快。在热水中溶解，冷却后形成半固体透明凝胶，其强度（1.5%溶液）达800g/cm$^3$以上。

硒化卡拉胶是亚硒酸钠与卡拉胶反应制得的。硒化$\kappa$-卡拉胶和$\lambda$-卡拉胶中硒含量分别达2512$\mu$g/g和1157$\mu$g/g。经分析表明，硒化产物仍保持硫酸酯多糖的基本构型，其中硒以两个不同的价态存在，卡拉胶中部分硫被硒取代，形成硒酸酯，其末单元的3,6-内醚-D-半乳糖在C1位开环形成C—SeH结构。

硒化卡拉胶既含有人体所必需的有机硒元素，又具有$\kappa$-卡拉胶的黏性、凝固性、带有负电荷、能与一些物质形成络合物的理化特性，使它具有营养强化、凝胶、增稠、悬浮、稳定等性能，因此它在食品、医药、日用化妆品应用和推广上拥有广阔的市场前景。由于它有良好的水溶性和配位性，在食品生产过程中添加不影响制品的风味，在开发富硒保健食品、各类饮料、乳制品、固体食品等领域具有广泛的应用价值。

### 3.5.9 甲壳质与壳聚糖

甲壳质（chitin）又名甲壳素、几丁质、蟹壳素、乙酰氨基葡聚糖等。甲壳质资源丰富，蕴藏量仅次于纤维素，在地球的天然有机高分子物质中占第二位，估计年产量达$1\times10^{11}$t。

壳聚糖（chitosan），又名甲壳胺、脱乙酰甲壳质、可溶性甲壳素、氨基葡聚糖。

#### 3.5.9.1 甲壳质和壳聚糖的结构和性质

甲壳质的化学名为$\beta$-1,4-2-乙酰氨基-2-脱氧-D-葡聚糖，分子式为$(C_8H_{13}NO_5)_n$，分子量在$10^6$左右。甲壳质是呈白色或灰白色、半透明无定形固体，大约在270℃分解，不溶于水、乙醇等一般有机溶剂以及稀酸和稀碱。甲壳质仅能溶于少数溶剂，如六氟丙酮、三氯乙酸-二氯甲烷、吡咯烷酮-氯化锂、一些氯醇等；虽可溶于无机浓酸，但同时主链发生降解。

壳聚糖的化学名为$\beta$-1,4-2-氨基-2-脱氧-D-葡聚糖，分子量通常在几十万左右。壳聚糖呈白色或灰白色，略有珍珠光泽，半透明无定形固体，约在185℃分解，不溶于水和稀碱溶液，可溶于稀有机酸和部分无机酸（盐酸），但不溶于稀硫酸、稀硝酸、稀磷酸、草酸等。壳聚糖极性强，易结晶，但由于熔点高于自身的分解温度，故不易得到非结晶态的壳聚糖。

甲壳质和壳聚糖的分子结构与纤维素相似，具体结构见图3-54。

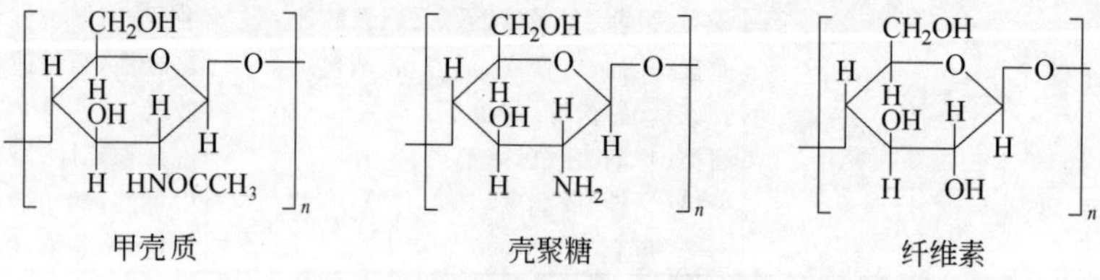

甲壳质　　壳聚糖　　纤维素

图3-54　甲壳质、壳聚糖和纤维素的化学结构

#### 3.5.9.2 壳聚糖在食品工业中的应用

**(1)** 壳聚糖及其衍生物有较好的抗菌活性。壳聚糖分子的正电荷和细菌细胞膜上的负电荷相互作用，使细胞内的蛋白酶和其他成分泄漏，从而达到抗菌、杀菌作用。

**(2)** 应用壳聚糖膜可较好控制桃子、日本梨、猕猴桃、黄瓜、胡椒、草莓和西红柿的腐烂变质，延长贮存时间和货架寿命。这是由于壳聚糖膜可阻碍大气中氧气的渗入和水果呼吸产生$CO_2$的逸出，但可使水果熟化的乙烯气体逸出，从而抑制真菌的繁殖和延迟水果的成熟。

**(3)** 壳聚糖有一定抑制氧化作用。用1%的壳聚糖处理过的牛肉，在4℃下贮藏3d，用硫代巴比土酸法测定牛肉中过氧值减少70%，说明壳聚糖有增强牛肉氧化稳定性的效果。这种抑制氧化作用的机理是肉中游离铁离子和壳聚糖螯合形成螯合物，从而抑制铁离子的催化活性。

**(4)** 壳聚糖进入人体胃肠道后，可与脂类络合，不被消化吸收而排出体外，达到减肥的功效。

**(5)** 壳聚糖的正电荷与带负电荷的果胶、纤维素、鞣质等物质有吸附絮凝作用，在果汁、葡萄酒生产中可作为澄清剂应用。

**(6)** 壳聚糖还可以作为固定化酶的载体、医学生物材料、食用材料等。

#### 3.5.9.3 甲壳低聚糖在食品工业中的应用

甲壳低聚糖（chitooligosaccharides）是甲壳素和壳聚糖经降解生成的一类低聚物。甲壳低聚糖具有较高的溶解度，所以很容易被机体吸收利用。甲壳低聚糖在食品工业上应用在以下方面：甲壳低聚糖是一种双歧杆菌增殖因子，能选择性地刺激肠道内有益菌（双歧杆菌、乳杆菌等）的生长繁殖和增强其代谢功能，从而提高肠内益生菌群的数量，同时可抑制肠内有害菌群的生长繁殖和腐败物质的生成，起到增强宿主机体健康的作用。甲壳二、三糖具有非常爽口的甜味，在保温性、耐热性等方面优于蔗糖，不易被体内消化液降解，故几乎不产生热量，是糖尿病人、肥胖病人理想的功能性甜味剂。另外，它有很好的防腐性能，可作为食品防腐剂和果蔬的保鲜剂等。

### 3.5.10 瓜尔豆胶和角豆胶

瓜尔豆胶和角豆胶是重要的增稠多糖，广泛用于食品和其他工业。瓜尔豆胶是所有天然胶和商品胶中黏度最高的一种。瓜尔豆胶又称瓜尔聚糖（guaran），是豆科植物瓜尔豆（*Cyamopsis tetragonolobus*）种子中的胚乳多糖。瓜尔豆胶原产于印度和巴基斯坦，由(1→4)-D-吡喃甘露糖单位构成主链，主链上每隔一个糖单位连接一个（1→6)-D-吡喃半乳糖单位侧链。其分子量约为220000，是一种较大的聚合物，分子结构见图3-55。

瓜尔豆胶能结合大量的水，在冷水中迅速水合生成高度黏稠和触变的溶液，黏度大小与体系温度、离子强度和其他食品成分有关。分散液加热时可加速树胶溶解，但温度很高时树胶将会发生降解。由于这种树胶能形成非常黏稠的溶液，通常在食品中的添加量不超过1%。

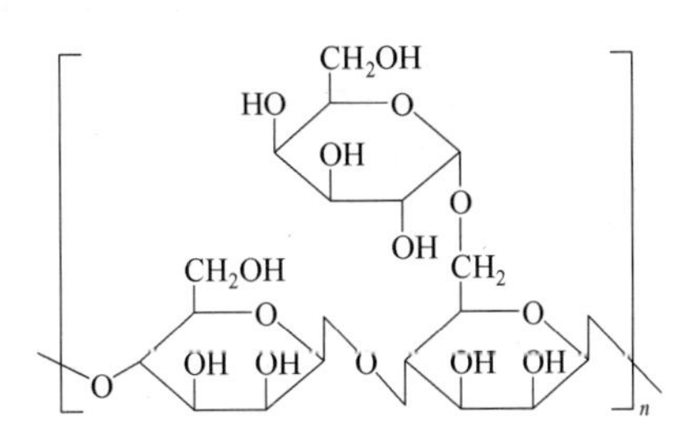

图3-55 瓜尔聚糖重复单位

瓜尔豆胶溶液呈中性，黏度几乎不受pH变化的影响，可以和大多数其他食品成分共存于体系中。盐类对溶液黏度的影响不大，但大量蔗糖可降低黏度并推迟达到最大黏度的时间。

瓜尔豆胶与小麦淀粉和某些树胶可显示出黏度的协同效应，在冰淇淋中可防止冰晶生成，并在稠度、咀嚼性和抗热刺激等方面都起着重要作用；阻止干酪脱水收缩；焙烤食品添加瓜尔豆胶可延长货架期，降低点心糖衣中蔗糖的吸水性；还可用于改善肉食品品质，例如提高香肠肠衣馅料的品质。沙司和调味料中加入0.2%～0.8%瓜尔豆胶，能增加黏稠性和产生良好的口感。

角豆胶（carob bean gum）又名利槐豆胶（locust bean gum），存在于豆科植物角豆树（*Ceratonia siliyua*）的种子中，主要产自近东和地中海地区。这种树胶的主要结构与瓜尔豆胶相似，分子量约310000，是由$\beta$-D-吡喃甘露糖残基以$\beta$-(1→4）键连接成主链，通过(1→6）键连接$\alpha$-D-半乳糖残基构成侧链，甘露糖与半乳糖的比为（3～6）∶1。但D-吡喃半乳糖单位为非均一分布，保留一长段没有D-吡喃半乳糖基单位的甘露聚糖链，这种结构导致它产生特有的增效作用，特别是和海藻的卡拉胶合并使用时可通过两种交联键形成凝胶。角豆胶的物理性质与瓜尔豆胶相似，两者都不能单独形成凝胶，但溶液黏度比瓜尔豆胶低。

角豆胶用于冷冻甜食中，可保持水分并作为增稠剂和稳定剂，添加量为0.15%～0.85%。在软干酪加工中，它可以加快凝乳的形成、减少固形物损失。此外，还用于混合肉制品，例如作为肉糕、香肠等食品的黏结剂。在低面筋含量面粉中添加角豆胶，可提高面团的水结合量，同能产生胶凝的多糖合并使用可产生增效作用，例如0.5%琼脂和0.1%角豆胶的溶液混合所形成的凝胶比单独琼脂生成的凝胶强度高5倍。

### 3.5.11 黄蓍胶

黄蓍胶是一种植物渗出液，来源于紫云英属的几种植物，这种树胶像阿拉伯树胶一样，是沿用已久的一种树胶，大约有两千多年的历史，主要产地是伊朗、叙利亚和土耳其。采集方法与阿拉伯树胶相似，割伤植物树皮后收集渗出液。

黄蓍胶的化学结构很复杂，与水搅拌混合时，其水溶性部分称为黄蓍质酸，占树胶质量的60%～70%，分子量约800000，水解可得到43%D-半乳糖醛酸、10%岩藻糖、4%D-半乳糖、40%D-木糖和L-阿拉伯糖；不溶解部分为黄蓍胶糖，分子量840000，含有75%L-阿拉伯糖、12%D-半乳糖、3%D-半乳糖醛酸甲酯以及L-鼠李糖。黄蓍胶水溶液的浓度低至0.5%仍有很大的黏度。

黄蓍胶对热和酸均很稳定，可作色拉调味汁和沙司的增稠剂，在冷冻甜点心中提供需宜的黏性、质地和口感。另外还用于冷冻水果饼馅的增稠，并可产生光泽和透明性。

### 3.5.12 微生物多糖

微生物多糖主要有葡聚糖和黄原胶。葡聚糖是由α-D-吡喃葡萄糖单位构成的多糖，各种葡聚糖的糖苷键和数量都不相同，据报道肠膜状明串珠菌NRRL B512产生的葡聚糖(1→6)键约为95%，其余是(1→3)键和(1→4)键，由于这些分子在结构上的差别，使有些葡聚糖是水溶性的，而另一些不溶于水。

葡聚糖可提高糖果的保湿性、黏度，抑制糖结晶，在口香糖和软糖中作为胶凝剂。还可防止糖霜发生糖结晶，在冰淇淋中抑制冰晶的形成，对布丁混合物可提供适宜的黏性和口感。

黄原胶(xanthan)是几种黄杆菌所合成的细胞外多糖，生产上用的菌种是甘蓝黑腐病黄杆菌(*X. campestris*)。这种多糖的结构，是连接有低聚糖基的纤维素链，主链在*O*3位置上连接有一个β-D-吡喃甘露糖-(1→4)-β-D-吡喃葡萄糖醛酸-(1→2)-α-D-吡喃甘露糖3个糖基侧链，每隔一个葡萄糖残基出现一个三糖基侧链。分子中D-葡萄糖、D-甘露糖和D-葡萄糖醛酸的摩尔比为2.8∶2∶2，部分糖残基被乙酰化，分子量大于$2\times10^6$。在溶液中三糖侧链与主链平行，形成稳定的硬棒状结构，当加热到100℃以上，这种硬棒状结构转变成无规线团结构，在溶液中黄原胶通过分子间缔合形成双螺旋，进一步缠结成为网状结构。黄原胶易溶于热水或冷水，在低浓度时可以形成高黏度的溶液，但在高浓度时胶凝作用较弱。它是一种假塑性黏滞悬浮体，并显示出明显的剪切稀化作用(shear thinning)。温度在60～70℃范围内变化对黄原胶的黏度影响不大，在pH6～9范围内黏度也不受影响，甚至pH超过这个范围黏度变化仍然很小。黄原胶能够和大多数食用盐和食用酸共存于食品体系之中，与瓜尔豆胶共存时产生协同效应，黏性增大，与角豆胶合并使用则形成热可逆性凝胶(图3-56)。

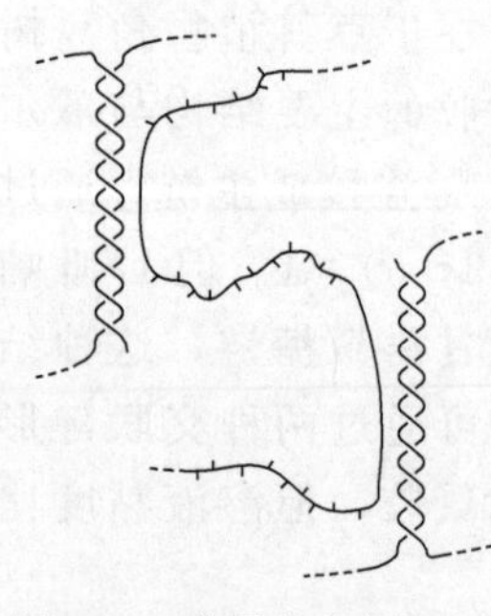

图3-56 黄原胶或卡拉胶的双螺旋和角豆胶分子相互作用形成三维网络结构和胶凝机制

黄原胶可广泛应用在食品工业中，如用于饮料可增强口感和改善风味，在橙汁中能稳定混浊果汁。由于它具有热稳定性，在各种罐头食品中用作悬浮剂和稳定剂。淀粉增稠的冷冻食品例如水果饼馅中添加黄原胶，能够明显提高冷冻-解冻稳定性和降低脱水收缩作用。由于黄原胶的稳定性，也可用于制作含高盐分或酸的调味料。

黄原胶-角豆胶形成的凝胶可以用来生产以牛奶为主料的速溶布丁，这种布丁不黏结并有极好的口感，在口腔内可发生假塑性剪切稀化，能很好地释放出布丁风味。黄原胶的这些特性与其线性的纤维素主链和阴离子三糖侧链结构有关。多糖的性质概括于表3-22。

表 3-22 某些多糖的性质

| 名称 | 主要单糖组成 | 来源 | 可供区别的性质 |
| --- | --- | --- | --- |
| 瓜尔豆胶 | D-甘露糖,D-半乳糖 | 瓜尔豆 | 低浓度时形成高黏度溶液 |
| 角豆胶 | D-甘露糖,D-半乳糖 | 角豆树 | 与卡拉胶产生协同作用 |
| 阿拉伯树胶 | L-阿拉伯糖,L-鼠李糖,D-半乳糖,D-葡萄糖醛酸 | 金合欢树 | 水中溶解性大 |
| 黄蓍胶 | D-半乳糖醛酸,D-半乳糖,L-岩藻糖,D-木糖,L-阿拉伯糖 | 黄蓍属植物 | 在广泛 pH 范围内性质稳定 |
| 琼脂 | D-半乳糖,3,6-内醚-L-半乳糖 | 红海藻 | 形成极稳定的凝胶 |
| 卡拉胶 | 硫酸化 D-半乳糖,硫酸化 3,6-内醚-D-半乳糖 | 鹿角藻 | 与 $K^+$ 以化学方式凝结成为凝胶 |
| 海藻酸盐 | D-甘露糖醛酸,L-古洛糖醛酸 | 褐藻 | 与 $Ca^{2+}$ 形成凝胶 |
| 葡聚糖 | D-葡萄糖 | 肠膜状明串珠菌 | 在糖果或冷冻甜食中防止糖结晶 |
| 黄原胶 | D-葡萄糖,D-甘露糖,D-葡萄糖醛酸 | 甘蓝黑腐病黄杆菌 | 分散体为强假塑性 |

### 3.5.13 魔芋葡甘露聚糖

魔芋葡甘露聚糖是由 D-吡喃甘露糖与 D-吡喃葡萄糖通过 $\beta$-(1→4) 糖苷链连接构成的多糖，在主链的 D-甘露糖 C3 位上存在由 $\beta$-(1→3) 糖苷键连接的支链，每 32 个糖残基约有 3 个支链，支链由几个糖单位组成，每 19 个糖基有 1 个乙酰基，是具有一定刚性的半柔顺性分子。魔芋葡甘露聚糖分子中 D-甘露糖与 D-葡萄糖的摩尔比为 1∶(1.6～1.8)，重均分子量与魔芋品种有关，一般为 $10^5$～$10^6$。

魔芋葡甘露聚糖能溶于水，形成高黏度假塑性流体，在碱性条件下可发生脱乙酰反应，分子间相互聚集成三维网络结构，形成强度较高的热不可逆弹性凝胶。能与黄原胶产生协同效应，生成热可逆凝胶。

魔芋葡甘露聚糖的高度亲水性、胶凝性和成膜性常用于制作魔芋食品和仿生食品，也可用于生产果冻、果酱、糖果，在乳制品、冰淇淋、肉制品和面包中作为增稠剂和稳定剂，以及用于制作食品保鲜膜。

### 3.5.14 阿拉伯树胶

在植物的渗出物多糖中，阿拉伯树胶是最常见的一种，它是金合欢树皮受伤部位渗出的分泌物，收集方法和制取同松脂相似。

阿拉伯树胶是一种复杂的蛋白质杂聚糖，分子量为 260000～1160000，多糖部分一般由 L-阿拉伯糖（3.5mol）、L-鼠李糖（1.1mol）、D-半乳糖（2.9mol）和 D-葡萄糖醛酸（1.6mol）组成，占总树胶的 70%左右。多糖分子的主链由 $\beta$-D-吡喃半乳糖残基以（1→3）键连接构成，残基部分 C6 位置连有侧链，其部分结构如图 3-57 所示。阿拉伯树胶以中性或弱酸性盐形式存在，组成盐的阳离子有 $Ca^{2+}$、$Mg^{2}$ 和 $K^+$。蛋白质部分约占总树胶的 2%，特殊品种可达 25%，多糖通过共价键与蛋白质肽链中的羟脯氨酸和丝氨酸相连接。

阿拉伯树胶易溶于水形成低黏度溶液，只有在高浓度时黏度才开始急剧增大，这一点与其他许多多糖的性质不相同。它最大的特点是溶解度高，可达到 50%（质量分数），生成和淀粉相似的高固形物凝胶。溶液的黏度与黄蓍胶溶液相似，浓度低于 40%的溶液表现牛顿型流体的流变学特性；浓度大于 40%时为假塑性流体。高质量的树胶可形成无色无味的液体。若有离子存在时，阿拉伯树胶溶液的黏度随 pH 改变而变化，在低和高 pH 值时黏度小，pH6～8 时黏度最大。添加电解质时黏度随阳离子的价数和浓度成比例降低。阿拉伯树胶和明胶、海藻酸钠有配伍禁忌，但可以与大多数其他树胶合并使用。

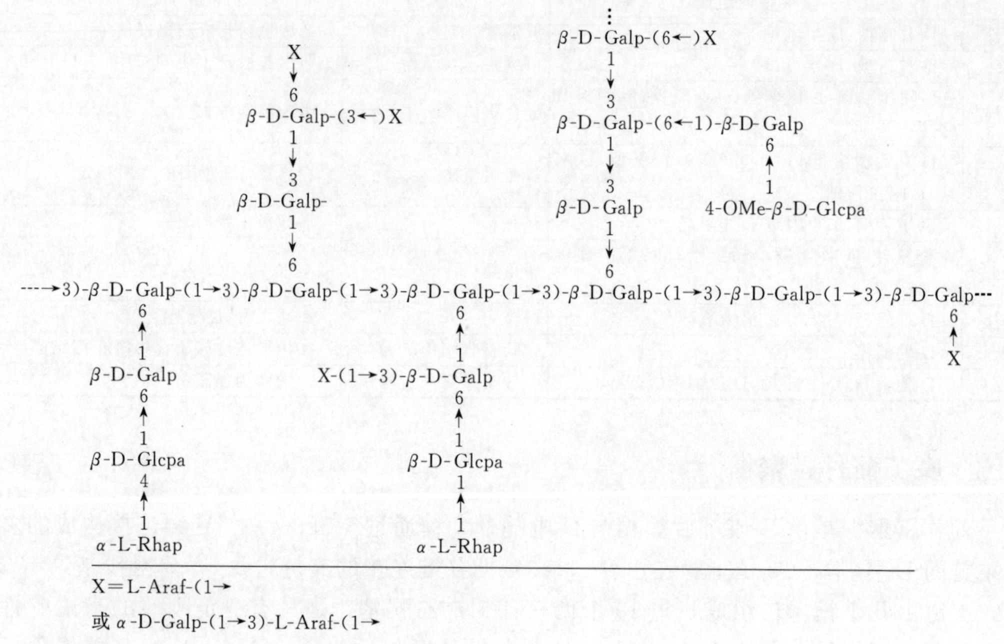


X=L-Araf-(1→

或 α-D-Galp-(1→3)-L-Araf-(1→

或 β-L-Arap-(1→3)-L-Araf-(1→

或 L-Araf-(1→3)-L-Araf-(1→

或 L-Araf-(1→3)-L-Araf-(1→3)-L-Araf-(1→

或 β-L-Arap-(1→3)-L-Araf-(1→3)-L-Araf-(1→

图 3-57　阿拉伯树胶中多糖的部分结构

D-Glcpa—D-吡喃葡萄糖醛酸；D-Galp—D-吡喃半乳糖；L-Araf—L-呋喃阿拉伯糖；

L-Arap—L-吡喃阿拉伯糖；L-Rhap—L-吡喃鼠李糖

阿拉伯树胶能防止糖果产生糖结晶，稳定乳胶液并使之产生黏性，阻止焙烤食品的顶端配料糖霜或糖衣吸收过多的水分。在冷冻乳制品，例如冰淇淋、冰水饮料、冰冻果子露中，有助于小冰晶的形成和稳定。在饮料中，阿拉伯树胶可作为乳化剂和乳胶液及泡沫的稳定剂。在粉末或固体饮料中，能起到固定风味的作用，特别是在喷雾干燥的柑橘固体饮料中能够保留挥发性香味成分。阿拉伯树胶的这种表面活性是由于它对油的表面具有很强的亲和力，并有一个足够覆盖分散液滴的大分子，使之能在油滴周围形成一层空间稳定的厚的大分子层，防止油滴聚集。通常将香精油与阿拉伯树胶制成乳状液，然后喷雾干燥制备固体香精。阿拉伯树胶的另一个特点是与高浓度糖具有相溶性，因此，可广泛用于高糖或低糖含量的糖果，如太妃糖、果胶软糖和软果糕等，以防止蔗糖结晶和乳化，分散脂肪组分，阻止脂肪从表面析出产生“白霜”。

## 3.6　膳食纤维

随着植物源食品尤其是粗粮的摄入量明显减少，高热能、高蛋白质、高脂肪的动物性食品摄入量大大增加，使得人体膳食营养失衡，导致一些“文明病”的发病率越来越普遍，如肥胖症、高血压、糖尿病、癌症、心血管疾病等发病率不断上升。为此，以前一直被认为是没有营养价值的膳食纤维（dietary fibre，DF），被现代医学界和营养学界公认为继蛋白质、脂肪、碳水化合物、矿物质、维生素、水六大营养素之后影响人体健康所必需的“第七大营养素”。

## 3.6.1 膳食纤维的结构与性质

### 3.6.1.1 膳食纤维的定义

膳食纤维定义工作委员会对DF定义是“凡是不能被人体内源酶消化吸收的可食用植物细胞、多糖、木质素以及相关物质的总和”，这一定义包括了食品中的大量组成成分：纤维素、半纤维、低聚糖、果胶、木质素、脂质类质素、胶质、改性纤维素、黏质及动物性壳质、胶原等。在有些情况下，那些不被人体消化吸收的、在植物体内含量较少的成分，如糖蛋白、角质、蜡和多酚酯等也包括在广义的膳食纤维范围内。虽然DF在人的口腔、胃、小肠内不能消化吸收，但人体大肠内的某些微生物能降解部分DF，从这种意义上来说，膳食纤维的净能量严格意义上不等于零。

### 3.6.1.2 膳食纤维的分类

**(1) 按膳食纤维在水中的溶解能力分** 按溶解能力可分为水溶性膳食纤维（SDF）和水不溶性膳食纤维（IDF）两类。

SDF是指不被人体消化道酶消化，但可溶于温水、热水，和水结合会形成凝胶状物质，且其水溶液又能被其四倍体积的乙醇再沉淀的那部分膳食纤维，主要是细胞壁内的储存物质和分泌物，另外还包括部分微生物多糖和合成多糖，其组成主要是一些胶类物质。SDF主要包括：植物类果实和种子黏质物、果胶、胍胶、阿拉伯胶、角叉胶、瓜尔豆胶、愈疮胶、琼脂，以及半乳糖、甘露糖、葡聚糖、海藻酸钠、微生物发酵产生的胶（如黄原胶）和人工合成半合成纤维素，另外还有真菌多糖等。

IDF是指不被人体消化道酶消化且不溶于热水的那部分膳食纤维，主要是植物细胞壁的组成成分，包括纤维素、半纤维素、木质素、原果胶、植物蜡和动物性的甲壳质及壳聚糖、软骨类等。

SDF和IDF二者在人体内所具有的生理功能和保健作用是不同的，IDF主要作用在于，使肠道产生机械蠕动效果，而SDF成分则更多地发挥代谢功能。已经确认，SDF可以防止胆结石、排除有害金属离子、降低血清及肝脏胆固醇、抑制餐后血糖上升、防止高血压及心脏病等；而IDF可增加粪便量，防止肥胖症、便秘、肠癌等。因此，膳食纤维生理功能的显著性与SDF和IDF的比例有很大关系。

**(2) 按膳食纤维的来源分** 可分为植物类DF、动物类DF、合成类DF。其中，植物类DF是目前人类DF的主要来源，也是研究和应用最为广泛的一类。粮谷类食物中的纤维主要以纤维素和半纤维素为主，水果和蔬菜中的纤维主要以果胶为主。海藻DF主要有细胞壁结构多糖，它由纤维素、半纤维素等构成，基本上同陆生植物一样，但也有甘露聚糖、木聚糖等特例。此外，藻类植物细胞间质多糖，如琼胶、卡拉胶、褐藻胶、马尾藻聚糖、岩藻聚糖、硫酸多糖等都属于海藻膳食纤维的成分。动物类DF，主要是甲壳质类和壳聚糖。合成类DF，主要以葡聚糖为代表。葡聚糖属于合成或半合成的水溶性DF，具有优良的品质改良作用，如颗粒悬浮、控制黏度、利于膨胀、奶油口感、热处理稳定性等，在冷饮、糕点等食品中应用广泛。DF的来源不同，其化学性质差异很大，但基本组成成分较相似，相互间的区别主要是分子量、分子糖苷链、聚合度、支链结构等方面。

#### 3.6.1.3 膳食纤维的理化性

**(1) 溶解性与黏性** 构成DF的碳水化合物结构组成方式决定了其溶解性能。DF分子结构越规则有序，支链越少，成键键合力越强，分子越稳定，其溶解性就越差，像纤维素等线形有序结构为水不溶性。而DF纤维分子结构越杂乱无序，支链越多，键合力越弱，其溶解性就越好，像果胶及果胶类物质等，由于其主链与侧链形成不规则的均匀区和毛发区，整个分子结构呈现无序状态，其水溶解性较好。海藻酸等含带电子基团的DF纤维在钠盐溶液中易于溶解。另外，一些DF在冷水中不能溶解，但在高温、高压或剪切力作用下，其键合力遭到破坏，形成了无序结构，溶解性大大增强。因此，将不溶性DF转变为可溶性DF，这也是生产高品质DF的重要手段。

果胶、瓜尔豆胶、卡拉胶、琼脂、海藻酸等具有良好的黏性与胶凝性，能形成高黏度的溶液。另外，溶剂、浓度及温度等也是影响其黏度的重要因素。高黏度的DF溶液在一定条件下还会进一步形成凝胶。DF的黏性和胶凝性也是DF在胃肠道发挥生理作用的重要原因。

**(2) 具有很高的持水性** DF的化学结构中含有许多亲水基团，具有良好的持水性。其持水能力为DF自身质量的数倍，甚至数十倍。DF的持水力因其品种、组成、结构、物理性质、测定方法和制备方式不同而不同。其次，DF的粒度大小也会影响DF的持水力。一般来说，含有较多纤维素成分的谷物DF的持水力较低。DF粉碎粒度过小，其持水力会下降。加工手段，如高压、蒸煮、酶解等，可改变DF的物理性质从而使其持水力升高。DF“持水”这一物理特性，使其具有吸水功能与预防肠道疾病的作用，而且水溶性DF持水性高于水不溶性DF的持水性。

**(3) 对有机化合物的吸附作用** DF表面带有很多活性基团而具有吸附肠道中胆汁酸、胆固醇、变异原等有机化合物的功能，从而影响体内胆固醇和胆汁酸类物质的代谢，抑制人体对它们的吸收，并促进它们迅速排出体外。具有预防胆石症、高血脂、肥胖症、冠状动脉硬化等心血管系统疾病的作用。

**(4) 对阳离子的结合和交换作用** DF的一部分糖单位具有糖醛酸羧基、羟基和氨基等侧链活性基团。通过氢键作用结合了大量的水，呈现弱酸性阳离子交换树脂的作用和溶解亲水性物质的作用。既可与$Ca^{2+}$、$Fe^{2+}$、$Zn^{2+}$、$Cu^{2+}$、$Pb^{2+}$等阳离子结合，也可与DF分子中原有的阳离子，如$K^{+}$、$Na^{+}$发生交换作用，此类交换为可逆性的，它不是单纯结合而减少机体对离子的吸收，而是改变离子的瞬间浓度（一般是起稀释作用）并延长它们的转换时间，从而对消化道的pH值、渗透压及氧化还原电位产生影响，产生一个更益于消化吸收的缓冲环境。有研究表明，DF优先吸附极化度大的阳离子，如$Pb^{2+}$等有害离子，因此吸附在DF上的有害离子可随粪便排出，从而起到解毒的作用。但是，DF对阳离子的结合和交换作用，也必然引起机体和DF对某些有益矿物质元素的竞争结合，从而影响机体对某些矿物质元素的吸收。

**(5) 改变肠道系统中微生物群系组成** DF中非淀粉多糖经过食道到达小肠后，由于它不被人体消化酶分解吸收而直接进入大肠，DF在肠内经发酵，会繁殖100～200种总量约在$1\times10^{8}$个细菌，其中相当一部分是有益菌，在提高机体免疫力和抗病变方面有着显著的功效。

**(6) 容积作用** DF吸水后产生膨胀，体积增大，食用后DF会对胃肠道产生容积作用而易引起饱腹感。同时DF的存在影响了机体对食物其他成分的消化吸收，使人不易产生饥饿感。因此，DF对预防肥胖症大有益处。

### 3.6.2 膳食纤维的代谢

DF在人的口腔、胃和小肠内不能消化，一般认为直接通过人体消化系统随粪便排出体外，在这一过程中发挥着重大的生理作用。但是，在大肠和结肠内的一些微生物可对部分DF进行不同程度的降解，被降解的程度、速度与DF的溶解性、化学结构、粒度大小及进食方式等多种因素相关。其中，组成DF的单糖和糖醛酸的种类、结构、数量及其主链间的成键方式是DF被肠道微生物降解程度的主要影响因素。水溶性DF，像果胶、海藻胶等，在大肠和结肠中容易被降解，然而纤维素等不溶性DF却不易被肠道微生物所降解。

一些DF在肠道内可被部分代谢，像其他能源物质一样提供能量。然而，未被机体所代谢的DF，进入肠道后成为肠道中上百兆级有益微生物的“食物”，不仅供给繁殖需要的能量，并在纤维代谢中产生大量$CO_2$和挥发性脂肪酸。其中挥发性脂肪酸，一方面可作为能源物质为机体提供能量，最后以$CO_2$的形式排出体外；另一方面在改善肠道环境发挥着重要的生理作用。

### 3.6.3 膳食纤维的生理功能

**(1) 营养功能** DF并非一定是纤维或纤维状的物质，它没有稳定的理化性质，但它是一种营养术语，和其他营养素一样，在维持机体正常生理功能方面起着重要的作用。可溶性DF可增加食物在肠道中的滞留时间，延缓胃排空，有减少血液胆固醇水平、减少心脏病及结肠癌发生等预防；不溶性DF可促进肠道产生机械蠕动，降低食物在肠道中的滞留时间，增加粪便的体积和含水量、防止便秘等。因此，是“第七大营养素”。

**(2) 预防肥胖症** 富含DF的食物在胃肠中吸水膨胀并形成高黏度的溶胶或凝胶，易于产生饱腹感而抑制进食量，而DF自身不提供多少能量，这对肥胖症有较好的预防功能。其次，DF具有类似填充剂的作用，在肠道中吸水、膨胀呈现一定的黏性，因此会降低肠道中消化酶的浓度而降低对过量能量物质的消化吸收，这对预防肥胖症也十分有利。

**(3) 预防心血管疾病** 据报道，DF通过降低胆酸及其盐类的合成与吸收，加速了胆固醇的分解代谢，从而阻碍中性脂肪和胆固醇的胆道再吸收，限制了胆酸的肝肠循环，进而加快了脂肪物的排泄。因此对冠状动脉硬化、胆石症、高脂血症等有预防作用。

**(4) 降低血压** DF尤其是酸性多糖类，具有较强的阳离子交换功能。它能与肠道中的$Na^+$、$K^+$进行交换，促使尿液和粪便中大量排出$Na^+$、$K^+$，从而降低血液中的Na/K，直接产生降低血压的作用。

**(5) 降血糖** 据报道DF能够延缓和降低机体对葡萄糖的吸收速度和数量，从而葡萄糖在肠内的吸收速度下降，餐后血糖水平得到稳定，这有助于糖尿病患者症状控制。另外，DF的吸水、膨胀性，可以稀释肠胃的消化酶，降低了碳水化合物的消化率；DF的促肠蠕动作用，使肠内物质迅速排出体外，这也降低了机体对碳水化合物的吸收。

**(6) 提高人体免疫能力** DF中的黄酮、多糖类物质具有清除超氧离子自由基和羟自由基的能力。从香菇、金针菇、灵芝、蘑菇、茯苓和猴头菇等食用真菌提取的DF，有提高人体免疫能力的生理功能。

**(7) 改善牙齿的功能** 增加膳食中的纤维素，则可增加使用口腔肌肉、牙齿咀嚼的机会，长期下去，会使口腔保健功能得到改善，防止牙齿脱落、龋齿出现的情况。

### 3.6.4 膳食纤维的安全性

DF虽然与人体健康密切相关，但也并非是越多越好。DF如果摄入太多，不仅会引起一些身体不适，而且还会影响人体对脂肪、蛋白质、无机盐和某些微量元素的吸收等一系列副作用。这些营养素的摄入量不足会造成骨骼、心脏、血液等脏器功能的损害，降低人体免疫抗病能力等。DF 各组成成分对人体健康的作用是不同的，因此不同种类的 DF 对人体的影响也是多方面的，人与之间的差异性也增加了 DF 作用的复杂性。

大量摄入 DF，尤其是摄取那些凝胶性强的可溶性纤维，如瓜尔豆胶等，因为肠道细菌对纤维素的酵解作用产生挥发性脂肪酸、$CO_2$ 及甲烷等，可引起人体腹胀、胀气等不适反应；也可能会影响人体对蛋白质、脂肪、碳水化合物的吸收，DF 的食物充盈作用引起膳食脂肪和能量摄入量的减少，还可直接吸附或结合脂质，增加其排出；具有凝胶特性的纤维在肠道内形成凝胶，可以分隔、阻留脂质，影响蛋白质、碳水化合物和脂质与消化酶及肠黏膜的接触，从而影响人体对这些能量物质的生物利用率。对于一些结构中含有羟基或羰基基团的 DF，可以与人体内的一些有益矿物元素，如 Fe、Cu、Zn 等，发生交换或形成复合物，最终随粪便一起排出体外，进而影响肠道内矿物元素的生理吸收。

关于 DF 的副作用及安全性，是目前 DF 研究的热点之一。由于 DF 的复杂性和各地人群的差异性，国际上对 DF 的日摄取量还没有统一的标准。各国的营养学家根据该国的膳食情况推荐不同的摄入量：美国 FDA 建议成人每天摄取 DF20～35g，而美国癌症协会推荐健康成人每天摄入 DF 为 25～35g；英国营养学家建议每天摄入 DF25～30g；日本的推荐摄入量为 20 g 或稍多一些；加拿大推荐每人 DF 的日摄入量为 22～24g；中国营养学会在 2000 年颁布的中国居民膳食营养素参考摄入量规定，每人每天 DF 的适宜摄入量为 30.2 g。

## 参 考 文 献


[1] 景浩．食品加工中的美拉德反应//“1000 个科学难题”农业科学编委会著．1000 个科学难题（农业科学卷）．北京：科学出版社，2011：437-441.

[2] 欧仕益等．淀粉老化//“1000 个科学难题”农业科学编委会著．1000 个科学难题（农业科学卷）．北京：科学出版社，2011：428-430.

[3] 王延平等．美拉德反应产物抗氧化性能研究进展．食品与发酵工业，1998，24（1）：70-73.

[4] 赵谋明等．淀粉结构与食品品质//“1000 个科学难题”农业科学编委会著．1000 个科学难题（农业科学卷）．北京：科学出版社，2011：425-426.

[5] 房芳等．多糖乙酰化修饰的最新研究进展．黑龙江八一农垦大学学报，2017，29（2）：42-47.

[6] Zaidel D N A，Meyer A S. Biocatalytic cross-linking of pectic polysaccharides for designed food functionality：Structures，mechanisms，and reactions Review Article. Biocatalysis and Agricultural Biotechnology，2012，3：207-219.

[7] Narchi I，Vial Ch，Djelveh G. Effect of protein-polysaccharide mixtures on the continuous manufacturing of foamed food products. Food Hydrocolloids，2009，1：188-201.

[8] Persin Z，et al. Novel cellulose based materials for safe and efficient wound treatment. Carbohydrate Polymen，2011，84：22-32.

[9] Li J，et al. Effects of acetylation on the emulsifying properties of Artemisia sphaerocephala Krasch Polysaccharide. Carbohydrate Polymers，2016，144：531-540.

# 第4章 脂 类

**本章要点：** 食品中脂类对食品的作用，食品中脂类的分类、物理性质及对食品品质的影响，食品中脂类的化学性质、脂类氧化与食品品质的关系，脂类加工过程中的化学变化等。

脂类是指生物体内能溶于有机溶剂而不溶或微溶于水的一大类有机化合物，主要有脂肪（三酰基甘油、甘油三酯）、磷脂、糖脂、固醇等，其中三酰基甘油占食物中脂类化合物的95%以上。习惯上将室温条件下呈液态的脂称为油（oil），呈固态的脂称为脂肪（fat），它们统称为油脂或中性脂肪。尽管脂类化学组成有差异，而有不同的生物学功能，但脂类物质通常具有以下共同的特征：①不溶于水而易溶于有机溶剂；②大多数具有三酰基甘油的结构，并以脂肪酸形成的酯最多；③都是由生物体产生，并能被生物体所利用。

## 4.1 概 述

### 4.1.1 脂类的作用

脂类化合物是生物体内重要的能量储存形式，体内每克脂肪可产生大约 39.7 kJ 的热量。机体内的脂肪组织具有防止机械损伤和防止热量散发的作用。磷脂、糖脂及固醇等是构成生物膜的重要物质。脂类化合物是脂溶性维生素的载体和许多活性物质（前列腺素、性激素及肾上腺素等）的合成前体物质，并提供必需脂肪酸。

在食品中，脂类化合物可以为食品提供滑润的口感，光洁的外观，赋予加工食品特殊的风味。脂类化合物具有独特的理化性质，它们的组成、晶体结构、同质多晶、熔化性能以及同其他非脂物质间的相互作用等，与食品的外观、质构和色香味等密切相关，如巧克力、人造奶油、冰淇淋、焙烤食品等；此外，在烹调中脂肪还是一种热媒介质。脂类化合物在食品的加工或贮存过程中所发生的氧化、水解等反应，还会给食品的品质带来需宜的和不需宜的影响。此外过高的脂肪摄入量也会带来一系列健康问题，例如增加人体患肥胖症、心血管疾病等风险。

## 4.1.2 脂类的命名

### 4.1.2.1 脂肪酸

天然油脂主要是脂肪酸的甘油三酯混合物，因此，构成甘油三酯的脂肪酸种类、碳链长度、双键的数量及几何构型等对油脂的性质有重要的影响。自然界中已知的天然脂肪酸有800多种，天然脂肪酸绝大多数是偶数碳直链脂肪酸，也有少量其他脂肪酸存在，如奇数碳脂肪酸、支链脂肪酸和羟基脂肪酸等。根据分子中烃基是否饱和，脂肪族羧酸可以分为饱和脂肪酸和不饱和脂肪酸。饱和脂肪酸的烃链完全为氢所饱和，如软脂酸、硬脂酸等；不饱和脂肪酸的烃链含有双键，如油酸含一个双键，亚油酸含两个双键，亚麻酸含三个双键，花生四烯酸含四个双键。脂肪酸常用俗名或系统命名法命名。

**(1) 普通名称或俗名** 通常是根据来源命名，例如棕榈酸、月桂酸、酪酸、花生酸和油酸等。

**(2) 系统命名法** 选择含有羧基和双键（对于不饱和脂肪酸）的最长碳链为主链，从羧基端开始编号，然后按照有机化学中的系统命名方法进行命名。不饱和脂肪酸也是以母体不饱和烃来命名，并把双键位置写在某烯酸前面。如：

$CH_3(CH_2)_4CH{=}CHCH_2CH{=}CH(CH_2)_7COOH$ 9,12-十八碳二烯酸

**(3) 数字命名法** 除了普通命名法和系统命名法之外，脂肪酸还可以用数字来进行命名。即用数字标记表示碳原子数和双键数，数字与数字之间有一冒号，冒号前面的数字表示碳原子数，冒号后的数字表示双键数。例如：

$CH_3(CH_2)_{14}COOH$ 十六碳酸(棕榈酸)表示为16:0

$CH_3(CH_2)_4CH{=}CHCH_2CH{=}CH(CH_2)_7COOH$ 9,12-十八碳二烯酸表示为18:2

对于不饱和脂肪酸，有时还需标出双键的位置，可从碳链甲基端开始编号，以"ω数字"表示其第一个双键的碳原子位置（也可用"*n*数字"来表示）。由于天然多烯酸（一般含2～6个双键）的双键都是被亚甲基隔开，因此，只要确定了第一个双键的位置，其余双键的位置也就确定了，如油酸为18:1 ω9，亚油酸为18:2 ω6，而α-亚麻酸则为18:3 ω3。

不饱和脂肪酸双键的几何构型一般可用顺式（*c*-）和反式（*t*-）来表示，它们分别表示烃基在分子的同侧或异侧。不饱和脂肪酸天然存在的形式是顺式构型，但反式构型在热力学上更稳定。

$$\begin{matrix} R^1 & & R^2 \\ & C{=}C & \\ H & & H \end{matrix} \qquad \begin{matrix} H & & R^1 \\ & C{=}C & \\ R^2 & & H \end{matrix}$$

顺式　　　　反式

**(4) 英文缩写** 每种脂肪酸可以用其英文名称的第一个字母表示。例如，P和L分别表示棕榈酸（palmitic acid）和亚油酸（linoleic acid）。

表4-1给出了天然脂肪中的某些脂肪酸的系统名称和普通名称。

**表4-1 某些常见脂肪酸的命名**

| 缩写 | 系统名称 | 俗名 | 英文缩写符号 |
|---|---|---|---|
| 4:0 | 丁酸 | 酪酸 | B |
| 6:0 | 己酸 | 己酸 | H |
| 8:0 | 辛酸 | 辛酸 | Oc |
| 10:0 | 癸酸 | 癸酸 | D |
| 12:0 | 十二酸 | 月桂酸 | La |

续表

| 缩写 | 系统名称 | 俗名 | 英文缩写符号 |
|---|---|---|---|
| 14:0 | 十四酸 | 肉豆蔻酸 | M |
| 16:0 | 十六酸 | 棕榈酸 | P |
| 18:0 | 十八酸 | 硬脂酸 | St |
| 20:0 | 二十酸 | 花生酸 | Ad |
| 16:1 | 9-十六碳烯酸 | 棕榈油酸 | Po |
| 18:1 ω9 | 9-十八碳烯酸 | 油酸 | O |
| 18:2 ω6 | 9,12-十八碳二烯酸 | 亚油酸 | L |
| 18:3 ω3 | 9,12,15-十八碳三烯酸 | α-亚麻酸 | α-Ln |
| 18:3 ω6 | 6,9,12-十八碳三烯酸 | γ-亚麻酸 | γ-Ln |
| 20:4 ω6 | 5,8,11,14-二十碳四烯酸 | 花生四烯酸 | ARA |
| 20:5 ω3 | 5,8,11,14,17-二十碳五烯酸 | 二十碳五烯酸 | EPA |
| 22:1 ω9 | 13-二十二碳烯酸 | 芥酸 | E |
| 22:5 ω3 | 7,10,13,16,19-二十二碳五烯酸 | 二十二碳五烯酸 | DPA |
| 22:6 ω3 | 4,7,10,13,16,19-二十二碳六烯酸 | 二十二碳六烯酸 | DHA |

#### 4.1.2.2 酰基甘油

天然脂肪是由甘油与脂肪酸结合而成的一酰基甘油、二酰基甘油和三酰基甘油混合物，但天然脂肪中主要是以三酰基甘油形式存在。

$$\begin{array}{r} CH_2OOR^1 \\ | \quad\;\; \\ R^2OOCH \quad\;\; \\ | \quad\;\; \\ CH_2OOR^3 \end{array}$$

如果 $R^1$、$R^2$ 和 $R^3$ 相同，就称为简单三酰基甘油，否则称为混合三酰基甘油。当 $R^1$ 和 $R^3$ 不相同时，C2 原子具有手性，在表示构型时，可采用 L-或 R-表示。自然界中的油脂多为混合三酰基甘油，且构型多为 L-型。

对三酰基甘油的命名，目前广泛采用赫尔斯曼（Hirschman）提出的立体有择位次编排命名法（stereospecific numbering，Sn）命名。它是在甘油的 Fischer 投影式中，将中间的羟基写在中心碳原子的左边，碳原子由上至下编号为 1、2、3。

$$\begin{array}{ll} \quad CH_2OH & \text{Sn-1} \\ \quad | & \\ HOCH & \text{Sn-2} \\ \quad | & \\ \quad CH_2OH & \text{Sn-3} \end{array}$$

例如，当硬脂酸在 Sn-1 位酯化、油酸在 Sn-2 位酯化、亚油酸在 Sn-3 位酯化时，形成的三酰基甘油可命名为：Sn-甘油-1-硬脂酸酯-2-油酸酯-3-亚油酸酯，或 Sn-18:0-18:1-18:2，或 Sn-StOL。

在 Sn 系统命名法中，常用一些词头来指明脂肪酸在三酰基甘油分子中分布的位置。

Sn：在甘油的前面，表明 Sn-1、Sn-2 和 Sn-3 的位置。

Rac：表示两个对映体的外消旋混合物，缩写中的中间脂肪酸连接在 Sn-2 位置，而其余两种脂肪酸在 Sn-1 和 Sn-3 之间均等分配，如 Rac-StOM 表示等量的 Sn-StOM 和 Sn-MOSt 的混合物。

β：表示缩写符号中间的脂肪酸在 Sn-2 位置，而其余两种脂肪酸的位置可能是 Sn-1 或 Sn-3，如 β-StOM 表示任何比例的 Sn-StOM 和 Sn-MOSt 的混合物。

简单三酰基甘油（如 MMM）或者脂肪酸的分布位置是未知的，也可以不写词头，可能是异构体的混合物，如 StOM 用来表示 Sn-StOM、Sn-MOSt、Sn-OStM、Sn-MStO、Sn-

StMO 和 Sn-OMSt 的任一比例混合物。

#### 4.1.2.3 磷脂

磷脂是含磷酸的复合脂类，由于所含醇的不同，可以分为甘油磷脂类和鞘氨醇磷脂类，它们的醇分别是甘油和鞘氨醇。对食品来说，甘油磷脂更为重要。

甘油磷脂即磷酸甘油酯，所含甘油的 1 位和 2 位的两个羟基被脂肪酸酯化，3 位羟基被磷酸酯化，称为磷脂酸。磷脂酸中的磷酸基团再与氨基醇（胆碱、乙醇胺或丝氨酸）或肌醇进一步酯化，生成多种磷脂，如磷脂酰胆碱、磷脂酰乙醇胺、磷脂酰丝氨酸、磷脂酰肌醇等。甘油磷脂的命名是按磷脂酸衍生物命名的，或者按与三酰基甘油相类似的系统名称命名，例如 3-Sn-磷脂酰胆碱（俗名卵磷脂），又可称为 Sn-甘油-1-硬脂酰-2-亚油酰-3-磷酸胆碱。

鞘氨醇磷脂以鞘氨醇为骨架，鞘氨醇的第二位碳原子上的氨基以酰胺键与长链脂肪酸连接成神经酰胺；神经酰胺的羟基与磷酸连接，再与胆碱或乙醇胺相连接，生成鞘磷脂。

### 4.1.3 分类

根据脂类的化学结构及组成，将脂类分为简单脂类、复合脂类和衍生脂类。

**(1) 简单脂类** 由脂肪酸和醇类形成的酯。

① 脂肪：脂肪酸甘油酯。

② 蜡类：脂肪酸与高级一元醇所组成的酯。

**(2) 复合脂类** 由脂肪酸、醇及其他基团所组成的酯。

① 甘油磷脂 甘油与脂肪酸、磷酸盐和其他含氮基团组成，又名磷酸酰基甘油。

② 鞘磷脂 鞘氨醇与脂肪酸、磷酸盐和胆碱组成。

③ 脑苷脂 鞘氨醇、脂肪酸和简单糖组成。

④ 神经节苷酯 含鞘氨醇、脂肪酸和糖类（包括唾液酸）。

**(3) 衍生脂类** 是具有脂类一般性质的简单脂类或复合脂类的衍生物，包括脂肪酸、固醇类、碳氢化合物、类胡萝卜素、脂溶性维生素等。

食品中主要的脂类化合物是酰基甘油，根据动物或植物脂肪和油的组成，食品脂肪可以分为以下几类。

① 乳脂 乳脂来源于哺乳动物的乳汁，主要是牛乳。乳脂的主要脂肪酸是棕榈酸、油酸和硬脂酸，但与其他动物脂肪不同的是乳脂中含有相当多的 $C_4 \sim C_{12}$ 短链脂肪酸以及少量支链脂肪酸、奇数碳原子脂肪酸及反式双键脂肪酸。

② 月桂酸酯 月桂酸酯来源于棕榈植物，如椰子和巴巴苏，这种脂肪的特征是月桂酸含量高，达 40%～50%，$C_6$、$C_8$ 和 $C_{10}$ 脂肪酸的含量中等，不饱和脂肪酸含量少，熔点较低。

③ 植物奶油 植物奶油来源于热带植物的种子，主要特征是熔点范围窄。尽管在这些植物油中饱和脂肪酸含量大于不饱和脂肪酸，但是却不存在全饱和的三酰基甘油。植物奶油广泛用于糖果生产，可可脂是这类脂肪中最重要的一种。

④ 油酸-亚油酸酯 自然界中油酸-亚油酸酯是最丰富的，全部来自植物。它含有大量的油酸和亚油酸，饱和脂肪酸含量低于 20%。花生油、玉米油、橄榄油、棕榈油、芝麻油、棉子油和葵花子油都属于这一类。

⑤ 亚麻酸酯 这类油脂中含有大量亚麻酸。豆油、小麦胚芽油、亚麻籽油和紫苏油都属于这类油脂。

⑥ 动物脂肪　动物脂肪是由家畜的储存脂肪组成，如猪油、牛油，这类脂肪含有大量 $C_{16}$ 和 $C_{18}$ 脂肪酸，中等含量的不饱和脂肪酸（主要是油酸和亚油酸），以及少量的奇数碳原子脂肪酸。这类脂肪含有相当多的全饱和的三酰基甘油，所以熔点较高。

⑦ 海产动物油脂　海产动物油脂中含大量长链多不饱和脂肪酸，富含维生素 A 和维生素 D，如二十碳五烯酸和二十二碳六烯酸。由于不饱和度高，容易氧化。

## 4.1.4　天然脂肪中脂肪酸的分布

### 4.1.4.1　三酰基甘油分布理论

油脂的性质除了受脂肪酸的种类和含量的影响外，也会受脂肪酸在三酰基甘油中的分布的影响，有不少研究者根据研究结果提出了脂肪酸在三酰基甘油分子中分布的理论，其中重要的有以下几种分布理论。

**(1) 均匀或最广泛分布**　均匀或最广泛分布理论是 Hilditch 和 Williams 于 1964 年提出来的。该理论认为，天然脂肪的脂肪酸倾向于可能广泛地分布在全部三酰基甘油分子中，如果一种脂肪酸 S 的含量低于总脂肪酸量的 1/3，那么这种脂肪酸在任何三酰基甘油分子中只能有一次机会，如果 X 表示另一种脂肪酸，那么，只会形成 XXX 和 SXX 两种三酰基甘油分子。若 S 脂肪酸介于总脂肪酸含量的 1/3 和 2/3 之间，则它在三酰基甘油分子中应该至少出现 1 次，但绝对不会出现 3 次，即仅 SXX 和 SSX 存在。当 S 脂肪酸超过总脂肪酸含量的 2/3 时，它在每个分子中至少可以出现两次，即只可能存在 SSX 和 SSS 两种三酰基甘油。

均匀分布理论与很多天然脂肪特别是动物来源的脂肪中脂肪酸的分布明显不相符合。事实上，在饱和脂肪酸低于 67% 的脂肪中也存在三饱和基酰基甘油。这种理论只适用于由两种脂肪酸组分构成的体系，而且没有考虑位置异构体，因此这种理论是不完善的。

**(2) 随机（1,2,3-随机）分布**　按照这种理论，脂肪酸在每个三酰基甘油分子内和全部三酰基甘油分子间都是随机分布的。因此，甘油基所含 3 个位置的脂肪酸组成应该相同，而且与总脂肪的脂肪酸组成相等。这样，一个给定脂肪酸（Sn-XYZ）组成的三酰基甘油分子，它在整个脂肪中的含量可以根据相应脂肪酸在脂肪中的总含量来计算确定。

Sn-XYZ(%)＝(总脂肪中 X 的摩尔分数)×(总脂肪中 Y 的摩尔分数)×(总脂肪中 Z 的摩尔分数)×$10^{-4}$

例如，假若一种脂肪含 8%棕榈酸、2%硬脂酸、30%油酸和 60%亚油酸，就可能有 64 种三酰基甘油分子（$n=4$，$n^3=64$）。以下是其中三种三酰基甘油的百分含量的计算：

$$\text{Sn-OOO}(\%)=30\times30\times30\times10^{-4}=2.7$$

$$\text{Sn-PLSt}(\%)=8\times60\times2\times10^{-4}=0.096$$

$$\text{Sn-LOL}(\%)=60\times30\times60\times10^{-4}=10.8$$

大多数脂肪并不完全符合随机分布模式。在天然脂肪中，Sn-2 位置的脂肪酸组成不同于结合在 Sn-1，3 位的脂肪酸。随机分布理论对于天然脂肪中脂肪酸分布的预测，存在相当的差异，但是它应用于经过随机酯交换反应的脂肪，则是可行的。

**(3) 有限随机分布**　有限随机分布是 Kartha 于 1953 年提出的。这个假说认为，动物脂肪中饱和与不饱和脂肪酸是随机分布的，而全饱和三酰基甘油（SSS）的量只能达到使脂肪在体内保持流动的程度。按照这种理论，过量的 SSS 将会同 UUS 和 UUU 进行交换，形成 SSU 和 SUU。Kartha 的假说不能解释位置异构体或单个脂肪酸在甘油基上的位置分布。

**(4) 1,3-随机-2-随机分布**　该理论是在胰脂酶定向水解 sn-1、sn-3 位脂肪酰研究基础上，于 1960～1961 年分别由 Vander Wal、Coleman 和 Fulton 提出的。这个理论认为：脂肪酸在 Sn-1,3 位和 Sn-2 位的分布是独立的，互相没有联系，而且脂肪酸是不同的；Sn-1,3 位和 Sn-2 位的脂肪酸的分布是随机的。由于 Sn-1,3 位的脂肪酸随机分布在 Sn-1 和 Sn-3 位上，所以，Sn-1 和 Sn-3 位上的脂肪酸组成是相同的。根据这种假说，对一个给定的三酰基甘油的含量可计算如下。

Sn-XYZ(%)=(X 在 1,3 位的摩尔分数)×(Y 在 2 位的摩尔分数)×(Z 在 1,3 位的摩尔分数)$\times 10^{-4}$

Sn-2 和 Sn-1,3 位置上脂肪酸的组成可以用化学方法或酶法部分脱酰基，对所生成的单酰基或二酰基甘油进行分析测定得到。

这一理论对于植物种子油脂就具有普遍意义，计算结果非常准确，有很强的实用价值。

**(5) 1-随机-2-随机-3-随机分布** 该理论 1962 年由津田滋提出。按照这种理论，天然油脂中脂肪酸在甘油分子的 3 个位置上的分布相互独立、随机。根据这种假说，对一个给定的三酰基甘油的含量可计算如下。

Sn-XYZ(%)=(X 在 1 位的摩尔分数)×(Y 在 2 位的摩尔分数)×(Z 在 3 位的摩尔分数)$\times 10^{-4}$

1-随机-2-随机-3-随机分布理论对一般动物脂肪、乳脂、种子油脂应用效果良好。

#### 4.1.4.2 天然脂肪中脂肪酸的位置分布

植物源油脂，一般来说不饱和脂肪酸优先占据甘油酯 Sn-2 位置，特别是亚油酸；而饱和脂肪酸几乎都分布在 1,3 位置。在大多数情况下，饱和的或不饱和的脂肪酸在 Sn-1 和 Sn-3 位置基本上是等量分布的。

动物源油脂，一般 Sn-2 位置的饱和脂肪酸含量比植物源油脂高，Sn-1 和 Sn-2 位置的脂肪酸组成也有较大差异。大多数动物源油脂中，棕榈酸优先在 Sn-1 位置酯化，肉豆蔻酸优先在 Sn-2 位置酯化。猪脂肪不同于其他动物脂肪，棕榈酸主要分布在甘油基的 Sn-2 位置，硬脂酸主要在 Sn-1 位置，亚油酸在 Sn-3 位置，而油酸主要在 Sn-3 和 Sn-1 位置。乳脂中短链脂肪酸有选择地结合在 Sn-3 位置。海产动物油的长链多不饱和脂肪酸优先在 Sn-2 位置上酯化。

部分天然脂肪的三酰基甘油中脂肪酸的位置分布见表 4-2。

**表 4-2 部分天然脂肪的三酰基甘油中脂肪酸的位置分布**（脂肪酸摩尔分数）

| 油脂来源 | 位置 | 14:0 | 16:0 | 18:0 | 18:1 | 18:2 | 18:3 | 20:0 | 20:1 | 20:2 | 22:0 |
|---|---|---|---|---|---|---|---|---|---|---|---|
| 可可脂 | 1 | | 34 | 50 | 12 | 1 | | | | | |
| | 2 | | 2 | 2 | 87 | 9 | | | | | |
| | 3 | | 37 | 53 | 9 | — | | | | | |
| 花生 | 1 | | 14 | 5 | 59 | 19 | | 1 | 1 | | 1 |
| | 2 | | 2 | — | 59 | 39 | | — | — | | 0.5 |
| | 3 | | 11 | 5 | 57 | 10 | | 4 | 3 | 6 | 3 |
| 大豆 | 1 | | 14 | 6 | 23 | 48 | 9 | | | | |
| | 2 | | 1 | 22 | 70 | 7 | | | | | |
| | 3 | | 13 | 6 | 28 | 45 | 8 | | | | |
| 牛脂 | 1 | 4 | 41 | 17 | 20 | 4 | 1 | | | | |
| | 2 | 9 | 17 | 9 | 41 | 5 | 1 | | | | |
| | 3 | 1 | 22 | 24 | 37 | 5 | 1 | | | | |
| 猪脂 | 1 | 1 | 10 | 30 | 51 | 6 | | | | | |
| | 2 | 4 | 72 | 2 | 13 | 3 | | | | | |
| | 3 | — | — | 7 | 73 | 18 | | | | | |

# 4.2 脂类的物理特性

纯净的油脂无色、无味，在加工过程中由于脱色不完全，使油脂因含有类胡萝卜素、叶绿素等脂溶性色素物质稍带黄绿色。多数油脂无挥发性，油脂的气味多由非脂成分产生，如脱臭不完全、油脂氧化等原因而带有原料本身特征风味或产生异味。如芝麻油的香气是由乙酰吡嗪引起的，椰子油的香气是由壬基甲酮引起的。

## 4.2.1 脂类的物理性质

### 4.2.1.1 密度

脂肪酸和甘油酯的密度通常随碳链增长而减小；随着不饱和度的增加，同碳数的脂肪酸和甘油酯的密度略有增加。含有羟基和羰基的脂肪酸密度最大。

天然油脂是酰基甘油的混合物，其密度与组成的关系非常复杂。常温下脂肪的密度均小于水的密度。液体油的密度随温度升高而缓慢降低。三酰基甘油从固态熔化为液态，密度大约降低10%。

### 4.2.1.2 折射率

脂肪酸的折射率通常随不饱和度的增加和碳链的增长而增加。一酰基甘油的折射率大于相应的三酰基甘油。

折射率有时被用于对油脂进行鉴别分析，以判断某一来源的油脂是否有掺假的可能性。

### 4.2.1.3 熔点

饱和脂肪酸的熔点主要取决于碳链的长度，但在偶数碳和奇数碳饱和脂肪酸之间存在交互现象，即奇数碳饱和脂肪酸的熔点低于相邻偶数碳饱和脂肪酸的熔点，这种熔点差随着碳链的增长而减小。

不饱和脂肪酸的熔点通常低于饱和脂肪酸。熔点还与双键的数量、位置及构象有关。双键数目越多，熔点越低；双键越靠近碳链的两端，熔点越高。

支链脂肪酸熔点低于同碳数的直链脂肪酸。羟基脂肪酸由于形成氢键而导致熔点上升。

酰基甘油以一酰基甘油熔点最高、二酰基甘油次之、三酰基甘油最低。三酰基甘油的熔点，随着脂所含饱和脂肪酸量的增加和脂肪酸碳链长度的增长而升高（分子间作用力增加的缘故）。含有反式脂肪酸的脂肪的熔点高于含有顺式脂肪酸相应的脂肪的熔点（顺式双键由于空间形状妨碍了脂肪酸之间的相互作用），含共轭双键的脂肪也比含非共轭双键的脂肪熔点高（共轭作用有利于脂肪酸之间的相互作用）。天然脂肪是各种甘油酯的混合物，所以没有确定的熔点，只有一个油脂发生熔化时的温度范围。因此，油脂熔点是从开始熔化到完全熔化时的温度。

### 4.2.1.4 烟点、闪点和着火点

烟点：是指油脂受热时肉眼能看见样品的热分解物或杂质连续挥发的最低温度，它是油脂组成及非甘油三酯组分在加热过程中呈现的感官数值之一。烟点是一个评价油脂品质的指标，同批原料生产的油脂烟点基本一致。

闪点：是在严格规定的条件下加热油脂，油脂挥发物能被点燃但不能维持燃烧的温度。

着火点：是在严格规定的条件下加热油脂，直到油脂被点燃后能够维持燃烧5s以上时的温度。

烟点、闪点和着火点俗称油脂的三点，是油脂品质的重要指标之一，在油脂加工中，这些指标可以反映产品中杂质的含量情况，例如精炼后的油脂其烟点一般高于240℃，对于含有较多游离脂肪酸的油脂（如未经精炼加工的油脂），其烟点会大幅度下降。一般植物油的闪点不低于225～240℃，着火点通常比闪点高20～60℃。

## 4.2.2 油脂的同质多晶现象

### 4.2.2.1 油脂的结晶特性及同质多晶现象

同质多晶是指具有相同化学组成的物质，可以形成不同的晶体结构，但熔化后可生成相同的液相。各同质多晶体的稳定性不同，稳定性较低的亚稳态会自发地向稳定性高的同质多晶体转化（不必经过熔化过程，相应温度为转换点），并且这种转变是单向的。当同质多晶体的稳定性均较高时，发生的转化是多向的，转化进行的方向与温度有关。由于脂类是长碳链化合物，在其温度处于凝固点以下时，通常会以一种以上的晶型存在，也就是说，脂类具有同质多晶现象。

对三酰基甘油的X射线衍射和红外光谱研究表明，三酰基甘油中主要存在α、β′、β三种不同的晶型（图4-1）。α型油脂中脂肪酸侧链为无序排列，它的熔点低，密度小，稳定性最差，熔解潜热和熔解膨胀最小，不易过滤。β′和β型油脂中脂肪酸侧链为有序排列，并且β型的脂肪酸排列得更有序，朝着同一个方向倾斜，它们的熔点高，密度大，稳定性好，熔解潜热和熔解膨胀最大，晶粒粗大，容易过滤。

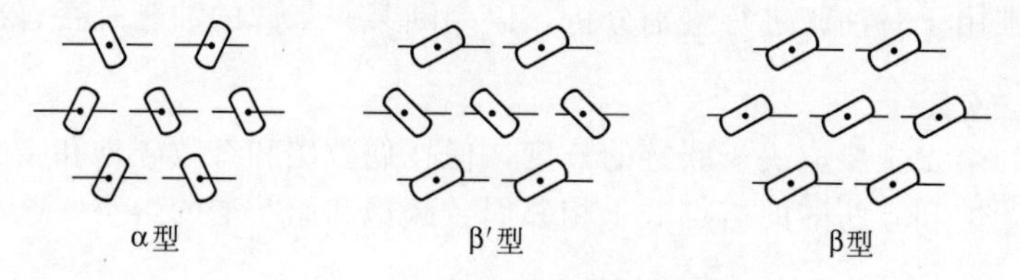


图4-1 三酰基甘油的晶型示意图

天然油脂的同质多晶性质会受到酰基甘油中脂肪酸组成及其位置分布的影响。一般来说，三酰基甘油品种比较接近的脂类容易快速转变成稳定的β型晶体，如天然油脂中，分子结构整齐或对称性极强的大豆油、花生油、玉米油、橄榄油、椰子油、红花油、可可脂和猪油等。而三酰基甘油品种不均匀的脂类比较容易缓慢地转化成稳定的β′型晶体，如分子结构不整齐（如脂肪酸链长度不同、部分脂肪酸链中有双键或分子形状不同）的棉子油、棕榈油、菜籽油、乳脂和牛脂等。

### 4.2.2.2 油脂的同质多晶现象在食品加工中的应用

同质多晶现象在食品加工中有重要的应用价值。在用棉子油生产色拉油时，要进行冬化以除去高熔点的固体脂。这个工艺要求冷却速度要缓慢，以便有足够的晶体形成时间，产生粗大的β型结晶，以利于过滤。如果冷却太快，析出的晶体细小，就会为过滤分离带来困难。

人造奶油要有良好的涂布性和口感，这就要求人造奶油的晶型为细腻的β′型。在生产上可以使油脂先经过急冷形成α型晶体，然后再保持在略高的温度继续冷冻，使之转化为熔点较高的β′型结晶。

巧克力要求熔点在35℃左右，能够在口腔中融化而且不产生油腻感，同时表面要光滑，晶体颗粒不能太粗大。在生产上通过精确地控制可可脂的结晶温度和速度来得到稳定的符合要求的β型结晶。具体做法是，把可可脂加热到55℃以上使它熔化，再缓慢冷却，在29℃停止冷却，然后加热到32℃，使β型以外的晶体熔化。多次进行29℃冷却和33℃加热，最终使可可脂完全转化成β型结晶。

### 4.2.3 油脂的塑性

室温下呈固态的油脂（如猪油、牛油）实际是由液体油和固体脂两部分组成的混合物，通常只有在很低的温度下才能完全转化为固体。这种由液体油和固体脂均匀融合并经一定加工而成的脂肪称为塑性脂肪。塑性脂肪在一定的外力范围内，就有抗变形的能力，可保持一定的外形。油脂的塑性主要取决于以下几点：

**（1）固液两相比** 油脂中固液两相比适当时，塑性最好。固体脂过多，则形成刚性交联，油脂过硬，塑性不好；液体油过多则流动性大，油脂过软，易变形，塑性也不好。

**（2）油脂的晶型** 油脂为β′型时，塑性最好，因为β′型在结晶时会包含大量小气泡，从而赋予产品较好的塑性；β型结晶所包含的气泡大而少，塑性较差。

**（3）熔化温度范围** 从开始熔化到熔化结束的温度范围越大，油脂的塑性越好。

固液两相比例又称为固体脂肪指数（solid fat index，SFI），可通过测定塑性脂肪的膨胀特性来确定油脂中的固液两相的比例，或者测定脂肪中的固体脂的含量，来了解油脂的塑性特征。

固体脂和液体油在加热时都会引起比体积的增加，这种非相变膨胀称为热膨胀。由固体脂转化为液体油时因相变化引起的体积增加称为熔化膨胀。用膨胀计来测量液体油与固体脂的比容（比体积）随温度的变化，可得到塑性脂肪的熔化膨胀曲线（图4-2）。固体在$X$点开始熔化，在$Y$处全部转化为液体，曲线$XY$表示体系中固体成分的逐步熔化。在曲线$b$点处是固-液混合物，此时固体的比例是$ab/ac$，而液态油的比例是$bc/ac$，固体脂肪指数（SFI）就是固液比（$ab/bc$）。

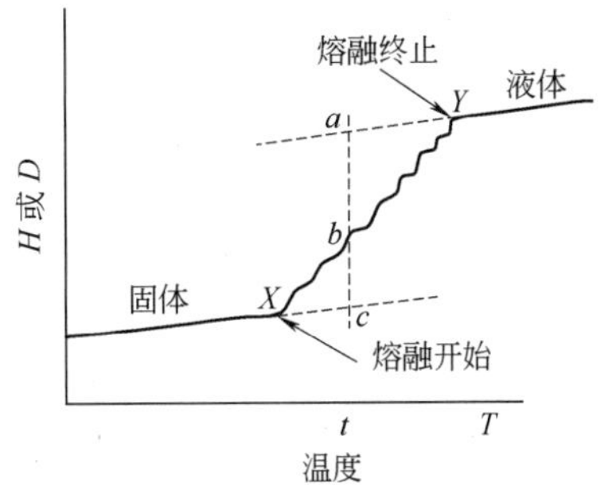


图4-2 甘油酯混合物的熔化热（$H$）或膨胀（$D$）曲线

如果脂类在一个很窄的温度范围熔化，$XY$的斜率会很大；如果脂类的熔点范围很大，脂类具有较宽的塑性范围。因此，脂肪的塑性范围可以通过添加相对熔点较高或较低的成分来改变。

采用膨胀法测定SFI比较精确，但是费时，而且只适用于测定10℃时SFI低于50%的脂肪，不适用于可可脂等固体脂肪含量较高的油脂。目前普遍采用脉冲核磁共振，也有用超声技术来测定SFI，因为固体脂中的超声速率大于液体脂。表4-3列出了部分天然脂肪的SFI。

**表4-3 部分天然脂肪的固体脂肪指数**（SFI）

| 脂肪 | 熔点/℃ | SFI | | | | |
|---|---|---|---|---|---|---|
| | | 10℃ | 21.1℃ | 26.7℃ | 33.3℃ | 37.8℃ |
| 奶油 | 36 | 32 | 12 | 9 | 33 | 0 |
| 可可脂 | 29 | 62 | 48 | 8 | 0 | 0 |
| 椰子油 | 26 | 55 | 27 | 0 | 0 | 0 |
| 猪油 | 43 | 25 | 20 | 12 | 4 | 2 |
| 棕榈油 | 39 | 34 | 12 | 9 | 6 | 4 |
| 棕榈仁油 | 29 | 49 | 3 | 13 | 0 | 0 |
| 牛脂 | 46 | 39 | 30 | 28 | 23 | 18 |

### 4.2.4 油脂的乳化和乳化剂

#### 4.2.4.1 乳状液

乳状液是由两种互不相溶的液相组成的分散体系，其中一相是以直径 0.1～50μm 的液滴分散在另一相中，以液滴或液晶的形式存在的液相称为“内”相或分散相，使液滴或液晶分散的相称为“外”相或连续相。在乳状液中，液滴和（或）液晶分散在液体中，形成水包油（O/W）或油包水（W/O）的乳状液。牛奶是典型的 O/W 型乳化液，奶油是 W/O 型乳化液。

小分散液滴的形成使两种液体之间的界面面积增大，并随着液滴的直径变小，界面面积成指数关系增加。由于液滴分散增加了两种液体的界面面积，需要较高的能量，使界面具有大的正自由能，所以乳状液是热力学不稳定体系，在一定条件下会发生破乳现象。破乳主要有以下几种类型：

**(1) 分层或沉降** 由于重力作用，使密度不相同的相产生分层或沉降。当液滴半径越大，两相密度差越大，分层或沉降就越快。

**(2) 絮凝或群集** 分散相液滴表面的静电荷量不足，斥力减少，液滴与液滴互相靠近而发生絮凝，发生絮凝的液滴的界面膜没有破裂。

**(3) 聚结** 液滴的界面膜破裂，分散相液滴相互结合，界面面积减小，严重时会在两相之间产生平面界面。

乳状液中添加乳化剂可阻止聚结。乳化剂是表面活性物质，分子中同时具有亲水基和亲油基，它聚集在油/水界面上，可以降低界面张力和减少形成乳状液所需要的能量，从而提高乳状液的稳定性。尽管添加表面活性剂可降低张力，但界面自由能仍然是正值，因此，还是处在热力学不稳定的状态。

#### 4.2.4.2 乳化剂

根据其结构和性质，乳化剂可分为阴离子型、阳离子型和非离子型；根据其来源可分为天然乳化剂和合成乳化剂；按照作用类型可以分为表面活性剂、黏度增强剂和固体吸剂；按其亲油亲水性可分为亲油型和亲水型。

食品中常用的乳化剂主要有以下几类。

(1) 脂肪酸甘油单酯及其衍生物，如甘油单硬脂酸酯、一硬脂酸一缩二甘油酯等。

(2) 蔗糖脂肪酸酯。

(3) 山梨糖醇酐脂肪酸酯及其衍生物，如失水山梨醇单油酸酯（斯盘 80）、聚氧乙烯失水山梨醇单硬脂酸酯（吐温 60）等。

(4) 磷脂，如改型大豆磷脂。

## 4.3 脂类的化学性质

### 4.3.1 脂类的水解

脂类化合物在酸、碱、加热或酶作用下与水作用发生水解，释放出游离脂肪酸。三酰基甘油的水解是分步进行，经二酰基甘油、一酰基甘油最后生成甘油。

在活体动物的脂肪组织中不存在游离脂肪酸，但动物在宰杀后由于脂水解酶的作用可生成游离脂肪酸。成熟的油料种子在收获时，油脂已经发生明显水解，并产生游离脂肪酸。由于游离脂肪酸不如甘油酯稳定，对氧更为敏感，会导致油脂更快地氧化酸败，因此油脂精炼中用碱中和处理，降低游离脂肪酸含量，目的就是提高油脂的品质，延长货架期。

在食品油炸过程中，在高温下食品中的水分与油脂作用，引起油脂水解，释放出游离脂肪酸，导致油的发烟点降低，食品品质劣化。

在大多数情况下，油脂的水解反应是不利的，应尽量防止油脂水解。但在有些食品的加工中，油脂的轻度水解会产生特有的风味，如在有些干酪的生产中，加入微生物和乳脂酶来形成特殊的风味；在生产面包和酸奶时，油脂的一定水解也有助于形成风味。

## 4.3.2 脂类的氧化

脂类氧化是含脂食品品质劣化的主要原因之一，它使食用油脂及含脂肪食品产生各种异味和臭味，统称为酸败。另外，氧化反应能降低食品的营养价值，某些氧化产物可能具有毒性，所以防止油脂氧化是油脂化学中的一个重要问题。油脂氧化以自动氧化最具代表性，除此之外，在不同条件下还可以有其他的氧化途径，如油脂的光敏氧化、酶促氧化或热氧化。

### 4.3.2.1 脂类的自动氧化

脂类的自动氧化反应是活化的含不饱和键的脂肪酸或脂肪与基态氧发生的自由基反应，是一种典型的自由基的链式反应，它具有以下特征：凡能干扰自由基反应的化学物质，都将明显地抑制氧化转化速率；光和产生自由基的物质对反应有催化作用；反应的初期产生大量的氢过氧化物 ROOH；光引发氧化反应时量子产率超过 1；用纯底物时，可检测到较长的诱导期。

脂类自动氧化的反应历程可分为三个阶段：即链引发、链传递和链终止。

链引发　$RH \longrightarrow R\cdot + H\cdot$

链传递　$R\cdot + O_2 \longrightarrow ROO\cdot$

　　　　$ROO\cdot + RH \longrightarrow ROOH + R\cdot$

链终止　$R\cdot + R\cdot \longrightarrow R{-}R$

　　　　$R\cdot + ROO\cdot \longrightarrow R{-}O{-}O{-}R$

　　　　$ROO\cdot + ROO\cdot \longrightarrow R{-}O{-}O{-}R + O_2$

在链引发阶段，不饱和脂肪酸及其甘油酯（RH）在金属催化或光、热的作用下，使 RH 的双键 $\alpha$-碳原子上的氢发生均裂，生成烷基自由基 R• 和 H•；在链传递阶段，氧与 R• 结合形成过氧化自由基 ROO•，ROO• 又夺取另一 RH 分子的 $\alpha$-亚甲基上的氢，形成氢过氧化物 ROOH 和新的 R•，如此重复以上反应步骤。一旦这些自由基相互结合生成稳定的环状或无环的二聚体或多聚体等非自由基产物，则链反应终止。

在脂类自动氧化的反应历程中，相对于链传递和链增长，链引发反应的活化能较高，因而是脂类自动氧化速率的决定步骤，反应速率较慢，所以通常靠催化方法产生最初几个引发正常传递反应所必需的自由基，如氢过氧化物的分解或引发剂的作用可导致第一步引发反应。

### 4.3.2.2 氢过氧化物的形成

氢过氧化物是脂类自动氧化的主要初期产物，其结构与其底物（不饱和脂肪酸）的结构有关。生成自由基时，所裂解出来的 H 是与双键相连的亚甲基—$CH_2$—上的氢，然后氧分子攻击连接在双键上的 $\alpha$-碳原子，并生成相应的氢过氧化物。在此过程中，一般伴随着双键位置的转移。

**(1) 油酸酯** 油酸酯分子的碳 8 和碳 11 的氢，可生成两个烯丙基中间产物，氧攻击每个基团的末端碳原子，生成 8-、9-、10-和 11-烯丙基氢过氧化物的异构体混合物（图 4-3）。

反应中形成的 8-和 11-氢过氧化物略微多于 9-和 10-异构体。在生成的新过氧化物中，新形成的双键的构型取决于温度。在 25℃时，8-和 11-氢过氧化物中，顺式和反式数量相等，但 9-和 10-的异构体主要是反式。

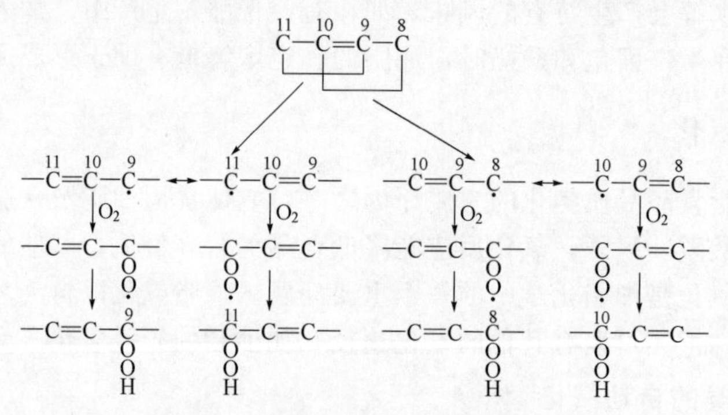

图 4-3 油酸酯的氧化产物结构

**(2) 亚油酸酯** 亚油酸酯具有戊二烯结构，第 11 位上的亚甲基与两个双键相邻，因此第 11 位碳上的氢特别活泼，只有一种自由基生成并生成两种氢过氧化物，9-和 13-氢过氧化物的量是相等的，同时由于发生异构化，存在顺，反-和反，反-异构体（图 4-4）。

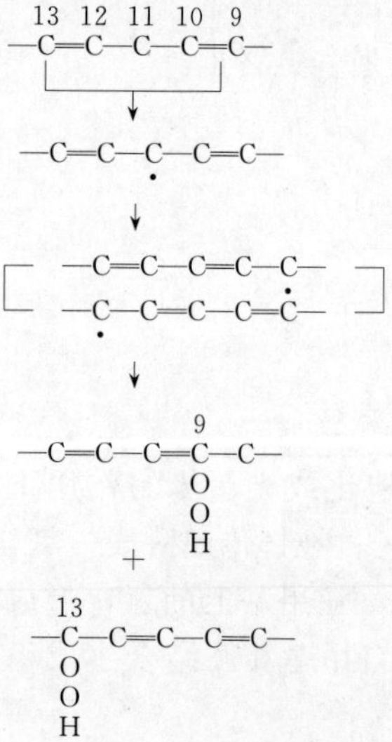

图 4-4 亚油酸酯的氧化产物结构

**(3) 亚麻酸酯** 亚麻酸酯分子中存在两个 1,4-戊二烯结构，氧化时生成 9-、12-、13-和 16-氢过氧化物混合物（图 4-5），这 4 种氢过氧化物中的每种都有几何异构体，每种都具有顺式，反式或反式，反式构型的共轭双烯体系，而隔离双键总是顺式。在反应中形成的 9-、16-氢过氧化物较多，12-和 13-异构体较少，这是因为氧优先与 C9 和 C16 反应，而且 12-和 13-氢过氧化物分解较快，12-和 13-氢过氧化物还可通过 1,4-环化形成六元环过氧化物的氢过氧化物，或通过 1，3-环化形成像前列腺素的环过氧化物。

### 4.3.2.3 脂类的光敏氧化

光敏氧化是脂类的不饱和脂肪酸双键与单重态的氧发生的氧化反应。光敏氧化可以引发脂类的自动氧化反应。食品中存在的天然色素如叶绿素、核黄素和血红蛋白是光敏剂，光敏剂受到光照后吸收能量被激发，成为活化的分子。光敏氧化有两种途径：第一种是光敏剂（Sens）被激发后，直接与油脂作用，生成自由基，从而引发油脂的自动氧化反应；第二种途径是光敏剂被光照激发后，通过与基态氧（三重态$^3O_2$）反应生成激发态氧（单重态$^1O_2$），高度活泼的单重态氧可以直接进攻高电子云密度的不饱和脂肪酸双键部位上的任一碳原子，双键位置发生变化，生成反式构型的氢过氧化物，生成氢过氧化物的种类数为双键数的两倍。亚油酸的光敏反应机理如图 4-6。

由于单重态$^1O_2$ 能量高，反应活性大，因此光敏氧化的速率比自动氧化速率约快 1500

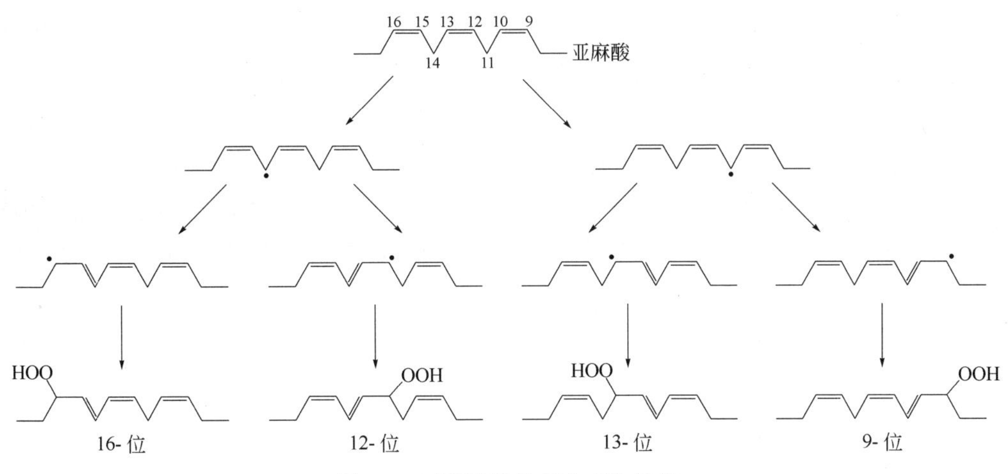


图 4-5 亚麻酸酯的氧化产物结构

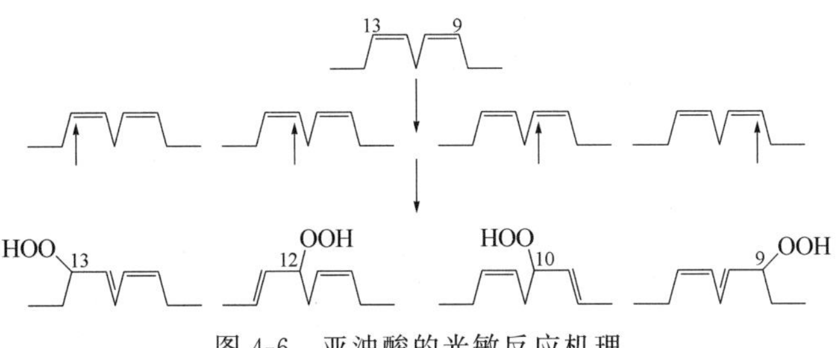


图 4-6 亚油酸的光敏反应机理

倍。光敏反应产生的氢过氧化物裂解生成自由基，可引发脂类的自动氧化反应。

光敏氧化中由于单重态氧的活性很高，所以它对不同底物结构等方面的选择上不那么明显，它可以与不饱和脂肪酸的任何双键作用，双键的位置没有影响，只是与双键数目成正比，这一点可以从单重态氧与油酸、亚油酸、亚麻酸、花生四烯酸的反应速率常数看出，反应速率常数分别为 $0.74\times10^5$ L/(mol・s)、$1.3\times10^5$ L/(mol・s)、$1.9\times10^5$ L/(mol・s)、$2.4\times10^6$ L/(mol・s)，基本正比于分子中的双键数目（即单重态氧作用位点数）。而对于三重态氧，由于其能量较低，反应活性差，对亚油酸的反应速率常数只有 89L/(mol・s)，所以在一般条件下，单重态氧对不饱和脂肪酸的氧化起决定性作用。

#### 4.3.2.4 脂类的酶促氧化

脂肪在酶参与下发生的氧化反应，称为脂类的酶促氧化。催化这个反应的主要是脂肪氧合酶，它广泛分布在生物体，特别是植物体内。脂肪氧合酶专一性作用于具有 1,4-顺，顺-戊二烯结构，并且其中心亚甲基处于 $\omega8$ 位的多不饱和脂肪酸，如亚油酸、亚麻酸、花生四烯酸等，生成氢过氧化物。以亚油酸为例，首先在 $\omega8$ 位亚甲基脱氢生成自由基，自由基再通过异构化使双键位置转移，并转变为反式构型，形成具有共轭双键的 $\omega6$ 和 $\omega10$ 氢过氧化物（图 4-7）。

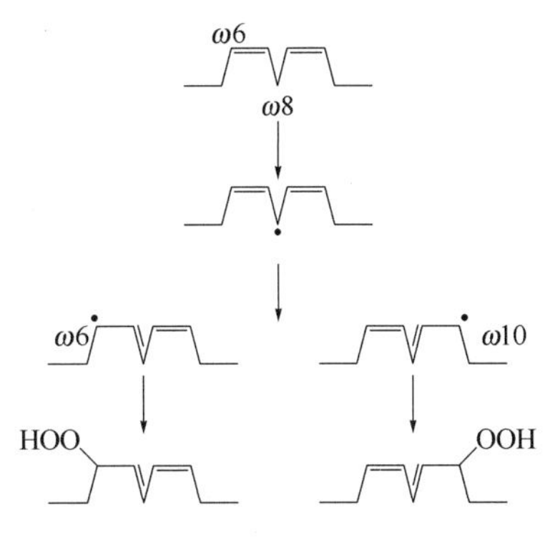


图 4-7 亚油酸酶促氧化机理及产物

在动物体内脂肪氧合酶选择性地氧化花生四烯酸，产生前列腺素、凝血素等活性物质。

大豆加工中产生的豆腥味与脂肪氧合酶对亚麻酸的氧化有密切关系。

#### 4.3.2.5 氢过氧化物的分解

脂类氧化后生成的氢过氧化物极不稳定，易发生分解。氢过氧化物的分解首先是在过氧键处断裂生成烷氧自由基，而后进一步分解。烷氧自由基的主要分解产物包括醛、酮、醇、酸等化合物，除这四类产物外，还可以生成环氧化合物、碳氢化合物等。生成的醛、酮类化合物主要有壬醛、2-癸烯醛、2-十一烯醛、己醛、顺-4-庚烯醛、2,3-戊二酮、2,4-戊二烯醛、2,4-癸二烯和2,4,7-癸三烯醛，而生成的环氧化合物主要是呋喃同系物。油脂氧化后生成的丙二醛（MDA）不仅对食品风味产生不良影响，而且会产生安全性问题。丙二醛可以由所产生的不饱和醛类化合物通过进一步的氧化而产生。

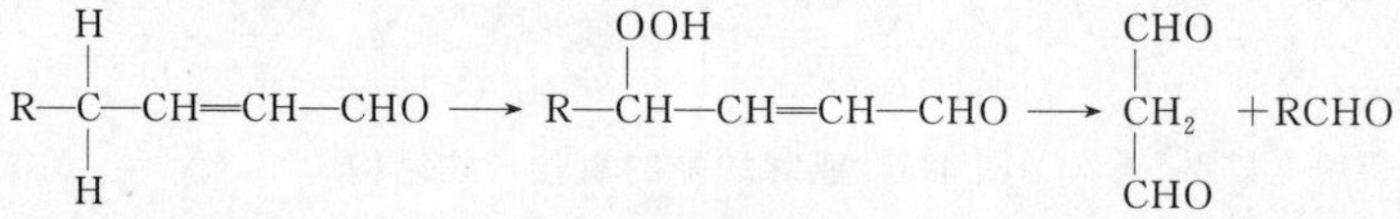

$$R{-}CH_2{-}CH{=}CH{-}CHO \longrightarrow R{-}CH(OOH){-}CH{=}CH{-}CHO \longrightarrow OHC{-}CH_2{-}CHO + RCHO$$

分解产物中生成的醛易进一步氧化成相应的酸，还可以多聚或缩合生成新的化合物，例如己醛三聚生成三戊基三噁烷，具有强烈的气味。

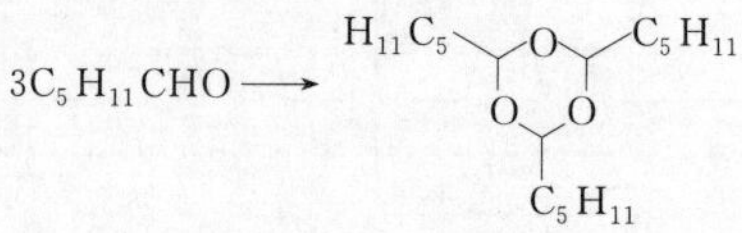

$$3C_5H_{11}CHO \longrightarrow \text{(2,4,6-三戊基-1,3,5-三噁烷，取代基 } C_5H_{11}\text{)}$$

#### 4.3.2.6 影响食品中脂类自动氧化的因素

**(1) 脂肪酸组成** 脂类的自动氧化速率与组成脂类脂肪酸的不饱和度、双键位置和构型有关。双键数目越多，氧化速度越快。花生四烯酸、亚麻酸、亚油酸和油酸的相对氧化速率近似为40∶20∶10∶1。顺式酸比反式异构体更容易氧化；含共轭双键的比没有共轭双键的易氧化；饱和脂肪酸自动氧化速率远远低于不饱和脂肪酸；游离脂肪酸比甘油酯氧化速率略高，在油脂中游离脂肪酸含量大于0.5%时，油脂的自动氧化速率会增加；油脂中脂肪酸的无序分布有利于降低脂肪的自动氧化速率。

**(2) 温度** 一般说来，脂类的氧化速率随着温度升高而增加，因为高温既可以促进自由基的产生，又可以加快氢过氧化物的分解。但温度升高，氧的溶解度降低。总体上看，油脂自动氧化的速率均是随温度的升高而增加。

**(3) 氧浓度** 体系中供氧充分时，氧分压对氧化速率没有影响，而当氧分压很低时，氧化速率与氧分压近似成正比。但氧分压对速率的影响还与其他因素如温度、表面积等有关。

**(4) 表面积** 脂类的自动氧化速率与它和空气接触的表面积成正比关系。所以当表面积与体积之比较大时，降低氧分压对降低氧化速率的效果不大。在O/W乳状液中，氧化速率主要由氧向油相中的扩散速率决定。

**(5) 水分活度** 在含水量很低（$a_w$ 低于0.1）的干燥食品中，脂类氧化反应很迅速。随着水分活度的增加，氧化速率降低，当水分含量增加到相当于水分活度0.3时，可阻止脂类氧化，使氧化速率变得最小，这是由于水可降低金属催化剂的催化活性，同时可以猝灭自由基，促进非酶褐变反应（产生具有抗氧化作用的化合物）并阻止氧同食品接触。随着水分活度的继续增加（$a_w$=0.3～0.7），氧化速率又加快进行，这与高水分活度时水中溶解氧增加、催化剂流动性增加，以及分子暴露出更多的反应位点有关。过高的水分活度（如 $a_w$ 大于0.8）时，由于催化剂、反应物被稀释，脂肪的氧化反应速率降低。

**(6) 助氧化剂** 一些具有合适氧化还原电位的二价或多价过渡金属元素，是有效的助氧化剂，如 Co、Cu、Fe、Mn 和 Ni 等。这些金属元素在浓度低至 0.1mg/kg 时，仍可以缩短引发期，使氧化速率增大。食品中天然就存在游离的和结合形式的微量金属，有氧化催化能力的金属主要是一些变价金属，食品中的过渡金属还可能来自油料作物生长的土壤、动物体及加工、储存所用的金属设备和包装容器，其中最重要的天然成分是羟高铁血红素。不同金属催化能力如下：铅>铜>黄铜>锡>锌>铁>铝>不锈钢>银。

**(7) 光和射线** 可见光、紫外线和高能射线都能促进脂类自动氧化，这是因为它们能引发自由基、促使氢过氧化物分解，特别是紫外线和 $\gamma$ 射线。因此油脂或含油脂食品应该避光保藏，或使用不透明的包装材料。在食品的辐照杀菌过程中也应该注意由此引发的油脂的自动氧化问题。

**(8) 抗氧化剂** 抗氧化剂能延缓和减慢脂类的自动氧化速率，其内容将在后面介绍。

#### 4.3.2.7 脂类抗氧化剂

由于油脂的氧化不但会带来油脂品质的下降，而且在氧化过程中产生的自由基也会引起食品中其他成分氧化，从而导致食品品质的劣化，所以油脂抗氧化具有非常重要的意义。阻止或延缓油脂的氧化，既可采用物理方法，如低温贮存、隔绝空气、避光保藏等，来消除促进自动氧化的各种因素；也可以采用化学方法，如用铁粉、活性炭制成脱氧剂，除去油脂液面顶空中或者食品包装内的氧气，而采用抗氧化剂来抑制或延缓油脂的氧化，则是最经济、最方便、最有效的方法。

**(1) 抗氧化剂的抗氧化机理** 抗氧化剂按抗氧化机理可以分为自由基清除剂、单重态氧猝灭剂、氢过氧化物分解剂、酶抑制剂、抗氧化剂增效剂等。

自由基清除剂分为氢供体和电子供体。氢供体如酚类抗氧化剂可以与自由基反应，脱去一个 H·给自由基，原来的自由基被清除，抗氧化剂自身转变为比较稳定的自由基，不能引发新的自由基链式反应，从而使链反应终止。电子供体抗氧化剂也可以与自由基反应生成稳定的产物，来阻断自由基链式反应。

单重态氧猝灭剂如维生素 E，与单重态氧作用，使单重态氧转变成基态氧，而单重态氧猝灭剂本身变为激发态，可直接释放出能量回到基态。

氢过氧化物分解剂可以将链式反应生成的氢过氧化物转变为非活性物质，从而抑制油脂氧化。

超氧化物歧化酶可以将超氧化物自由基转变为基态氧和过氧化氢，过氧化氢在过氧化氢酶作用下生成水和基态氧，从而起到抗氧化的作用。

抗氧化剂增效剂与抗氧化剂同时使用可增强抗氧化效果，常见的抗氧化剂增效剂有柠檬酸、富马酸、氨基酸、抗坏血酸及其酯、酒石酸和磷脂等。增效剂可以与金属离子螯合，使金属离子的催化性能降低或失活，另外它能与抗氧化剂自由基反应，使抗氧化剂还原。

**(2) 常用的抗氧化剂** 抗氧化剂按其来源可分为天然抗氧化剂和合成抗氧化剂，我国食品添加剂使用卫生标准允许使用的抗氧化剂主要有生育酚、茶多酚、没食子酸丙酯、抗坏血酸、丁基羟基茴香醚（BHA）、二丁基羟基甲苯（BHT）、2-叔丁基对苯二酚（TBHQ）等 14 种，具体可参见第 11 章。

### 4.3.3 脂类在高温下的化学反应

油脂在 150℃以上高温下会发生氧化、分解、聚合、缩合等反应，生成低级脂肪酸、羟基酸、酯、醛以及产生二聚体、三聚体，导致油脂的品质下降，如色泽加深，黏度增大，碘值降低，烟点降低，酸价升高，还会产生刺激性气味。一般来说，油脂在油炸过程中的变化与油脂组成、油炸食品组成、油炸温度、油炸时间、金属离子的存在等因素有关。油脂热分解和聚合反应如图 4-8 所示。

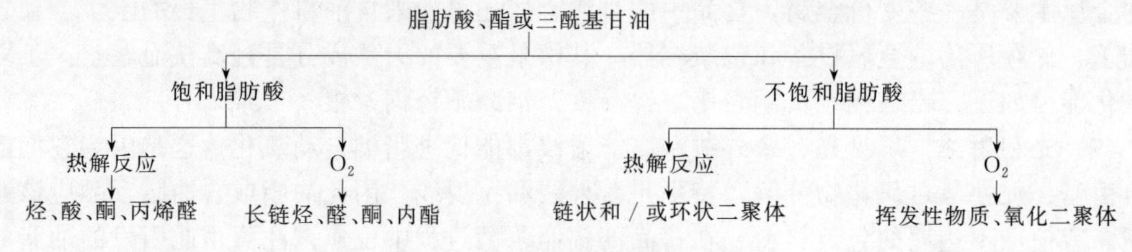


图 4-8　油脂热分解和聚合反应

#### 4.3.3.1　热分解

在高温下，饱和脂肪酸和不饱和脂肪酸都会发生热分解反应。热分解反应可以分为热氧化反应和非氧化热分解反应。

饱和脂肪酸酯在很高温度下才会发生非氧化热分解反应。反应如下：

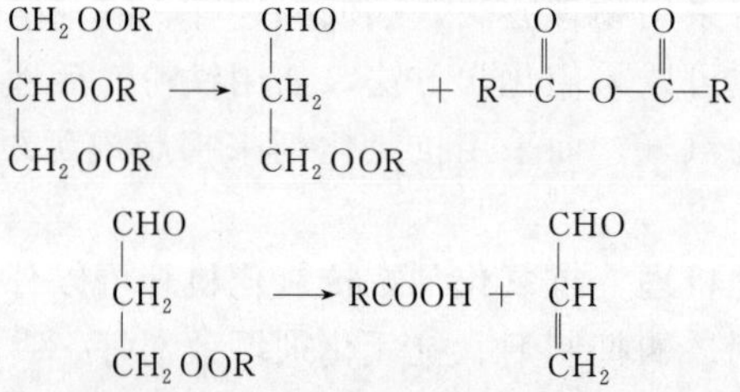

$$\begin{array}{l} CH_2OOR \\ | \\ CHOOR \\ | \\ CH_2OOR \end{array} \longrightarrow \begin{array}{l} CHO \\ | \\ CH_2 \\ | \\ CH_2OOR \end{array} + R-\overset{O}{\overset{\|}{C}}-O-\overset{O}{\overset{\|}{C}}-R$$

$$\begin{array}{l} CHO \\ | \\ CH_2 \\ | \\ CH_2OOR \end{array} \longrightarrow RCOOH + \begin{array}{l} CHO \\ | \\ CH \\ \| \\ CH_2 \end{array}$$

饱和脂肪酸酯在高温及有氧时会发生热氧化反应，脂肪酸的全部亚甲基都可能受到氧的攻击，但一般优先在脂肪酸的 $\alpha$-碳、$\beta$-碳和 $\gamma$-碳上形成氢过氧化物。形成的氢过氧化物裂解生成醛、酮、烃等低分子化合物。

不饱和脂肪酸酯的非氧化热反应主要生成各种二聚化合物，此外还生成一些低分子量的物质。

不饱和脂肪酸酯的氧化热分解反应与低温下脂类的自动氧化反应的主要途径是相同的，只是反应速度要快得多。

#### 4.3.3.2　热聚合

脂类的热聚合反应分非氧化热聚合和氧化热聚合。非氧化热聚合是 Diels-Alder 反应，即共轭二烯烃与双键加成反应，生成环己烯类化合物。这个反应可以发生在不同脂肪分子间（图 4-9），也可以发生在同一个脂肪分子的两个不饱和脂肪酸酰基之间（图 4-10）。

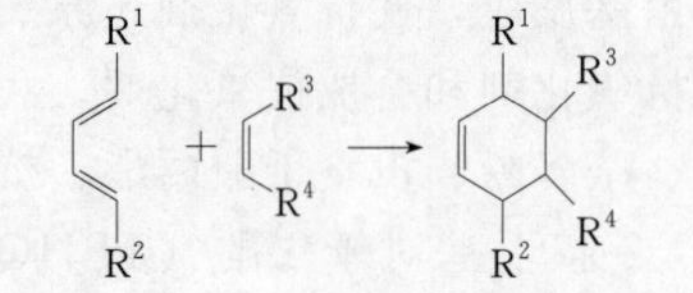

图 4-9　脂肪分子间的非氧化热聚合

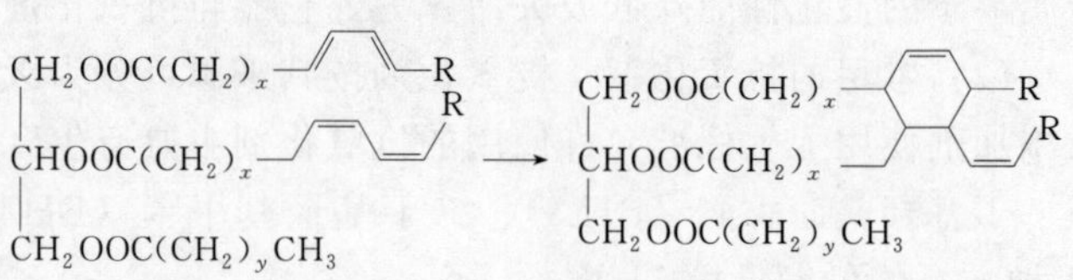

图 4-10　脂肪分子内的非氧化热聚合

脂类的氧化热聚合是在高温下，甘油酯分子在双键的 $\alpha$-碳上均裂产生自由基，通过自由基互相结合形成非环二聚物，或者自由基对一个双键加成反应，形成环状或非环状化合物。

油脂在加热时的热分解对品质影响主要表现在：油炸食品香气的形成与油脂在高温条件

下的某些产物有关，如羰基化合物（烯醛类）；然而，油脂在高温下的过度反应，对于油的品质及营养价值均是不利的，因此在食品加工中，一般宜将油脂的加热温度控制在 150℃以下。

## 4.3.4 油脂加工化学

### 4.3.4.1 油脂精炼

从油料作物、动物脂肪组织等原料中采用压榨、有机溶剂浸提、熬炼等方法得到的油脂，一般称为毛油。毛油中含有各种杂质，如游离脂肪酸、磷脂、糖类、蛋白质、水、色素等，这些杂质不但会影响油脂的色泽、风味、稳定性，甚至还会影响到使用安全性（如花生油中的黄曲霉素，棉子油中的棉酚等），油脂的精炼就是除去这些杂质的加工过程。

**(1) 脱胶** 脱胶主要是除掉油脂中的磷脂。油脂含有磷脂时，加热时容易产生泡沫、冒烟、变色、产生臭味，影响油炸食品的感官质量，甚至在使用时产生危险。而且磷脂易氧化，对油脂的贮藏性能也产生不良影响。

磷脂在油脂含水量很低或不含水时可以溶于油中，而油脂中含水量较多时，则水合形成胶团，易于从油中析出。在脱胶预处理时，向油中加入 2%～3%的水或通水蒸气，加热油脂并搅拌，然后静置或机械分离水相。脱胶也除掉部分蛋白质。

**(2) 碱炼** 碱炼主要除去油脂中的游离脂肪酸，同时去除部分磷脂、色素等杂质。碱炼时向油脂中加入适宜浓度的氢氧化钠溶液，然后混合加热，游离脂肪酸被碱中和生成脂肪酸钠盐（皂脚）而溶于水。分离水相后，用热水洗涤油脂以除去皂脚。

碱炼同时可除去棉子油中的棉酚，对黄曲霉素也有破坏作用。

**(3) 脱色** 油脂中含有叶绿素、叶黄素、胡萝卜素等色素，色素会影响油脂的外观，同时叶绿素是光敏剂，会影响油脂的稳定性，所以要脱除。脱色除了脱除油脂中的色素物质外，还同时除去残留的磷脂、皂脚以及油脂氧化产物，提高了油脂的品质和稳定性。经脱色处理后的油脂呈淡黄色甚至无色。

脱色主要通过活性白土、酸性白土、活性炭等吸附剂处理，最后过滤除去吸附剂。脱色时应注意防止油脂氧化。

**(4) 脱臭** 油脂中含有的异味化合物主要是由油脂氧化产生的，这些化合物的挥发性大于油脂的挥发性，可以用减压蒸馏的方法，也就是在高温、减压的条件下向油脂中通入过热蒸汽来除去。这种处理方法不仅除去挥发性的异味化合物，也可以使非挥发性异味物质通过热分解转变成挥发性物质，并被水蒸气蒸馏除去。

油脂精炼处理对于油脂中的一些杂质、有害物质进行了有效的脱除，其残留量得到了很好的控制，使油脂的食用品质得到有效提高。菜籽油经精炼处理对有害化合物的脱除情况见表 4-4。但精炼过程中同样会造成油脂中有用成分如脂溶性维生素、天然抗氧化物质等的损失。因此，精炼处理后向油脂中加入抗氧化剂以补充抗氧化剂的损失，来提高油脂的抗氧化性能。

**表 4-4 菜籽油精炼处理过程中有害成分的变化情况** 单位：μg/kg

| 化合物 | 原料油 | 碱 炼 | 脱 色 | 脱 臭 |
| --- | --- | --- | --- | --- |
| 蒽 | 10.1 | 5.8 | 4.0 | 0.4 |
| 菲 | 100 | 68 | 42 | 15 |
| 1,2-苯并蒽 | 14 | 7.8 | 5.0 | 3.1 |
| 3,4-苯并芘 | 2.5 | 1.8 | 1.0 | 0.9 |

#### 4.3.4.2 油脂氢化

油脂氢化是指在高温和催化剂的作用下，三酰基甘油的不饱和脂肪酸双键与氢发生加成反应的过程。天然来源的固体脂难以满足需要，通过油脂的氢化可以把室温下呈液态的油转化为半固态的脂，可以用于制造起酥油或人造奶油等。

油脂氢化分为全氢化和部分氢化。当油脂中所有双键都被氢化后，得到全氢化脂肪，用于制肥皂工业。部分氢化产品可用于食品工业中，部分氢化的油脂中减少了油脂中含有的多不饱和脂肪酸的含量，稍微减少亚油酸的含量，增加油酸的含量，不生成太多的饱和脂肪酸，碘价控制在60～80的范围内，使油脂具有适当的熔点和稠度、良好的热稳定性和氧化稳定性。

全氢化以骨架镍作为催化剂，在8atm（1atm＝101325Pa）、250℃下进行。全氢化可生成硬化型氢化油脂，主要用于生产肥皂。部分氢化可以用镍粉催化，在1.5～2.5atm、125～190℃下进行。油脂的氢化程度可根据油脂的折射率变化而得知。当氢化反应达到所需程度时，冷却并将催化剂滤除就可终止反应。油脂氢化前必须经过精炼，游离脂肪酸和皂的含量要低，氢气必须干燥且不含硫、$SO_2$ 和氨等杂质。催化剂可以是镍、铂以及铜、铜铬混合物，其中铂的价格相对较高，铜容易中毒并且难于分离，所以实际生产中以镍的使用较多。磷脂、水、肥皂、$SO_2$、硫化物等都可以使催化剂中毒失活，所以油脂需要经过精炼处理后才能进行氢化。

一般认为，油脂的氢化是不饱和液体油脂和被吸附在金属催化剂表面的原子氢之间的反应。反应包括3个步骤：首先，在双键两端任何一端形成碳-金属复合物；接着这种中间体复合物与催化剂所吸附的氢原子反应，形成不稳定的半氢化态，此时只有一个烯键与催化剂连接，因此可以自由旋转；最后这种半氢化合物与另一个氢原子反应，同时和催化剂分离，形成饱和的产物。

氢化过程中由于仅有某些双键被氢化还原，所以可能会生成天然脂肪中不存在的脂肪酸，同时有些双键会产生移位并且发生顺-反构型互变（即生成反式不饱和脂肪酸，简称为反式脂肪酸），因此油脂部分氢化产生的是复杂的脂肪酸混合物。亚麻酸氢化反应的系列产物如图4-11所示。

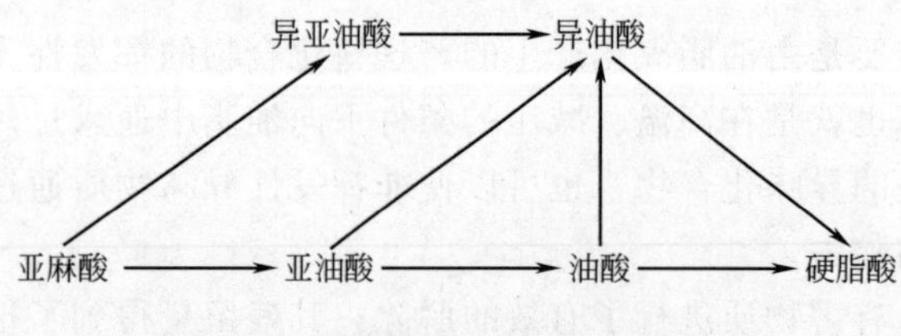

图4-11　亚麻酸氢化反应的系列产物

在油脂氢化过程中，可以通过选择不同的氢化条件及催化剂来对其中某种不饱和脂肪酸优先加氢，即选择性氢化。氢化的选择性一般以选择性比率（SR）来表示，按阿布里特（Albright）定义的选择性比率可定量地用式子表示：亚油酸氢化生成油酸的速率/油酸氢化形成硬脂酸的速率。根据氢化过程的起始和终止时的脂肪酸组成以及氢化时间可计算出转化速率常数。采用选择性更大的氢化操作条件，能减少全饱和甘油酯的生成，防止油脂过度硬化，而且还能使得到的油脂产品中的亚油酸减少，稳定性提高。但是选择性越大，生成的反式异构体体量也越多，从营养角度看这是不利的，因为人体的必需脂肪酸都是顺式构型，而且对于反式脂肪酸的安全性，目前也存在着争议。

各种催化剂有不同的选择性，操作参数对选择性有很大影响，如表4-5所示。低压、高温、高浓度催化剂和搅拌强度低，都可以得到较大的SR值。

表 4-5 操作参数对选择性和氢化速率的影响

| 操作参数 | SR | 反式脂肪酸 | 氢化速率 |
| --- | --- | --- | --- |
| 高温 | 高 | 高 | 高 |
| 高压 | 低 | 低 | 高 |
| 高浓度催化剂 | 高 | 高 | 高 |
| 高强度搅拌 | 低 | 低 | 高 |

#### 4.3.4.3 酯交换

天然油脂中脂肪酸的分布模式，赋予了油脂特定的物理性质，如结晶特性、熔点等。这种天然分布模式有时会限制油脂在工业上的应用。酯交换是改变脂肪酸在三酰基甘油中的分布，使脂肪酸与甘油分子自由连接或定向重排，改善其性能。它包括在一种三酰基甘油分子内的酯交换和不同分子间的酯交换反应。

分子内的酯交换：

$$R^2\text{—}\left[\begin{smallmatrix}R^1\\R^3\end{smallmatrix}\right. \rightleftharpoons R^1\text{—}\left[\begin{smallmatrix}R^2\\R^3\end{smallmatrix}\right. \rightleftharpoons R^3\text{—}\left[\begin{smallmatrix}R^1\\R^2\end{smallmatrix}\right.$$

分子间的酯交换：

$$R^1\text{—}\left[\begin{smallmatrix}R^1\\R^1\end{smallmatrix}\right. + R^2\text{—}\left[\begin{smallmatrix}R^2\\R^2\end{smallmatrix}\right. \rightleftharpoons R^2\text{—}\left[\begin{smallmatrix}R^1\\R^1\end{smallmatrix}\right. + R^1\text{—}\left[\begin{smallmatrix}R^2\\R^2\end{smallmatrix}\right.$$

$$\rightleftharpoons R^1\text{—}\left[\begin{smallmatrix}R^1\\R^2\end{smallmatrix}\right. + R^2\text{—}\left[\begin{smallmatrix}R^2\\R^1\end{smallmatrix}\right.$$

酯交换可以通过在高温下长时间加热油脂来完成，或在催化剂作用下在低温下短时间内（50℃，30min）完成，碱金属和烷基化碱金属都是有效的低温催化剂，其中甲醇钠是最普通的一种。催化剂用量一般约为油脂质量的 0.1%，若用量较大，会因反应中形成肥皂和甲酯使油脂损失过多。油脂在酯交换时必须非常干燥，游离脂肪酸、过氧化物以及其他能与甲醇钠起反应的物质都必须含量很低。酯交换结束后用水或酸终止反应，使催化剂失活除去。

酯交换可分为随机酯交换和定向酯交换两种。酯交换反应温度若高于油脂的熔点，则是随机酯交换，脂肪酸在甘油分子上的连接方式是随机分布的，不同种类的甘油酯分子的比例取决于原来脂肪中每种脂肪酸含量，并且可按前面讨论过的 1,2,3-随机分布假说计算求得。但若酯交换反应温度低于油脂熔点，则发生定向酯交换，因为反应生成的高熔点的三酰基甘油先结晶析出，剩下的脂肪在液相中继续反应直到平衡；不断除去结晶的三酰基甘油，可以使反应重复进行。定向酯交换的结果是使得整个油脂中的三饱和脂肪酸酯 $S_3$（结晶）的量、三不饱和脂肪酸酯 $U_3$（液态）的量同时增加。

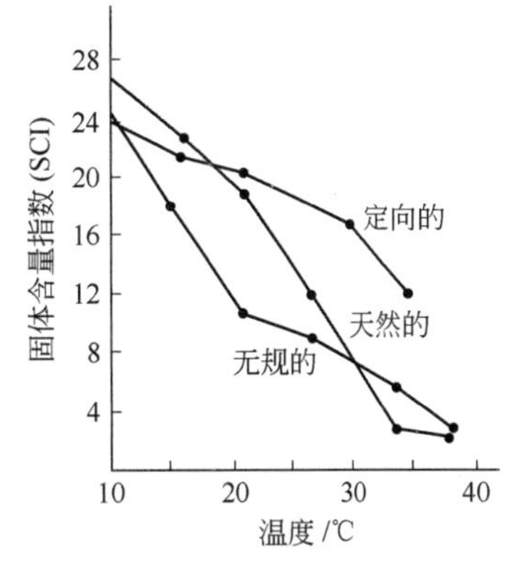

图 4-12 酯交换对猪脂固体含量指数的影响

酯交换反应广泛应用在起酥油的生产中，猪油中二饱和酸三酰基甘油分子的碳 2 位置上大部分是棕榈酸，形成的晶粒粗大，外观差，温度高时太软，温度低时又太硬，塑性差。随机酯交换能够改善低温时的晶粒，但塑性仍不理想。定向酯交换则扩大了塑性范围（图 4-12）。

酶促酯交换是利用脂肪酶作催化剂进行的酯交换，酶促酯交换克服了化学酯交换对反应条件要求严格的缺点，能在温和条件下反应，反应具有专一性，副产物少，能耗低，对环境污染少，是很有发展前途的油脂加工方法。在生产高质量的类可可脂、母乳脂替代品、速冻专用油脂等方面已经开始应用于生产。

## 参 考 文 献


[1] 何东平，等．油脂化学．北京：化学工业出版社，2005.

[2] 霍晓娜，等．猪腿肉脂肪酸组成及脂肪氧化的研究．食品科学，2006，(1)：101.

[3] 王民，等．烹炸时油和油炸品中苯并[a]芘及脂肪酸含量变化的实验研究．中国卫生检验杂志，1997，7 (1)：17.

[4] 徐继林，等．鱼油脂肪酸的自由基氧化变化研究．中国食品学报，2005，5 (3)：5.

[5] 朱婷伟，等．酶促酯交换对速冻专用油脂理化性质的影响．华南理工大学学报：自然科学版，2017，3：132.

[6] Belitz H D，et al. Food Chemistry. 4th. Berlin，Germany：Springer-Verlag Berlin Heidelberg，2009.

[7] Elmore J S，et al. Effect of the polyunsaturated fatty acid composition of beef muscle on the profile of aroma volatiles. Journal of Agriculture and Food Chemistry，1999，47：1619.

[8] Fennema O W，et al. Food Chemistry. 4th. New York，US：Taylor & Francs Group，2008.

[9] German J，et al. Effect of dietary fats and barley fiber on total cholesterol and lipoprotein cholesterol distribution in plasma of hamsters. Nutrition Research，1996，16：1239.

[10] Micha R，et al. Trans-fatty acids：effects on cardiometabolic health and implications for policy. Prostaglandins，Leukotrienes and Essential Fatty Acids，2008，79：147.

[11] Mlakar A，et al. Previously unknown aldehydic lipid peroxidation compounds of arachidonic acid. Chemistry and Physics of Lipids，1996，79：47.

[12] Onyango A N. Small reactive carbonyl compounds as tissue lipid oxidation products；and the mechanisms of their formation thereby. Chemistry and Physics of Lipids，2012，165：777.

# 第5章 蛋白质

**本章要点：** 蛋白质的结构及基本性质，蛋白质变性的原理及对蛋白质性质的改变，蛋白质功能性质，蛋白质的营养性及安全性，食品加工和贮藏过程中蛋白质的变化，蛋白质资源的开发与利用等。

蛋白质是食品中最重要的组成成分之一。蛋白质所具有的多样化功能与它们的化学组成有关。蛋白质通常是由二十几种氨基酸通过酰胺键连接。与多糖和核酸中的糖苷键和磷酸二酯键不同，蛋白质分子中的酰胺键具有部分双键的性质，数以千计的蛋白质在结构和功能上的差别是由于以酰胺键连接不同种类的氨基酸及其排列顺序不同所造成的。蛋白质组成的复杂性及结构的多样化，使其表现出多种不同的生物功能和食品功能。

由生物产生的蛋白质在理论上都可作为食品蛋白质而加以利用。然而，实际上食品蛋白质是指那些易于消化、无毒、富有营养、在食品中显示功能性质和来源丰富的蛋白质。畜禽、鱼、乳、蛋、谷物、豆类和油料种子是食品蛋白质传统的主要来源；然而，随着世界人口的不断增长，为了满足人类营养的需要，有必要开发非传统的蛋白质资源。新的蛋白质资源是否适用于做食品取决于它们的成本和能否满足作为加工食品和家庭烹饪食品的蛋白质所应具备的性质。蛋白质在食品中的功能性质与它们的结构和物理化学性质有关。

## 5.1 食品中常见的蛋白质

目前食品中常见蛋白质主要来源有两大类，即植物蛋白质和动物蛋白质。

### 5.1.1 植物蛋白质

植物蛋白质资源占总蛋白质资源的70%，它不但是人类蛋白质的重要来源，而且也是肉蛋奶动物蛋白质的初级提供者。从营养学上说，植物蛋白质大致分为两类：一是完全蛋白质，二是不完全蛋白质。绝大多数的植物蛋白质均属于不完全蛋白质，如大部分植物蛋白质中缺乏免疫球蛋白，谷类中则相对缺乏赖氨酸等。植物蛋白质主要来源：一是油料种子，包括花生、芝麻、油菜籽等；二是豆类种子，豆类蛋白质大部分蛋白质为球蛋白；三是谷类蛋白质，在谷物胚中也含有较多的蛋白质，且必需氨基酸比较齐全，营养价值较高。

虽然植物蛋白质资源丰富，价格相对低廉，但大部分植物蛋白质外侧包被有一层纤维层，消化率比较低，而且一些主要的植物蛋白质还伴随有害物或感官难以接受的物质，如大豆会使人产生胀气且有豆腥味。随着科技的进步，植物蛋白质的利用水平越来越高。如大豆蛋白质的脱腥和胀气问题，大豆蛋白质缺乏赖氨酸问题，大豆蛋白肽的开发，通过加热、挤压、喷雾等工艺过程把大豆蛋白粉制成大小、形状不同的瘦肉片状植物蛋白——“蛋白肉”等。我国还自行研制了配套豆粉、速溶豆粉、组织蛋白、豆乳、豆腐、豆浆的生产技术与机械，促进了植物蛋白质的利用。

### 5.1.2 动物蛋白质

动物蛋白质主要包括畜禽肉、鱼类、乳制品等，是一种优质的、营养全面的蛋白质资源，目前占总蛋白质供给的30%左右。作为人类传统的蛋白质来源，人类对蛋白质资源的研究与新蛋白质食品的开发，总是围绕着模拟肉类蛋白质制品而进行的。从动物来源上讲，一类是动物的肉类，主要包括牲畜如牛、羊、猪和家禽类如鸡、鸭等的肌肉；另一类是乳制品，主要包括牛乳、羊乳等；再有就是蛋类，主要包括鸡蛋、鸭蛋、鹌鹑蛋等卵生动物的卵等。

动物蛋白质大部分为完全蛋白质，但人类在摄取这些蛋白质资源的同时，也伴随着摄入大量的脂肪、胆固醇等，这些成分的过量摄入不利健康。随着一些高新技术在动物性食品加工中的广泛应用，如利用酶法脱脂技术对肌肉、鱼肉等进行加工，获得蛋白质含量更高的新型食品，解决了食用该类食品同时摄入脂肪超量的烦恼。

肌肉蛋白质肉制品的原料主要取自哺乳类、禽类、鱼类肌肉，这些动物的骨骼肌中含有16%～22%的肌肉蛋白质。肌肉蛋白质可分为肌纤维蛋白质、肌浆蛋白质和基质蛋白质。这三类蛋白质在溶解性质上存在显著差别。采用水或低离子强度的缓冲液（0.15mol/L或更低浓度）能将肌浆蛋白质提取出来，提取肌纤维蛋白质则需要采用更高浓度的盐溶液，而基质蛋白质不溶于水和盐类溶液。肌浆蛋白质是存在于肌肉细胞肌浆中的水溶性的各种蛋白质的总称，含有大量的酶蛋白，各种肌浆蛋白质的分子量一般在 $1.0\times10^4$ 至 $3.0\times10^4$ 之间。此外，色素蛋白中的肌红蛋白亦存在于肌浆中。肌纤维蛋白质是由肌球蛋白、肌动蛋白以及称为调节蛋白的原肌球蛋白和肌钙蛋白组成，是肌肉质量变化的关键。动物肌肉中蛋白质的约一半是肌纤维蛋白质，它们在生理条件下，是不溶解的，它们高度带电并结合水。基质蛋白质形成了肌肉的结缔组织骨架，它们包括胶原蛋白和弹性蛋白，是构成结缔组织的主要成分。胶原蛋白是纤维状蛋白质，存在于整个肌肉组织中。弹性蛋白是略带黄色的纤维状物质。

## 5.2 蛋白质的结构

蛋白质是一种复杂的生物大分子，构成分子单位为氨基酸，是由碳、氢、氧、氮、硫等元素组成，某些蛋白质分子还含有铁、碘、磷、锌等。机体中蛋白质功能与其组成及结构有密切的关系。

### 5.2.1 蛋白质的组成

蛋白质是由二十几种氨基酸通过酰胺键所连接。数以千计的蛋白质在结构和功能上的差别是由于以酰胺键连接不同的氨基酸及其排列顺序不同而造成的。氨基酸分子中的氨基是碱性的，而羧基则是酸性的，但它们的酸碱解离常数比起一般的羧基—COOH 和氨基—$NH_2$都低，能起氨基和羧基的化学反应，并在加工食品时常会发生，对食品的不同风味有重大贡献。

### 5.2.2 蛋白质的一级结构

蛋白质的一级结构就是蛋白质多肽链中氨基酸残基的排列顺序，也是蛋白质最基本的结构。蛋白质的一级结构决定了蛋白质的二级、三级等高级结构。组成蛋白质的 20 余种氨基酸各具特殊的侧链，侧链基团的理化性质和空间排布各不相同，当它们按照不同的序列关系组合时，就可形成多种多样的空间结构，从而形成不同的生物学活性和食品特性。

### 5.2.3 蛋白质的二级结构

蛋白质的二级结构是指多肽链中主链原子的局部空间排布即构象，不涉及侧链部分的构象。主要有 α 螺旋结构和 β 片层结构。

α 螺旋的结构特点如下：

① 多个肽键平面通过 $\alpha$-碳原子旋转，相互之间紧密盘曲成稳固的右手螺旋。

② 主链呈螺旋上升，每 3.6 个氨基酸残基上升一圈，相当于 0.54nm。

③ 相邻两圈螺旋之间借肽键中 C═O 和 H 形成许多链内氢键，即每一个氨基酸残基中的 NH 和前面相隔三个残基的 C═O 之间形成氢键，这是稳定 α 螺旋的主要键。

④ 肽链中氨基酸侧链 R，分布在螺旋外侧，其形状、大小及电荷影响 α 螺旋的形成。酸性或碱性氨基酸集中的区域，由于同电荷相斥，不利于 α 螺旋形成；较大的 R（如 Phe、Trp、Ile）集中的区域，也妨碍 α 螺旋形成；Pro 因其 $\alpha$-碳原子位于五元环上，不易扭转，加之它是亚氨基酸，不易形成氢键，故不易形成上述 α 螺旋；Glu 的 R 基为 H，空间占位很小，也会影响该处螺旋的稳定。

β 片层的结构特点如下：

① 是肽链相当伸展的结构，肽链平面之间折叠成锯齿状，相邻肽键平面间呈 110°角。氨基酸残基的 R 侧链伸出在锯齿的上方或下方。

② 依靠两条肽链或一条肽链内的两段肽链间的 C═O 与—NH 形成氢键，使构象稳定。

③ 两段肽链可以是平行的，也可以是反平行的。即前者两条链从“N 端”到“C 端”是同方向的，后者是反方向的。β 片层结构的形式多样，正、反平行能相互交替。

④ 平行的 β 片层结构中，两个残基的间距为 0.65nm；反平行的 β 片层结构，则间距为 0.7nm。

### 5.2.4 蛋白质的三级结构

蛋白质的多肽链在各种二级结构的基础上再进一步盘曲或折叠形成具有一定规律的三维空间结构，称为蛋白质的三级结构。蛋白质三级结构的稳定主要靠次级键，包括氢键、疏水键、盐键以及范德华力等（图 5-1）。在蛋白质分子主链折叠盘曲形成构象的基础上，分子

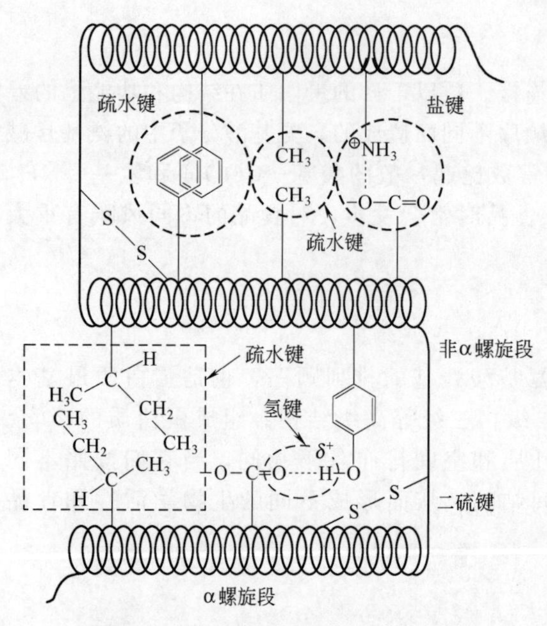


图 5-1　蛋白质三级结构中某些次级键

中的各个侧链也形成一定的构象。侧链构象主要是形成微区（或称结构域）。对球状蛋白质来说，形成疏水区和亲水区。亲水区多在蛋白质分子表面，由很多亲水侧链组成。疏水区多在分子内部，由疏水侧链集中构成，疏水区常形成一些“洞穴”或“口袋”，某些辅基就镶嵌其中，成为活性部位。

具备三级结构的蛋白质从其外形上看，有的细长（长轴比短轴大 10 倍以上），属于纤维状蛋白质（fibrous protein），如丝心蛋白；有的长短轴相差不多，基本上呈球形，属于球状蛋白（globular protein），如肌红蛋白（图 5-2）、血浆清蛋白和球蛋白。球状蛋白的疏水基多聚集在分子的内部，而亲水基则多分布在分子表面，因而球状蛋白是亲水的，更重要的是，多肽链经过如此盘曲后，可形成某些发挥生物学功能的特定区域，例如酶的活性中心等。

## 5.2.5　蛋白质的高级结构

具有两条或两条以上独立三级结构的多肽链组成的蛋白质，其多肽链间通过次级键相互组合而形成的空间结构称为蛋白质的四级结构。其中，每个具有独立三级结构的多肽链单位称为亚基（subunit）。四级结构实际上是指亚基的立体排布、相互作用及接触部位的布局。亚基之间不含共价键，亚基间次级键的结合比二、三级结构疏松，因此在一定的条件下，四级结构的蛋白质可分离为其组成的亚基，而亚基本身构象仍可不变。

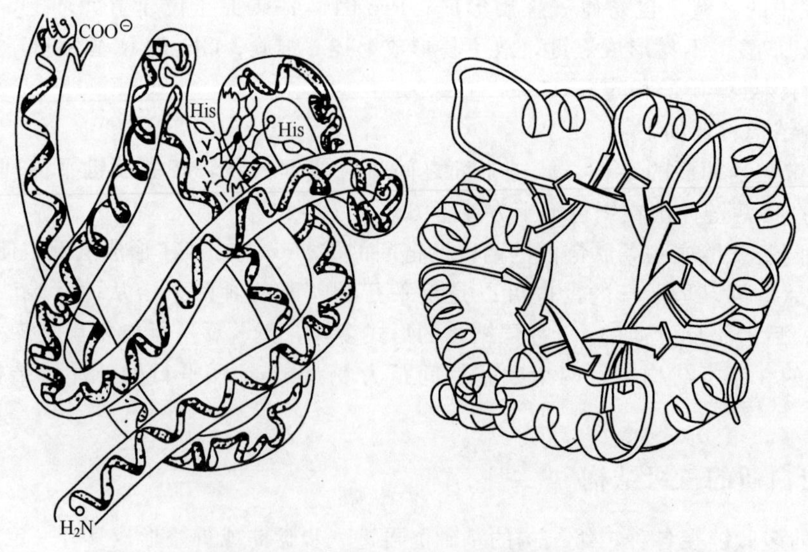


图 5-2　肌红蛋白的三级结构和丙糖磷酸异构酶的三级结构

一种蛋白质中亚基结构可以相同，也可不同。如烟草斑纹病毒的外壳蛋白是由 2200 个相同的亚基形成的多聚体；正常人血红蛋白 A 是两个 α 亚基与两个 β 亚基形成的四聚体(图 5-3)；天冬氨酸氨甲酰基转移酶由六个调节亚基与六个催化亚基组成。有人将具有全套不同亚基的最小单位称为原聚体（protomer），如一个催化亚基与一个调节亚基结合成天冬氨酸氨甲酰基转移酶的原聚体。

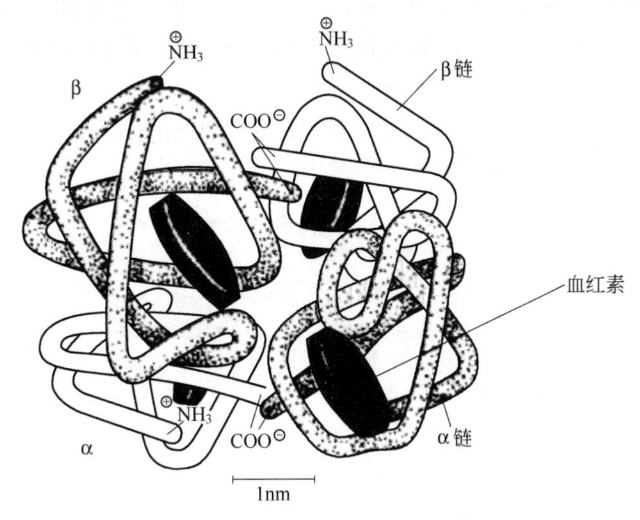


图 5-3　血红蛋白亚基结合模式图

某些蛋白质分子可进一步聚合成聚合体（polymer）。聚合体中的重复单位称为单体(monomer)。聚合体可按其中所含单体的数量不同而分为二聚体、三聚体……寡聚体（oligomer）和多聚体（polymer），如胰岛素（insulin）在体内可形成二聚体及六聚体。

## 5.3　蛋白质的功能性

蛋白质的功能性是指含有蛋白质的食品在加工、贮藏、制备和消费过程中，蛋白质对食品产生的那些物理和化学性质。各种食品对蛋白质功能特性的要求是不一样的（表 5-1)。

**表 5-1　食品体系中蛋白质的功能特性**

| 功能 | 作用机制 | 食品 | 蛋白质类型 |
|---|---|---|---|
| 溶解性 | 亲水性 | 饮料 | 乳清蛋白 |
| 黏度 | 持水性，流体动力学的大小和形状 | 汤、调味汁、色拉调味汁、甜食 | 明胶 |
| 持水性 | 氢键、离子水合 | 香肠、蛋糕、面包 | 肌肉蛋白，鸡蛋蛋白 |
| 胶凝作用 | 水的截留和不流动性，网络的形成 | 肉、凝胶、蛋糕焙烤食品和奶酪 | 肌肉蛋白，鸡蛋蛋白，牛奶蛋白 |
| 黏结-黏合 | 疏水作用，离子键和氢键 | 肉、香肠、面条、焙烤食品 | 肌肉蛋白，鸡蛋蛋白，乳清蛋白 |
| 弹性 | 疏水键，二硫交联键 | 肉和面包 | 肌肉蛋白，谷物蛋白 |
| 乳化 | 界面吸附和膜的形成 | 香肠、汤、蛋糕、甜食 | 肌肉蛋白，鸡蛋蛋白，乳清蛋白 |
| 泡沫 | 界面吸附和膜的形成 | 搅打配料，冰淇淋，蛋糕，甜食 | 鸡蛋蛋白，乳清蛋白 |
| 脂肪和风味的结合 | 疏水键，界面 | 低脂肪焙烤食品，油炸面圈 | 牛奶蛋白，鸡蛋蛋白，谷物蛋白 |

食品感官品质是由食品中各种原料复杂的相互作用结果。例如蛋糕的风味、质地、颜色

和形态等性质，是由原料的热胶凝性、起泡、吸水作用、乳化作用、黏弹性和褐变等多种功能性综合作用的结果。因此，一种蛋白质原料作为蛋糕或其他类似产品的配料使用时，必须具有多种功能特性（表 5-2）。动物蛋白，例如乳（酪蛋白）、蛋和肉蛋白等，是几种蛋白质的混合物，它们有着较宽范围的物化性及多种功能特性。例如蛋清具有持水性、胶凝性、黏合性、乳化性、起泡性和热凝结等作用，现已广泛地用作许多食品的配料。蛋清的这些功能来自复杂的蛋白质组成及它们之间的相互作用，这些蛋白质成分包括卵清蛋白、伴清蛋白、卵黏蛋白、溶菌酶和其他清蛋白。然而植物蛋白（例如大豆和其他豆类及油料种子蛋白等）和乳清蛋白等其他蛋白质，虽然它们也是由多种类型的蛋白质组成，但是它们的功能特性与动物蛋白不同，目前只是在有限量的普通食品中使用。

**表 5-2　各种食品对蛋白质功能特性的要求**

| 食　品 | 功　能　特　性 |
|---|---|
| 饮料、汤、沙司 | 不同 pH 时的溶解性、热稳定性、黏度、乳化作用、持水性 |
| 形成的面团焙烤产品（面包、蛋糕等） | 成型和形成黏弹性膜、内聚力、热性变和胶凝作用、吸水作用、乳化作用、起泡、褐变 |
| 乳制品（精制干酪、冰淇淋、甜点心等） | 乳化作用、对脂肪的保留、黏度、起泡、胶凝作用、凝结作用 |
| 鸡蛋代用品 | 起泡、胶凝作用 |
| 肉制品（香肠等） | 乳化作用、胶凝作用、内聚力、对水和脂肪的吸收与保持 |
| 肉制品增量剂（植物组织蛋白） | 对水和脂肪的吸收与保持、不溶性、硬度、咀嚼性、内聚力、热变性 |
| 食品涂膜 | 内聚力、黏合 |
| 糖果制品（牛奶巧克力） | 分散性、乳化作用 |

## 5.3.1　水合性质

蛋白质的水合是通过肽键和氨基酸侧链与水分子间的相互作用而实现的。蛋白质的许多功能性质，如分散性、湿润性、溶解性、持水能力、凝胶作用、增稠、黏度、凝结、乳化和起泡等，都取决于水-蛋白质的相互作用。食品的流变性质和质构性质也取决于水与蛋白质等食品组分的相互作用。干的蛋白质或浓缩离析物在应用时必须水合，因此，了解食品蛋白质的水合性质和复水性质在食品加工过程中有重要的意义。

蛋白质的水合性质除了表现为与水结合的能力以外，蛋白质的持水能力也是表征水合性质的重要指标。持水能力是指蛋白质吸水并将水分保留在蛋白质组织中的能力。蛋白质的持水能力与结合水的能力呈正相关。蛋白质截留水的能力与绞肉制品的多汁性和嫩度有关，也与焙烤食品及其他凝胶类食品的质构性能密切相关。

### 5.3.1.1　溶解性

蛋白质的溶解性是“蛋白质-蛋白质”和“蛋白质-溶剂”相互作用达到平衡的热力学表现形式。作为有机大分子化合物，蛋白质在水中以胶体态存在，并不是真正化学意义上的溶解态，所以蛋白质在水中形成的是胶体分散系，只是习惯上将它称为溶液。蛋白质的溶解性，可以用水溶性蛋白质（WSP）、水可分散性蛋白质（WDP）、蛋白质分散性指标（PDI）、氮溶解性指标（NSI）来评价，其大小一方面与蛋白质所处的外界因素如 pH 值、离子强度、温度和蛋白质浓度等密切相关；另一方面与蛋白质本身的特性有关，如果蛋白质在外界因素的作用下，发生了氨基酸侧链的衍生化，则其溶解性有可能发生较为明显的变化。

### 5.3.1.2　黏性

溶液的黏性用黏度来表示，黏度反映了溶液流动的阻力。黏性不仅可以稳定食品中的被分散成分，同时也直接提供良好的口感，或间接改善口感，例如控制食品中一些成分结晶、限制冰晶的成长等。影响蛋白质黏度的主要因素是溶液中蛋白质分子或颗粒的表观直径。表观直径主要取决于蛋白质分子固有的特性、“蛋白质-溶剂”间的相互作用、“蛋白质-蛋白质”间的相互作用。在常见的加工处理中如高温杀菌、蛋白质水解、无机离子的存在等因素均会严重影响蛋白质溶液的黏度。

## 5.3.2 表面性质

蛋白质是两性分子，它们能自发地迁移至气-水界面或油-水界面，但不同的蛋白质在表面性质上存在显著的差别。除与不同的蛋白质中氨基酸的组成、结构、立体构象、分子中极性和非极性残基的分布与比例、二硫键的数目与交联，以及分子的大小、形状和柔顺性等内在因素不同有关外，还与外界因素，如 pH、温度、离子强度和盐的种类、界面的组成、蛋白质浓度、糖类和低分子量表面活性剂、能量的输入，甚至形成界面加工的容器和操作顺序等有关。

### 5.3.2.1 乳化性

乳化性是指两种以上互不相溶的液体，例如油和水，经机械搅拌或添加乳化剂，形成均相的乳浊液。一些天然加工食品，如牛奶、椰奶、豆奶、奶油、色拉酱等，都是乳状液类型产品。蛋白质一般对水/油（W/O）型乳状液的稳定性较差，这可能是因为大多数蛋白质的强亲水性使大量被吸附的蛋白质分子位于界面的水相一侧。

迄今为止，尚没有标准的蛋白质乳化性能的评价指标，这是因为影响蛋白质乳化性能的因素很多，包括内在因素，如 pH、离子强度、温度、低分子量的表面活性剂、糖、油相体积分数、蛋白质类型和使用的油的熔点等；外在因素，如制备乳状液的设备类型、几何形状、能量输入强度和剪切速度等。目前在生产和科研中，对蛋白质乳化性能的评价方法主要有三个，分别为乳化活力、乳化能力和乳化稳定性。

乳化活力主要是指乳状液的总界面面积。乳化活力常用乳化活力指数（emulsifying activity index，EAI）来表示（表 5-3），即单位质量蛋白质所产生的界面面积，可根据乳状液的浊度（透光率 $T$）与界面面积的关系，测得透光率（浊度）后，再计算出 EAI。

$$T=\frac{2.303A}{L} \tag{5-1}$$

式中，$A$ 为吸光度；$L$ 为光程。

**表 5-3 各种蛋白质的乳化活力指数①** 单位：$m^2/g$

| 蛋白质 | 乳化活力指数 | | 蛋白质 | 乳化活力指数 | |
|---|---|---|---|---|---|
| | pH6.5 | pH8.0 | | pH6.5 | pH8.0 |
| 合成(88%)酵母蛋白 | 322 | 341 | 大豆蛋白离析物 | 41 | 92 |
| 牛血清清蛋白 | | 197 | 血红蛋白 | | 75 |
| 酪蛋白酸钠 | 149 | 166 | 酵母蛋白 | 8 | 59 |
| β-乳球蛋白 | | 153 | 溶菌酶 | | 50 |
| 乳清蛋白粉末 | 119 | 142 | 卵清蛋白 | | 49 |

① 蛋白质分散在 0.5%的磷酸盐缓冲液中，pH6.5，离子强度 0.1，琥珀酰化（%）表示酵母蛋白中琥珀酰化的赖氨酸基数；乳化活力指数是指每克供试蛋白质的界面（$m^2$）的稳定性。

乳化容量或乳化能力（emulsion capacity，EC）是指乳状液发生相转变之前，每克蛋白质能够乳化油的体积（mL）。在一定温度下，蛋白质水溶液（或盐溶液）或分散液在搅拌下以恒定速率不断地加入油或熔化脂肪，当黏度陡然降低或颜色变化（特别是含油溶性染料）

或者电阻增大时，即可察觉出相转变。

乳化稳定性（emulsion stability，ES）通常以乳化后，其乳状液在一定温度下放置一定时间前后的体积变化值表示：

$$ES=\frac{最终乳浊液体积\times100}{最初乳浊液体积} \tag{5-2}$$

乳化稳定性也可根据乳化后的乳状液在一定温度下放置一定时间前后的浊度变化值表示。乳化稳定性$=T_2/T_1$（$T_1$ 为放置前 $A_{500nm}$，$T_2$ 为放置 1h 后 $A_{500nm}$）。

在利用这些指标进行测定时，一般会根据外界条件的不同得出不同的结论。如蛋白质溶解度在25%～80%范围和乳化容量或乳化稳定性之间通常存在正相关。蛋白质分子量大小对其乳化性也有影响（图5-4）。在肉馅胶体中（pH4～8）加入氯化钠可提高蛋白质的乳化容量（图5-5）。pH对蛋白质乳化性质的影响表现在以下方面：某些蛋白质在等电点pH值时溶解度下降，因而降低乳化能力，另外，在等电点或一定的离子强度时，由于蛋白质以高黏弹性紧密结构形式存在，可防止蛋白质伸展或在界面吸附（不利于乳状液的形成），但是可以稳定已吸附的蛋白质膜，阻止表面形变或解吸，后者有利于乳状液维持稳定；有些蛋白质在等电点时具有最令人满意的乳化性质（明胶、血清蛋白和卵清蛋白），而有一些蛋白质则相反，在非等电点pH值时乳化作用更好（大豆蛋白、花生蛋白、酪蛋白、乳清蛋白、牛血清蛋白和肌原蛋白），这主要取决于此时蛋白质的溶解性能。这些内在因素和外界因素综合作用，使得蛋白质乳化性质的评价成为一个挑战性的问题。

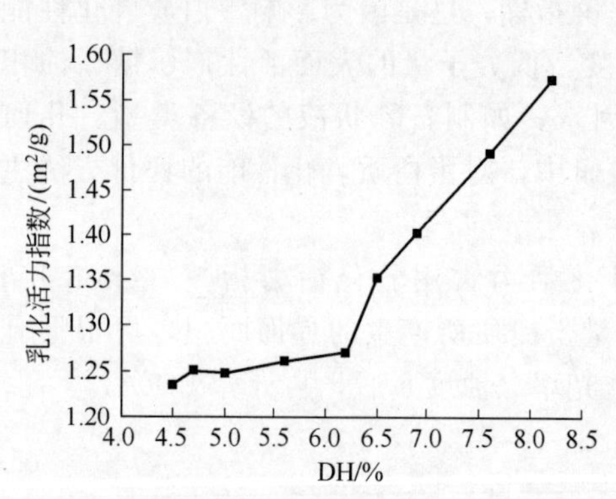


图5-4　蛋白质分子量与乳化性的关系
（DH表示大豆蛋白的水解度）

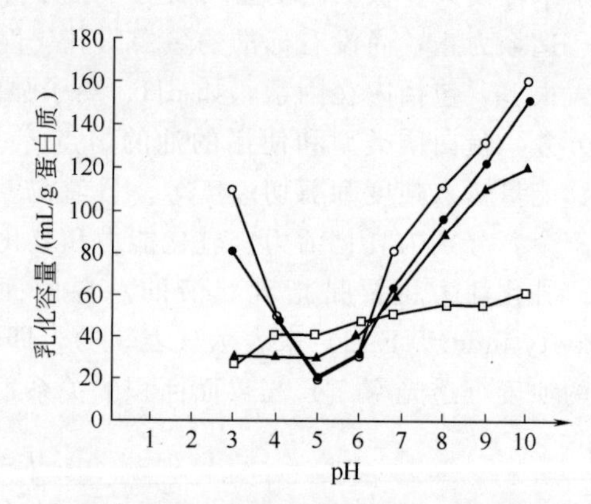


图5-5　pH和氯化钠浓度对花生蛋白离析物乳化容量的影响

○—0.1mol/L NaCl；●—0.2mol/L NaCl；
▲—0.5mol/L NaCl；□—1.0mol /L NaCl

### 5.3.2.2　起泡性质

泡沫通常是指气泡分散在连续液相或半固体的分散体系。许多加工食品是泡沫型产品，如搅打奶油、蛋糕、蛋白甜饼、面包、蛋奶酥、冰激凌、啤酒等。蛋白质能作为起泡剂主要取决于蛋白质的表面活性和成膜性，例如鸡蛋清中的水溶性蛋白质在鸡蛋液搅打时可被吸附到气泡表面来降低表面张力，又因为搅打过程中的变性，逐渐凝固在气液界面间形成有一定刚性和弹性的薄膜，从而使泡沫稳定。

产生泡沫主要有三种方法：最简单的一种方法是让鼓泡的气体通过多孔分配器（例如烧结玻璃），然后通入低浓度（0.01%～2.0%，质量/体积）蛋白质水溶液中，最初的气体乳胶体因气泡上升和排出而被破坏，由于气泡被压缩成多面体而发生畸变，使泡沫产生一个大的分散相体积（$\phi$）（图 5-6）。如果通入大量气体，液体可完全转变成泡沫，甚至用稀蛋白质溶液同样也能得到非常大的泡沫体积，一般可膨胀 10 倍（膨胀率为 1000%），在某些情况下可能达到 100 倍，对应的 $\phi$ 值分别为 0.9 和 0.99（假定全部液体都转变成泡沫），泡沫密度也相应地改变。

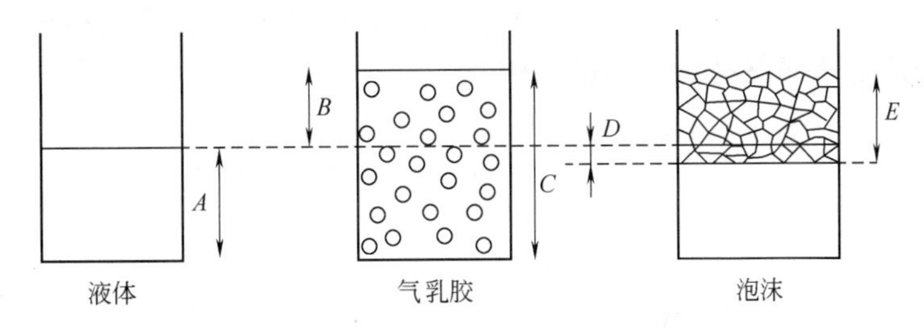


图 5-6　形成泡沫图解

A—液体体积；B—掺入的气体体积；C—分散体的总体积；

D—泡沫中的液体体积（=E−B）；E—泡沫体积

泡沫体积定义为 $100\times E/A$；膨胀量为 $100\times B/A=100\times(C-A)/A$，起泡能力为 $100\times B/D$，泡沫相体积为 $100\times B/E$。

第二种起泡方法是在有大量气相存在时搅打（或搅拌）或振摇蛋白质水溶液产生泡沫，搅打是大多数食品充气最常用的一种方法，与鼓泡法相比，搅打产生更强的机械应力和剪切作用，使气体分散更均匀。更剧烈的机械应力会影响气泡的聚集和形成，特别是阻碍蛋白质在界面的吸附，导致对蛋白质的需要量增加（1%～40%，质量/体积）。在搅打时，试样体积通常增加 300%～2000%不等。意大利咖啡卡布奇诺等的调制中常用到奶沫，而奶沫的制作就是用了搅打法。

第三种产生泡沫的方法是突然解除预先加压溶液的压力，例如在分装气溶胶容器中加工成的掼奶油（搅打奶油）。

影响蛋白质泡沫的形成和稳定性的因素较多，主要有内在因素，如蛋白质的氨基酸组成和空间构象、溶液的 pH、盐类、糖、脂类和蛋白质浓度等；外在因素如设备、容器及搅打的速度及强度等。一般来讲，pH 对蛋白质泡沫的形成和稳定性的影响主要与 pH 对蛋白质溶解度的影响有关。一般说来，蛋白质的溶解度是起泡能力大和泡沫稳定性高的必要条件，但不溶性蛋白质微粒（在等电点时的肌原纤维蛋白、胶束和其他蛋白质）对稳定泡沫也能起到有利的作用。有些蛋白质等电点 pH 时泡沫膨胀量不大，但泡沫的稳定性相当好，如球蛋白（pH5～6）、谷蛋白（pH6.5～7.5）和乳清蛋白（pH4～5）都具有这种特性。但也有某些蛋白质在极限 pH 值时泡沫的稳定性增大，可能是由于黏度增加的原因。卵清蛋白在天然泡沫的 pH 值（8～9）和接近等电点 p$I$（4～5）时都显示最大的起泡性能。大多数食品泡沫都是在与它们的蛋白质等电点不同的 pH 条件下制成的。

糖类通常能抑制泡沫膨胀，但可提高泡沫的稳定性。后者是因为糖类物质能增大体相黏度，降低了薄片流体的脱水速率。由于糖类提高了蛋白质结构的稳定性，使蛋白质不能在界面吸附和伸长，因此，在搅打时蛋白质就很难产生大的界面面积和大的泡沫体积。所以制作蛋白酥皮和其他含糖泡沫甜食，最好在泡沫膨胀后再加入糖。

盐类影响蛋白质的起泡性和稳定性与盐对蛋白质的溶解度、黏度、伸展和聚集等特性有影响有关。因此，盐的种类和蛋白质在盐溶液中的溶解特性影响蛋白质的起泡性。大多数球状蛋白质例如牛血清清蛋白、卵清蛋白、谷蛋白和大豆蛋白等的起泡性和泡沫稳定性随着氯化钠浓度的增加而增加。相反，另外一些蛋白质（如乳清蛋白，特别是β-乳球蛋白），由于盐溶效应，其起泡性和泡沫稳定性则随着盐浓度的增加而降低。在特定盐溶液中，蛋白质的盐析作用通常可以改善起泡性。反之，盐溶使蛋白质显示较差的起泡性。氯化钠通常能增大膨胀量和降低泡沫稳定性（表 5-4），可能是由于降低蛋白质溶液黏度的结果。二价阳离子例如 $Ca^{2+}$ 和 $Mg^{2+}$ 在 0.02～0.04mol/L 范围，能与蛋白质的羧基生成桥键，使之生成黏弹性较好的蛋白质膜，从而提高泡沫的稳定性。

**表 5-4　NaCl 对乳清分离蛋白起泡性和稳定性的影响**

| NaCl 浓度/(mol/L) | 总界面面积/($cm^2$/mL 泡沫) | 泡沫面积破裂 50%的时间/s |
|---|---|---|
| 0.00 | 333 | 510 |
| 0.02 | 317 | 324 |
| 0.04 | 308 | 288 |
| 0.06 | 307 | 180 |
| 0.08 | 305 | 165 |
| 0.10 | 287 | 120 |
| 0.15 | 281 | 120 |

虽然到目前为止也没有标准的方法对蛋白质的起泡性能进行测定，但在一定条件下，可以在同等条件下对比蛋白质的起泡能力。常见蛋白质的起泡能力见表 5-5。

**表 5-5　常见蛋白质的起泡能力**

| 蛋白质 | 起泡能力(0.5%蛋白质溶液)/% | 蛋白质 | 起泡能力(0.5%蛋白质溶液)/% |
|---|---|---|---|
| 牛血清清蛋白 | 280 | β-乳球蛋白 | 480 |
| 乳清分离蛋白 | 600 | 血纤维素原蛋白 | 360 |
| 卵清蛋白 | 40 | 大豆蛋白(酶水解) | 500 |
| 蛋清 | 240 | 明胶(酸法加工猪皮) | 760 |

## 5.3.3　风味

食品中存在着醛、酮、酸、酯和氧化脂肪的分解产物，可以产生相应的风味，这些物质与蛋白质或其他物质产生结合，在加工过程中或食用时释放出来，从而影响食品的感官质量。蛋白质与风味物质的结合包括物理吸附和化学吸附。物理吸附主要是通过范德华力和毛细血管作用吸附；化学吸附主要是静电吸附、氢键的结合和共价键的结合等。蛋白质结合风味物质的性质也有非常有利的一面，在制作食品时，蛋白质可以用作风味物质的载体和改良剂，在加工含有植物蛋白质的仿真肉制品时，成功地模仿肉类风味是这类产品能使消费者接受的关键。为使蛋白质起到风味载体的作用，必须同风味物牢固结合并在加工中保留它们，当食品被咀嚼时，风味就能释放出来。

蛋白质除了与水分、脂类、挥发性物质结合之外，还可以与金属离子、色素、调味料等物质结合，也可以与其他生物活性物质结合。这种结合会产生解毒作用，但有时还会使蛋白质的营养价值降低，甚至产生毒性增强作用。从有利的角度看，蛋白质与金属离子的结合会促进一些矿物质的吸收，与色素的结合可以便于对蛋白质的定量分析，而与大豆蛋白的异黄酮结合，保证了大豆蛋白健康有益的作用。

## 5.3.4　质构性

### 5.3.4.1　蛋白质的质构化

蛋白质是许多食物质地或结构的构成基础，但是自然界中的一些蛋白质，不具备相应的组织结构和咀嚼性，如从植物组织中分离出的植物蛋白或从牛乳中得到的乳蛋白，因此在食品中应用时就会存在一些限制。通过一些加工处理可以使它们形成咀嚼性能和良好的持水性能的薄膜或者纤维状的制品，仿造出肉或其代用品，这就是蛋白质的质构化。此外，质构化加工方法还可用于一些动物蛋白“重组织化”或“重整”。蛋白质的质构化是在开发利用植物蛋白和新蛋白质中特别强调的一种功能性质。

常见的蛋白质质构化方式有三种：热凝固和形成薄膜；热塑性挤压；纤维的形成。目前用于植物蛋白质质构化的主要方法是热塑性挤压，挤压较为经济，工艺也较为简单，原料要求比较宽松。采用这种方法得到干燥的纤维状多孔颗粒或小块，等复水时具有咀嚼质地。蛋白质含量较低的原料如脱脂大豆粉可以进行热塑性挤压组织化加工，蛋白质含量为90%以上的分离蛋白也可以作为加工原料。

#### 5.3.4.2 热诱导凝胶化

热诱导凝胶是蛋白质的一个最重要功能特性，超过一定浓度的蛋白质溶液加热时，蛋白质分子会因变性而解折叠发生聚集，然后形成凝胶。蛋白质变性和聚集的相对速率决定凝胶结构和特性，当蛋白质变性速率大于聚集速率时，蛋白质分子能充分伸展、发生相互作用从而形成高度有序的半透明凝胶；当蛋白质变性速率低于聚集速率时会形成粗糙、不透明凝胶（图5-7）。蛋白质凝胶既具有液体黏性又表现出固体弹性，是介于固体和液体之间，但更像固体的一种状态。热诱导凝胶对产品的质构以及最终产品黏聚性、形状、保油性、保水性等具有重要作用。热诱导凝胶过程中，蛋白质分子从天然状态到变性状态的转变包括二级、三级和四级结构构象的变化，涉及疏水相互作用、静电力、二硫键等化学作用力的参与，这些变化决定了蛋白质凝胶最终的结构。加热时蛋白质结构的变化使疏水基团暴露在分子的表面，形成疏水相互作用，疏水基团在胶凝过程中起很重要的作用。

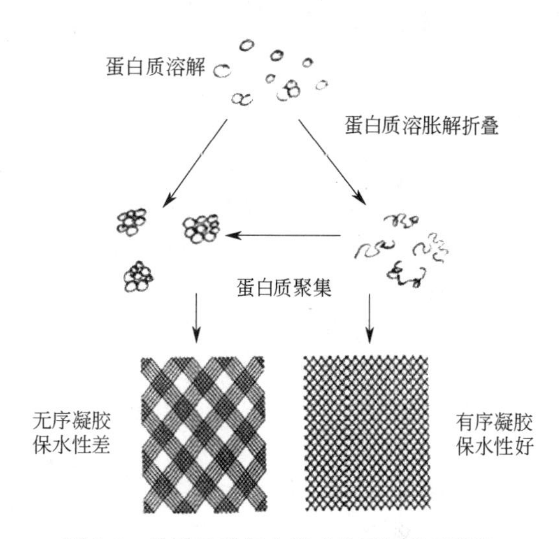

图5-7 热诱导球蛋白形成的不同类型凝胶

迄今为止，对蛋白质热诱导凝胶的形成机制和相互作用还不十分清楚，但一般认为，蛋白质网络的形成是由于蛋白质-蛋白质和蛋白质-溶剂以及蛋白质-脂肪的相互作用以及邻近肽链之间的吸引力和排斥力达到平衡的结果。

#### 5.3.4.3 面团的形成

小麦、大麦、燕麦等谷物食品具有一个共同的特性，就是胚乳中面筋蛋白质在与水一起混合和揉搓后形成黏稠、有弹性和可塑的面团，其中小麦粉的这种能力最强，这是小麦面粉转化为面团并经发酵烘烤形成面包的基础。

面筋蛋白主要是由麦谷蛋白和麦醇溶蛋白组成，在面粉中占总蛋白质量的80%，面团的特性与它们的性质直接有关。首先，这些蛋白质可解离的氨基酸含量低，在中性水中不溶解；其次，面筋蛋白含有大量的谷氨酰胺和羟基氨基酸，易形成分子间氢键，使面筋具有强吸水能力和黏聚性质；最后，面筋蛋白含有巯基，能形成双硫键，增强疏水作用，使面筋蛋白转化形成立体网状结构。

焙烤不会再引起面筋蛋白的变形，因为面筋蛋白在面粉中已经部分伸展，在揉搓面团时进一步伸展，在正常温度下焙烤面包时面筋蛋白不会再伸展。当焙烤温度高于 80℃时，面筋蛋白释放出来的水分能被部分糊化的淀粉粒吸收，因此即使在焙烤时，面筋蛋白也能使面包柔软和保持水分，但是焙烤能使面粉中可溶性蛋白质变形和凝集，有利于面包的形成。

# 5.4 蛋白质的营养及安全性

蛋白质的营养价值因来源不同而有差别，这与其所含的必需氨基酸的含量和消化率有关。因此，人体对蛋白质的日需量取决于膳食中蛋白质的品质和含量。

## 5.4.1 蛋白质的质量

蛋白质的质量主要取决于它的必需氨基酸组成和消化率。高质量蛋白质含有所有的必需氨基酸，并且高于 FAO/WHO/UNU（联合国粮食与农业组织/世界卫生组织/联合国大学）的参考水平，蛋白质的消化率可以与蛋清或乳蛋白相比甚至高于它们。

主要品种的谷类和豆类的蛋白质往往缺乏至少一种必需氨基酸。谷类（大米、小麦、大麦、燕麦）蛋白质缺乏赖氨酸而富含蛋氨酸；豆类和油料种子蛋白质缺乏蛋氨酸而富含赖氨酸。一些油料种子蛋白质，像花生蛋白，同时缺乏蛋氨酸和赖氨酸。蛋白质中浓度（含量）低于参考蛋白质中相应水平的必需氨基酸被称为限制性氨基酸。成年人仅食用谷类或豆类蛋白质难以维持身体健康，年龄低于 12 岁的儿童的膳食中仅含有上述的一类蛋白质不能维持正常的生长速度。表 5-6 列出了各种蛋白质中必需氨基酸的含量。

**表 5-6 各种来源蛋白质的必需氨基酸含量和营养价值 单位：mg/g 蛋白质**

| 项目 | 蛋白质来源 | | | | | | | | | | | | |
|---|---|---|---|---|---|---|---|---|---|---|---|---|---|
| | 鸡蛋 | 牛乳 | 牛肉 | 鱼 | 小麦 | 大米 | 玉米 | 大麦 | 大豆 | 蚕豆 | 豌豆 | 花生 | 菜豆 |
| 氨基酸浓度 | | | | | | | | | | | | | |
| His | 22 | 27 | 34 | 35 | 21 | 21 | 27 | 20 | 30 | 26 | 26 | 27 | 30 |
| Ile | 54 | 47 | 48 | 48 | 34 | 40 | 34 | 35 | 51 | 41 | 41 | 40 | 45 |
| Leu | 86 | 95 | 81 | 77 | 69 | 77 | 127 | 67 | 82 | 71 | 70 | 74 | 78 |
| Lys | 70 | 78 | 89 | 91 | 23① | 34① | 25① | 32① | 68 | 63 | 71 | 39① | 65 |
| Met+Cys | 57 | 33 | 40 | 40 | 36 | 49 | 41 | 37 | 33 | 22② | 24② | 32 | 26 |
| Phe+Tyr | 93 | 102 | 80 | 76 | 77 | 94 | 85 | 79 | 95 | 69 | 76 | 100 | 83 |
| Thr | 47 | 44 | 46 | 46 | 28 | 34 | 32② | 29② | 41 | 33 | 36 | 29② | 40 |
| Trp | 17 | 14 | 12 | 11 | 10 | 11 | 6② | 11 | 14 | 8① | 9① | 11 | 11 |
| Val | 66 | 64 | 50 | 61 | 38 | 54 | 45 | 46 | 52 | 46 | 41 | 48 | 52 |
| 总必需氨基酸 | 512 | 504 | 480 | 485 | 336 | 414 | 422 | 356 | 466 | 379 | 394 | 400 | 430 |
| 蛋白质含量/% | 12 | 3.5 | 18 | 19 | 12 | 7.5 | / | / | 40 | 32 | 28 | 30 | 30 |
| 化学评分(根据 FAO/WHO 模型)/% | 100 | 100 | 100 | 100 | 40 | 59 | 43 | 55 | 100 | 73 | 82 | 67 | / |
| PER | 3.9 | 3.1 | 3.0 | 3.5 | 1.5 | 2.0 | / | / | 2.3 | / | 2.65 | / | / |
| BV(根据大鼠试验) | 94 | 84 | 74 | 76 | 65 | 73 | / | / | 73 | / | / | / | / |
| NPU | 94 | 82 | 67 | 79 | 40 | 70 | / | / | 61 | / | / | / | / |

①主要限制性氨基酸。②次要限制性氨基酸。

注：化学评分指 1g 被试验的蛋白质中一种限制性氨基酸的量与 1g 参考蛋白质中相同氨基酸的量之比。PER 指蛋白质效率比。BV 指生物价。NPU 指净蛋白质利用。

动物和植物蛋白质一般含有足够数量的 His、Ile、Leu、Phe+Trp 和 Val，因此，这些氨基酸通常不是限制性氨基酸。然而，Lys、Thr、Trp 或含硫氨基酸往往是限制性氨基酸。

如果蛋白质缺乏一种必需氨基酸，那么将它与富含此种必需氨基酸的蛋白质混合就能提高它的营养质量。例如，将谷类蛋白质与豆类蛋白质混合就能提供完全和平衡的必需氨基酸。低含量蛋白质的营养质量也能通过补充所缺乏的必需氨基酸得到改进。例如，豆类和谷类在分别补充 Met 和 Lys 后，它们的营养质量得到改进。

如果蛋白质或蛋白质混合物含有所有的必需氨基酸，并且它们的含量或比例使人体具有最佳的生长速度或最佳的保持健康能力，那么此蛋白质或蛋白质混合物具有理想的营养质量。表 5-7 列出了对于儿童和成人的理想的必需氨基酸模型。

**表 5-7　推荐的食品蛋白质中必需氨基酸模型**　　单位：mg/g 蛋白质

| 氨基酸 | 推荐的模型 | | | 氨基酸 | 推荐的模型 | | |
|---|---|---|---|---|---|---|---|
| | 婴幼儿(2～5 岁) | 学龄前儿童 | 成人 | | 婴幼儿(2～5 岁) | 学龄前儿童 | 成人 |
| His | 26 | 19 | 16 | Phe+Tyr | 72 | 22 | 19 |
| Ile | 46 | 28 | 13 | Thr | 43 | 28 | 9 |
| Leu | 93 | 44 | 19 | Try | 17 | 9 | 5 |
| Lys | 66 | 44 | 16 | Val | 55 | 25 | 13 |
| Met+Cys | 42 | 22 | 17 | 总计 | 434 | 222 | 111 |

## 5.4.2　蛋白质的消化率

蛋白质消化率的定义是人体从食品蛋白质吸收的氮占摄入的氮的比例。虽然必需氨基酸的含量是蛋白质质量的主要指标，然而蛋白质的真实质量也取决于这些氨基酸在体内被利用的程度。因此，消化率影响着蛋白质的质量。表 5-8 列出了各种食品蛋白质在人体内的消化率。动物蛋白质比植物蛋白质具有较高的消化率。

**表 5-8　各种食品蛋白质在人体内的消化率**

| 蛋白质来源 | 消化率/% | 蛋白质来源 | 消化率/% |
|---|---|---|---|
| 鸡蛋 | 97 | 豌豆 | 88 |
| 牛乳、乳酪 | 95 | 花生 | 94 |
| 肉、鱼 | 94 | 大豆粉 | 86 |
| 玉米 | 85 | 大豆分离蛋白 | 95 |
| 大米(精制) | 88 | 蚕豆 | 78 |
| 小麦(全) | 86 | 玉米制品 | 70 |
| 面粉(精制) | 96 | 小麦制品 | 77 |
| 面筋 | 99 | 大米制品 | 75 |
| 燕麦 | 86 | 小麦 | 79 |

**(1) 蛋白质的构象**　蛋白质的结构状态影响着酶对其催化水解，天然蛋白质通常比部分变性蛋白质较难水解完全。因此食物加热后更容易消化吸收。一般来说，不溶性纤维蛋白和广泛变性的球状蛋白难以被酶水解。

**(2) 抗营养因子**　大多数植物蛋白含有胰蛋白酶和胰凝乳蛋白酶抑制剂以及外源凝集素。这些抑制剂使豆类和油料种子蛋白质不能被胰蛋白酶完全水解。外源凝集素阻碍氨基酸在肠内的吸收。加热处理能破坏这些抑制剂使植物蛋白质更易消化。植物蛋白质中还含有单宁和植酸等其他类型的抗营养因子。

**(3) 结合**　蛋白质与多糖及膳食纤维相互作用也会降低它们的水解速度，进而影响它的营养性。

**(4) 加工** 蛋白质经受高温和碱处理会导致某些化学变化，此类变化也会降低蛋白质的消化率。蛋白质与还原糖发生美拉德反应会降低赖氨酸残基的消化率。

## 5.4.3 蛋白质的安全性

并不是所有的蛋白质都是有营养和安全的。在自然界进化的过程中，生物体产生了很多有毒害的蛋白质（具体详见第12章）。

### 5.4.3.1 凝集素

在豆科植物的大豆、豌豆、蚕豆、扁豆、刀豆及大戟科蓖麻的种子中存在有凝集素。这种有毒蛋白进入人体后能使血液中红细胞产生凝集作用，所以生食或食用未煮熟的这类植物种子会引起中毒。大豆、豌豆、蚕豆等是人类的营养食物，但必须经过适当加工，使有毒蛋白变性后方可食用。

### 5.4.3.2 酶抑制剂

酶抑制剂常存在于豆类、马铃薯、芋头、小麦和未成熟的香蕉中，可以抑制胰蛋白酶或者淀粉酶的活性，影响人体对营养物质的消化吸收。

### 5.4.3.3 毒肽类

毒肽在毒蕈中存在最多，鹅膏蕈、鬼笔蕈是含毒肽最多的两种典型毒菌，只要食用50g就可致人死命。

### 5.4.3.4 有毒氨基酸类

在某些豆科植物中存在有毒氨基酸，例如山黎豆含有的$\alpha,\gamma$-二氨基丁酸，存在于蚕豆中的$\beta$-氰基丙氨酸能引起神经麻痹。存在于刀豆属中的刀豆氨酸，能阻抗体内的精氨酸代谢。存在于蚕豆等植物中的L-3,4-二羟基苯丙氨酸能引起急性溶血性贫血症。人们过多地摄食青蚕豆（无论煮熟或是去皮与否）可能导致中毒。

### 5.4.3.5 过敏蛋白

一般来说，食物过敏的过敏原大都来源于食物中的蛋白质。例如在鱼类过敏原中，主要是肌浆蛋白中的小清蛋白，这是一类小分子的酸性糖蛋白，分子质量为11～12kDa，与2个$Ca^{2+}$结合，$Ca^{2+}$结合的部位存在于Asp-Asp-Ser-Glu-Glu-Phe和Asp-Asp-Asp-Glu-Lys两个区域，等电点在pH4.75左右。氨基酸组成上欠缺色氨酸，每分子中苯丙氨酸10个残基，酪氨酸0～1个残基。而甲壳类的过敏原蛋白主要是原肌球蛋白，其中一主要过敏原是一种分子质量为36kDa的酸性糖蛋白，等电点在pH4.5左右，其糖基的含量为4.0%。过敏原的分子质量多集中在16～166kDa之间，但主要的过敏原分子质量约为36kDa。这类蛋白质在氨基酸的组成上欠缺色氨酸，酪氨酸和苯丙氨酸含量少。

# 5.5 蛋白质在食品加工与贮藏过程中的变化

## 5.5.1 蛋白质的变性

蛋白质分子在受到外界一些物理因素（如加热、紫外线照射等）或化学因素（如金属离子、酸、碱等）影响时，其性质会改变，如溶解度降低或活性丧失等。这些变化并不涉及一级结构的变化，而是蛋白质分子空间结构改变的结果，蛋白质分子的这类变化称为变性作用。变性后的蛋白质称为变性蛋白质。

引起蛋白质变性的原因可分为物理和化学因素两类。物理因素有加热、加压、脱水、搅拌、振荡、紫外线照射、超声波的作用等；化学因素有强酸、强碱、尿素、重金属盐、十二烷基磺酸钠（SDS）等。在温和条件下，蛋白质的空间构象只是松弛而不混乱，当变性因素解除后蛋白质可恢复到天然构象，这种变性称为可逆变性。例如，核糖核酸酶用 8mol/L 的尿素和巯基乙醇作用时，由于分子中的二硫键被还原，酶的空间结构也随之破坏，酶即变性而失去活性。但用透析法除去这些试剂后，变性的酶蛋白就自动氧化恢复原来的空间结构，酶的活性也随之恢复（图 5-8）。

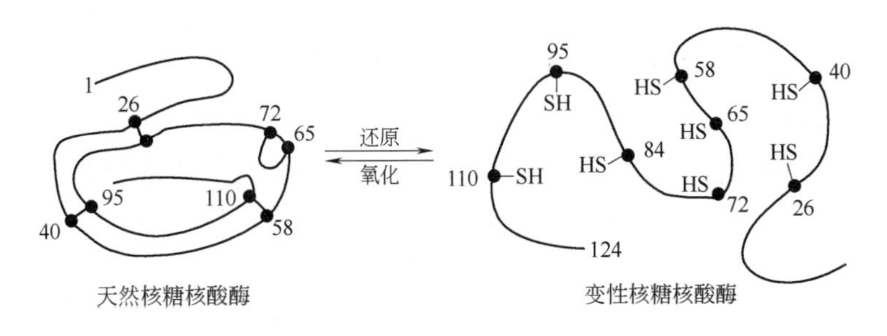


图 5-8　核糖核酸酶的变性与复性

大部分蛋白质在变性以后，都不能恢复其原来的各种性质，这种变性称为不可逆变性。如生鸡蛋蛋白煮熟变成蛋白块就是不可逆的。大豆蛋白变性成豆腐的过程也是不可逆的。蛋白质变性是否可逆与导致变性的因素、蛋白质的种类以及蛋白质空间结构变化程度有关。一般认为在可逆变性中，蛋白质分子的三级、四级结构遭到了破坏，而二级结构不被破坏，故在除去变性因素后，有可能恢复天然状态。然而在不可逆变性中，蛋白质分子的二级、三级、四级结构均遭破坏，不能恢复原来的状态，因此也不能恢复原有功能。

#### 5.5.1.1　热变性

热是使蛋白质变性的最普遍的物理因素，大多数蛋白质在 45～50℃时已可察觉到变性，到 55℃时变性进行得很快。在较低的温度下，蛋白质热变性仅涉及非共价键的变化（即蛋白质二级、三级、四级结构的变化），蛋白质分子变形伸展，如天然血清蛋白的形状是椭圆形的（长：宽是 3：1），变性后长：宽为 5：5。这种在较低温度下短时间的变性为可逆变性。但在 70～80℃以上，蛋白质二硫键受热而断裂，因此，蛋白质在较高温度下长时间变性是不可逆变性。变性作用的速度取决于温度的高低，几乎所有的蛋白质在加热时都发生变性作用。热变性的机制是因为在较高的温度下，肽链受过分的热振荡而导致氢键或其他次级键遭到破坏，使原有的空间构象发生改变。在典型的变性作用范围内，温度每上升 10℃，变性速度可增大 600 倍左右。

蛋白质对热变性作用的敏感性取决于许多因素。例如，蛋白质的性质和浓度、水分活度、pH 值、离子强度和离子种类等。蛋白质、酶和微生物在低含水量下耐受热变性失活能力比高含水量时强，浓蛋白质液受热变性后的复性将更加困难。食品热加工的温度大多在 100℃，在这个温度下基本能保证蛋白质发生变性，同时致病菌被灭活。

#### 5.5.1.2　辐射

辐射对蛋白质的影响因其波长和能量不同而变化。紫外辐射可被芳香族氨基酸残基（色氨酸、酪氨酸和苯丙氨酸）所吸收，因而能导致蛋白质构象改变。如果能量水平非常高，则二硫键会断裂。γ 辐射和其他电离辐射也可以使构象发生变化，同时使氨基酸残基氧化、共价键断裂、电离、形成蛋白质自由基和发生重组以及聚合反应，这些反应大多是通过水的辐解作用来传递的。

#### 5.5.1.3 酸和碱

蛋白质所处介质的 pH 值对变性过程有很大的影响，在较温和的酸碱条件下，变性可能是可逆的；而在强酸或强碱条件下，变性将是不可逆的。因为在极端 pH 值时，pH 值的改变导致多肽链中某些基团的解离程度发生变化，因而破坏了维持蛋白质分子空间构象所必需的氢键和某些带相反电荷基团之间的静电作用形成的键。分子内离子基团会产生强烈的静电排斥，破坏蛋白质分子中的盐键或酯键，这将促使蛋白质分子伸展（变性）。如鲜牛奶制成酸奶时，酸致蛋白质变性，蛋白质就由液体变成了半流体。

#### 5.5.1.4 金属盐

金属离子使蛋白质变性在于它们能与蛋白质分子中的某些基团结合形成难溶的复合物，同时破坏了蛋白质分子的立体结构而造成变性。碱金属离子如 $Na^+$ 和 $K^+$ 有限地与蛋白质起反应；而碱土金属离子如 $Ca^{2+}$、$Mg^{2+}$ 则较为活泼。$Ca^{2+}$、$Fe^{2+}$、$Cu^{2+}$ 和 $Mg^{2+}$ 可以成为某些蛋白质分子中的一个组成部分。当用透析法或螯合剂将这些金属离了从蛋白质分子中除去时，会明显降低蛋白质结构对热和某些蛋白酶活性的稳定性。过渡金属如 Cu、Fe、Hg 和 Ag 等离子容易同蛋白质起作用，能与巯基形成稳定的络合物，从而使蛋白质变性。卤水点豆腐是典型的金属离子致蛋白质变性。

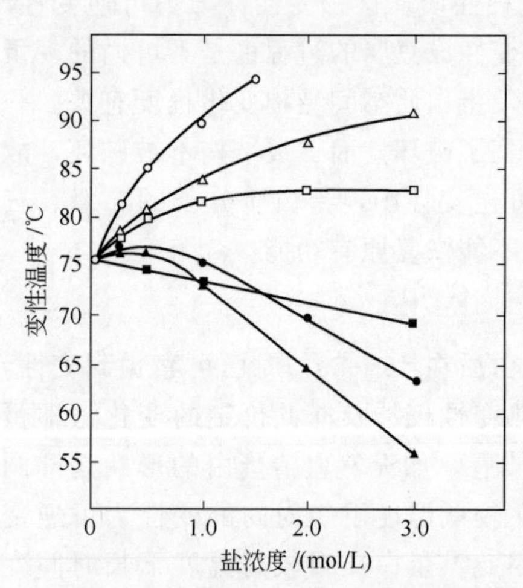


图 5-9 不同阴离子钠盐在 pH7.0 时对乳球蛋白 $T_d$ 的影响

△ NaCl；□ NaBr；• $NaClO_4$；▲ NaSCN；■ 尿素；○ $NaSO_4$

同种金属离子的阴离子不同，对蛋白质变性有较大的影响（图 5-9）。相同的离子强度，$NaSO_4$ 和 NaCl 使变性温度（$T_d$）提高；而 NaSCN 和 $NaClO_4$ 使 $T_d$ 降低。在相同的离子强度时，阴离子对蛋白质结构稳定性影响能力的大小按下列顺序：$F^- < SO_4^{2-} < Cl^- < Br^- < I^- < ClO_4^- < SCN^- < Cl_3CCOO^-$。

#### 5.5.1.5 有机试剂

大多数有机溶剂可用作蛋白质变性剂，除了减小溶剂（水）与蛋白质的作用外，它们还能改变介质的介电常数，从而改变有助于蛋白质稳定的静电作用力；非极性有机溶剂能够渗入疏水区，破坏疏水相互作用，因而促使蛋白质变性。这类溶剂的变性作用也可能是它们与水之间产生的相互作用而引起的。将乙醇、丙酮等有机溶剂加入蛋白质溶液中，能引起蛋白质变性。变性可以是可逆的或者不可逆的。

尿素使蛋白质变性的原因也在于它破坏了蛋白质本身的氢键等次级键。尿素易于同蛋白质结合形成新的氢键。盐酸胍的作用与尿素相似，能破坏氢键，使巯基暴露。振荡变性是由于使蛋白质分子受到表面力作用的影响，表面力作用引起变性是由于在溶液表面的蛋白质单分子层的分子受到不平衡的吸引力，导致肽链伸展，维持原构象的次级键被破坏。表面力引起的变性是不可逆的。利用明矾脱出海蜇的水分，就是利用化学试剂对蛋白质变性，造成蛋白质脱水。

#### 5.5.1.6 冻藏

冻藏对肉制品质量的影响主要体现在蛋白质的变性上，如持水能力下降，蛋白质聚集而使得肉质发柴等。现有研究表明，对畜禽肉而言，肌肉冷冻变性的情况不甚明显，而鱼肉因为其肌原纤维蛋白组织比较脆弱，极易发生蛋白质变性而导致功能性质的改变（图 5-10）。鱼肉蛋白质冻藏期间的变性主要是肌原纤维蛋白变性，而且主要为其中的肌球蛋白，肌动蛋白的变化很小。其机制大致为冻藏过程中水被冻结，溶质被浓缩，导致了蛋白质周围 pH 值和离子强度的变化，从而引起新键的形成；蛋白质分子周围的水还发挥保护着蛋白质天然构象的作用，这些水会由于冻结而被迫迁移，导致蛋白质脱水现象的发生，并引起构象变化；而这些新键的形成和构象的改变都源于水在冻藏中的变化所带来的其与蛋白质分子间作用的变化。

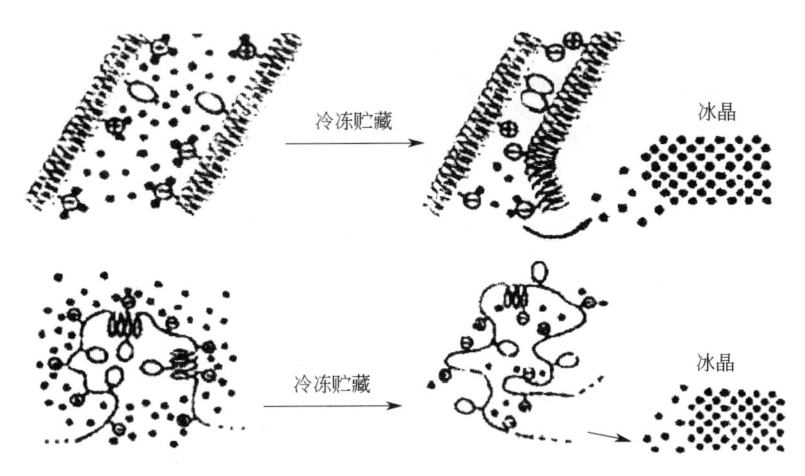


图 5-10　蛋白质分子在冻藏过程中冷冻变性的模型

#### 5.5.1.7 界面

凡在水和空气、水和非水溶液或水和固相等界面上吸附的蛋白质分子，一般会发生不可逆变性。由于蛋白质可作为界面活性剂，许多蛋白质倾向于向界面迁移及被吸附，吸附速率受天然蛋白质向界面扩散速率的控制，当界面被变性蛋白质饱和（约 $2mg/m^2$）即停止吸附。图 5-11 表示在水溶液中球形蛋白质从天然状态［图 5-11(a)］转变成吸附在水和非水相界面时的变性状态［图 5-11(c)］。

蛋白质大分子向界面扩散并开始变性，可能与界面高能水分子（与远离界面的那部分水分子相比较）相互作用，许多蛋白质-蛋白质之间的氢键遭到破坏，使结构发生“微伸展”［图 5-11(b)］。由于许多疏水基团和水相接触，使部分伸展的蛋白质被水化和活化，处于不稳定状态。蛋白质在界面进一步伸展和扩展，亲水和疏水残基分别趋向在水相和非水相中取向，因此界面吸附引起蛋白质变性。但某些主要靠二硫交联键稳定其结构的蛋白质，由于不易被界面吸附，因此界面性质对其变性作用较小。

吸附在界面上的蛋白质有助于乳浊液和泡沫的形成和稳定。但若保持蛋白质的天然构象和功能性质，应避免在食品加工或分离中产生泡沫或乳状液。

#### 5.5.1.8 高压和热结合处理

高压和热结合处理对蛋白质变性也有重要的影响。据报道，压力和热结合处理在提高牛肉的嫩度和强化灭菌效果的同时，会使肌肉的构成发生变化，从而影响制品的功能特性，如

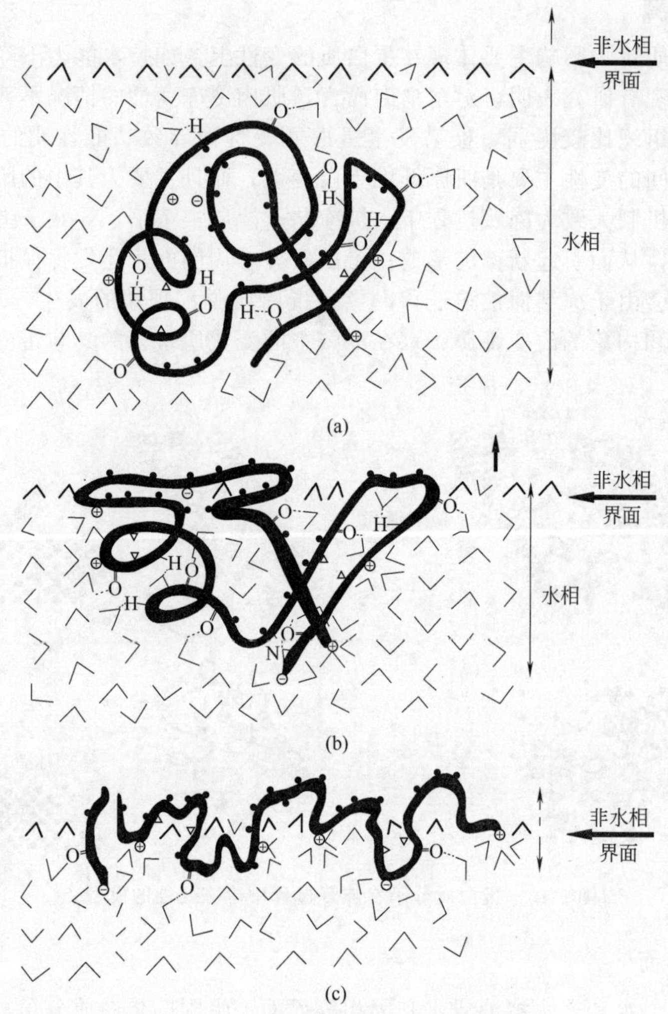


图 5-11　蛋白质界面变性示意图

∧高能水；∧普通水；•疏水残基；$\oplus$ $\ominus$ 极性基团；=O···H— 氢键；▷偶极基团

颜色、组织结构、脂肪氧化和风味等，而这些变化都与蛋白质的变化密切相关。

Fernandez 发现，当猪肉饼在不同压力（200MPa 和 400MPa）与不同的温度（从 10～70℃）结合处理时，压力能对抗温度引起的蛋白质变性，对部分蛋白质起到保护作用。

虽然压力和热结合处理对蛋白质的影响相当复杂，但其应用前景十分广阔，其作用主要包括：通过蛋白质的解链和聚合，改善制品的组织结构，嫩化肉质；钝化酶、微生物和毒素的活性，延长制品保藏期，提高安全性；增加蛋白质对酶的敏感性；提高肉制品的可消化性；通过蛋白质的解链作用，增加分子表面的疏水性以及蛋白质对特种配合基的结合能力，提高保持风味物质、色素、维生素的能力，改善制品风味和总体可接受性等。

## 5.5.2　变性蛋白质的特性

蛋白质变性后，往往发生一些物理化学性质和生物活性的改变。

① 原来包埋在分子内部的疏水基暴露在分子表面，空间结构遭到破坏同时也破坏了水化层，导致蛋白质溶解度显著下降。如鸡蛋煮熟后。

② 失去了原来天然蛋白质的结晶能力。

③ 空间结构变为无规则的散漫状态，使分子间摩擦力增大、流动性下降，从而增大了蛋白质黏度，使扩散系数下降。

④ 变性的蛋白质旋光性发生变化，等电点也有所提高。

⑤ 变性后的蛋白质易被酶水解，如天然血红蛋白不被胰蛋白酶水解，但变性血红蛋白则能被水解。这可能是由于变性使肽链结构松散开来，使肽键易被酶作用所致。食品加热煮熟后更易被消化吸收。

⑥ 蛋白质分子的侧链基团，如巯基、羟基等反应基团增加。这是由于蛋白质构象改变使原来包埋在分子内部的基团暴露出来。利用这些增加的基团与相应的试剂起反应，可判断蛋白质的变性程度。

⑦ 原有的生物活性往往减弱或丧失，这是蛋白质变性的主要特征。例如，酶变性后，则失去催化活性；血红蛋白变性后，失去输送氧气的功能；抗体蛋白变性后则丧失免疫能力等。

## 5.5.3 蛋白质的氧化

食品蛋白质的氧化是食品化学领域的新课题，然而长久以来，人们主要关注的是食品中其他组分如脂肪的氧化问题，一直忽视了蛋白质的氧化问题。对蛋白质氧化评价方法的缺乏以及主观认为脂肪氧化和微生物是食品腐败的主要原因，延迟了蛋白质氧化的研究进度。蛋白质氧化是指血浆或组织细胞的蛋白质在自由基及其相关氧化物的作用下，某些特定的氨基酸残基发生反应，导致蛋白质功能与结构上的变化，易于水解、聚合、交联，致使细胞功能损害甚至死亡，一些蛋白质的食品功能性也发生了改变。例如，新鲜肉类产品的蛋白质氧化使得加工肉制品的持水性和质构变差，使得肉制品的嫩度和多汁性受到影响；另外，氨基酸降解形成的衍生物包括羰基类化合物等，也会引起蛋白质变性。这些变化带来了肉制品的功能性发生了相应的改变，如提高或降低肌肉蛋白的凝胶性和乳化性，持水能力发生了显著变化等，甚至会导致产品口感和风味劣化，色泽发暗等。

## 5.5.4 蛋白质的分解

食物蛋白质在加工与贮藏过程中由于受到微生物、光、热、水等外界因素的作用，部分蛋白质会被水解，一些氨基酸残基会发生侧链衍生化或者分解作用等，生成一系列分解产物，如生物胺、小分子肽等。有些分解产物具有很多生理功能，如活性肽；有些则有安全隐患，如生物胺。

### 5.5.4.1 活性肽

蛋白质水解后，会产生由不同的氨基酸组成和序列构成的肽类，这些肽类不仅有利于消化吸收，而且某些肽类还具有多种生理功能，如有促进免疫、激素调节、抗菌、抗病毒、降血压、降血脂等作用，这类肽又称活性肽。目前，高纯度的稳定性的活性肽产品还达不到商业的可行性，除少量的保健品外，在食品中应用不多。

### 5.5.4.2 生物胺

在食品中生物胺的产生需要三个条件：①可利用的自由氨基酸，但不一定总是导致生物胺的产生；②存在氨基酸脱羧酶微生物；③利于细菌生长、脱羧酶合成和提高脱羧酶活性的适宜环境条件。生物胺通常是由细菌中的酶对自由氨基酸发生脱羧基作用而形成。无论是在新鲜的还是经过加工的肉类产品中都可以检测出多种生物胺。4℃不包装牛肉贮藏12d和真空包装牛肉35d，腐胺、尸胺和组胺含量的变化明显，在不包装的样品中，12d时腐胺和尸胺的含量分别达到10.4mg/g、5.2mg/g，5d时组胺含量达到2.2mg/g，牛肉质量显著下降。而在发酵食品中，由于杂菌的作用，生物胺的产生更是屡见不鲜，现有研究表明发酵香肠中的大部分生物胺是由发酵剂和原料肉中的微生物在发酵过程中或成熟贮存阶段产生的蛋白酶作用于蛋白质生成氨基酸，而后经过脱羧作用形成的。原料中微生物的种类和数量是影响发酵香肠中生物胺的种类和含量的重要因素。

#### 5.5.4.3 亚硝胺

亚硝胺是一种致癌物质，在已检测的300种亚硝胺类化合物中，大部分具有致癌作用。一般新鲜的肉制品中不含有挥发性的*N*-亚硝胺，但腌制肉制品中常常含有*N*-亚硝胺物质，这主要是腌制加工时蛋白质分解产生了胺类物质，而且在腌制过程中使用的亚硝酸盐，在适宜的条件下，亚硝酸盐与胺类发生亚硝基化作用的结果。

#### 5.5.4.4 赖丙氨酸

碱性条件下蛋白质肽链上特定残基易发生交联反应，生成赖丙氨酸（LAL）。LAL产生机理包括两步：①Ser或Cys发生消去反应，生成脱氢丙氨酸；②脱氢丙氨酸反应活性较高，易与Lys侧链氨基发生反应，生成LAL。LAL是一种潜在的有害物质，如导致小白鼠肾细胞肥大，蛋白质消化率降低，部分金属酶活性降低等。

## 5.6 新型蛋白质资源开发与利用

蛋白质是膳食中重要营养素，也是健康饮食模式的核心。在新型蛋白质资源开发与利用时，应考虑新型蛋白质食物来源中蛋白质质量及非蛋白质成分的影响。蛋白质的质量可以根据必需氨基酸的数量、分布以及消化率等判断。蛋白质食物来源的非蛋白质成分，除考虑脂肪、碳水化合物、微量营养素等因素外，还应重点考虑其有害成分等。目前开发与利用较好的新型蛋白质资源主要有以下方面。

### 5.6.1 昆虫蛋白质资源

全世界的昆虫可能有1000万种，约占地球所有生物物种的一半。我国昆虫的种类约有15万种，估计可食用的昆虫也有1000多种。昆虫体内干蛋白质含量很高，一般含量在20%～80%。昆虫中不仅蛋白质含量高，而且氨基酸组成也比较合理。因此，昆虫是一类高品质的动物蛋白质资源。

人类开发昆虫蛋白质资源有较早的历史，随着科技的进步，人类对食用昆虫的利用意义与过去相比有了更深刻和更广泛的认识，特别是昆虫作为一类巨大的蛋白质资源，已经取得了许多专家和学者的共识，并已形成了介于昆虫学和营养学之间的边缘交叉学科——“食用昆虫学”“资源昆虫学”等。

到目前为止，已用蚂蚁、蜂王浆、蜜蜂幼虫以及蜂花粉等开发出多种保健饮料和食品；用蚕蛹制成的复合氨基酸粉、蛋白粉、蛋白肽及其运动饮料，具有独特的保健功效，不但营养价值高，而且别具风味；蚕丝可制成糖果、面条等，因其蛋白质高，具有能增强肝功能、降血脂、补充纤维质等功效，尤其适合老年人食用；以黄粉虫为主要原料制备的“汉虾粉”、虫酱、罐头、酒、蛋白功能饮料以及氨基酸口服液等产品已经引起人们的关注。

### 5.6.2 单细胞蛋白

单细胞蛋白（SCP）是指利用各种基质大规模培养酵母菌、细菌、真菌和微藻等而获得的微生物蛋白。通常情况下SCP的蛋白质含量高达40%～80%。酵母是最早广泛用于生产SCP的微生物，其蛋白质含量达45%～55%，是一种接近鱼粉的优质蛋白质。细菌蛋白的蛋白质含量占干重的3/4以上，它的营养价值与大豆分离蛋白相近。用于生产SCP的细菌较多，如光合细菌、小球藻和螺旋藻等。在开发SCP方面存在以下优势：

① SCP生产投资少，生产速率高。细菌几十分钟便可增殖一代，重量倍增之快是动植物不能比拟的。有人估计，一头500kg的牛每天产蛋白质约0.4kg，而500kg的酵母每天至少生产蛋白质5000kg。

② 原料丰富。工农业废物、废水，如秸秆、蔗渣、甜菜、木屑、废糖蜜、废酒糟水、亚硫酸纸浆废液等；石油、天然气及相关产品，如原油、柴油、甲烷、甲醇、乙醇、$CO_2$、$H_2$等，都可作为基质原料。

③ 可以工业化大量生产，设备简单，容易生产；需要的劳动力少，不受地区、季节和气候的限制。如年产10万吨SCP的工厂，以酵母计，一年可产蛋白质4000多吨；以大豆计，一年所产蛋白质相当于50多万亩大豆所含蛋白质。

但应注意的是大部分SCP有较高的核酸含量，限制它们直接用于人类消费。对此，可采用热或碱处理细胞，有利于提高蛋白质的消化率、氨基酸有效性和除去核酸。经过这种处理的酵母和细菌，进行动物饲养试验检验其营养价值和食用安全性，未发现任何毒性。

### 5.6.3 叶蛋白

叶蛋白亦称植物浓缩蛋白或绿色蛋白浓缩物（简称LPC），它是以青绿植物的生长组织（茎、叶）为原料，经榨汁后利用蛋白质等电点原理提取的植物蛋白。按照溶解性一般可以将植物茎叶中的蛋白质分为两大类，一类为固态蛋白，存在于经粉碎、压榨后分离出的绿色沉淀物中，主要包括不溶性的叶绿体与线粒体构造蛋白、核蛋白和细胞壁蛋白，这类LPC一般难溶于水。另一类蛋白质为可溶性蛋白，存在于经离心分离出的上清液中，包括细胞质蛋白和线粒体蛋白的可溶性部分，以及叶绿体的基质蛋白，这类LPC具有可溶性。可用来提取叶蛋白的植物高达100多种，主要有野生植物牧草、绿肥类、树叶及一些农作物的废料，豆科牧草（苜蓿、三叶草、草木樨、紫云英等）、禾本科牧草（黑麦草、鸡脚草等）、叶菜类（苋菜、牛皮菜等）、根类作物茎叶（甘薯、萝卜等）、瓜类茎叶和鲜绿树叶等也是很好的LPC来源。

LPC制品含蛋白质55%～72%，LPC含有18种氨基酸，其中包括8种人体必需的氨基酸，且其组成比例平衡，与联合国粮农组织推荐的成人氨基酸模式基本相符，特别是赖氨酸含量较高。LPC的Ca、P、Mg、Fe、Zn的含量高，是各类种子的5～8倍，胡萝卜素和叶黄素含量比叶子分别高20～30倍和4～5倍，无动物蛋白所含的胆固醇，具有防病治病、防衰抗老、强身健体等多种生理功能，被FAO认为是一种高质量的食品。目前，工业生产的LPC主要来源于苜蓿，其蛋白质产量高，凝聚颗粒大、易分离、品质好，广泛应用于饲料工业，是一种具有高开发价值的新型蛋白质资源。

### 5.6.4 油料蛋白

油料蛋白（OMP）主要是用油料种子制取油脂后的饼粕经提取所得。饼粕以前常作为饲料或肥料，其蛋白质资源未得到高值化利用。如大豆，蛋白质含量达 40%左右，脱脂大豆蛋白质含量最高可达 50%，除蛋氨酸和半胱氨酸含量稍低外，其他 6 种人体必需氨基酸的组成与联合国粮农组织推荐值接近，还具有降低血清胆固醇的功能，营养价值接近于动物蛋白，是优良的植物蛋白质。OMP 的提取方法如下：

**(1)** 酸性水溶液处理。用酸性溶液、水-乙醇混合溶液或热水处理，可除去可溶性糖类（低聚糖）和矿物质，大多数蛋白质在上述条件下保持适宜的不溶解状态。用蛋白质等电点 pH 的酸性水溶液处理，蛋白质的伸展、聚集和功能性丧失最小，形成的蛋白质浓缩物经干燥后含大约 65%～75%的蛋白质、15%～25%的不溶解多糖、4%～6%的矿物质和 0.3%～1.2%的脂类。

**(2)** 使脱脂大豆粉在碱性水溶液中增溶，然后过滤或离心沉淀，除去不溶性多糖，在等电点（pH4.5）溶液中再沉淀，随后离心，洗涤蛋白质凝乳，除去可溶性糖类化合物和盐类，干燥（通常是喷雾干燥）后得到含蛋白质 90%以上的分离蛋白。

类似的湿法提取和提纯蛋白质成分的方法，可用于花生、棉子、向日葵和菜籽等脱脂蛋白粉，以及其他低油脂种子例如刀豆、豌豆、鹰嘴豆等豆科植物种子。而空气分级法（干法），适用于低油脂种子磨粉，可以利用富含蛋白质的浓缩物与大的淀粉颗粒之间在大小和密度上的差异进行分离。

目前 OMP 的利用主要是大豆蛋白，大豆蛋白粉在面制品中用量大幅度增加，如面条类、烘焙类以及主食系列产品。随着大豆蛋白粉生产技术及脱腥工艺逐步成熟，产量及用量将超过大豆分离蛋白产品。大豆蛋白将在面制食品中扮演重要角色，如对面粉有增白作用，取代现有的化学增白剂；添加在面条、饺子中可以提高其韧劲，水煮过程中减少淀粉溶出率，不浑汤；添加在烘焙食品中，可以提高饼干的酥脆度，强化面包的韧劲，改善蛋糕的松软度；添加在馒头、包子等蒸制食品中，使其表面光滑；添加在方便面、油条等油炸食品中，可减少油耗，减少食用时的油腻感。

## 参 考 文 献


[1] 胡燕等．食品加工中蛋白质结构变化对食品品质的影响．食品研究与开发，2011，32（12）：204-207.

[2] 孙敬等．食品中蛋白质的重要性．肉类研究，2009，4：66-73.

[3] 王盼盼．食品中蛋白质的功能特性综述．肉类研究，2010（005）：62-71.

[4] 赵健．食品中蛋白质的功能（八）蛋白质在食品加工中的变化．肉类研究，2009，11：64-67.

[5] 赵中辉．水产品贮藏中生物胺的变化及组胺形成机制的研究．青岛：中国海洋大学硕士论文，2011.

[6] 郑子懿等．面条冷冻过程中蛋白质组分和二硫键的变化研究．粮食与饲料工业，2013（7）：34-37.

[7] 朱婧等．蛋白质类新资源食品比较研究．中国卫生监督杂志，2011，18（1）：55-59.

[8] 张哲奇等．国内外肉品品质变化机制机理研究进展．肉类研究，2017，31（2）：57-63.

[9] 孟彤等．蛋白质氧化及对肉品品质影响．中国食品学报，2015，15（1）：173-181.

[10] Albarracín W，et al. Salt in food processing；usage and reduction：a review. International Journal of Food Science & Technology，2011，46（7）：1329-1336.

[11] Eymard S，et al. Oxidation of lipid and protein in horse mackerel（*Trachurus trachurus*）mince and washed minces during processing and storage. Food Chemistry，2009，114（1）：57-65.

[12] Foegeding E A，et al. Food protein functionality：A comprehensive approach. Food Hydrocolloids，2011，25（8）：1853-1864.

[13] Hemung B O，et al. Thermal stability of fish natural actomyosin affects reactivity to cross-linking by microbial and

fish transglutaminases. Food Chemistry, 2008, 111 (2): 439-446.
[14] Kim Y S, et al. Negative Roles of Salt in Gelation Properties of Fish Protein Isolate. Journal of Food Science, 2008, 73 (8): C585-C588.
[15] Krogdahl Å, et al. Carbohydrates in fish nutrition: digestion and absorption in postlarval stages. Aquaculture Nutrition, 2005, 11 (2): 103-122.
[16] Liu R, et al. Effect of pH on the gel properties and secondary structure of fish myosin. Food Chemistry, 2010, 121 (1): 196-202.
[17] Lund M N, et al. Protein oxidation in muscle foods: A review. Molecular Nutrition & Food Research, 2011, 55 (1): 83-95.
[18] Shaviklo G R, et al. The influence of additives and drying methods on quality attributes of fish protein powder made from saithe. Journal of the Science of Food and Agriculture, 2010, 90 (12): 2133-2143.
[19] Sirtori E, et al. The effects of various processing conditions on a protein isolate from Lupinus angustifolius. Food chemistry, 2010, 120 (2): 496-504.
[20] Wolfe R R, et al. Factors contributing to the selection of dietary protein food sources. Clinical Nutrition, 2018, 37: 130.

# 第6章 维 生 素

**本章要点：** 食品中维生素的作用及在食品中损失的原因及允许摄入量；常见的水溶性及脂溶性维生素的性质及功能。

食品中维生素（vitamins）的含量是评价食品营养价值的重要指标之一。人类在长期进化过程中，不断地发展和完善对营养的需要，在摄取的食物中，不但需要水分、蛋白质、碳水化合物、脂肪等，而且需要维生素和矿物质，如果维生素供给量不足，就会出现营养缺乏症或某些疾病，摄入过多也会发生中毒。

## 6.1 概 述

维生素是多种不同类型的低分子量有机化合物，它们有着不同的化学结构和生理功能，是动植物源食品的重要组成成分，人体每日需要量较少，但却是机体维持生命所必需的要素。目前已发现有几十种维生素和类维生素物质，但对人体营养和健康有直接关系的约为20种。主要维生素的分类、功能见表6-1。

**表6-1 主要维生素的分类、功能**

| 分类 | | 名称 | 俗名 | 生理功能 |
|---|---|---|---|---|
| 水溶性维生素 | B族维生素 | 维生素 $B_1$ | 硫胺素，抗神经类维生素 | 抗神经类、预防脚气病 |
| | | 维生素 $B_2$ | 核黄素 | 预防唇、舌发炎，促进生长 |
| | | 维生素PP | 烟酸、尼克酸、抗癞皮病维生素 | 预防癞皮病，形成辅酶Ⅰ、Ⅱ的成分 |
| | | 维生素 $B_6$ | 吡咯醇、抗皮炎维生素 | 与氨基酸代谢有关 |
| | | 维生素 $B_{11}$ | 叶酸 | 预防恶性贫血 |
| | | 维生素 $B_{12}$ | 氰钴素 | 预防恶性贫血 |
| | | 维生素H | 生物素 | 预防皮肤病，促进脂类代谢 |
| | | 维生素 $H_1$ | 对氨基苯甲酸 | 有利于毛发的生长 |
| | C族维生素 | 维生素C | 抗坏血酸 | 预防及治疗坏血病、促进细胞间质生长 |
| | | 维生素P | 芦丁、渗透性维生素、柠檬素 | 增加毛细血管抵抗力，维持血管正常透过性 |

续表

| 分类 | 名称 | 俗名 | 生理功能 |
| --- | --- | --- | --- |
| 脂溶性维生素 | 维生素 A（维生素 $A_1$，维生素 $A_2$） | 抗干眼病醇、抗干眼病维生素、视黄醇 | 替代视觉细胞内感光物质、预防表皮细胞角化、促进生长，防治干眼病 |
| | 维生素 D（维生素 $D_1$，维生素 $D_3$） | 骨化醇、抗佝偻病维生素 | 调节钙、磷代谢，预防佝偻病和软骨病 |
| | 维生素 E | 生育酚、生育维生素 | 预防不育症 |
| | 维生素 K（维生素 $K_1$，维生素 $K_2$） | 止血维生素 | 促进血液凝固 |

某些维生素不能在体内合成，人体的需要主要通过饮食获得，因此饮食和膳食结构对人体中维生素有较大影响。影响食品中维生素和含量的因素较多，有生产食品产地环境因素，也有加工工艺技术因素。本章主要介绍维生素的化学性质、营养性及安全性，以及它们在食品加工、贮藏过程中的变化等。

# 6.2 影响食品中维生素含量的因素

## 6.2.1 维生素的稳定性

食品中维生素含量除与原料中含量有关外，还与原料中维生素在收获、贮藏、运输和加工过程中损失多少有密切的关系。因此，要提高食品中维生素含量除考虑原料的成熟度、生长环境、土壤情况、肥水管理、光照时间和强度，以及采后或宰杀后的处理等因素外，还须考虑加工及贮藏过程中各种条件对食物中维生素含量的影响。

目前关于维生素的性质虽然有很多报道，但是对于它们在复杂食品体系中的变化还了解较少。表 6-2 总结了维生素在不同条件下的稳定性。每一种维生素有各种不同的形式，因此，稳定性也各不相同。

**表 6-2 维生素在不同条件下的稳定性**

| 项目 | 光 | 氧化剂 | 还原剂 | 热 | 湿度 | 酸 | 碱 |
| --- | --- | --- | --- | --- | --- | --- | --- |
| 维生素 A | +++ | +++ | + | ++ | + | ++ | + |
| 维生素 D | +++ | +++ | + | ++ | + | ++ | ++ |
| 维生素 E | ++ | ++ | + | ++ | + | + | ++ |
| 维生素 K | +++ | ++ | + | + | + | + | +++ |
| 维生素 C | + | +++ | + | ++ | ++ | ++ | +++ |
| 维生素 $B_1$ | ++ | + | + | ++ | ++ | + | +++ |
| 维生素 $B_2$ | +++ | + | ++ | + | + | + | +++ |
| 尼克酸 | + | + | ++ | + | + | + | + |
| 维生素 $B_6$ | ++ | + | + | + | + | ++ | ++ |
| 维生素 $B_{12}$ | ++ | + | +++ | ++ | ++ | +++ | +++ |
| 泛酸 | + | + | + | ++ | ++ | +++ | +++ |
| 叶酸 | ++ | +++ | +++ | + | + | ++ | ++ |
| 生物素 | + | + | + | + | + | ++ | ++ |

注：+几乎不敏感；++敏感；+++高度敏感。

## 6.2.2 原料成熟度对维生素含量的影响

成熟度对食品中营养素含量有一定影响，如西红柿中维生素 C 含量随成熟期的不同而变化，西红柿中维生素 C 的含量在其未成熟的某一个时期最高（表 6-3）。又如库尔勒香梨的成熟度不同，维生素 C 含量也不同，据此可了解香梨的成熟情况。

**表 6-3　不同成熟时期西红柿中维生素 C 含量的变化**

| 花开后的时间/周 | 单个平均质量/g | 颜色 | 维生素 C(质量分数)/% |
|---|---|---|---|
| 2 | 33.4 | 绿 | 10.7 |
| 3 | 57.2 | 绿 | 7.6 |
| 4 | 102.5 | 绿-黄 | 10.9 |
| 5 | 145.7 | 红-黄 | 20.7 |
| 6 | 159.9 | 红 | 14.6 |
| 7 | 167.6 | 红 | 10.1 |

### 6.2.3　采后及贮藏过程中维生素的变化

食品从采收或屠宰到加工这段时间，营养性会发生明显的变化。因为许多维生素易受酶，尤其是动、植物死后释放出的内源酶所降解。细胞受损后，原来分隔开的氧化酶和水解酶会从完整的细胞中释放出来，从而改变维生素的化学形式和活性。例如维生素 $B_6$、维生素 $B_1$ 或维生素 $B_2$ 辅酶的脱磷酸化反应，维生素 $B_6$ 葡萄糖苷的脱葡萄糖基反应和聚谷氨酰叶酸酯的去共轭作用，都会影响植物采收或动物屠宰后的维生素含量和存在状态。

采后及贮藏过程中维生素的变化程度与贮藏加工过程中的温度和时间等因素有关。例如，对维生素影响较大的酶活性就与温度和时间有密切关系，脂肪氧合酶的氧化作用可以降低许多维生素的含量，而其维生素 C 氧化酶则专一性地引起维生素 C 含量损失。采后预处理及贮藏时间越长，所处环境的温度又高，越不利于食物中维生素的保留。例如，当贮存时间由 10d 延长至 60d 时，脱水食物模型中 $\beta$-胡萝卜素的保留率由 98%降至 15%。

植物源食物原料经过预处理会导致维生素的部分损失。据报道，苹果皮中维生素 C 的含量比果肉高，凤梨心比食用部分含有更多的维生素 C，胡萝卜表皮层的烟酸含量比其他部位高，土豆、洋葱和甜菜等植物的不同部位也存在营养素含量差别。因而在预处理这些蔬菜和水果时，会造成部分营养素的损失。

食品在贮藏过程中，许多反应不仅对食品的感官性状有影响，而且也会引起维生素的损失。例如，当食品中的脂质成分发生氧化时，产生的过氧化氢、氢过氧化物和环氧化物，它们能氧化类胡萝卜素、维生素 E、维生素 C 等物质，导致维生素活性的损失。对其他易被氧化的维生素，如维生素 $B_{11}$、维生素 H 和维生素 D 等的反应虽然研究不多，但是导致的损失是可以预见的。氢过氧化物分解产生的含羰基化合物，能造成其他一些维生素如硫胺素和泛酸等的损失。此外糖类化合物中的非酶褐变反应生成的高活性羰基化合物也能以同样的方式破坏某些维生素。

食品的贮藏方式不同对各维生素的损失有很大影响，如采用冷冻贮藏比常规的灭菌后贮藏，其食品中维生素损失要少得多（表 6-4）。

**表 6-4　不同贮藏方式过程中维生素损失情况**

| 贮藏方式 | 蔬菜样 | 维生素损失率/%① | | | | |
|---|---|---|---|---|---|---|
| | | 维生素 A | 维生素 $B_1$ | 维生素 $B_2$ | 烟酸 | 维生素 C |
| 冷冻贮藏 | 10② | 12④ | 20 | 24 | 24 | 26 |
| | | 0～50⑤ | 0～61 | 0～45 | 0～56 | 0～78 |
| 灭菌后贮藏 | 7③ | 10 | 67 | 42 | 49 | 51 |
| | | 0～32 | 56～83 | 14～50 | 31～65 | 28～67 |

① 贮藏前，所有产品均进行了热加工及脱水处理。

② 蔬菜样品分别是芦笋、利马豆、四季豆、椰菜、花椰菜、青豌豆、马铃薯、菠菜、抱子甘蓝和嫩玉米棒。

③ 蔬菜样品分别是芦笋、利马豆、四季豆、青豌豆、马铃薯、菠菜和嫩玉米棒，其中马铃薯样品中含热处理水。

④ 平均值。

⑤ 为变化范围。

### 6.2.4 谷类食物在研磨过程中维生素的损失

研磨是谷类食物常见的加工工序之一，由于维生素在谷类食物不同组织中含量不同，加之研磨产生的热作用，研磨后所得食物中各种维生素含量的保留率有很大的不同（图 6-1）。从图 6-1 可知，要想保留较多的维生素，最好减少研磨次数。

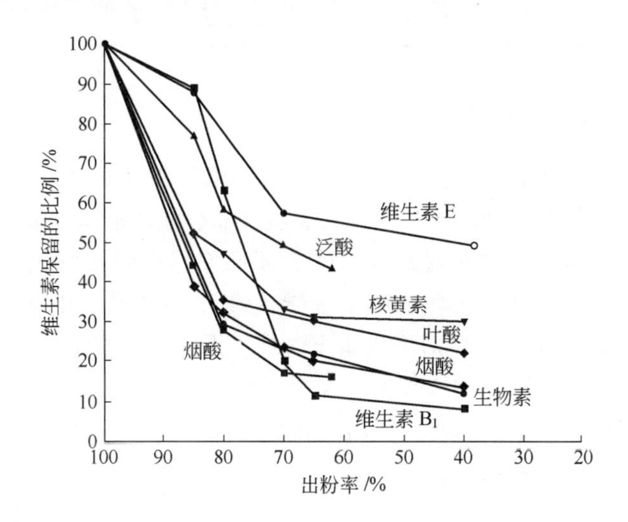


图 6-1 小麦出粉率与面粉中维生素保留比例之间的关系

### 6.2.5 加工方式与维生素的损失

食品中水溶性维生素损失的一个主要途径是经由切口或易受破损的表面而流失。另外，在加工过程中洗涤、水槽传送、漂烫、冷却和烹调等工序亦会造成营养素的损失，其损失程度与上述工序中所采取的 pH、温度、水分含量、切口表面积、成熟度以及其他因素有关。如小白菜在 100℃的水中烫 2min，维生素 C 损失率高达 65%；烫 10min 以上，维生素 C 几乎消失殆尽。

蒸和煮是食品加工中常见工序，蒸是以水蒸气为传热介质，而煮是以较多的汤汁为传热介质。它们对食品中维生素保留率有较大影响。例如土豆条分别采取了煮和蒸的方法，结果发现，在相同的条件下，蒸比煮会保留更多的水溶性维生素，这是由于在蒸的过程中，原料与水蒸气基本上处于一个密闭的环境中，原料是在饱和热蒸汽下成熟的，所以可溶性维生素的损失较少，但由于需要较长的烹调时间，故对热敏感的维生素 C 损失较大；而煮采用较多的汤汁，造成了水溶性维生素的大量流失（表 6-5）。

**表 6-5 土豆条在蒸和煮过程中维生素保留率的比较**

| 维生素 | 煮/% | 蒸/% |
|---|---|---|
| 维生素 C | 60 | 89 |
| 维生素 $B_1$ | 88 | 90 |
| 维生素 PP | 78 | 93 |
| 维生素 $B_6$ | 77 | 97 |
| 维生素 $B_{11}$ | 66 | 93 |

微波加热技术相对于油炒、微波油炒和漂烫等烹调方式，微波加热更能较好地保存蔬菜

中的维生素 C（表 6-6）。

表 6-6　不同烹调方式下蔬菜中维生素 C 的损失率（与对照组相比）

| 烹调方式 | 黄瓜 | 蒲公英 | 西红柿 |
| --- | --- | --- | --- |
| 油炒 | 7.14% | 3.87% | 25.00% |
| 微波油炒 | 13.57% | 11.65% | 45.50% |
| 漂烫 | 35.16% | 74.15% | — |
| 微波加热 | 5.15% | 6.85% | — |

### 6.2.6　食品添加剂与维生素的损失

由于贮藏和加工的需要，常常向食品中添加一些化学合成的食品添加剂，其中有的能引起维生素损失。例如，二氧化硫（$SO_2$）及其亚硫酸盐、亚硫酸氢盐和偏亚硫酸盐常用来防止水果和蔬菜中的酶促褐变或非酶促褐变，作为还原剂它可防止维生素 C 氧化，但作为亲核试剂，在葡萄酒加工中它又会破坏硫胺素和维生素 $B_6$。在食品中加入抗氧化剂可对某些维生素有保护作用。例如维生素 C 对维生素 E、维生素 A 等有保护作用。

食品在加工过程中添加的化学添加剂，如果使食品的 pH 增加，如用碱性发酵粉发酵时 pH 会增高，在这种碱性条件下，维生素 $B_1$、维生素 C 和泛酸这类维生素的破坏大大增加。食品在弱酸性条件下，维生素的损失较少。

## 6.3　食品中的维生素

维生素一般不能在体内合成，肠道微生物可合成一些，但远不能满足机体需要，通常都由食物来供给。维生素与蛋白质、碳水化合物及脂肪不同，它既不提供能量，也不是构成各种组织的成分。它的主要功能是参与生理代谢，例如，许多 B 族维生素，都是作为辅酶的成分，起调节代谢过程的作用。当膳食中长期缺乏某一种维生素时，就会引起代谢紊乱，因而产生相应的疾病，此类疾病称为维生素缺乏症（avitaminosis）。

维生素的种类很多，化学结构与生理功能各异。维生素用大写英文字母 A、B、C、D 等作标记，同时又可根据它的生理功能及化学结构来命名。根据其溶解性质的不同，维生素分为脂溶性维生素和水溶性维生素两大类。前者不溶于水，而溶于脂肪及脂肪溶剂，常与脂肪混存，主要有维生素 A、维生素 D、维生素 E、维生素 K 类；后者溶于水和稀酒精，主要有 B 族维生素、维生素 C 类。

### 6.3.1　食品中常见的脂溶性维生素

#### 6.3.1.1　维生素 A

维生素 A 又称抗干眼病维生素，包括 $A_1$ 及 $A_2$ 两种。维生素 A 存在于动物组织、植物体及真菌中，以具有维生素 A 活性的类胡萝卜素形式存在，经动物摄取吸收后，类胡萝卜素经过代谢转变为维生素 A。动物源食物中，以鱼肝油中维生素 A 含量最多，其他动物的肝脏及卵黄中亦很丰富。类胡萝卜素广泛含于绿叶蔬菜、胡萝卜、棕榈油等植物性食物中。类胡萝卜素结构及维生素 A 前体活性见表 6-7。

**表 6-7　类胡萝卜素结构及维生素 A 前体活性**

| 化合物 | 结构 | 相对活性 |
|---|---|---|
| β-胡萝卜素 | 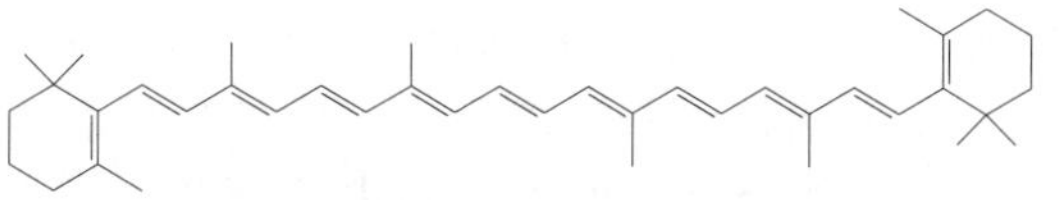 | 50 |
| α-胡萝卜素 | 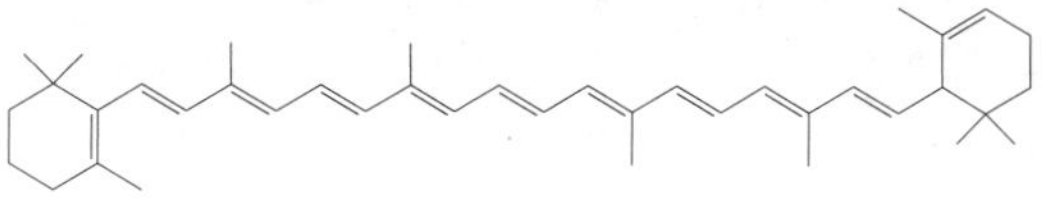 | 25 |
| β-阿朴-8′-胡萝卜醛 | 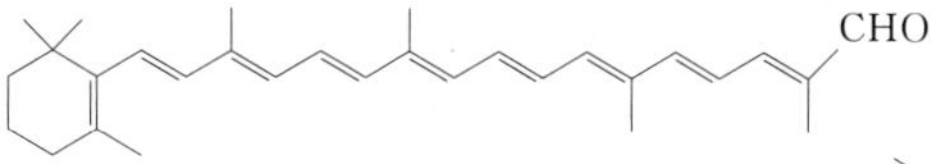 CHO | 25～30 |
| 玉米黄素 | 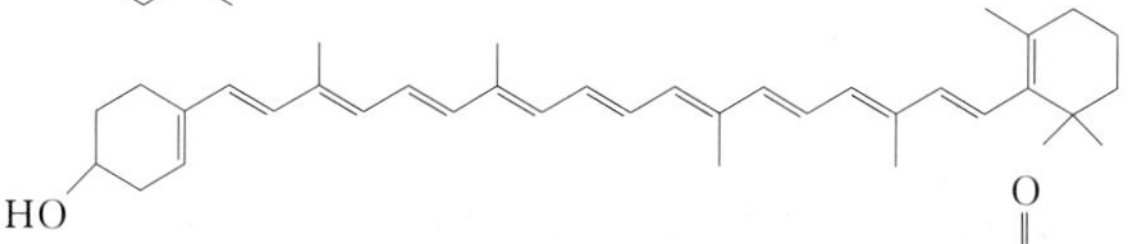 HO | 0 |
| 角黄素 | 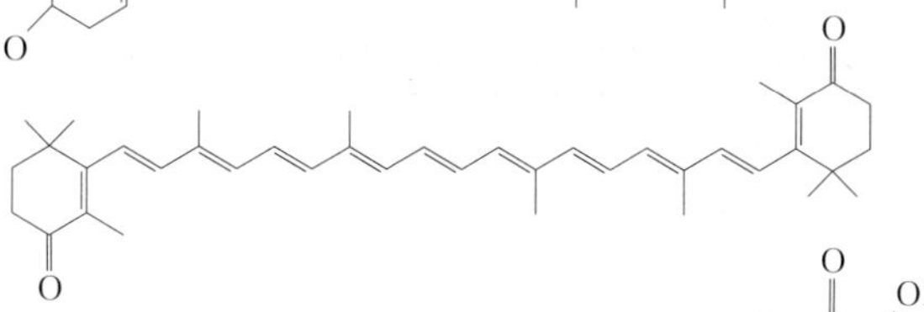 O O | 0 |
| 虾红素 | 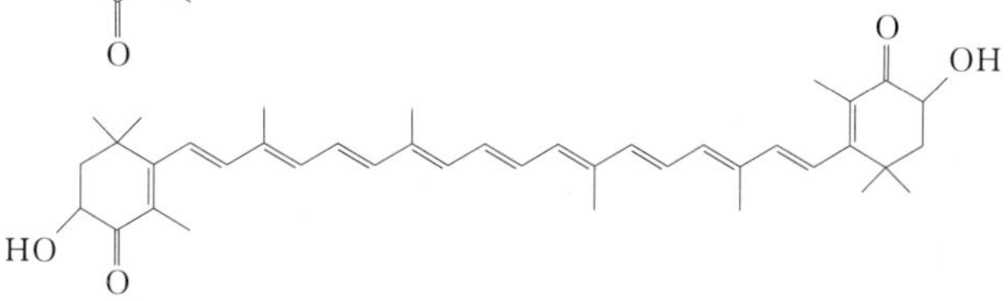 O OH HO O | 0 |
| 番茄红素 | 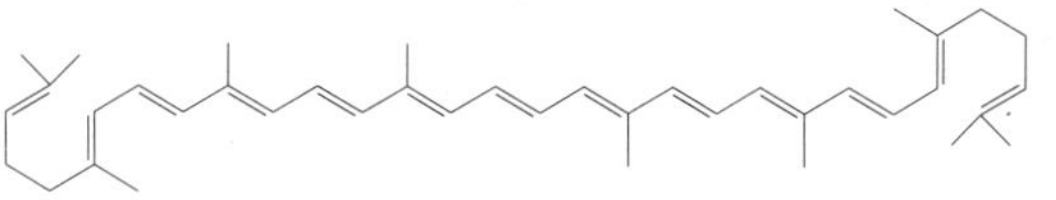 | 0 |

食物中的维生素 A 的含量多以视黄醇当量（retionol equiva-lents）表示，1μg 视黄醇等于 6μg β-胡萝卜素。也可用国际单位（IU）表示，1 个国际单位维生素 A 等于 0.3μg 视黄醇。

**(1) 结构**　维生素 $A_1$ 和维生素 $A_2$ 都是含 β-紫罗宁（ionine）环的不饱和一元醇。环上的支链由两个 2-甲基丁二烯(1,3)和一个醇基所组成。维生素 $A_1$ 与维生素 $A_2$ 不同之处在于：维生素 $A_2$ 的紫罗宁环内 C3 与 C4 之间多一个双键。维生素 $A_1$ 即视黄醇（retionol）。维生素 $A_2$ 则是 3-脱氢视黄醇（3-dehydroretionol）。维生素 $A_2$ 的生物效用仅为维生素 $A_1$ 的 40%。它们的构造式如下：

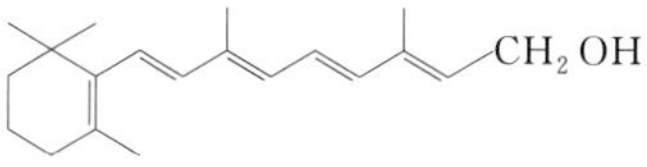

$CH_2OH$　　　　$CH_2OH$

维生素 $A_1$ 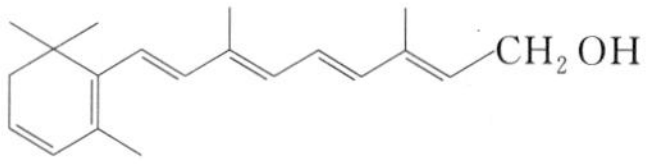　　　　维生素 $A_2$（3-脱氢视黄醇）

**(2) 性质**　维生素 A 是一种淡黄色的黏稠液体；纯粹的维生素 $A_1$ 是淡黄色三棱晶体，熔点 62～64℃。维生素 A 不溶于水，而溶于脂肪及脂肪溶剂，对碱稳定；在不与空气接触的情况下，对热相当稳定，即使加热至 120～130℃，也不会遭到破坏；空气、氧化剂和紫外线都能使它因氧化而受到破坏。自然状态的维生素 A 要比纯粹制定的稳定得多，这可能是有天然抗氧化剂存在的缘故。维生素 A 与胡萝卜素一样，在乙醇溶液中，能与三氧化锑混合呈深蓝色，故可用于维生素 A 的定量分析。

**(3) 生理功能及缺乏症**　维生素 A 与其他维生素一样能促进年幼动物的生长，其主要生理功能是维持上皮细胞组织的完整与健康，以及维持正常视觉。

长期食用缺乏维生素 A 的食物，最初产生夜盲症，失去对黑暗的适应能力。严重时，消化道及眼部的角膜都会产生上皮细胞的角质化。最具特征的是干眼病，即眼角膜充血、硬化和感染发炎。故维生素 A 又叫抗干眼病维生素。但如果长期摄入过多维生素 A，例如每日超过 75000～500000IU，3～6 个月后即可引起中毒症状，严重者危害健康，停止供给维生素 A 几天后症状就会消失。

**(4) 稳定性与降解** 天然存在的类胡萝卜素都是以全反式构象为主，受热作用可转变为顺式构象，此时也就失去了维生素 A 前体的活性。类胡萝卜素的这种异构化在不适当的贮藏条件下也常发生。如水果和蔬菜的罐装将会显著引起异构化和维生素 A 活性损失（表 6-8）。此外，光照、酸化、次氯酸或稀碘溶液都可能导致热异构化，使类视黄醇和类胡萝卜素全反式部分转变为顺式结构。

**表 6-8 某些新鲜加工果蔬中的 β-胡萝卜素异构体分布**

| 产品 | 状态 | 占总 β-胡萝卜素的百分数/% | | |
|---|---|---|---|---|
| | | 13-顺 | 反式 | 9-顺 |
| 红薯 | 新鲜 | 0.0 | 100.0 | 0.0 |
| | 罐装 | 15.7 | 75.4 | 8.9 |
| 胡萝卜 | 新鲜 | 0.0 | 100.0 | 0.0 |
| | 罐装 | 19.1 | 72.8 | 8.1 |
| 南瓜 | 新鲜 | 15.3 | 75.0 | 9.7 |
| | 罐装 | 22.0 | 66.6 | 11.4 |
| 菠菜 | 新鲜 | 8.8 | 80.4 | 10.8 |
| | 罐装 | 15.3 | 58.4 | 26.3 |
| 羽衣甘蓝 | 新鲜 | 16.3 | 71.8 | 11.7 |
| | 罐装 | 26.6 | 46.0 | 27.4 |
| 黄瓜 | 新鲜 | 10.5 | 74.9 | 14.5 |
| 腌黄瓜 | 巴氏灭菌 | 7.3 | 72.9 | 19.8 |
| 番茄 | 新鲜 | 0.0 | 100.0 | 0.0 |
| | 罐装 | 38.8 | 53.0 | 8.2 |
| 桃 | 新鲜 | 9.4 | 83.7 | 6.9 |
| | 罐装 | 6.8 | 79.9 | 13.3 |
| 杏 | 脱水 | 9.9 | 75.9 | 14.2 |
| | 罐装 | 17.7 | 65.1 | 17.2 |
| 油桃 | 新鲜 | 13.5 | 76.6 | 10.0 |
| 李 | 新鲜 | 15.4 | 76.7 | 8.0 |

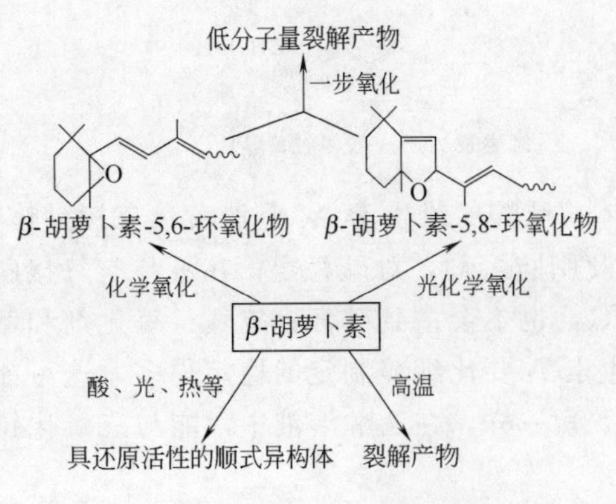

图 6-2 β-胡萝卜素的裂解

食品在加工过程中，维生素 A 前体的破坏随反应条件不同而有不同的途径（图 6-2）。缺氧状况下热作用时 β-胡萝卜素会进行顺-反异构作用，在高温时，β-胡萝卜素会分解成一系列的芳香族碳氢化合物，其中最主要的分解产物是紫多烯(lonene)，对食品的风味有重要的影响，这也是在食品加工时，添加胡萝卜素可产生香气的原因。

在有氧状况下，类胡萝卜素受光、酶和脂质过氧化氢的共氧化或间接氧化作用而导致严重损失。β-胡萝卜素发生氧化作用，首先生成 5,6-环氧化物，然后异构化为β-胡萝卜素氧化物，即5,7-环氧化物（mutachrome）。在高温时有氧处理，β-胡萝卜素可能分解成许多小分子的挥发性化合物而影响食品的风味。

另外，光对维生素A有异构化作用，在异构化过程中还伴随一系列的可逆反应和光化学降解。光催化氧化主要生成β-胡萝卜素氧化物。

脱水食品在贮藏过程中，易被氧化而失去维生素A和维生素A前体的活性。贮藏时$a_w$和氧浓度低，则类胡萝卜素损失就小。另外，不同工艺脱水对胡萝卜中β-胡萝卜素的含量也有重要的影响（表6-9）。

**表6-9　新鲜胡萝卜与经不同工艺脱水后胡萝卜中的β-胡萝卜素含量**

| 胡萝卜 | 浓度范围/(mg/kg) |
|---|---|
| 新鲜胡萝卜 | 980～186 |
| 真空冷冻干燥胡萝卜 | 870～1125 |
| 常规空气风干胡萝卜 | 636～987 |

#### 6.3.1.2　维生素D

维生素D又称抗软骨病或抗佝偻病维生素。现已确知的有六种，即维生素$D_2$、维生素$D_3$、维生素$D_4$、维生素$D_5$、维生素$D_6$和维生素$D_7$。其中以维生素$D_2$和维生素$D_3$最为重要。

维生素D在食物中常与维生素A伴存。鱼类脂肪及动物肝脏中含有丰富的维生素D，其中以海产鱼肝油中的含量为最多，蛋黄、牛奶、奶油次之。夏天的牛奶和奶油中维生素D的含量比冬天的多，这是由于夏季的阳光较强有利于动物体产生维生素D的缘故。

维生素D的含量用国际单位表示。1IU的维生素D等于0.025μg晶形维生素$D_3$，因此，1μg维生素$D_3$等于40IU的维生素D。

**(1) 结构**　维生素D是固醇类物质，具有环戊烷多氢菲结构。各种维生素D在结构上极为相似，仅支链R不同（图6-3）。

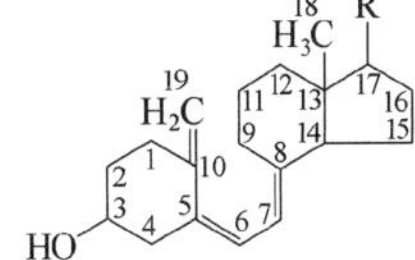


图6-3　维生素D的通式

维生素D仅存在于动物体内，植物体中不含维生素D。但大多数植物中都含有固醇，不同的固醇经紫外线照射后可变成相应的维生素D，因此这些固醇又称为维生素D原。各种维生素D原与所形成的维生素D的关系见表6-10。

维生素$D_2$　$R = —CH(CH_3)—CH═CH—CH(CH_3)—CH(CH_3)_2$

维生素$D_3$　$R = —CH(CH_3)—CH_2—CH_2—CH_2—CH(CH_3)_2$

维生素$D_4$　$R = —CH(CH_3)—CH_2—CH_2—CH(CH_3)—CH(CH_3)_2$

维生素$D_5$　$R = —CH(CH_3)—CH_2—CH_2—CH(CH_2CH_3)—CH(CH_3)_2$

维生素$D_6$　$R = —CH(CH_3)—CH═CH—CH(CH_2CH_3)—CH(CH_3)_2$

维生素 $D_7$　$R=-\underset{\displaystyle CH_3}{CH}-CH_2-CH_2-\underset{\displaystyle CH_3}{CH}-CH\begin{smallmatrix}CH_3\\CH_3\end{smallmatrix}$

人体和动物皮肤内的7-脱氧胆醇，经日光或紫外线照射后，即可转变为维生素 $D_3$。其转变的速度受到皮肤色素的多寡和皮肤角质化程度制约，所以日光浴能防佝偻病。此外皮肤色素和种族特异性（白种人皮肤色素少，黄种人较多，黑种人最多）颇有利于人类适应不同的气候和调节维生素 D 的生物合成。

**(2) 性质**　维生素 D 是无色晶体，不溶于水，而溶于脂肪溶剂。其性质相当稳定，不易被酸、碱或氧破坏，有耐热性，但可为光及过度的加热（160～190℃）所破坏。

**表 6-10　维生素 D 原与所形成的维生素 D 的关系**

| 维生素 D 原的名称 | 维生素 D 原支链 R 的结构 | 维生素 D 的名称 | 相对生物效价 |
|---|---|---|---|
| 麦角固醇(ergoaterol) | $CH_3$ / $H_3C$ / $CH_3$ / $CH_3$ | 维生素 $D_2$,麦角钙化醇 (ergocalciferol) | 1 |
| 7-脱氢胆固醇 | $H_3C$ / $CH_3$ / $CH_3$ | 维生素 $D_3$,胆钙化醇 (cholecalciferol) | 1 |
| 22-双氢麦角固醇 (22-dihydroergosterol) | $CH_3$ / $H_3C$ / $CH_3$ / $CH_3$ | 维生素 $D_4$,双氢麦角钙化醇 (dihydroerg ocalciferol) | $\frac{1}{2}$～$\frac{1}{3}$ |
| 7-脱氢谷固醇 (7-drhydrosterol) | $C_2H_5$ / $H_3C$ / $CH_3$ / $CH_3$ | 维生素 $D_5$,谷钙化醇 (sitocalciferol) | $\frac{1}{40}$ |
| 7-脱氢豆固醇 (7-drhydrostigmasterol) | $C_2H_5$ / $H_3C$ / $CH_3$ / $CH_3$ | 维生素 $D_6$,豆钙化醇 (stigmacalciferol) | $\frac{1}{300}$ |
| 7-脱氢菜籽固醇 (7-dehydrocampesterol) | $CH_3$ / $H_3C$ / $CH_3$ / $CH_3$ | 维生素 $D_7$,菜籽钙化醇 (campecalciferol) | 1 |

**(3) 生理功能及缺乏症**　维生素 D 的主要功能是调节钙、磷代谢，维持血液钙、磷浓度正常。维生素 D 的需要量必须与钙、磷的供给量联系起来考虑。在钙、磷供给充分的条件下，成人每日获得 300～400IU 的维生素 D 即可使钙的贮留量达到最高水平。孕妇或乳母由于对钙、磷的需要量增高，此时必须由膳食补充维生素 D。

缺乏维生素 D 会使儿童骨骼发育不良，发生佝偻病。患者骨质软弱，膝关节发育不全，两腿形成内曲或外曲畸形。成人则引起骨骼脱钙，而发生骨质软化病。孕妇或乳母脱钙严重时导致骨质疏松病，患者骨骼易折，牙齿易脱落。

正常膳食不会出现维生素 D 摄取过量，但对于食用过量补充维生素制剂的个体来说，有可能出现维生素 D 摄取过量。维生素 D 摄取过量也会引起中毒，因为维生素 D 不易排泄。急性中毒表现为食欲下降、恶心、呕吐、腹泻、头痛、多尿等；慢性中毒伴有体重减轻，皮肤苍白，便秘和腹泻交替发生，发热，以及骨化过度，甚至软组织也钙化。严重时能导致肾脏功能衰竭。

### 6.3.1.3 维生素 E

维生素 E 又称抗不育维生素或生育酚（tocopherol）。自然界中具有维生素 E 功效的物质已知有 8 种，其中 $\alpha$-、$\beta$-、$\gamma$-、$\delta$- 四种生育酚较为重要，以 $\alpha$-生育酚的生理效价最高。一般所谓的维生素 E 即指 $\alpha$-生育酚而言。

维生素 E 的分布甚广（表 6-11）。维生素 E 的含量也用国际单位表示。1IU 维生素 E 等于 1mg DL-$\alpha$-生育酚醋酸酯，1mg D-$\alpha$-生育酚等于 1.49IU。

**表 6-11 植物油和某些食品中各种生育酚的含量**

| 食品 | $\alpha$-T | $\alpha$-T3 | $\beta$-T | $\beta$-T3 | $\gamma$-T | $\gamma$-T3 | $\delta$-T3 |
|---|---|---|---|---|---|---|---|
| 植物油/(mg/100g) | | | | | | | |
| 向日葵籽油 | 56.4 | 0.013 | 2.45 | 0.207 | 0.43 | 0.023 | 0.087 |
| 花生油 | 0.013 | 0.007 | 0.039 | 0.394 | 13.1 | 0.03 | 0.922 |
| 豆油 | 17.9 | 0.021 | 2.80 | 0.437 | 60.4 | 0.078 | 37.1 |
| 棉子油 | 40.3 | 0.002 | 0.196 | 0.87 | 38.3 | 0.089 | 0.457 |
| 玉米胚芽油 | 27.2 | 5.37 | 0.214 | 1.1 | 56.6 | 6.17 | 2.52 |
| 橄榄油 | 9.0 | 0.008 | 0.16 | 0.417 | 0.471 | 0.026 | 0.043 |
| 棕榈油 | 9.1 | 5.19 | 0.153 | 0.4 | 0.84 | 13.2 | 0.002 |
| 其他食品/($\mu$g/mL 或 $\mu$g/g) | | | | | | | |
| 婴儿配方食品(皂化) | 12.4 | | 0.24 | | 14.6 | | 7.41 |
| 菠菜 | 26.05 | 9.14 | | | | | |
| 牛肉 | 2.24 | | | | | | |
| 面粉 | 8.2 | 1.7 | 4.0 | 16.4 | | | |
| 大麦 | 0.02 | 7.0 | | 6.9 | | 2.8 | |

注：T 表示生育酚；T3 表示生育三酚。

**（1）结构** 各种维生素 E 都是苯并二氢吡喃的衍生物，其基本结构如图 6-4。不同的维生素 E，其支链都相同，只是苯核上甲基的数目和位置各有差异，见表 6-12。

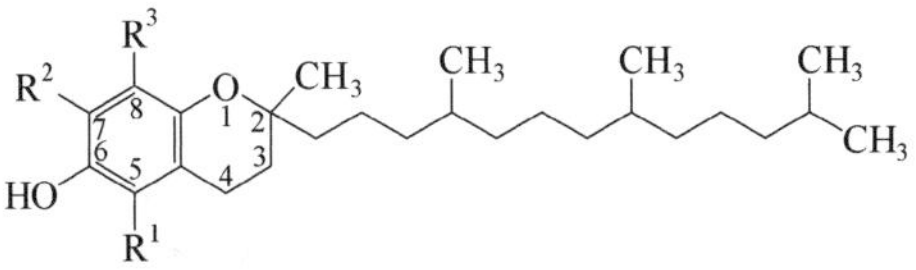

图 6-4 维生素 E 的基本结构

**表 6-12 生育酚的种类及生理效价**

| 侧 链 | 名 称 | $R^1$ | $R^2$ | $R^3$ | 存 在 | 相对生理效价 |
|---|---|---|---|---|---|---|
| 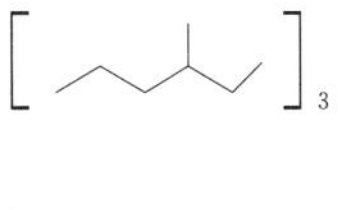 | $\alpha$-生育酚 | —$CH_3$ | —$CH_3$ | —$CH_3$ | 小麦胚芽 | 1 |
| | $\beta$-生育酚 | —$CH_3$ | —H | —$CH_3$ | 小麦胚芽 | 0.5 |
| | $\gamma$-生育酚 | —H | —$CH_3$ | —$CH_3$ | 玉米 | 0.2 |
| | $\delta$-生育酚 | —H | —H | —$CH_3$ | 大豆 | 0.1 |
| | $\Sigma$-生育酚 | —$CH_3$ | —$CH_3$ | —H | 稻米 | 0.5 |
| | $\eta$-生育酚 | —H | —$CH_3$ | —H | 稻米 | 0 |
| 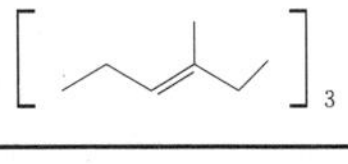 | $\varepsilon$-生育酚 | —$CH_3$ | —H | —$CH_3$ | 玉米 | 0.5 |
| | $\Sigma_1$-生育酚 | —$CH_3$ | —$CH_3$ | —$CH_3$ | 稻米 | 0.5 |

**（2）性质** 维生素 E 为透明的淡黄色油状液体，不溶于水而溶于脂肪及脂肪溶剂，不易被酸、碱及热破坏，在无氧时加热至 200℃也很稳定，但极易被氧化（主要在羟基及氧桥

处氧化）。对白光相当稳定，但易被紫外线破坏。它在紫外线 259nm 处有一吸收光带。由于维生素 E 很容易被氧化，因而能起抗氧化剂的作用。

**(3) 生理功能及缺乏**　维生素 E 与动物的生殖功能有关。动物缺乏维生素 E 时，其生殖器官受损而不育。雄性呈睾丸萎缩，不能产生精子；雌性虽仍能受孕，但易死胎，或胚胎的神经肌肉机能失调，导致早期流产。

**(4) 稳定性与降解**　食品在加工、贮藏和包装过程中，一般都会造成维生素 E 的大量损失。如将小麦磨成面粉及加工玉米、燕麦和大米时，维生素 E 损失约 80%；在分离、除脂或脱水等加工步骤中，以及油脂精炼和氧化过程中也能造成维生素 E 损失。又如，脱水可使鸡肉和牛肉中 $\alpha$-生育酚损失 36%～45%，但猪肉却损失很少或不损失。另外，制作罐头导致肉和蔬菜中生育酚损失 41%～65%，炒坚果破坏 50%，食物经油炸损失 32%～70%。但由于生育酚不溶于水，在漂洗中不会随水流失。贮藏时食品中维生素 E 都有不同程度的损失，其损失的多少与贮藏期间食品中 $a_w$、温度、时间等有关。$a_w$ 与维生素 E 降解的关系与不饱和脂肪酸相似，在单分子水层值时降解速率最小，高于或低于此 $a_w$，维生素 E 的降解速率均增大。有研究表明，在 23℃下贮存一个月的马铃薯片加工后生育酚损失 71%，贮存两个月生育酚损失 77%。当把马铃薯片冷冻于−12℃下一个月生育酚损失 63%，两个月生育酚损失 68%。维生素 E 的氧化通常伴随着脂肪氧化，也就是说维生素 E 在抗脂肪氧化的同时，它本身被氧化损失。如 $\alpha$-生育酚在清除脂肪酸氧化过程中产生过氧自由基时，它本身被氧化成 $\alpha$-生育酚氧化物、$\alpha$-生育酚醌及 $\alpha$-生育酚氢醌（图 6-5）。此外，单重态氧还能攻击生育酚分子的环氧体系，使之形成氢过氧化物衍生物，再经过重排，生成 $\alpha$-生育酚醌和 $\alpha$-生育酚醌-2,3-环氧化物（图 6-6）。因此维生素 E 是一种单重态氧抑制剂。正是维生素 E 具有消除自由基、单重态氧等作用，所以维生素 E 是食品的天然抗氧化剂。

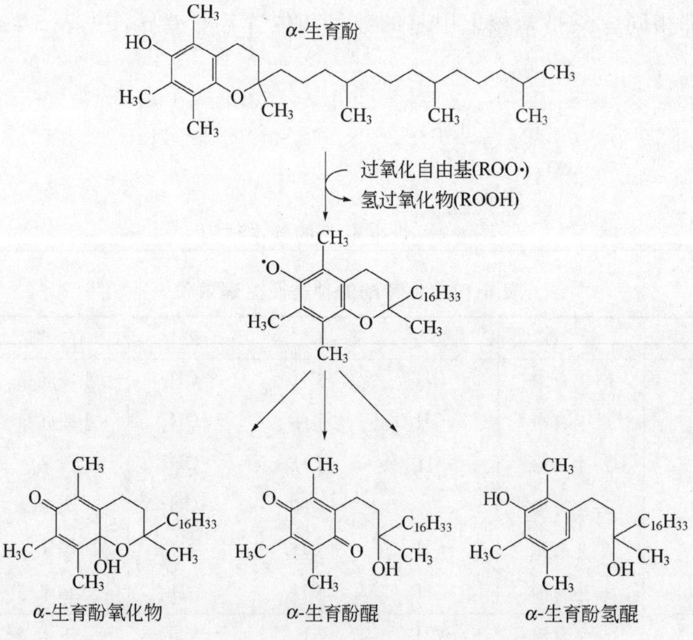

$\alpha$-生育酚

过氧化自由基(ROO·)

氢过氧化物(ROOH)

$\alpha$-生育酚氧化物　　$\alpha$-生育酚醌　　$\alpha$-生育酚氢醌

图 6-5　维生素 E 与过氧自由基作用时的降解途径

#### 6.3.1.4　维生素 K

维生素 K 又称为凝血维生素。天然的维生素 K 已发现有两种：一种是从苜蓿中提出的油状物，称为维生素 $K_1$；另一种是从腐败的鱼肉中获得的结晶体，称为维生素 $K_2$。

维生素 K 多存在于植物组织中，绿叶蔬菜如苜蓿、白菜、菜花、菠菜、青菜等，其中维生素 $K_1$ 的含量都特别丰富。维生素 $K_2$ 是许多细菌的代谢产物，腐鱼肉含维生素 $K_2$ 最多。哺乳动物的肠道细菌也能合成维生素 K。

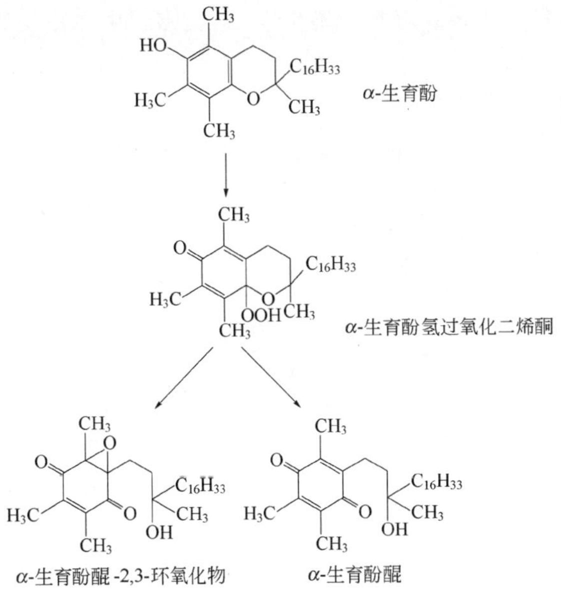

α-生育酚

α-生育酚氢过氧化二烯酮

α-生育酚醌-2,3-环氧化物　　α-生育酚醌

图 6-6　α-生育酚与单重态氧反应途径

**(1) 结构**　维生素 $K_1$ 和 $K_2$ 都是 2-甲基-1,4-萘醌的衍生物，不同之处仅在于侧链上。其化学结构式如下：

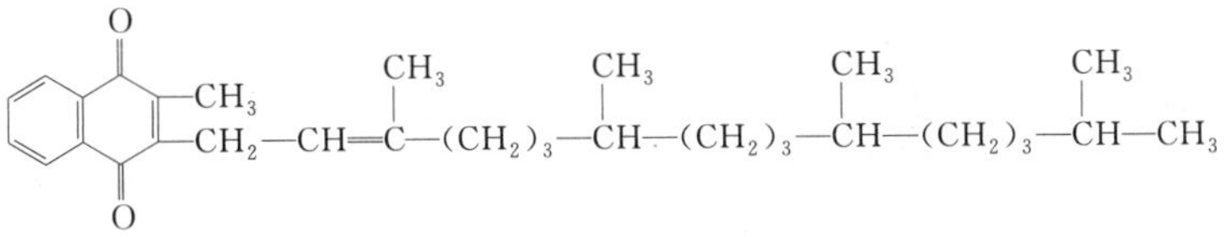

维生素 $K_1$（叶绿醌，phylloquinone）

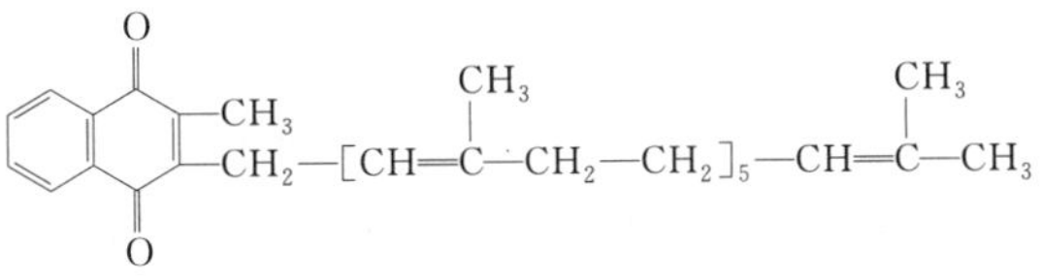

维生素 $K_2$（金合欢醌，farnoquinone） 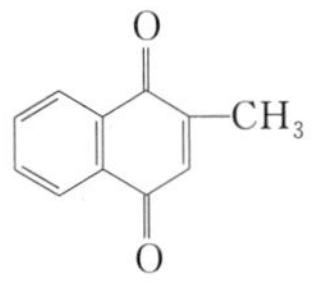　　2-甲基-1,4-萘醌（menaquinone）

**(2) 性质**　维生素 K 都是脂溶性物质。维生素 $K_1$（$C_{31}H_{46}O_2$）为黏稠的黄色油状物，其醇溶液冷却时可呈结晶状析出，熔点为－20℃；维生素 $K_2$（$C_{41}H_{56}O_2$）为黄色结晶体，熔点为 53.5～54.5℃。维生素 $K_1$ 和 $K_2$ 均有耐热性，但易被碱和光破坏，必须避光保存，维生素 $K_2$ 较维生素 $K_1$ 更易于氧化。

**(3) 生理功能及缺乏症**　维生素 K 的主要功能是促进血液凝固，因为它是促进肝脏合成凝血酶原（prothrombin）的必需因子。如果缺乏维生素 K，则血浆内凝血酶原含量降低，便会使血液凝固时间加长。肝脏功能失常时，维生素 K 即失去其促进肝脏凝血酶原合成的功效。此外，维生素 K 还有增强肠道蠕动和分泌的功能。

## 6.3.2 食品中常见的水溶性维生素

### 6.3.2.1 维生素 $B_1$

维生素 $B_1$ 的化学名称为硫胺素（thiamine）。维生素 $B_1$ 的含量以酵母为最多，瘦肉、核果及蛋类中的含量也较多。粮食籽粒中维生素 $B_1$ 大多集中在皮层和胚部。其中以子叶为最多，而胚乳中则极少。由表 6-13 可见，随着粮食的精加工，维生素 $B_1$ 的损失增大。

1IU 维生素 $B_1$ 等于 3μg 纯维生素 $B_1$ 盐酸盐。

**表 6-13 粮食中维生素 $B_1$ 的含量** 单位：mg/100g 干物质

| 名称 | 维生素 $B_1$ 含量 | 名称 | 维生素 $B_1$ 含量 |
| --- | --- | --- | --- |
| 小麦 | 0.37～0.61 | 糙米 | 0.3～0.45 |
| 麸皮 | 0.7～2.8 | 皮层 | 1.5～3.0 |
| 麦胚 | 1.56～3.0 | 米胚 | 3.0～8.0 |
| 面粉(出粉率 85%) | 0.3～0.4 | 胚乳 | 0.03 |
| (出粉率 73%) | 0.07～0.1 | 玉米 | 0.3～0.45 |
| (出粉率 60%) | 0.07～0.08 | 大豆 | 0.1～0.6 |
| 马铃薯 | 0.08～0.1 | 豌豆 | 0.36 |

**(1) 结构** 维生素 $B_1$ 的分子中含有一个带氨基的嘧啶环和一个含硫的噻唑环，因而又称硫胺素。其结构式如下：

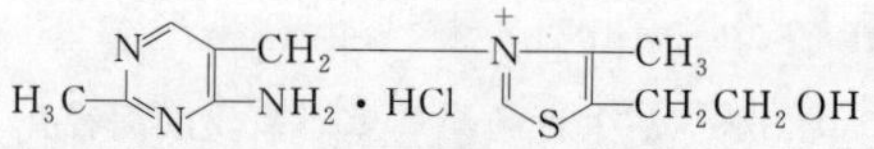

维生素 $B_1$（硫胺素）盐酸盐

**(2) 性质** 维生素 $B_1$ 的盐酸盐是白色结晶体。这种结晶体能抗热到 100℃达 24h 之久，加热到它的熔点（249℃）即行分解。它具有潮解性，能溶于水，1g 硫胺素能溶于 1mL 的水、18mL 的甘油、100mL 的酒精（95%）或 315mL 的 100%酒精中，但不溶于乙醚、丙酮、氯仿或苯。硫胺素具有与酵母类似的气味，微苦。

硫胺素在 $pH<3.5$ 条件下较稳定，虽加热至 120℃仍可保持其生理活性。当溶液的 pH 值$>3.7$ 时，则变为不稳定，在高温下特别容易分解。当 pH 值为 4.3 时在 97℃的温度条件下，加热 1h，其破坏率为 25%；当 pH 值为 7.0 时则破坏率可达 80%。硫胺素在碱性溶液中不耐高温。但在一般蒸煮米饭的温度下，不至于完全分解。如果煮米饭弃去米汤，则大部分都随米汤而损失掉。面包烘烤过程中损失的维生素 $B_1$ 相当于面粉中总量的 15%～30%。

硫胺素及其焦磷酸酯，用亚硫酸盐或亚硝酸盐处理即行分解成嘧啶和噻唑两个环状部分。在制备不含硫胺素的维生素 B 复合体时，常用到这一特性反应。

硫胺素及其焦磷酸酯在被温和的氧化剂（例如高铁氰化钾的碱性溶液）氧化以后，即生成"硫色素"(thiochrome)。这是一种深蓝色的荧光物质，被紫外线照射时即产生荧光。此反应可用于测定维生素 $B_1$ 的含量。

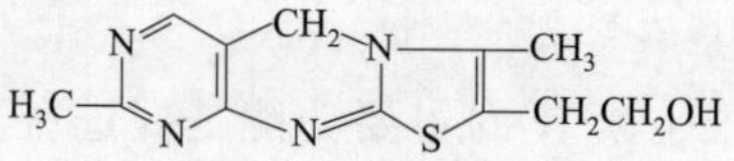

硫色素（脱氢硫胺素）

此外，硫胺素又为乳酸菌生长所必需。因此，微生物测定法也是维生素 $B_1$ 的定量法之一。

硫胺素在生物体内可经硫胺素激酶催化与 ATP 作用转化为硫胺素焦磷酸（thiamine pyrophosphate，TPP）。TPP 在糖代谢中有重要作用。

$$硫胺素 + ATP \xrightarrow[硫胺素激酶]{Mg^{2+}} 硫胺素焦磷酸 + AMP$$

硫胺素焦磷酸

**(3) 生理功能及缺乏症** 维生素 $B_1$ 的主要功能是以辅羧酶的形式参加单糖代谢中间产物 $\alpha$-酮酸（例如丙酮酸、$\alpha$-酮戊二酸）的氧化脱羧反应。人体缺乏维生素 $B_1$ 时，血液组织内便有丙酮酸累积。同时过量的丙酮酸可以阻止脱氢酶对乳酸的作用，这样又造成乳酸的积累，以致新陈代谢不正常，从而影响到神经组织的正常功能。维生素 $B_1$ 对于维持正常糖代谢起着十分重要的作用，它的缺乏糖代谢受阻碍。

维生素 $B_1$ 对于我国居民尤为重要，这是因为淀粉质粮食是我国居民的主要食物来源。营养学家的研究证明，人体每天对维生素 $B_1$ 的需要量，与人体每天所消耗的碳水化合物的数量成正比。如果消耗 1g 碳水化合物，就需要 1μg 的维生素 $B_1$。

维生素 $B_1$ 的另一功用是促进年幼动物的发育，它对幼小动物的影响较维生素 A 更加显著。

人类食物中缺乏维生素 $B_1$ 时，最初神经系统失常，脑力体力容易疲乏，消化不良，食欲不振，继续发展则成多发性神经炎，即脚气病。这时身体衰弱，下肢浮肿，神经麻痹，肌肉失去收缩能力，严重者可引起死亡。

**(4) 稳定性与降解** 维生素 $B_1$ 是所有维生素中最不稳定的一种。其稳定性易受 $a_w$、pH、温度、离子强度、缓冲液以及其他反应物的影响。维生素 $B_1$ 的降解历程多是在两环之间的亚甲基碳上发生亲核取代反应，因此强亲核试剂如 $HSO_3^-$ 易导致维生素 $B_1$ 的破坏。维生素 $B_1$ 在碱性条件下发生的降解和与亚硫酸盐作用发生的降解反应是类似的，两者均生成降解产物 5-（$\beta$-羟乙基）-4-甲基噻唑以及相应的嘧啶取代物（前者生成羟甲基嘧啶，后者为 2-甲基-5-磺酰甲基嘧啶）。

维生素 $B_1$ 在低 $a_w$ 和室温时相当稳定。例如早餐谷物食品在 $a_w$ 为 0.1～0.65 和 37℃以下贮存时，其维生素 $B_1$ 的损失几乎为零。在 45℃时降解反应加速。当 45℃、$a_w$ 在 0.2～0.5 范围时，随 $a_w$ 的增加，维生素 $B_1$ 的降解加快；当 $a_w$ 为 0.5 左右时，其降解达到最大值（图 6-7），随后水分活度继续增加；维生素 $B_1$ 降解速率下降。

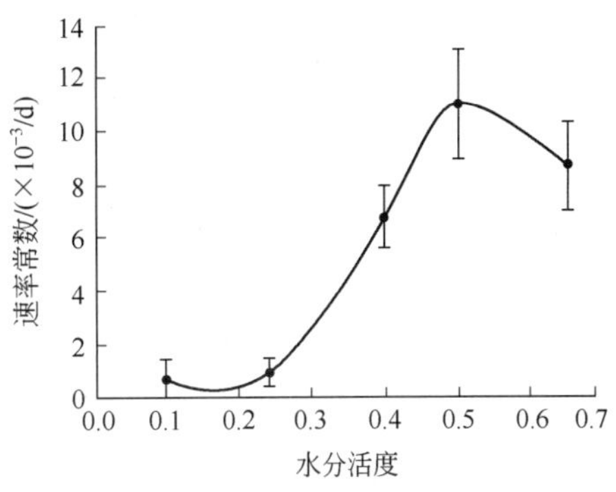

图 6-7 早餐谷物食品在 45℃贮藏条件下维生素 $B_1$ 的降解速率与体系中水分活度的关系

食品贮存期间温度不同对维生素 $B_1$ 的保留率影响很大（表 6-14）。当贮藏温度为 1.5℃时，番茄汁、豌豆、橙汁中维生素 $B_1$ 贮藏 12 个月保留率几乎为 100%；同样条件下当贮藏温度为 35℃时，番茄汁、豌豆、橙汁、利马豆等中维生素 $B_1$ 的保留率为 60%、68%、78%、48%。

**表 6-14 贮存食品中维生素 $B_1$ 的保留率**

| 品种 | 贮藏 12 个月后的保留率/% | | 品种 | 贮藏 12 个月后的保留率/% | |
|---|---|---|---|---|---|
| | 35℃ | 1.5℃ | | 35℃ | 1.5℃ |
| 杏子 | 35 | 72 | 番茄汁 | 60 | 100 |
| 绿豆 | 8 | 76 | 豌豆 | 68 | 100 |
| 利马豆 | 48 | 92 | 橙汁 | 78 | 100 |

维生素 $B_1$ 降解速率与 pH 关系如图 6-8 所示。不管是在磷酸缓冲液中的还是谷物中的维生素 $B_1$，在酸性 pH 范围内（pH<6），维生素 $B_1$ 降解都较为缓慢；而在 pH6～8 时，维生素 $B_1$ 降解加快。

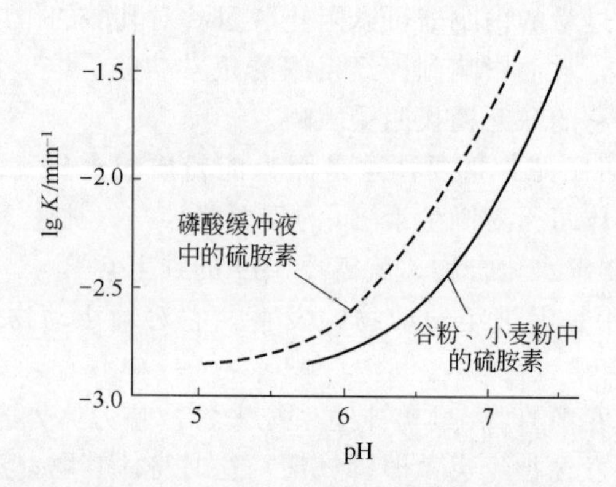


图 6-8 维生素 $B_1$ 降解速率与 pH 的关系

维生素 $B_1$ 像其他水溶性维生素一样，一旦工艺中有漂、煮沸等工序，则损失较大，另外热的作用也会使维生素 $B_1$ 产生降解作用（表 6-15），因此在食品加工贮藏过程中应给予注意，否则会造成维生素 $B_1$ 的较大损失。

**表 6-15 不同的加工处理对维生素 $B_1$ 保留率的影响**

| 产品 | 加工处理 | 保留率/% |
|---|---|---|
| 谷物 | 挤压烹调 | 48～90 |
| 土豆 | 水中浸泡 16h 后油炸 | 55～60 |
| | 在亚硫酸溶液中浸泡 16h 后油炸 | 19～24 |
| 大豆 | 用水浸泡后在水中或碳酸盐中煮沸 | 23～52 |
| 粉碎的土豆 | 各种热处理 | 82～97 |
| 蔬菜 | 各种热处理 | 80～95 |
| 冷冻、油炸鱼 | 各种热处理 | 77～100 |

维生素 $B_1$ 受热作用发生降解会产生特殊气味，如硫化氢、呋喃、噻吩和二氢硫酚等产物都对食品风味产生影响。

#### 6.3.2.2 维生素 $B_2$

维生素 $B_2$ 又称“核黄素”（riboflavin）。维生素 $B_2$ 主要分布在酵母、肝脏、乳类、瘦肉、蛋黄等食物中，在绿叶蔬菜、粮食籽粒及发芽种子中亦有。

**(1) 结构** 核黄素是 D-核糖醇与 7,8-二甲基异咯嗪的缩合物，异咯嗪即黄素（flavin），因此得名。其结构式如下：

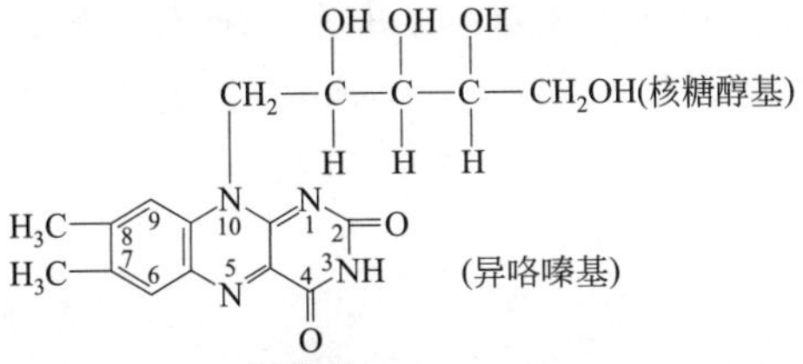

核黄素

**(2) 性质** 核黄素是橙黄色的针状结晶，熔点为282℃，味苦，微溶于水（室温100mL水中溶解12mg），易溶于碱性溶液。

核黄素的水溶液具有黄色的荧光，在紫外线与可见光部分中，它的最大吸收光带位于225nm、269nm、273nm、455nm和565nm等处。据此即可作核黄素的定量分析。

核黄素对热很稳定，天然干燥状态下核黄素的抗热能力比维生素 $B_1$ 更强。例如，干燥酵母在压力下加热至120℃，经过几小时，维生素 $B_1$ 全部丧失，而维生素 $B_2$ 则全部保存下来。

核黄素的异咯嗪环上，第1位和第5位氮原子与活泼的双键相连，能接受氢而被还原，还原后很易被再脱氢，因此，在生物氧化过程中有递氢作用，参与体内各种氧化还原反应。

**(3) 生理功能及缺乏症** 维生素 $B_2$ 的主要生理功能是构成呼吸黄酶和其他许多脱氢酶的辅酶所必需的物质。这些辅酶广泛参与体内各种氧化还原反应，能促进糖、脂肪及蛋白质的代谢。人类食物中如果缺少维生素 $B_2$ 则呼吸能力减弱，整个新陈代谢受阻碍。儿童最易表现出生长停止，成人则出现“口腔炎”“口角炎”“眼角膜炎”和“皮肤炎”等病症。

**(4) 稳定性与降解** 核黄素具有热稳定性，不受空气中氧的影响，在酸性溶液中稳定，但在碱性溶液中不稳定，光照射容易分解。若在碱性溶液中光照射，可导致核糖醇部分的光化学裂解生成非活性的光黄素及一系列自由基（图6-9）；在酸性或中性溶液中光照射，可形成具有蓝色荧光的光色素和不等量的光黄素。光黄素是一种比核黄素更强的氧化剂，它能加速其他维生素的破坏，特别是维生素C的破坏。牛乳如受光影响所产生“日光臭味”，就是上述反应的结果。

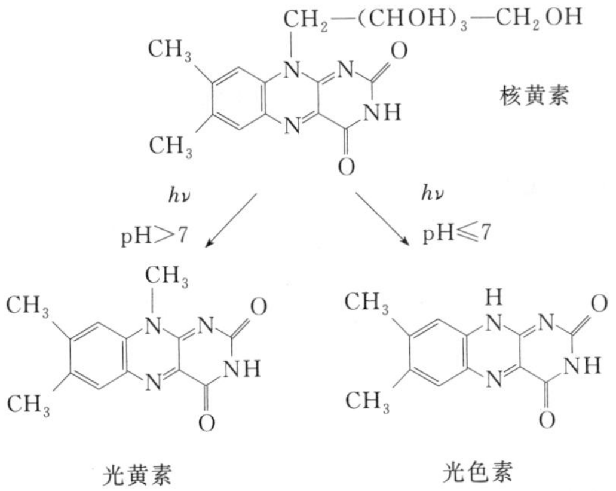

核黄素

光黄素　　光色素

图6-9　核黄素的光化学变化

在大多数加工或烹调过程中，食品中的核黄素是稳定的。据对各种加热方法对六种新鲜或冷冻食品中核黄素稳定性影响的研究，核黄素的保留率常大于90%，其中豌豆或利马豆无论是经过热烫或其他加工，核黄素保留率仍在70%以上。

#### 6.3.2.3 泛酸

泛酸广泛存在于生物界，故又名遍多酸（pantothenic acid）。酵母、肝、肾、蛋、瘦肉、脱脂奶、豌豆、花生、甘薯等中泛酸含量都较丰富。糙米中含泛酸 1.7mg/100g，小麦含泛酸 1.0～1.5mg/100g，玉米含泛酸 0.46mg/100g。人体肠道细菌及植物都能合成泛酸。

**(1) 结构** 泛酸的化学名称为：*N*-(*α*,*γ*-二羟基-*β*,*β*-二甲基丁酰)-*β*-氨基丙酸。其结构式如下：

$$\begin{array}{c} \quad\; CH_3 \\ \quad\; | \\ HOCH_2—C—CH—CO—NH—CH_2—CH_2—COOH \\ \quad\;\; |\quad\;\; | \\ \quad\; CH_3\;OH \end{array}$$

**(2) 性质** 泛酸为淡黄色黏状物，溶于水和醋酸，不溶于氯仿和苯。在中性溶液中对湿热、氧化和还原都稳定。酸、碱、干热可使它分裂为*β*-丙氨酸及其他产物。泛酸的钙盐为无色粉状晶体，微苦，溶于水，对光和空气都稳定，但在 pH 值 5～7 的溶液中可被热破坏。

在生物体内，泛酸呈结合状态，即与 ATP 和半胱氨酸经过一系列反应合成乙酰基转移酶的辅酶（辅酶 A，CoA），因此，CoA 是泛酸的主要活性形式。

**(3) 生理功能** 泛酸的生理功能是以乙酰辅酶 A 形式参加糖类、脂类及蛋白质的代谢，起转移乙酰基的作用。多种微生物的生长都需要泛酸。

**(4) 稳定性与降解** 泛酸在中性溶液中较为稳定，在酸性溶液中易分解，在 pH6～4 范围，分解速率常数随 pH 降低而增加。鉴于游离泛酸的热不稳定与强吸湿性，生产上多应用其钙盐。泛酸在食品中含量变化除与原料有关外，还与加工方法有关，牛乳经巴氏消毒和灭菌，泛酸损失一般低于 10%；干乳酪比鲜牛乳中泛酸损失要低；蔬菜中泛酸的损失主要是由于清洗过程，一般损失 10%～30%。膳食中泛酸在人体内的生物利用率约为 51%，然而还没有证据显示这会导致严重的营养问题。

#### 6.3.2.4 维生素 $B_5$

维生素 $B_5$ 即维生素 PP，或称抗癞皮病维生素。包括烟酸（亦称尼克酸）和烟酰胺（亦称尼克酰胺）两种化合物。

烟酸和烟酰胺的分布都很广，以酵母、肝脏、瘦肉、牛乳、花生、黄豆等含量较多；禾谷类籽粒的皮层及胚中含量也很丰富。

**(1) 结构** 烟酸和烟酰胺都是吡啶衍生物，在生物体内主要以烟酰胺的形式存在。它们的结构式如下：

烟酸　　烟酰胺

**(2) 性质** 烟酸和烟酰胺都是无色针状结晶体。前者的熔点为 235.5～236℃，微溶于水，易溶于乙醇；后者的熔点为 129～131℃，易溶于水。烟酸是维生素中最稳定的一种，不为光、空气及热所破坏，在酸性或碱性溶液中亦很稳定。烟酰胺在酸性溶液中加热即变成烟酸。

烟酸与溴化氰作用产生黄绿色物质，可作为定量基础。

烟酸和烟酰胺环上第 4 和第 5 碳位间的双键可被还原，因此有氧化型和还原型。

烟酰胺在生物体中，可与核糖焦磷酸结合转化为烟酰胺-腺嘌呤二核苷酸（NAD），或称二磷酸吡啶核苷酸（DPN），即辅酶Ⅰ（CoⅠ）。后者再被 ATP 磷酸化可产生烟酰胺-腺嘌呤二核苷酸磷酸（NADP），或称为三磷酸吡啶核苷酸（TPN），即辅酶Ⅱ（CoⅡ）。

**(3) 生理功能及缺乏症** 烟酰胺是辅酶Ⅰ和辅酶Ⅱ的主要成分。而辅酶Ⅰ和辅酶Ⅱ是脱氢酶的辅酶，它们都有带氢和脱氢两种状态，在生物氧化过程中起着传递氢的重要作用。

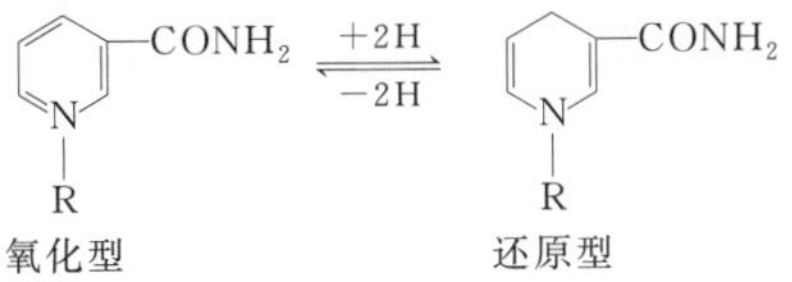

氧化型　　　　还原型

人体缺乏烟酸时会引起癞皮病。最先是皮肤发痒发炎，常常在两手、两颊、左右额及其他裸露部位出现对称性皮炎，同时还伴有胃肠功能失常、口舌发炎、消化不良和腹泻等，严重时则引起神经错乱，甚至死亡。

**(4) 稳定性与降解**　烟酸在食品中是最稳定的维生素。但蔬菜经非化学处理，例如修整和淋洗，也会产生与其他水溶性维生素同样的损失。猪肉和牛肉在贮藏过程中产生的损失是由生物化学反应引起的，而烤肉则不会带来损失，不过烤出的液滴中含有肉中烟酸总量的26%，乳类加工中似乎没有损失。

### 6.3.2.5　维生素 $B_6$

维生素 $B_6$ 又称吡哆素，包括吡哆醇（pyridoxine）、吡哆醛（pyridoxal）和吡哆胺（pyridoxamine）三种化合物。

维生素 $B_6$ 在动植物界中分布很广，麦胚、米糠、大豆、花生、酵母、肝脏、鱼、肉等含量都比较多。

**(1) 结构**　吡哆醇、吡哆醛和吡哆胺都是吡啶的衍生物。其结构式如下：

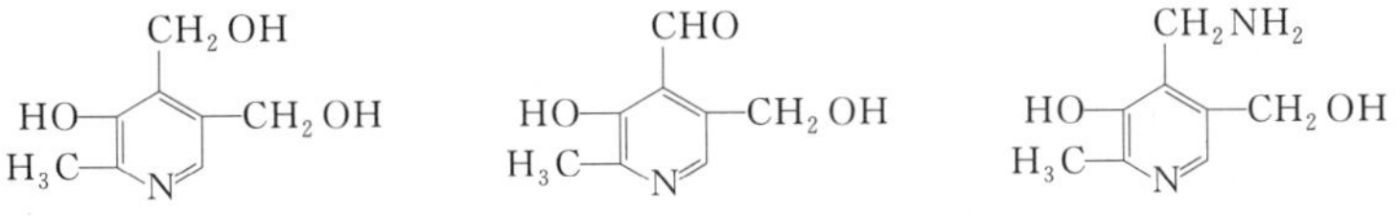

吡哆醇　　　　吡哆醛　　　　吡哆胺

**(2) 性质**　吡哆素为无色晶体，易溶于水及酒精，在酸液中稳定，在碱液中易被破坏，在空气中也稳定，易被光破坏。吡哆醇耐热，吡哆醛和吡哆胺不耐高温。

在动物组织中吡哆醇可转化为吡哆醛或吡哆胺，它们都可通过磷酸化形成各自的磷酸化合物。吡哆醛与吡哆胺、磷酸吡哆醛与磷酸吡哆胺都可以互变，最后都以活性较强的磷酸吡哆醛和磷酸吡哆胺的形式存在于生物体中，构成“氨基酸脱羧酶”和“氨基移换酶”所必要的辅酶。

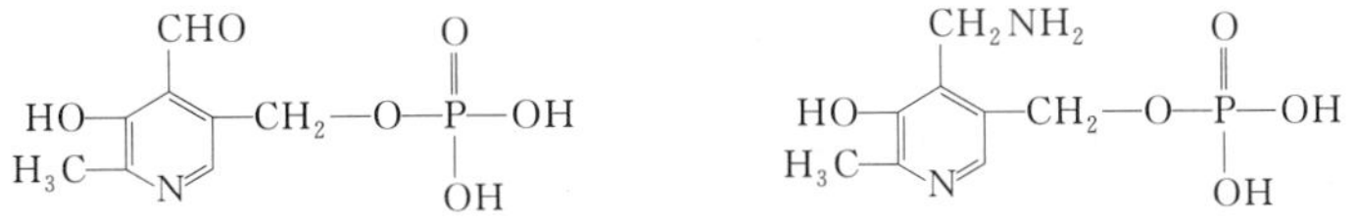

磷酸吡哆醛　　　　磷酸吡哆胺

**(3) 生理功能及缺乏症**　维生素 $B_6$ 的功能是作为辅酶的成分参加生物体中多种代谢反应，是氨基酸代谢中多种酶的辅酶。长期缺乏维生素 $B_6$，会引起皮肤发炎，并使中枢神经系统和造血功能受到损害。

**(4) 稳定性与降解**　维生素 $B_6$ 的三种形式都具有热稳定性，其中吡哆醛最为稳定，通常用来强化食品。维生素 $B_6$ 在氧存在下经紫外线照射后可转变为无生物活性的4-吡哆酸。维生素 $B_6$ 在碱性条件下易分解，在酸性条件下较稳定。如在低pH条件下（如0.01mol/L HCl），所有形式的维生素 $B_6$ 都是稳定的；但当 $pH>7$ 时，维生素 $B_6$ 不稳定，其中吡哆胺损失最大。

维生素 $B_6$ 在热作用下与氨基酸作用可生成席夫碱（图6-10），当在酸性条件下席夫碱会进一步解离。此外，这些席夫碱还可以进一步重排生成多种环状化合物。

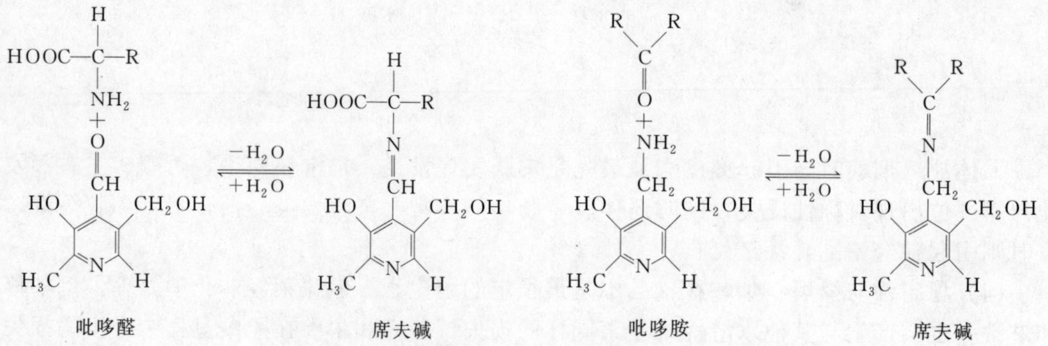

吡哆醛　　席夫碱　　吡哆胺　　席夫碱

图 6-10　吡哆醛、吡哆胺的席夫碱结构的形成

维生素 $B_6$ 在加工过程中会有不同程度的损失。据研究，液体牛乳和配制牛乳在灭菌后，维生素 $B_6$ 活性比加工前减少一半，且在贮藏的 7～10d 内仍继续下降。据报道，用高温短时巴氏消毒（HTST，92℃，2～3s）和煮沸 2～3min 消毒，维生素 $B_6$ 仅损失 30%；但瓶装牛乳在 119～120℃消毒 13～15min，维生素 $B_6$ 减少 84%；采用高温瞬时灭菌，维生素 $B_6$ 的损失很小。

对不同工艺及加工贮藏后的食品中维生素 $B_6$ 的损失进行调查发现，罐装蔬菜常温贮藏维生素 $B_6$ 的损失约 60%～80%，冷藏损失约 40%～60%；海产品和肉制品在加工及罐装过程中，维生素 $B_6$ 的损失约为 45%；水果和水果汁冷藏时，损失约 15%；谷物加工成各类谷物食品时，维生素 $B_6$ 损失为 50%～95%。

#### 6.3.2.6　维生素 H

维生素 H（biotin）即生物素，在自然界存在的有 $\alpha$-及 $\beta$-生物素两种。前者存在于蛋黄中，后者存在于肝脏中。

维生素 H 分布于动植物组织中，一部分以游离状态存在，大部分同蛋白质结合。卵白的抗维生素 H 蛋白就是一种与生物素结合的蛋白质。许多生物都能自身合成维生素 H，人体肠道细菌也能合成部分维生素 H。

**(1) 结构**　维生素 H 为含硫维生素，具有噻吩与尿素相结合的并环，并带戊酸侧链。其结构式如图 6-11。

**(2) 性质**　生物素为无色的细长针状结晶，熔点为 232～233℃，并开始分解，能溶于热水和乙醇，但不溶于乙醚及氯仿。对光、热、酸稳定，但高温和氧化剂可使其破坏，同时丧失生理活性。

**(3) 生理功能及缺乏症**　生物素为多种羧化酶的辅酶，在 $CO_2$ 的固定反应中起着 $CO_2$ 载体的作用。

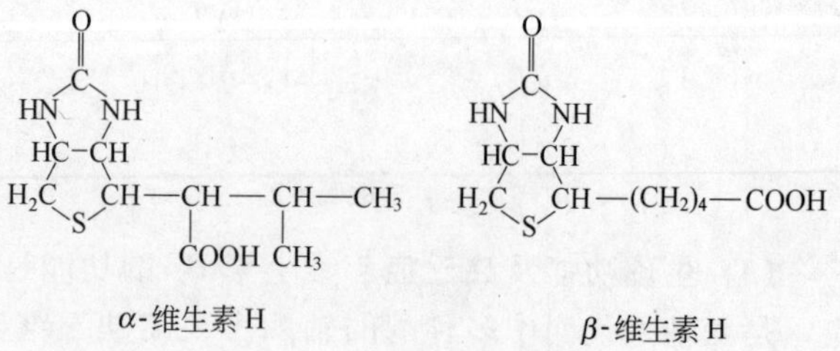

$\alpha$-维生素 H　　$\beta$-维生素 H

图 6-11　维生素 H 的结构式

人体一般不易缺乏生物素，因为除了可以从食物中获得部分生物素外，肠道细菌还可合成一部分。人类若缺乏生物素可导致皮炎、肌肉疼痛、感觉过敏、怠倦、厌食、轻度贫血等。

#### 6.3.2.7　维生素 $B_{11}$

维生素 $B_{11}$ 即叶酸（folic acid）。叶酸的分布较广，绿叶、肝、肾、菜花、酵母中含量都较多，其次为牛肉、麦粒等。

(1) **结构** 维生素 $B_{11}$ 是由蝶啶（pteridine）、对氨基苯甲酸及 L-谷氨酸连接而成。其结构式如下：

$$H_2N-\text{(蝶啶环, 1,4,5,8)}-CH_2-NH-C_6H_4-CO-NH-CH(COOH)-CH_2-CH_2-COOH$$

（蝶啶环 4 位：OH）

蝶啶　　　　对氨基苯甲酰基　　　　L-谷氨酸基

(2) **性质** 叶酸为鲜黄色晶体，微溶于水，在水溶液中易被光破坏，在酸性溶液中耐热。

叶酸的 5、6、7、8 位置，在 $NADPH_2$ 存在下，可被还原成四氢叶酸（THFA）。四氢叶酸的第 5 或第 10 氮位可与多种一碳单位（包括甲酸基、甲醛和甲基）结合，作为它们的载体，然后转给其他受体，供给生成新的物质之用。它对于核酸和蛋白质的生物合成都很重要。

(3) **生理功能及缺乏症** 由于叶酸间接与核酸和蛋白质的生物合成有关，缺乏时可引起血液等方面的疾病。如鸡缺乏叶酸时患贫血，抗病力降低，有时缺乏叶酸患恶性贫血、舌炎和肠胃病等。人类肠道细菌能合成叶酸，故一般不易患缺乏症。

(4) **稳定性与降解** 叶酸在厌氧条件下对碱稳定。但在有氧条件下，遇碱会发生水解，水解后的侧链生成氨基苯甲酸-谷氨酸（PABG）和蝶啶-6-羧酸，而在酸性条件下水解则得到 6-甲基蝶啶。叶酸酯在碱性条件下隔绝空气水解，可生成叶酸和谷氨酸。叶酸溶液暴露在日光下亦会发生水解生成 PABG 和蝶呤-6-羧醛，蝶呤-6-羧醛经辐射后转变为蝶呤-6-羧酸，然后脱羧生成蝶呤，核黄素和黄素单核苷酸（FMN）可催化这些反应。

二氢叶酸（$FH_2$）和四氢叶酸（$FH_4$）在空气中容易氧化，对 pH 也很敏感，在 pH 8～12 和 pH1～2 最稳定。在中性溶液中，$FH_4$ 与 $FH_2$ 同叶酸一样迅速氧化为 PABG、蝶啶、黄嘌呤、6-甲基蝶呤和其他与蝶呤有关的化合物。在酸性条件下，$FH_4$ 比在碱性溶液中氧化更快，其氧化产物为 PABG 和 7,8-二氢蝶呤-6-羧醛。硫醇和抗坏血酸盐这类还原剂能使 $FH_2$ 和 $FH_4$ 的氧化减缓。

四氢叶酸的几种衍生物稳定性顺序为：5-甲酰基四氢叶酸＞5-甲基-四氢叶酸＞10-甲基-四氢叶酸＞四氢叶酸。不同食品类型及加工方式对叶酸的损失程度都不同（表 6-16）。牛乳经高温短时巴氏消毒（92℃，2～3s），总叶酸酯大约有 12%损失；经煮沸 2～3min 消毒，其损失为 17%；瓶装牛乳消毒（在 119～120℃，13～15min）产生的损失很大，约 39%；牛乳经预热后再通入 143℃蒸汽 3～4s 进行高温短时消毒，总叶酸酯量只有 7%损失。

**表 6-16 各种加工方式引起食品中叶酸的损失情况**

| 食品 | 加工方式 | 叶酸活性的损失/% |
|---|---|---|
| 蛋类 | 油炸、煮炒 | 18～24 |
| 肝 | 烹调 | 无 |
| 大西洋庸鲽 | 烹调 | 46 |
| 花菜 | 煮 | 69 |
| 胡萝卜 | 煮 | 79 |
| 肉类 | γ 辐射 | 无 |
| 葡萄柚汁 | 罐装或贮藏 | 可忽略 |
| 番茄汁 | 罐装 | 50 |
| | 暗处贮藏(1 年) | 7 |
| | 光照贮藏(1 年) | 30 |
| 玉米 | 精制 | 66 |
| 面粉 | 碾磨 | 20～80 |
| 肉类或菜类 | 罐装和贮藏(3 年) | 可忽略 |
| | 罐装和贮藏(5 年) | 可忽略 |

### 6.3.2.8 维生素 $B_{12}$

维生素 $B_{12}$ 是含钴的化合物，又称钴维素或钴胺素。至少有五种，一般所称的维生素 $B_{12}$ 是指分子中钴同氰结合的氰钴胺素。

肝脏中维生素 $B_{12}$ 最多，其次是奶、肉、蛋、鱼等，植物大多不含维生素 $B_{12}$。在自然界中只有微生物合成维生素 $B_{12}$。动物组织中的维生素 $B_{12}$ 一部分从食物中得来，一部分是肠道微生物合成的。天然维生素 $B_{12}$ 是与蛋白质结合存在的，需经热或蛋白酶分解成游离态才能被吸收。

**(1) 结构** 维生素 $B_{12}$ 是含三价钴的多环系化合物。其结构式如下：

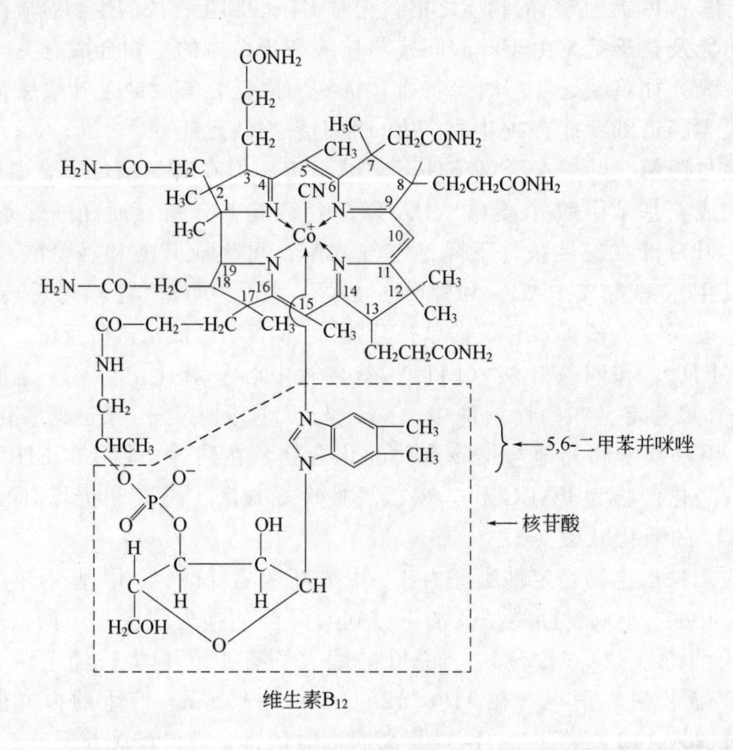


维生素$B_{12}$

钴维素包括氰钴胺素（与 Co 连接的基团为—CN）、羟基钴维素（Co—OH）、水化钴维素（Co—$H_2O$）、亚硝基钴维素（Co—$NO_2$）、甲基钴维素（Co—$CH_3$）等。

**(2) 性质** 维生素 $B_{12}$ 为粉红色针状结晶，熔点很高（320℃时不熔），溶于水、乙醇和丙醇，不溶于氯仿。晶体及其水溶液（在 pH4.5～5 以内）都相当稳定，强酸和强碱下极易分解，日光、氧化剂和还原剂都可使之破坏。

**(3) 生理功能及缺乏症** 维生素 $B_{12}$ 以辅酶的形式参加体内各种代谢。它作为甲基载体参加蛋氨酸和胸腺嘧啶的生物合成，间接参与核酸和蛋白质的合成。它与叶酸的作用是相互的，它可以增加叶酸的利用率来促进核酸和蛋白质的合成，从而促进细胞的发生和成熟。

肠道的维生素 $B_{12}$ 需要与胃黏膜所分泌的特殊黏蛋白（又称内源因素）结合才能被吸收。若内源因素缺乏，维生素 $B_{12}$ 吸收时发生障碍，便可引起恶性贫血，并可出现神经系统、舌、胃黏膜的病变。

**(4) 稳定性及降解** 维生素 $B_{12}$ 的水溶液在室温无光线下是稳定的，最适宜 pH 范围是 4～6，在此范围内，即使高压加热，也仅有少量损失。在碱性溶液中加热，能定量地破坏维

生素 $B_{12}$。还原剂如低浓度的巯基化合物，能防止维生素 $B_{12}$ 破坏，但用量较多以后，则又起破坏作用。维生素 C 或亚硫酸盐也能破坏维生素 $B_{12}$。在溶液中，维生素 $B_1$ 与尼克酸的结合可缓慢地破坏维生素 $B_{12}$；铁与来自维生素 $B_1$ 中具有破坏作用的硫化氢结合，可以保护维生素 $B_{12}$，三价铁盐对维生素 $B_{12}$ 有稳定作用，而低价铁盐则导致维生素 $B_{12}$ 的迅速破坏。

#### 6.3.2.9 硫辛酸（lipoic acid）

硫辛酸为含硫的 $C_8$ 脂酸，有氧化和还原两种形式，结构式见图 6-12。

硫辛酸溶于水，为生物生长发育所必需，故一般被列入 B 族维生素。人体能合成。肝和酵母菌中硫辛酸的含量甚高。硫辛酸是丙酮酸脱氢酶和 $\alpha$-酮戊二酸脱氢酶的辅酶，有转移酰基的作用。

```
      CH2                              CH2
    /     \                          /     \
 CH2        CH—(CH2)4COOH         CH2       CH—(CH2)4COOH
    \     /                        |         |
     S—S                           SH        SH
    氧化型                              还原型
```

图 6-12 硫辛酸的结构式

#### 6.3.2.10 维生素 C

**(1) 结构** 维生素 C 又名抗坏血酸，为酸性己糖衍生物，是烯醇式己糖酸内酯。维生素 C 主要来源于新鲜水果和蔬菜中。维生素 C 有 L 型和 D 型两种异构体，只有 L 型的才具有生理功能，还原型和氧化型都有生理活性。

**(2) 性质** 维生素 C 为无色片状晶体，熔点为 190～192℃，比旋光度为＋22°。味酸，溶于水和乙醇。由于分子具有两个烯醇式羟基，在水溶液中可以离解生成氢离子，故呈酸性。加热或光线照射，易使维生素 C 破坏。在溶液中，特别是在含有金属离子，如 $Cu^{2+}$、$Fe^{3+}$ 等的溶液中，即使是微量的金属离子，也能促使它分解。在酸性溶液中特别是草酸或偏磷酸的溶液中，维生素 C 相当稳定。一般常利用这一特性从生物组织中提取维生素 C。

维生素 C 是一种强烈的还原剂，易被氧化成脱氢维生素 C。维生素 C 与脱氢维生素 C 在体内能相互转变。因此，它能在生物氧化作用中，构成一种氧化还原体系。此外，在食品工业中广泛用作抗氧化剂，而在面团改良剂中又可用作氧化剂。因为它能被抗坏血酸氧化酶氧化为脱氢抗坏血酸，后者可使面团中—SH 氧化为二硫键，从而使面筋强化。

```
   O═C ───┐                   O═C ───┐                     COOH
     |    |                     |    |                      |
     C—OH |      −2H            C═O  |        H2O           C═O
     ‖    O    ⇌               |    O      ──→             |
     C—OH |      +2H            C═O  |                      C═O
     |    |                     |    |                      |
    HC────┘                    HC────┘                  H—C—OH
     |                          |                           |
 HO—C—H                    HO—C—H                     HO—C—H
     |                          |                           |
    CH2OH                      CH2OH                      CH2OH

  L-抗坏血酸                L-脱氢抗坏血酸              2,3-二酮古洛糖酸
  （还原型）                 （氧化型）
```

脱氢抗坏血酸被水化即转变为 2,3-二酮古洛糖酸，后者无生物活性。

维生素 C 可还原 2,6-二氯酚溶液（蓝色）使之褪色，亦可与 2,4-二硝基苯肼结合生成

有色的腙。这种反应都可作为维生素C定性与定量的基础。

**(3) 生理功能及缺乏症** 维生素C可促进各种支持组织及细胞间黏合物的形成；能在细胞呼吸链中作为细胞呼吸酶的辅助物质，促进体内氧化作用，它既可作供氢体，又可作受氢体，在体内重要的氧化还原反应中发挥作用。此外，维生素C还有增强机体抗病能力及解毒作用。

由于人体内不能合成自身所需的维生素C，当人体缺乏维生素C时，可能会引起多种症状，其中最显著的是坏血病，表现出最初是皮肤局部发炎、食欲不振、呼吸困难和全身疲倦，后来则是内脏、皮下组织、骨端或齿龈等处的微血管破裂出血，严重的可导致死亡。

**(4) 稳定性与降解** 维生素C极易受温度、pH、氧、酶、盐和糖的浓度、金属催化剂特别是 $Cu^{2+}$ 和 $Fe^{3+}$、$a_w$、维生素C的初始浓度以及维生素C与脱氢维生素C的比例等因素的影响而发生降解。尽管维生素C在厌氧情况下非酶氧化较慢，但在弱酸或碱性尤其是碱性情况下通过维生素C酮式→酮式阴离子→二酮式古洛糖酸而发生降解（图6-13）。

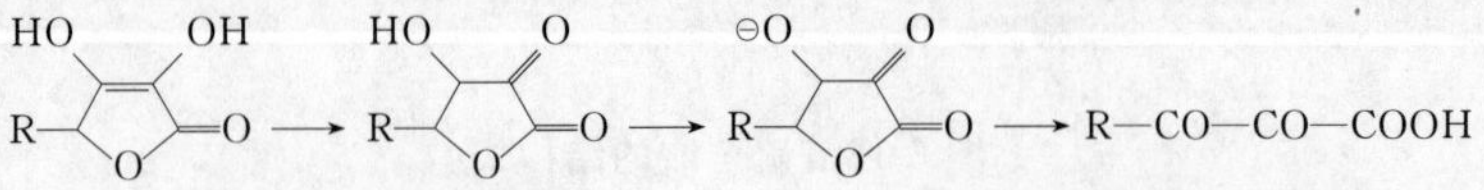

图6-13 维生素C降解产生二酮式古洛糖酸的反应历程示意图

二酮式古洛糖酸通过转化产生多种产物，如还原酮类、糠醛、呋喃-2-羧酸等。在有氨基酸存在情况下，维生素C、脱氢维生素C和它们的降解产物会进一步发生美拉德反应，产生褐色产物（图6-14）。

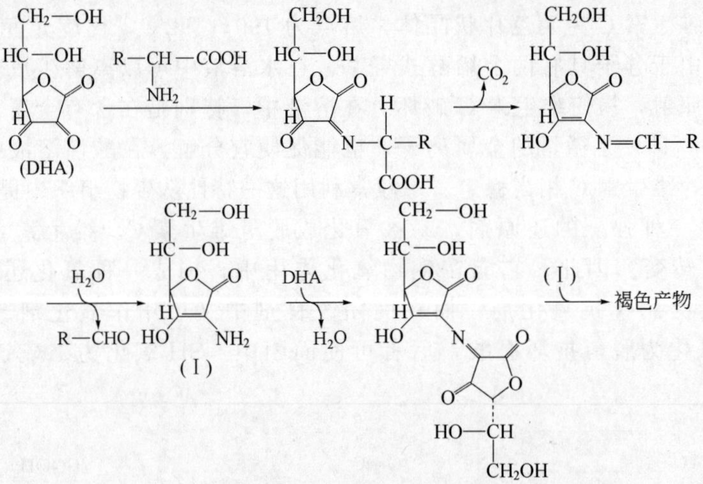

图6-14 维生素C褐变的反应历程示意图

维生素C具有强的还原性，因而是食品中一种常用的抗氧化剂，例如利用维生素C的还原性使邻醌类化合物还原，从而有效抑制酶促褐变。由于维生素C具有较强的抗氧化活性，常用于保护叶酸等易被氧化的物质。此外维生素C还可以清除单重态氧、还原氧和以碳为中心的自由基，以及使其他抗氧化剂（如生育酚自由基）再生。维生素C在食品贮藏过程中的变化常可用于指示食品贮藏的质量变化。

由于维生素C对热、pH和氧敏感，且易溶于水，因此，维生素C在加工和贮藏过程中常会造成较多损失。图6-15～图6-17是不同加热时间、不同加工方式、贮藏过程中不同 $a_w$ 与维生素C破坏速率的关系。

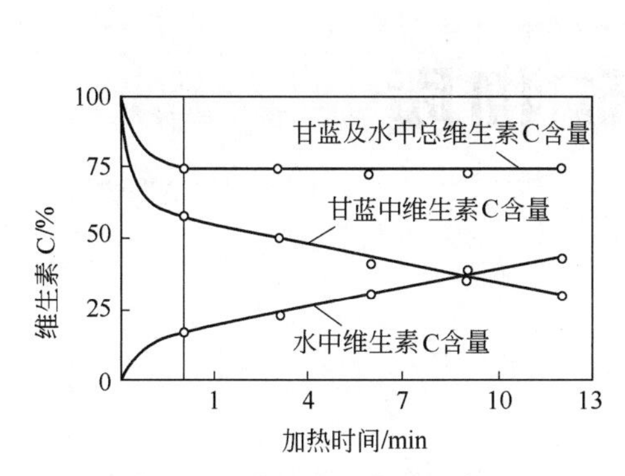


图 6-15　热烫甘蓝中维生素 C 与加热时间关系

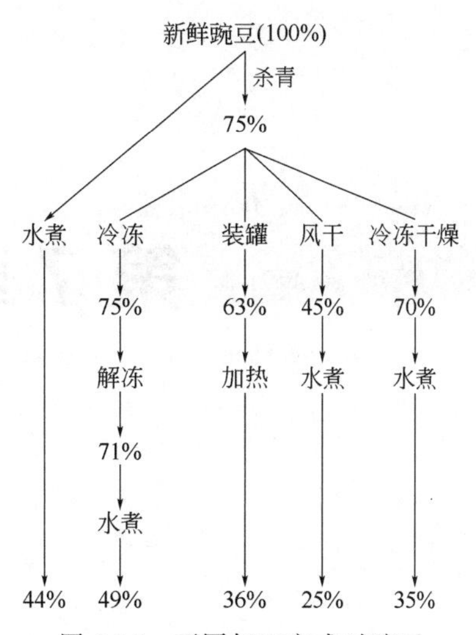


图 6-16　不同加工方式对豌豆中维生素 C 保存率的影响

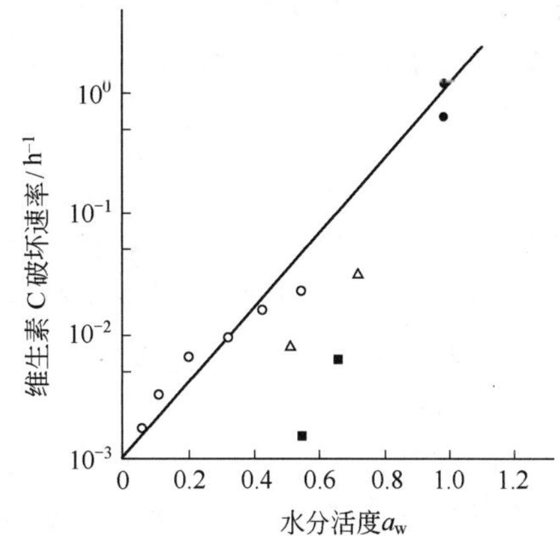


图 6-17　贮藏过程中水分活度与维生素 C 破坏速率的关系

○ 橙汁晶体；● 蔗糖溶液；△ 玉米、大豆乳混合物；■ 面粉

在加工时如用二氧化硫（$SO_2$），可减少维生素 C 损失。例如水果、蔬菜经 $SO_2$ 处理后，可减少在加工贮藏过程中维生素 C 的损失。此外，糖和糖醇可保护维生素 C 免受氧化降解，这可能是它们结合金属离子从而降低了后者的催化活性，其详细的反应机理有待进一步研究。

## 参 考 文 献


[1] 赵洪静，等．食品加工、烹调中的维生素损失．国外医学卫生学分册，2003，30（4）：221.

[2] Chung K T，et al. Are tannins a double-edged sword in biology and health?．Trends in Food Science & Technology，1998，9：168.

[3] Rietjens Ivonne M C M，et al. The pro-oxidant chemistry of the natural antioxidants vitamin C，vitamin E，carotenoids and flavonoids. Environmental Toxicology and Pharmacology，2002，11：321.

[4] Verkerk R，et al. Effects of processing conditions on Glucosinolates in cruciferous vegetables. Cancer letters，1997，114：193.

[5] Garneiro G，et al. Vitamin and mineral deficiency and glucose metabolism-A review. e-SPEN Journal，2013，8：e73.

[6] Lee S W，et al. A review of the effect of vitamins and other dietary suppements on seizure activity. Epilepsy & Behavior，2010，18（3）：139.

[7] Ložnjak P，et al. Stability of vitamin $D_3$ and vitamin $D_2$ in oil，fish and mushrooms after household cooking. Food Chemistry，2018，254：144-149.

# 第7章　矿物质

**本章要点：** 食品矿物质的定义、功能性及其在食品中的存在状态，食品中矿物质的溶解性、酸碱性及氧化还原性、活度等理化性质，食品中矿物质的营养性及其影响因素，金属元素有害性及其影响因素，食品中矿物质的含量及影响因素等。

食品中矿物质是六大营养素之一，也是评价食品营养价值的重要指标之一。人体的生长发育需要多种矿物质，而这些矿物质一般情况下完全要靠食品提供，因此食品中矿物质的含量及状态对人体健康起着重要作用，如果矿物质供给量不足或生物有效性低，就会出现营养缺乏症或罹患某些疾病，摄入过多也会产生中毒。因此有必要了解食品中矿物质的化学性质、功能性、含量及存在状态、生物有效性及影响因子、加工及贮存对其影响等，这对了解食品安全强化和加工技术方面对矿物质含量的影响，以及提高它们的吸收、生物利用率和有效补充必需的矿物质，确保食品中矿物质的营养性和安全性等都有重要的意义。

## 7.1　概　述

### 7.1.1　化学元素的定义与分类

目前已发现化学元素118种，其中20多种为人造元素，生成之后，几乎立刻衰变成更轻的元素。自然界存在的元素有92种。据目前分析报道，在人体中发现有81种元素。人体内存在的元素根据其营养性大致可分为如下3类：

**(1) 生命必需元素**　生命必需元素具有以下特征：其一是机体必须通过饮食摄入这种元素，缺乏这种元素就会表现出某种生理性缺乏症，在缺乏早期补充这种元素该症状消失；其二是这种元素都有特定的生理功能，其他元素不能完全代替；其三是在同一物种中这种元素有较为相似的含量范围。目前报道人体内必需元素约有29种：氧（O）、碳（C）、氢（H）、氮（N）、钙（Ca）、磷（P）、钾（K）、钠（Na）、氯（Cl）、硫（S）、镁（Mg）、铁（Fe）、氟（F）、锌（Zn）、铜（Cu）、钒（V）、锡（Sn）、硒（Se）、锰（Mn）、碘（I）、镍（Ni）、钼（Mo）、铬（Cr）、钴（Co）、溴（Br）、砷（As）、硅（Si）、硼（B）、锶（Sr）。前11种元素由于在体内含量较高，其总量约占人体元素总量的99.95%，所以又称为常量元素或宏量元素；后18种元素由于在体内含量较少，其总量约占人体元素总量的0.05%，所以又称为微量元素。生命体中除上述29种元素以外的元素为非必需元素。

**(2) 潜在的有益元素或辅助元素** 这类元素的特征是：它们在含量很少时对生命体的生理活动是有益的，但摄入量稍大时表现出有害性，目前这类元素主要有铷（Rb）、铝（Al）、钡（Ba）、铌（Nb）、锆（Zr）、锂（Li）、稀土元素（RE）等。

**(3) 有毒元素** 这种元素的特征是：它们在含量很少时对生命体的生理活动无益，但在体内积蓄量稍大时就表现出有害性，目前这类元素主要有铋（Bi）、锑（Sb）、铍（Be）、镉（Cd）、汞（Hg）、铅（Pb）、铊（Tl）等。

食品科学常将除C、H、O、N以外的生命必需元素称为矿物质（minerals）。矿物质又依其在食品中含量的多少分为常量元素（main elements）、微量元素（trace elements）和超微量元素（ultra-trace elements）。食品中那些非必需的有害的元素称为污染元素（contamination elements）或有毒微量元素（toxic trace elements）。

另外，对上述的划分，尤其是潜在的有益元素和有毒元素的归类，都是根据目前的认识而相对划分的。随着科技的进步，它们将会有新的归类。

### 7.1.2 矿物质功能概述

生命体中可检测到80多种化学元素。其中H、C、N、O、Na、Mg、P、S、Cl、K、Ca、Mn、Fe、Co、Cu、Zn、Mo、I、Se、Cr、V、Ni、Sn、F、B和Si等为必需元素。生命体内必需化学元素都存在于健康的生物组织中，并和一定的生物化学功能有关（表7-1）。

**表7-1 主要矿物质的功能简介**

| 元素 | 矿物质的主要功能 |
| --- | --- |
| B | 促进生长，是植物生长所必需的 |
| F | 与骨骼的生长有密切关系 |
| Fe | 组成血红蛋白和肌红蛋白、细胞色素等 |
| Zn | 与多种酶、核酸、蛋白质的合成有关 |
| I | 甲状腺素的成分 |
| Cu | 许多金属酶的辅助因子，铜蛋白的组成 |
| Se | 构成谷胱甘肽过氧化物酶的组成成分，与肝功能及肌肉代谢等有关 |
| Mn | 酶的激活，并参与造血过程 |
| Mo | 是钼酶的主要成分 |
| Cr | 主要起胰岛素加强剂的作用，促进葡萄糖的利用 |
| Mg | 酶的激活、骨骼成分等 |
| Si | 有助于骨骼形成 |
| P | ATP组成成分 |
| Co | 维生素$B_{12}$组成成分 |
| Ca | 骨骼成分，神经传递等 |
| S | 蛋白质组成 |
| K | 电化学及信使功能，胞外阳离子 |
| Na | 电化学及信使功能，胞外阳离子 |
| Cl | 电化学及信使功能，胞外阴离子 |

由表7-1可知，矿物质在人体中发挥着重要作用。矿物质的功能作用常涉及复杂的机理和互作关系，很多研究发现矿物质之间或与其他营养素之间存在协同、拮抗或既协同又拮抗的复杂互作关系，这种互作关系影响着它的生物有效性。矿物质间的这种互作关系不仅与元素本身的含量有关，而且与元素之间的比例也有关系。如饮食中Ca/P为1∶1时，Ca和P

的吸收效果最好。Fe与Zn、Zn与Cu是与健康相关的典型的相互拮抗的例子，膳食中Fe/Zn从1∶1到22∶1变动时，对Zn吸收的抑制作用逐渐增强；增加膳食中Zn的水平，会降低Cu的吸收。体内矿物质缺乏肯定会表明出某种症状。诸多的研究表明，矿物质的缺乏和不平衡都对人体健康造成了安全隐患。

矿物质与其他有机营养物质不同，它不能在体内合成，全部来自人类生存的环境，除了排泄出体外，也不能在体内代谢过程中消失。人体的矿物质主要通过饮食获得，因此饮食和膳食结构影响人体中矿物质的组成和比例。食品中矿物质种类及组成是食品质量的主要指标之一，一些有害重金属也是食品卫生安全指标之一。

如上所述，微量元素在生命过程中有重要作用。没有它们，一些酶的活性就会降低或完全丧失，激素、蛋白质、维生素的合成和代谢也就会发生障碍，人类生命过程就难以继续进行。近几年人们对金属元素组学，尤其是微量金属元素参与基因表达的调控等都给予了特别的关注。有关这方面的知识请参考相关文献介绍。

## 7.2 矿物质在食品中的存在状态

矿物质在动、植物源食物中赋存状态有多种分类方法。根据其理化性质可分为：溶解态和非溶解态，胶态和非胶态，有机态和无机态，离子态和非离子态，络合态和非络合态以及价态。也可依照分离或测定手段划分赋存状态，如用螯合树脂分离时分为“稳定态”和“不稳定态”，用阳极溶出伏安法（ASV）测定时分“活性态”和“非活性态”等。

赋存状态分析可分三个层次：初级状态分析，旨在考察该成分的溶解情况，相当于区分溶解态和非溶解态，部分有机态和无机态；次级状态分析，进一步区分有机态和无机态、离子态和非离子态、络合态和非络合态；高级状态分析，指对各种状态在分子水平上研究，如确定其金属配合或络合物组成、配位原子及配位数、离子的电荷及价态等。

食品中矿物质的存在状态不同，其营养性及安全性也不同。如食物中砷，一般是有机砷化合物的毒性小于无机砷化合物。同是无机砷，三价的毒性又大于五价的。同是有机砷化合物，它们的毒性又与有机砷化合物中砷的价态有密切的关系，有机三价砷化合物能与蛋白质中巯基作用，因此毒性较大；而有机五价砷化合物与巯基的结合力较弱，因此毒性较小。又如在膳食中血红素中Fe虽然比非血红素铁所占的比例少，但其吸收率却比非血红素铁高2～3倍，且很少受其他膳食因素包括铁吸收抑制因子的影响。

由上可见，评价某金属的营养性及安全性，除常规的测定总量外，还应考虑它们在食品中的存在形式。一般来说，矿物质中多数金属在食物中呈游离状态很少，主要以配合物状态存在。

### 7.2.1 与单糖及氨基酸结合

根据配位化学及Lewis酸碱理论，金属都是Lewis酸，提供空轨道；而小分子的糖、氨基酸、核酸、叶绿素、血红素等结构上富含N、S、O等原子，它们都有孤对电子，是Lewis碱。因此，矿物质中多数金属元素能与上述生物小分子形成金属配合物。

就$\alpha$-氨基酸而言，最常见的是作为二齿配体，以$\alpha$-碳上的氨基和羧基作为配位基团同金属离子配位，形成具有五元环结构的较稳定的配合物，如图7-1。在一定条件下，氨基酸侧链的某些基团也可以参与配位。肽末端羧基和氨基酸侧链的某些基团可作为配位基团外，肽键中的羧基和亚氨基也可参与配位。

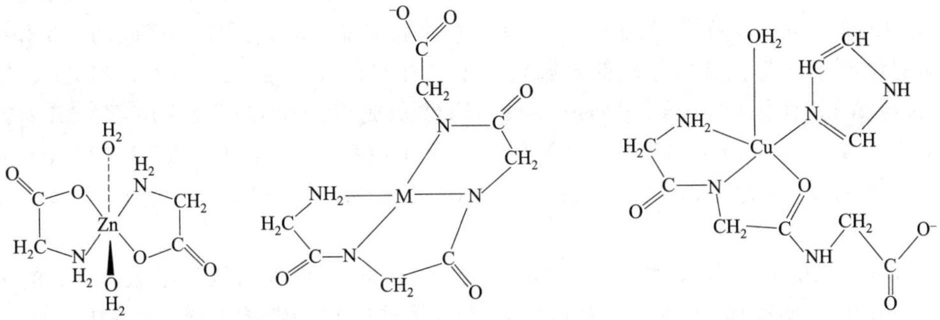

(a) $Zn(Gly)_2 2H_2O$　　(b) 甘氨酸三肽金属配合物 M=Cu(Ⅱ)或Ni(Ⅱ)　　(c) 甘氨酸四肽铜配合物

图 7-1　金属元素与肽配合物示意图

多数食品都含有大量的单糖、糖衍生物及氨基酸。只要糖分子内相邻的羟基处在有利的空间构型，如吡喃糖上的三个羟基处在轴向-横向-轴向，或呋喃糖上三个羟基处在顺式-顺式-顺式的结构，都能与二价及三价金属元素形成配合物。如果糖结构上连接有—$COO^-$ 或—$NH_2$ 基团，这些糖的衍生物与金属元素形成的配合物稳定性将被提高几个数量级。糖与氨基酸在美拉德反应过程中形成的糖胺成分，如果糖基胺、葡糖基胺等也能与金属元素形成较稳定的配合物。据 L. Nagy 等研究发现葡萄糖与氨基酸在高温下发生的糖胺反应所形成的 Amadori 异构物是较稳定的金属元素配体。L. Nagy 等用外延 X 射线吸收精细结构光谱（extended X-ray absorption fine structure spectroscopic，EXAFS）对数种食品中金属元素存在状态进行了测定，发现食品中金属元素与糖及糖的衍生物能生成多种形式的配合物。

## 7.2.2　与草酸及植酸的结合

草酸广泛存在于植物源食品中，是较重要的一类金属螯合剂。当植物源食品中草酸及植酸含量较高时，一些必需的矿物质生物活性就会损失，一些有害金属元素的毒性就会降低。

植酸又称肌酸，与 Ca、Fe、Mg、Zn 等金属离子产生不溶性化合物，使金属离子的有效性降低；植酸盐还可与蛋白质类形成配合物，不仅降低了蛋白质生物利用率，还会使金属离子更加不易被利用。蔬菜中约有 10%左右的 P，因与肌酸结合难被人体吸收。在谷物中，植酸盐结合的 P 占整个谷物含 P 量的主要部分，一般在 40%左右，而在某些谷物中，甚至高达 90%（表 7-2）。

**表 7-2　不同植物源食物中植酸结合的磷情况**

| 食物 | 植酸结合的磷 | | 食物 | 植酸结合的磷 | |
|---|---|---|---|---|---|
| | /(mg/100g) | /% | | /(mg/100g) | /% |
| 燕麦 | 208～355 | 50～88 | 马铃薯 | 14 | 35 |
| 小麦 | 170～280 | 47～86 | 菜豆 | 12 | 10 |
| 大麦 | 70～300 | 32～80 | 胡萝卜 | 0～4 | 0～1 |
| 黑麦 | 247 | 72 | 橘子 | 295 | 91 |
| 米 | 157～240 | 68 | 柠檬 | 120 | 81 |
| 玉米 | 146～353 | 52～97 | 核桃 | 120 | 24 |
| 花生 | 205 | 57 | 大豆 | 231～575 | 52～68 |

### 7.2.3 与核苷酸的结合

核苷酸分子中磷酸基、碱基和戊糖都可作为金属离子的配位基团，其中以碱基配位能力最强，戊糖的羟基最弱，磷酸基居中。当碱基成为配位基团时，通常是嘧啶的N3和嘌呤碱的N7为配位原子。与核苷酸作用的金属离子主要有$Ca^{2+}$、$Mg^{2+}$、$Cu^{2+}$、$Mn^{2+}$、$Ni^{2+}$和$Zn^{2+}$。在与ATP作用时，$Ca^{2+}$、$Mg^{2+}$只与磷酸基成键；而$Cu^{2+}$、$Mn^{2+}$、$Ni^{2+}$、$Zn^{2+}$则既与磷酸基成键，又与腺嘌呤的N7配位。二价金属离子与ATP（ADP、AMP）形成配合物稳定常数顺序为：$Cu^{2+}>Zn^{2+}>Co^{2+}>Mn^{2+}>Mg^{2+}>Ca^{2+}>Sr^{2+}>Ba^{2+}$、$Ni^{2+}$。

用NMR、拉曼光谱等技术证实，$Mg^{2+}$与ATP的磷酸基配位，组成1∶1的配合物(图7-2)；用$^{1}H$-NMR和$^{31}P$-NMR证实，$Cu^{2+}$与几种核苷一磷酸组成配合物时，可与嘌呤碱的N7或嘧啶碱的N3配位。

据报道$Cu^{2+}$、$Co^{2+}$、$Ni^{2+}$、$Cd^{2+}$等与ATP的磷酸基和腺嘌呤N7配位有二种形式，它们分别称为大螯合环内配位层[图7-3(a)]和大螯合环外配位层[图7-3(b)]。前者是腺嘌呤N7直接与金属配位，而$\alpha$-磷酸基通过$H_2O$与金属配位；后者是腺嘌呤N7通过$H_2O$与金属配位，而$\alpha$-、$\beta$-、$\gamma$-磷酸基直接与金属配位（图7-3）。

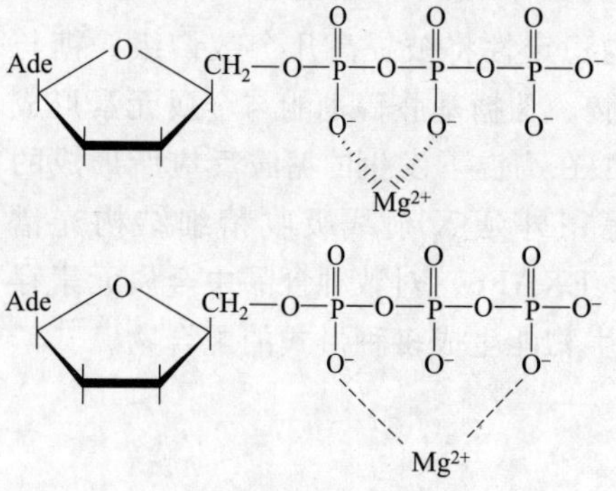

图7-2 $Mg^{2+}$与ATP的配合物

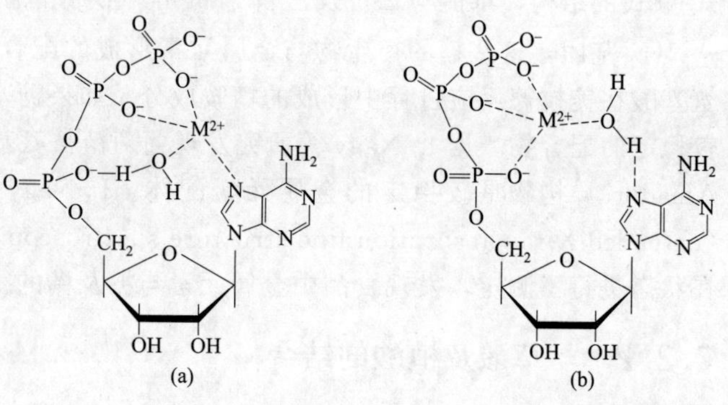

图7-3 大螯合环内配位层（a）和大螯合环外配位层（b）的两种简化结构（M表示金属离子）

### 7.2.4 与环状配体的结合

金属元素除与小分子的糖、氨基酸及肽能形成配合物外，还能与生物体内平面环状配体形成配合物，其中卟啉类就是生物配体。卟啉是卟吩的衍生物，卟吩是由4个吡咯环通过4个碳原子连接构成的一个多环化合物（图7-4）。当卟吩环上编号位置的H原子被一些基团取代后，便成为卟啉类（表7-3）。

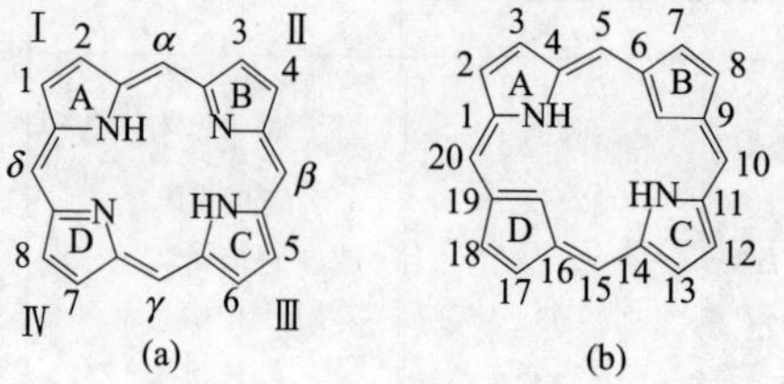

图7-4 卟吩的结构示意图

**表 7-3　一些重要的卟啉**

| 卟啉类 | 取代基 | | | | | | | |
|---|---|---|---|---|---|---|---|---|
| | 1 | 2 | 3 | 4 | 5 | 6 | 7 | 8 |
| 原卟啉Ⅸ | M | V | M | V | M | P | P | M |
| 中卟啉Ⅸ | M | E | M | E | M | P | P | M |
| 次卟啉Ⅸ | M | H | M | H | M | P | M | P |
| 血卟啉Ⅸ | M | B | M | B | M | P | P | M |
| 血绿卟啉Ⅸ | M | F | M | V | M | P | P | M |
| 类卟啉Ⅲ | M | P | M | P | M | P | P | M |
| 本卟啉Ⅲ | M | E | M | E | M | E | E | M |
| 尿卟啉Ⅲ | A | P | A | P | A | P | P | A |

注：A=—$CH_2COOH$；B=—$CH(OH)CH_3$；E=—$C_2H_5$；F=—CHO；M=—$CH_3$；H=—H；P=—$CH_2CH_2COOH$；V=—CH=$CH_2$。

卟啉类具有与$Fe^{2+}$、$Fe^{3+}$、$Zn^{2+}$、$Co^{2+}$、$Cu^{2+}$、$Mg^{2+}$等许多金属离子形成配合物的能力。如血红素和叶绿素就是Fe、Mg离子的主要配体。

血红素由两个部分，即一个Fe原子和一个平面卟啉环所组成。卟啉是由4个吡咯通过亚甲基（桥）连接构成的平面环，在色素中起发色基团的作用。中心Fe原子以配位键与4个吡咯环的N原子连接，第5个连接位点是与珠蛋白的组氨酸残基键合，剩下的第6个连接位点可与各种配位体中带负荷的原子相结合。图7-5表示血红素基团的结构，它与珠蛋白连接时则形成肌红蛋白（图7-6）。

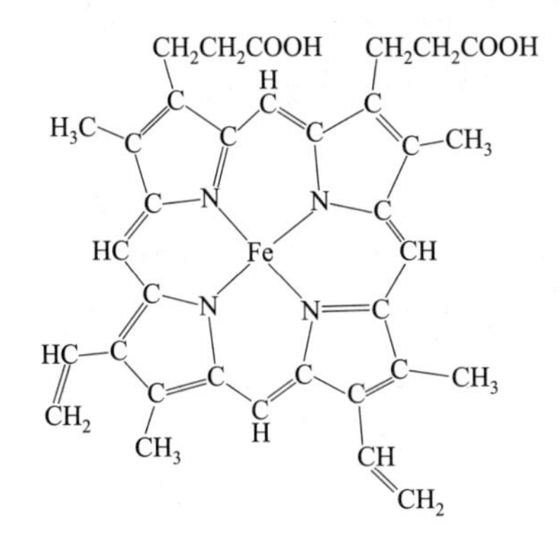

图 7-5　血红素基团的结构

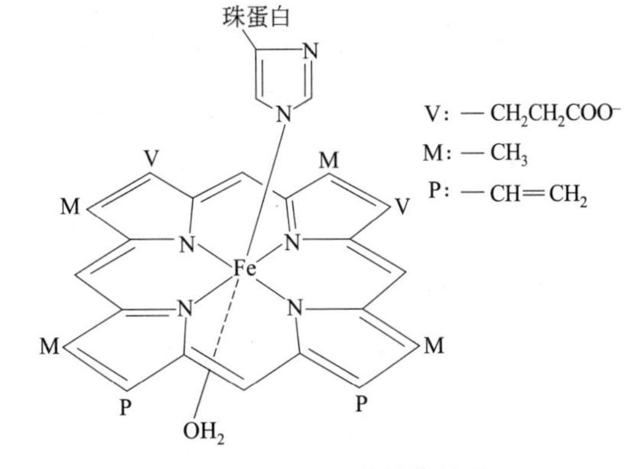

图 7-6　肌红蛋白结构简图

叶绿素也由4个吡咯通过亚甲基（桥）连接构成平面环。中心Mg原子以配位键与4个吡咯环的N原子连接。叶绿素有多种，例如叶绿素a、b、c和d，以及细菌叶绿素和绿菌属叶绿素等。与食品有关的主要是高等植物中的叶绿素a和b两种（图7-7）。

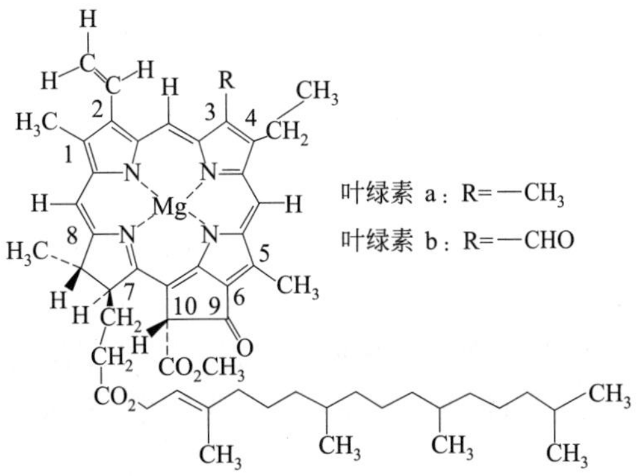

图 7-7　叶绿素的结构示意图

叶绿素a：R=—$CH_3$　叶绿素b：R=—CHO

叶绿素在食品加工中最普遍的变化是生成脱Mg叶绿素，在酸性条件下叶绿素分子的中心Mg原子被H原子取代，生成暗橄榄褐色的脱Mg叶绿素，加热可加快反应的进行。叶绿素中Mg离子也可被二价金属离子所替代，生成脱Mg叶绿素Zn、脱Mg叶绿素Cu等。

维生素$B_{12}$也由4个吡咯构成一个类似卟

啉的咕啉环（corrin ring）系统，它由几种密切相关的具有相似活性的化合物组成，这些化合物都含有钴，故又称为钴胺素。维生素 $B_{12}$ 为红色结晶状物质，是化学结构最复杂的维生素。它有两个特征组分，一是类似核苷酸的部分，由5,6-二甲苯并咪唑通过 $\alpha$-糖苷键与D-核糖连接，核糖3′位置上有一个磷酸酯基；二是中心环的部分，它是一个类似卟啉的咕啉环系统，由一个钴原子与咕啉环中四个内N原子配位。二价钴原子的第6个配位位置可被氰化物取代，生成氰钴胺素。与钴相连的氰基，被一个羟基取代，产生羟基钴胺素，它是自然界中一种普遍存在的维生素 $B_{12}$ 形式；这个氰基也可被一个亚硝基取代，从而产生亚硝基钴胺素，它存在于某些细菌中。在活性辅酶中，第6个配位位置通过亚甲基与5-脱氧腺苷连接。

## 7.2.5 与蛋白质结合

除蛋白质中肽键、末端氨基和末端羧基能与金属离子形成配位结合外，氨基酸残基侧链上的一些基团也可参与配位，如Ser和Thr的羟基、Tyr的酚羟基、酸性氨基酸中的羧基、碱性氨基酸中的氨基、His中的咪唑基、Cys中的巯基和Met的硫醚基等。虽然在蛋白质分子中有很多氨基酸残基能与金属离子形成配合物，但生物体内只有这些基团处在一定的构型时才能与金属离子形成配合物。图7-8是羧肽酶A中 $Zn^{2+}$ 配位示意图。$Zn^{2+}$ 与肽链的两个组氨酸（69和196）的咪唑基氮原子，以及谷氨酸（72）的羧基氧原子以配价键结合，第4个配价键与水分子松弛连接。

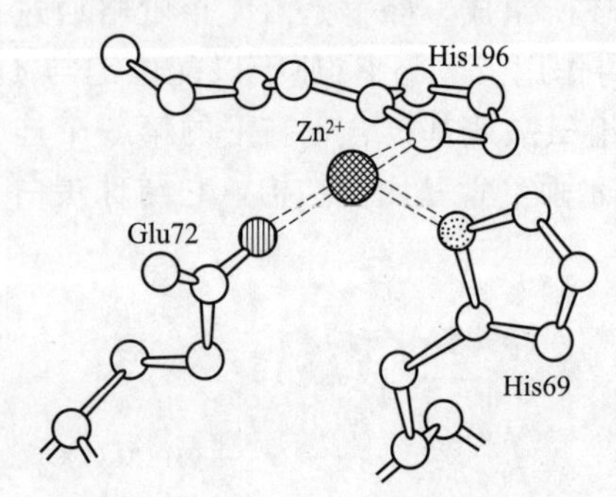

图7-8 羧肽酶A中 $Zn^{2+}$ 配位示意图

现已清楚，生命体中存在有大量的金属离子与酶的配合物。由金属离子参加催化反应的酶称为金属酶（metalloenzyme）。金属酶又可分为两类：① 金属离子作为酶的辅助因子，并与酶蛋白结合牢固，稳定常数 $\geqslant 10^8$，这类金属离子与酶配合物称为金属酶；② 金属离子作为酶的激活剂，它的存在可提高酶的活性，但它与酶蛋白结合松弛，稳定常数 $< 10^8$，这类金属离子与酶配合物称为金属激活酶。目前较为清楚的是Zn、Fe、Cu、Mn、Mg、Mo、Co、K、Ba等金属离子，它们与酶蛋白结合，是公认的金属酶。

除金属离子能与酶形成配合物外，食物中还有一些结构较为清晰的金属离子结合蛋白：

① 铁蛋白（ferritin）。铁蛋白主要分布在动物的脾脏、肝脏和骨髓中，植物的叶绿体和某些菌类中也有发现。其主要生理功能是贮存铁，体内暂时不用的Fe，或过多吸收的Fe，先由Fe传递蛋白运输给脱铁铁蛋白，然后经过中介体焦磷酸铁，生成含铁微团，最后与脱铁铁蛋白形成铁蛋白而贮存起来。

② 铁传递蛋白（transferrin）。铁传递蛋白主要分布在脊椎动物的体液和细胞中。在血清中的铁传递蛋白可称为血清铁传递蛋白（serotransferrin）；在乳及泪腺分泌液中的铁传递蛋白称为乳铁传递蛋白（lactotransferrin）。目前对血清铁传递蛋白的分子结构及功能研究较为清楚。血清铁传递蛋白是一类金属结合的糖蛋白，分子量约为 $(6.7\sim7.4)\times10^4$。铁传递蛋白也能结合一些二价或三价金属离子，如 $Cu^{2+}$、$Zn^{2+}$、$Cr^{3+}$、$Mn^{3+}$、$Co^{3+}$ 和 $Ga^{3+}$ 等。

③ 铁硫蛋白（iron sulphur protein）。铁硫蛋白是一类含Fe-S发色团的非血红素铁蛋

白。它们的分子质量较小，多数在 10kDa 左右。它的生理功能主要是作为电子传递体参与生物体内多种氧化还原反应，特别是在生物氧化、固氮及光合作用中有重要意义。铁硫蛋白通常可分为三大类：一是 $Fe(Cys)_4$ 蛋白；二是 $Fe_2S_2^*(Cys)_4$ 蛋白；三是 $Fe_4S_4^*(Cys)_4$ 蛋白（$S^*$ 称为无机 S 或活泼 S）。

④ 铜蛋白（cuprein）。在食物中 Cu 都与氨基酸、多肽、蛋白质或其他有机物质结合，以配合物形式存在。现发现 Cu 与蛋白质结合而形成的铜蛋白约有 40 多种。许多铜蛋白因具有蓝色而称为蓝铜蛋白（blue copper protein），不显蓝色的称为非蓝铜蛋白。

⑤ 金属硫蛋白。金属硫蛋白（metallothionein，MT）广泛存在于生物体内。MT 是一类诱导性蛋白质，分子质量一般为 6～10kDa，Cys 含量高达 25%～35%，这是 MT 命名的根据，常以 MTs 表示。MTs 主要功能有：抗氧化、清除自由基、消除重金属毒性和平衡体内微量元素分布。MTs 的结构在生物进化中高度保守，MTs 有 4 种异构体，MT-Ⅰ和 MT-Ⅱ异构体在大多数哺乳动物的器官中广泛存在，且参加其功能调节；MT-Ⅲ和 MT-Ⅳ异构体分别存在于大脑和扁平上皮中。金属、非氧化作用金属化合物（包括乙醇烷化剂）和物理的及化学的氧化作用均可诱导 MT mRNA，产生 MTs。

动物体内金属元素以 MTs 为配体，形成 MTs 结合态。如 Zn、Cd、Cu、Pb、Hg 或 Ag 等金属元素与 MTs 的结合。因此，MTs 在生命体内除有调节细胞内必需过渡金属元素（如 Zn、Cu 等）浓度的缓冲作用外，还有解除重金属毒害作用，但并不是对所有能诱导它的金属都具此功能。

MTs 在酸性条件下易脱去金属而形成脱金属硫蛋白（apoMTs）。MTs 与金属离子的结合能力及其被金属离子诱导的能力使其在金属代谢与解毒方面具有重要作用。Cd 暴露后机体被诱导产生更多的 MTs 是机体重要的防护机制之一，同时 MTs 水平随 Cd 暴露量而变化，这为评价 Cd 暴露提供了良好的指标。近年来随着测定技术的提高，可采用特异、敏感的测定方法如 ELISA、RIA、FCM、RT- PCR 等测定体液（如血液、尿液）、细胞（外周淋巴细胞）中 MTs 的表达，为 Cd 暴露评价提供了良好的生物标志物。

除个别例外，哺育动物 MTs 的氨基末端都是乙酰蛋氨酸，羧基末端都是 Ala。整个多肽链 20 个 Cys 残基，其相对位置不变。它们在多肽链中形成 5 个 Cys-X-Cys 单位、1 个 Cys-Cys-X-Cys-Cys 单位和 1 个 Cys-X-Cys-Cys 单位（X 表示除 Cys 以外的其他氨基酸残基）。这些 Cys 残基既不能形成二硫键，也没有游离巯基存在，它们全部都与金属离子配位结合。

虽然不同动物源食品中 MTs 的氨基酸组成相似，但对金属的结合能力常因动物的不同和金属离子的不同而不同。一般是每个分子的 MT 可结合 7 个金属离子。MTs 上巯基对不同金属离子的亲和力呈以下趋势：$Zn^{2+} < Pb^{2+} < Cd^{2+} < Cu^{2+}$，$Ag^+$，$Hg^+$。也就是说，当有 $Pb^{2+}$、$Cd^{2+}$、$Cu^{2+}$、$Ag^+$、$Hg^+$ 进入体内时，与 MTs 结合的其他金属元素将会被取代出来。

⑥ 植物络合肽。1985 年人们发现当用 Cd 诱导植物后，植物体内产生了 Cd 结合的多肽，该多肽与 MTs 性质差别较大，故将其命名为植物络合肽（phytochelatins），简称为 PCs 肽。细胞吸收的 $Cd^{2+}$ 90%以上被 PCs 肽络合。

PCs 的结构通式是$(\gamma\text{-Glu-Cys})_n\text{-Gly}$，在植物和一些酵母品种中是主要的重金属结合多肽。PCs 肽的生物合成在体内被一些重金属快速诱导，特别是 $Cd^{2+}$、$Hg^{2+}$ 等对生物体有害的重金属，在不经诱导的植物体内则没有这种 PCs 肽。这也是通过测定某些植物的 PCs 肽，作为评判环境质量的依据。

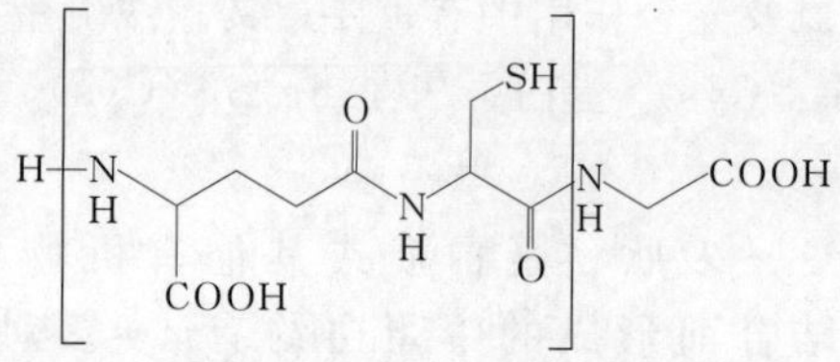

PCs肽主要与植物体内$Cd^{2+}$、$Hg^{2+}$等对生物体有害的重金属络合，避免重金属的毒性。如Cd的解毒机理就是PCs肽通过自身巯基中的硫离子与Cd结合成PCs-Cd复合物，然后这些复合物再进入液泡，起到降低细胞内游离$Cd^{2+}$的作用。人们从受重金属胁迫的植物中发现，尽管不同的作物、不同的金属胁迫所产生的PCs肽不同，但它们有以下共同特征：①重金属诱导产生的PCs有相似的基本结构单元（图7-9）；②PCs结构中Glu位于氨基末端位置上；③PCs结构中与$\gamma$-Glu羰基相连接的氨基酸是Cys；④PCs结构中$\gamma$-谷氨酰半胱氨酸二肽（$\gamma$-Glu-Cys）单元是其重复单元。

图7-9 PCs结构

### 7.2.6 与多糖类的结合

多糖类结构上有很多羟基。糖蛋白上除有羟基外，还有巯基、氨基、羧基等基团。因此，多糖类物质常与金属元素结合，形成多糖复合物。由于金属元素不同，与多糖类结合的稳定常数不同。金属元素的存在不仅使多糖物质呈现多种生物功能和食品功能，而且在利用多糖物质脱除有害金属元素方面也将有重要的意义。

多糖类物质与金属元素结合，除链上有很多的配位基团能与金属元素形成配合物的因素外，还与多糖类的链的构象有关，如果胶和海藻酸呈现强褶裥螺条构象（plated ribbon-type conformation）（图3-7）。果胶链段由1,4-连接的$\alpha$-D-吡喃半乳糖醛酸单位组成，海藻酸链段由1,4-连接的$\alpha$-L-吡喃古洛糖醛酸单位构成。

## 7.3 食品中矿物质的理化性质

### 7.3.1 矿物质的溶解性

在所有的生物体系中都含有水，大多数营养元素的传递和代谢都是在水溶液中进行的。因此，矿物质的生物利用率和活性在很大程度上依赖于它们在水中的溶解性。Mg、Ca、Ba是同族元素，仅以+2价氧化态存在。虽然这一族的卤化物都是可溶性的，但是，它们的氢氧化物，它们重要的盐，如碳酸盐、磷酸盐、硫酸盐、草酸盐和植酸盐都极难溶解。Fe、Zn、Ca、Mg、Mn等与植酸结合后，就形成了难溶性的植酸-矿物质配合物，从而影响了矿物质的生物利用率。

食品中各种矿物质的溶解性除与它们各自性质有关外，还受食品的pH值及食品的构成等因素影响。一般食品的pH值愈低，矿物质的溶解性就愈高。食品中的蛋白质、氨基酸、有机酸、核酸、核苷酸、肽和糖等可与矿物质形成不同类型的配合物，从而有利于矿物质的溶解。如草酸钙是难溶的，但氨基酸钙配合物的溶解性就高得多。在生产中为防止无机微量元素形成不溶性物质无机盐形式，常用微量元素与氨基酸形成螯合物，使其分子内电荷趋于中性，便于机体对微量元素的充分吸收和利用。同样，也可利用一些配体与有害金属元素形成难溶性配合物，以消除其有害性。例如在铅中毒时，利用柠檬酸可与铅形成难溶性化合物的原理，达到治疗铅中毒之目的。

## 7.3.2 矿物质的酸碱性

酸碱的电子论定义：酸是指任何分子、基团或离子，只要含有电子结构未饱和的质子，可以接受外来电子对的物质；碱的定义则是凡含有可以给予电子对的分子、基团或离子。电子论定义的酸碱所包含的物质种类极为广泛。为了划清不同理论的酸碱，一般书上也将电子论定义的酸和碱称为 Lewis 酸或 Lewis 碱。根据 Lewis 的酸碱理论，食品中的金属元素都是 Lewis 酸，食品中有机成分多为 Lewis 碱。

根据硬软酸碱规则，酸碱反应形成的配合物的稳定性与酸碱的体积大小、正负电荷高低及极化状态等有密切的关系。一般地说，半径大、电荷少的阳离子生成的配合物，其稳定性小；否则反之。因此，对于同一配体，即碱来说，不同的金属元素与之所形成的配合物的稳定性、溶解性、营养性或安全性等都是不同的。

## 7.3.3 矿物质的氧化还原性

自然界中金属元素常处在不同的氧化还原状态，并在一定的条件下它们是可以相互转变的。食品的氧化还原状态不同，会使金属元素的氧化还原状态不同，表现出它的价态也不同。随着金属元素价态的转变，形成的配合物稳定性、营养性及安全性也随着变化。同种元素处于不同价态时，其营养性和安全性变化较大，如 $Fe^{2+}$ 是生物有效价态，而 $Fe^{3+}$ 积累较多时会产生有害性。同样是 Cr 元素，呈二价、三价时，在一定量的范围内尚无确切证据其能引起中毒症状。补充的 Cr 试剂多以三价为主。但六价 Cr 盐是致癌物质，口服重铬酸钾，致死量约为 6～8g。高铬盐被人体吸收后，进入血液，结合血液中的氧，形成氧化铬，夺取血中部分氧，使血红蛋白变为高铁血红蛋白，致使红细胞携带氧的机能发生障碍，血中氧含量减少。人体偶然吸入极限量的六价铬酸或铬盐后，会引起肾、肝、神经系统和血液广泛地病变而导致死亡。

金属元素的这些价态变化和相互转换的平衡反应，都将影响组织和器官中的环境特性，例如 pH、配位体组成、电效应等，从而影响其生理功能，表现出营养性或有害性。

## 7.3.4 矿物质的浓度与活度

离子或化合物在生化反应中的反应性取决于活度而非浓度。活度的定义为：

$$a_i = f_i C_i$$

式中，$a_i$ 为 $i$ 离子的活度；$f_i$ 为 $i$ 离子的活度系数；$C_i$ 为 $i$ 离子浓度。

$f_i$ 随离子强度增加而减小。但由于食品体系较为复杂，无法准确测定 $f_i$，只有在离子强度很小时 $f_i$ 接近 1。由于离子浓度与离子活度呈正相关，因此，考察食品中离子浓度也能评判其作用。矿物质的浓度和存在状态影响着各种生化反应，许多原因不明的疾病（例如癌症和地方病）都与矿物质及其浓度有关。另外，矿物质对生命体的作用，也与浓度有更为密切的关系（图 7-10）。但实际上确定矿物质对生命活动的作用确非一件易事，除与浓度有关外，还与矿物质的价态、存在形态、膳食结构等有关，因此，目前仅用食品中矿物质含量或浓度来判断某矿物质作用是有其局限性的。

## 7.3.5 金属元素的螯合效应

食品中许多金属离子也可与食品的有机分子呈配位结合，形成配位化合物或螯合物。根据 Werner 提出的配位理论，配合物可分为内界和外界两个组成部分，如 $[Cu(NH_3)_4]SO_4$

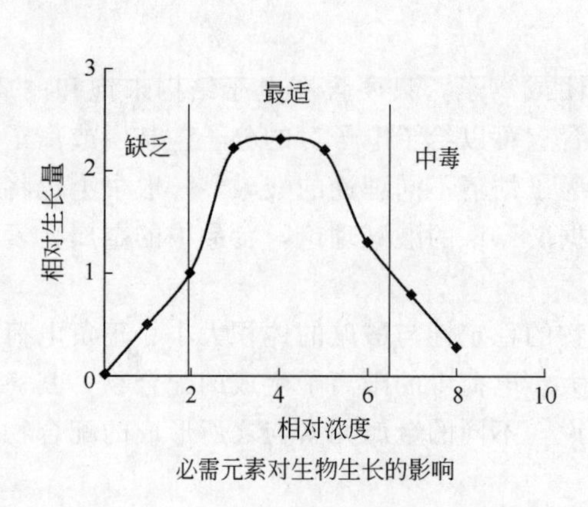


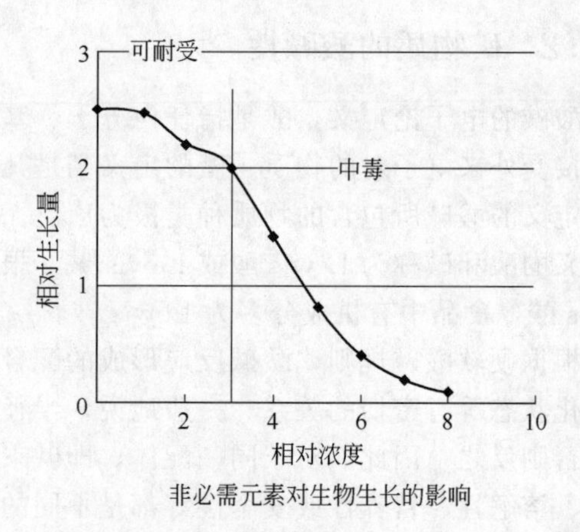


图 7-10 微量元素的生物活性与相对含量的关系示意图

中 $Cu(NH_3)_4^{2+}$ 为内界（络离子），其中 $Cu^{2+}$ 为中心离子，$NH_3$ 为配位体；$SO_4^{2-}$ 为外界离子。食品中常见的中心离子或原子主要是一些过渡金属元素，如 Fe、Co、Mg、Cu 等。对于配位体而言，它以一定的数目和中心原子相结合，配位体上直接和中心原子连接的原子叫配位原子。一个中心原子所能结合的配位原子的总数称为该原子的配位数。配位数的多少决定于中心原子和配位体的体积大小、电荷多少、彼此间的极化作用、配合物生成的外界条件（浓度、温度）等。配位原子通常有 14 种，C 和 H，以及周期表中ⅤA、ⅥA、ⅦA 族元素。

如果一个配位体以自己两个或两个以上的配位原子和同一中心原子配位而形成一种环状结构的配合物，又称为螯合物。

食品中金属元素所处的配合物状态，对其营养与功能有重要的影响。如 Fe 以血红素的形式存在，才具有携氧的功能；Mg 以叶绿素形式存在才具有光合作用；对人体有重要作用的维生素 $B_{12}$ 是一种 Co 的配合物。不少酶分子中含有金属元素，主要是 $Fe^{2+}$、$Mg^{2+}$、$Co^{2+}$、$Mo^{2+}$、$Mn^{2+}$、$Cu^{2+}$、$Ca^{2+}$ 等，它们可与氨基酸侧链基团结合形成一些复杂的金属酶。在食品中加入某些有机成分作为螯合剂以螯合 Fe、Cu，可防止由它们引起的氧化作用；同样，一些必需的微量元素以某种配合物形式加入食品中可有效提高其生物有效性。

影响食品中配合物或螯合物稳定性的因素主要有两方面。

**(1) 从配体的角度** ①环的大小，一般五元环和六元环螯合物比其他更大或更小的环稳定。②配位体的电荷，带电的配位体比不带电的配位体形成更稳定的配合物。③配位体呈 Lewis 碱性的强弱，呈 Lewis 碱性强的或弱的配位体与呈 Lewis 酸性强的或弱的金属离子形成的配合物稳定性较好。

**(2) 从中心原子的角度** 一般地说，半径大、电荷少的阳离子生成的配合物的稳定性弱，否则反之，如 d 轨道未完全充满的过渡金属离子如 $Fe^{2+}$、$Fe^{3+}$、$Ag^{+}$、$Ln^{+}$ 等离子生成配合物的稳定最强。

# 7.4 食品中矿物质的营养性及有害性

## 7.4.1 食品中矿物质的营养性

矿物质对食品的营养有重要作用，这是基于人体所需要的矿物质必须通过饮食获取，如果人类的饮食不能满足人体对矿物质的需要，就会表现出某种症状，甚至死亡。矿物质对人体营养的重要性可归纳如下：

**(1)** 矿物质是人体诸多组织的构成成分。例如，Ca、P、Mg 等是构成骨骼、牙齿的主要成分。

**(2)** 矿物质是机体内许多酶的组成成分或激活剂。如 Cu 是多酚氧化酶的组成成分，Mg、Zn 等为多种酶的激活剂。

**(3)** 人体内某些成分只有矿物质存在时才有其功能性，如维生素 $B_{12}$ 只有 Co 的存在才有其功能性，血红素、甲状腺素的功能分别与 Fe 和 I 的存在有密切关系。

**(4)** 维持细胞的渗透压、细胞膜的通透性、体内的酸碱平衡及神经传导等与矿物质有密切关系。

决定食品中矿物质营养性的大小有两个方面：一是功能性，是必需的还是非必需的；二是生物利用率或生物利用度（bioavailability），同一含量的某元素，利用率不同其营养性也大不一样。影响食品中矿物质利用率的因素主要有：食品中矿物质的存在状态和其他影响因素如抗营养因子等。一般测定食品中矿物质生物利用率的方法主要有化学平衡法、生物测定法、体外试验和同位素示踪法。其中同位素示踪法是一种理想的方法，同位素示踪法是指用标记的矿物质饲喂受试动物，通过仪器测定，可追踪标记矿物质的吸收、代谢等情况。该方法灵敏度高、样品制备简单、测定方便，能区分被追踪的矿物质是否是体系中的还是新饲喂的。

现以 Fe 元素为例，介绍矿物质的利用率及其影响因素。Fe 主要在小肠上部被吸收。食物中的 Fe 可分为血红素铁和非血红素铁两种。血红素铁来自动物食品中的血红蛋白和肌红蛋白，主要存在于动物血液及含血液的脏器与肌肉中，属二价铁，可被肠黏膜直接吸收而形成铁蛋白，供人体利用。非血红素铁是指谷类食物、蔬菜、水果、豆类等植物性食品中所含的铁，属三价铁。三价铁只有还原为二价铁的可溶性化合物才较易被吸收。三价铁会受到多种因素的影响而降低 Fe 的被吸收率，如植物性食物中如果存在较大量磷酸盐、草酸、鞣酸等，它们就会与非血红素铁形成不溶性铁盐，而当植物性食物中又缺少可还原三价铁为二价铁的还原剂时，Fe 的吸收率就会很低。所以不同来源的食物中 Fe 的吸收利用率相差较大（图 7-11）。动物源食品中 Fe 的吸收利用率远高于植物源食品中 Fe。

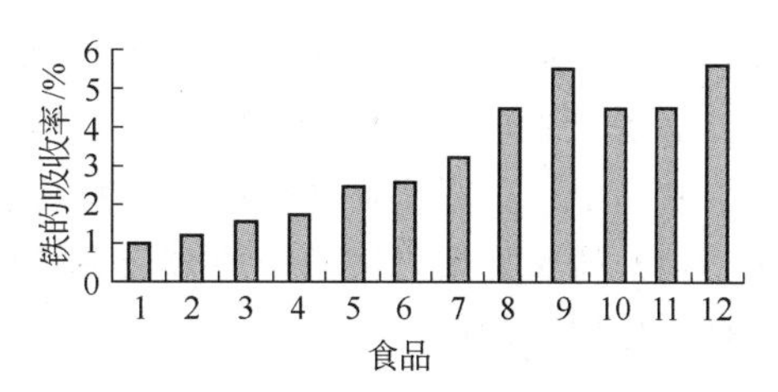

图 7-11　成人对不同来源食物中 Fe 的吸收利用率示意图

从 1～12 分别是稻、菠菜、豆类、玉米、莴苣、小麦、大豆、铁蛋白、牛肝、鱼肉、血红蛋白和牛肉

Fe 的吸收利用率除与食品来源、存在状态有关外，还与饮食结构有关。如含 P 成分较多的食品牛奶，由于磷酸能同食物中的 Fe 盐发生沉淀反应，直接影响 Fe 的吸收。另外，饮茶和体内缺 Cu 元素也可抑制 Fe 的吸收，这是由于浓茶中的多酚类能与食物中的 Fe 相结合，形成不溶性 Fe 沉淀，妨碍 Fe 的吸收。Cu 有催化 Fe 合成血红蛋白的功能，所以，当体内缺 Cu 时，Fe 吸收减少。因此，对于缺 Fe 性贫血病人应当吃些含 Fe 丰富的动物性食物较好。

饮食 Fe 的吸收还与个体或生理因素有关。在缺 Fe 者或缺 Fe 性贫血病人群中，对 Fe 的吸收率提高。妇女对 Fe 的吸收比男人高，儿童随着年龄增大对 Fe 的吸收减少。

各种矿物质的生理功能见表7-1和相关的教科书。另外，必需的矿物质营养性，除与其含量有关外（图7-10），还与它们的价态（如$Fe^{2+}$和$Fe^{3+}$）、化学形态（蛋白钙和草酸钙）等有关。即影响矿物质生物有效性的因素都会影响它的营养性（表7-4）。因此，在考察食品中矿物质营养性时，仅从矿物质的含量来评判是不够的。

**表7-4 影响食品中矿物质利用率因素**

| 影响矿物质生物利用率因素 | 实例 |
|---|---|
| 食品中矿物质的化学形态 | 难溶解的形态不易被吸收；稳定的螯合物不易被吸收；血红素铁比非血红素铁更易被吸收等 |
| 食品配位体 | 形成可溶性螯合物的配位体可增强某些食物矿物质的吸收性（如EDTA可增强一些饮食中铁的吸收性）；难消化的高分子量配位体可减少吸收（如膳食纤维和某些蛋白质）；与矿物质形成不可溶性螯合物的配位体可能降低吸收性（例如，草酸抑制Ca的吸收，植酸抑制Ca、Fe、Zn的吸收）等 |
| 食品成分中氧化还原反应活性 | 还原剂（如抗坏血酸）加强Fe的吸收；氧化剂抑制Fe的吸收等 |
| 矿物质间的交互作用 | 一种矿物质的浓度过高时，会抑制其他矿物质的吸收（如Ca抑制Fe的吸收，Fe抑制Zn的吸收，Pb抑制Fe的吸收）等 |
| 消费者的生理状态 | 体内矿物质含量不足时为正调节增加吸收量，含量充足或过量时为负调节减少吸收量；吸收障碍症（如克罗恩病，乳糜泻）会阻碍矿物质和其他营养物质的吸收；年龄影响矿物质的吸收（吸收效率随着年纪的增长而下降）；女性及孕期（孕期铁的吸收量增大）等 |

## 7.4.2 食品中矿物质的有害性

任何一种元素都有正、反两方面的效应，尤其是微量元素大多存在有较敏感的量效关系。必需元素虽是人体所必需的，但摄入过多也会产生有害性。

食品中一些微量矿物质的营养性或有害性除与它们的含量有关外，还与下列因素有关：

**(1) 微量元素之间的协同效应或拮抗作用** 两种或几种金属之间可以表现其毒性的增强或抑制作用。例如：

Cu与Hg：Cu可增加Hg的毒性。

Cu与Mo：Cu可降低Mo的毒性，而Mo也能显著降低Cu的吸收，引起Cu的缺乏。

As与Pb：它们之间的毒性有协同效应。

As与Se：As可降低Se的毒性。

Se与Co：少量的Co可增加Se的毒性。

Se与Cd：Se能降低Cd的毒性。

Se与Ni：Se对Ni的毒性有保护作用。

Cd与Zn：Cd与Zn有竞争作用，Cd可使Zn缺乏。

Cd与Cu：Cd能干扰Cu的吸收，而低Cu状态可减少Cd的耐受性。

Fe与Mn：缺乏Fe可使Mn的吸收率增加，而Mn将减少Fe的吸收等。

**(2) 微量元素的价态** 有害金属元素的毒性与元素的赋存形态有密切关系。从有害金属使生物体中毒的分子机理不难看出，有害金属元素的毒性都是以金属元素与生物大分子的配位能力为基础，有害金属元素的价态不同其配位能力也不同。因此同一种金属元素的不同价态可以产生不同的生物效应，例如，$Cr^{3+}$是人体必需的微量元素，而$Cr^{5+}$对人体具有很高的毒性；三价无机砷（$As^{3+}$）比五价无机砷（$As^{5+}$）的毒性强60倍。

**(3) 微量元素的化学形态** 有害金属元素的毒性高低还与其化学形态有关，例如，不同形态砷化物的半致死剂量$LD_{50}$（mg/kg）分别为：亚砷酸盐14.0；砷酸盐20.0；单甲基砷酸盐 700～1800；二甲基砷酸盐 700～2600；砷胆碱络合物 6500；砷甜菜碱络合物＞10000。这些数据表明，易变态的无机砷毒性最大，甲基化砷的毒性较小，而稳定态的砷甜菜碱和砷胆碱有机络合物常被认为是无毒的。同样含量的汞，若呈有机态，则其有害性远比无机态的汞毒性大得多。这是在食品安全国家标准中，不仅要分析砷、汞的总量，还要分析无机砷及有机汞的原因。

有些微量元素的化学形态较稳定，而有些元素则易变态。易变态的微量元素主要包括游离离子和一些易解离的简单无机络合物，而稳定态的则为一些性质稳定的有机络合物。由于易变态的金属可以与细胞膜中的运载蛋白结合并被运至细胞内部，因而被认为是可能的毒性形态，而稳定态的有机络合物则因不能被运输到细胞内部，因而被视为无毒或低毒形态。

重金属元素的安全阈值较低，国家对此制定了残留限量标准，详见 GB27627。

### 7.4.3 金属元素在周期表中的位置与它的营养性及有害性关系

将体内必需的宏量和微量元素与化学元素周期表联系起来分析，则可发现人体必需的宏量元素全部集中在化学元素周期表开头的 20 种元素之内，人体必需的微量元素多数是过渡金属元素，它们基本集中在化学元素周期表的前三、四两个周期之中。金属元素的毒性与各自的化学性质、电极电位、电离势、电正性和电负性等有密切的关系。例如：ⅠA 和ⅡA 主族的金属元素尤其是ⅠA 族元素，它们的电正性强，在生物体内主要以阳离子状态存在。然而在同一族内随着原子序数的递增离子半径加大，金属元素的毒性也随之增大。即：Na＜K＜Rb＜Cs；Mg＜Ca＜Sr＜Ba。但也有少数金属元素似乎与上述规律不符，如轻金属 Li 和 Be，它们的电正性虽弱，但其毒性却强于同族的其他元素。据唐任寰等研究发现，对主族元素而言，同族中从上而下的元素对细胞的营养性渐弱，毒性渐强；对同一周期而言，同族中从左至右的元素对细胞的营养性渐弱，毒性渐强。

### 7.4.4 金属元素的存在形态与它的营养性及有害性关系

在生物物质中，除 C、H、O 和 N 参与各种有机化合物以外，其他生物元素各具有一定的化学形态和功能。各种元素的生物功能详见有关的生物化学及营养学书籍。由于生物体内存在有多种配体和阴离子基团，因此，金属元素在食物中的存在形态也各有不同。如在生物体内 Ca 及少量的 Mg 常以难溶的无机化合物形态存在于硬组织中；Na、K、Mg 及少量的 Ca 多以游离的水合阳离子形态存在于细胞液中。

金属的存在形态与它的营养性及有害性关系可从三方面考虑：

① 金属的存在形态不同其溶解性不同，从而可影响它的营养性及有害性。如 Ca 离子如果是与蛋白质结合形成蛋白钙，其 Ca 的营养性大大提高；如果是与草酸结合，食品中 Ca 的利用大大降低，如果人体内的 Ca 离子是与草酸结合，则对人体产生危害。各种金属元素及其化合物在水和脂肪中的溶解性直接影响着它们的可利用性。可溶性金属的盐类及化合物在生物膜的水性环境中迅速溶解，因而促进了金属元素离子的穿透性。对于必需元素或有益元素来说，其营养性被提高；对有害的重金属元素而言，其有害性增强；如果有害的金属元素形成难溶性化合物形态，则该种金属元素化合物在人体内就不易被吸收，因此有害性也较弱。同一种金属元素，其氧化物的有害性小于可溶性的氯化物或硝酸盐。一般而言，有害金属元素化合物的毒性大小可按以下排序：硝酸盐 ＞ 氯化物 ＞ 溴化物 ＞ 醋酸盐 ＞ 碘化物 ＞ 高氯酸盐 ＞ 硫酸盐 ＞ 磷酸盐 ＞ 碳酸盐 ＞ 氟化物 ＞ 氢氧化物 ＞ 氧化物。各金属元素的盐类在水中的溶解度随原子量的增加而降低。从化学元素周期表中可按元素周期划分为：前

三个周期的金属元素及盐类比后面几个周期的金属元素及其盐类更易溶于水。第六周期的金属元素是周期表中毒性最大的，但其盐类的溶解度很低，也正是这种低溶解度掩盖了它们本身的毒性。因此，一些溶解度较高的有机金属元素无疑也使它们本身的毒性增强了。

② 金属元素的形态不同，它们对生命体的作用方式也不同。同样量的 Cr，如果它呈正三价，则是人体必需的微量元素之一，对人体维持正常的葡萄糖、脂肪、胆固醇代谢有重要作用；如果呈正六价则是有毒的。由于在人体内将 Cr(Ⅵ)转化为 Cr(Ⅲ)的能力是很弱的，因此，如果体内积蓄过量的 Cr(Ⅵ)而不能及时转化成 Cr(Ⅲ)时，就会出现程度不同的中毒症状。Cr(Ⅵ)有致癌作用是不容置疑的。又如，Zn 在体内是无毒的，甚至在较高剂量时也是无毒的。然而，当其以 $ZnCl_2$ 或 $ZnSO_4$ 的形态被摄入后，它就变得有毒了。这些现象足以说明，体内各种化学元素及其化合物被摄入人体后的化学形态各异，其在人体内的效果和毒作用是截然不同的。

③ 其他成分的影响。食品是一个成分复杂的体系，摄入体内后又有人体分泌的成分，因此，在评判一种金属元素的营养性和有害性时，还要考虑其他成分的存在对它的影响。如 Hg、Pb 及 Cd 是目前公认的对人体有害的重金属元素，在食品中都有严格的限量要求。根据 Rumbeiha 等的研究表明，当 Hg 与脂多糖同时给受试动物静脉注射与分别给受试动物注射脂多糖或氯化汞对生物毒害性的影响是完全不同的（图 7-12～图 7-15）。图 7-12～图 7-15 横坐标分别为：对照组注射等量的 0.9%生理盐水（Saline），汞处理组注射 1.75mg/kg 氯化汞（Hg），脂多糖处理组注射 2.0mg/kg 脂多糖（LPS），脂多糖汞处理组注射 2.0mg/kg 脂多糖和 1.75mg/kg 氯化汞（LPS+Hg）。结果发现，受试小鼠血清中尿氮浓度，汞处理的比对照组高约 3 倍；而脂多糖汞处理组的小鼠血清中尿氮浓度约是对照组的 10 倍，汞处理组的 2～3 倍。

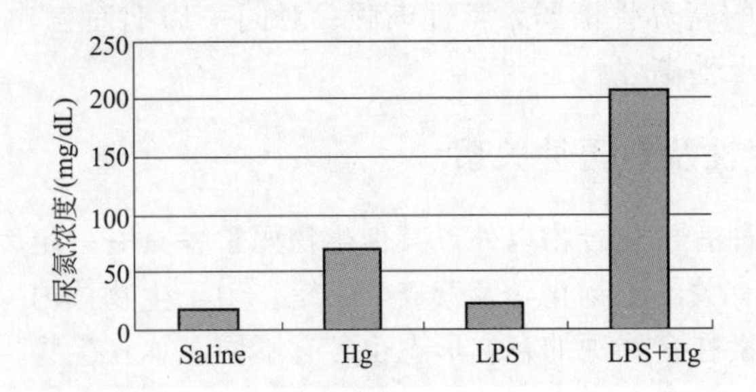

图 7-12 生理盐水、脂多糖、汞及脂多糖汞处理对小鼠血清中尿氮浓度的影响

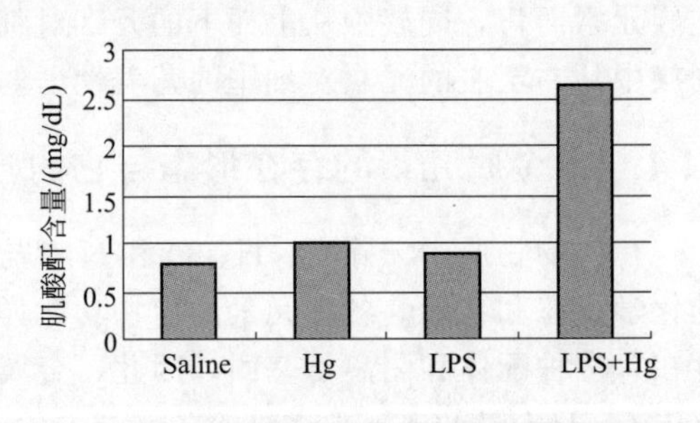

图 7-13 生理盐水、脂多糖、汞及脂多糖汞处理对小鼠肌酸酐含量的影响

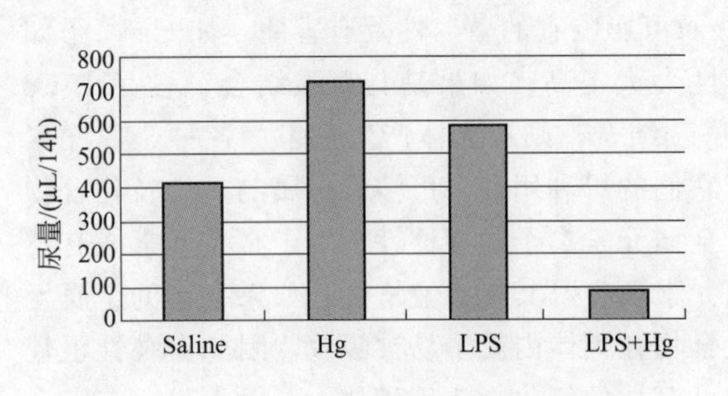

图 7-14 生理盐水、脂多糖、汞及脂多糖汞处理对小鼠尿量的影响

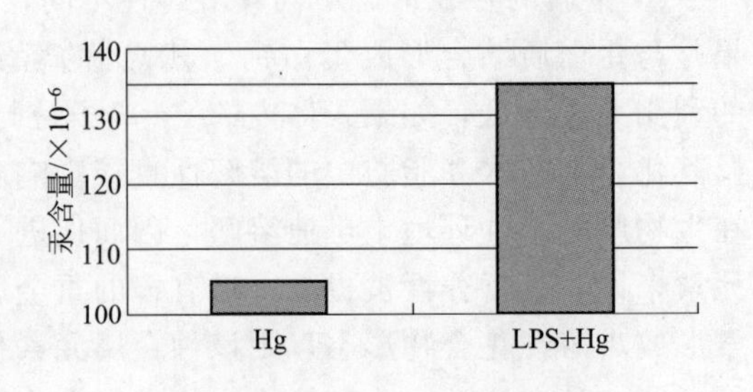

图 7-15 汞及脂多糖汞处理对小鼠体内汞含量的影响

对不同处理组小鼠肌酸酐含量的分析表明，脂多糖汞处理组的肌酸酐含量明显上升，约

是其他处理组的2.5倍（图7-13）。从图7-14可知，汞及脂多糖处理组，受试小鼠尿量增加，而脂多糖汞处理组小鼠的尿量大大减少，约是对照的1/4。脂多糖汞同时注射小鼠，小鼠体内汞含量明显比相同量的汞处理组要高5倍以上，说明脂多糖有利于受试小鼠对Hg的吸收富集（图7-15）。

# 7.5 影响食品中矿物质含量的因素

食品种类不同，其内含的矿物质含量也不同。除原料不同对食品中矿物质含量有影响外，即使是用同一品种原料加工的食品，由于原料生长环境、食品加工工艺及贮存方式等因素也会影响矿物质含量。如同是用大米加工的食品，其Cu含量主要受以下方面的因素影响：水稻生长的土壤中Cu含量，地区，季节，水源，化肥、杀虫剂、农药和杀菌剂的使用，加工用水，加工设备等；另外，还有在加工过程中作为直接或随添加剂进入食品中的矿物质等。因此可见，不同食品中的矿物质含量变化范围是很大的（表7-5）。

归纳起来，影响食品中矿物质含量主要有两方面：其一是影响原料中矿物质含量进而影响食品中矿物质含量；其二是加工及贮存过程的影响。

## 7.5.1 食品原料对食品中矿物质含量的影响

对植物源食品中矿物质含量的影响因素主要有品种、土壤类型、水肥管理、元素之间的拮抗作用和空气状态等。如同是黑糯米，产地不同其Zn、Cu、Fe、Mn、Ca、Mg等含量明显不同，说明产地环境及水肥管理对其有重要影响（表7-6）。又如，在同一猕猴桃园中生长的猕猴桃，由于品种不同，品种间各种矿物质含量也有差别，其中差别较大的为Ca、P、Cu和Mn等，含量最高和最低的品种之间相差均在3倍以上。

**表7-5 部分食品中矿物质组成** 单位：mg/kg

| 食品 | Ca | Mg | P | Na | K | Fe | Zn | Cu | Se |
|---|---|---|---|---|---|---|---|---|---|
| 炒鸡蛋 | 57 | 13 | 269 | 290 | 138 | 2.1 | 2.0 | 0.06 | 8 |
| 白面包 | 35 | 6 | 30 | 144 | 31 | 0.8 | 0.2 | 0.04 | 8 |
| 全麦面包 | 20 | 26 | 74 | 180 | 50 | 1.5 | 1.0 | 0.10 | 16 |
| 无盐通心粉 | 5 | 13 | 38 | 1 | 22 | 1.0 | 0.4 | 0.07 | 19.0 |
| 米饭 | 10 | 42 | 81 | 5 | 42 | 0.4 | 0.6 | 0.01 | 13.0 |
| 速食米饭 | 10 | 42 | 81 | 5 | 42 | 0.4 | 0.6 | 0.01 | 13.0 |
| 熟黑豆 | 24 | 61 | 120 | 1 | 305 | 2.0 | 1.0 | 0.18 | 6.9 |
| 红腰果 | 25 | 40 | 126 | 2 | 356 | 3.0 | 0.9 | 0.21 | 1.9 |
| 全脂乳 | 291 | 33 | 228 | 120 | 370 | 0.1 | 0.9 | 0.05 | 3.0 |
| 脱脂乳/无脂乳 | 302 | 28 | 247 | 126 | 406 | 0.1 | 0.9 | 0.05 | 6.6 |
| 美国乳酪 | 261 | 10 | 316 | 608 | 69 | 0.2 | 1.3 | 0.01 | 3.8 |
| 赛达乳酪 | 305 | 12 | 219 | 264 | 42 | 0.3 | 1.3 | 0.01 | 6.0 |
| 农家乳酪 | 63 | 6 | 139 | 425 | 89 | 0.1 | 0.4 | 0.03 | 6.3 |
| 低脂酸乳 | 415 | 10 | 326 | 150 | 531 | 0.2 | 2.0 | 0.10 | 5.5 |
| 香草冰淇淋 | 88 | 9 | 67 | 58 | 128 | 0.1 | 0.7 | 0.01 | 4.7 |
| 带皮烤马铃薯 | 20 | 55 | 115 | 16 | 844 | 2.8 | 0.7 | 0.62 | 1.8 |
| 去皮煮马铃薯 | 10 | 26 | 54 | 7 | 443 | 0.4 | 0.4 | 0.23 | 1.2 |
| 椰菜，生的茎 | 216 | 114 | 297 | 123 | 1470 | 4.0 | 2.0 | 0.40 | 0.9 |
| 椰菜，熟的新茎 | 249 | 130 | 318 | 141 | 1575 | 4.5 | 2.1 | 0.23 | 1.1 |

续表

| 食品 | Ca | Mg | P | Na | K | Fe | Zn | Cu | Se |
|---|---|---|---|---|---|---|---|---|---|
| 生碎胡萝卜 | 15 | 8 | 24 | 19 | 178 | 0.3 | 0.1 | 0.03 | 0.8 |
| 熟的冻胡萝卜 | 21 | 7 | 19 | 43 | 115 | 0.4 | 0.2 | 0.05 | 0.9 |
| 鲜整只番茄 | 6 | 14 | 30 | 11 | 273 | 0.6 | 0.1 | 0.09 | 0.6 |
| 罐装番茄汁 | 17 | 20 | 35 | 661 | 403 | 1.0 | 0.3 | 0.18 | 0.4 |
| 橘汁(解冻) | 17 | 18 | 30 | 2 | 356 | 0.2 | 0.1 | 0.08 | 0.4 |
| 橘汁 | 52 | 13 | 18 | 0 | 237 | 0.1 | 0.1 | 0.06 | 1.2 |
| 带皮苹果 | 10 | 6 | 10 | 1 | 159 | 0.3 | 0.1 | 0.06 | 0.6 |
| 香蕉(去皮) | 7 | 32 | 22 | 1 | 451 | 0.4 | 0.2 | 0.12 | 1.1 |
| 烤牛肉(圆听) | 5 | 21 | 176 | 50 | 305 | 1.6 | 3.7 | 0.08 | — |
| 烤小牛肉(圆听) | 6 | 28 | 234 | 68 | 389 | 0.9 | 3.0 | 0.13 | — |
| 烤鸡脯 | 13 | 25 | 194 | 62 | 218 | 0.9 | 0.8 | 0.04 | — |
| 烤鸡腿 | 10 | 20 | 156 | 77 | 206 | 1.1 | 2.4 | 0.07 | — |
| 煮熟鲑鱼 | 6 | 26 | 234 | 56 | 319 | 0.5 | 0.4 | 0.06 | — |
| 罐装带骨鲑鱼 | 203 | 25 | 277 | 458 | 231 | 0.9 | 0.9 | 0.07 | — |

对动物源食品中矿物质含量的影响因素主要有品种、饲料、动物的健康状况和环境。如宁夏产的牛乳粉中K、Na、Mg、Ca、Fe、Mn、Zn、Cu等8种元素含量与黑龙江和北京产的乳粉中上述8种元素含量就有差异，宁夏奶粉中Zn、Mg含量较高，而Mn、Cu含量较低。除产地不同对动物源食物中矿物质含量有重要影响外，即使是同一产地、同一物种，如果饲料中矿物质含量不同，其产品中矿物质含量也有很大的不同（表7-7）。

由上可知，影响食品原料的矿物质含量的因素较多，由此也使得食品中的矿物质含量有所不同。

**表7-6　不同产地的黑糯米中主要矿物质含量**　　单位：mg/kg

| 产地 | Zn | Cu | Fe | Mn | Ca | Mg |
|---|---|---|---|---|---|---|
| 湖南 | 19.48 | 1.779 | 17.18 | 15.46 | 26.59 | 12.27 |
| 浙江 | 19.47 | 2.549 | 20.13 | 24.25 | 59.48 | 12.00 |
| 贵州 | 16.64 | 0.702 | 24.97 | 25.36 | 32.00 | 11.42 |

**表7-7　添加微量元素的牛饲料对牛乳中矿物质含量的影响**　　单位：mg/100g

| 项目 | Fe | Cu | Zn | Mn | K | Na | Ca | Mg | P |
|---|---|---|---|---|---|---|---|---|---|
| 添加组 | 0.122 | 0.032 | 0.417 | 0.008 | 81.60 | 83.70 | 144.0 | 11.00 | 98.60 |
| 对照组 | 0.137 | 0.007 | 0.442 | 0.010 | 68.39 | 85.34 | 76.67 | 10.06 | 82.09 |

## 7.5.2　加工对食品中矿物质含量的影响

加工对食品中矿物质含量的影响主要有加工方式、加工用水、加工设备、加工辅料及添加剂等。如同样的蕨菜进行4种处理（表7-8），一些微量元素含量就发生了不同的变化。Ca含量均有所增加，其他微量元素含量均有所减少，其中盐腌脱水处理的减少得最多，烫漂处理对某些矿物质也有很大的损失，如Zn、Mn等（表7-8）。表7-9表明，热烫对菠菜中K、Na损失较大，而对Ca几乎没有影响。由此可见，由于不同的矿物质在食品中存在状态的不同，有些矿物质，尤其是呈游离态的矿物质，如K、Na，在漂、烫加工中是极易损失的；而某些矿物质由于是以不溶于水的形态存在，在漂洗、热烫中不易脱去。

表 7-8　不同加工方式对蕨菜中一些微量元素含量的影响　单位：mg/100g 干重

| 加工方式 | Ca | Mg | Fe | Mn | Cu | Zn |
|---|---|---|---|---|---|---|
| 加工前 | 62.5 | 238.0 | 32.0 | 8.1 | 26.4 | 9.5 |
| ① | 80.0 | 140.9 | 30.6 | 6.3 | 22.4 | 7.1 |
| ② | 80.1 | 169.5 | 21.1 | 6.3 | 20.3 | 7.0 |
| ③ | 80.6 | 126.0 | 27.6 | 5.1 | 20.2 | 5.7 |
| ④ | 88.0 | 156.3 | 20.7 | 6.7 | 15.5 | 6.9 |

注：①自然脱水＋烫漂；②自然脱水＋不烫漂；③盐腌脱水＋烫漂；④盐腌脱水＋不烫漂。

表 7-9　热烫对菠菜中矿物质损失的影响

| 项目 | 含量/(g/100g) | | 损失/% |
|---|---|---|---|
| | 未热烫 | 热烫 | |
| K | 6.9 | 3.0 | 56 |
| Na | 0.5 | 0.3 | 43 |
| Ca | 2.2 | 2.3 | 0 |
| Mg | 0.3 | 0.2 | 36 |
| P | 0.6 | 0.4 | 36 |
| 亚硝酸盐 | 2.5 | 0.8 | 70 |

不同的加工方式对土豆中 Cu 含量的影响表明（表 7-10），油炸及去皮均使土豆中 Cu 含量有所增加。

表 7-10　加工方式对土豆中 Cu 含量的影响　单位：mg/100g 新鲜质量

| 加工方式 | Cu | 增、减/% | 加工方式 | Cu | 增、减/% |
|---|---|---|---|---|---|
| 原料 | 0.21 | 0.00 | 土豆泥 | 0.10 | −52.38 |
| 水煮 | 0.10 | −52.38 | 法式炸土豆片 | 0.27 | +28.57 |
| 焙烤 | 0.18 | −14.29 | 快餐土豆 | 0.17 | −19.05 |
| 油炸土豆片 | 0.29 | +36.20 | 去皮土豆 | 0.34 | +61.90 |

## 7.5.3　贮藏对食品中矿物质含量的影响

食品中矿物质还能够通过与包装材料的接触而得到。表 7-11 中列举了罐装的液态和固态食品中部分矿物质的含量变化。固态食品由于与包装材料的反复碰撞，其受试食品中矿物质 Al、Sn 和 Fe 的含量都有所增加。

表 7-11　蔬菜罐头中微量金属元素含量　单位：mg/kg

| 蔬菜 | 罐① | 组分② | Al | Sn | Fe |
|---|---|---|---|---|---|
| 绿豆 | La | L | 0.10 | 5 | 2.8 |
| | | S | 0.7 | 10 | 4.8 |
| 菜豆 | La | L | 0.07 | 5 | 9.8 |
| | | S | 0.15 | 10 | 26 |
| 小粒青豌豆 | La | L | 0.04 | 10 | 10 |
| | | S | 0.55 | 20 | 12 |
| 旱芹菜心 | La | L | 0.13 | 10 | 4.0 |
| | | S | 1.50 | 20 | 3.4 |
| 甜玉米 | La | L | 0.04 | 10 | 1.0 |
| | | S | 0.30 | 20 | 6.4 |
| 蘑菇 | P | L | 0.01 | 15 | 5.1 |
| | | S | 0.04 | 55 | 16 |

① La—涂漆罐头；P—素铁罐头。

② L—液体；S—固体。

# 参 考 文 献

[1] 汪东风主编．高级食品化学．北京：化学工业出版社，2009.

[2] 汪东风主编．食品中有害成分化学．北京：化学工业出版社，2006.

[3] 慈云祥等编著．分析化学中的配位化合物．北京：北京大学出版社，1986：110.

[4] 廖洪波，等．食品中金属元素形态分析技术及其应用．食品科学，2008，29（01）：369-373.

[5] 钱立群，等．宁夏地区牛乳及乳粉中9种营养元素含量测定及分析．微量元素与健康研究，1999，16（2）：55.

[6] 张美红，等．国内外关于鱼胰蛋白酶的研究进展．饲料工业，2006，27（2）：20.

[7] Israr B，et al. Effects of phytate and minerals on the bioavailability of oxalate from food. Food Chemistry，2013，141：1690-1693.

[8] Gharibzahedi S M T，et al. The importance of minerals in human nutrition：Bioavailability，food fortification，processing effects and nanoencapsulation. Trends in Food Science & Technology，2017，62：119.

# 第8章 酶

**本章要点:** 酶学性质简介，影响酶催化反应的因素，酶对食品的营养性、享受性和安全性的影响，酶在食品加工及贮藏保鲜中的应用等。

酶（enzyme）存在于一切生物体内，在食品的加工及贮藏过程中涉及许多酶催化的反应，对食品的品质产生需宜或不需宜的影响。在食品加工中可以利用原料中原有酶的作用，产生人们所需要的品质，例如，在茶叶加工时利用茶鲜叶中氧化酶可加工出红茶；但对于绿茶的加工来说，氧化酶的作用则产生不需宜的影响，因此在加工过程中要抑制氧化酶的作用。在加工及贮藏过程中也可利用外源酶来提高食品品质和产量，例如以玉米淀粉为原料生产高果糖玉米糖浆，就是利用了淀粉酶和葡萄糖异构酶；牛乳中添加乳糖酶，可解决人群中乳糖酶缺乏的问题。酶的本质和基础理论在生物化学中已有详细介绍，本章着重介绍在食品加工和贮藏过程中常用酶的特点、作用及与此相关的一些基本知识。

## 8.1 概 述

### 8.1.1 酶的化学本质

实际上生物体内除少数几种酶为核酸分子外，大多数的酶类都是蛋白质。酶是球形蛋白质，具有一般蛋白质所具有的一、二、三、四级结构层次，也具有两性电解质的性质。酶受到环境因素的作用结构发生变化，甚至丧失活性。酶与其他蛋白质的不同之处在于，酶分子的空间结构上含有特定的具有催化功能的区域。酶的作用底物大多数是小分子，因此酶分子只有一小部分氨基酸侧链与底物直接发生作用。这些与酶催化活性相关的氨基酸侧链称为酶的活性中心。酶的活性中心是指酶与底物结合并发生反应的区域，一般位于酶分子的表面，大多数为疏水区。酶的活性中心由结合基团和催化基团组成，结合基团负责与底物特异性结合，催化基团直接参与催化。结合基团和催化基团属于酶的必需基团，这些功能基团可能在一级结构上相差较远，但在空间结构上比较接近。对于不需要辅酶的酶来说，酶的活性中心就是指起催化作用的基团在酶的三级结构中的位置；对于需要辅酶的酶来说，辅酶分子或辅酶分子的某一部分结构往往就是活性中心的组成部分。酶活性中心区域出现频率最高的氨基酸主要是 Ser、His、Asp、Cys、Tyr、Glu 等。

酶的分子量一般为 $10^4 \sim 10^6$。酶中的蛋白质有的是简单蛋白，有的是结合蛋白，后者为酶蛋白与辅助因子结合后形成的复合物。根据酶蛋白分子的特点可将酶分为三类，即单体酶，只有一条具有活性部位的多肽链，分子量在$(1.3 \sim 3.5) \times 10^4$ 之间，例如溶菌酶、胰蛋白酶等，属于这一类的酶很少，一般都是催化水解反应的酶；寡聚酶，由几个甚至几十个亚基组成，亚基间不是共价键结合，彼此很容易分开，分子量从 $3.5 \times 10^4$ 到几百万，例如磷酸化酶 a 和 3-磷酸甘油醛脱氢酶等；多酶体系，是由几种酶彼此嵌合形成的复合体，分子量一般都在几百万以上，例如用于脂肪酸合成的脂肪酸合成酶复合体。

## 8.1.2 酶的辅助因子及其在酶促反应中的作用

许多酶并不是纯粹的蛋白质，它们还含有金属离子和/或低分子量非蛋白质的有机小分子。这些非蛋白质组分称为酶的辅助因子（cofactor），它是酶活不可缺少的组分。失去辅助因子的没有酶活的蛋白质称为脱辅基酶蛋白（apoenzyme），含有辅助因子的酶称为全酶（holoenzyme）。辅助因子包括金属离子（metal ion）和辅酶（coenzyme），辅酶又分为辅基（prosthetic group）和辅底物（cosubstrate）。

金属酶是指与金属离子结合较为紧密，在酶纯化过程中，金属离子仍被保留；金属激活酶是指金属离子结合不很紧密的酶，纯化的酶需加入金属离子，才能被激活。例如，细胞内含量最多的 $K^+$ 能激活许多酶。另外，$K^+$ 也能促进底物的结合。

辅酶是有机化合物，往往是维生素或维生素衍生物。有时，在没有酶存在的情况下，它们也能作为催化剂，但没有像和酶结合时那样有效。如同金属离子-酶键合情况一样，辅酶-酶的结合也有紧密的或疏松的。与酶结合紧密的称为辅基，不能通过透析除去，在酶催化的过程中保持与酶分子的结合。通常这样的酶将两个作用底物一个接一个转化，而辅基最终被还原成起始状态。与酶可逆结合且结合疏松的称为辅底物，因为在反应开始，它们常与其他底物一起和酶结合，在反应结束以改变的形式被释放。辅底物通常与至少两种酶作用，将氢或功能基团从一种酶转运到另一种酶，所以被称为“转运代谢物”或“中间底物”。由于其在后来的反应中可以再生，因此与真正的底物是有区别的。中间底物的浓度是非常低的。常见的辅酶有：$NAD^+$（辅酶Ⅰ）和 $NADP^+$（辅酶Ⅱ）是氧化/还原反应的辅酶，由维生素烟酰胺或烟酸衍生而成，与酶结合疏松；FMN 和 FAD 是氧化/还原反应的辅基；参与磷酸转移反应的辅酶 ADP；参与共价催化作用的 TPP（焦磷酸硫胺素）等。

## 8.1.3 同工酶

同工酶是指不同形式的催化同一反应的酶，它们之间氨基酸的顺序、某些共价修饰或三维空间结构等有所不同。

## 8.1.4 酶作为催化剂的特点

酶与其他催化剂相比具有显著的特性：高催化效率、高专一性和酶活的可调节性。

酶是一种生物催化剂，除具有一般催化剂的性质外，还显示出生物催化剂的特性：酶的催化效率高，以分子比表示，酶催化反应的反应速率比非催化反应高 $10^8 \sim 10^{20}$ 倍，比其他催化反应高 $10^7 \sim 10^{13}$ 倍。但酶比其他一般催化剂更加脆弱，容易失活，凡使蛋白质变性的因素都能使酶破坏而完全失去活性。酶催化的最适条件几乎都是温和的温度和非极端 pH 值。

酶的作用具有高度的专一性（specificity），只能催化一种或一类化学反应（反应专一性），而且对底物有严格的选择（底物专一性）。另外变构酶还具有调节专一性的作用。

在生命体中酶活性是受多方面调控的，如酶浓度的调节，激素的调节，共价修饰调节，抑制剂和激活剂的调节，反馈调节，变构调节，金属离子和其他小分子化合物的调节等。

# 8.2 影响酶催化反应的因素

食品中的酶只能通过间接测定其催化活性来达到检测的目的。因此酶催化反应动力学是研究影响酶促反应速率的各种因素。本节主要讨论反应物的浓度（主要指酶和底物）、激活剂与抑制剂、pH、温度、水分活度等与酶促反应速率的关系。

## 8.2.1 底物浓度的影响

用酶促反应速率（$v$）对底物浓度（$S$）作图可得到图 8-1。从图 8-1 可以看到当底物浓度较低时，反应速率与底物浓度的关系呈正比关系，为一级反应；之后随着底物浓度的增加，反应速率不是成直线增加，这一段反应表现为混合级反应；如果再继续加大底物浓度，曲线表现为零级反应，反应速率趋向一个极限，说明酶已被底物饱和。

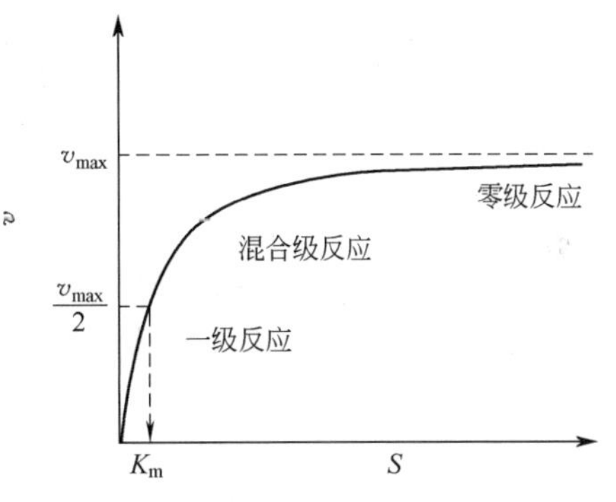


图 8-1　酶促反应速率与底物浓度的关系

## 8.2.2 pH 的影响

每种酶都有一最适 pH 值范围，通常酶只在此 pH 范围内才具有催化活性。在某一特定 pH 时，酶促反应具有最大反应速率，高于或低于此值，反应速率下降，通常称此时 pH 为酶的最适 pH。食品中酶的最适 pH，一般在 5.5～7.5 之间。反应速率与 pH 的关系通常呈钟形曲线。

pH 对酶活力的影响是一个较复杂的问题，底物种类、辅助因子、缓冲液类型和离子强度等都会影响酶的最适 pH。所以酶的最适 pH 并不是一个常数，只是在一定条件下才有意义。一些酶的最适 pH 见表 8-1。

**表 8-1　一些酶的最适 pH**

| 酶 | 最适 pH | 酶 | 最适 pH |
|---|---|---|---|
| 酸性磷酸酯酶(前列腺腺体) | 5 | 果胶裂解酶(微生物) | 9.0～9.2 |
| 碱性磷酸酯酶(牛乳) | 10 | 果胶酯酶(高等植物) | 7 |
| α-淀粉酶(人唾液) | 7 | 黄嘌呤氧化酶(牛乳) | 8.3 |
| β-淀粉酶(红薯) | 5 | 脂肪酶(胰脏) | 7 |
| 羧肽酶 A(牛) | 7.5 | 脂肪氧化酶-1(大豆) | 9 |
| 过氧化氢酶(牛肝) | 3～10 | 脂肪氧化酶-2(大豆) | 7 |
| 纤维素酶(蜗牛) | 5 | 胃蛋白酶(牛) | 2 |
| 无花果蛋白酶(无花果) | 6.5 | 胰蛋白酶(牛) | 8 |
| 木瓜蛋白酶(木瓜) | 7～8 | 凝乳酶(牛) | 3.5 |
| β-呋喃果糖苷酶(土豆) | 4.5 | 聚半乳糖醛酸酶(番茄) | 4 |
| 葡萄糖氧化酶(点青霉) | 5.6 | 多酚氧化酶(桃) | 6 |

pH 影响酶催化活性的主要原因可能有以下方面：

**(1)** 远离酶的最适 pH 的酸碱环境将影响蛋白质的构象，甚至使酶变性或失活。

**(2)** 偏离酶的最适 pH 的酸碱环境酶虽然不变性，但由于改变了酶的活性位点上产生的静电荷数量，从而影响酶活力。而且，底物分子的解离状态和酶分子的解离状态也受 pH 的影响。对于一种酶只有一种解离状态，也就是只有最适 pH 能够满足酶的活力中心与底物基团结合，以及催化位点的作用，因此，除此 pH 外，均会降低酶的催化活力。此外，pH 还影响到 ES 的形成，从而降低酶活性。

**(3)** pH 影响酶分子中其他基团的解离，因而也影响到酶分子的构象和酶的专一性，同时底物的离子化作用也受 pH 的影响，从而使底物的热力学函数发生变化，结果降低了酶的催化作用。

通常是测定酶催化反应的初速率和 pH 的关系来确定酶的最适 pH 值。然而在食品加工中酶作用的时间相当长，因此除确定酶的最适 pH 外，还应当考虑酶的 pH 稳定性。

## 8.2.3 温度的影响

热处理在食品加工和贮藏过程中是一个重要的工艺。在低温范围内随温度提高，酶活性增加，但超过一定的温度范围后，酶活性则随温度的升高而下降，甚至失去酶活。温度与酶催化反应速率的关系呈钟形曲线（图 8-2）。每一种酶都具有一最适温度范围。据此，可通过改变食品加工及贮藏时的温度控制某种酶的活性。温度对酶催化反应速率的影响有双重效应：一方面是当温度升高，反应速率加快，对于许多酶来说，当温度从 22℃ 升高到 32℃时，反应速率可提高 2 倍；另一方面，随着温度升高，酶逐渐变性，从而降低酶的催化反应速率。酶最适反应温度是这两种效应平衡的净结果。通过冷藏可以延缓或抑制食品中不利的变化和反应。热处理可以促进酶反应，也可以通过使酶失活而阻止不利反应的发生。如果通过热的作用钝化酶活性，减少某种酶反应对食品的影响，常采取快速升温的办法。

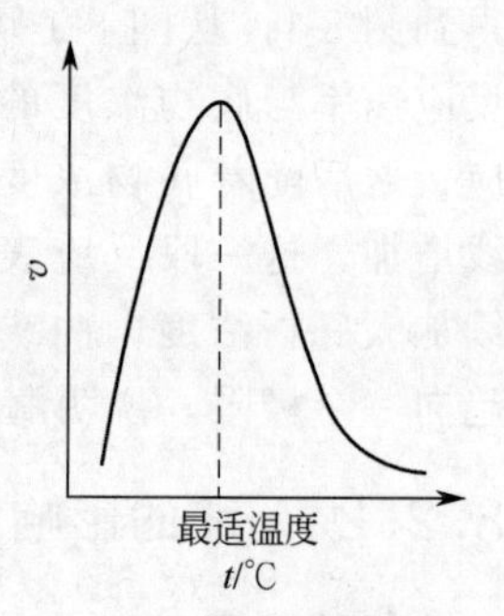

图 8-2　温度与酶催化反应速率的关系

同样酶的最适温度不是酶的特征物理常数，有诸多的因素影响，如酶作用的时间长短、酶和底物的浓度、pH、辅助因子等。酶在干燥状态比在潮湿状态对温度的耐受力要高。

各种酶的热稳定性相差较大。有些酶在较低的温度下就失活，有些酶在较高的温度下至少在短时间内保持活性，还有些酶低温下的稳定性低于正常温度下的稳定性。酶的热失活遵循一级反应动力学方程：

$$c_t = c_0 e^{-kt}$$

式中，$c_t$，$c_0$ 分别代表时间 $t$ 和时间 0 时的酶活；$k$ 为反应速率常数。

$$\lg c_t = -kt/2.3 + \lg c_0$$

$$t = (2.3\lg c_0/c_t)/k$$

令

$$c_0/c_t = 10$$

$$t = 2.3/k = D$$

所谓“$D$ 值”是指将酶活减少为原来的 $10^{-1}$ 所需要的时间。提到 $D$ 值时要说明其特定的温度。

牛奶中的脂肪酶和碱性磷酸酶对热不稳定，而酸性磷酸酶很稳定（图 8-3）。鉴于碱性磷酸酶的活性比脂肪酶容易检测，常用它的活性以区分生乳和巴氏杀菌乳。图 8-4 所示的是土豆块茎中酶的热失活，过氧化物酶的热稳定性最好，加热不易使之失活，其他蔬菜中的酶情况类似。因此，过氧化物酶可以指示用于使所有酶热失活的调控过程，比如评价热烫处理过程的充分与否。对于那些能引起食品品质下降的酶，在贮藏过程中需进行失活处理。例如半熟的豌豆种子中脂氧酶会引起种子腐败，该酶比过氧化物酶更易热失活，所以只需将脂氧酶热烫失活即可，而不必将过氧化物酶热失活。

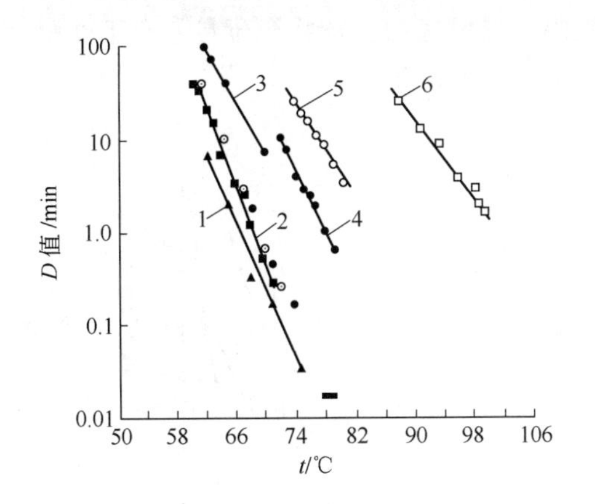


图 8-3 牛奶中酶的热失活

1—脂肪酶（失活程度，90%）；2—碱性磷酸酶（90%）；3—过氧化氢酶（80%）；4—黄嘌呤氧化酶（90%）；5—过氧（化）物酶（90%）；6—酸性磷酸酶（99%）

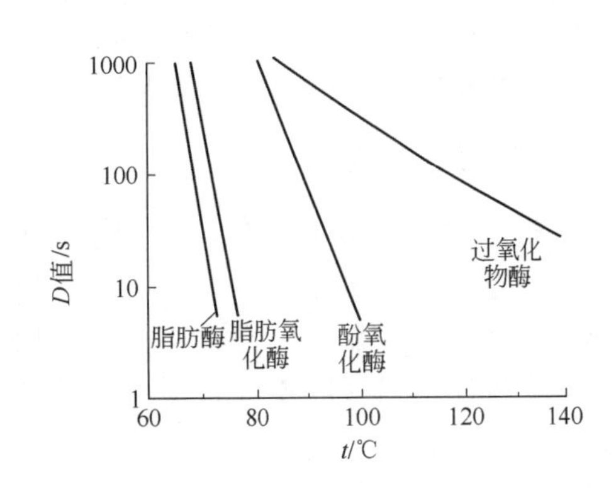


图 8 4 土豆块茎中酶的热失活

酶的热失活还与 pH 有关。豌豆种子中的脂氧酶在等电点时热变性失活的速率最慢，氧化酶在等电点时变性失活的速率最慢，其他的酶也是如此（图 8-5）。

在温度低于 0℃时酶活性有所下降，但冰晶的形成会造成酶和底物的浓缩，使酶的催化活性相对提高。在低温贮藏期间，如食品黏度增加，可通过限制底物的扩散，降低酶活性。在完全冰冻的食品中，酶的催化活性暂时停止，大多数酶的酶活受冰冻的影响是可逆的。在食品保藏中，如果贮存温度低于玻璃化转变温度 $T_g$ 和 $T'_g$，则酶的活性完全被抑制。食品应尽量避免在稍低于水的冰点温度保藏，减少因冷冻而引起的酶和底物浓缩造成的酶活力增加。此外，冷冻和解冻能破坏组织结构，从而导致酶与底物更接近。从图 8-6 看出鳕鱼肌肉组织中的磷脂酶在－4℃的活力相当于－2.5℃的 5 倍。

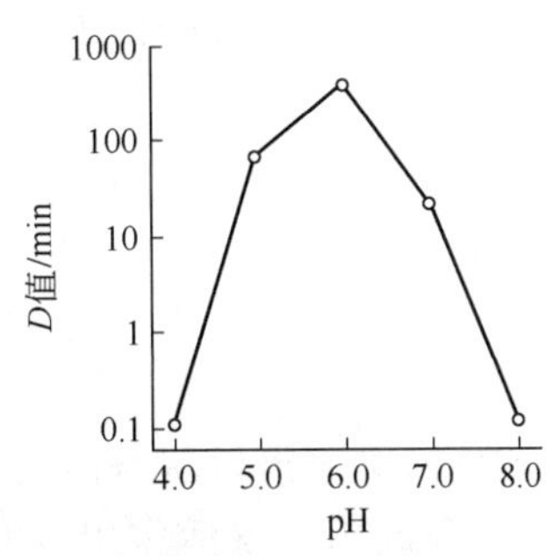


图 8-5 豌豆种子的脂氧酶在 65℃时的热失活受 pH 的影响

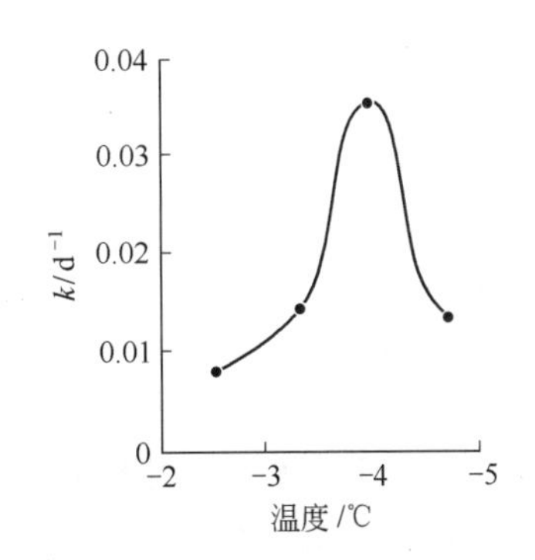


图 8-6 在冰点温度以下鳕鱼肌肉组织中磷脂酶催化磷脂水解的速率常数（$k$）

## 8.2.4 水分活度的影响

酶反应速率也受 $a_w$ 的影响，$a_w$ 较低时，酶活性被抑制。只有酶的水合作用达到一定程度时才显示出活性。例如溶菌酶蛋白含水量为0.2g/g蛋白质时，酶开始显示催化活性；当水含量达到0.4g/g蛋白质时，在整个酶分子的表面形成单分子水层，此时酶的活性提高；当含水量为0.9g/g蛋白质时，溶菌酶活性达到极限，此时底物及产物分子扩散将不受限制。β-淀粉酶在 $a_w$ 0.8（约2%的含水量）以上才显示出水解淀粉的活力；当 $a_w$ 为0.95（约12%的含水量）时，酶的活力提高15倍（图8-7）。

## 8.2.5 酶浓度的影响

一般情况下在pH、温度和底物浓度一定时，酶催化反应速率正比于酶的浓度。但如果底物溶解度受到限制，底物中存在竞争性抑制剂、底物缓冲剂或反应体系有不可逆抑制剂如 $Hg^{2+}$、$Ag^{+}$ 或 $Pb^{2+}$ 等，也会影响酶与底物的作用，都会造成酶催化反应与米氏方程偏离。

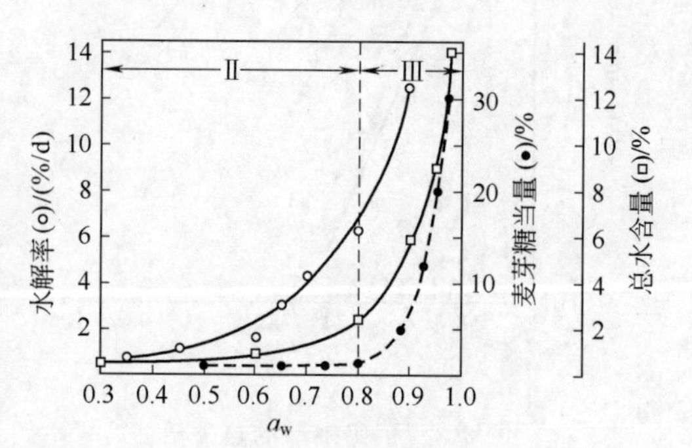


图8-7 水分活度对酶活力的影响
○磷脂酶催化卵磷脂水解；
•β-淀粉酶催化淀粉水解

## 8.2.6 激活剂的影响

凡是能提高酶活性的物质，都称为激活剂。其中大部分是离子和简单有机化合物。激活剂按分子大小分为三类。

**(1) 无机离子** 金属离子不仅对很多酶的构象稳定、底物与酶的结合等有影响，而且也影响路易斯酸形成或作为电子载体参与催化反应的过程，从而起激活作用。

作为激活剂起作用的金属离子有 $K^{+}$、$Na^{+}$、$Mg^{2+}$、$Zn^{2+}$、$Fe^{2+}$ 和 $Cu^{2+}$ 等，例如对于催化水解磷酸酯键的酶，$Mg^{2+}$ 通过亲电路易斯酸的方式作用，使底物或被作用物的磷酸酯基上的P-O键极化，以便产生亲核攻击。$Ce^{4+}$ 可催化核酸磷酸酯键发生水解，其作用机理是 $Ce^{4+}$ 与磷酸基配位，使P原子的电正性增大，并且 $Ce^{4+}$ 的4f轨道与磷酸基的有关轨道形成新的杂化轨道，使P更易接受与 $Ce^{4+}$ 配位的OH的亲核进攻而形成五配位中间体，与 $Ce^{4+}$ 配位的水发生解离并起催化作用，进一步促使P-O(5′)键或P-O(3′)键发生断裂。

阴离子和氢离子也都具有激活作用，但不明显，如 $Cl^{-}$ 和 $Br^{-}$ 对动物唾液中的α-淀粉酶仅显示较弱的激活作用。

金属离子对酶的作用具有一定的选择性，即一种激活剂对某些酶能起激活作用，但对另一种酶可能有抑制作用。有时离子之间还存在拮抗效应。例如 $Na^{+}$ 抑制 $K^{+}$ 的激活作用，$Mg^{2+}$ 激活的酶则常被 $Ca^{2+}$ 所抑制。而有的金属离子如 $Zn^{2+}$ 和 $Mn^{2+}$ 可替代 $Mg^{2+}$ 起激活作用。

金属离子浓度对酶的作用有影响，有的金属离子在高浓度时甚至可以从激活剂转为抑制剂。例如 $Mg^{2+}$ 在浓度为 $(5\sim10)\times10^{-3}$ mol/L时对 $NADP^{+}$ 合成酶有激活作用，但在 $30\times10^{-3}$ mol/L时则该酶活性下降；若用 $Mn^{2+}$ 代替 $Mg^{2+}$，则在 $1\times10^{-3}$ mol/L起激活作用，高于此浓度，酶活性下降，也不再有激活作用。

**(2) 中等大小的有机分子** 某些还原剂，如半胱氨酸、还原型谷胱甘肽、氰化物等能激活某些酶，使酶中二硫键还原成硫氢基，从而提高酶活性，如木瓜蛋白酶和D-甘油醛-3-磷酸脱氢酶。

金属螯合剂EDTA因能螯合金属杂质，从而消除了这些离子对酶的抑制作用。这是在酶制备时常常加EDTA的原因。

**(3) 具有蛋白质性质的大分子物质** 这些物质能起到酶原激活的作用，使原来无活性的酶原转变为有活性的酶。

### 8.2.7 抑制剂的影响

酶的抑制作用是指一些物质与酶结合后，使酶活力下降，但并不引起酶蛋白变性的作用。凡是降低酶催化反应速率的物质称抑制剂。酶的抑制作用与酶的失活作用是不同的，凡能使酶蛋白变性的任何作用都能使酶失活，例如剪切力、超高压、辐照或是与有机溶剂混溶。显而易见，抑制作用不同于变性作用。

食品组成中常存在有酶抑制剂，如豆科种子中存在的胰蛋白酶抑制剂、胰凝乳蛋白酶抑制剂、淀粉酶抑制剂；另外，食品中还含有非选择性抑制较宽酶谱的组分，比如酚类和芥末油。此外，食品中因环境污染带来的重金属、杀虫剂和其他的化学物质都可成为酶的抑制剂。

食品加工及贮藏过程中也常采取一些抑制酶活性的工艺，如通常经过热加工以破坏酶结构抑制不需要的酶促反应，加入$SO_2$抑制酚酶活性等。

除物理因子外，许多化学或生物化学的抑制剂，其结构往往类似于底物，从而起竞争性抑制作用。从对酶活性抑制的动力学角度，抑制剂可以分为两类，即可逆抑制剂和不可逆抑制剂。

不可逆抑制剂和可逆抑制剂的作用机理是不同的。在不可逆抑制作用中，抑制剂与酶的活性中心发生了化学反应，抑制剂以共价键连接在酶分子的必需基团上，形成不解离的酶-抑制剂（EI）复合物，阻碍了底物的结合或破坏了酶的催化基团，不能用透析、超滤等物理方法除去抑制剂而恢复酶活性。可逆的抑制作用是指抑制剂与酶蛋白的结合是可逆的，可采用透析或凝胶法除去抑制剂，恢复酶的活性。在可逆抑制剂与游离状态的酶之间仅在几毫秒内就能建立一个动态平衡，因此可逆抑制反应非常迅速。通常将可逆抑制分为竞争性抑制、非竞争性抑制和反竞争性抑制三种类型。竞争性抑制（competitive inhibition）抑制剂与游离酶的活性位点结合，从而阻止底物与酶的结合，所以底物与抑制剂之间存在竞争。非竞争性抑制（non-competitive inhibition），非竞争性抑制剂不与酶的活性位点结合，而是与酶的其他部位相结合，因此抑制剂就可以等同地与游离酶或与酶-底物反应。反竞争性抑制（uncompetitive inhibition），反竞争性抑制作用不像竞争性抑制和非竞争性抑制反应，抑制剂不能直接与游离酶结合，仅能与酶-底物复合物反应，形成一个或多个中间复合物。

### 8.2.8 其他因素的影响

酶活性除受上述因素影响外，还受其他一些物理因素的影响。如高压、电场等影响。高电场脉冲（high electric field pulses，HEFP）及超高压-适温技术在食品中应用是近几年新发展的高新技术。它们对食品的质量、耐藏性及酶活性都有影响。这里主要介绍它们对酶活性的影响。

#### 8.2.8.1 HEFP 的影响

HEFP 作为一项新的食品处理技术，能有效地降低液体食品的微生物数，延长货架期，且对食品的感官、物理、化学性质均无明显影响。该技术还未应用于食品工业化生产中，作为一项新的保鲜防腐技术，有着很好的发展前景。HEFP 处理食品，能使酶电荷及结构改变，还可抑制食品中某些酶活性，增加食品的可贮藏性。但应注意的是，在低脉冲电场作用下对有些酶有激活作用，这些酶只在相对较高的脉冲电场作用较长时间下才能失活。如溶菌酶（lysozyme）和胃蛋白酶（pepsin），在 30pulses 和 13～80 kV/cm 作用下对其酶活有不同的影响。如用 30pulses 和 13.5kV/cm 处理溶菌酶，其酶活为 40%；用 30pulses 和 50kV/cm 处理，其酶活为 20%。用 HEFP（30 pulses 和 40 kV/cm）处理胃蛋白酶，其活性与对照相比达到 260%。

#### 8.2.8.2 高压的影响

压力对酶活性的影响视酶的种类不同而不同，某些酶在相对低的压力下（约 100 MPa）其活性会上升，即激活作用，这类酶主要是单体酶类（monomeric enzymes），但在较高压力下一般都能使大部分酶失活。

基于压力对酶活性的不同影响，可分为四种类型：①完全及不可逆失活；② 完全及可逆失活；③不完全及不可逆失活；④不完全及可逆失活。不管压力对酶是激活作用还是失活作用，对食品的质量都有重要影响。

压力除对酶的构象有影响外，还对细胞结构也有影响。在完整的细胞中酶与底物是分开的，但较低的压力下对细胞结构有破坏作用，当压力诱导的细胞膜结构破坏后，就导致了酶与底物的结合，表现出酶活的增加或减少。

压力对酶失活效果与酶的类型、pH、介质组成、温度等有关。对于一些酶，如胰蛋白酶（EC 3.4.4.4）、胰凝乳蛋白酶（EC 3.4.4.5）及胰凝乳蛋白酶原（chymotrypsinogen），较高的压力也不能使它们完全失活。研究表明循环加压可使其失活。在这种加压方式下，多数酶都较易失活，如胰蛋白酶、胰凝乳蛋白酶、胃蛋白酶（EC 3.4.23.1）、α-淀粉酶（EC 3.2.1.1），但果胶甲酯酶（ EC 3.1.1.11）活性较稳定。

在果汁加工及保藏方面，通常用加热的方式使果胶甲酯酶（PME）失活。但加热对果汁的风味、色泽及营养都有负面影响。用约 600MPa 处理橘子汁可使 PME 的失活率达 90%以上，且是不可逆失活。在 Ca 离子及柠檬酸介质（pH 3.5～4.5）中西红柿中 PME，用高压处理比在水介质中更易失活，且酸度愈低其失活效果愈好。

果蔬中过氧化物酶（POD）对贮藏品质有负面影响。果蔬中 POD 对热有较强的稳定性。结果发现这种酶也有较强的耐压性，如四季豆中 POD 在室温下至少要 900MPa 处理 10min 才能达到 88%的失活率。草莓汁中 POD 在 20℃下用 300MPa 处理 15min 才开始出现失活。

脂肪氧化酶（EC 1.13.1.13，LOX，lipoxygenase ）能催化含有顺，顺-1,4-戊二醛的脂肪酸氧化产生相应的氢过氧化物。用高压-加温（750MPa、75℃）处理 5 min 可有效使大豆中 LOX 失活。

多酚氧化酶（EC 1.14.18.1，PPO，polyphenoloxidase）是造成破损果蔬褐变的主要原因。高压处理技术可替代热处理失活。但不同的食品中 PPO 对压力的耐受性大不相同。蘑菇及马铃薯中 PPO 非常耐压，需要 800～900MPa 才能失活，而杏、草莓和葡萄中 PPO 分别加压约 100MPa、400MPa 和 600MPa 以上就可以使其失活。

# 8.3 酶与食品质量的关系

## 8.3.1 酶与色泽

任何食品，都具有代表自身特色和本质的色泽，多种原因乃至环境条件的改变，即可导致颜色的变化，其中酶是一个敏感的因素。如莲藕由白色变为粉红色后，其品质下降，这是莲藕中的多酚氧化酶和过氧化物酶催化氧化了莲藕中的多酚类物质的结果。

绿色常常作为人们判断许多新鲜蔬菜和水果质量标准之一。在成熟时，水果的绿色减退而代之以红色、橙色、黄色和黑色。青刀豆和其他一些绿叶蔬菜，随着成熟度增加叶绿素含量降低。上述的颜色变化都与食品中的内源酶有关，其中最主要的是脂肪氧化酶（lipoxygenase）、叶绿素酶（chlorophyllase）和多酚氧化酶（polyphenol oxidase）。

### 8.3.1.1 脂肪氧化酶

脂肪氧化酶对于食品方面的影响，有些是需宜的，有些是不需宜的。如用于小麦粉和大豆粉的漂白，制作面团时在面筋中形成二硫键等作用是需宜的。然而，脂肪氧化酶对亚油酸酯的催化氧化则可能产生一些负面影响，破坏叶绿素和胡萝卜素，从而使色素降解而发生褪色；或者产生具有青草味的不良异味；破坏食品中的维生素和蛋白质类化合物；食品中的必需脂肪酸，例如亚油酸、亚麻酸和花生四烯酸遭受氧化性破坏。

脂肪氧化酶的上述所有反应结果，都是来自酶对不饱和脂肪酸（包括游离的或结合的）的直接氧化作用，形成自由基中间产物，其反应历程如图 8-8 所示。在反应的第 1、2 和 3 步包括活泼氢脱氢形成顺，顺-烷基自由基、双键转移，以及氧化生成反，顺-烷基自由基与烷过氧自由基；第 4 步是形成氢过氧化物。然后，进一步发生非酶反应导致醛类（包括丙二醛 ）和其他不良异味化合物的生成。自由基和氢过氧化物会引起叶绿素和胡萝卜素等色素的损失、多酚类氧化物的氧化聚合产生色素沉淀，以及维生素和蛋白质的破坏。食品中存在的一些氧化剂如维生素 E、没食子酸丙酯、去甲二氢愈创木酸等能有效阻止自由基和氢过氧化物引起的食品损伤。

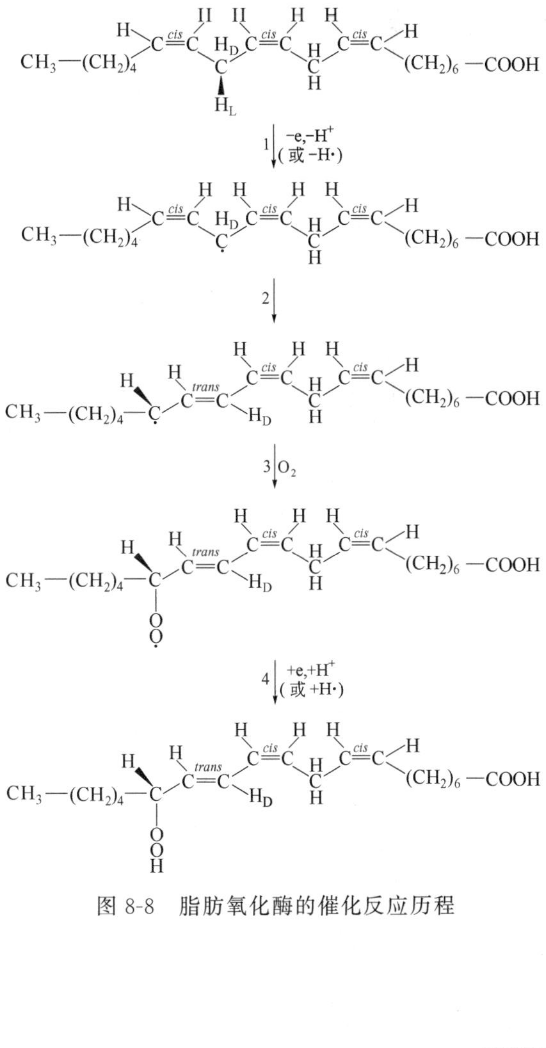

图 8-8　脂肪氧化酶的催化反应历程

#### 8.3.1.2 叶绿素酶

叶绿素酶（EC 3.1.1.14）存在于植物和含有叶绿素的微生物中。叶绿素酶是一种酯酶，能催化叶绿素和脱镁叶绿素脱植醇，分别生成脱植基叶绿素和脱镁脱植基叶绿素。叶绿素酶在水、醇和丙酮溶液中均有活性，在蔬菜中的最适反应温度为60～82.2℃，因此植物体采收后未经热加工，脱植基叶绿素不可能在新鲜叶片中形成。如果加热温度超过80℃，酶活力降低，达到100℃时则完全丧失活性。从加热至酶失活的时间长短对叶绿素保留量有重要影响。该酶水解产物脱植基叶绿素和脱镁脱植基叶绿素因不含植醇侧链，易溶于水，在含水食品中，使食品产生色泽变化。

#### 8.3.1.3 多酚氧化酶

多酚氧化酶通常又称为酪氨酸酶（tyrosinase）、多酚酶（polyphenolase）、酚酶（phenolase）、儿茶酚氧化酶（catechol oxidase）、甲酚酶（cresolase）或儿茶酚酶（catecholase），这些名称的使用是由测定酶活力时使用的底物，以及酶在植物中的最高浓度所决定。多酚氧化酶存在于植物、动物和一些微生物（特别是霉菌）中，它催化两类完全不同的反应。

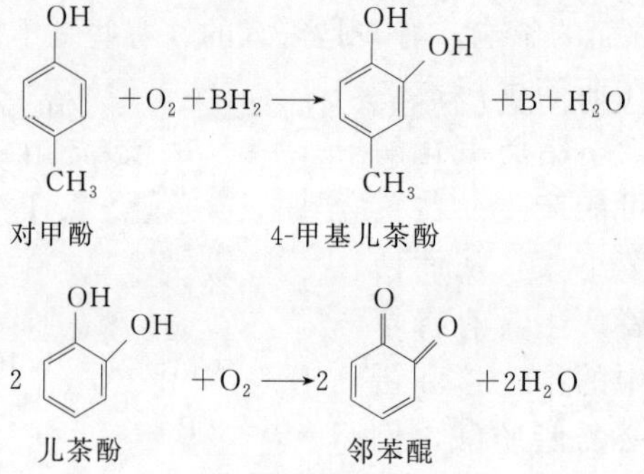

对甲酚 $+O_2+BH_2 \longrightarrow$ 4-甲基儿茶酚 $+B+H_2O$

2 儿茶酚 $+O_2 \longrightarrow 2$ 邻苯醌 $+2H_2O$

图 8-9 多酚氧化酶的催化反应历程

这两类反应一类是羟基化，另一类是氧化反应（图 8-9）。酚类物质可以在多酚氧化酶的作用下氧化形成不稳定的邻苯醌类化合物，然后再进一步通过非酶催化的氧化反应，聚合成为黑色素（melanin），并导致香蕉、苹果、桃、马铃薯、蘑菇、虾发生非需宜的褐变和黑斑形成。然而对红茶、咖啡、葡萄干和梅干的色素形成则是需宜的，如茶鲜叶中多酚类在多酚氧化酶作用下被氧化成茶黄素，进一步自动氧化成茶红素。多酚类是无色有涩味的一类成分，一旦被氧化，涩味减轻，并产生红茶所特有的色泽。

一旦酚类产生非需宜的氧化，不仅对食品色泽产生不利的影响，还会对营养和风味产生影响。如邻苯醌与蛋白质中赖氨酸残基的ε-氨基反应，可引起蛋白质的营养价值和溶解度下降；与此同时，由于褐变反应也会造成食品的质构和风味的变化。据估计，热带水果50%以上的损失都是由于酶促褐变引起的。同时酶促褐变也是造成新鲜蔬菜例如莴苣和果汁的颜色变化、营养和口感变劣的主要原因。因此，科学工作者提出了许多控制果蔬加工和贮藏过程中酶促褐变的方法，例如驱除 $O_2$ 和底物酚类化合物以防止褐变，或者添加抗坏血酸、亚硫酸氢钠和硫醇类化合物等，将初始产物、邻苯醌还原为原来的底物，从而阻止黑色素的生成。另外，采取一些使多酚氧化酶失活的方法可有效抑制酶促褐变。

### 8.3.2 酶与质构

食品质构是食品质量指标之一，水果和蔬菜的质构主要与复杂的碳水化合物有关，例如果胶物质、纤维素、半纤维素、淀粉和木质素。然而影响各种碳水化合物结构的酶可能是一种或多种，它们对食品的质构起着重要的作用。如水果后熟变甜和变软，就是酶催化降解的结果。蛋白酶的作用也可使动物和高蛋白质植物食品的质构变软。

#### 8.3.2.1 果胶酶

果胶酶（pectic enzymes）有 3 种类型，它们作用于果胶物质都产生需宜的反应。

果胶甲酯酶水解果胶的甲酯键，生成果胶酸和甲醇（图 8-10）。果胶甲酯酶又称为果胶酯酶（pectinesterase）、果胶酶（pectase）、脱甲氧基果胶酶（pectin demethoxylase）。当有二价金属离子，例如 $Ca^{2+}$ 存在时，果胶甲酯酶水解果胶物质生成果胶酸，由于 $Ca^{2+}$ 与果胶酸的羧基发生交联，从而提高了食品的质构强度。

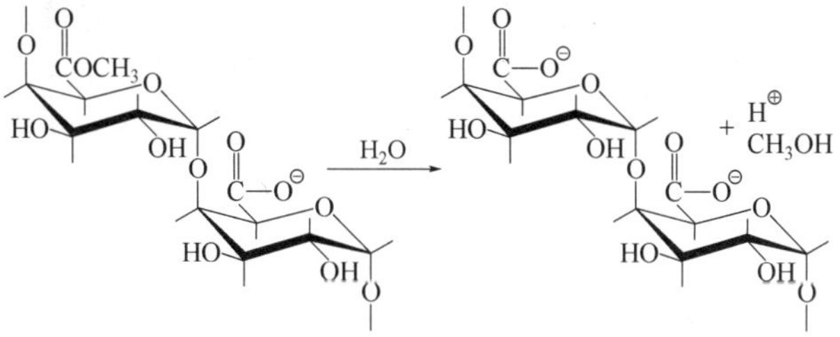

图 8-10　果胶甲酯酶水解示意图

聚半乳糖醛酸酶（EC 3.2.1.15）水解果胶物质分子中半乳糖醛酸单位的 α-1,4-糖苷键（图 8-11）。

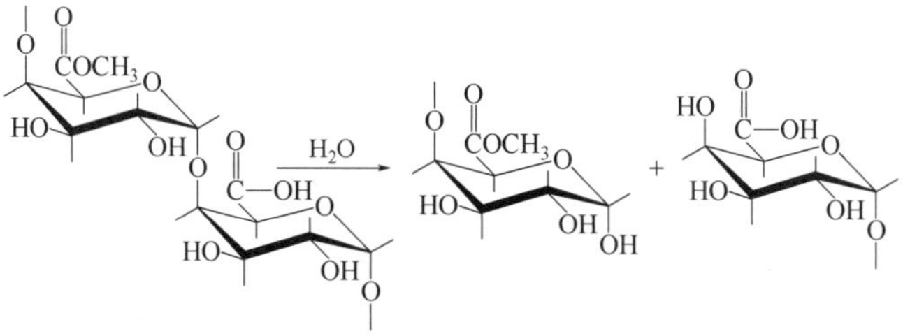

图 8-11　聚半乳糖醛酸酶水解示意图

聚半乳糖醛酸酶有内切酶和外切酶两种类型存在。外切型是从聚合物的末端糖苷键开始水解，而内切型是作用于分子内部。由于植物中的果胶甲酯酶能迅速裂解果胶物质为果胶酸，因此关于植物中是否同时存在聚半乳糖醛酸酶（作用于果胶酸）和聚甲基半乳糖醛酸酶（作用于果胶），目前仍然有着不同的观点。聚半乳糖醛酸酶水解果胶酸，将引起某些食品原料物质（如番茄）的质构变软。

果胶酸裂解酶[聚-(1,4-α-D-半乳糖醛酸苷）裂解酶，EC 4.2.2.2] 在无水条件下能裂解果胶和果胶酸之间的糖苷键，其反应机制遵从 β-消去反应（图 8-12）。它们存在于微生物中，而在高等植物中没有发现。

原果胶酶（protopectinase）是第 4 种类型的果胶降解酶，仅存在于少数几种微生物中。原果胶酶水解原果胶生成果胶。

果胶酶是水果加工中重要的酶，应用果胶酶处理破碎果实，可加速果汁过滤，促进澄清

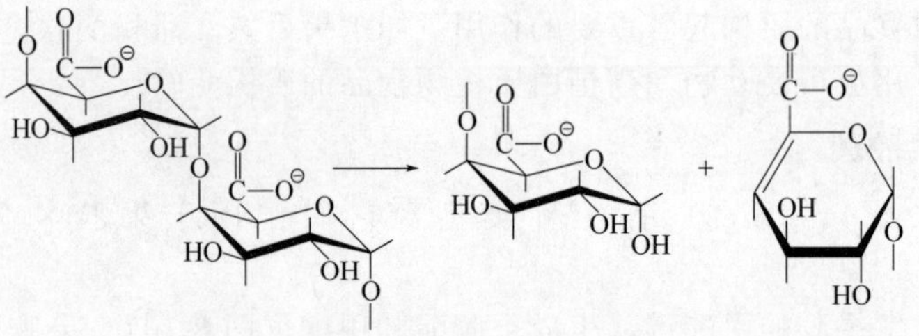

图 8-12 果胶酸裂解酶反应机制示意图

等。如杨辉等将果胶酶应用于苹果酒生产中的榨汁工艺，可提高出汁率 20%，澄清度可达 90%以上。应用其他的酶与果胶酶共同作用，其效果更加明显。如秦蓝等采用果胶酶和纤维素酶的复合酶系制取南瓜汁，大大提高了南瓜的出汁率和南瓜汁的稳定性。并通过扫描电子显微镜观察南瓜果肉细胞的超微结构，显示出单一果胶酶制剂或纤维素酶制剂对南瓜果肉细胞壁的破坏作用远不如复合酶系。又如张倩等提出了一种新型果蔬加工酶——粥化酶（含有果胶酶、纤维素酶、半纤维素酶及蛋白酶等），可提高果蔬果汁的出汁率，增加澄清度，在果蔬加工中有广阔的应用前景。

#### 8.3.2.2 纤维素酶和戊聚糖酶

水果、蔬菜中纤维素含量虽然较少，但在果蔬汁加工时会利用纤维素酶（cellulases）改善其品质。戊聚糖酶（pentosanases）能够水解木聚糖、阿拉伯聚糖和木糖与阿拉伯糖的聚合物为小分子化合物。目前对它们在食品中的应用及特性的了解较少。

#### 8.3.2.3 淀粉酶

淀粉酶（amylases）不仅存在于动物中，而且也存在于高等植物和微生物中，能够水解淀粉。因此，食品在成熟、保藏和加工过程中淀粉常常被降解。淀粉在食品中除有营养作用外，主要与食品的黏度等有关，如果在食品的贮藏和加工中淀粉被淀粉酶水解，将显著影响食品的质构。淀粉酶包括 α-淀粉酶、β-淀粉酶和葡糖淀粉酶三种主要类型，此外还有一些降解酶（表 8-2）。

α-淀粉酶存在于所有的生物体中，能水解淀粉（直链淀粉和支链淀粉）、糖原和环状糊精分子内的 $\alpha$-1,4-糖苷键，水解物中异头碳的 $\alpha$-构型保持不变。由于水解是在分子的内部进行，因此 α-淀粉酶对食品的主要影响是降低黏度，同时也影响其稳定性，例如布丁、奶油沙司等。唾液和胰 α-淀粉酶对于食品中淀粉的消化吸收是很重要的，一些微生物中含有较高水平的 α-淀粉酶，它们具有较好的耐热性。

β-淀粉酶从淀粉的非还原末端水解 $\alpha$-1,4-糖苷键，生成 $\beta$-麦芽糖。因为 β-淀粉酶是外切酶，只有淀粉中的许多糖苷键被水解，才能观察到黏度降低。该酶不能水解支链淀粉的 $\alpha$-1,6-糖苷键，但能够完全水解直链淀粉为 $\beta$-麦芽糖。因此，支链淀粉仅能被 β-淀粉酶有限水解。麦芽糖浆聚合度大约为 10，在食品工业中，应用十分广泛，麦芽糖可以迅速被酵母麦芽糖酶裂解为葡萄糖，因此，β-淀粉酶和 α-淀粉酶在酿造工业中非常重要。β-淀粉酶是一种巯基酶，它能被许多巯基试剂抑制。在麦芽中，β-淀粉酶可以通过二硫键与另外的巯基以共价键连接，因此，淀粉用巯基化合物处理，例如半胱氨酸，可以增加麦芽中 β-淀粉酶的活性。

表 8-2　一些淀粉和糖原降解的主要酶

| 名称 | 作用的糖苷键 | 说明 |
| --- | --- | --- |
| 内切酶(保持构象不变) | | |
| α-淀粉酶(EC 3.2.1.1) | α-1,4 | 反应初期产物主要是糊精;终产物是麦芽糖和麦芽三糖 |
| 异淀粉酶(EC 3.2.1.68) | α-1,6 | 产物是线性糊精 |
| 异麦芽糖酶(EC 3.2.1.10) | α-1,6 | 作用于α-淀粉酶水解支链淀粉的产物 |
| 环状麦芽糊精酶(EC 3.2.1.54) | α-1,4 | 作用于环状或线性糊精,生成麦芽糖和麦芽三糖 |
| 支链淀粉酶(EC 3.2.1.41) | α-1,6 | 作用于支链淀粉,生成麦芽三糖和线性糊精 |
| 异支链淀粉酶(EC 3.2.1.57) | α-1,4 | 作用于支链淀粉生成异潘糖,作用于淀粉生成麦芽糖 |
| 新支链淀粉酶 | α-1,4 | 作用于支链淀粉生成异潘糖,作用于淀粉生成麦芽糖 |
| 淀粉支链淀粉酶 | α-1,4<br>α-1,6 | 作用于支链淀粉生成麦芽三糖,作用于淀粉生成聚合度为2～4的产物 |
| 外切酶(非还原端) | | |
| β-淀粉酶(EC 3.2.1.2) | α-1,4 | 产物为β-麦芽糖 |
| 葡糖糖化酶(EC 3.2.1.3) | α-1,4 | 产物为β-葡萄糖 |
| α-葡萄糖苷酶(EC 3.2.1.20) | α-1,4 | 产物是α-葡萄糖 |
| 转移酶 | | |
| 环状麦芽糊精葡萄糖转移酶(EC 2.4.1.19) | α-1,4 | 由淀粉生成含6～12个糖基单位的α-和β-环状糊精 |

葡糖淀粉酶又名葡糖糖化酶，是从淀粉的非还原末端水解α-1,4-键生成葡萄糖，其对直链淀粉的α-1,4-键的水解速率比支链淀粉中的α-1,6-键的水解速率快30倍。糖化酶在食品和酿造工业上有着广泛的用途，例如果葡糖浆的生产。

#### 8.3.2.4　蛋白酶

作用于蛋白质的酶可以从动物、植物或微生物中分离得到，尤其是从动植物的废弃物的制备，可提高其利用途径。目前作用于蛋白质的酶类种类丰富，在食品加工中发挥着重要作用。例如利用凝乳酶形成酪蛋白凝胶制造干酪。在焙烤食品加工中，将蛋白酶作用于小麦面团的谷蛋白，能改善面包的质量。蛋白酶另外一个显著的作用是在肉类和鱼类加工中分解结缔组织中的胶原蛋白、水解胶原、促进嫩化。动物屠宰后，肌肉将变得僵硬（肌球蛋白和肌动蛋白相互作用引起伸展的结果），在贮存时，通过内源酶（$Ca^{2+}$激活蛋白酶，或许是组织蛋白酶）作用于肌球蛋白-肌动蛋白复合体，肌肉将变得多汁。添加外源酶，例如木瓜蛋白酶和无花果蛋白酶，由于它们的选择性较低，主要是水解弹性蛋白和胶原蛋白，从而使之嫩化。

谷氨酰胺转氨酶（EC 2.3.2.13，transglutaminase，TGase），可以催化蛋白质分子内的交联、分子间的交联、蛋白质和氨基酸之间的连接以及蛋白质分子内谷氨酰胺基的水解，从而可以改善蛋白质功能性质，提高蛋白质的营养价值。在TGase的作用过程中，以γ-羧酸酰胺基作为酰基供体，而其酰基受体有以下几种：

**(1)** 伯胺基。如式(8-1)所示，通过此方法，可以将一些限制性氨基酸引入蛋白质中，提高蛋白质的额外营养价值。

**(2)** 多肽链中赖氨酸残基的ε-氨基。如式(8-2)所示，通过此方法能形成ε-赖氨酸异肽链。食品工业中广泛运用此法使蛋白质分子发生交联，从而改变食物的质构，改善蛋白质的溶解性、起泡性等物理性质。

**(3)** 水。当不存在伯胺基时，如式（8-3）所示，形成谷氨酸残基，从而改变蛋白质的溶解度、乳化性质和起泡性质。

$$R—Glu—CO—NH_2+NH_2—R' \longrightarrow R—Glu—CO—NH—R'+NH_3 \quad (8\text{-}1)$$

$$R—Glu—CO—NH_2+NH_2—Lys—R' \longrightarrow R—Glu—CO—NH—Lys—R'+NH_3 \quad (8\text{-}2)$$

$$R—Glu—CO—NH_2+H_2O \longrightarrow R—Glu—CO—OH+NH_3 \quad (8\text{-}3)$$

TGase在食品工业中的应用主要在以下方面：

**(1)** 改善蛋白质凝胶的特性。由于引入了新的共价键，蛋白质分子内或分子间的网络结构增强，会使通常条件下不能形成凝胶的乳蛋白形成凝胶，或使蛋白质凝胶性能发生改变，如凝胶强度、凝胶的耐热性和耐酸性增强，凝胶的水合作用增强及使凝胶网络中的水分不易析出等。添加TGase处理牛乳所制成的脱脂乳粉，在水溶液中形成凝胶的强度比未经处理的形成的凝胶强度大，凝胶持水性也得到提高。在制作鱼香肠时，加入TGase处理后，其脱水收缩现象也明显降低。据报道，利用盐和TGase可改善鱼香肠的质构。

从图8-13可知，在鱼糜制造时加入TGase可提高鱼糜制品的硬度，当外加水量为60%，酶添加量为0.9%时，鱼糜的硬度达78.1g，比相应的对照提高95.8%。

**(2)** 提高蛋白质的乳化稳定性。$\beta$-酪蛋白经TGase作用后可形成二聚物、三聚物或多聚物，所形成的乳化体系的稳定性明显提高，乳化液的稳定性随着聚合程度增加而增加。

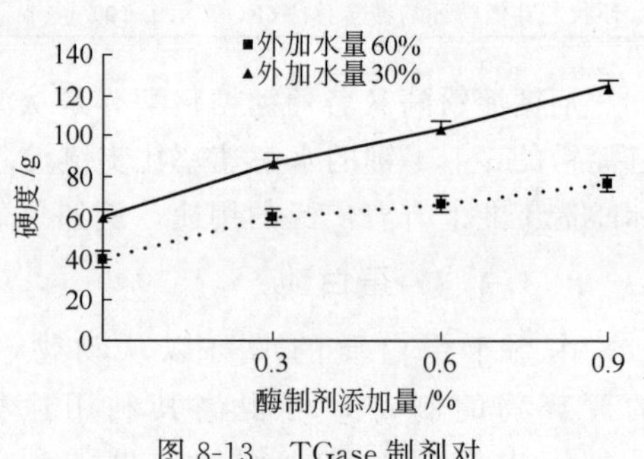

图8-13 TGase制剂对带鱼鱼糜制品硬度的影响

**(3)** 提高蛋白质的热稳定性。加热处理易使蛋白质变性，降低其功能特性。在奶粉生产中，如何防止奶粉在贮藏、销售过程中受热结块，一直是个急需解决的问题。奶粉中的酪蛋白的玻璃化转变温度对奶粉的玻璃化转变温度有重要影响。酪蛋白经TGase催化形成网络结构后，其玻璃化转变温度可明显提高。经TGase催化交联的乳球蛋白也表现出较高的热稳定性，1%的聚合乳球蛋白即使在100℃条件下也可保持30min不变性，而天然乳球蛋白在70℃时就很快变性。

**(4)** 提高蛋白质的营养价值。现已清楚，将限制性氨基酸交联到某种蛋白质上，以提高此种蛋白质的营养价值。如通过TGase作用所形成的富赖氨酸蛋白质比直接添加的游离赖氨酸，不仅可提高赖氨酸的稳定性，还可避免游离赖氨酸更易发生的美拉德反应。另外，TGase还可改善肉制品口感、风味等特性，提高蛋白质的成膜性能等。

## 8.3.3 酶与风味

影响食品中风味和异味的成分最多，酶对食品风味和异味成分的形成途径也相当复杂。食品在加工和贮藏过程中可以利用某些酶改变食品的风味，如风味酶已广泛应用于改善食品的风味，将奶油风味酶作用于含乳脂的巧克力、冰淇淋、人造奶油等食品，可增强这些食品的奶油风味。

食品在加工和贮藏过程中，由于酶的作用可能使原有的风味减弱或失去，甚至产生异味。例如不恰当的热烫处理或冷冻干燥，由于过氧化物酶、脂肪氧化酶等的作用，会导致青刀豆、玉米、莲藕、花椰菜等产生明显的不良风味。当不饱和脂肪酸存在时，过氧化物酶能促进不饱和脂肪酸的过氧化物降解，产生挥发性的氧化风味化合物。此外，过氧化物酶在催化过氧化物分解的历程中，同时产生了自由基，它能引起食品许多组分的破坏并对食品风味产生影响。过氧化物酶是一种非常耐热的酶，广泛存在于所有高等植物中，通常将过氧化物酶作为一种控制食品热处理的温度指示剂，同样也可以根据酶作用产生的异味物质作为衡量酶活力的灵敏方法。

青刀豆和玉米产生不良风味和异味主要是脂肪氧化酶催化氧化的作用，而冬季花椰菜却主要是在半胱氨酸裂解酶的作用下形成不良风味。然而，另外的研究表明，尽管过氧化物酶还不是完全决定食品产生异味的酶，但是，它以较高的水平在自然界存在，优良的耐热性能，使之仍能作为判断一种冷冻食品风味稳定性和果蔬热处理是否充分的一项指标。

脂肪酶在乳制品的增香过程中发挥着重要作用，在加工时添加适量脂肪酶可增强干酪和黄油的香味，将增香黄油用于奶糖、糕点等可节约用量。选择性地使用较高活力的蛋白酶和肽酶，再与合适的脂肪酶结合起来可以使干酪的风味强度比一般成熟的干酪的风味要至少提高 10 倍。使用这种方法，干酪的风味是完全可以接受的，不会增加由于蛋白酶过分水解产生的苦味。芝麻、花生焙烤后有很强的香气，其主要成分为吡嗪化合物、*N*-甲基吡咯、含硫化合物。加入脂肪氧化酶后，能有效地增加其香味。脂肪酶能够催化分解脂肪，生成甘油和脂肪酸。因牛、羊、猪、禽肉不同种动物中脂肪酸组成不同，所以肉的风味不同。

柚皮苷是葡萄柚和葡萄柚汁产生苦味的物质，可以利用柚皮苷酶处理葡萄柚汁，破坏柚皮苷从而脱除苦味。也有采用生物技术去除柚皮苷生物合成的途径达到改善葡萄柚和葡萄柚汁口感的目的。

在原料中除了游离的香气成分外，还有更多的香气成分是以 D-葡萄糖苷形式存在。一些糖苷酶通过水解香气的前体物质，可提高食品的香气。$\beta$-葡萄糖苷酶（EC3.2.1.21）是指能够水解芳香基或烷基葡萄糖苷或纤维二糖的糖苷键的一类酶。利用内源或外源的 $\beta$-葡萄糖苷酶水解这些前体物质，释放出香气成分，如利用 $\beta$-葡萄糖苷酶处理桃汁、红葡萄汁，经 GC-MS 分析该酶处理前后主要风味成分，结果发现，该酶能明显提高其香气（表 8-3）。宛晓春等人用 2U/mL 的 $\beta$-葡萄糖苷酶处理柠檬汁样品，增香效果最明显；而对于苹果汁、茶汁、干红葡萄酒，用 1U/mL 的 $\beta$-葡萄糖苷酶处理样品，效果最佳。感官评定结果认为，经 $\beta$-葡萄糖苷酶处理过的样品，除具有样品本身固有的特征香气外，在香气组成上，更显饱满、柔和、圆润，增强了感官效应。$\beta$-葡萄糖苷酶分别处理橙汁和山楂，用 GC-MS 进行了香气成分的分析，结果表明，$\beta$-葡萄糖苷酶可以酶解糖苷键，释放键合态的芳香物质，起到自然增香的作用。

**表 8-3 $\beta$-葡萄糖苷酶处理前后的桃汁及红葡萄汁中主要风味成分的比较**

| 品种 | $\alpha$-蒎烯 | | $\alpha$-松油烯 | | $\gamma$-松油烯 | | $\alpha$-松油醇 | | 芳香醇 | | 香叶醇 | | 苯甲醇 | | 苯乙醇 | |
|---|---|---|---|---|---|---|---|---|---|---|---|---|---|---|---|---|
| | 对照 | 处理 | 对照 | 处理 | 对照 | 处理 | 对照 | 处理 | 对照 | 处理 | 对照 | 处理 | 对照 | 处理 | 对照 | 处理 |
| 桃子汁 | 0.06 | 7.1 | 0.2 | 0.67 | 0.06 | 0.1 | 0.13 | 0.26 | 0.3 | 0.42 | 0.05 | 0.84 | 0.15 | 1.12 | 0.11 | 0.23 |
| 红葡萄汁 | 0.02 | 0.1 | 0.03 | 0.5 | 0.02 | 0.1 | | | 0.75 | 0.9 | | | | | 0.04 | 0.2 |

充分利用食品原料中糖苷酶也能提高食品中香气成分。如在茶叶加工时，适当摊放可提高茶鲜叶中 $\beta$-葡萄糖苷酶的活性，随着其酶活性的提高，游离态香气成分增加（表 8-4）。

表 8-4 摊放过程中 β-葡萄糖苷酶和游离态香气含量的变化

| 摊放时间/h | β-葡萄糖苷酶活性(总重)/(U/g) | 游离态香气(净重)/(μg/g) |
| --- | --- | --- |
| 0 | 0.38 | 3.16 |
| 4 | 0.41 | 5.91 |

### 8.3.4 酶与营养

食品在加工及贮藏过程中一些酶活性的变化对食品营养影响的研究已有较多报道。已知脂肪氧化酶氧化不饱和脂肪酸，会引起亚油酸、亚麻酸和花生四烯酸这些必需脂肪酸含量降低，同时产生过氧自由基和氧自由基，这些自由基将使食品中的类胡萝卜素（维生素 A 的前体物质）、生育酚（维生素 E）、维生素 C 和叶酸含量减少，破坏蛋白质中的半胱氨酸、酪氨酸、色氨酸和组氨酸残基，或者引起蛋白质交联。一些蔬菜（如西葫芦）中的抗坏血酸能够被抗坏血酸酶破坏。硫胺素酶会破坏氨基酸代谢中必需的辅助因子硫胺素。此外，存在于一些微生物中的核黄素水解酶能降解核黄素。多酚氧化酶不仅引起褐变，使食品产生不需宜的颜色和味道，而且还会降低蛋白质中的赖氨酸含量，造成营养价值损失。

超氧化物歧化酶（superoxide dismutase，SOD）是广泛存在于动植物体内的一种金属酶：含铜与锌的超氧化物歧化酶（Cu，Zn-SOD）、含锰的超氧化物歧化酶（Mn-SOD）和含铁的超氧化物歧化酶（Fe-SOD）。这 3 种 SOD 都有清除超氧化物阴离子自由基的作用。SOD 的作用主要表现在：清除过量的超氧化自由基，具有很强的抗氧化、抗突变、抗辐射、消炎和抑制肿瘤的功能，不仅能延缓由于自由基侵害而出现的衰老现象，提高人体对抗自由基诱发疾病的能力，而且对抗疲劳、恢复体力、减肥、美容护肤也有很好的效果。SOD 添加到食品中有两方面作用。其一是作为抗氧剂。SOD 可作为罐头食品、果汁罐头的抗氧剂，防止过氧化酶引起的食品变质及腐烂现象。其二是作为食品营养的强化剂。由于 SOD 有延缓衰老的作用，可大大提高食品的营养强度，尤其是作为抗衰老的天然添加剂，已被国外广泛应用。目前用 SOD 作为添加剂的有蛋黄酱、牛奶、可溶性咖啡、啤酒、口香糖等。国内添加 SOD 的有酸牛奶、SOD 果汁饮料、冷饮品、SOD 奶糖、SOD 口服液、SOD 啤酒等商品供应市场。

一些水解酶类可将大分子分解为可吸收的小分子，从而提高食品的营养价值。如植酸酶就可对阻碍矿物质吸收的植酸进行水解，可提高磷等无机盐的利用率。同时由于植酸酶破坏了植酸对矿物质和蛋白质的亲和力，也能提高蛋白质的消化率。

采摘乳熟期的甜玉米脱粒后，加水打浆，经过滤加热糊化，向糊化液中加入 α-淀粉酶和糖化酶保温处理，即可得到甜玉米糖化液。在甜玉米糖化液中加入一定量的木瓜蛋白酶，加热保温一定时间，当达到酶解终点后，将酶解液制成产品，经分析可极大提高产品中氨基酸总量及一些必需氨基酸的含量（表 8-5）。

表 8-5 酶解前后产品 8 种必需氨基酸含量变化比较

| 项目 | 苏氨酸 | 缬氨酸 | 蛋氨酸 | 异亮氨酸 | 亮氨酸 | 苯丙氨酸 | 赖氨酸 | 色氨酸 |
| --- | --- | --- | --- | --- | --- | --- | --- | --- |
| 酶解前 | 131.6 | 203.5 | 91.3 | 156.5 | 374.9 | 148.1 | 117.4 | 154.2 |
| 酶解后 | 152.7 | 219.1 | 175.0 | 300.2 | 385.3 | 136.7 | 267.1 | 294.8 |

### 8.3.5 酶与安全

食品原料及加工贮藏中产生的有害成分，除热转化和氧化等化学反应产物外，也有一些是酶促代谢产物，如生物毒素、生物胺等。酶与安全隐患成分生成，请参考相关文献。以下介绍利用酶提高食品安全方面的内容。

#### 8.3.5.1 除去抗营养因子

乳糖不耐症相当普遍，通过添加乳糖酶，将乳制品中绝大部分乳糖水解成葡萄糖和半乳糖，可以克服乳糖不耐症患者在饮奶时的不适。

植酸具有很强的螯合能力，不仅降低了磷的生物功能，它还与钙、镁、氨基酸和淀粉等结合，形成难以被机体消化的络合物，使人体吸收这些物质变得困难。植酸酶能催化植酸水解成磷酸和肌醇，显著降低植酸的含量。如豆类和谷类加工时添加植酸酶可促进植酸的分解，降低其对植物源食品中营养成分吸收的影响。

#### 8.3.5.2 降解有毒成分

有机磷农药、微生物毒素可通过相关酶的作用降解，以消减其安全隐患。有机磷水解酶（磷酸三酯酶，phosphotriesterase，PTE）可以水解多种有机磷酸三酯、硫酯、氟磷酸酯和对硫磷，用该酶不仅可治疗相关有机磷中毒，也可有望应用于植物源食物污染的治理。

黄曲霉毒素（aflatoxins，AF）是作物中常见的霉菌毒素污染物。真菌中存在可降解AF毒性的酶——黄曲霉毒素解毒酶（aflatoxin-detoxifizyme，ADTZ)。有报道应用固定化ADTZ对花生油中AF有较好的脱除作用，且证明ADTZ是一种安全、高效、专一性的解毒酶，不影响食品的营养物质。

#### 8.3.5.3 用于安全检测

酶用于食品安全检测已是目前主要的检控技术。在微生物毒素检测，如黄曲霉毒素、T-2毒素、DON毒素等；在农药残留检测，如除草剂、杀虫剂和杀菌剂；在微生物污染检测，如李斯特氏菌、沙门氏菌等；在肉类品质检测，如掺假检测等；在重金属污染监测；在转基因食品的检测和人兽共患疾病病原体检测等方面常用的酶联免疫测定，就是酶用于食品安全检测的体现。

有机磷农药是一类乙酰胆碱酯酶抑制剂，易使乙酰胆碱酯酶不可逆磷酰化而使酶失去活力，因此通过检测乙酰胆碱酯酶活力即间接推算有机磷农药的浓度。大田软海绵酸是腹泻性贝类毒素的主要成分之一，它可抑制蛋白质磷酸酶-2A，用此酶制成的生物传感器，其检测限可达 $1.25\times10^{-8}$ mol/L。传统发酵食品生产过程中会产生生物胺，该产品有一定的安全隐患。采用基于二胺氧化酶与磁珠联合的酶电极传感器，可快速在线检测生物胺。

食品中的病原微生物是影响食品安全的主要因素之一，传统检测食源性病原菌的方法繁琐及周期较长，快速、简便、特异的检测方法成为众多科学家的研究目标。肉类、蛋类、禽类、海产品、乳制品、蔬菜等都已被证实是李斯特氏菌的感染源。采用脲酶生物传感器可实现李斯特氏菌的快速检测。基于碱性磷酸酶电化学的方法对沙门氏菌快速灵敏检测，利用辣根过氧化物酶对花生中的过敏原的检测等。

## 8.4 酶在食品加工及保鲜中的应用

酶对于食品的质量有着非常重要的作用。食物的生长和成熟过程无不与酶活性相关。成熟之后的采收、保藏和加工条件都将显著影响食品变化的速度，从而影响食品的品质。由酶催化的反应产物，有的是人们所需要的，有的则是不需要的，甚至是有害的。因此，控制这些酶的活力则有利于提高食品的质量、安全和延长货架期。

我国的食品用酶制剂按照《食品添加剂使用标准》（GB 2760—2014）进行管理，对食品加工用酶制剂的种类及其来源做了明确的规定，批准的食品加工酶制剂为 54 种。

目前这些酶制剂成功地在食品工业，例如，制糖、氨基酸生产、有机酸生产、酒的生产、果蔬加工、食品保鲜以及改善食品的品质和风味等方面得到应用。例如葡萄糖、饴糖、果葡糖浆等甜味剂与啤酒、酱油等的生产，蛋白质制品和果蔬的加工，乳制品和焙烤食品中的应用，食品保鲜以及食品品质和风味的改善等。新的酶相关技术正在出现，以更好地适应不同的食品加工环境，并满足新的食品的发展。已经开发了新的或改进的酶，包括蛋白酶、淀粉酶、脂肪酶和转氨酶等，具有独特的性能，例如在低温或热稳定性下的高活性。为了发现这些特殊的酶，代谢组学、重组 DNA 和蛋白质工程技术已经成为流行的和关键的工具。酶处理是为新的食品应用开发的，例如营养密集的食品生产、质地改进的食品、生物活性化合物的提取和安全风险食品的减少。创新的酶灭活策略和酶固定化方法正在出现。总之，该领域的趋势是使酶更具体、稳定和高效，并且易于控制用于食品生产。

目前应用的酶制剂主要有 α-淀粉酶、糖化酶、蛋白酶、葡萄糖异构酶、果胶酶、脂肪酶、纤维素酶和葡萄糖氧化酶等（表 8-6）。现按酶类介绍一些食品工业中常见的酶的性质及作用。

**表 8-6　食品工业中应用的酶制剂**

| 酶 | 来源 | 主要用途 |
|---|---|---|
| α-淀粉酶 | 枯草杆菌、米曲霉、黑曲霉 | 淀粉液化，生产葡萄糖、醇等 |
| β-淀粉酶 | 麦芽、巨大芽孢杆菌、多黏芽孢杆菌 | 麦芽糖生产、啤酒生产、焙烤食品 |
| 葡糖淀粉酶 | 米根霉、黑曲霉、米曲霉 | 淀粉降解为葡萄糖 |
| 蛋白酶 | 胰脏、木瓜、菠萝、无花果、枯草杆菌、霉菌 | 肉软化、奶酪生产、啤酒去浊、香肠和蛋白胨及鱼胨加工 |
| 纤维素酶 | 木霉、青霉 | 食品加工、发酵 |
| 果胶酶 | 霉菌 | 果汁、果酒的澄清 |
| 葡萄糖异构酶 | 放线菌、细菌 | 高果糖浆生产 |
| 葡萄糖氧化酶 | 黑曲霉、青霉 | 保持食品的风味和颜色 |
| 单宁酶 | 米曲霉 | 维持饮料稳定性 |
| 酯酶 | 黑曲霉、木霉、米黑根毛霉 | 保证水果制品颗粒的完整性、葡萄酒酿造 |
| 过氧化氢酶 | 牛、猪或马的肝脏，溶壁微球菌 | 分解罐装食品中的过氧化氢 |
| 核酸酶 | 橘青霉 | 水解核酸，增加鲜味 |
| 乳糖酶 | 真菌、酵母 | 水解乳清中的乳糖 |
| 脂肪酶 | 真菌、细菌、动物 | 乳酪后熟、改良牛奶风味、香肠熟化 |
| 凝乳酶 | 小牛或羔羊的皱胃、基因工程菌 | 乳制品生产 |

## 8.4.1　氧化还原酶

除了人们熟知的葡萄糖氧化酶（glucose oxidase）外，过氧化氢酶（catalase）和脂肪氧化酶（lipoxygenase）是氧化还原酶类在食品加工业中应用较为广泛的酶。

### 8.4.1.1　葡萄糖氧化酶

由真菌 *Aspergillus niger*、*Penicillium notatum* 产生的葡萄糖氧化酶（glucoseoxidase）能催化葡萄糖通过消耗空气中的氧而氧化。因此，该酶可用来除去葡萄糖或氧气。反应产生的过氧化氢有时可用作氧化剂，但通常被过氧化氢酶降解。

用葡萄糖氧化酶去除蛋奶粉生产过程中的葡萄糖可以避免美拉德反应的发生。同样，葡萄糖氧化酶用于肉和蛋白质食品有助于金黄色泽的产生。用葡萄糖氧化酶从密封系统中除去氧气可抑制脂肪氧化和天然色素的氧化降解。例如，用葡萄糖氧化酶/过氧化氢酶溶液浸渍虾、蟹可防止其由粉红色到黄色的转变。另外，氧化反应所导致的香气变差也可因为该酶的加入受到阻止，从而延长柑橘类果汁、啤酒和葡萄酒的货架期。葡萄糖氧化酶对食品有多种作用，在食品保鲜及包装中最大的作用是除氧，延长食品的保鲜保质期。很多食品，尤其是生鲜食品，其保藏过程中或加工过程中，氧的存在使其保鲜受到很大影响，除氧是食品保藏中的必要手段。除氧方法很多，利用葡萄糖氧化酶除氧是一种理想的方法。葡萄糖氧化酶具有对氧非常专一性的理想的除氧作用。对于已经发生的氧化变质，可阻止进一步发展，或者在未变质时，能防止发生。如在啤酒加工过程中加入适量的葡萄糖氧化酶可以除去啤酒中的溶解氧和瓶颈氧，阻止啤酒的氧化变质。葡萄糖氧化酶又具有酶的专一性，不会对啤酒中的其他物质产生作用。因此，葡萄糖氧化酶在防止啤酒老化、保持啤酒风味、延长保质期方面有显著的效果。还可防止白葡萄酒在多酚氧化酶的作用下而变色、果汁中的维生素C因氧化而破坏、多脂食品中酯类因氧化而酸败等。此外，也可有效地防止罐装容器内壁的氧化腐蚀。由于葡萄糖氧化酶催化过程不仅能使葡萄糖氧化变性，而且在反应中消耗掉多个氧分子，因此，它可作为脱氧剂广泛应用于食品保鲜。

#### 8.4.1.2 过氧化氢酶

过氧化氢是葡萄糖氧化酶处理食品时的副产物，过氧化氢酶能使过氧化氢分解。该酶也常用于罐装中，如用 $H_2O_2$ 对牛奶的巴氏消毒，可减少加热时间，消毒后的牛奶仍可以用来制作干酪，因为敏感的酪蛋白用上述方法并没有受到热破坏，但多余的 $H_2O_2$ 可用过氧化氢酶清除。

#### 8.4.1.3 脂肪氧化酶

该酶可用于漂白面粉及改善生面团的流变学特性。

#### 8.4.1.4 醛脱氢酶

大豆加工时发生不饱和脂肪酸的酶促氧化反应，其挥发性降解产物已醛等带有豆腥气。产生的醛经醛脱氢酶促氧化反应，可转变成羧酸，可以清除豆腥气。由于这些酸的风味阈值很高，所以不会干扰风味的改善。牛肝线粒体中的醛脱氢酶是众多酶中对正已醛的特异性最高的，建议在豆奶生产中使用。

#### 8.4.1.5 丁二醇脱氢酶

啤酒发酵形成的双乙酰是影响啤酒风味的一个重要原因，使啤酒有不成熟、不协调的口味和气味。它可在丁二醇脱氢酶的作用下被还原成无味的2,3-丁二醇（图8-14），从而改变双乙酰对啤酒风味的影响。利用酵母细胞中的丁二醇脱氢酶，采用凝胶包埋技术处理啤酒，既可避免细胞组分对啤酒的污染，又可消除双乙酰对啤酒风味的影响。

$$CH_3-CO-CO-CH_3+NADH+H^+ \rightleftharpoons \underset{2,3\text{-丁二醇}}{CH_3-\underset{OH}{\underset{|}{CH}}-\underset{OH}{\underset{|}{CH}}-CH_3}+NAD^+$$

图 8-14 双乙酰被还原成 2,3-丁二醇

### 8.4.2 水解酶

水解酶是食品工业中采用较多的酶之一，利用食品原料中原有的水解酶，或添加水解酶，是食品工业常用的有效方法。食品工业中采用较多的水解酶有以下几种。

#### 8.4.2.1 蛋白酶

几乎所有的生物材料中都含有内切和外切蛋白酶。食品工业中使用的蛋白水解酶的混合物主

要是肽链内切酶。这些酶的来源有动物器官、高等植物或微生物。不同来源的蛋白酶在反应条件和底物专一性上有很大差别。在食品加工中应用的蛋白酶主要有中性和酸性蛋白酶。这些蛋白酶包括木瓜蛋白酶、菠萝蛋白酶、无花果蛋白酶、胰蛋白酶、胃蛋白酶、凝乳酶、枯草杆菌蛋白酶、嗜热菌蛋白酶等（表 8-7）。蛋白酶催化蛋白质水解后生成小肽和氨基酸，有利于人体消化和吸收。蛋白质水解后溶解度增加，其他功能特性例如乳化能力和起泡性也随之改变。

生产焙烤食品时往小麦面粉中加蛋白酶以改变生面团的流变学性质，从而改变制成品的硬度。蛋白酶在生面团处理过程中，硬的面筋被部分水解后成为软的面筋。蛋白酶可促进面筋软化，增加延伸性，减少揉面时间与动力，改善发酵效果。

**表 8-7　在食品加工中常用的蛋白酶**

| 名称 | 来源 | 最适 pH | 最佳稳定的 pH 范围 |
|---|---|---|---|
| A 来源于动物的肽酶 | | | |
| 胰蛋白酶① | 胰脏 | 9.0② | 3～5 |
| 胃蛋白酶 | 牛的胃内壁 | 2 | |
| 凝乳酶 | 牛的胃内壁或基因工程微生物 | 6～7 | 5.5～6.0 |
| B 来源于植物的肽酶 | | | |
| 木瓜蛋白酶 | 热带瓜果树(番木瓜) | 7～8 | 4.5～6.5 |
| 菠萝蛋白酶 | 果实和茎 | 7～8 | |
| 无花果蛋白酶 | 无花果 | 7～8 | |
| C 细菌肽酶 | | | |
| 碱性蛋白酶，如枯草杆菌蛋白酶 | 枯草芽孢杆菌 | 7～11 | 7.5～9.5 |
| 中性蛋白酶，如嗜热菌蛋白酶 | 嗜热杆菌 | 6～9 | 6～8 |
| 链霉蛋白酶 | 链霉菌属 | | |
| D 真菌肽酶 | | | |
| 酸性蛋白酶③ | 曲霉 | 3.0～4.0④ | 5 |
| 中性蛋白酶 | 曲霉 | 5.5～7.5④ | 7.0 |
| 碱性蛋白酶 | 曲霉 | 6.0～9.5④ | 7～8 |
| 蛋白酶 | 毛霉 | 3.5～4.5④ | 3～6 |
| 蛋白酶 | 根霉 | 5.0 | 3.8④～6.5 |

① 胰蛋白酶，胰凝乳蛋白酶和许多带有淀粉酶和脂肪酶的肽酶的混合物。②酪蛋白为底物。③许多内切肽酶和外切肽酶的混合物，包括氨基肽酶和羧基肽酶。④血红蛋白为底物。

在乳制品行业中，凝乳酶（rennin）导致酪蛋白凝块的形成，特别适合干酪的制造。不足之处是要从哺乳期小牛的胃中分离，资源有限。不过，现在已经可以从基因工程菌中生产该酶。来自 *Mucor miehei*、*M. pusillus* 和 *Endothia parasitica* 的蛋白酶可以取代该酶。

木瓜蛋白酶或菠萝蛋白酶能分解肌肉结缔组织的胶原蛋白，用于催熟及肉的嫩化。亟待解决的问题是如何使酶在肌肉组织中分布均匀。一个方法是在屠宰前将酶注射到血流中，也可以将冻干的肉在酶溶液中再水化（rehydration）。

啤酒的冷后浑浊（cold turbidity）与蛋白质沉淀有关。可以用木瓜蛋白酶、菠萝蛋白酶或霉菌酸性蛋白酶水解蛋白质，防止啤酒浑浊，延长啤酒的货架期。工业上蛋白酶应用的另一个例子是生产蛋白质完全或部分水解产物，例如鱼蛋白的液化制造具有良好风味的物质。

鱼胃蛋白酶是低温酶，可以用于低温下脱除鱼皮。在低 pH 下，鱼的胃蛋白酶可以快速破坏鱼皮而对肌肉蛋白的破坏相当慢。鱼胃蛋白酶通常与碳水化合物酶混在一起加速去皮过程。鱿鱼肠中的蛋白水解酶也可以用来去除鱿鱼皮。

生物活性肽（bioactive peptides）是指那些有特殊生理活性的肽类。按它们的主要来源，可分为天然存在的活性肽和蛋白质酶解活性肽。利用蛋白酶的水解可制备出多种不同功能的活性肽。乳蛋白经蛋白酶水解可分离得到大量具有免疫调节功能的活性肽；$\alpha$、$\gamma$-玉米醇溶蛋白的酶解产物都有抗高血压作用，该肽为 Pro-Pro-Val-His-Leu 连接片段。种类繁多的海洋蛋白氨基酸序列中，存在着许多具有生物活性的氨基酸序列，用特异的蛋白酶水解，就释放出有活性的肽段。对于水产品加工的废弃物许多被直接丢弃而未被利用，对环境造成了严重的污染。有的水产品加工的废弃物蛋白质含量很高，运用生物技术方法将其部分转换成优质浓缩蛋白和活性肽，将具有良好的前景。通过酶工程技术，已经从海洋低值鱼虾中分离出了具有抗高血压活性的活性肽。其氨基酸序列如下：$C_8$肽（沙丁鱼）（Leu-Lys-Val-Gly-Val-Lys-Gln-Tyr）；$C_{11}$肽（沙丁鱼）（Tyr-Lys-Ser-Phe-Ile-Lys-Gly-Tyr-Pro-Val-Met）；$C_8$肽（金枪鱼）（Pro-Thr-His-Ile-Lys-Trp-Gly-Asp）；$C_3$肽（南极磷虾）（Leu-Lys-Tyr）。通过酶工程技术，利用低值鱼类生产易消化吸收活性肽，这类肽可作为肠道营养剂或以流质食物形式提供给处于特殊年龄或特殊身体状况的人。

蛋白质酶解中一个引人关注的问题是要避免带有苦味的肽和/或氨基酸的释放。苦味的产生是由于新生肽的C端含有疏水基团。苦味的程度依赖于水解程度及蛋白酶的专一性。除胶原外，这些物质会在大部分蛋白质水解液中出现，尤其是水解产生的肽段分子量低于6000时。因此，加工过程中必须控制酶对蛋白质的水解程度，或者用胰酶、糜蛋白酶和木瓜蛋白酶等几种蛋白酶通过转肽反应（transpeptidation），利用已水解的肽和氨基酸形成亲水的合成类蛋白质（plastein），也可清除苦味。合成类蛋白质是一类分子量高的类蛋白，与反应前的蛋白质性质不同且不含杂味。

#### 8.4.2.2 α-淀粉酶和β-淀粉酶

细菌或霉菌能产生淀粉酶，在麦芽制品中也含有淀粉酶。耐热细菌淀粉酶，尤其是 *Bacillus licheniformis* 的淀粉酶可用于玉米淀粉的水解。不同来源的淀粉酶耐热性不同（图 8-15）。加入 $Ca^{2+}$ 可以提高酶的水解速率。生产啤酒时在麦芽汁中加入α-淀粉酶能加速淀粉降解。淀粉酶也应用在焙烤行业中。利用淀粉酶能够改善或控制面粉的处理品质和产品质量（如面包的体积、颜色、货架寿命）。面粉中添加β-淀粉酶，可调节麦芽糖生成量，使二氧化碳产生和面团气体保持力相平衡。添加β-淀粉酶可改善糕点馅心风味，还可防止糕点老化。

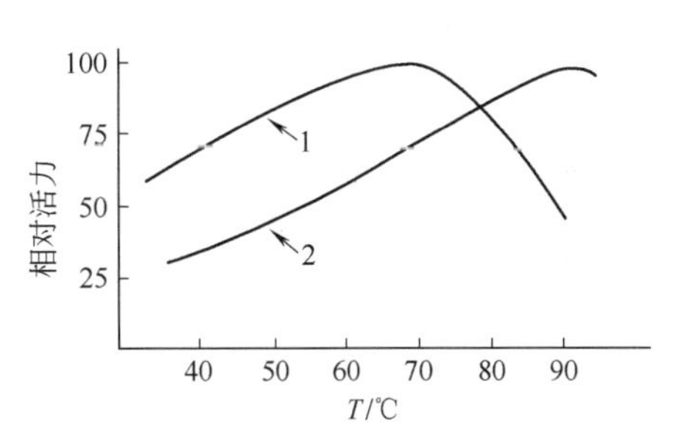


图 8-15 温度对α-淀粉酶活性的影响
1—来自 *Bacillus subtilis*；
2—来自 *Bacillus licheniformis*

#### 8.4.2.3 葡聚糖-1,4-α-D-葡萄糖苷酶（葡萄糖淀粉酶）

葡萄糖淀粉酶可通过培养细菌或真菌制得。制备该酶时，转葡萄糖苷酶的去除很重要，后者催化葡萄糖转变成麦芽糖，继而降低淀粉糖基化过程中的葡萄糖产量。淀粉糖化步骤见图 8-16。该图的左边部分是一个纯粹的酶促反应，在耐热细菌α-淀粉酶的催化下，淀粉出现膨胀、胶凝化和液化现象。淀粉酶作用产生的淀粉糖浆是含有葡萄糖、麦芽糖和糊精的混合物。

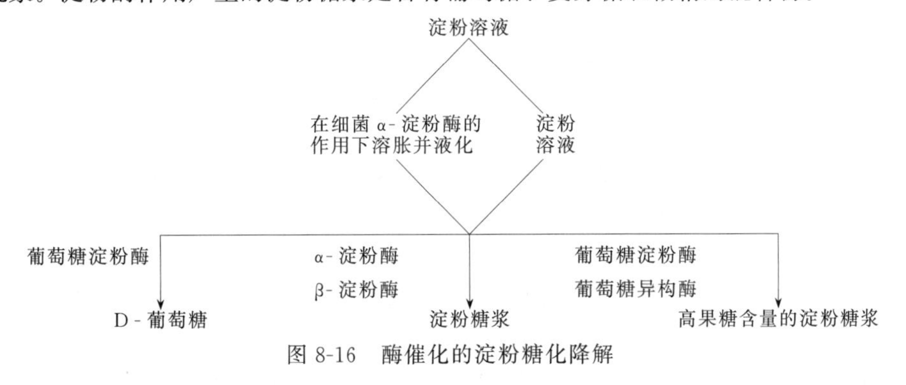


图 8-16 酶催化的淀粉糖化降解

#### 8.4.2.4 支链淀粉酶（异淀粉酶）

支链淀粉酶（pullulanase）应用在酿造业和淀粉水解中。与β-淀粉酶联合，可用于生产高麦芽糖含量的淀粉糖浆。

#### 8.4.2.5 纤维素酶和半纤维素酶

纤维素酶的作用是水解纤维素，从而增加其溶解度和改善食品风味，在焙烤食品、水果和蔬菜泥生产、速溶茶加工和土豆泥的生产中经常使用。目前所使用的纤维素酶主要是由微生物生产的，而且非常有效。纤维素酶根据它作用于纤维素和降解的中间产物可以分为四类。

① 内切纤维素酶(endoglucanases)[1,4(1,3;1,4)-$\beta$-D-葡聚糖-4-葡聚糖水解酶,EC 3.2.1.4] 内切纤维素酶对微晶粉末纤维素的结晶区没有活性，但是它们能水解底物（包括滤纸、可溶性底物，例如羧甲基纤维素和羟甲基纤维素）的无定形区。它的催化特点是无规律水解$\beta$-葡萄糖苷键，使体系的黏度迅速降低，同时也有相对较少的还原基团生成。反应后期的产物是葡萄糖、纤维二糖和不同大小的纤维糊精。

② 纤维二糖水解酶(cellobiohydrolases)(1，4-$\beta$-D-葡聚糖纤维二糖水解酶，EC 3.2.1.91) 纤维二糖水解酶是外切酶，作用于无定形纤维素的非还原末端，依次切下纤维二糖。纯化的纤维二糖水解酶能水解大约40% 微晶粉末纤维素中可水解的键。相对于还原基团的增加，黏度降低较慢。内切纤维素酶和纤维二糖水解酶催化水解纤维素的结晶区，具有协同作用。有关机制尚不清楚。

③ 外切葡萄糖水解酶(exoglucohydrolases)(1，4-$\beta$-D-葡聚糖葡萄糖水解酶，EC 3.2.1.74) 外切葡萄糖水解酶可从纤维素糊精的非还原末端水解葡萄糖残基，水解速率随底物链长的减小而降低。

④ $\beta$-葡萄糖苷酶（$\beta$-glucosidases）（$\beta$-D-葡萄糖苷葡萄糖水解酶，EC 3.2.1.21） $\beta$-葡萄糖苷酶可裂解纤维二糖和从小的纤维素糊精的非还原末端水解葡萄糖残基。它不同于外切葡萄糖水解酶，其水解速率随底物大小的降低而增加，以纤维二糖为底物时水解最快。

黑麦面粉的焙烤特性和黑麦面包的货架期可以通过部分水解黑麦戊聚糖而得到改善。戊聚糖酶（pentosanase）制剂是$\beta$-糖苷酶的混合物（1,3-和1,4-$\beta$-D-木聚糖酶等）。用含有外切和内切纤维素酶、$\alpha$-和$\beta$-甘露糖苷酶和pectolytic酶的酶液处理食物是一个既温和又节省的办法。通常应用的实例有：浓蔬菜汁、浓果汁的生产，茶叶的粉碎及脱水番茄汁的制备。

#### 8.4.2.6 葡萄糖硫苷酶

芥末科（Brassicaceae）植物如萝卜、油菜、褐色芥末或黑色芥末种子中的蛋白质含有芥子油苷（glucosinolates），葡萄糖硫苷酶可将其水解成辛辣的芥末油。通常采用蒸汽蒸馏分离出芥末油。

#### 8.4.2.7 果胶酶类

果胶酶是水果加工中最重要的酶，广泛存在于各类微生物中，可以通过固体培养或液体深层培养法生产，主要用于澄清果汁和提高产率。由胶质甲基酯酶释放的果胶酸在有$Ca^{2+}$时发生絮凝。该反应导致柑橘类果汁中“云样”凝絮的出现。在90℃该酶失活后，反应不再出现。然而，这种处理方式会使果汁风味恶化。对橘皮果胶酯酶的研究发现，该酶活受竞争性抑制剂聚半乳糖醛酸和果胶酸的影响，因此可以在果汁中加入这些抑制剂阻止果汁浑浊度增加。

用果胶酶类澄清果汁和蔬菜汁的机制如下：产生浑浊的颗粒含有糖和蛋白质，在果汁的

pH（3.5）条件下，颗粒中蛋白质的质子异变基团（prototropic groups）带有正电荷，而带有负电荷的果胶分子形成了颗粒的外壳，引起聚阴离子的聚集；部分暴露出的正电核，可引起聚阳离子的聚集，最终导致絮凝。明胶（在 pH3.5 时带正电荷）对果汁的澄清作用可以被褐藻酸盐抑制（在 pH3.5 时带负电荷）证明上述机理是正确的。

此外，果胶酶类在食品加工中的作用也很重要，可以增加果汁、蔬菜汁和橄榄油的产量。脱果胶的果汁即使在酸糖共存的情况下也不致形成果冻，因此可用来生产高浓缩果汁和固体饮料。

#### 8.4.2.8 脂肪酶

微生物来源的脂肪酶可用来增强干酪制品的风味。牛奶中脂肪的有限水解可用于巧克力牛奶的生产。脂肪酶可使食品形成特殊的牛奶风味。

脂肪酶可能通过甘油单酯和甘油双酯的释放来阻止焙烤食品的变味。生产明胶时骨头的脱脂，需要在温和条件下进行，脂肪酶催化的水解可以加速脱脂过程。

脂肪酶水解三酰基甘油为相应的脂肪酸、甘油单酯、甘油双酯和甘油。根据立体专一性将脂肪酶分为 1,3-型专一性、2-型专一性或非专一性脂肪酶。脂肪酶广泛分布在植物、动物和微生物中，一般是以液体形式存在，固体脂肪酶催化水解较慢。特别是在定向酯交换和三酰基甘油位置分析中脂肪酶具有重要的意义，但在酯合成的实际应用中还有相当大的距离。

脂肪酶一般按下列途径水解三酰基甘油：

三酰基甘油→1,2-二酰基甘油 / 2,3-二酰基甘油→2-单酰基甘油→甘油＋脂肪酸

然而，也存在一些例外，这取决于酶的位置专一性和脂肪酸专一性。

#### 8.4.2.9 溶菌酶

溶菌酶（lysozme）又称胞壁质酶或 *N*-乙酰胞壁质聚糖水解酶，可以水解细菌细胞壁肽聚糖的 $\beta$-1,4-糖苷键，导致细菌自溶死亡。溶菌酶的分子量 14000 左右，等电点 pH 10.7～11.0，其纯品为白色粉状晶体，无臭、微甜，易溶于水和盐溶液，化学性质十分稳定，但遇碱易被破坏。它对革兰氏阳性菌、好氧性孢子形成菌、枯草杆菌、地衣型芽孢杆菌等都有抗菌作用，而对没有细胞壁的人体细胞不会产生不利影响。因此，适合于各种食品的防腐。另外，该酶还能杀死肠道腐败球菌，增加肠道抗感染力；同时还能促进婴儿肠道双歧乳酸杆菌增殖，促进乳酪蛋白凝乳消化，所以又是婴儿食品、饮料的良好添加剂。溶菌酶对人体完全无毒、无副作用，具有抗菌、抗病毒、抗肿瘤的功效，是一种安全的天然防腐剂。在干酪的生产中，添加一定量的溶菌酶，可防止微生物污染而引起的酪酸发酵，以保证干酪的质量。新鲜的牛乳中含有少量的溶菌酶，每 100mL 约含 13mg，人乳中溶菌酶较牛乳中高 300 倍。若在鲜乳或奶粉中加入一定量的溶菌酶，不但有防腐保鲜剂的作用，而且可达到强化婴儿乳品的目的，有利于婴儿的健康。

一些新鲜水产品（如虾、鱼等）在含甘氨酸（0.1mol/L）、溶菌酶（0.05%）和食盐（3%）的混合液中浸渍 5min 后，沥去水分，保存在 5℃的冷库中，9d 后无异味、色泽无变化。

溶菌酶现已广泛用于干酪、水产品、酿造酒、乳制品、肉制品、豆腐、新鲜果蔬、糕点、面条及饮料等的防腐保鲜。

### 8.4.3 异构酶

异构酶当中，葡萄糖异构酶非常重要。在淀粉糖浆生产中，利用该酶得到高果糖含量的

糖浆。工业用酶来源于微生物。由于其对木糖的催化活性高于葡萄糖，分类法将该酶归为木糖异构酶。

### 8.4.4 转移酶

TGase催化肽连接的谷氨酸盐（酰基供体）的$\gamma$-羧基酰胺基团和氨基（酰基受体）间的酰基转移。游离氨基酸之间也发生该反应。蛋白质和肽通过这种方式交联。如果没有氨基，TGase可以催化蛋白质的谷氨酰胺（glutamine）脱氨基，以水作为酰基受体。

TGase在动物和植物代谢中的作用非常重要。对于蛋白质凝胶的产生，来源于放线菌 *Streptoverticillum mobaraense* 的TGase有着特殊的意义。与来源于哺乳类的TGase不同，该酶的活性与$Ca^{2+}$无关。已经研究清楚该酶331个氨基酸的序列，活性中心可能有半胱氨酸残基，最适pH在5～8之间。低温下该酶仍有活性，在70℃迅速失活。蛋白质靠形成的ε-($\gamma$-谷氨酰)赖氨酸的异肽间键（isopeptide bonds）而交联，赖氨酸的生物可利用性不受影响。产生的蛋白质凝胶的黏弹性不仅与蛋白质的类型和催化条件（TGase浓度、pH、温度、时间）有关，还与蛋白质的预处理比如热变性有关。

鱼糜的流变学特性取决于肌原纤维蛋白的凝胶形成能力。内源性的TGase可用于催化鱼蛋白质的交联反应，从而决定鱼糜凝胶强度。鱼在捕获后内源性TGase活性迅速下降，冷冻后几乎全部失活。因此添加外源性TGase可以用于促进鱼糜生产过程中蛋白质的交联反应。

## 参 考 文 献

[1] 焦雁翔等．酶制剂在食品安全中的应用．农产品加工·学刊，2012，2：20-22，26.

[2] 储嫣红等．酶电极传感器在食品安全检测中的研究进展．食品工业科技，2017，17：335-339.

[3] 张美红等．国内外关于鱼胰蛋白酶的研究进展．饲料工业，2006，27（2）：20.

[4] 居乃琥主编．酶工程手册．北京：中国轻工业出版社，2011.

[5] Cao M J，et al. Purification and characterization of two anionic trypsins from the hepatopancreas of carp. Fish Sci，2000，66：1172.

[6] Loey A V，et al. Effects of high electric field pulses on enzymes. Trends in Food Science & Technology，2002，12：94.

[7] Pan Z H，et al. Brain hunter alterations of antioxitant capacity and hepatopanereatic enzymes in Penaeus monodon (Fabficius) juveniles fed diets supplemented with astaxanthin and exposed to Vibrio damsela challenge. Fish Soc Taiwan，2003，(11)：279.

[8] Haard N F，et al. Seafood enzymes：Utilization and influence on postharvest seafood quality. Marcel Dekker，Inc，2000.

[9] Zhang Y，et al. Enzymes in food bioprocessing—novel food enzymes，applications，and related techniques. Current Opinion in Food Science，2018，19：30.

# 第9章 色素和着色剂

**本章要点：** 食品中天然色素的分类、结构及性质，常用的着色剂结构、性质及食品功能性，在食品加工及贮藏中的变化。

食品质量除有安全性和营养性外，还应有色、香、味、形等享受性感官指标。颜色是消费者评判食品新鲜度、成熟度、风味情况等重要感官指标之一，同时还影响人们对风味的感觉；另外，食品的颜色还影响食欲，色泽搭配得当不仅可引起人们的食欲，还给人以赏心悦目之感，并进一步影响人们对其风味的感觉。因此，有必要了解食品色素和着色剂的种类、特性及其在加工和贮藏过程中变化，以及对食品质量的影响。

## 9.1 概 述

### 9.1.1 食品中色素来源

一种食品呈现何种色泽取决于食品中多种呈色成分的综合作用。食品中呈色成分又称色素（pigments）。食品中的色素主要来源于三方面。

#### 9.1.1.1 食品中原有的色素

如蔬菜中叶绿素、胡萝卜中的叶黄素、虾中的虾青素等都是食品中原有的色素。一般又把食品中原有的色素称为天然色素（inherent pigment/natural pigment）。常见的天然色素特性见表9-1。

**表9-1 天然色素的特性**

| 色素 | 种类 | 颜色 | 来源 | 溶解性 | 稳定性 |
|---|---|---|---|---|---|
| 花色素 | 150 | 橙、红、蓝色 | 植物 | 水溶性 | 对pH、金属敏感，热稳定性不好 |
| 类黄酮 | 1000 | 无色、黄色 | 大多数植物 | 水溶性 | 对热十分稳定 |
| 原花色素苷 | 20 | 无色 | 植物 | 水溶性 | 对热较稳定 |
| 单宁 | 20 | 无色、黄色 | 植物 | 水溶性 | 对热稳定 |
| 甜菜苷 | 70 | 黄、红 | 植物 | 水溶性 | 热敏感 |
| 醌 | 200 | 黄至棕黑色 | 植物、细菌、藻类 | 水溶性 | 对热稳定 |
| 咕吨酮 | 20 | 黄 | 植物 | 水溶性 | 对热稳定 |

续表

| 色素 | 种类 | 颜色 | 来源 | 溶解性 | 稳定性 |
|---|---|---|---|---|---|
| 类胡萝卜素 | 450 | 无色、黄、红 | 植物、动物 | 脂溶性 | 对热稳定、易氧化 |
| 叶绿素 | 25 | 绿、褐色 | 植物 | 有机溶剂 | 对热敏感 |
| 血红素色素 | 6 | 红、褐色 | 动物 | 水溶性 | 对热敏感 |
| 核黄素 | 1 | 绿黄色 | 植物 | 水溶性 | 对热和 pH 均稳定 |

#### 9.1.1.2 食品加工中添加的色素

在食品加工中为了更好地保持或改善食品的色泽，常要向食品中添加一些食品色素，这些色素又称食品着色剂（colorant）。食品着色剂也可根据其来源，分为天然的和人工合成的食品着色剂。天然食品着色剂安全性高，在赋予食品色泽的同时，有些天然色素还有营养性和某些功能性，如核黄素、胡萝卜素等，但天然色素一般对光、热、酸、碱和某些酶较敏感，着色性较差，成本也较高，目前在食品加工中较多使用的还是人工合成的食品着色剂。

#### 9.1.1.3 食品加工中产生的色素

在食品加工过程中由于天然酶及湿热作用，常发生氧化、水解及异构等反应，会使某些原有成分产生变化从而产生新的成分，如果新成分所吸收的光在可见光区域（380～770nm）就会产生色泽。如茶鲜叶本是绿色的，如果先采取高温杀青、干燥等工艺，以钝化酶活性、减少水分含量，可保持较多的叶绿素、减少酚类的氧化，则制造出的茶叶是绿茶，其外形色泽及叶底色泽均呈绿色；但如果采取萎凋、发酵等工艺，以充分利用天然酶的氧化及水解作用，则叶绿素大量破坏，酚类物质氧化产生茶黄素、茶红素等成分，此时的茶叶为红茶，其产品外形色泽呈深褐色，汤色及叶底为鲜红色。又如，糖类是无色的，但在热的作用下能发生焦糖化反应或美拉德反应，产生褐色类的成分。另外，有些色素存在状态不同其呈色效果不同，如虾青素与蛋白质结合时不呈现红色，但当与蛋白质分离时，则呈现红色。

### 9.1.2 食品中色素分类

食品中色素成分很多，依据不同的标准可将色素进行不同的分类。

#### 9.1.2.1 根据来源进行分类

① 植物色素　叶绿素、红花色素、栀子黄色素、葡萄皮色素、辣椒红色素、胡萝卜素等。植物色素是天然色素中来源最丰富、应用最多的一类。

② 动物色素　血红素、虫胶色素、胭脂虫色素等。

③ 微生物色素　红曲色素、核黄素等。

#### 9.1.2.2 根据色泽进行分类

① 红紫色系列　甜菜红色素、高粱红色素、红曲色素、紫苏色素、可可色素等。

② 黄橙色系列　胡萝卜素、姜黄素、玉米黄素、藏红花素、核黄素等。

③ 蓝绿色系列　如叶绿素、藻蓝素、栀子蓝色素等。

#### 9.1.2.3 根据化学结构进行分类

天然色素按化学结构分类见表 9-2。

此外，根据溶解性质的不同，天然色素可分为水溶性和脂溶性两类。目前多采用化学结构进行分类。其中四吡咯衍生物类色素、异戊二烯衍生物类色素、多酚类色素类在自然界中数量多，存在广泛。

**表 9-2　天然色素按化学结构分类**

| 分类 | 名称 | 色调 | 来源 |
|---|---|---|---|
| 异戊二烯衍生物（类胡萝卜素系） | β-胡萝卜素、胡萝卜色素 | 黄～橙 | 胡萝卜、合成 |
| | 辣椒红、辣椒黄素 | 红～橙 | 辣椒果实 |
| | 藏花素、栀子黄 | 黄 | 栀子果 |
| | 胭脂树橙 | 黄～橙 | 胭脂树（种子） |
| | 番茄红素 | 红 | 番茄 |
| 卟啉系（四吡咯衍生物类） | 叶绿素、叶绿素铜钠 | 绿 | 小球藻、雏菊、蚕沙 |
| | 血红蛋白、血色素 | 红 | 血液（猪、牛、羊血） |
| | 藻青苷、螺旋藻蓝 | 蓝 | 螺旋藻 |
| 多酚类衍生物（花青素、黄酮类） | 紫苏苷 | 紫红 | 紫苏 |
| | 葡萄花色素、葡萄皮红 | 紫红 | 葡萄皮 |
| | 花翠素、紫玉米红、玫瑰脂红 | 红紫 | 紫玉米、玫瑰茄 |
| | 萝卜红素 | 紫红 | 紫色萝卜 |
| | 红花黄 | 黄 | 红花 |
| | 红米红 | 红 | 黑米 |
| | 多酚、可可色素 | 褐 | 可可豆 |
| 酮类衍生物 | 姜黄、红曲红 | 橙、黄、红 | 姜黄、红曲米 |
| 醌类衍生物 | 甜菜苷、甜菜红 | 红 | 红紫菜 |
| | 紫胶酸、紫胶红 | 红～红紫 | 紫胶虫 |
| | 胭脂红酸、胭脂红 | 红～红紫 | 胭脂虫紫根 |
| | 紫根色素 | 红 | |
| 其他 | 栀子蓝 | 蓝 | 栀子酶处理 |
| | 栀子红 | 红紫 | 栀子酶处理 |
| | 焦糖 | 褐 | 糖类焙烤 |
| | 氧化铁 | 红褐 | 合成 |

天然色素品种繁多，色泽自然，安全性高，不少品种还有一定的营养价值，有的更具有药物疗效功能，如栀子黄色素、红花黄色素、姜黄素、多酚类等。因此，近年来开发应用迅速，其品种和用量不断增加。本章将主要介绍食品中原有的色素和加工中添加的色素。

# 9.2　食品中原有的色素

## 9.2.1　四吡咯衍生物类色素

四吡咯衍生物类色素的共同特点是，结构中包括四个吡咯构成的卟啉环，四个吡咯可与金属元素以共价键和配位键结合。四吡咯衍生物类色素中重要的有叶绿素、血红素和胆红素。

### 9.2.1.1　叶绿素

**(1) 存在和结构**　叶绿素（chlorophylls）是高等植物和其他所有能进行光合作用的生物体含有的一类绿色色素，广泛存在于植物组织尤其是叶片的叶绿体（chloroplast）中，此外，也在海洋藻类、光合细菌中存在。

叶绿素有多种，例如叶绿素 a、b、c 和 d，以及细菌叶绿素和绿菌属叶绿素等，其中以叶绿素 a、b 在自然界含量较高，高等植物中的叶绿素 a 和 b 的两者含量比约为 3∶1，它们与食品的色泽关系密切。结构如图 9-1 所示。

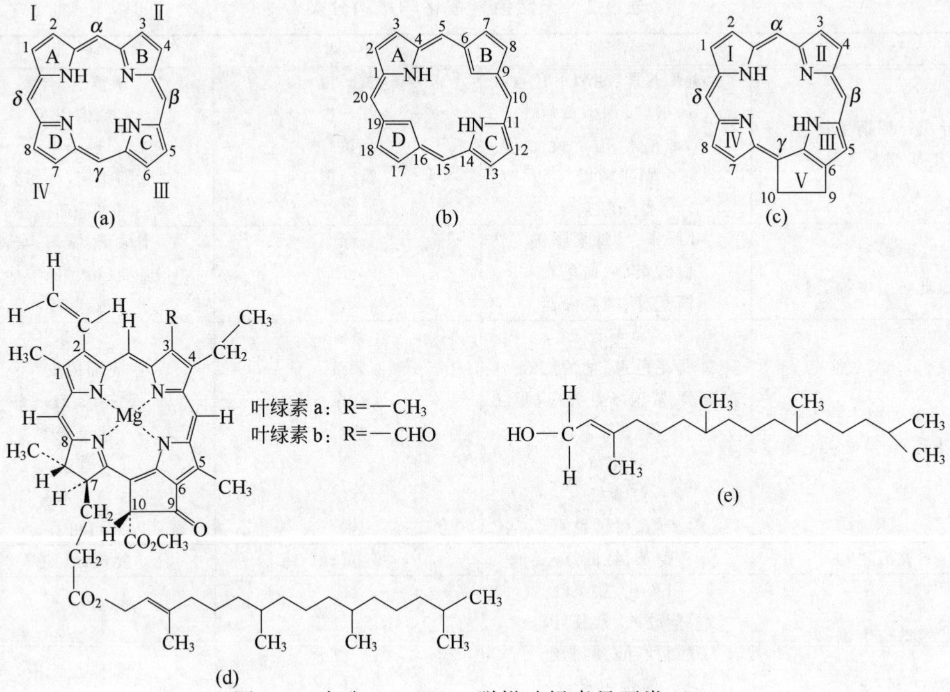

图 9-1　卟吩（a）（b），脱镁叶绿素母环类（c），
叶绿素 a、b（d）以及植醇（e）的结构式

**（2）物理性质**　叶绿素 a 和脱镁叶绿素 a 均可溶于乙醇、乙醚、苯和丙酮等溶剂，不溶于水，而纯品叶绿素 a 和脱镁叶绿素 a 仅微溶于石油醚。叶绿素 b 和脱镁叶绿素 b 也易溶于乙醇、乙醚、丙酮和苯，纯品几乎不溶于石油醚，也不溶于水。因此，极性溶剂如丙酮、甲醇、乙醇、乙酸乙酯、吡啶和二甲基甲酰胺能完全提取叶绿素。脱植基叶绿素和脱镁叶绿素甲酯一酸分别是叶绿素和脱镁叶绿素的对应物，两者都因不含植醇侧链，而易溶于水，不溶于脂。

叶绿素 a 纯品是具有金属光泽的黑蓝色粉末状物质，熔点为 117～120℃，在乙醇溶液中呈蓝绿色，并有深红色荧光。叶绿素 b 为深绿色粉末，熔点 120～130℃，其乙醇溶液呈绿色或黄绿色，有红色荧光，叶绿素 a 和 b 都具有旋光活性。

叶绿素及其衍生物在极性上存在一定差异，可以采用 HPLC 进行分离鉴定，也常利用它们的光谱特征进行分析（表 9-3）。

**表 9-3　叶绿素 a、叶绿素 b 及其衍生物的光谱特征**

| 化合物 | 最大吸收波长/nm | | 吸收比 | 摩尔吸光系数 |
|---|---|---|---|---|
| | “红”区 | “蓝”区 | （“蓝”/“红”） | （“红”区） |
| 叶绿素 a | 660.5 | 428.5 | 1.30 | 86300 |
| 叶绿素 b | 642.0 | 452.5 | 2.84 | 56100 |
| 脱镁叶绿素 a | 667.0 | 409.0 | 2.09 | 61000 |
| 脱镁叶绿素 b | 655.0 | 434.0 | — | 37000 |
| 焦脱镁叶绿酸 a | 667.0 | 409.0 | 2.09 | 49000 |
| 脱镁叶绿素 a 锌 | 653.0 | 423.0 | 1.38 | 90000 |
| 脱镁叶绿素 b 锌 | 634.0 | 446.0 | 2.94 | 60200 |
| 脱镁叶绿素 a 铜 | 648.0 | 421.0 | 1.36 | 67900 |
| 脱镁叶绿素 b 铜 | 627.0 | 436.0 | 2.57 | 49800 |

**(3) 化学性质** 叶绿素对热、光、酸、碱等均不稳定，它在食品加工中最普遍的变化是生成脱镁叶绿素，在酸性条件下叶绿素分子的中心镁原子被氢原子取代，生成暗橄榄褐色的脱镁叶绿素，加热可加快反应的进行。

叶绿素在稀碱溶液中水解，脱去植醇部分，生成颜色仍为鲜绿色的脱植基叶绿素、植醇和甲醇，加热均可使水解反应加快。脱植基叶绿素的光谱性质和叶绿素基本相同，但比叶绿素更易溶于水。

如果脱植基叶绿素脱去镁，则形成对应的脱镁叶绿素酸，其颜色和光谱性质与脱镁叶绿素相同。

叶绿素在酶的作用下，可发生脱镁、脱植醇反应。如脱镁酶可使叶绿素变化为脱镁叶绿素；在叶绿素酶的作用下，发生脱植醇反应，生成脱植基叶绿素。

此外，进一步的降解产物还有 10 位的—$CO_2CH_3$ 被 H 取代，生成橄榄褐色的焦脱镁叶绿素和焦脱镁叶绿酸。绿色蔬菜在较高温度加工后，叶绿素发生脱镁和水解反应，可生成系列化合物。叶绿素系列化合物可能发生的各种反应，以及产生的色泽变化如图 9-2 所示。影响叶绿素的稳定性因素如下。

① 叶绿素酶 叶绿素酶是目前已知的唯一能使叶绿素降解的酶。叶绿素酶是一种酯酶，能催化叶绿素和脱镁叶绿素脱植醇，分别生成脱植基叶绿素和脱镁脱植基叶绿素。叶绿素酶在水、醇和内酮溶液中具有活性，在蔬菜中的最适反应温度为 60～82.2℃，因此，植物体采收后未经热加工，叶绿素酶催化叶绿素水解的活性弱。如果加热温度超过 80℃，酶活力降低，达到 100℃时则完全丧失活性。图 9-3 是菠菜生长期和在 5℃贮藏时的叶绿素酶活力变化。从图 9-3 中可知，不论是生长 35d 时取样贮藏，还是 40d 取样贮藏，其叶绿素酶活力均呈下降趋势。

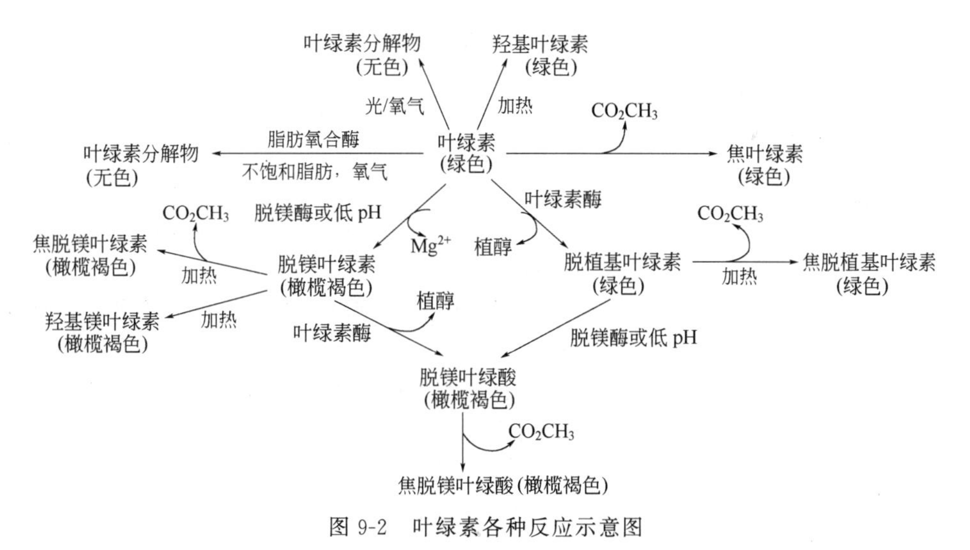


图 9-2 叶绿素各种反应示意图

② 热处理和 pH 叶绿素在热加工过程中发生变化，镁离子被氢离子取代，含镁的叶绿素衍生物显绿色，脱镁叶绿素衍生物为橄榄褐色，后者还是一种螯合剂。在有足够的锌或铜离子存在时，四吡咯环中心可与锌或铜离子生成绿色配合物，形成的叶绿素铜钠的色泽最鲜亮，对光和热较稳定。叶绿素铜钠就是依据此原理制备而成，它是一种理想的天然食品着色剂。

叶绿素分子受热还可发生异构化，形成叶绿素 a′和叶绿素 b′。在 100℃加热 10 min，约

5%～10%的叶绿素 a 和叶绿 b 异构化为叶绿素 a′和叶绿素 b′。

pH 对叶绿素的热稳定性有较大影响，在碱性介质中（pH9.0），叶绿素对热非常稳定，然而在酸性介质中（pH3.0）易降解。植物组织受热后，细胞膜被破坏，增加了氢离子的通透性和扩散速率，于是由于组织中有机酸的释放导致 pH 降低，从而加速了叶绿素的降解。

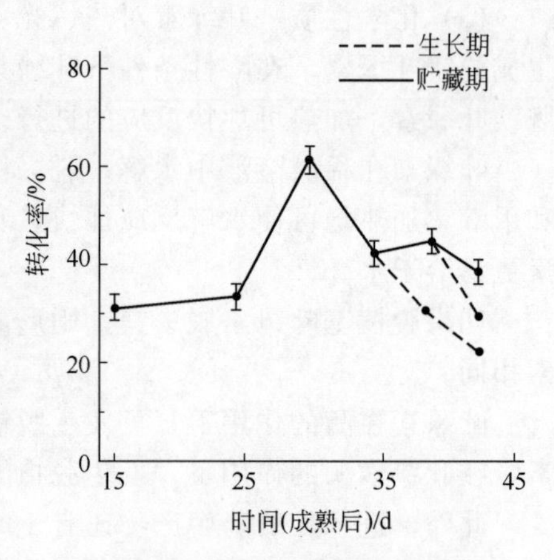


图 9-3　菠菜在生长期和 5℃贮藏时，叶绿素酶活力的变化（叶绿素酶活力以叶绿素转化为脱植基叶绿素的分数表示）

食品在发酵过程中，叶绿素酶能使叶绿素水解成叶绿酸，也会使脱镁叶绿素水解成脱镁叶绿酸。另外，pH 降低会使叶绿素降解成脱镁叶绿素，叶绿酸降解成脱镁叶绿酸。其中，具有苯环的非极性的有机酸由于扩散进入色质体时更容易透过脂肪膜，在细胞内离解出 $H^+$，其对叶绿素降解的影响大于亲水性的有机酸。

③ 光 叶绿素受光照射时会发生光敏氧化，四吡咯环开环并降解，主要的降解产物为甲基乙基马来酰亚胺、甘油、乳酸、柠檬酸、琥珀酸、丙二酸和少量的丙氨酸。植物正常细胞进行光合作用时，叶绿素由于受到其近邻的类胡萝卜素和其他脂类的保护，而避免了光的破坏作用。然而一旦植物衰老或从组织中提取出色素，或者是在加工过程中导致细胞损伤而丧失这种保护，叶绿素则容易发生降解。当有上述条件中任何一种情况与光、氧同时存在时，叶绿素将发生不可逆的褪色。

④ 金属离子 叶绿素脱镁衍生物的四吡咯核的氢离子易被锌或铜离子置换形成绿色稳定性强的金属配合物（图 9-4）。其中铜盐的色泽最鲜亮，对光和热较稳定，是一种理想的食品着色剂。锌和铜的配合物在酸性溶液中比在碱性溶液中稳定（图 9-5）。在酸性条件下，叶绿素中的镁易被脱除，而锌的配合物在 pH2 的溶液中还是稳定的。铜被脱除只有在 pH 低至卟啉环开始降解时才会发生。

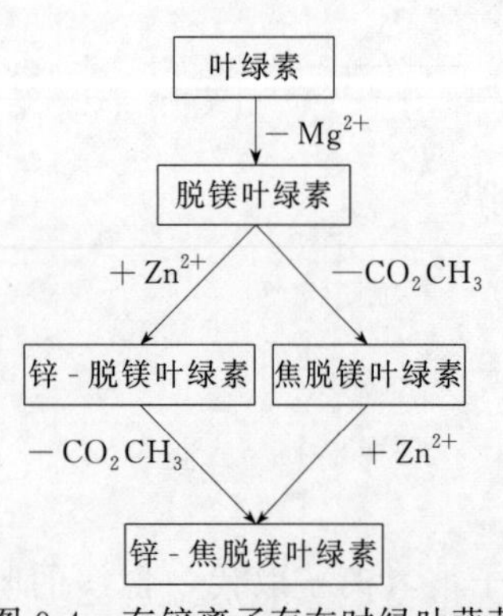


图 9-4　有锌离子存在时绿叶蔬菜加热过程中叶绿素的化学反应示意图

已知植物组织中，叶绿素 a 的金属配合物的形成速率高于叶绿素 b 的金属配合物。这是由于—CHO 基的吸电子作用，导致卟啉环带较多的正电荷，不利于卟啉环与带正电荷的金属离子的结合。同样，卟啉环的空间位阻也影响金属配合物的形成速度，如叶绿素的植醇基妨碍了金属配合物的形成，所以脱镁叶绿酸 a 与 $Cu^{2+}$ 反应速度是脱镁叶绿素 b 与 $Cu^{2+}$ 反应速度的四倍；焦脱镁叶绿素 a 与 $Zn^{2+}$ 的反应比脱镁叶绿素 a 快，则是由于 10 位酯基的妨碍作用。

不同金属元素对配合物形成速率有一定的影响，铜比锌更易发生螯合，当铜和锌同时存在时，主要形成叶绿素铜配合物。pH 也影响配合物的形成速率，将蔬菜泥在 121℃加热 60 min，pH 从 4.0 增加到 8.5 时，焦脱镁叶绿素锌 a 的生成量增加 11 倍。然而在 pH10 时，由于锌产生沉淀而使配合物的生成量减少。

**(4) 果蔬的护绿技术**　在绿色果蔬的加工和贮藏中都会引起叶绿素不同程度的变化。如

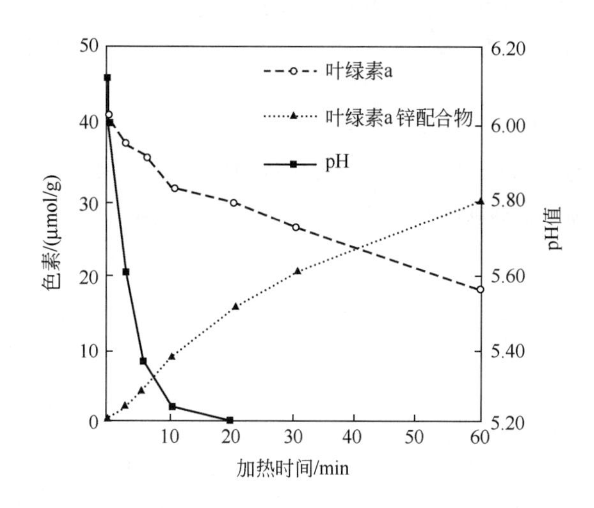


图 9-5　豌豆浓汤在 121℃加热至 60min，pH 变化与叶绿素 a 转变为叶绿素 a 锌配合物的关系
（注：叶绿素 a 锌配合物单位为相对单位，以锌浓度$\times 10^{-6}$ 计，起始浓度为 $300\times 10^{-6}$）

何保护叶绿素，减小其损失是十分重要的，目前尚无非常有效的方法。通常采用以下的护绿技术加以保护。

① 酸中和。在罐装绿色蔬菜加工中，加入碱性物质可提高叶绿素的保留率。例如，采用碱性钙盐或氢氧化镁使叶绿素分子中的镁离子不被氢原子所置换的处理方法，虽然在加工后产品可以保持绿色，但经过贮藏两个月后仍然变成褐色。

② 高温瞬时处理。应用高温短时灭菌（HTST）加工蔬菜，这不仅能杀灭微生物，而且比普通加工方法使蔬菜受到的化学破坏小。但是由于在贮藏过程中 pH 降低，导致叶绿素降解，因此，在食品保藏两个月后，效果不再明显。

③ 利用金属离子衍生物。用含锌或铜盐的热烫液处理蔬菜加工罐头，可得到比传统方法更绿的产品。

④ 将叶绿素转化为脱植叶绿素。实验证明，罐装菠菜在 54～76℃下，热烫 20min 具有较好的颜色保存率，这是因为叶绿素酶将叶绿素转化为脱植基叶绿素，脱植基叶绿素比叶绿素更稳定。

⑤ 多种技术联合应用。目前保持叶绿素稳定性最好的方法，是挑选品质良好的原料，尽快进行加工，采用高温瞬时灭菌，并辅以碱式盐、脱植醇的方法，并在低温下贮藏。

#### 9.2.1.2　血红素

**(1) 存在和结构**　血红素（hemes）是高等动物血液、肌肉中的红色色素。动物肌肉的色泽，主要是由肌红蛋白和血红蛋白存在所致。肌红蛋白和血红蛋白都是血红素与球状蛋白结合而成的结合蛋白。肌红蛋白是球状蛋白，是由 1 分子多肽链和 1 分子血红素结合而成，分子量为 $1.7\times 10^4$，是动物肌肉中最重要的色素，肌肉组织中肌红蛋白的含量因动物种类、年龄和性别以及部位的不同相差很大。而血红蛋白是 4 分子多肽链和 4 分子血红素结合而成，分子量为 $6.7\times 10^4$，由于在动物屠宰时被放出，所以它对肉类色泽的重要性远不如肌红蛋白，只是血液中最重要的色素。

肉类中还含有其他色素类化合物，包括细胞色素类、维生素 $B_{12}$、辅酶黄素，但它们的含量少不足以呈色，因此肌红蛋白及其各种化学形式是使肉类产生颜色的主要色素。

肌红蛋白的蛋白质为珠蛋白，非肽部分称为血红素。血红素由两个部分即一个铁原子和一个平面卟啉环所组成，卟啉是由4个吡咯通过亚甲基桥连接构成的平面环，在色素中起发色基团的作用（图9-6）。中心铁原子以配位键与4个吡咯环的氮原子连接，第5个连接位点是与珠蛋白的组氨酸残基键合，剩下的第6个连接位点可与各种配位体中带负荷的原子相结合（图9-7）。

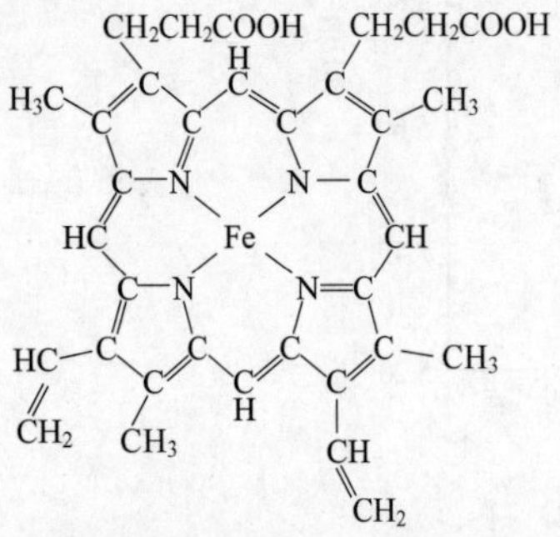

图9-6　血红素基团的结构

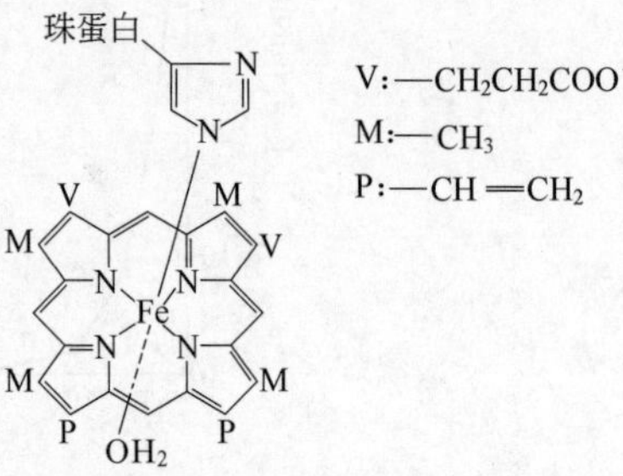

图9-7　肌红蛋白结构简图

**(2) 化学反应与颜色变化**　血红素卟啉环内的中心铁可以$Fe^{2+}$或$Fe^{3+}$状态存在。中心铁原子化合态的变化，以及带负电荷的基团不同，会导致血红素化合物呈现不同的颜色。

① 肌红蛋白、氧合肌红蛋白和高铁肌红蛋白的相互转化　在新鲜肉中存在三种状态的血红素化合物，即亚铁离子的第6个配位键结合水的肌红蛋白（Mb）、第6个配位键由氧原子形成的氧合肌红蛋白（oxymyoglobin，$MbO_2$）和中心铁被氧化为$Fe^{3+}$的高铁肌红蛋白（metmyoglobin，MMb），它们能够互相转化，使新鲜肉呈现不同的色泽，转化方式见图9-8。肌红蛋白和一分子氧之间以配位键结合形成氧合肌红蛋白的过程称为氧合作用，肌红蛋白氧化（$Fe^{2+}$转变为$Fe^{3+}$）形成高铁肌红蛋白的过程称为氧化反应。已被氧化的色素或三价铁形式的褐色高铁肌红蛋白，就不再和氧结合。

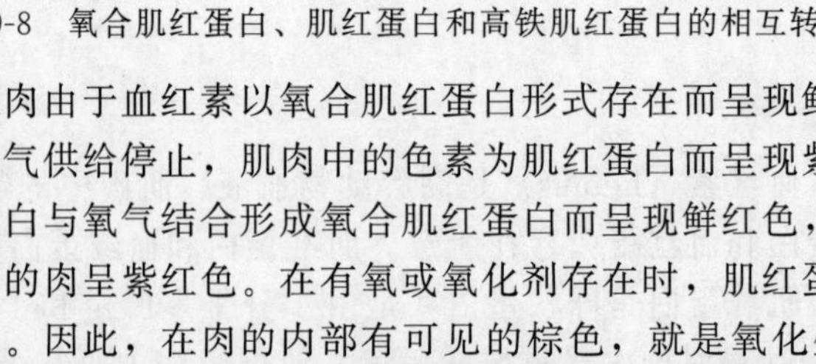

图9-8　氧合肌红蛋白、肌红蛋白和高铁肌红蛋白的相互转化

活的动物体内的肌肉由于血红素以氧合肌红蛋白形式存在而呈现鲜红色，动物被屠宰放血后，肌肉组织中的氧气供给停止，肌肉中的色素为肌红蛋白而呈现紫红色。将鲜肉放置于空气中，表面的肌红蛋白与氧气结合形成氧合肌红蛋白而呈现鲜红色，但由于其内部仍处于还原状态，因而表面下的肉呈紫红色。在有氧或氧化剂存在时，肌红蛋白可被氧化成高铁肌红蛋白，形成了棕褐色。因此，在肉的内部有可见的棕色，就是氧化生成的高铁肌红蛋白。在肉中只要有还原性物质存在，肌红蛋白就会使肉保持红色；当还原剂物质耗尽时，高铁肌红蛋白的褐色就会成为主要色泽。

图9-9指出了氧分压与各种血红素的百分比之间的关系，氧分压高有利于形成氧合肌红蛋白；低氧气分压开始时有利于保持肌红蛋白，持续低氧气分压下，肌红蛋白被氧化变成高铁肌红

蛋白。因此，为了保证氧合肌红蛋白的形成，使肉品呈现红色，通常使用饱和氧分压。如果在体系中完全排除氧，则有利于降低肌红蛋白氧化为高铁肌红蛋白的速度。

② 腌肉色素　在对肉进行腌制处理时，肌红蛋白等与亚硝酸盐的分解产物 NO 等发生反应，生成亚硝酰肌红蛋白（NO-Mb），它是未烹调腌肉中的最终产物，它在加热后进一步形成稳定的亚硝酰血色原（nitrosyl-hemochrome），这是加热腌肉中的主要色素。但是，过量的亚硝酸盐可以产生绿色的硝基氯化血红素。亚硝酸由于具有氧化性，可将肌红蛋白氧化为高铁肌红蛋白。此外，在腌肉制品加热至 66℃或更高温度时还会发生珠蛋白的热变性反应，产物为变性珠蛋白亚硝酰血色原。

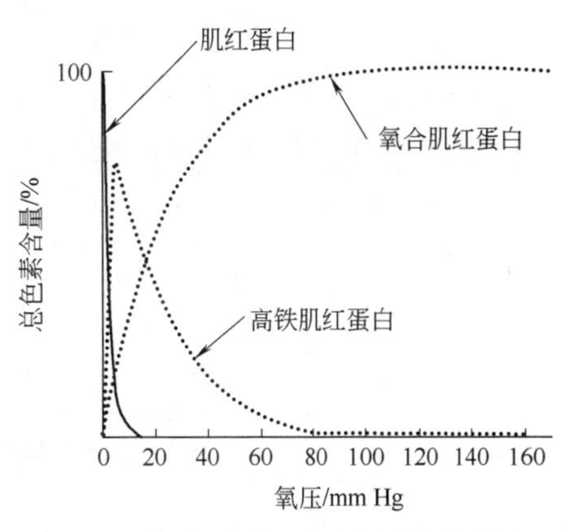


图 9-9　氧分压对三种肌红蛋白的影响
(1mmHg=133.322Pa)

腌肉过程中添加还原剂，可以将 $Fe^{3+}$ 还原为 $Fe^{2+}$，并将亚硝酸盐还原为一氧化氮，并迅速生成亚硝酰肌红蛋白，因此，还原剂在肉的腌制过程中是非常重要的。常用的还原剂有抗坏血酸、异抗坏血酸，还原剂的使用还有助于防止亚硝胺类致癌物的产生。图 9-10 表示在硝酸盐、一氧化氮和还原剂同时存在时形成腌肉色素的反应途径。

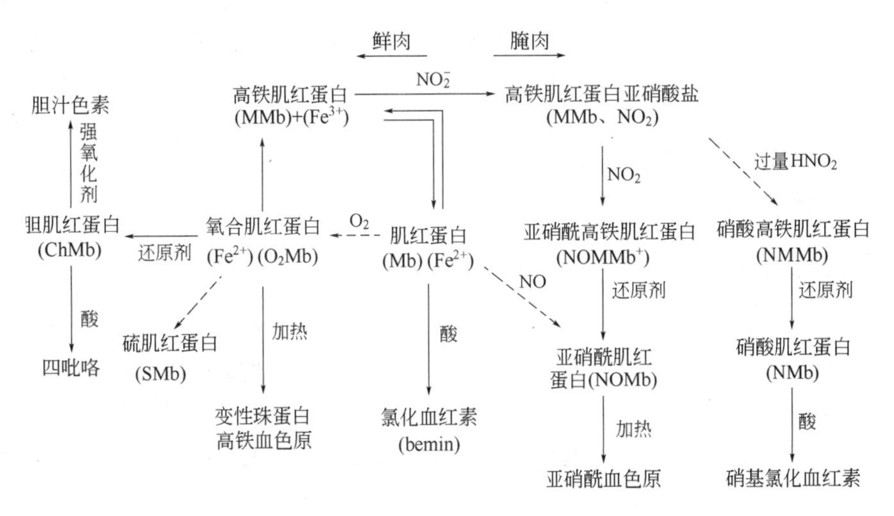


图 9-10　鲜肉和腌肉制品中血红色素的反应

③ 其他色素　细菌繁殖产生的硫化氢在有氧存在下，肌红蛋白会生成绿色的巯肌红蛋白（SMb），当有还原剂如抗坏血酸存在时，可以生成胆肌红蛋白（ChMb），并很快氧化成球蛋白、铁和四吡咯环；氧化剂过氧化氢存在时，与血红素中的 $Fe^{2+}$ 和 $Fe^{3+}$ 反应生成绿色的胆绿蛋白（cholelobin）。上述色素严重影响了肉的色泽和品质。表 9-4 列出了肉类加工和储藏中产生的主要色素。

**表 9-4　鲜肉、腌肉和熟肉中存在的色素**

| 色素 | 形成方式 | 铁的价态 | 羟高铁血红素环的状态 | 珠蛋白状态 | 颜色 |
|---|---|---|---|---|---|
| 肌红蛋白 | 高铁肌红蛋白还原，氧合肌红蛋白脱氧合作用 | $Fe^{2+}$ | 完整 | 天然 | 略带紫红色 |

续表

| 色素 | 形成方式 | 铁的价态 | 羟高铁血红素环的状态 | 珠蛋白状态 | 颜色 |
|---|---|---|---|---|---|
| 氧合肌红蛋白 | 肌红蛋白氧合作用 | $Fe^{2+}$ | 完整 | 天然 | 鲜红色 |
| 高铁肌红蛋白 | 肌红蛋白和氧合肌红蛋白的氧化作用 | $Fe^{3+}$ | 完整 | 天然 | 褐色 |
| 亚硝酰肌红蛋白 | 肌红蛋白和一氧化氮结合 | $Fe^{2+}$ | 完整 | 天然 | 鲜红(粉红) |
| 高铁肌红蛋白亚硝酸盐 | 高铁肌红蛋白和过量的亚硝酸盐结合 | $Fe^{3+}$ | 完整 | 天然 | 红色 |
| 珠蛋白血色原 | 加热、变性剂对肌红蛋白、氧合肌红蛋白、高铁肌红蛋白、血色原的作用 | $Fe^{3+}$ | 完整 | 变性 | 棕色 |
| 亚硝酰血色原 | 加热、盐对亚硝基肌红蛋白的作用 | $Fe^{2+}$ | 完整 | 变性 | 鲜红色(粉红) |
| 硫肌红蛋白 | 硫化氢和氧对肌红蛋白的作用 | $Fe^{3+}$ | 完整但被还原 | 变性 | 绿色 |
| 胆绿蛋白 | 过氧化氢对肌红蛋白或氧合肌红蛋白的作用,抗坏血酸或其他还原剂对氧合肌红蛋白的作用 | $Fe^{2+}$或$Fe^{3+}$ | 完整但被还原 | 变性 | 绿色 |
| 氯铁胆绿素 | 过量试剂对硫肌红蛋白的作用 | $Fe^{3+}$ | 卟啉环开环 | 变性 | 绿色 |
| 胆汁色素 | 大大过量的试剂对胆肌红蛋白的作用 | 不含铁 | 卟啉环开环被破坏;卟啉链 | 不存在 | 黄色或无色 |

肉类色素受氧、热、氧化剂、还原剂、微生物的影响外，光、水分、pH、金属离子等均可影响其稳定性，如当包装的鲜肉暴露在白炽灯或荧光灯下时，都会发生颜色的变化；当有金属离子存在时，会促进氧合肌红蛋白的氧化并使肉的颜色改变，其中以铜离子的作用最为明显，其次是铁、锌、铝等离子；低pH有利于高铁肌红蛋白的形成，影响肉的色泽。

因此，在肉类加工过程中，应适当添加抗氧化剂、采用真空包装等，均有利于提高血红素的稳定性，延长肉类产品的货架期。

## 9.2.2 类胡萝卜素

类胡萝卜素（carotenoids）是一类广泛存在于自然界中的脂溶性色素，它们使动物、植物食品显现黄色和红色。迄今为止，人类在自然界中已发现超过600多种的天然类胡萝卜素。估计自然界每年生成类胡萝卜素达1亿吨以上，其中大部分存在于高等植物中。类胡萝卜素在植物组织的光合作用和光保护作用中起着重要的作用，它是所有含叶绿素组织中能够吸收光能的第二种色素。类胡萝卜素和叶绿素同时存在于陆生植物中，类胡萝卜素的黄色常常被叶绿体的绿色所覆盖，在秋天当叶绿体被破坏之后类胡萝卜素的黄色才会显现出来。类胡萝卜素还存在于许多微生物（如光合细菌）和动物（如鸟纲动物的毛、蛋黄）体内，但到目前为止，没有证据证明动物体自身可合成类胡萝卜素，所有动物体内的类胡萝卜素均是来源于植物和微生物。类胡萝卜素在人和其他动物中主要是作为维生素A的前体物质，另外，还有较强的抗氧化等活性。

### 9.2.2.1 结构

类胡萝卜素是四萜类化合物，由8个异戊二烯单位组成，其中的共轭双键，是类胡萝卜素的发色基团。异戊二烯单位的连接方式是在分子中心的左右两边对称，类胡萝卜素化合物均具有相同的中心结构，但末端基团不相同。已知大约有60种不同的末端基，构成约560种已知的类胡萝卜素，并且还不断报道新发现的这类化合物。常见类胡萝卜素化合物的结构如图9-11所示。

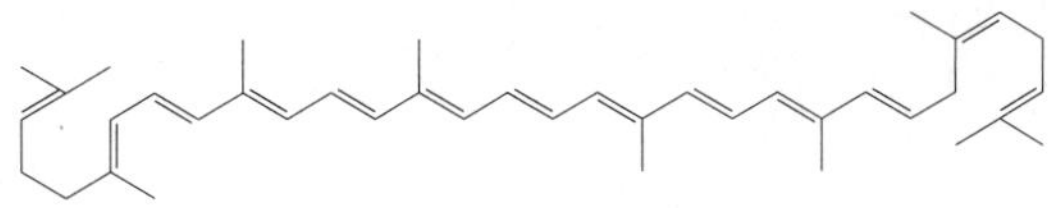

番茄红素

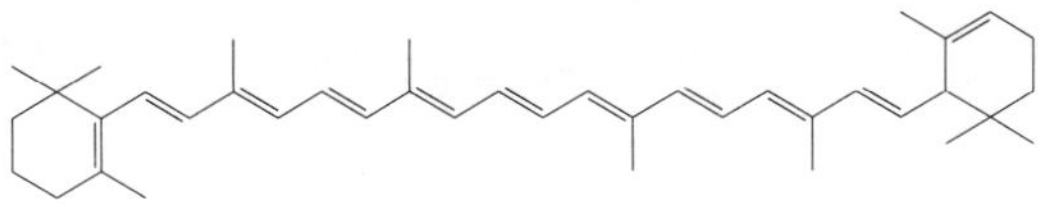

α-胡萝卜素

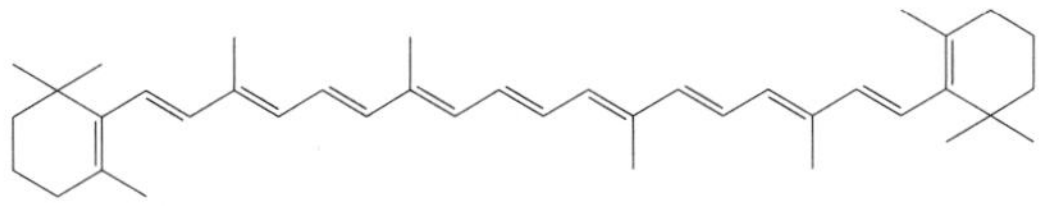

β-胡萝卜素

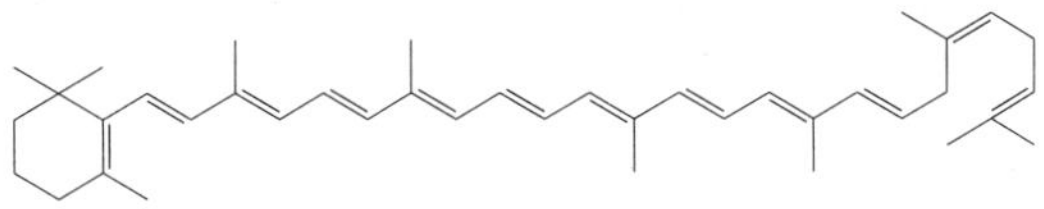

γ-胡萝卜素

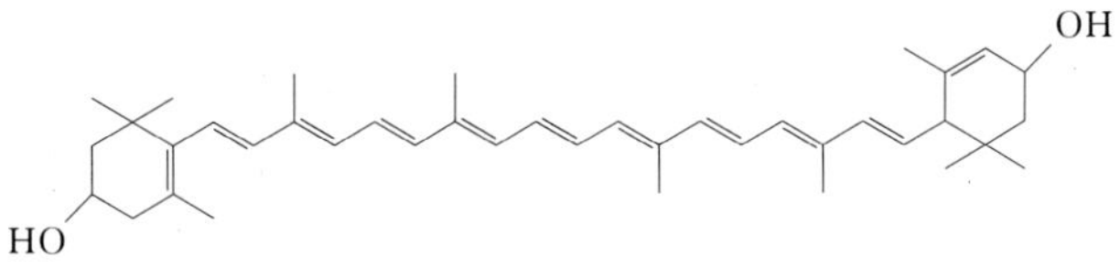

叶黄素

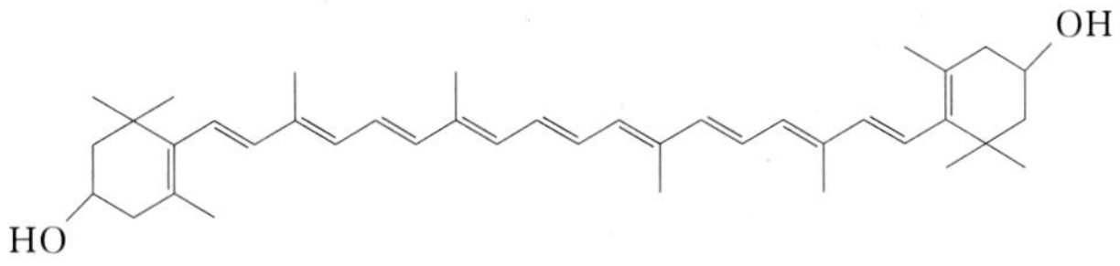

玉米黄素

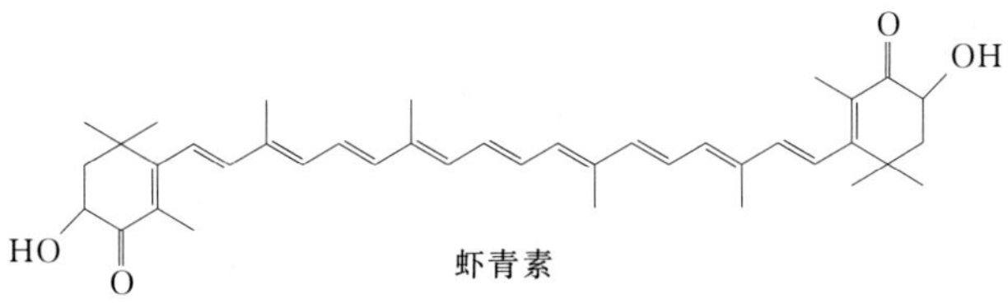

虾青素

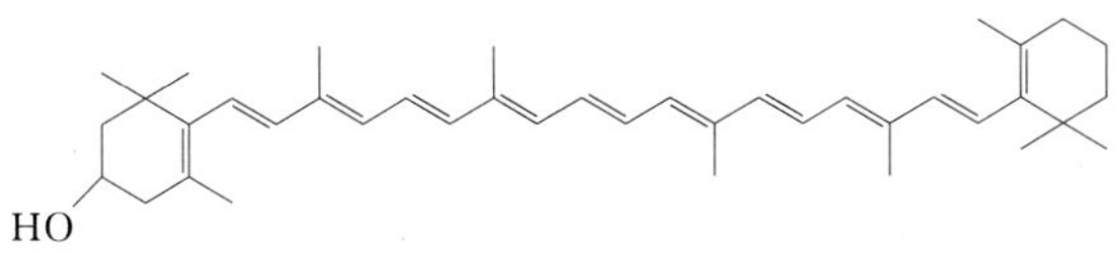

隐黄素

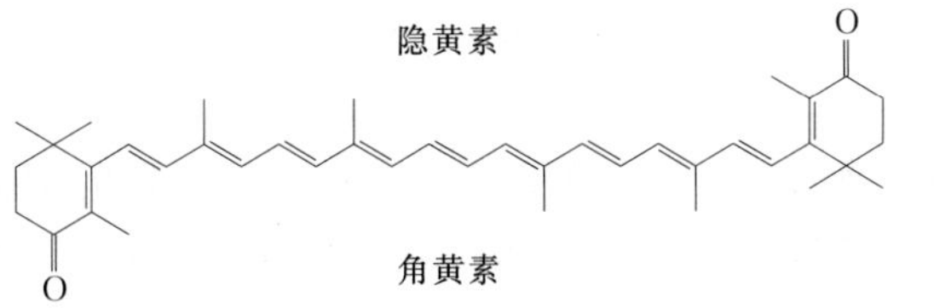

角黄素

图 9-11

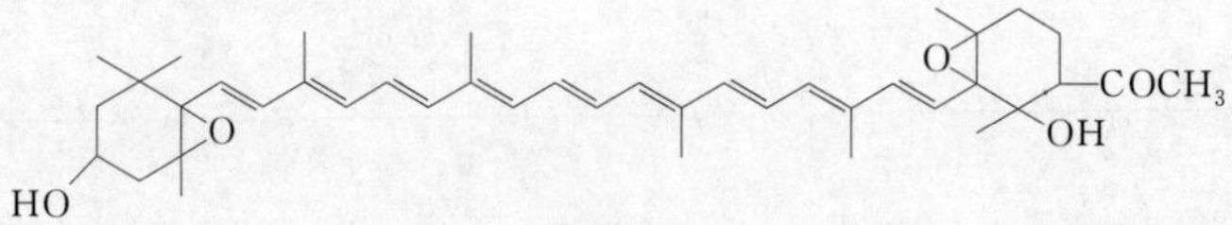

岩藻黄素

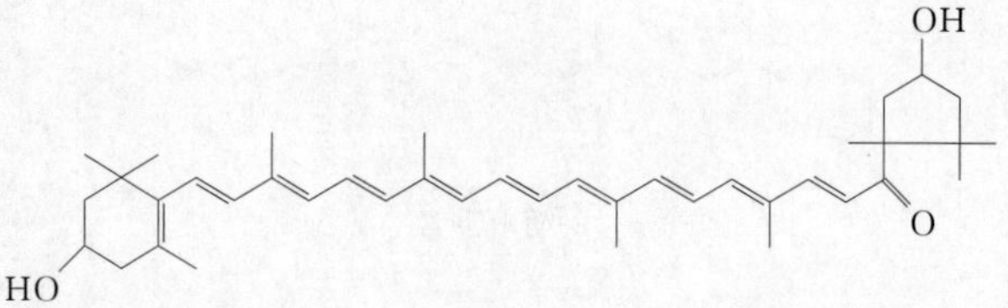

辣椒红素

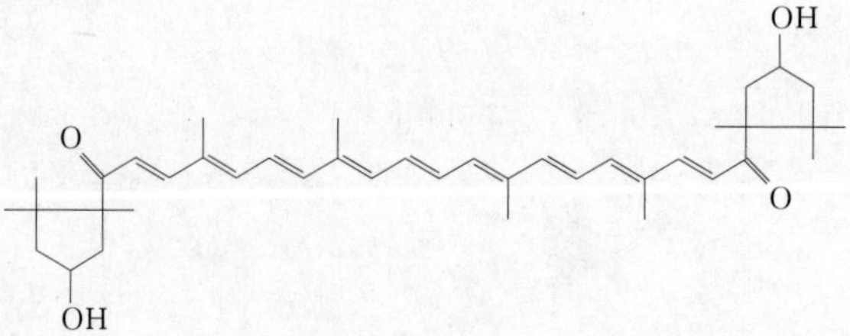

辣椒玉红素

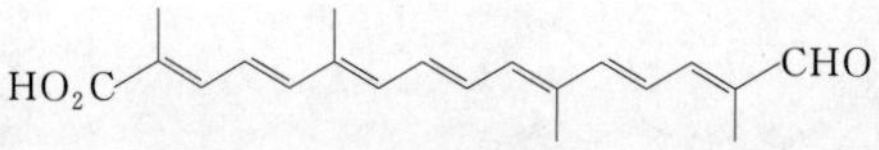

胭脂树素

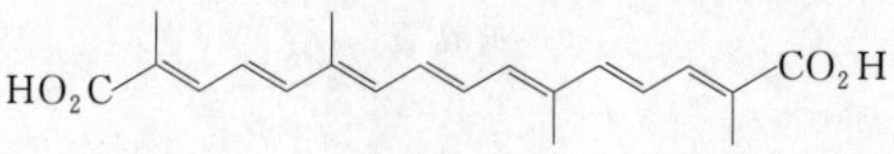

藏红花酸

图 9-11 常见类胡萝卜素化合物的结构

类胡萝卜素按结构特征可分为胡萝卜素类（carotenes）和叶黄素类（xanthophylls）。由C、H两种元素构成的类胡萝卜素被称为胡萝卜素类，包括四个化合物，分别是番茄红素、$\alpha$-胡萝卜素、$\beta$-胡萝卜素、$\gamma$-胡萝卜素。胡萝卜素类含氧衍生物被称叶黄素类。常见的有隐黄素（cryptoxanthin）、叶黄素（lutein）、玉米黄素（zeaxanthin）、辣椒红素（capsanthin）、虾青素（astaxanthin）等，它们的分子中含有羟基、甲氧基、羧基、酮基或环氧基，并区别于胡萝卜素类色素。

类胡萝卜素能以游离态（结晶或无定形）存在于植物组织或脂类介质溶液中，也可与糖或蛋白质结合，或与脂肪酸以酯类的形式存在。类胡萝卜素酯在花、果实、细菌体中均已发现。秋天树叶的叶黄素分子结构中的3和3′两个位置上结合棕榈酸和亚麻酸，辣椒中辣椒红素以月桂酸酯存在。近来，对各种无脊椎动物中的色素研究表明，类胡萝卜素与蛋白质结合不仅可以保持色素稳定，而且可以改变颜色。例如，龙虾壳中虾青素（astaxanthin）与蛋白质结合时显蓝色，当加热处理后，蛋白质发生变性，虾青素氧化成虾红素（图 9-12），虾壳转变为红色。另一个例子是龙虾卵中的虾卵绿蛋白是虾青素-脂糖（lipovitellin）蛋白复合物，是一种绿色色素。类胡萝卜素-蛋白复合物还存在于某些绿叶、细菌、果实和蔬菜中。类胡萝卜素还可通过糖苷键与还原糖结合，如藏红花素是多年来唯一已知的这种色素，它是由两分子龙胆二糖和藏红花酸结合而成的化合物。近来也从细菌中分离出许多种类胡萝卜素糖苷。

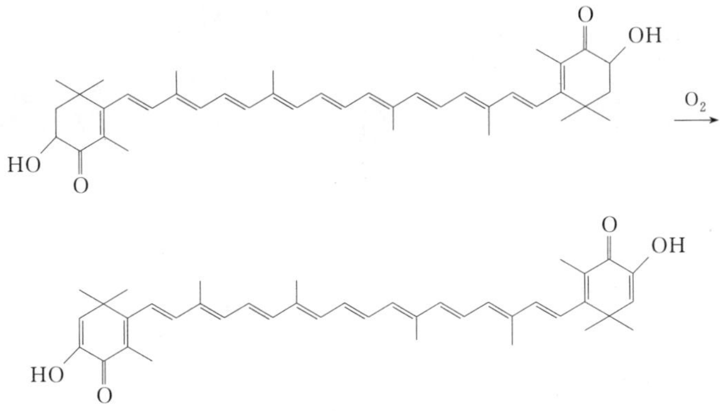

图 9-12　虾青素氧化成虾红素示意图

#### 9.2.2.2　性质

纯的类胡萝卜素为无味、无臭的固体或晶体，能溶于油和有机溶剂，几乎不溶于水，具有适度的热稳定性，pH 对其影响不大，但易被氧化而褪色，在热、酸或光的作用下很容易发生异构化，一些类胡萝卜素在碱中也不稳定。

类胡萝卜素分子结构中所具有的高度共轭双键发色团和—OH 等助色团，可产生不同的颜色，主要在黄色至红色范围，其检测波长一般在 400～550nm。共轭双键的数量、位置以及助色团的种类不同，使其最大吸收峰也不相同。此外，双键的顺、反几何异构也会影响色素的颜色，例如全反式的颜色较深，顺式双键的数目增加，颜色逐渐变淡。自然界中类胡萝卜素均为全反式结构，仅极少数的有单反式或双反式结构。

**表 9-5　常见类胡萝卜素的紫外-可见光谱特征数据**

| 中文名称 | 英文名称 | 摩尔吸光系数 | λ/nm | | | 溶剂 |
|---|---|---|---|---|---|---|
| β-胡萝卜素 | β-carotene | 125300 | 453 | 486 | 522 | 苯 |
| 番茄红素 | lycopene | 180600 | 448 | 474 | 505 | 丙酮 |
| 叶黄素 | lutein | 127000 | 432 | 458 | 487 | 苯 |
| 隐黄素 | cryptoxanthin | 130000 | 435 | 489 | | 苯 |
| 玉米黄素 | zeaxanthin | 132900 | 430 | 452 | 479 | 丙酮 |
| 辣椒红素 | capsanthin | 121000 | 460 | 483 | 518 | 苯 |
| 辣椒玉红素 | capsorubin | 132000 | 460 | 489 | 523 | 苯 |
| 角黄素 | canthaxanthin | 124100 | | 484 | | 苯 |
| 岩藻黄素 | fucoxanthin | 69700 | 420 | 443 | 467 | 丙酮 |
| 藏红花酸 | crocetin | 141700 | 413 | 435 | 462 | 氯仿 |
| 虾青素 | astaxanthin | 125100 | | 485 | | 苯 |
| 紫黄素 | violaxanthin | 144400 | 427 | 453 | 483 | 苯 |

表 9-5 为常见类胡萝卜素的紫外-可见光谱特征数据，利用类胡萝卜素的紫外-可见光谱特征可对其进行定性、定量分析。

β-胡萝卜素是维生素 A 的前体。β-胡萝卜素的分子中心位置发生断裂可生成两个分子维生素 A。α-胡萝卜素只有一半的结构与 β-胡萝卜素是相同的，所以它只能生成一个分子维生素 A。β-胡萝卜素和 α-胡萝卜素可在哺乳动物的小肠中水解生成维生素 A，进而参与视觉生理代谢（见图 9-13）。

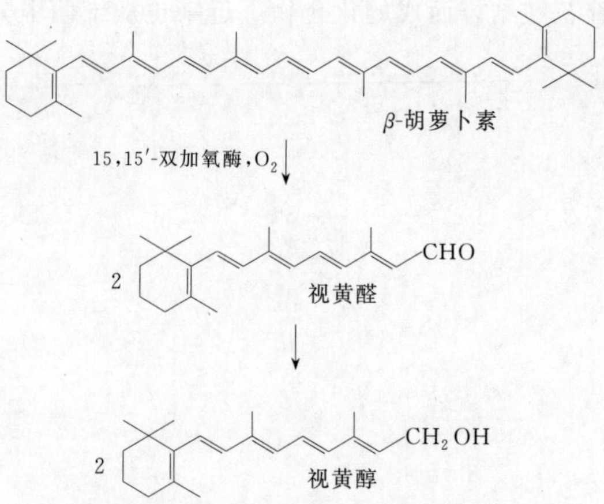

$\beta$-胡萝卜素

15,15′-双加氧酶,$O_2$

2 视黄醛 CHO

2 视黄醇 $CH_2OH$

图 9-13 $\beta$-胡萝卜素在哺乳动物小肠中的水解

许多类胡萝卜素（如番茄红素、虾青素、叶黄素等）是良好的自由基猝灭剂（表 9-6），具有很强的抗氧化性，能有效地阻断细胞内的链式自由基反应。

**表 9-6 不同类胡萝卜素猝灭单线态氧的能力**

| 类胡萝卜素 | 猝灭单线态氧的能力 | 类胡萝卜素 | 猝灭单线态氧的能力 |
|---|---|---|---|
| 番茄红素 | 16.8 | 玉米黄素 | 12.6 |
| β-胡萝卜素 | 13.5 | 叶黄素 | 6.6 |

### 9.2.2.3 在加工、贮藏中的变化

类胡萝卜素在未损伤的食品原料中是比较稳定的，其稳定性很可能与细胞的渗透性和起保护作用的成分存在有关。例如番茄红素在番茄果实中非常稳定，但提取分离得到的纯色素不稳定。大多数水果和蔬菜中的类胡萝卜素在一般加工和贮藏条件下是相对稳定的。冷冻几乎不改变类胡萝卜素的含量。漂洗和高温瞬时处理不会对类胡萝卜素含量产生明显的影响，色泽变化也小，这是由于类胡萝卜素的疏水特性，使它不容易进入水中而流失。但类胡萝卜素中含有高度共轭不饱和结构，高温、氧、氧化剂和光等均能使之分解褪色和异构化，主要发生热降解反应、氧化反应和异构化反应，导致食品品质降低。

**(1) 热降解反应** 类胡萝卜素在高温下发生降解反应形成芳香族化合物，反应中间体是一个四元环有机物，产物主要有三种（图 9-14）。

例如将胡萝卜经过 115℃处理 30min 后，全反式 $\beta$-胡萝卜素含量降低 35%，全反式 $\alpha$-胡萝卜素含量降低 26%。

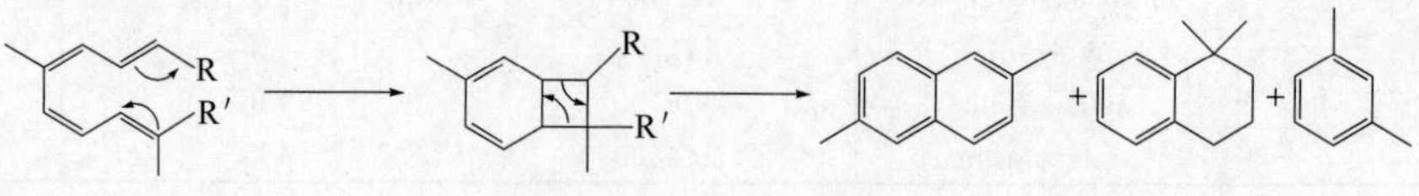

R R′ R R′ + +

图 9-14 $\beta$-胡萝卜素的热降解反应

**(2) 自动氧化反应** 类胡萝卜素中含有共轭不饱和双键，能形成自由基发生自动氧化反应。所形成的烷过氧化自由基，进攻类胡萝卜素的碳碳双键，形成环氧化物，并可进一步生成其他的氧化产物，常见的有羟基化物、羰基化物（见图 9-15）。

类胡萝卜素的结构、氧、温度、光、水分活度、金属离子和抗氧化剂等影响自氧化反应速

度。研究表明，如果反应物存在一个以上的环结构，则反应速度取决于化合物的极性，低极性化合物反应活性更高；氧加速了自氧化速度。对番茄的研究表明，空气干燥中番茄红素的损失率远远高于真空干燥的损失率；水分活度影响自氧化反应，低水分含量时，有利于类胡萝卜素的自氧化反应，在有水或高水分活度下可以抑制类胡萝卜素的氧化；高温有利于类胡萝卜素的自动氧化；抗氧化剂抑制自氧化反应，$Fe^{2+}$ 和 $Cu^{2+}$ 等会加速类胡萝卜素的自动氧化。

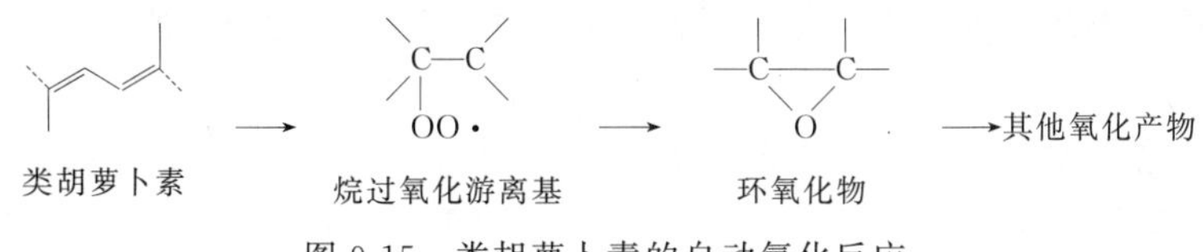


图 9-15　类胡萝卜素的自动氧化反应

**(3) 光氧化反应**　在光和氧存在下，类胡萝卜素发生光氧化反应（photooxidation），双键经过氧化后发生裂解，终产物为紫罗酮。光强度增加时反应加速，抗氧化剂存在时，使类胡萝卜素的稳定性提高。

**(4) 偶合氧化**　在有油脂存在时，类胡萝卜素会发生偶合氧化（coupled oxidation），失去颜色，其转化速率依体系而定。一般在高度不饱和脂肪酸中类胡萝卜素更稳定，可能是因为脂类本身比类胡萝卜素更容易接受自由基；相反，在饱和脂肪酸中不太稳定。脂肪氧合酶加速了偶合氧化，它首先催化不饱和或多不饱和脂肪酸氧化，产生过氧化物，随即过氧化物快速与类胡萝卜素反应，使颜色褪去。

**(5) 异构化反应**　在通常情况下，天然的类胡萝卜素多是全反式、9-顺式构型存在。热加工过程或有机溶剂提取，以及光照（特别是碘存在时）和酸性环境等，都能导致异构化反应。例如，加热或热灭菌会诱导顺/反异构化反应，为减少异构化程度，应尽量降低热处理的程度；一些蔬菜经罐藏处理后，其类胡萝卜素顺式异构体的含量增加 10%～39%。类胡萝卜素异构化时，产生一定量的顺式异构体，是不会影响色素的颜色，仅发生轻微的光谱位移。类胡萝卜素的异构化产物与它们的结构有关。研究发现，150℃时 $\beta$-胡萝卜素异构化的主要产物为 9-顺式-$\beta$-胡萝卜素、13-顺式-$\beta$-胡萝卜素，而 $\alpha$-胡萝卜素异构化产物为 13-顺式-$\alpha$-胡萝卜素。

在加工和贮藏过程中类胡萝卜素降解和异构化的可能机制总结如图 9-16 所示。由此可见，随着类胡萝卜素降解，其降解产物对其食品的风味将产生影响。

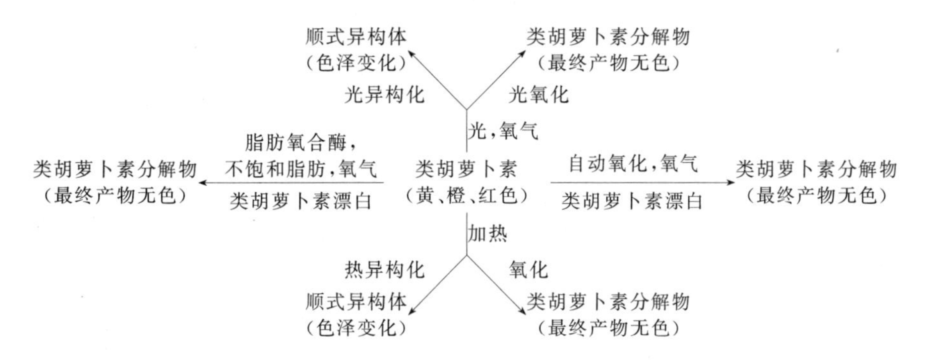


图 9-16　在加工和贮藏过程中类胡萝卜素降解和异构化的可能机制

## 9.2.3　多酚类色素

多酚类化合物因其结构中有高度共轭基团而呈现颜色，是一类重要的色素。绝大多数多酚为黄酮类化合物，基本母核是 $C_6$-$C_3$-$C_6$ 结构。多酚类色素常见的主要类型有花色苷、类黄酮、原花色素、单宁。它们是植物组织中水溶性色素的主要成分，并大量存在于自然界中。这类色素呈现黄色、橙色、红色、紫色和蓝色。

#### 9.2.3.1 花色苷

花色苷（anthocyanins）是一类在自然界分布最广泛的水溶性色素，许多水果、蔬菜和花之所以显鲜艳的颜色，就是由于细胞汁液中存在着这类水溶性化合物。植物中的许多颜色（包括蓝色、红紫色、紫色、红色及橙色等）都是由花色苷产生。

**(1) 存在状态和结构** 花色苷是花青素与糖结合成的苷类化合物。花青素（anthocyanidin）是2-苯基-苯并吡喃的𬭸盐（flavylium，一个带正电荷的阳离子，图9-17），花色苷是黄酮化合物的一种，由于其色泽和性质与其他黄酮化合物不同，目前一般将花色苷单独作为一类色素看待。自然界已知有20种花色苷，食品中重要的有6种（表9-7），其他种类较少，仅存在于某些花和叶片中。

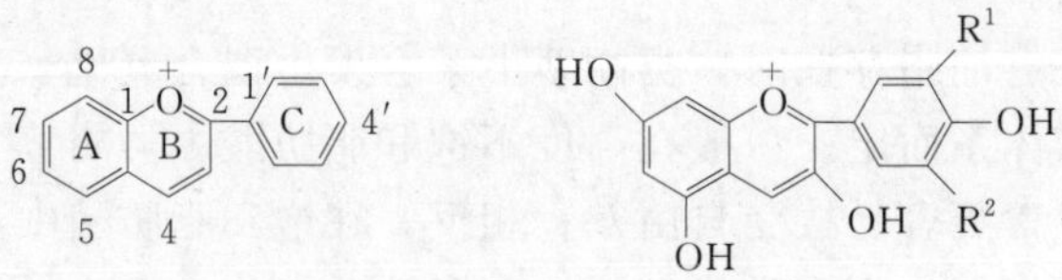

图9-17 花青素的阳离子盐结构

表9-7 常见六类花青素的基本结构和最大吸收峰（溶剂为酸化甲醇）

| 花青素 | $R^1$ | $R^2$ | 最大吸收峰(pH=3)/nm |
|---|---|---|---|
| 天竺葵素(pelargonidin) | H | H | 520 |
| 矢车菊素(cyanidin) | OH | H | 535 |
| 芍药花素(peonidin) | $OCH_3$ | H | 532 |
| 飞燕草素(delphinidin) | OH | OH | 546 |
| 碧冬茄素(petunidin) | $OCH_3$ | OH | 543 |
| 银葵素(malvidin) | $OCH_3$ | $OCH_3$ | 542 |

花色苷结构中A环、B环上都有羟基或甲氧基取代，羟基数目增加使吸收波长红移，蓝紫色增强，而随着甲氧基数目增加则吸收波长蓝移，红色增强。

游离花青素在食品中很少存在，仅在降解反应中才有微量产生。花青素多与一个或几个糖分子形成花青素苷。糖基可以是葡萄糖、鼠李糖、半乳糖、木糖和阿拉伯糖。成苷时，糖基一般连接在3-OH，也有连接在5-OH。花青素还可以酰化使分子增加第三种组分，即糖分子的羟基可能被一个或几个对香豆酸、阿魏酸、咖啡酸、丙二酸、香草酸、苹果酸、琥珀酸或醋酸分子所酰化。

**(2) 花色苷的颜色和稳定性** 花色苷色素主要呈红色，其色泽与其自身分子结构、pH、温度、金属离子、氧化剂、还原剂、糖等因素有关，其中pH、金属离子、氧化剂、还原剂等因素由于破坏了花色苷的结构，从而影响其稳定性。花色苷分子中吡喃环的氧原子是四价的，所以非常活泼，引起各种反应，常使色素褪色。这是水果、蔬菜加工中通常不希望出现的。

① 结构变化和pH 花色苷的稳定性与其结构关系密切。分子中羟基数目增加则稳定性降低，而甲基化程度提高则增加稳定性，同样糖基化也有利于色素稳定。因此说明取代基的性质对花色苷的稳定性有重要影响。

在不同pH条件下，花色苷分子结构发生变化，有些变化是可逆的，因此，其色泽随着pH改变而发生明显的变化，图9-18所显示的是花色苷的结构、色泽随pH所发生的变化。

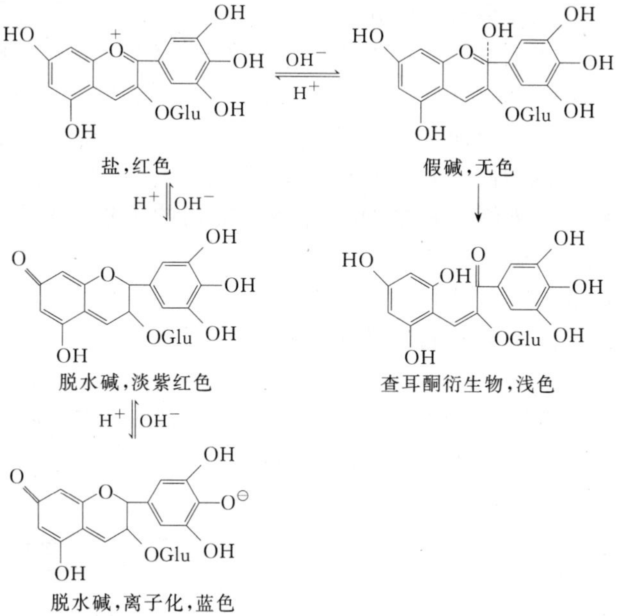

盐,红色
假碱,无色
脱水碱,淡紫红色
查耳酮衍生物,浅色
脱水碱,离子化,蓝色


图 9-18　花色苷的结构、色泽随 pH 变化的情况

① pH=3
② pH=4
③ pH=5.4
④ pH=6.7
⑤ pH=7.5
A
400
500
600
λ/nm


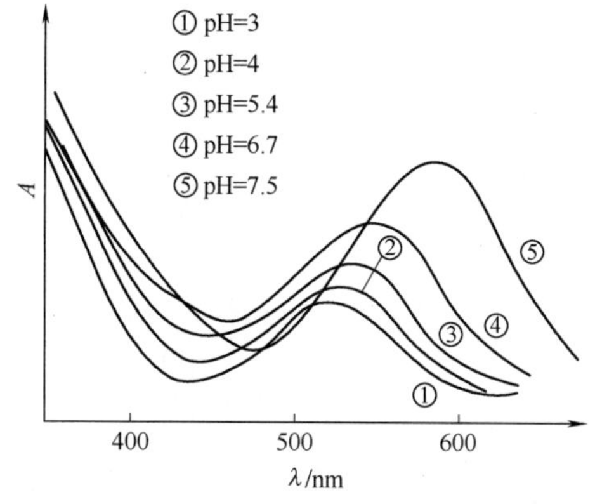

图 9-19　紫苏色素在不同 pH 条件下的
可见吸收光谱

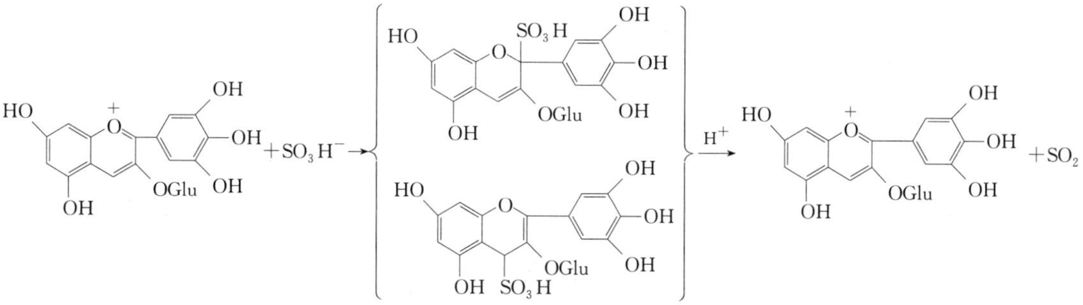

图 9-20　亚硫酸盐与花色苷的反应

从图 9-19 中可以看出最大吸收峰随 pH 增加而向长波方向移动。在较低 pH 时（pH1），花

色苷锌盐离子（红色）是主要形式；在 pH 升高时（pH4～6），花色苷以假碱（无色）的形式存在，或者以脱水碱（淡紫红色）的形式存在；在较高的 pH 时（pH8～10），花色苷与碱作用形成相应的酚盐，从而呈现蓝色。虽然这些变化是可逆的，但时间较长，假碱结构开环生成浅色的查耳酮衍生物，色泽会发生不可逆变化。在酸性条件下，花色苷保持正常的红色。目前花色苷类天然色素检测一般采用 pH3 条件下测定其吸光值。

② 氧化剂与还原剂　花色苷是多酚化合物，结构的不饱和特性使之对氧化剂和还原剂非常敏感。因此对于富含花色苷的果汁，如葡萄汁一直是采用的热充满罐装，以减少氧对花色苷的破坏作用，只有尽量将瓶装满，才能减缓葡萄汁的颜色由红色变为暗灰色，现在工业上也有采用充氮罐装或真空条件下加工含花色苷的果汁，达到延长果汁保质期的作用。

花色苷与抗坏血酸相互作用导致降解，已为许多研究者所证实。例如每 100g 蔓越橘汁鸡尾酒中，含花色苷和抗坏血酸分别为 9mg 和 18mg 左右，室温下贮存 6 个月，花色苷损失约

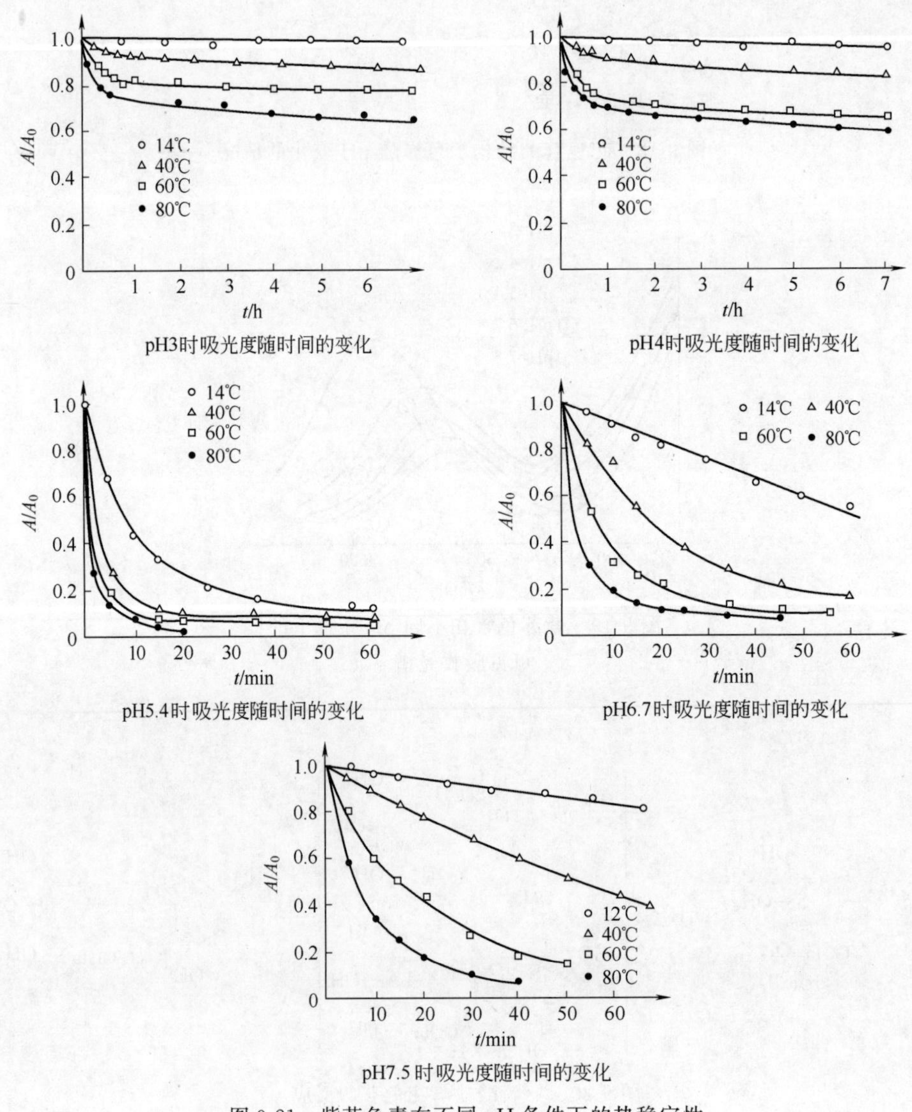


图 9-21　紫苏色素在不同 pH 条件下的热稳定性

80%。由于降解产物有颜色，所以汁仍呈棕红色。这是因为抗坏血酸降解产生的中间产物过氧化物能够诱导花色苷降解。过氧化氢能在花色苷 C2 位发生亲核攻击，使花色苷环断裂开环形成无色的酯和香豆素衍生物，这些裂解产物进一步降解或聚合，色泽由红色转变为棕色。铜和铁离子催化抗坏血酸降解为过氧化物，从而使花色苷的破坏速率加快。黄酮类化合物能抑制抗坏血酸降解反应，则有利于花色苷稳定，不易褪色。因此，如果存在不适宜抗坏血酸形成过氧化氢的条件，会增加花色苷的稳定性。

在贮藏和加工时，添加亚硫酸盐或二氧化硫可导致花色苷迅速褪色，这个过程是简单的亚硫酸加成反应，花色苷 2 或 4 碳位因亚硫酸加成反应形成无色化合物，此反应过程是可逆的，如果煮沸或酸化可使亚硫酸除去，又可重新形成花色苷（图 9-20）。

③ 温度　食品中花色苷的稳定性与温度关系较大。花色苷的热降解机制与花色苷的种类和降解温度有关。高度羟基化的花色苷比甲基化、糖基化或酰基化的花色苷的热稳定性差。温度越高，其降解速度越快；pH 对花色苷的热稳定性有很大影响，在低 pH 时，稳定性较好，在接近中性或微碱性的条件下，其稳定性明显下降。图 9-21 为紫苏色素在不同 pH 条件下的热稳定性。

④ 光　光通常会加速花色苷的降解，已在紫苏色素、紫甘薯色素、葡萄皮色素中得到证实，同时发现花色苷的结构影响其对光的稳定性，酰化和甲基化的二糖苷比未酰化的稳定，双糖苷比单糖苷更稳定。研究表明，紫外线的降解作用比室内光的降解作用更明显。

⑤ 金属离子　花色苷分子中因为具有邻位羟基，能和金属离子形成复合物，色泽一般为蓝色，这也是自然界中的一些花青素呈现蓝色的原因。$Cu^{2+}$、$Fe^{2+}$、$Al^{3+}$ 和 $Sn^{2+}$ 等能与花色苷形成蓝色化合物。例如含花色苷的红色酸樱桃放在素马口铁罐头（plain tinned can）内可形成花色苷-锡复合物，使原来的红色变为紫红色。$AlCl_3$ 常被用来区分具有邻位羟基的花色苷与不具邻位羟基的花色苷。$Fe^{3+}$ 和 $Cu^{2+}$ 由于可以催化对花色苷的降解反应，

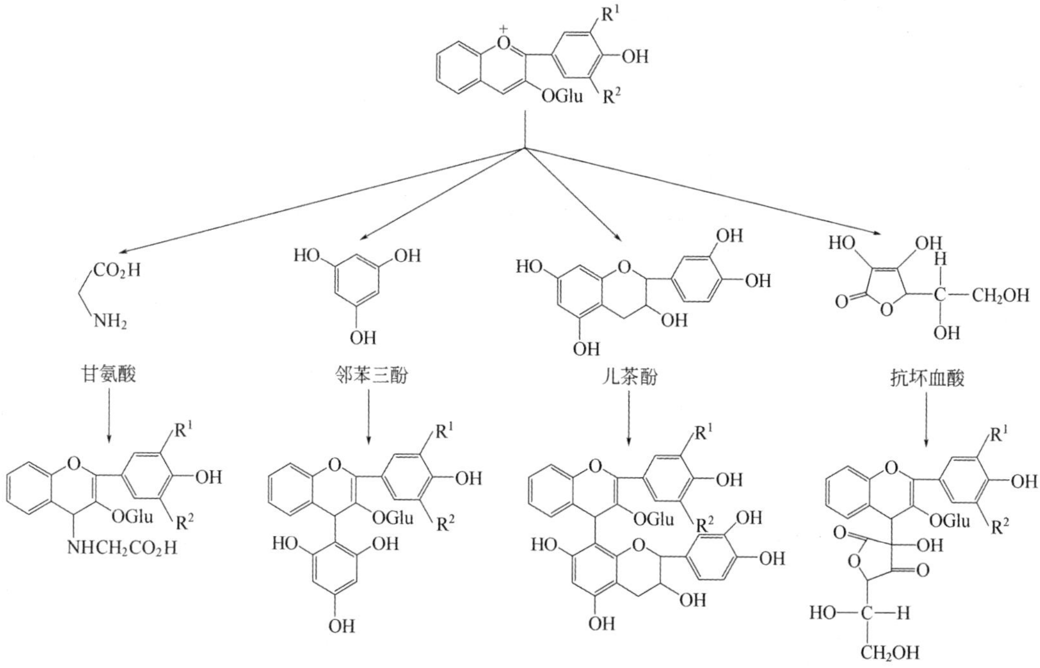

图 9-22　花色苷与小分子化合物形成的聚合物

从而降低花色苷的稳定性。$Fe^{3+}$ 和 $Cu^{2+}$ 对紫苏色素有明显的破坏作用，使色素呈现黄色。

⑥ 有机化合物　在抗坏血酸、氨基酸、酚类、糖衍生物等存在时，由于这些化合物与花色苷发生缩合反应可使褪色加快（图 9-22）。反应产生的聚合物和降解产物可能十分复杂，并且与氧、温度有密切关系。

高浓度糖有利于花色苷稳定，主要是降低了水分活度。但当糖的浓度很低时，糖及其降解产物会加速花色苷的降解，而且与糖的种类有关，其中果糖、阿拉伯糖、乳糖和山梨糖对花色苷的降解作用大于葡萄糖、蔗糖和麦芽糖。

⑦ 酶促反应　糖苷酶和多酚氧化酶能引起花色苷失去颜色，它们也被称为花色苷酶。糖苷酶的作用是水解花色苷的糖苷键，生成糖和苷元花青素；多酚氧化酶是在有氧和邻二酚存在时，首先将邻二酚氧化成为邻苯醌，然后邻苯醌与花色苷反应形成氧化花色苷和降解产物。加工过程中的漂烫处理，会对这些酶灭活，保持产品色泽。

### 9.2.3.2　原花色素

原花色素（proanthocyanidins）是无色的，结构与花色苷相似，在食品加工过程中可转变成有颜色的物质。原花色素的基本结构单元是黄烷-3-醇或黄烷-3,4-二醇以 4→8 或 4→6 键形成的二聚物，但通常也有三聚物或高聚物，它们是花色苷色素的前体，在酸催化作用下，加热可转化为花色苷呈现颜色，图 9-23 是原花色素的结构单元和酸水解历程。原花色素存在于苹果、梨、柯拉果（cola nut）、可可豆（cocoa beans）、葡萄、莲、高粱、荔枝、

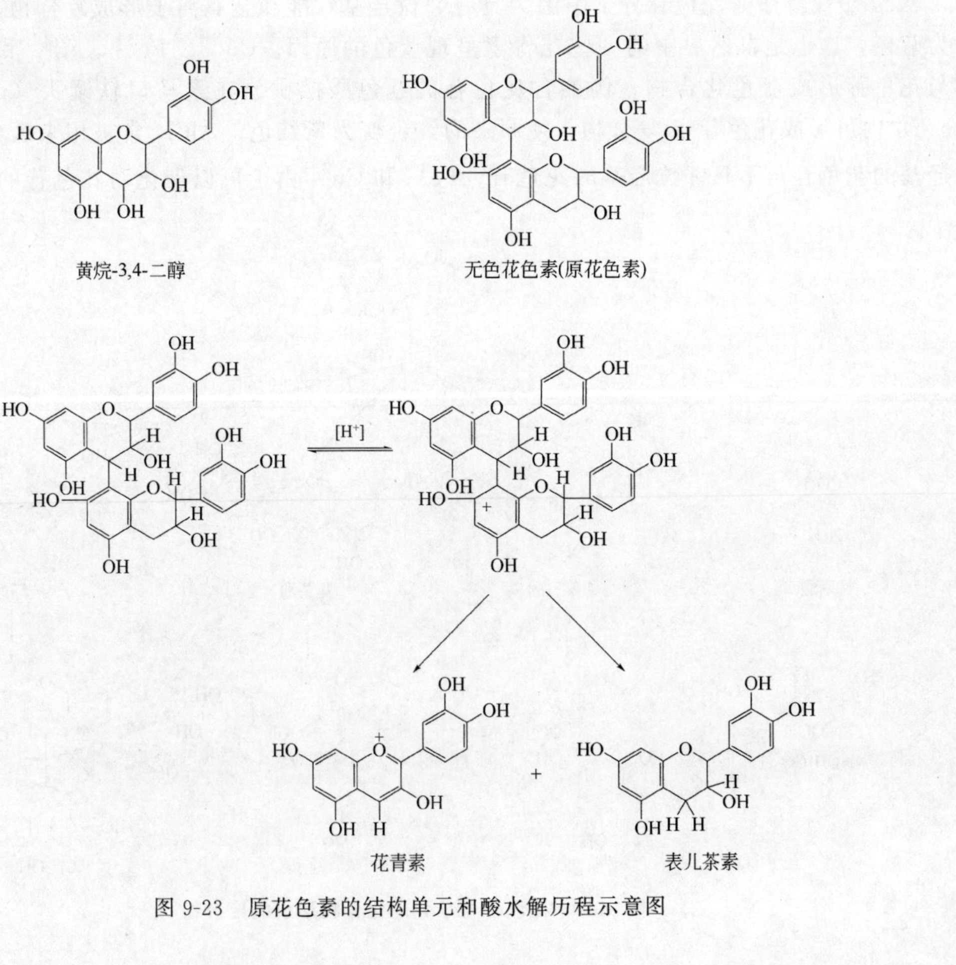

黄烷-3,4-二醇　　无色花色素(原花色素)

$[H^+]$

花青素　+　表儿茶素

图 9-23　原花色素的结构单元和酸水解历程示意图

沙枣、蔓越橘、山楂属浆果和其他果实中。其中关于葡萄籽和皮中原花色素的结构和功能的研究最多。现已证实，原花色素具有很强的抗氧化活性，已作为抗氧化剂应用到食品中，同时还具有抗心肌缺血、调节血脂和保护皮肤等多种功能，因此，原花色素的研究愈来愈引起人们的重视。水果和蔬菜中原花色素的邻位羟基较易发生褐变反应，在空气中或光照下降解成稳定的红褐色衍生物；原花色素能与蛋白质作用生成聚合物，影响蛋白质的消化吸收。原花色素既可赋予食品特殊的风味，也可影响食品的色泽和品质。

#### 9.2.3.3 类黄酮

**(1) 结构和存在** 类黄酮（flavonoids）广泛分布于植物界，是一大类水溶性天然色素，呈浅黄色或无色。目前已知的类黄酮化合物大约有 1000 种以上。最重要的类黄酮化合物是黄酮和黄酮醇的衍生物，而噢哢、查耳酮、二氢黄酮、异黄酮、二氢异黄酮和双黄酮等的衍生物也是比较重要的。结构式见图 9-24。

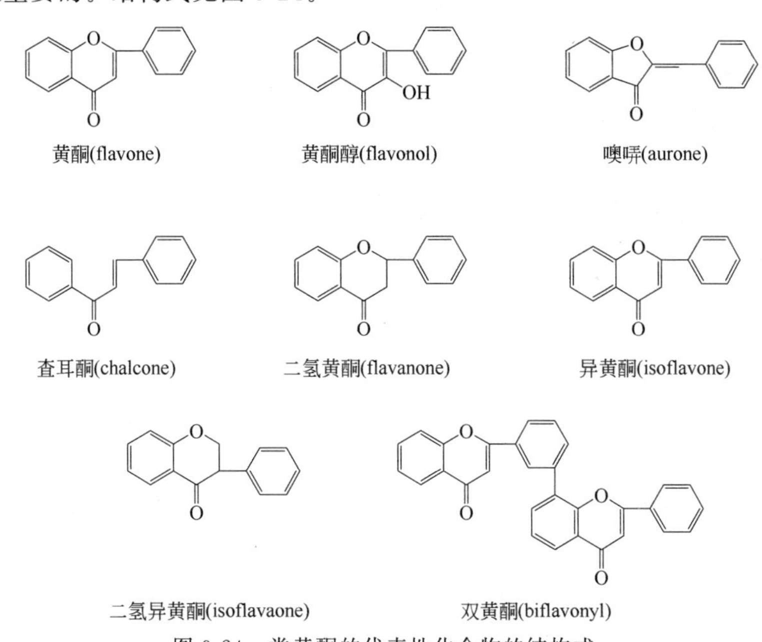


图 9-24 类黄酮的代表性化合物的结构式

黄酮醇是类黄酮中最多的一类，例如山柰素、槲皮素和杨梅黄酮（myricetin），其次一类是黄酮，包括芹菜素（apigenin）、樨草素（luteolin）。

类黄酮通常和葡萄糖、鼠李糖、半乳糖、阿拉伯糖、木糖、芹菜糖或葡萄糖醛酸结合成苷，糖基的结合位置各不相同，最常见的是在 7 碳位上取代，因为 7 碳位的羟基酸性最强，也有在 5、3′、4′、5′位上结合的。

类黄酮广泛存在于常见食品中，如芹菜、洋葱、茶叶、蜂蜜、葡萄、苹果、柑橘、柠檬、青椒、木瓜、李、杏、咖啡、可可、大豆等（表 9-8）。

**表 9-8 食品中的主要类黄酮**

| 类别 | 化合物名称 | 苷元 | 糖残基 | 存在的食品 |
|---|---|---|---|---|
| 黄酮 | 芹菜苷 | 芹菜素 | 7-$\beta$-芸香糖 | 荷兰芹、芹菜 |

续表

| 类别 | 化合物名称 | 苷元 | 糖残基 | 存在的食品 |
| --- | --- | --- | --- | --- |
| 二氢黄酮 | 橙皮苷 | HO O OH OMe OH O<br>橙皮素 | 7-$\beta$-芸香糖 | 温州蜜橘、葡萄柚 |
| | 柚皮苷 | HO O OH OH O<br>柚皮素 | 7-$\beta$-新橙皮糖 | 夏橙、柑橘 |
| 黄酮醇 | 芸香苷(芦丁) | HO O OH OH OH OH O<br>槲皮素 | 3-$\beta$-芸香糖 | 洋葱、茶叶、荞麦 |
| | 栎皮苷 | 槲皮素 | 3-$\beta$-鼠李糖 | 茶 |
| | 异栎苷 | 槲皮素 | 3-$\beta$-葡萄糖 | 茶、玉米 |
| 二氢黄酮醇 | 杨梅苷 | HO O OH OH OH OH OH O<br>杨梅黄酮 | 3-$\beta$-鼠李糖 | 野生桃 |
| | 紫云英苷 | HO O OH OH OH O<br>山柰素 | 3-葡萄糖 | 草莓、杨梅、蕨菜 |
| 异黄酮 | 黄豆苷 | HO O OH OH O | 7-葡萄糖 | 大豆 |
| 噢哢 | 大豆橙酮 | HO O OH O | | 大豆 |
| 双黄酮 | 白果素 | HO O OMe OH O HO O OH OH O | | 白果 |

**(2) 化学性质** 类黄酮分子中的苯环、苯并吡喃环以及羰基，构成了生色团的基本结构。其酚羟基取代数目和结合的位置对色素颜色有很大影响，在3′或4′碳位上有羟基（或甲氧基）多呈深黄色，而在3碳位上有羟基显灰黄色，并且3碳位上的羟基还能使3′或4′碳

位上有羟基的化合物颜色加深。

类黄酮的羟基呈酸性，因此，具有酸类化合物的通性，可以与强碱作用，在碱性溶液中类黄酮易开环生成查耳酮型结构而呈黄色，在酸性条件下，查耳酮型结构又恢复为闭环结构，于是颜色消失。例如，马铃薯、稻米、小麦面粉、芦笋、荸荠等在碱性水中烹煮变黄，就是黄酮物质在碱作用下形成查耳酮型结构的原因；黄皮种洋葱变黄的现象更为显著，在花椰菜和甘蓝中也有变黄现象发生。

类黄酮化合物可以与 $Al^{3+}$、$Fe^{3+}$、$Mg^{2+}$、$Pb^{2+}$、$Zr^{2+}$、$Sr^{2+}$ 等金属离子形成有色化合物，类黄酮的母核结构、羟基数目和位置决定了是否发生反应以及反应的现象，因此，与金属离子的反应可以作为类黄酮化合物鉴别方法。例如，二氢黄酮、二氢黄酮醇与 $Mg^{2+}$ 可显蓝色荧光，黄酮、黄酮醇、异黄酮与 $Mg^{2+}$ 显黄～橙黄～褐色荧光；3 碳位上的羟基与三氯化铁作用呈棕色；含有邻二酚羟基的类黄酮化合物与 $Sr^{2+}$ 生成绿色～棕色～黑色沉淀；含有游离 3-OH、5-OH 类黄酮与锆盐产生黄色络合物。

类黄酮色素在空气中放置容易氧化产生褐色沉淀，因此，一些含类黄酮化合物的果汁存放过久便有褐色沉淀生成。黑色橄榄的颜色是类黄酮的氧化产物产生的。

类黄酮的多酚性质和螯合金属的能力，可作为脂类抗氧化剂，例如茶叶提取物就是天然抗氧化剂。另外，研究表明，类黄酮物质具有抗氧化、植物雌激素样作用、清除自由基、降血脂、降低胆固醇、免疫促进作用、防治冠心病、降低血管渗透性等作用。

## 9.2.4 甜菜色素

### 9.2.4.1 结构和存在

甜菜色素（betalaines）是红甜菜、苋菜以及莙达菜（chard）、仙人掌果实、商陆浆果（pokeberry）和多种植物的花中存在的一类水溶性色素，已知约有 70 多种，主要包括红色的甜菜红色素（betacyanin）和黄色的甜菜黄素（betaxanthin）两大类化合物，基本结构见

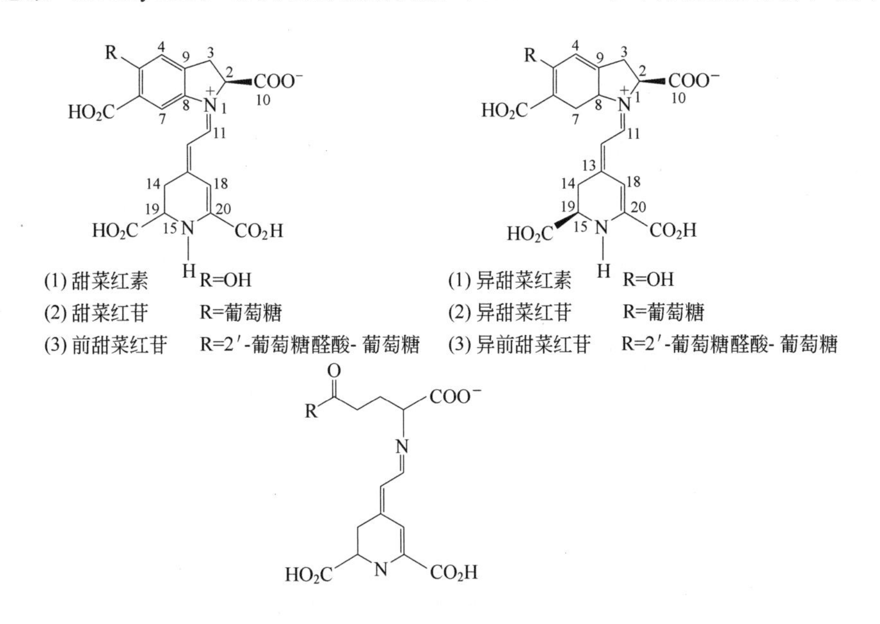


图 9-25 甜菜色素结构

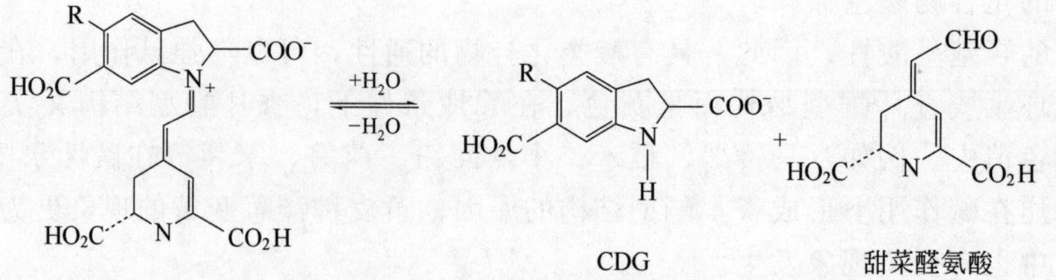

图 9-26　甜菜红苷的降解反应

图 9-25。其中甜菜红色素根据取代方式的不同又可分为甜菜红素（betanidin）、甜菜红苷（betanin）和前甜菜红苷（amaranthin）。由于 C15 为手性原子，上述三种结构还可异构化为异甜菜红素（isobetanidin）、异甜菜苷（isobetanin）和异前甜菜红苷（amaranthin），异构体占 5%，游离态为 5%，糖苷占 90%。甜菜黄素根据取代方式的不同又可分为甜菜黄素Ⅰ和甜菜黄素Ⅱ。甜菜黄素Ⅰ和甜菜黄素Ⅱ大约以相同的比例存在。

甜菜黄素和甜菜红苷的最大吸收波长分别为 480nm 和 538nm。甜菜红苷的颜色几乎不随 pH 变化而变化。甜菜红苷的溶液一般呈红紫色，对酸稳定性好。

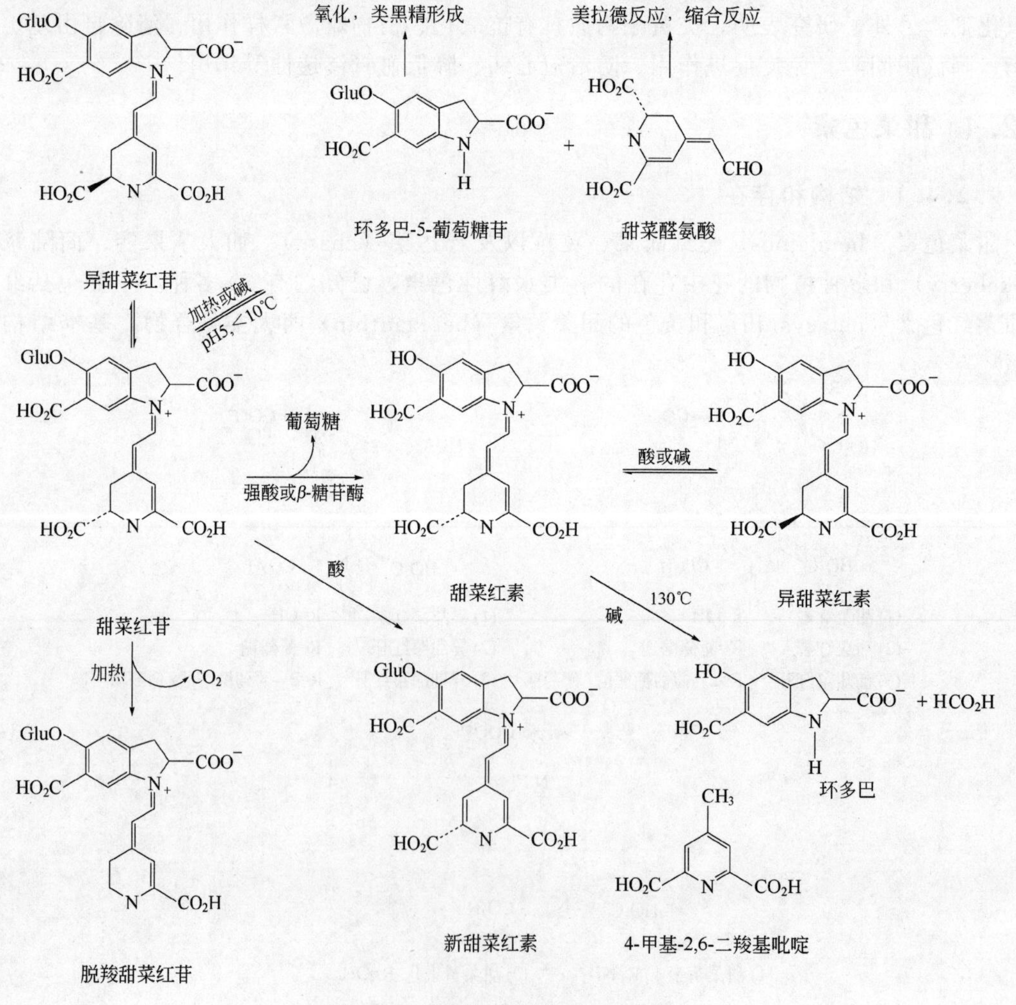


图 9-27　甜菜红素的酸和/或热降解

#### 9.2.4.2 化学性质

甜菜色素和其他天然色素一样，在加工和贮藏过程中都会受到 pH、水分活度、加热、氧和光的影响。

**(1) pH** 甜菜色素在 pH4.0～5.0 范围最稳定，碱性条件下变黄，这是因为在碱性条件下，甜菜红色素转化为甜菜黄素。

**(2) 热和酸** 在温和的碱性条件下甜菜红苷降解为甜菜醛氨酸（BA）与环多巴-5-葡萄糖苷（CDG）（图 9-26）。甜菜红苷溶液和甜菜制品在酸性条件下加热也可能形成上述两种化合物，但反应速度慢得多。

甜菜红苷降解为 BA 和 CDG 的反应是一个可逆过程，因此色素在加热数小时以后，BA 的醛基和 CDG 的亲核氨基发生席夫碱缩合，重新生成甜菜红苷，最适 pH4.0～5.0。甜菜罐头的质量检查一般在加工后几小时检查就是这个道理。

甜菜红苷在加热和过酸的作用下可引起异构化，在 C15 的手性中心可形成两种差向异构体，随着温度的升高，异甜菜红苷的比例增高（图 9-27）。

**(3) 氧和光** 氧对甜菜色素的稳定性有重要影响。实验证明，甜菜罐头顶空的氧会加速色素的褪色。分子氧是甜菜红苷氧化降解的活化剂，活性氧如单线态氧、过氧化阴离子等不参与氧化反应。光加速甜菜红苷降解，抗氧化剂抗坏血酸和异抗坏血酸可增加甜菜红苷的稳定性，铜离子和铁离子可以催化分子氧对抗坏血酸的氧化反应，因而降低了抗坏血酸对甜菜红苷的保护作用。加入金属螯合剂 EDTA 或柠檬酸可以提高色素的稳定性。

## 9.3 食品中添加的着色剂

在食品加工时，往往要添加一些食品着色剂（food colorants，FCs）。食品着色剂按其来源可分为人工合成的食品着色剂和天然的食品着色剂，它们在食品中添加，目前均按《食品添加剂使用卫生标准》（GB2760—2014）要求进行。因此，正常情况下，除极少数儿童有轻微的皮肤不适表现外，目前尚未发现使用食品着色剂而产生安全隐患。但随着人们生活水平的提高和科技的进步，食品着色剂的安全性问题已日益受到重视。提倡不用色素或使用天然色素将是一种趋势。为更好地理解食品色泽属性，本节将简要介绍目前食品加工中允许使用的一些食品着色剂，详细介绍请参考有关文献。

### 9.3.1 天然色素

#### 9.3.1.1 红曲色素

红曲色素商品名又称红曲红（monascas red）。将红曲霉（*Monascus pupurreus* Went）接种到米饭发酵后，可得到红曲米（又称红丹、丹曲、赤曲等），以红曲米为原料，经萃取、浓缩、精制可得红曲色素。它是我国传统的食品着色剂。

目前已确定结构的红曲色素成分为：红色素类（红斑素、红曲红素）、黄色素类（红曲素、红曲黄素）和紫色素类（红斑胺和红曲红胺）（表 9-9），此 6 种色素均难溶于水，可溶于有机溶剂。现已证实，红曲色素是多种成分的混合色素，远不止含有上述 6 种色素，除上述醇溶性红曲色素外，还有一些水溶性的红曲色素（表 9-10）。

**表 9-9 醇溶性红曲色素主要成分的分子结构**

| 分子结构式 | 名称 | 颜色 | 分子式 | 分子量 |
| --- | --- | --- | --- | --- |
| 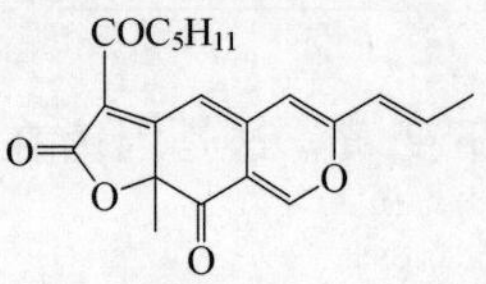 $COC_5H_{11}$ | 红斑素(RTN) | 红 | $C_{21}H_{22}O_5$ | 354 |
| 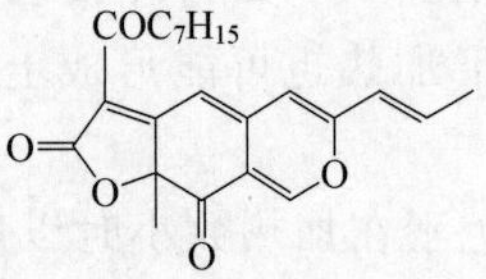 $COC_7H_{15}$ | 红曲红素(MBN) | 红 | $C_{23}H_{26}O_5$ | 382 |
| 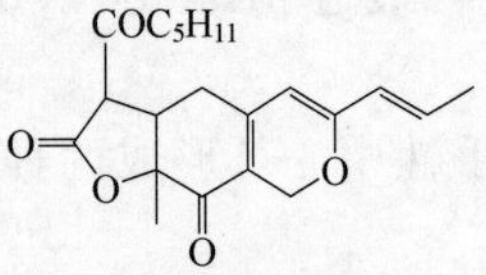 $COC_5H_{11}$ | 红曲素(MNC) | 黄 | $C_{21}H_{26}O_5$ | 358 |
| 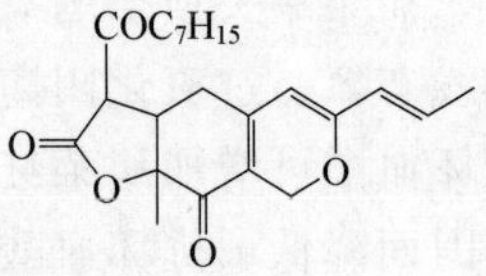 $COC_7H_{15}$ | 红曲黄素(ANK) | 黄 | $C_{23}H_{30}O_5$ | 386 |
| 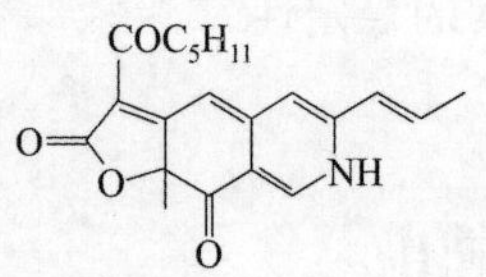 $COC_5H_{11}$, NH | 红斑胺(RTM) | 紫 | $C_{21}H_{23}O_4N$ | 353 |
| 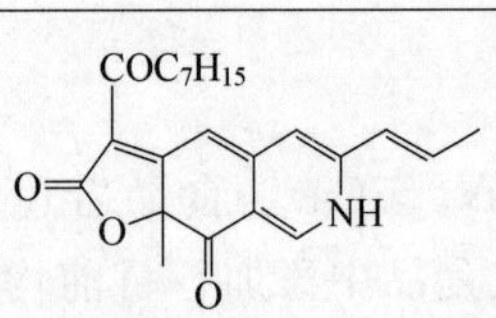 $COC_7H_{15}$, NH | 红曲红胺(MBM) | 紫 | $C_{23}H_{27}O_4N$ | 381 |

**表 9-10 水溶性红曲色素主要成分的分子结构**

| 分子结构式 | 名称 | 颜色 | 分子式 | 分子量 |
| --- | --- | --- | --- | --- |
| 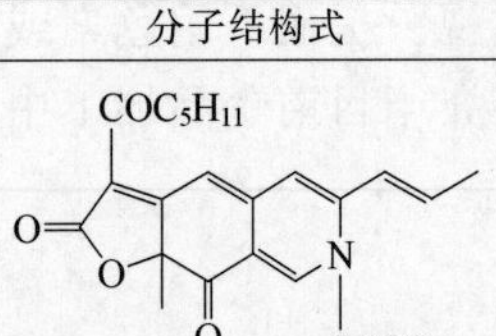 $COC_5H_{11}$, N, $C_5H_7O_4$ | *N*-戊二酰基红斑胺(GTR) | 红 | $C_{26}H_{29}O_8N$ | 483 |
| 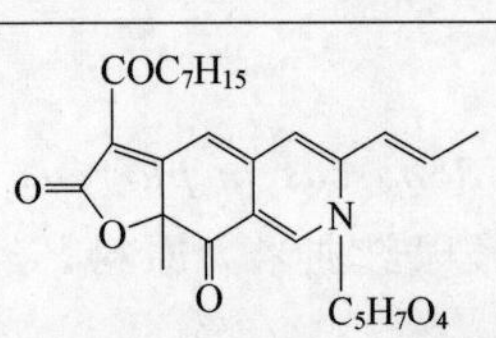 $COC_7H_{15}$, N, $C_5H_7O_4$ | *N*-戊二酰基红曲红胺(GTM) | 红 | $C_{28}H_{33}O_8N$ | 511 |
| 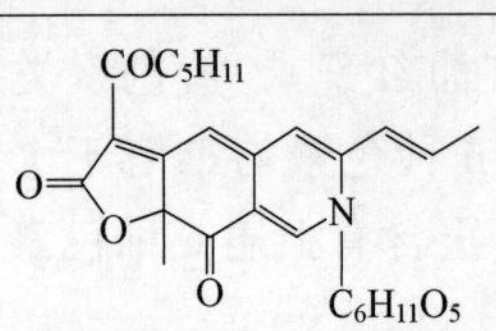 $COC_5H_{11}$, N, $C_6H_{11}O_5$ | *N*-葡糖基红斑胺(GCR) | 红 | $C_{27}H_{33}O_9N$ | 515 |

续表

| 分子结构式 | 名称 | 颜色 | 分子式 | 分子量 |
| --- | --- | --- | --- | --- |
| 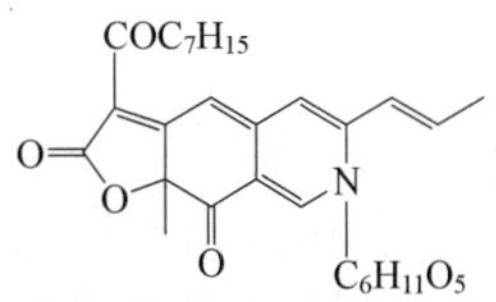  | *N*-葡糖基红曲红胺(GCM) | 红 | $C_{29}H_{37}O_9N$ | 543 |

红曲色素为红色或暗红色液体或粉末或糊状物，略有异臭，熔点约60℃，溶于乙醇、乙醚、冰醋酸，不溶于水、甘油。在pH2～9，红曲色素较稳定，耐热性强（100℃以上）。红曲色素对光较不稳定，在光照（紫外线和可见光等）下会逐渐分解。红曲色素水溶液（pH5.7～6.7）在自然光照射条件下，不到14h，色素的保存率降到50%以下；红曲色素易氧化的特性也赋予它有较好的抗氧化性；红曲色素对金属离子（例：0.01mol/L的$Ca^{2+}$、$Mg^{2+}$、$Fe^{2+}$、$Cu^{2+}$等）稳定；几乎不受0.1%的过氧化氢、维生素C、亚硫酸钠等氧化还原剂影响，但遇氯褪色；对蛋白质的染色性好。

自古以来，我国就用红曲色素着色各种食品，GB 2760—2014规定：红曲色素使用量除规定外，可在肉制品、水产品、配制酒、冰棍、饼干、果冻、膨化食品、调味类罐头、奶制品、植物蛋白、果品中按生产需要适量使用。由于红曲色素对蛋白质的染色性特好，所以在肉制品、豆制品加工方面有较大的应用优势。在发酵香肠、午餐肉、通脊烤肉、圆火腿等西式肉制品中添加适量红曲色素替代亚硝酸盐作着色剂，其产品色泽红润均匀一致，且口感细腻、风味独特、安全耐藏。红曲色素应用在腌制的鱼、虾上的作用和原理与在肉制品中是一致的：既作着色剂，又作为抑菌剂，同时可以产生鲜美的味感。在我国，红曲色素被应用于水产品的加工上，GB 2760—2014规定用量为0.5%～1.0%。在日本，它被广泛应用于水产熟制品（蟹、虾的仿制品等）、煮章鱼、咸桂鱼等的着色。红腐乳是腐乳中最受消费者喜爱的品种，是豆制品中的上品，更是一种保健食品，其红色就是应用红曲色素之结果。除应用上述几类食品之外，红曲色素还可用于各种调味品、禽类、果酒、辣椒酱、甜酱、糕点等食品。

在使用红曲色素时应注意：因为它在使用中会逐渐变成红棕色，溶解度、色值也会下降，在pH值4.0以下或盐溶液中可能产生沉淀，pH值9.0以上可能会出现絮状物，也不宜用于新鲜蔬菜、水果、鲜鱼、海带。另外，它的耐日光性和水溶性较差，值得进一步研究改善。

### 9.3.1.2 胭脂虫色素

胭脂虫（cochineal）是一种寄生在胭脂仙人掌（*Napalea coccinelifera*）上的昆虫。此种昆虫的雌虫体内存在一种蒽醌色素，名为胭脂红酸（carminic acid）。胭脂仙人掌原产于墨西哥、秘鲁、约旦等地。

胭脂红酸结构式如图9-28所示，它约占胭脂虫成熟的雌性干虫体重的19%～24%。胭脂红酸属于蒽醌类色素，在pH5～6时呈红～紫红色，pH7.0以上时呈紫红～紫色，是理想的天然食品着色剂之一。其优点是抗氧化，遇光不分解。胭脂红酸作为化妆品和食品的色素沿用已久。这种色素可溶于水、乙醇、丙二醇，在油脂中不溶解，与铁等金属离子形成复合物亦会改变颜色，因此在添加此种色素时可同时加入能配位金属离子的配位剂，例如磷酸盐。胭脂红酸

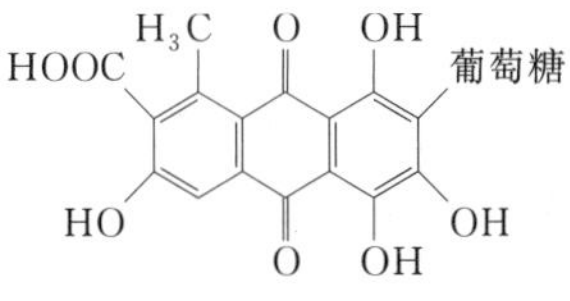

图9-28 胭脂红酸的结构式

对热、光和微生物都具有很好的耐受性，尤其在酸性 pH 范围，但染着力很弱，一般作为饮料着色剂。

#### 9.3.1.3 紫胶虫色素

紫胶虫（*Coceus lacceae*）是豆科黄檀属（*Dalbergia*）、梧桐科芒木属（*Eriolaena*）等属树上的昆虫，其体内分泌物紫胶可供药用，中药名称为紫草茸。我国西南地区四川、云南、贵州以及东南亚均产紫胶。目前已知紫胶中含有五种蒽醌类色素，紫胶红酸蒽醌结构中的苯酚环上羟基对位取代不同，分别称为紫胶红酸 A、B、C、D、E，紫胶红酸一般又称为虫胶红酸（laccaic acid）（图 9-29）。紫胶红酸与胭脂红酸性质相类似，在不同 pH 值时显不同颜色，即在 pH<4，和 pH=4、6 和 8 时，分别呈现黄、橙、红和紫色。

(a)紫胶红酸 A(R=—$CH_2CH_2NHCOCH_3$)、B(R=—$CH_2CH_2OH$)、C(R=—$CH_2CHNH_2COOH$)、E(R=—$CH_2CH_2NH_2$)

(b)紫胶红酸 D

图 9-29 紫胶红酸结构示意图

#### 9.3.1.4 焦糖色素

焦糖色素（caramel pigment）是碳水化合物的热转化产物，例如蔗糖、糖浆等加热脱水，可生成复杂的红褐色或黑褐色混合物。它是我国传统使用的色素之一，又名焦糖色。

按照焦糖色素生产工艺，目前主要有三类：Ⅰ类普通焦糖，用 DE 值 70 以上的葡萄糖浆，在 160℃左右的温度下，添加 1%（干基）的氢氧化钠作催化剂；Ⅱ类氨法焦糖，它是我国目前生产量最大的一类焦糖，用氢氧化铵作催化剂，生产原料可用结晶葡萄糖的母液、蔗糖糖蜜、碎米等；Ⅲ类亚硫酸铵法焦糖，它是用亚硫酸（氢）铵催化产生的耐酸焦糖色素，这类色素不允许使用。焦糖主要用于果汁（味）饮料、酱油、调味罐头、糖果生产；目前除冷冻饮品、威士忌、朗姆酒等外，一般是按生产需要添加。

#### 9.3.1.5 叶绿素铜钠盐

叶绿素不稳定，且难溶于水，为方便使用，常将其制成叶绿素铜钠盐。叶绿素铜钠盐是以竹叶、三叶草、低档绿茶、苜蓿叶、苎麻叶、蚕沙等为原料，先用碱性酒精提取，经皂化后添加适量硫酸铜，叶绿素卟啉环中镁原子被铜置换，即生成叶绿素铜钠盐。

叶绿素铜钠盐是墨绿色粉末，略带金属光泽，无臭或微有特殊的氨样气味，有吸湿性，对光和热较稳定；易溶于水，稍溶于乙醇和氯仿，微溶于乙醚和石油醚。水溶液呈蓝绿色澄清透明液，钙离子存在时则有沉淀析出。可用于果味水、汽水、配制酒、糖果、罐头、红绿丝、糕点等。此外，还作为化妆品的基础色素和牙膏的着色剂被广泛应用。

#### 9.3.1.6 姜黄色素

姜黄色素（curcumin 或 turmeric yellow）是从多年生草本植物姜黄（*Curcuma Longa*）根茎中提取的一种天然色素。姜黄色素主要包括姜黄素（$C_{21}H_{20}O_6$）、脱双甲氧基姜黄素（$C_{19}H_{16}O_4$），纯品为橙黄色结晶粉末，有胡椒气味并略微带苦味，熔点为 179～182℃，具有亲脂性，易溶于冰醋酸、乙酸乙酯和碱性溶液，并可溶于 95%的乙醇、丙二醇，但不溶于水。纯品在偏酸性环境中呈黄色，由于姜黄素具有酚羟基，在碱性环境易氧化，呈棕色或红棕色；光、热、氧能使其氧化而失去着色功能。姜黄素还易与过渡性金属元素络合产生沉淀，与铁离子结合会变色。

姜黄素一般用于咖喱粉和蔬菜加工产品等着色和增香。另外，姜黄素还有诸多的药理功能。

除上面所述天然着色剂外，天然着色剂还有杨梅红、天然苋菜红、辣椒红、蓝锭果红、茶黄色素和茶绿色素等。

近年来，天然着色剂引起了人们的广泛关注，这不是因为它们的着色特性，而是因为它们具有潜在的促进健康的作用。它们在食品中发生的变化及影响其组成的因素，已经得到了广泛的研究。尽管人们热衷于对植物和微生物资源的着色剂进行了大量的寻找，并努力提高产量，但目前天然食品颜色剂进入市场的较少，缺乏稳定性是其主要因素。因此，如何用微胶囊、纳米封装等技术，以提高稳定性，是解决这一问题的有效技术。

## 9.3.2 人工合成色素

食用色素除天然色素外，还有为数较多的人工合成色素。人工合成色素用于食品着色有很多优点，例如色彩鲜艳、着色力强、性质较稳定、结合牢固等，这些都是天然色素所不及的。我国目前使用的几种合成色素的性质见表 9-11。

**表 9-11 我国目前使用的几种合成色素的性质**

| 色素名称 | 0.1%水溶液色调 | 溶解度 20℃(50%) | 热 | 光 | 氧化 | 还原 | 酸 | 碱 | 食盐 | 微生物 |
|---|---|---|---|---|---|---|---|---|---|---|
| 苋菜红 | 带紫红色 | 11(17) | — | ○ | △ | × | ○ | — | △ | △ |
| 赤藓红 | 带绿红色 | 7.5(15) | ● | △ | △ | ○ | × | ○ | △ | ● |
| 胭脂红 | 红色 | 41(51) | ○ | ○ | △ | × | ○ | △ | ● | △ |
| 柠檬黄 | 黄色 | 12(60) | ● | ○ | △ | × | ● | ○ | — | — |
| 日落黄 | 橙色 | 26(38) | ● | ○ | △ | × | ● | ○ | — | — |
| 亮蓝 | 蓝色 | 18 | ● | ● | △ | ○ | ● | ○ | ● | — |
| 靛蓝 | 紫蓝色 | 1.1(3.2) | △ | △ | △ | × | △ | △ | — | — |

注：●非常稳定；○稳定；—一般；△不稳定；×很不稳定

不同的国家对合成色素允许使用的种类不同（表 9-12）。近年来，由于在对人工合成色素的研究中发现有些色素具有致癌隐患，故不少国家将其从允许使用的名单中删去，现在保留的数量品种不多，各国对此均有严格的限制，因此生产中实际使用的品种正在减少。下面介绍我国目前允许使用的人工合成色素，具体使用范围和用量详见 GB2760—2014 规定。

### 9.3.2.1 苋菜红

苋菜红（amaranth）的化学名称为 1-(4′-磺酸基-1-萘偶氮)-2-萘酚-3,7-二磺酸三钠盐，分子式为 $C_{20}H_{11}N_2Na_3O_{10}S_3$，分子量为 604.49，其化学结构式如图 9-30 所示。

**表 9-12 一些国家（或地区）允许使用的合成色素**

| 色素名称 | 染料索引号(1975) | 中国 | 美国 | 加拿大 | 日本 | 欧盟 |
|---|---|---|---|---|---|---|
| 胭脂红 | 16255 | √ | | | √ | √ |
| 偶氮玉红 | 14720 | | | √ | | √ |
| 苋菜红 | 16185 | √ | | √ | √ | √ |
| 赤藓红 | 45430 | √ | √ | √ | √ | √ |
| 红色 2G | 18050 | | | | | |
| 孟加拉红 | 45440 | | | | √ | |
| Allura 红 AC | 16035 | | √ | √ | | |

续表

| 色素名称 | 染料索引号(1975) | 中国 | 美国 | 加拿大 | 日本 | 欧盟 |
|---|---|---|---|---|---|---|
| 柠檬黄 | 19140 | √ | √ | √ | √ | √ |
| 黄色 2G | 18965 | | | | | |
| 日落黄 | 15985 | √ | √ | √ | √ | √ |
| 喹啉黄 | 47005 | | | | | √ |
| 绿色 S | 44090 | | | | | √ |
| 坚牢绿 | 42053 | | √ | √ | √ | |
| 靛蓝 | 73015 | √ | √ | √ | √ | √ |
| 专利蓝 | 42051 | | | | | √ |
| 亮蓝 | 42090 | √ | √ | √ | √ | |
| 棕色 FK | — | | | | | |
| 巧克力棕 HT | — | | | | | |
| 黑色 BN | 28440 | | | | | √ |
| 柑橘红 2 号 | 12156 | | √ | | | |
| 橙色 B | 19235 | | √ | | | |
| 玫瑰红 | 45410 | | | | √ | |
| 酸性红 | 45100 | | | | √ | |
| 新红 | — | √ | | | | |
| 合 计 | | 8 | 9 | 9 | 11 | 11 |

苋菜红为紫红色颗粒或粉末状，无臭，可溶于甘油及丙二醇，微溶于乙醇，不溶于脂类。

0.01%苋菜红水溶液呈红紫色，最大吸收波长为 520nm±2nm，且耐光、耐酸、耐热和对盐类也较稳定，但在碱性条件下容易变为暗红色。此外，这种色素较抗氧化，但还原性差，不宜用于发酵食品及含有还原性物质的食品的着色。主要用于饮料、配制酒、糕点上色、青梅、糖果等。

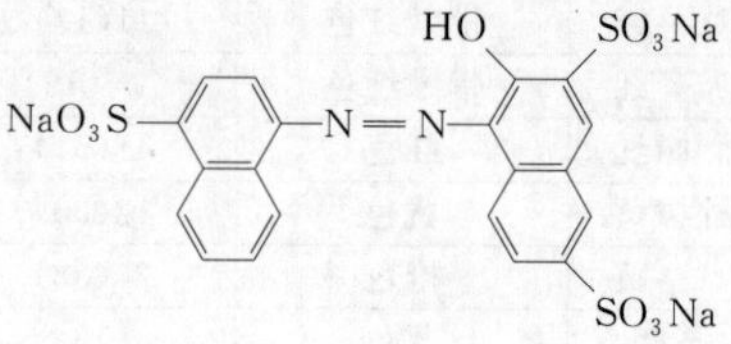

图 9-30 苋菜红化学结构式

#### 9.3.2.2 胭脂红

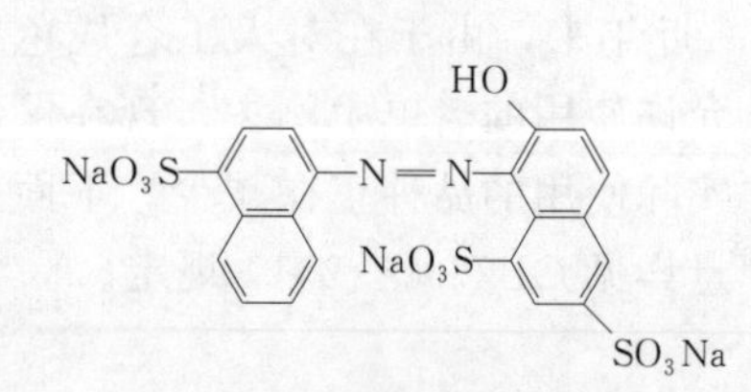

图 9-31 胭脂红化学结构式

胭脂红（ponceau 4R）的化学名称为 1-(4′-磺酸基-1-萘偶氮)-2-萘酚-6,9-二磺酸三钠盐，分子式为 $C_{20}H_{11}O_{10}N_2S_3Na_3$，分子量为 604.49，是苋菜红的异构体。化学结构式如图 9-31 所示。

胭脂红为红色至暗红色颗粒或粉末状物质、无臭，易于水，水溶液为红色，难溶于乙醇，不溶于油脂，对光和酸较稳定，但对高温和还原剂的耐受性很差，能被细菌所分解，遇碱变成褐色。主要用于饮料、配制酒、糖果等。

#### 9.3.2.3 赤藓红

赤藓红（erythrosine）的化学名称为 2,4,5,7-四碘荧光素，分子式为 $C_{20}H_6I_4Na_2O_3 \cdot H_2O$，分子量为 897.88，化学结构式如图 9-32 所示。

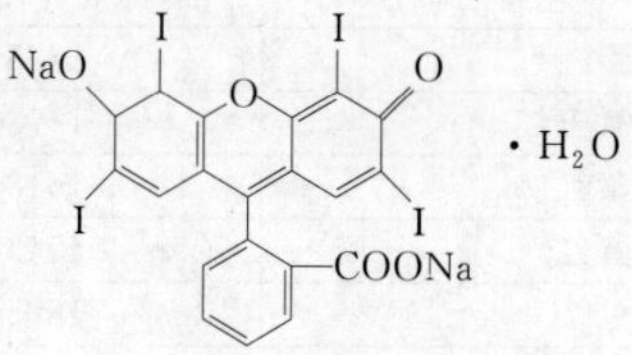

图 9-32 赤藓红化学结构式

赤藓红为红褐色颗粒或粉末状物质、无臭，易于水，水溶液为红色，对碱、热、氧化还原剂的耐受性好，染着力强，但耐酸及耐光性差，吸湿性差，在 pH<4.5 的条

件下，形成不溶性的黄棕色沉淀，碱性时产生红色沉淀。在消化道中不易吸收，即使吸收也不参与代谢，故被认为是安全性较高的合成色素。主要用于复合调味料、配制酒和糖果、糕点等。

#### 9.3.2.4 新红

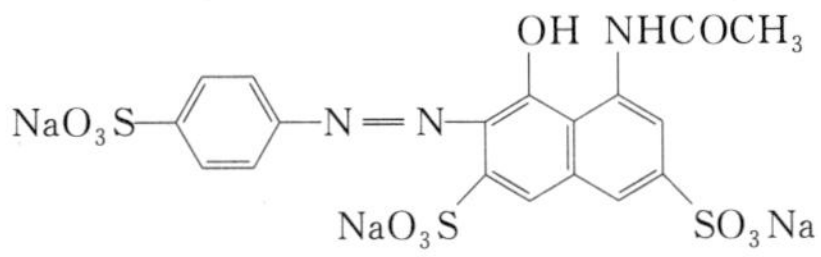

新红（new red）的化学名称为2-(4′-磺基-1′-苯氮)-1-羟基-9-乙酸氨基-3,7-二磺酸三钠盐，分子式为$C_{18}H_{12}O_{11}N_3Na_3S_3$，分子量为595.15，其化学结构式如图9-33所示。

OH NHCOCH3
NaO3S–C6H4–N=N–
NaO3S SO3Na

图9-33 新红化学结构式

新红为红色粉末，易溶于水，水溶液为红色，微溶于乙醇，不溶于油脂，可用于饮料、配制酒、糖果等。

#### 9.3.2.5 柠檬黄

柠檬黄（tartrazine）的分子式为$C_{16}H_9N_4Na_3O_9S_2$，分子量为534.37，化学结构式为如图9-34所示。

柠檬黄为橙黄色粉末，无臭，易溶于水，水溶液为红色，也溶于甘油、丙二醇。稍溶于乙醇，不溶于油脂，对热、酸、光及盐均稳定，耐氧性差，遇碱变红色，还原时褪色。主要用于饮料、汽水、配制酒、浓缩果汁和糖果等。

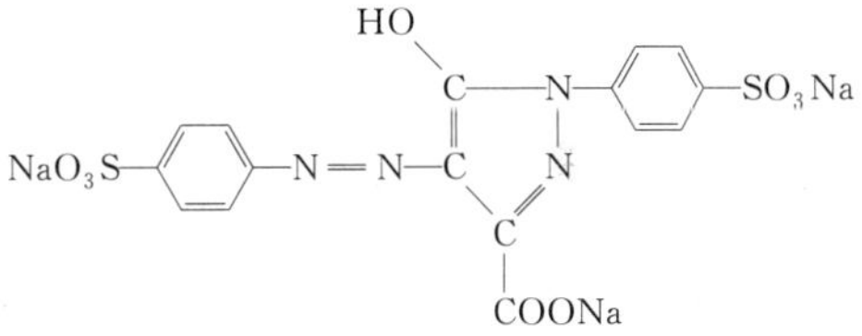

HO
C—N–SO3Na
NaO3S–N=N–C N
C
COONa

图9-34 柠檬黄的化学结构式

#### 9.3.2.6 日落黄

日落黄（sunset yellow FCF）的化学名称为1-(4′-磺基-1′-苯偶氮)-2-苯酚-7-磺酸二钠盐，分子式为$C_{16}H_{10}N_2Na_2O_7S_2$，分子量为452.37，化学结构式如图9-35所示。

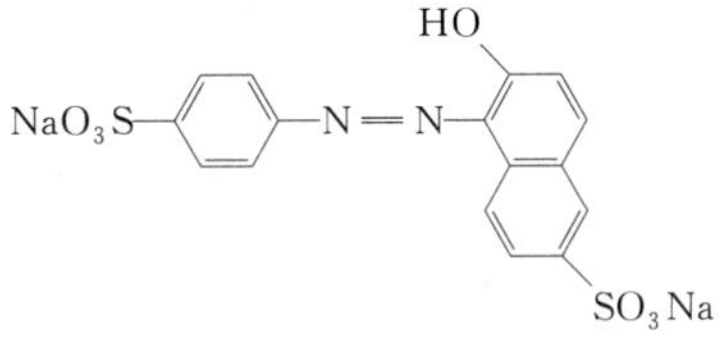

HO
NaO3S–N=N–
SO3Na

图9-35 日落黄化学结构式

日落黄是橙黄色均匀粉末或颗粒，易溶于水，水溶液为橘黄色，耐光、耐酸、耐热，易溶于水、甘油，微溶于乙醇，不溶于油脂。在酒石酸和柠檬酸中稳定，遇碱变红褐色。还原时褪色。

#### 9.3.2.7 靛蓝

靛蓝（indigo carmine）的化学名称为5,5′-靛蓝素二磺酸二钠盐，分子式为$C_{16}H_8O_8N_2S_2Na_2$，分子量为466.36，化学结构式如图9-36所示。

靛蓝为蓝色粉末，无臭，它的水溶液为紫蓝色，但在水中溶解度较其他合成色素低，溶于甘油、丙二醇，稍溶于乙醇，不溶于油脂，对热、光、酸、碱、氧化作用均较敏感，耐盐性也较差，易为细菌分解，还原后褪色，但染着力好，常与其他色素配合使用以调色。

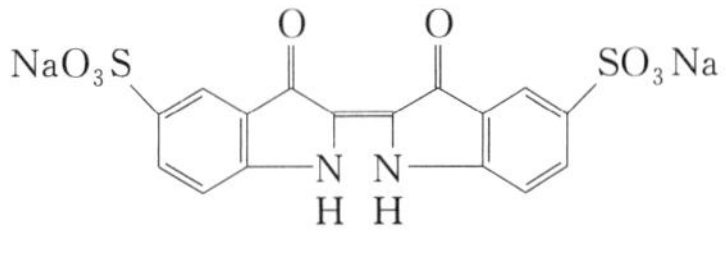

O O
NaO3S SO3Na
N N
H H

图9-36 靛蓝化学结构式

#### 9.3.2.8 亮蓝

亮蓝（brillant blue）的化学名称为4-[*N*-乙基-*N*-(3′-磺基苯甲基)-氨基]苯基-(2′-磺基苯基)-亚甲基-(2,5-亚环己二烯基)-(3′-磺基苯甲基)-乙基胺二钠盐，分子式为$C_{37}H_{34}N_2Na_2O_9S_3$，分子量为792.84，化学结构式如图9-37所示。

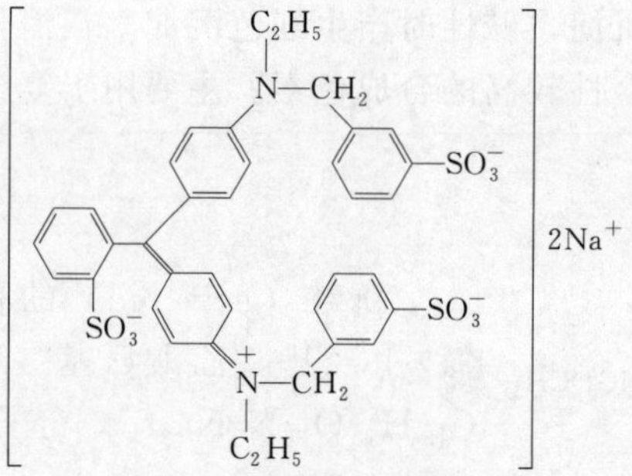

图 9-37　亮蓝化学结构式

亮蓝是紫红色均匀粉末或颗粒，有金属光泽。易溶于水，水溶液呈亮蓝色，也溶于乙醇、甘油，有较好的耐光性、耐热性、耐酸性和耐碱性。使用范围同靛蓝。

## 参 考 文 献


[1] 陈晓明等．富含虾青素的法夫酵母对金鱼体色影响．中国水产科学，2004，11（11）：70.

[2] 陈蕴等．红曲色素的制备及 HPLC 和 LC/MS 检测方法．食品研究与开发，2006，27（4）：112.

[3] 衣珊珊等．红曲色素形成机理及提高其色价的途径．食品科学，2005，26（7）：256.

[4] 赵燕等．红曲色素及其在食品工业中的应用．中国食品添加剂，2004（4）：90.

[5] GB2760—2014 食品添加剂使用标准．

[6] Hofmann T. Characterization of the most intense coloured compounds from Maillard reactions of pentoses by application of colour dilution analysis. Carbohydrate Research，1998，313（3-4）：203.

[7] Jim S，et al. Food Additives. European：Blackwell Science Ltd. 2011.

[8] Morales F J，et al. Free radical scavenging capacity of maillard reactiuon products as related to colour and fluorescence. Food Chemistry，2001，119.

[9] Wang D F，et al. Food Chemistry. New York：Nova Science Publishers，Inc，2012.

[10] Feketea G. et al. Common food colorants and allergic reactions in children：Myth or reality?．Food Chemistry，2017，230：578.

# 第10章 风味成分

本章要点：滋味及影响因素，食品中呈味物质，气味及影响因素，食品中香气成分，风味化合物的形成途径。

食品除具有安全性外，还应能满足人类对营养物质的需求和良好的风味，会使人们在感官上得到享受。因此，风味是食品品质的重要构成，它直接影响人类对食品的摄入及其营养成分的消化和吸收。风味是指由摄入口腔的食物使人的感觉器官，包括味觉、嗅觉、痛觉及触觉等产生的综合生理效应。食品风味是一种感觉现象，所以对风味的评价和喜好往往会带有强烈的个人、地域、民族的特殊倾向。食品的风味一般包括滋味和气味两个方面。在食品生产中，食品风味和食品的营养价值、安全性等一样，都是决定消费者对食品接受程度的重要因素，长期以来，提高和改善食品的风味都是提高食品质量的最重要的手段之一，因此，对食品风味的研究也一直受到食品科学家的极大重视。

食品风味化学是专门研究食品风味物质组分的化学本质、作用机理、生成途径、分析方法和调控方法的科学。它的研究内容包括以下几个方面：食品天然风味物质的化学组成和分离、鉴别方法；风味物质的形成机制及其在加工贮藏中的变化途径；食品风味增强剂、稳定剂、改良剂等的利用和影响等。现代分析技术发展（例如色谱技术与质谱技术的应用、电子鼻技术的应用）为食品风味化学的深入研究提供了极大的便利，但是目前还没有任何一种仪器能准确地测定和描述食品的风味，因为风味是某种或某些化合物作用于人的感觉器官的生理结果，因此，任何风味物质的鉴定还需要配合感官评定。

## 10.1 滋味及呈味物质

滋味是食品的感官质量中最重要的属性之一，是食品中的可溶性成分与口腔舌头表面和上颚等部位的味觉感受器产生相互作用而引起的一种感觉，即味觉。产生味觉的生物学基础，是味觉化合物溶解于水形成溶液，然后化合物作用于口腔内的味觉感受器，最后产生的刺激信号通过神经组织传递，通过大脑中枢神经的综合分析而产生相应感觉。

### 10.1.1 味觉的生理基础

味是人对食物在口腔中对味觉感受器的刺激产生的感觉。这种刺激可能是单一性的，但多数情况下是复合性的。

口腔内的味觉感受器主要是味蕾，其次是自由神经末梢。味蕾主要分布在舌头表面、上腭和喉咙周围，特别是在舌黏膜的皱褶中的乳突的侧面上分布最稠密。味蕾由大约30～50个味细胞成簇聚集而成，味觉感受器就分布在这些细胞的细胞膜上。味蕾的顶端有一个小孔与口腔相通，呈味物质进入口腔后通过这个孔与味细胞上的不同受体作用，产生味觉。自由神经末梢是一种囊包着的末梢，分布在整个口腔中，是一种能识别不同化学物质的微接收器。

舌头的不同部位对味觉有不同的敏感性，一般舌头的前部对甜味最敏感，舌尖和边缘对咸味最敏感，靠腮的两侧对酸最敏感，舌的根部对苦味最敏感。

对食品中的呈味物质评价和描述中，味觉敏感性是主要的。评价或是衡量味的敏感性的常用的标准是阈值。阈值是指能感受到某种物质的最低浓度。不同的测试条件和人员，测得的最小刺激值有差别，因此，通常采用统计的方法，以一定数量的味觉专家在一定条件下进行品尝评定，半数以上的人感到的最低浓度就作为该物质的阈值。表10-1列出了几种呈味物质的阈值。

**表10-1　几种呈味物质的阈值**

| 呈味物质 | 味感 | 阈值/% | |
|---|---|---|---|
| | | 25℃ | 0℃ |
| 蔗糖 | 甜 | 0.1 | 0.4 |
| 食盐 | 咸 | 0.05 | 0.25 |
| 柠檬酸 | 酸 | $2.5\times10^{-3}$ | $3.0\times10^{-3}$ |
| 硫酸奎宁 | 苦 | $1.0\times10^{-4}$ | $3.0\times10^{-4}$ |

根据测量方法的不同，阈值可以分为绝对阈值、差别阈值和最终阈值。绝对阈值又称为感觉阈值，是采用由品尝小组品尝一系列以极小差别递增浓度的水溶液来确定的。差别阈值是将一给定刺激量增加到显著刺激时所需的最小量。最终阈值是当呈味物质在某一浓度后再增加也不能增加刺激强度时的阈值。通常没有特别说明的阈值是指绝对阈值。

阈值的测定依靠人的味觉，这就会产生差异，因为种族、体质、习惯等会造成人对呈味物质的感受和反应不同，所以在不同的文献中，同一种呈味物质的阈值会有差别。

### 10.1.2 影响味感的因素

影响味感的因素很多，除了与人的饮食习惯、健康状况、年龄等个体因素外，主要还有以下几个方面。

**(1) 温度的影响**　最能刺激味觉的温度在10～40℃之间，其中以30℃左右最为敏感，低于10℃或高于50℃时各种味觉大多变得迟钝。从表10-1也可以看出，温度对不同的味感的影响不同，其中对食盐的咸味影响最大，对柠檬酸的酸味影响最小。甜味在50℃以上时，感觉会显著迟钝。

**(2) 溶解性的影响**　味的强度与呈味物质的溶解性有关，只有溶解之后才能刺激味觉神经，产生味觉。通常，溶解快的物质，味感产生得快，但消失得也快，如蔗糖比较容易溶解，它产生的甜味就比较快，但持续的时间也短，而糖精则正好相反。

**(3) 呈味物质之间的影响**

① 味的对比作用　味的对比作用是指以适当的浓度调和两种或两种以上的呈味物质时，

其中一种味感更突出。如加入一定的食盐会使味精的鲜味增强；蔗糖溶液（15%）中加入食盐（0.017%）后，甜味会更强等。

② 味的变调作用　两种味感的相互影响会使味感发生改变，特别是先感受的味对后感受的味会产生质的影响，这就是味的变调作用，也称为味的阻碍作用。如尝过食盐或奎宁后，再饮无味的水，会感到甜味；尝过硫酸镁溶液（涩味），再喝清水，同样会感到有甜味。

③ 味的消杀作用　味的消杀作用是指一种味感的存在会引起另一种味感的减弱的现象，也称作味的相抵作用。例如蔗糖、柠檬酸、食盐、奎宁之间，其中两种以适当浓度混合，会使其中任何一种的味感都比单独时的弱。在葡萄酒或是饮料中，糖的甜味会掩盖部分酸味，而酸味也会掩盖部分甜味。

④ 味的相乘作用　两种同味物质共存时，会使味感显著增强，这就是味的相乘作用。谷氨酸钠和5′-肌苷酸共存时鲜味会有显著的增强作用，在混合物中即使是低于阈值的添加量也会产生很强的味感。麦芽酚在饮料或糖果中对甜味也有这种增强作用。

⑤ 味的适应现象　味的适应现象是指一种味感在持续刺激下会变得迟钝的现象。不同的味感适应所需要的时间不同，酸味需经1.5～3min，甜味1～5min，苦味1.5～2.5min，咸味需0.3～2min才能适应。

食品味的这些相互作用是十分微妙和复杂的，既有心理因素，又有物理和化学的作用，其机理也十分复杂，至今尚未完全研究清楚。

## 10.1.3　味的分类

世界各国由于文化、饮食习俗等的不同，对味的分类并不一致。日本分为甜、酸、苦、咸、辣五味；印度则分为甜、酸、苦、咸、辣、淡、涩和不正常8味；欧美各国分为甜、酸、苦、咸、辣、金属味、清凉味等；我国分为甜、酸、苦、咸、辣五味，后来又加上涩和鲜共7味。

从生理学上来说，由味觉感受器感受的基本味是甜、酸、苦、咸、鲜五种，辣味是辣味物质刺激口腔黏膜、鼻腔黏膜、皮肤和三叉神经而引起的疼痛感觉，涩味是触觉神经对口腔蛋白质凝固产生的收敛感的反应。从这两种味对食品风味的影响来说，应该是独立的两种味。

### 10.1.3.1　甜味

甜味是具有糖和蜜一样的味道。它能够用于改进食品的可口性和某些食用性质。甜味的强弱可以用相对甜度来表示。甜度目前还是凭人的感官来判断，通常以5%或10%的蔗糖水溶液（因为蔗糖是非还原糖，其水溶液比较稳定）为标准，在20℃同浓度的其他甜味剂溶液与之比较来得到相对甜度。表10-2是几种甜味剂的相对甜度。

**表10-2　几种甜味剂的相对甜度**（蔗糖为1.0）

| 甜味剂 | 相对甜度 | 甜味剂 | 相对甜度 |
|---|---|---|---|
| β-D-果糖 | 1.0～1.75 | D-色氨酸 | 35 |
| α-D-葡萄糖 | 0.40～0.79 | 甘草酸 | 200～250 |
| α-D-半乳糖 | 0.27 | 糖精 | 200～700 |
| β-D-甘露糖 | 0.59 | 柚皮苷二氢查耳酮 | 100 |
| 木糖醇 | 0.10～1.4 | 新橙皮苷二氢查耳酮 | 1500～2000 |

对于甜味物质的呈味机理，席伦伯格（Shallenberger）等提出了产生甜味的化合物都有呈味单位AH/B理论。这种理论认为，有甜味的化合物都具有一个电负性原子A（通常是N、O）并以共价键连接氢，故AH可以是羟基（—OH）、亚氨基（>NH）或氨基

($—NH_2$)，它们为质子供给基；在距离 AH 基团大约 0.25～0.4nm 处同时还具有另外一个电负性原子 B（通常是 N、O、S、Cl），为质子接受基。而在人体的甜味感受器内，也存在着类似的 AH/B 结构单元。当甜味化合物的 AH/B 结构单元通过氢键与味觉感受器中的 AH/B 结构单元结合时，便对味觉神经产生刺激，从而产生甜味。图 10-1 显示了氯仿、糖精、葡萄糖的 AH/B 结构。

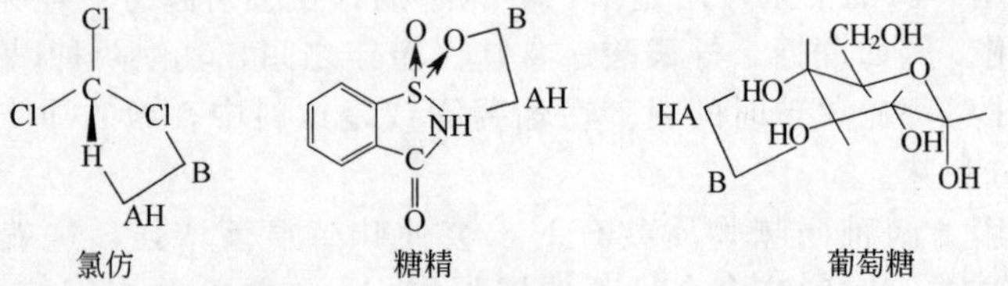

氯仿　　糖精　　葡萄糖

图 10-1　几种化合物的 AH/B 关系

这个学说适用于一般甜味的物质，但有很多现象它解释不了，如强甜味物质，为什么同样具有 AH/B 结构的糖和 D-氨基酸甜度相差很大；为什么氨基酸的旋光异构体有不同的味感，D-缬氨酸呈甜味而 L-缬氨酸是苦味等，因此，这个理论是不完全的。科尔（Kier）等人对 AH/B 学说进行了补充和发展。他们认为在强甜味化合物中除存在 AH/B 结构以外，分子还具有一个亲脂区域 γ，γ 一般是亚甲基（$—CH_2—$）、甲基（$—CH_3$）或苯基（$—C_6H_5$）等疏水性基团，γ 区域与 AH、B 两个基团的关系在空间位置有一定的要求，它的存在可以增强甜味剂的甜度，这个经过补充的理论称为 AH-B-γ 理论。这是目前甜味学说的理论基础。这些基团之间的相互关系可以用图 10-2 所示的结构来说明。

甜味剂分天然甜味剂和合成甜味剂两大类，其中前者较多，主要是几种单糖和低聚糖、糖醇等，其中最常用的甜味剂是蔗糖，既是食品工业中主要的甜味剂，也是日常生活中的调味品。合成甜味剂较少，只有几种人工合成甜味剂允许在食品加工中使用（详见第 11 章食品添加剂）。

#### 10.1.3.2　苦味

苦味是分布广泛的味感，自然界中有苦味的物质比甜味物质多得多。单纯的苦味本身并不是令人愉快的味感，但它和其他味感适当组合时，可以形成一些食品的特殊风味，如茶、咖啡、啤酒、苦瓜、灵芝、白果、莲子等。番木鳖碱是已经发现的最苦的物质，奎宁是苦味的代表物，在评价苦味物质的苦味强度时，一般是利用盐酸奎宁做基准物（强度为100，阈值约 0.0016%）。

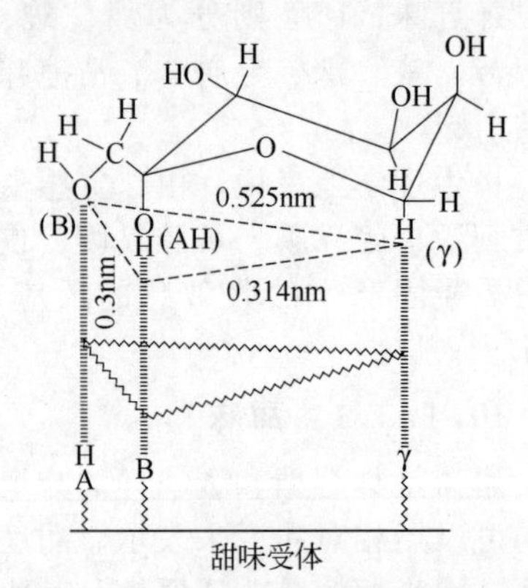


图 10-2　β-D-吡喃果糖中 AH/B 和 γ 结构的相互关系

苦味的产生类似于甜味，苦味化合物与味觉感受器的位点之间的作用也为 AH/B 结构，不过，苦味化合物分子中的质子给体（AH）一般是$—OH$、$—C(OH)COCH_3$、$—CHCOOCH_3$、$>NH$ 等，而质子受体（B）为$—CHO$、$—COOH$、$—COOCH_3$，AH 和 B 之间距离为 0.15nm，远小于在甜味化合物 AH/B 之间的距离。苦味机制还包括其他的解释，如对于盐类、氨基酸等产生的苦味就不能用 AH/B 理论解释。

食物中的天然苦味化合物，植物来源的主要是生物碱、萜类、糖苷类等，动物来源的主要是胆汁，此外，肌酸是肉中的苦味物质，部分肽类、氨基酸和少数盐类也具有苦味。

**(1) 咖啡碱、茶碱、可可碱**　咖啡碱、茶碱和可可碱都是嘌呤类衍生物，是食品中重要的生物碱类苦味物质。咖啡碱存在于茶叶、咖啡和可可中，可可碱存在于可可和茶叶中，都有兴奋中枢神经的作用。

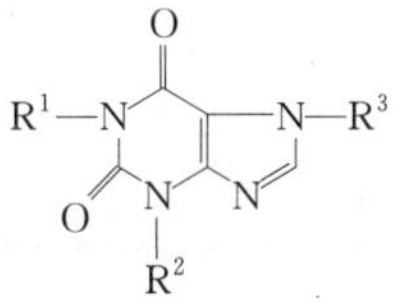

$R^1=R^2=R^3=CH_3$ 咖啡碱

$R^1=H$，$R^2=R^3=CH_3$ 可可碱

$R^1=R^2=CH_3$，$R^3=H$ 茶碱

**(2) 柚皮苷、新橙皮苷** 柚皮苷和新橙皮苷是柑橘类果实中的主要苦味物质，柑橘皮中含量较多，都是黄烷酮糖苷类化合物，可溶于水。柚皮苷的苦味与分子中鼠李糖和葡萄糖之间形成的1→2糖苷键有关。用柚皮苷酶将这个1→2糖苷键水解就可以生成无苦味产物。(图 10-3)

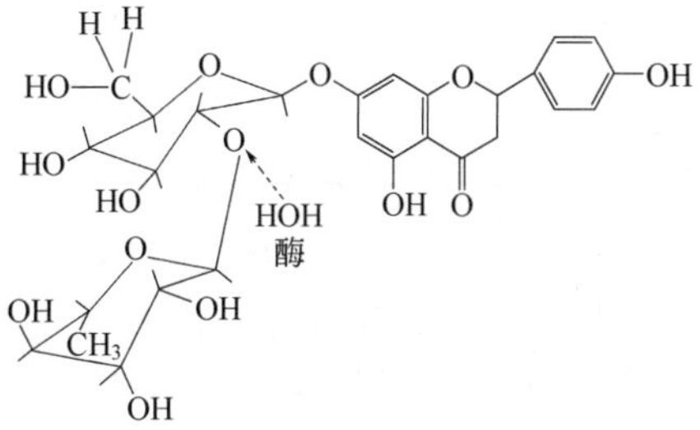

图 10-3 柚皮苷酶水解柚皮苷脱苦的部位

**(3) 啤酒中的苦味物质** 啤酒所具有的苦味是由于酒花中含有的苦味物质，以及在酿造过程中产生的苦味物质形成的。啤酒中的苦味物质主要是α-酸及其异构物。α-酸是五种结构相似物（葎草酮、辅葎草酮、加葎草酮、后葎草酮和前葎草酮）的混合物，在麦汁煮沸时α-酸转化为异α-酸，异α-酸是啤酒的主要苦味物质，对啤酒的风味产生重要影响，如葎草酮转化为异葎草酮。

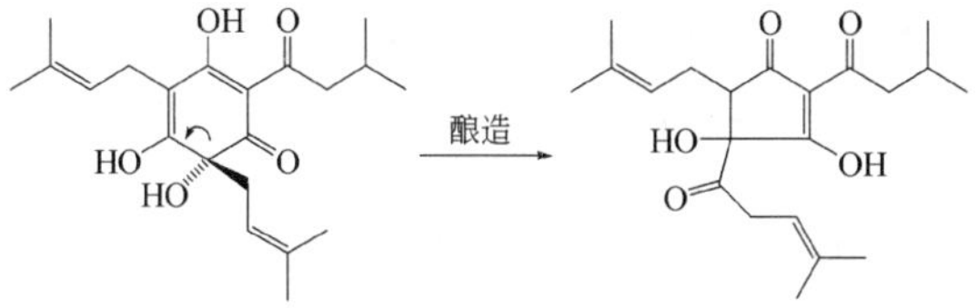

葎草酮 —酿造→ 异葎草酮

**(4) 胆汁** 胆汁是动物肝脏分泌并贮存在胆囊中的一种液体，味极苦，胆汁中苦味的主要成分是胆酸、鹅胆酸和脱氧胆酸。在畜、禽、水产品加工中若不注意，破损胆囊，即可导致无法洗净的苦味。

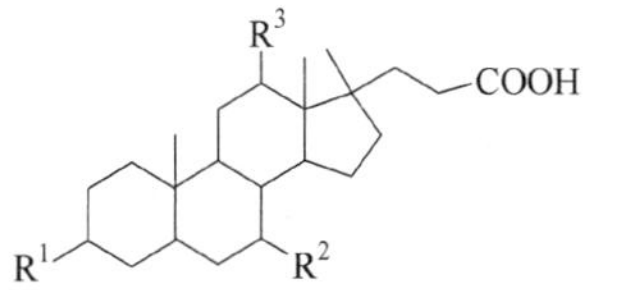

$R^1=R^2=OH, R^3=H$ 鹅胆酸

$R^1=R^3=OH, R^2=H$ 脱氧胆酸

$R^1=R^2=R^3=OH$ 胆酸

**(5) 肽类及氨基酸** 氨基酸是多官能团分子，能与多种味受体作用，味感丰富。一般说来，除了小环亚胺氨基酸以外，D型氨基酸大多以甜味为主。在L型氨基酸中，当侧基很小时，一般以甜感占优势。例如甘氨酸（Gly）、丙氨酸（Ala）、高半胱氨酸（Hcys）、丝氨酸（Ser）、苏氨酸（Thr）、天冬酰胺（Asn）、谷氨酸甲酯（Glu-OMe）等。当侧基较大（碳数＞3）并带碱基时，通常以苦味为主。例如亮氨酸（Leu）、异亮氨酸（Ile）、己氨酸（Ne）、苯丙氨酸（Phe）、酪氨酸（Tyr）、色氨酸（Trp）、组氨酸（His）、赖氨酸（Lys）、精氨酸（Arg）等。当氨基酸的侧基大小适中时，呈甜兼苦味，如缬氨酸（Val）、鸟氨酸（Orm）、脯氨酸（Pro）、羟脯氨酸（Hyp）。若侧基属疏水性不强的基团时，苦味不强但也

不甜，如谷氨酰胺（Gln）、半胱氨酸（Cys）、甲硫氨酸（Met）。若侧基属酸性基团时，则以酸味为主，如天冬氨酸（Asp）、谷氨酸（Glu）。此外，Glu 还能抑制苦味，其钠盐呈鲜味；天冬酰胺能抑制甜味。有人根据侧基的结构特点和其味感将氨基酸分成五类，如表 10-3 所示。

**表 10-3　氨基酸侧基**

| 类　别 | 氨基酸 | 结构特点 | 味感 |
|---|---|---|---|
| Ⅰ | Glu,Asp,Gln | 酸性侧链 | 酸鲜 |
| Ⅱ | Thr,Ser,Ala,Gly,Asn | 短小侧链 | 甜鲜 |
| Ⅲ | Hyp,Pro | 吡咯侧链 | 甜略苦 |
| Ⅳ | Leu,Ile,Phe,Tyr,Trp | 长、大侧链 | 苦 |
| Ⅴ | His,Lys,Arg | 碱性侧链 | 苦略甜 |

研究表明，低聚肽的味感变化一般也具有一定的规律性。有人认为，寡肽尤其二肽的味感取决于其组成氨基酸的原有味感。其规律有：

① 上述Ⅰ类氨基酸与Ⅴ类氨基酸形成的中性肽、Ⅱ类氨基酸自相结合而生成的中性肽一般味淡；

② Ⅰ类氨基酸自相结合或Ⅰ类与Ⅱ类氨基酸相互结合而形成的多元酸钠盐有鲜味，如 Glu-Glu、Glu-Asp、Glu-Ser、Glu-Thr 等；

③ Ⅰ类与Ⅴ类氨基酸结合可消除苦味，但保存酸味；

④ Ⅲ、Ⅳ、Ⅴ类氨基酸相互结合或自相结合而成的肽均有苦味；

⑤ Ⅳ、Ⅴ类苦味氨基酸形成的肽键、酯化其羧基或偶合为二酮哌嗪时均增加苦味；

⑥ Ⅳ、Ⅴ类苦味氨基酸位于寡肽碳端时最苦，约比它在氮端或在中间时的苦味增强 3～5 倍；

⑦ Ⅱ类氨基酸（特别是 Gly）居于肽链两端或将末端环化为二酮哌嗪时将增加苦味。

所有的肽都含有数目适当的 AH 极性基团，但各种肽分子量的大小及其所含疏水基团的本质差别很大，因而这些疏水基与苦味受体相作用的能力也很不一样。因此肽的苦味可通过计算其平均疏水值来预测（表 10-4）。因为多肽参与疏水结合的能力与非极性氨基酸侧链疏水性的总和有关，这些相互作用对多肽展开的自由能 $\Delta G$ 有重要影响。多肽的平均疏水值，可根据下列关系式计算：

$$Q=\frac{\Delta G}{n}=\frac{\sum \Delta g}{n}$$

式中，$\Delta g$ 为各氨基酸侧链的自由能变化；$n$ 为肽中氨基酸残基个数。

当 $Q$ 大于 5.85kJ/mol 时，该肽有苦味；$Q$ 小于 5.43kJ/mol 时，则不苦；若 $Q$ 在 5.43～5.85kJ/mol 之间，就无规律可循。人们发现，这一规律与实际有广泛的符合性，但也有不少例外。例如凡是分子量大于 6000 的多肽不论其 $Q$ 值大小均味淡。又如有不少 $Q<5.43$kJ/mol 的肽当其一端或两端是 Gly 时也呈苦味，这可能与 Gly 的空间位阻小，有利于进入苦味受体有关。因此有人主张在计算 $Q$ 值时舍弃 Gly 不计。但即使这样也仍有不少 $Q<5.43$kJ/mol 的苦味肽，如 Arg-Arg、Lys-Ala、Ala2-Leu、Arg-Gly-Pro、Ser-Lys-Gly-Leu 等。此外，也发现一些肽的 $Q$ 值相同而苦味差别很大，如 Gly-Gly-Gly-Leu 的苦味强度大于其他三个位置异构体；亮氨酸肽的苦味强弱为 Leu4＞Leu3＞Leu2＞Leu1。干酪苦肽在受热使其氮端 Gln 环化后，$Q$ 值未变而苦味消失。这些现象说明，肽的苦味除主要与 $Q$ 值有关外，还与其分子量及形成的高级结构有关。

表 10-4 氨基酸侧链的疏水性（乙醇→水）

| 氨基酸 | 侧链 $Q$/(kJ/mol) | 氨基酸 | 侧链 $Q$/(kJ/mol) |
|---|---|---|---|
| 丙氨酸 | 2.09 | 亮氨酸 | 9.61 |
| 精氨酸 | — | 赖氨酸 | — |
| 天冬酰胺 | 0 | 蛋氨酸 | 5.43 |
| 天冬氨酸 | 2.09 | 苯丙氨酸 | 10.45 |
| 半胱氨酸 | 4.18 | 脯氨酸 | 10.87 |
| 谷氨酰胺 | −0.42 | 丝氨酸 | −1.25 |
| 谷氨酸 | 2.09 | 苏氨酸 | 1.67 |
| 甘氨酸 | 0 | 色氨酸 | 14.21 |
| 组氨酸 | 2.09 | 酪氨酸 | 9.61 |
| 异亮氨酸 | 12.54 | 缬氨酸 | 6.27 |

#### 10.1.3.3 酸味

酸味是有机酸、无机酸和酸性盐产生的氢离子引起的味感。适当的酸味能给人以爽快的感觉，并促进食欲。一般来说，酸味与溶液的氢离子浓度有关，氢离子浓度高酸味强，但两者之间并没有函数关系，在氢离子浓度过大（pH＜3.0）时，酸味令人难以忍受，而且很难感到浓度变化引起的酸味变化。酸味还与酸味物质的阴离子、食品的缓冲能力等有关。例如，在相同 pH 值时，酸味强度为醋酸＞甲酸＞乳酸＞草酸＞盐酸。酸味物质的阴离子还决定酸的风味特征，如柠檬酸、维生素 C 的酸味爽快，葡萄糖酸具有柔和的口感，醋酸刺激性强，乳酸具有刺激性的臭味，磷酸等无机酸则有苦涩感。

酸味料是食品重要的调味料，并有抑制微生物的作用。食品中最常用的酸是醋酸，其次是柠檬酸、乳酸、酒石酸、葡萄糖酸、苹果酸、富马酸、磷酸等。醋酸是日常生活中常用的调味料醋的主要成分；柠檬酸是食品工业中使用量最大的酸味剂；苹果酸与人工合成的甜味剂共用时，可以很好地掩盖其后苦味；葡萄糖酸-$\delta$-内酯是葡萄糖酸的脱水产物，在加热条件下可以生成葡萄糖酸，这一特性使其成为迟效性酸味剂，在需要时受热产生酸，可用于豆腐生产作凝固剂和饼干、面包中作疏松剂；磷酸的酸味在无机酸中温和爽快，略带涩味，主要用于可乐型饮料的生产中。

#### 10.1.3.4 咸味

咸味是中性盐显示的味，是食品中不可或缺的、最基本的味。咸味是由盐类离解出的正负离子共同作用的结果，阳离子产生咸味，阴离子影响咸味的强弱，并能产生副味。

无机盐类的咸味或所具有的苦味与阳离子、阴离子的离子直径有关，在阴阳离子直径和小于 0.65nm 时，盐类一般为咸味，超出此范围则出现苦味，例如 $MgCl_2$（离子直径和 0.85nm）苦味相当明显。只有 NaCl 才产生纯正的咸味，其他盐多带有苦味或其他不愉快味。

食品调味料中，专用食盐产生咸味，其阈值一般在 0.2%，在液态食品中的最适浓度为 0.8%～1.2%。由于过量摄入食盐会带来健康方面的不利影响，所以现在提倡低盐食品。目前作为食盐替代物的化合物主要有 KCl，如 20%的 KCl 与 80%的 NaCl 混合所组成的低钠盐；苹果酸钠的咸度约为 NaCl 咸度的 1/3，可以部分替代食盐。

#### 10.1.3.5 鲜味

在西方传统的饮食文化中没有鲜味的概念，因此鲜味剂也被欧美研究者称为风味增强剂。随着食品风味化学研究的深入，鲜味的概念也越来越普遍地被接受，目前，鲜味已经被认为是一种基本味。

鲜味是一种复杂的综合味感，能够使人产生食欲、增加食物可口性。山珍海味之所以脍炙人口，是因为它们具有特殊鲜美的滋味。某些食品中的主要鲜味成分如表 10-5 所示。

**表 10-5　某些食品中的主要鲜味成分**

| 名称 | 谷氨酸钠(MSG) | 氨基酸酰胺及肽 | 5′-肌苷酸(IMP) | 5′-鸟苷酸(GMP) | 琥珀氨酸 |
|---|---|---|---|---|---|
| 畜肉 | + | ++ | +++ | | |
| 鱼肉 | + | ++ | +++ | | |
| 虾蟹 | + | + | +++ | | |
| 贝类 | +++ | +++ | | | +++ |
| 章鱼(乌贼) | ++ | +++ | | | |
| 海带 | ++++ | ++ | | | |
| 蔬菜 | | ++ | | | |
| 蘑菇 | | | | +++ | |
| 酱油 | +++ | +++ | | | |

鲜味物质可以分为氨基酸类、核苷酸类、有机酸类。不同鲜味特征的鲜味剂的典型代表化合物有 L-谷氨酸一钠（L-MSG），5′-肌苷酸（5′-IMP）、5′-鸟苷酸（5′-GMP）和琥珀酸一钠等。它们的阈值浓度分别为 140mg/kg、120mg/kg、35mg/kg 和 150mg/kg。

L-谷氨酸一钠（L-MSG）是最早被发现和实现工业生产的鲜味剂，在自然界广泛分布，几乎所有食品都含有谷氨酸钠，海带中含量丰富，是味精的主要成分；5′-肌苷酸广泛分布于鸡、鱼、肉汁中，动物肉中的5′-肌苷酸主要来自肌肉中 ATP 的降解；5′-鸟苷酸是香菇为代表的蕈类鲜味的主要成分；琥珀酸一钠广泛分布在自然界中，在鸟、兽、禽、畜、软体动物等中都有较多存在，特别是贝类中含量最高，是贝类鲜味的主要成分，由微生物发酵的食品，如酱油、酱、黄酒等中也有少量存在。另外，天冬氨酸及其一钠盐也有较好的鲜味，强度比 L-MSG 弱，是竹笋等植物中的主要鲜味物质。IMP、GMP 与谷氨酸一钠合用时可明显提高谷氨酸一钠的鲜味，如 1%IMP＋1%GMP＋98%L-MSG 的鲜味为单纯 L-MSG 的四倍。以上这些鲜味剂中，作为商品使用的主要是 L-谷氨酸一钠（L-MSG）、核苷酸（5′-肌苷酸和 5′-鸟苷酸），其次是琥珀酸一钠。

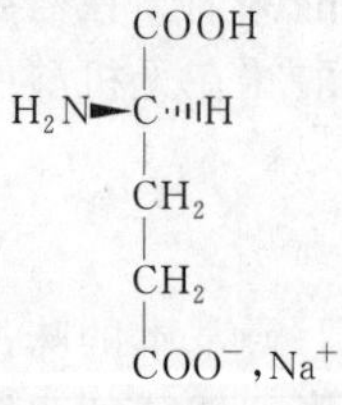

L-谷氨酸一钠(L-MSG) 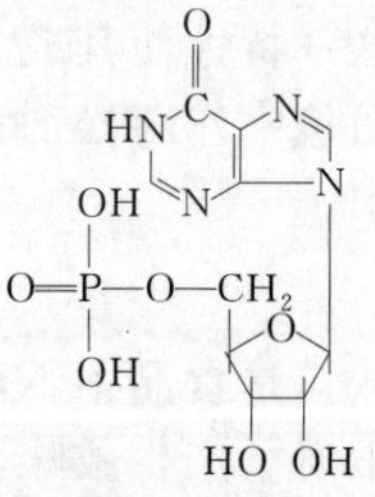　　　　5′-肌苷酸(5′-IMP)

**(1) 鲜味剂的共性**　许多化合物都具有风味增效作用。已知的一些重要实验有：①只有能电离的谷氨酸（L-Glu）才有鲜味，其一钠盐（L-MSG，又称味精）的味感最纯，其他的金属盐均有杂味，不能电离的衍生物无鲜味。②5′-肌苷酸（5′-IMP）、5′-鸟苷酸（5′-GMP）、5′-黄苷酸（5′-XMp）等也有明显的鲜味，但腺苷酸无鲜味。③L-半胱氨酸硫代磺酸钠、高半胱氨酸、L-天冬氨酸、L-氨基己二酸（肥酸）、琥珀酸等都有与 L-MSG 相似的增味效果。④一般果酸如苹果酸、酒石酸、柠檬酸等都具有增加食品滋味的作用，它们和乳酸若任取两种以上配成溶液能改进豆制品的味道，柠檬汁能增强草莓的味道。⑤延胡索酸（富马酸）、马来酸能抑制大蒜的气味。⑥谷胱甘肽能增进各种肉类的味道，多磷酸盐也能增进鸡肉和干酪制品的滋味。⑦从丙二酸到癸二酸的二铵盐都可用作食盐的代用品。

$L\text{-}HO_2CCHNH_2CH_2SS_2O_2Na$　　　　$L\text{-}HSCH_2CH_2CHNH_2CO_2H$

L-半胱氨酸硫代磺酸钠　　　　L-高半胱氨酸

$HO_2CCHNH_2(CH_2)_2CONHCH\ (CH_2SH)\ CONHCH_2CO_2H$

谷胱甘三肽

据此可得到一个具有鲜味的通用结构式：O—(C)$_n$O，$n$＝3～9。就是说，鲜味分子需要有一条相当于3～9个碳原子长的脂链，而且两端都带有负电荷，当$n$＝4～6时鲜味最强。脂链不限于直链，也可为脂环的一部分；其中的C可被O、N、S、P等取代。保持分子两端的负电荷对鲜味至关重要，若将羧基经过酯化、酰胺化，或加热脱水形成内酯、内酰胺后，均将降低鲜味。但其中一端的负电荷也可用一个负偶极替代，例如口蘑氨酸和鹅膏蕈氨酸等，其鲜味比味精强5～30倍。这个通式能将具有鲜味的多肽和核苷酸都概括进去。

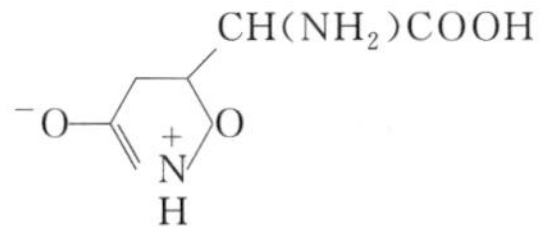

口蘑氨酸 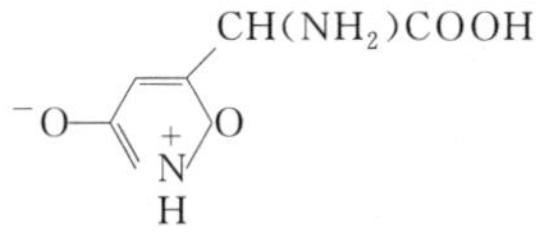　　鹅膏蕈氨酸

目前出于经济效益、副作用和安全性等方面的原因，作为商品的鲜味剂主要是谷氨酸型和核苷酸型。

**（2）常见鲜味剂**

① 谷氨酸型鲜味剂　谷氨酸型鲜味剂属脂肪族化合物，在结构上有空间专一性要求，若超出其专一性范围，将会改变或失去味感。它们的定味基是两端带负电的官能团，如—COOH、—$SO_3H$、—SH等；助味基是具有一定亲水性的基团，如醚-L-$NH_2OH$等。凡与谷氨酸羧基端连接有亲水性氨基酸的二肽、三肽也有鲜味，若与疏水性氨基相接则产生苦味（表10-6）。实际上所有的氨基酸都不只是有一种味感，如表10-7所示。

**表10-6　谷氨酸型鲜味剂的相对鲜味**（以L-MSG为1.0作标准）

| 名　称 | 相对鲜味 | 名　称 | 相对鲜味 | 名　称 | 相对鲜味 |
|---|---|---|---|---|---|
| L-MSG | 1.00 | Glu-Asp | 0.15 | (赤)-$HO_2CCH_2CHOHCHNH_2CO_2Na$ | 0.1 |
| L-Asp钠盐 | 0.08 | Glu-Ser | 0.10 | (苏)-$HO_2CCH_2CHOHCHNH_2CO_2Na$ | 1.8 |
| L-$\alpha$-氨基肥酸钠 | 0.10 | Thr-Glu | 0.10 | ($R$,$S$)-$HO_2CCHMeCH_2CHNH_2CO_2Na$ | 0.1 |
| L-口蘑氨酸钠 | 5～30 | Asp-Glu-Ser | 0.10 | ($S$,$S$)-$HO_2CCHMeCH_2CHNH_2CO_2Na$ | 0.1 |
| L-半胱氨酸硫代磺酸钠 | 0.10 | Ser-Glu-Glu | 0.15 | L-$HO_2CCH_2CHOHCHNH_2CO_2Na$ | 约0 |
| | | | | L-$NaO_3SCH_2CHNH_2CO_2Na$ | 0.1 |
| Glu-$\gamma$-$NH_2$ | 鲜 | Glu-Gly-Ser | 2.00 | L-$NaO_3S(CH_2)_2CHNH_2CO_2Na$ | 1.0 |
| Glu-$\gamma$-OMe | 甜 | Glu-Glu-Ser | 2.00 | L-$NaO_3S(CH_2)_3CHNH_2CO_2Na$ | 0.1 |
| Glu-$\alpha$-$NH_2$ | 0 | Glu-$\alpha$,$\gamma$-$(NH_2)_2$ | 苦 | Ac-Glu-$\alpha$,$\gamma$-$(OMe)_2$ | 0 |

**表10-7　不同氨基酸的味感**

| 氨基酸 | 鲜味 | 酸味 | 咸味 | 甜味 | 苦味 |
|---|---|---|---|---|---|
| L-Glu | 21.5% | 64.2% | 2.2% | 0.8% | 5.0% |
| L-MSG | 71.4% | 3.4% | 13.5% | 9.8% | 1.7% |
| L-Try | 1.2% | 5.6% | 0.6% | 1.4% | 87.6% |

L-MSG的鲜味与溶液的pH值有关。pH值等于6.0时，其鲜味最强；pH值再减小，则鲜味下降；而在pH大于7.0时，不显鲜味。因此有人推测，其鲜味的产生是由于—$COO^-$与—$NH^-$两基团相互螯合而形成五元环结构所引起。在强酸性条件下，—$COO^-$

生成—COOH；而在碱性条件下，$—NH^-$ 会形成 $—NH_2$，均会使两基团间的作用减弱，故鲜味下降。

L-MSG 的味感还受温度影响。当长时间要受热或加热到 120℃时，会发生分子内脱水而生成焦性谷氨酸（即羧基吡啶酮），后者不仅无鲜味，而且有一定的毒副作用。

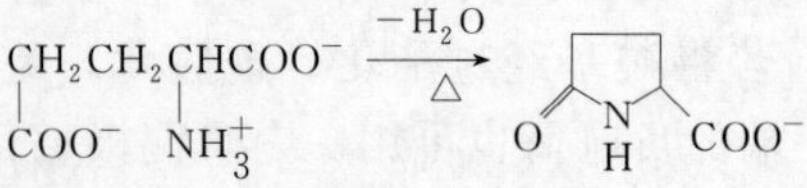

$$CH_2CH_2CHCOO^-(COO^-)(NH_3^+) \xrightarrow[\triangle]{-H_2O} \text{(pyroglutamate, } COO^-)$$

此外，它在碱性条件下受热也会发生外消旋化而使鲜味丧失。因此，在使用味精时最好是在菜汤做好后再加入，而不宜先放味精后加热。

② 肌苷酸型鲜味剂　肌苷酸型鲜味剂属于芳香杂环化合物，结构也有空间专一性要求。其定味基是亲水的核糖磷酸，助味基是芳香杂环上的疏水取代基。

③ 有机酸鲜味剂　琥珀酸二钠，又名干贝素，是干贝中的主要鲜味成分，呈味的阈值为 0.03%。琥珀酸一钠既具有鲜味，又有酸味，呈味的阈值为 0.015%。作为食品中的强力鲜味剂，普遍存在于传统发酵产品清酒、酱油和酱中，如与食盐、谷氨酸钠或醋酸、柠檬酸等其他有机酸合用，其鲜味更可增强。

#### 10.1.3.6 辣味

辣味是调味料和蔬菜中存在的某些化合物所引起的辛辣刺激感觉，不属于味觉，是舌、口腔和鼻腔黏膜受到刺激产生的辛辣、刺痛、灼热的感觉。辛辣味具有增进食欲、促进人体消化液分泌的功能，是日常生活中不可缺少的调味品，同时它们还影响食品的气味。天然食用辣味物质按其味感的不同，大致可分为以下三大类。

**(1) 热辣物质**　热辣物质是在口腔中能引起灼烧感觉的无芳香的辣味物质。主要有：

① 辣椒：辣椒的主要辣味物质是辣椒素，是一类不同链长（$C_8 \sim C_{11}$）的不饱和一元羧酸的香草酰胺，同时还含有少量含饱和直链羧酸的二氢辣椒素。二氢辣椒素已经可以人工合成。不同辣椒品种中的总辣椒素含量变化非常大，例如，红辣椒含 0.06%，牛角红辣椒含 0.2%，印度的萨姆辣椒含 0.3%，非洲的乌干达辣椒含 0.85%。

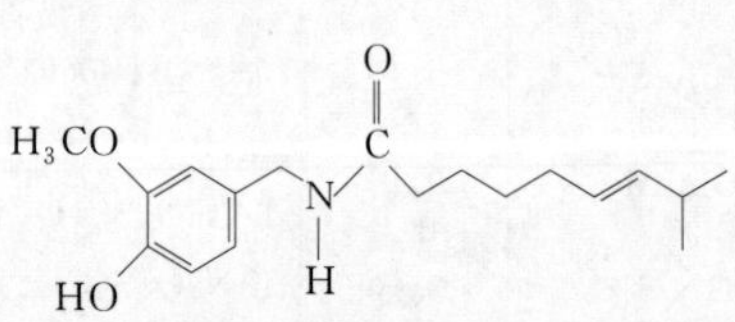

$H_3CO$, HO, N, H, C, O

辣椒素

② 胡椒：胡椒中的辣味成分是胡椒碱，它是一种酰胺化合物，有三种异构体，差别在于 2，4-双键的顺、反异构上，顺式双键越多越辣。胡椒在光照和储藏时辣味会损失，这主要是这些双键异构化作用所造成的。

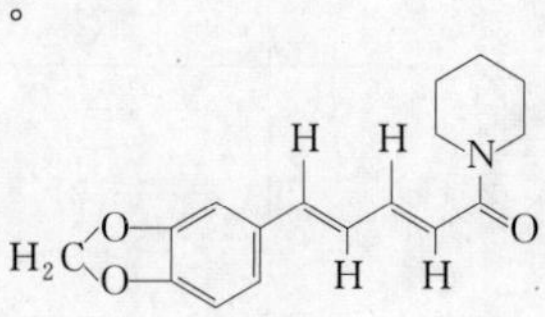

$H_2C$, O, O, H, H, H, H, N, O

辣椒碱

③ 花椒：花椒的主要辣味成分是花椒素，也是酰胺类化合物。

**(2) 辛辣（芳香辣）物质**　辛辣物质的辣味伴有较强烈的挥发性芳香物质。

① 姜：新鲜生姜中以姜醇为主，其分子中环侧链上羟基外侧的碳链长度各不相同（$n=5\sim9$）。鲜姜经干燥贮藏，姜醇脱水生成姜酚类化合物，更为辛辣。姜加热时，姜醇侧链断裂生成姜酮，姜酮的辣味较缓和。

② 丁香和肉豆蔻：丁香和肉豆蔻的辛辣成分主要是丁香酚和异丁香酚。

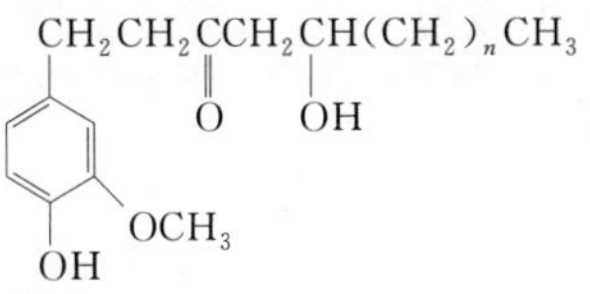

$CH_2CH_2C(=O)CH_2CH(OH)(CH_2)_nCH_3$ 取代的 4-羟基-3-甲氧基苯（OH，$OCH_3$）

姜醇

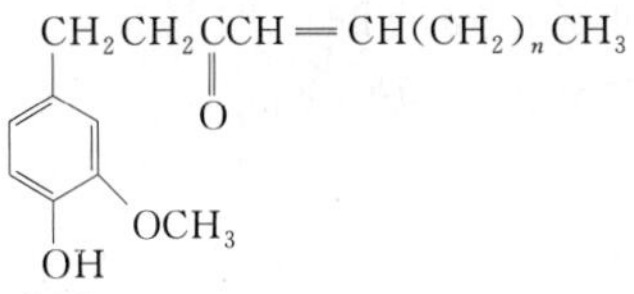

$CH_2CH_2C(=O)CH{=}CH(CH_2)_nCH_3$ 取代的 4-羟基-3-甲氧基苯（OH，$OCH_3$）

姜酚

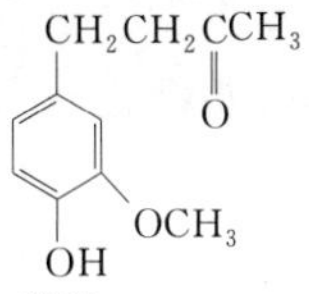

$CH_2CH_2C(=O)CH_3$ 取代的 4-羟基-3-甲氧基苯（OH，$OCH_3$）

姜酮

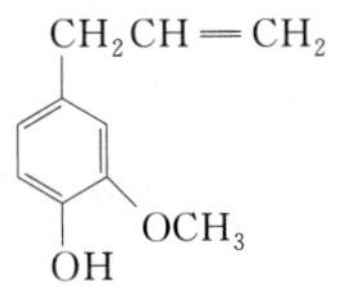

$CH_2CH{=}CH_2$ 取代的 4-羟基-3-甲氧基苯（OH，$OCH_3$）

丁香酚

$CH{=}CHCH_3$ 取代的 4-羟基-3-甲氧基苯（OH，$OCH_3$）

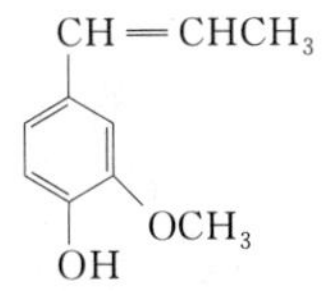

异丁香酚

**(3) 刺激性辣味物质** 刺激性辣味物质除了能刺激舌和口腔黏膜外，还刺激鼻腔和眼睛，有催泪作用。主要有：

① 芥末、萝卜、辣根：芥末、萝卜、辣根的刺激性辣味物质是芥子苷水解产生的芥子油，它是异硫氰酸酯类的总称，主要有以下几种：

$CH_2{=}CH\ CH_2{-}NCS$

异硫氰酸烯丙酯

$CH_3CH{=}CH{-}NCS$

异硫氰酸丙烯酯

$CH_3(CH_2)_3{-}NCS$

异硫氰酸丁酯

$C_6H_5CH_2{-}NCS$

异硫氰酸苄酯

② 二硫化合物类：是葱、蒜、韭、洋葱中的刺激性辣味物质。大蒜中的辛辣成分是由蒜氨酸分解产生的，主要有二烯丙基二硫化合物、丙基烯丙基二硫化合物；对于韭菜、葱等中的辣味物质也是有机硫化合物。这些含硫有机物在加热时生成有甜味的硫醇，所以葱蒜煮熟后其辛辣味减弱，而且有甜味。

#### 10.1.3.7 涩味

当口腔黏膜的蛋白质被凝固时，所引起的收敛感觉就是涩味，是触觉神经末梢受刺激造成的结果。食品中的涩味主要是单宁等多酚化合物，其次是一些盐类（如明矾），还有一些醛类、有机酸（如草酸、奎宁酸）也具有涩味。水果在成熟过程中由于多酚化合物的分解、氧化、聚合等，涩味逐渐消失，如柿子。茶叶中也含有多酚类物质，由于加工方法不同，各种茶叶中多酚类物质含量各不相同，红茶经发酵后，由于多酚物质被氧化，所以涩味低于绿茶。涩味是构成红葡萄酒风味的一个重要因素，但是涩味又不宜太重，在生产中就要采取措施控制多酚类物质的含量。

## 10.2 气味及呈味物质

气味也是构成食品风味的一个重要方面，它是由挥发性气味分子刺激鼻黏膜中的嗅细胞而产生电冲动，再由神经纤维传到嗅觉中枢形成嗅觉。其中，将令人愉快的嗅觉称为香味，令人厌恶的嗅觉称为臭味。但香味与臭味之间没有严格的界限，同一种挥发性物质，其气味随浓度的不同对嗅觉的刺激也不同，甚至产生相反的结果。

食品的气味是人们选择、接受食品的重要依据之一，所以食品中的嗅感成分是食品感官质量的重要方面。食品中的嗅感物质的一般特征为：具有挥发性，沸点较低；既具有水溶性，又具有脂溶性；分子量在 26～300 之间。

各嗅感物质的嗅感强度可用阈值表示。判断一种呈香物质在食品香气中起作用的数值称为香气值（FU），FU 是呈香物质在食品中的浓度与其阈值之比。如果某物质组分 FU 值小于 1.0，说明该物质没有引起人们的嗅感；FU 大于 1.0，说明它是该体系的特征嗅感物质。

## 10.2.1 嗅觉的生理基础

鼻腔中的嗅觉感受器主要由嗅觉细胞组成，嗅觉细胞和其周围的辅助组织集合起来形成嗅觉神经。气味分子经鼻通道到达嗅区后，鼻黏膜内的可溶性气味结合蛋白与之黏合以增加气味分子溶解度，并将气味分子运输至接近嗅觉细胞，使嗅觉细胞周围的气味分子浓度比外围空气中的浓度提高数千倍，从而刺激嗅觉细胞产生神经冲动，经嗅神经多级传导，最后到达位于大脑梨形区域的主要嗅觉皮层而形成嗅觉。目前关于嗅觉形成的理论主要有以下三种。

### 10.2.1.1 立体化学学说

该理论由 Amoore 提出，是一种经典的嗅觉理论。不同呈香物质的立体分子大小、形状、电荷分布不同，在人的嗅觉受体上也存在各种各样的空间位置，一旦一种呈香分子嵌入受体，就能产生相应的刺激信号，人就能够捕捉这种物质的特征风味。

美国科学家 Richard Axel 和 Linda B. Buck 从分子水平和基因水平阐明了嗅觉机制，并荣获 2004 年度诺贝尔生理学或医学奖。嗅觉细胞中出现的基因属于 G 蛋白偶联受体家族，每个受体只与特殊的气味分子结合，并通过专一性的信号传导，最终使大脑有意识地感知到特定的气味。Richard Axel 和 Linda B. Buck 关于嗅觉系统分子水平的发现，奠定了“气味立体化学论”的理论基础。

### 10.2.1.2 膜刺激理论

这是由少数人提出的，认为气味分子被吸附在受体柱状神经的脂膜界面上，刺激神经产生信号。David 推导了气味分子功能基团横切面与吸附自由能的热力学关系，从而可以确定分子大小、形状、功能基团位置与吸附自由能之间的关系。

### 10.2.1.3 振动理论

这种理论认为一种化合物的风味特征与其分子振动特性有关。在人口腔的温度范围内，分子振动处于红外区或拉曼区，人的嗅觉受体通过感受分子振动产生相应信号。

## 10.2.2 嗅觉的特点及影响因素

### 10.2.2.1 敏锐

人的嗅觉相当敏锐，一些气味化合物即使在很低的浓度下也会被感知，个别训练有素的专家能辨别 4000 种不同的气味。犬类和鲸鱼等动物的嗅觉更为敏感，比普通人的嗅觉灵敏 100 万倍。

#### 10.2.2.2 易疲劳与易适应

嗅觉细胞易产生疲劳而对特定气味处于不敏感状态，但对其他气味并不疲劳。当嗅觉中枢神经由于一些气味的长期刺激而陷入负反馈状态时，感觉便受到抑制而产生适应性。另外，当人的注意力分散时会感觉不到气味，而长时间受到某种气味刺激便对该气味形成习惯等。

#### 10.2.2.3 个体差异大

不同的人嗅觉敏锐程度差异很大，即使是嗅觉敏锐的人也并非对所有的气味都敏感，会因不同气味而异。对气味不敏感的极端情况便形成嗅盲，这是由遗传产生的。

#### 10.2.2.4 身体状况

当人的身体疲劳或营养不良时，会引起嗅觉功能降低；在患某些疾病或异常时会感到食物平淡不香；女性在月经期、妊娠期或更年期可能会发生嗅觉减退或过敏现象。

### 10.2.3 植物性食品的香气成分

#### 10.2.3.1 水果中的香气成分

水果中的香气比较单纯，其香气成分以酯类、醛类、萜烯类化合物为主，其次是醇类、醚类和挥发酸。它们随着果实的成熟而增加。不同水果中的香气成分各不相同，一些水果中的主要香气成分见表 10-8。

表 10-8 一些水果中的主要香气成分

| 水果品种 | 主体成分 | 其他 |
|---|---|---|
| 苹果 | 乙酸异戊酯 | 挥发酸、乙醇、乙醛、天竺葵醇 |
| 梨 | 甲酸异戊酯 | 挥发酸 |
| 香蕉 | 乙酸异酯、异戊酸异戊酯 | 己醇、己烯醛 |
| 香瓜 | 癸二酸二乙酯 | |
| 桃 | 醋酸乙酯、沉香醇酸内酯 | 挥发酸、乙醛、高级醛 |
| 杏 | 丁酸戊酯 | |
| 葡萄 | 邻氨基苯甲酸甲酯 | $C_4 \sim C_{12}$ 脂肪酸酯、挥发酸 |
| 西瓜 | 6-甲基-5-庚烯、香叶基丙酮 | 己醛、反-2-壬烯醛、壬醇、顺-6 壬烯醛、顺-3-壬烯-1-醇 |
| 柑橘类 | 丁醛、辛醛、癸醛、沉香醇 | |
| 果皮 | 甲酸、乙醛、乙醇、丙酮 | |
| 果汁 | 苯乙醇、甲酸、乙酸乙酯 | |

#### 10.2.3.2 蔬菜中的香气成分

总的来说蔬菜的气味较水果弱，但有些蔬菜如葱、蒜、韭、洋葱等都含有特殊而强烈的气味。

**(1) 新鲜蔬菜的清香** 许多新鲜蔬菜可以散发出清香，这种香味主要由甲氧烷基吡嗪化合物产生，如新鲜土豆、豌豆的 2-甲氧基-3-异丙基吡嗪，青椒中的 2-甲氧基-3-异丁基吡嗪及红甜菜根中的 2-甲氧基-3-仲丁基吡嗪等，它们一般是植物以亮氨酸等为前体，经生物合成而形成的。植物组织中吡嗪类化合物的生物合成如图 10-4 所示。

蔬菜中的不饱和脂肪酸在自身脂肪氧合酶的作用下生成过氧化物，过氧化物分解后生成的醛、酮、醇等也产生风味成分，如 $C_9$ 化合物产生类似黄瓜和西瓜香味。

**(2) 百合科蔬菜** 大葱、细香葱、蒜、韭菜、洋葱、芦笋等都是百合科蔬菜。这类蔬菜的风味成分一般是含硫化合物所产生，其中主要是硫醚化合物，如二烃基（丙烯基、正丙基、烯丙基、甲基）硫醚、二烃基二硫化物、二烃基三硫化物、二烃基四硫化物等。此外还有硫代丙醛类、硫氰酸和硫氰酸酯类、硫醇、二甲基噻吩化合物、硫代亚磺酸酯类等。这些化合物是其风味前体物在组织破碎时经过酶的作用而转变来的。

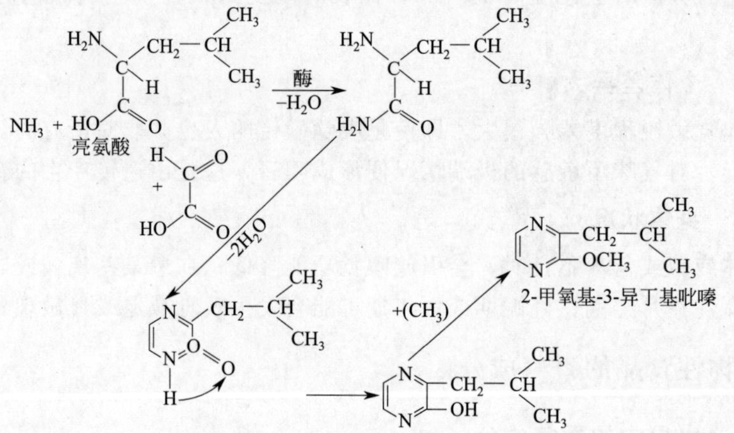

$NH_3$ + 亮氨酸 $\xrightarrow[-H_2O]{酶}$ 酰胺；+ 乙二醛酸（$-2H_2O$）→ 吡嗪中间体 → 2-羟基-3-异丁基吡嗪 $\xrightarrow{+(CH_3)}$ 2-甲氧基-3-异丁基吡嗪

$H_2N$　$CH_3$　$CH_2—CH$　$CH_3$　C　H　HO　O　$NH_3$ + 亮氨酸　酶　$-H_2O$　$H_2N$　$CH_2—CH$　$H_2N$　O　H　O　+　HO　O　$-2H_2O$　N　$CH_2—CH$　$OCH_3$　2-甲氧基-3-异丁基吡嗪　+$(CH_3)$　N　O　O　N　H　O　N　$CH_2—CH$　N　OH

图 10-4　植物组织中甲氧烷基吡嗪的合成途径

洋葱的风味前体是 $S$-(1-丙烯基)-L-半胱氨酸亚砜，是由半胱氨酸转化来的。在蒜酶作用下它生成了丙烯基次磺酸和丙酮酸，前者不稳定重排成具有催泪作用的硫代丙醛亚砜，同时部分次磺酸重排为硫醇、二硫化合物、三硫化合物和噻吩等化合物（图 10-5），它们均对洋葱的香味起重要作用，共同形成洋葱的特征香气。

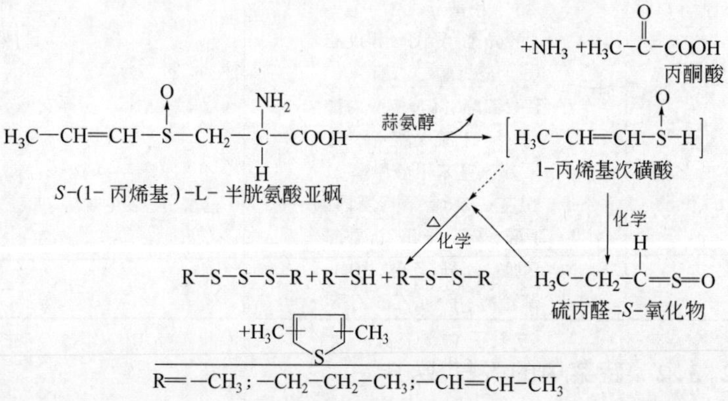

$$H_3C—CH═CH—\overset{O\uparrow}{S}—CH_2—\underset{H}{\overset{NH_2}{C}}—COOH \xrightarrow{蒜氨醇} [H_3C—CH═CH—\overset{O\uparrow}{S}—H] + NH_3 + H_3C—\overset{O}{C}—COOH$$

$S$-(1-丙烯基)-L-半胱氨酸亚砜　1-丙烯基次磺酸　丙酮酸

1-丙烯基次磺酸 $\xrightarrow{化学}$ $H_3C—CH_2—\overset{H}{C}═S═O$（硫丙醛-$S$-氧化物）

$\xrightarrow[\triangle]{化学}$ $R—S—S—S—R + R—SH + R—S—S—R$ + $H_3C$-噻吩-$CH_3$

$R═—CH_3;—CH_2—CH_2—CH_3;—CH═CH—CH_3$

图 10-5　洋葱中风味成分的形成

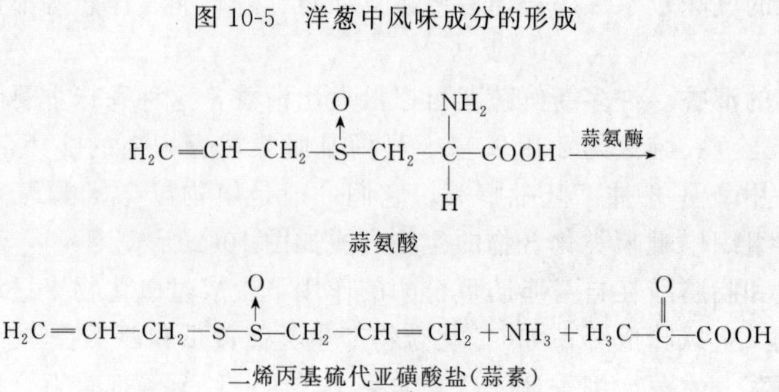

$$H_2C═CH—CH_2—\overset{O\uparrow}{S}—CH_2—\underset{H}{\overset{NH_2}{C}}—COOH \xrightarrow{蒜氨酶}$$

蒜氨酸

$$H_2C═CH—CH_2—S—\overset{O\uparrow}{S}—CH_2—CH═CH_2 + NH_3 + H_3C—\overset{O}{C}—COOH$$

二烯丙基硫代亚磺酸盐（蒜素）

图 10-6　大蒜中蒜氨酸的降解

大蒜的风味前体则是蒜氨酸，其降解形成风味化合物的途径同洋葱非常类似（图10-6）。反应过程中没有硫代丙醛亚砜类化合物形成，生成的蒜素具有强烈刺激性气味，它的重排反应同洋葱一样，生成了硫醇、二硫化合物和其他的香味化合物。二烯丙基硫代亚磺酸盐（蒜素）、二烯丙基三硫化合物（蒜油）、甲基烯丙基二硫化物，此外还有柠檬醛、$\alpha$-水芹烯和芳樟醇等非硫化合物共同形成大蒜的特征香气。

细香葱的特征风味化合物有二甲基二硫化物、二丙基二硫化物、丙基丙烯基二硫化物等。芦笋的特征风味化合物是1,2-二硫-3-环戊烯和3-羟基丁酮等。韭菜的特征风味化合物有5-甲基-2-己基-3-二氢呋喃酮和丙硫醇。

**（3）十字花科蔬菜** 十字花科植物包括甘蓝、芜菁、黑芥子、芥菜、花椰菜、小萝卜和辣根等。芥菜、萝卜和辣根有强烈的辛辣芳香气味，辣味常常是刺激感觉，有催泪性或对鼻腔有刺激性。这种芳香气味主要是由异硫氰酸酯产生（如2-乙烯基异硫氰酸酯、3-丙烯基异硫氰酸酯、2-苯乙烯基异硫氰酸酯），异硫氰酸酯是由硫代葡萄糖苷经酶水解产生，除产生异硫氰酸酯外，还可以生成硫氰酸酯（R—S—C≡N）和氰类（图10-7）。

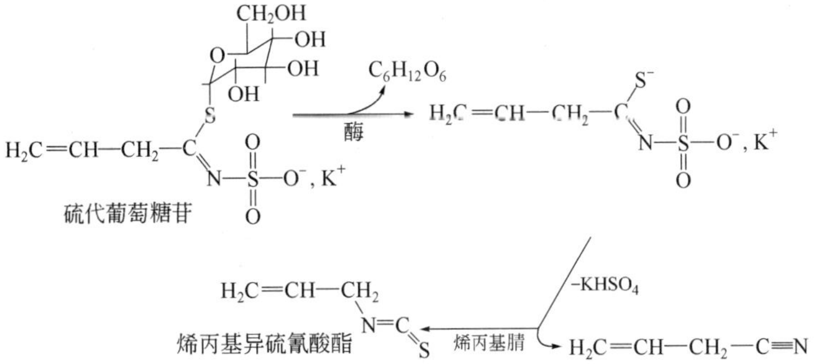

$$H_2C{=}CH{-}CH_2{-}C(S\text{-葡萄糖基}){=}N{-}SO_2{-}O^-, K^+ \xrightarrow[\text{酶}]{-C_6H_{12}O_6} H_2C{=}CH{-}CH_2{-}C(S^-){=}N{-}SO_2{-}O^-, K^+$$

$$\xrightarrow{-KHSO_4} H_2C{=}CH{-}CH_2{-}N{=}C{=}S \ (\text{烯丙基异硫氰酸酯}) \quad \text{或} \quad H_2C{=}CH{-}CH_2{-}C{\equiv}N \ (\text{烯丙基腈})$$

硫代葡萄糖苷

图10-7 十字花科植物中异硫氰酸酯的形成

小萝卜中的辣味是由4-甲硫基-3-叔丁烯基异硫氰酸酯产生的。辣根、黑芥末、甘蓝含有烯丙基异硫氰酸酯和烯丙基腈。花椰菜中的3-甲硫基丙基异硫氰酸酯，对加热后的花椰菜风味起决定作用。

**（4）蕈类** 蕈类是一种大型真菌，种类很多。香菇的香气成分前体是香菇精酸，它经$S$-烷基-L-半胱氨酸亚砜裂解酶等的作用，产生蘑菇香精（图10-8），这是一种非常活泼的香气成分，是香菇的主要风味成分。此外，异硫氰酸苄酯、硫氰酸苯乙酯、苯甲醛氰醇等也是构成蘑菇香气的重要成分。

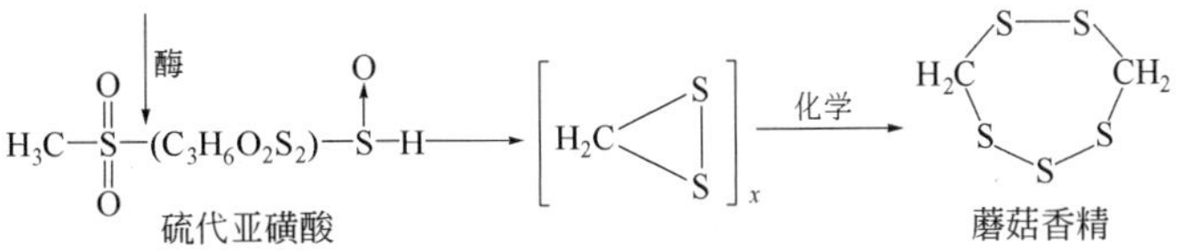

$$H_3C{-}SO_2{-}(C_3H_6O_2S_2){-}S(O){-}H \xrightarrow{\text{酶}} \left[H_2C\langle S{-}S \rangle\right]_x \xrightarrow{\text{化学}} \text{蘑菇香精}$$

硫代亚磺酸　　蘑菇香精

图10-8 蘑菇香精的形成

**（5）其他常见蔬菜** 黄瓜中的香味化合物主要是羰基化合物和醇类，特征香味化合物有2-反-6-顺-壬二烯醛、反-2-壬烯醛和2-反-6-顺-壬二烯醇，而3-顺-己烯醛、2-反-己烯醛、2-反-壬烯醛等也对黄瓜的香气产生影响。这些风味化合物是由亚油酸、亚麻酸等为风味前体合成的。

在番茄中已经鉴别出300多种挥发性化合物，3-顺-己烯醛、2-反-己烯醛、$\beta$-紫罗酮、己醛、β-大马酮、1-戊烯-3-酮、3-甲基丁醛等是番茄重要的风味化合物。在加热产品例如番茄酱中，由于形成了二甲基硫，以及β-紫罗酮、β-大马酮的含量增加，而3-顺-己烯醛、己醛的含量减少，所以风味发生了变化。

马铃薯中香气成分含量极微，新鲜马铃薯中主要的风味化合物是吡嗪类化合物，2-异丙基-3-甲氧基吡嗪、3-乙基-2-甲氧基吡嗪和2,5-二甲氧基吡嗪对马铃薯风味的产生具有重要影响。经烹调的马铃薯含有的挥发性化合物主要有：羰基化合物（饱和、不饱和醛、酮和芳香醛)、醇类（$C_3 \sim C_8$ 的醇、芳樟醇、橙花醇、香叶醇)、硫化物（硫醇、硫醚、噻唑）及呋喃类化合物。

胡萝卜的风味成分中含有大量的萜烯，主要成分有γ-红没药烯、石竹烯、萜品油烯，其特征香气化合物为顺、反-γ-红没药烯和胡萝卜醇。

#### 10.2.3.3 茶叶中的香气成分

茶叶的香气是决定茶叶品质高低的重要因素，各种不同的茶叶都有各自独特的香气，即茶香，其香型和特征香气化合物与茶树品种、生长条件、采摘季节、成熟度、加工方法等均有很大的关系。鲜茶叶中原有的芳香物质只有几十种，而茶叶香气化合物已经鉴定出500多种。

**(1) 绿茶** 绿茶是不发酵茶的代表，有典型的烘炒香气和鲜青香气。绿茶加工的第一步是杀青，使鲜茶叶中的酶失活，因此，绿茶的香气成分大部分是鲜叶中原有的，少部分是加工过程中形成的。

鲜茶叶主要的挥发性成分是青叶醇（3-顺-己烯醇、2-顺-己烯醇)、青叶醛（3-顺-己烯醛、2-顺-己烯醛）等，具有强烈的青草味。在杀青过程中，一部分低沸点的青叶醇、青叶醛挥发，同时使部分青叶醇、青叶醛异构化生成具有清香的反式青叶醇（醛)，成为茶叶清香的主体。高沸点的芳香物质如芳樟醇、苯甲醇、苯乙醇、苯乙酮等，随着低沸点物质的挥发而显露出来，特别是芳樟醇，占到绿茶芳香成分的10%，这类高沸点的芳香物质具有良好香气，是构成绿茶香气的重要成分。

清明前后采摘的春茶特有的新茶香是二硫甲醚与青叶醇共同形成的，这种特殊的新茶香会随着茶叶的贮藏而逐渐消失。

**(2) 青茶** 青茶是半发酵茶的代表，其茶香成分主要是香叶醇、顺-茉莉酮、茉莉内酯、茉莉酮酸甲酯、橙花叔醇、苯甲醇氰醇、乙酸乙酯等。

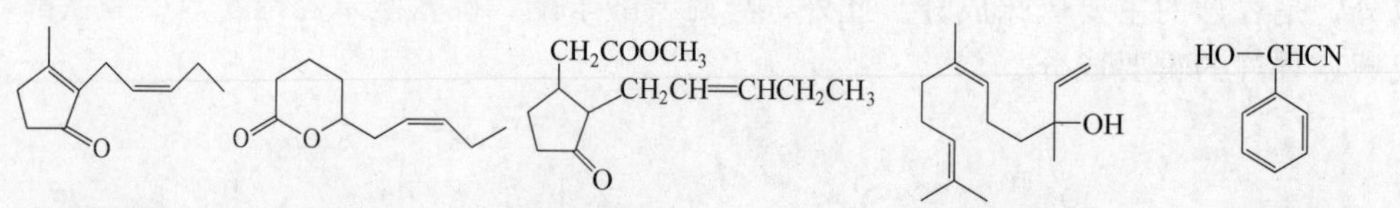

$CH_2COOCH_3$ $CH_2CH{=}CHCH_2CH_3$ OH HO—CHCN

顺-茉莉酮 茉莉内酯 茉莉酮酸甲酯 橙花叔醇 苯甲醇氰醇

**(3) 红茶** 红茶是发酵茶，其茶香浓郁。红茶在加工中会发生各种变化，生成几百种香气成分，使红茶的茶香与绿茶明显不同。在红茶的茶香中，醇、醛、酸、酯的含量较高，特别是紫罗兰酮类化合物对红茶的特征茶香起重要作用。

生成红茶风味化合物的前体主要有类胡萝卜素、氨基酸、不饱和脂肪酸等。红茶的加工中，β-胡萝卜素氧化降解产生紫罗酮等化合物（图10-9)，再进一步氧化生成二氢海葵内酯和茶螺烯酮，后两者是红茶香气的特征成分。

茶叶中的不饱和脂肪酸特别是亚麻酸和亚油酸，在加工中发生酶促氧化反应，生成 $C_6 \sim C_{10}$ 的醛、醇。茶叶中的脂肪酸还与醇酯化，生成的酯有芳香，如有茉莉花香的乙酸

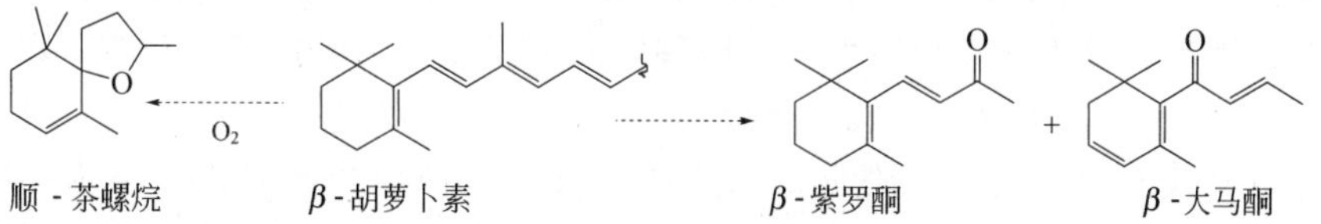

顺-茶螺烷　β-胡萝卜素　β-紫罗酮　β-大马酮

图 10-9　茶叶中 β-胡萝卜素的氧化分解

苯甲酯、甜玫瑰香的苯乙酸乙酯、有花香的苯甲酸甲酯、有冬青油香的水杨酸甲酯等，这些成分对茶叶的茶香有重要影响。

氨基酸在茶叶加工中会发生脱氨和脱羧，生成醛、醇、酸等产物，其中的许多成分也是茶香的组分。

## 10.2.4 动物性食品的风味成分

### 10.2.4.1 畜禽肉类的风味成分

新鲜的畜肉一般都带有腥膻气味，风味成分主要由硫化氢、硫醇（$CH_3SH$、$C_2H_5SH$）、醛酮类（$CH_3CHO$、$CH_3COCH_3$、$CH_3CH_2COCH_3$）、甲（乙）醇和氨等挥发性化合物组成。例如，对猪肉的研究发现，牛猪肉中有三百多种挥发性物质，主要包括碳氢化合物、醛、酮、醇、酯、呋喃化合物、含氮化合物和含硫化合物。不同动物的生肉有各自的特有气味，主要与所含脂肪有关。生牛肉、猪肉没有特殊气味，羊肉有膻味与肉中的甲基支链脂肪酸如 4-甲基辛酸、4-甲基壬酸、4-甲基癸酸有关，狗肉有腥味与所含的三甲胺、低级脂肪酸有关。性成熟的公畜由于性腺分泌物而含有特殊的气味，如没有阉割的公猪肉有强烈的异味，产生这种异味的是 5α-雄-16-烯-3-酮（图 10-10）和 5α-雄-16-烯-3α-醇两种化合物。

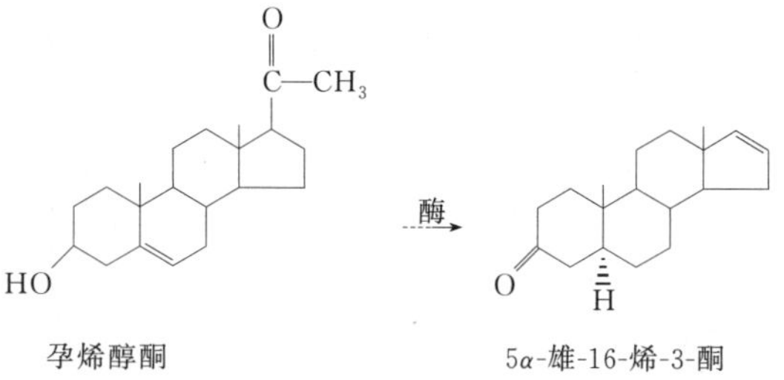

O
C—$CH_3$
HO
酶
O
H
孕烯醇酮　5α-雄-16-烯-3-酮

图 10-10　公猪肉特征气味成分的形成

在动物肌肉组织加热过程中，香味化合物的形成总体上可以分为三种途径：①由于脂质的氧化、水解等反应形成醛、酮、酯类等化合物；②氨基酸、蛋白质与还原糖反应生成的风味化合物；③不同风味化合物的进一步分解或者相互之间反应生成的新风味化合物。经过加热处理，畜禽肉产生特有的香气（风味前体形成风味化合物），并且香气的组成与烹调加工时的温度、加工方法有关，因此肉汤、烤肉和煎肉的香味不同。熟的猪肉中挥发性物质数量减少，主要为醛、酮、羧酸、含硫化合物等。在畜禽肉中的风味前体最重要的可能是一些非挥发性风味前体，包括游离氨基酸、肽、糖类、维生素和核苷酸等，在加热时它们发生化学反应生成大量的中间体和风味成分，并由此产生肉的相应风味。

含有脂肪的牛肉加热时产生的挥发性化合物中有脂肪酸、醛、酮、醇、醚、呋喃、吡咯、内酯、烃芳香族、硫化合物（噻唑、噻吩、硫烷、硫醚、二硫化合物）和含氮化合物

（噁唑、吡嗪）等。挥发性化合物已被鉴定出600多种，可将它们分为酸性、中性、碱性三类，其中酸性化合物对肉香影响不大。牛肉香气的特征成分主要包括硫化物（以噻吩化合物为主）、呋喃类、吡嗪类化合物和吡啶化合物。猪肉加热的特征香气成分与牛肉有很多相同之处，但猪肉中以4（或5）-羟基脂肪酸为前体生成的$\gamma$-或$\delta$-内酯较多，不饱和的羰基化合物和呋喃化合物也较多。羊肉由于脂肪中游离脂肪酸和不饱和脂肪酸含量比牛、猪肉中的少，加热时生成的羰基化合物少，形成羊肉的特征香气。鸡肉加热形成的肉香中，其特征化合物主要是硫化物和羰基化合物，特别是羰基化合物如2-反-4-顺-癸二烯醛，产生鸡肉的独特的香气。

煮肉香气化合物主要是中性的，香气特征成分是异硫化物、呋喃类化合物和苯环型化合物；而烤肉时则主要生成碱性化合物，特征成分是吡嗪、吡咯、吡啶等碱性化合物及异戊醛等羰基化合物，以吡嗪类化合物为主。但是不论何种加热方式，含硫化合物都是肉类香气最重要成分，如果去掉挥发性组分中的含硫化合物就会失去肉的香味。肉类加热香气中，硫化氢含量对香气有影响，含量过高时会产生硫臭味，含量过低会使肉的风味下降。肉类用烟熏的方法来增加其香味和保藏性时，熏烟中含有酚类、甲醛、乙醛、丙酮、甲酚、脂肪酸、醇、糖醛、愈创木酚等成分，其中的脂肪酸、酚类和醇可使肉制品产生特殊的风味和香味。

脂类物质在畜肉的风味形成过程中具有重要作用。牛脂肪在加热时生成的酯类、烃类、醇类、羰基化合物、苯环化合物、内酯类、吡嗪类和呋喃化合物等对牛肉香气有很大影响，猪脂肪加热时也能检出相同的香气化合物。这些物质是通过脂质（脂肪和磷脂）的降解、氧化或者是其他反应而生成的。在低温下（＜100℃）烹饪的猪肉中，由脂肪衍生出的风味化合物占熟猪肉中风味化合物的多数。

#### 10.2.4.2 水产品的风味成分

鱼、贝类的气味可以大致区分为生鲜品的气味和烹调、加工品的气味。

**(1) 生鲜水产品的挥发性物质** 通常，非常新鲜的海水鱼、淡水鱼类的气味非常低，主要是由挥发性羰基化合物、醇类产生。刚刚捕获的鱼和海产品中，其风味成分主要是$C_6$、$C_8$、$C_9$的醛、酮、醇类化合物，如1-辛烯-3-酮、2-反-壬烯醛、顺-1，5-辛二烯-3-酮、1-辛烯-3-醇等，是由脂肪氧合酶催化不饱和脂肪酸氧化得到的。随着水产品鲜度的降低，气味成分逐渐发生变化。淡水鱼的土腥味是由于某些淡水浮游生物如颤藻、微囊藻、念珠藻、放线菌等分泌的一种泥土味物质排入水中，而后通过鳃和皮肤渗透进入鱼体，使鱼产生泥土味。鲤鱼在底泥中觅食，带进许多放线菌而产生泥土味。

随着鱼鲜度的下降，逐渐呈现出一种特殊的鱼腥气，它的特征成分是鱼皮黏液中含有的$\delta$-氨基戊醛、$\delta$-氨基戊酸和六氢吡啶类化合物，它们是由碱性氨基酸生成的。$\delta$-氨基戊醛和$\delta$-氨基戊酸具有强烈腥味，鱼类血液中因含$\delta$-氨基戊醛，也有强烈的腥臭味。

$H_2N(CH_2)_4CHO$ $\delta$-氨基戊醛　　$H_2N(CH_2)_4CHOOH$ $\delta$-氨基戊酸

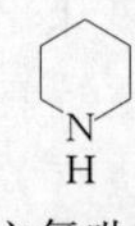

六氢吡啶

海参类含有壬二烯醇，有黄瓜般的香气；海鞘类含有正辛醇、癸烯醇和癸二烯醇等醇类化合物，在极微量时有香气。

**(2) 鲜度降低时的挥发性物质** 水产品在鲜度下降时会产生令人厌恶的腐臭气味，臭气成分主要有氨、二甲胺（DMA）、三甲胺（TMA）、甲硫醇、吲哚、粪臭素及脂肪酸氧化产物等。这些物质大多是碱性物质，添加醋酸等酸性溶液可以使其中和，降低臭气。

在新鲜鱼肉中氨也会由腺嘌呤核苷酸（AMP）在AMP氨基水解酶（即AMP脱氨酶）作用下生成肌苷酸（IMP）时所产生（图10-11）。

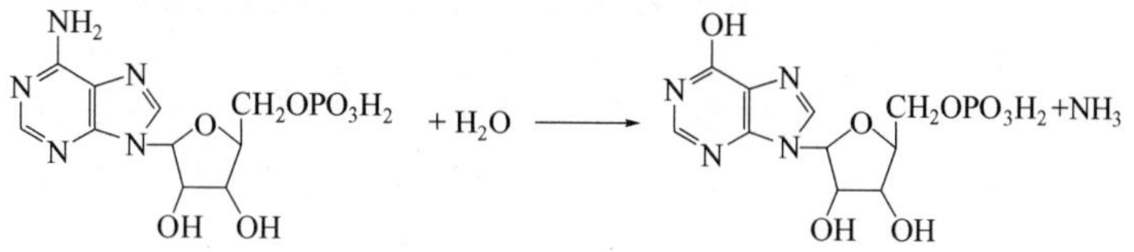

图10-11 AMP生成氨

随着鲜度降低，游离氨基酸和蛋白质降解产生大量氨基。软骨鱼由于肌肉中含有多量的尿素，在细菌脲酶的作用下分解生成氨和二氧化碳，故容易产生强烈的氨臭（图10-12）。

$$CO(NH_2)_2 + H_2O \longrightarrow 2NH_3 + CO_2$$

图10-12 尿素生成氨

三甲胺是海产鱼腐败臭气的主要代表，新鲜鱼体内不含三甲胺，只有氧化三甲胺，氧化三甲胺没有气味。三甲胺的阈值很低（300～600μg/kg），本身的气味类似氨味，一旦与脂肪作用就产生了所谓的“陈旧鱼味”。三甲胺是氧化三甲胺（TMAO）在酶或微生物作用下还原而产生的。氧化三甲胺是海水鱼在咸水环境中用于调节渗透压的物质，其中软骨鱼如鲨鱼肌肉中含有较多的氧化三甲胺，在鲜度下降时会发生强烈的腐败腥臭气。三甲胺常被用作未冷冻鱼的腐败指标。淡水鱼中不存在氧化三甲胺。

二甲胺和甲醛则是由鱼肌肉中的酶催化氧化三甲胺分解产生的（图10-13）。相比之下，二甲胺的气味较低。

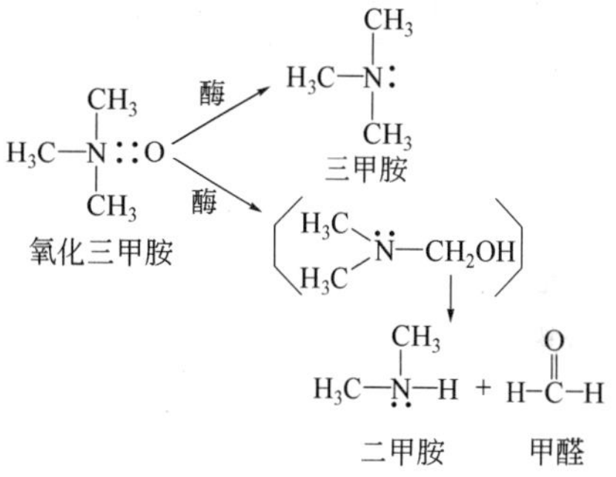

图10-13 氧化三甲胺形成挥发性物质

挥发性的含硫化合物通常与变质的海味联系在一起，从鲜度低下鱼肉中发现有硫化氢（$H_2S$）、甲硫醇（$CH_3SH$）、二甲(基)硫［甲硫醚，$(CH_3)_2S$］、二乙(基)硫［$(C_2H_5)_2S$］等，这些含硫化合物与其臭气有很大关系。

吲哚、粪臭素是蛋白质和氨基酸在微生物作用下产生的（图10-14）。

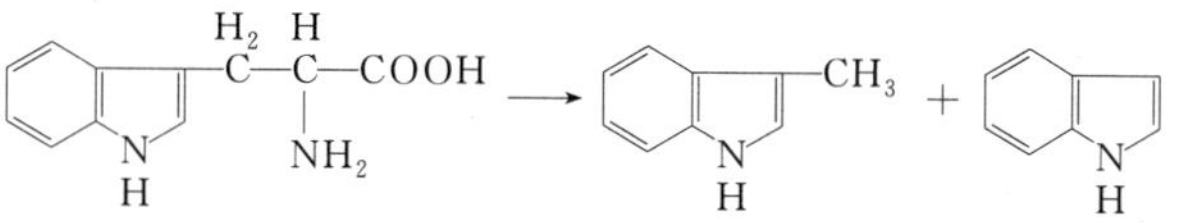

图10-14 氨基酸的分解

海水鱼在贮存过程中所产生的“氧化鱼油味”或者是“鱼肝油味”，是因为ω-3多不饱和脂肪酸发生氧化反应的结果，因为亚麻酸、花生四烯酸、二十二碳六烯酸等是鱼油的主要不饱和脂肪酸，其自动氧化分解产物具有令人不快的异味。氧化反应导致的气味各不相同，在早期为清香味或黄瓜味，到后来转变为鱼肝油味。

# 10.3 风味成分的形成途径

食品中的风味成分种类繁多，形成的途径十分复杂，这些反应可以分为酶促反应和非酶促反应两大类。影响这两类反应的因素，如品种、环境、种养殖管理、加工工艺及贮藏等，均会影响食品的风味。

## 10.3.1 酶促反应

### 10.3.1.1 脂肪氧合酶途径

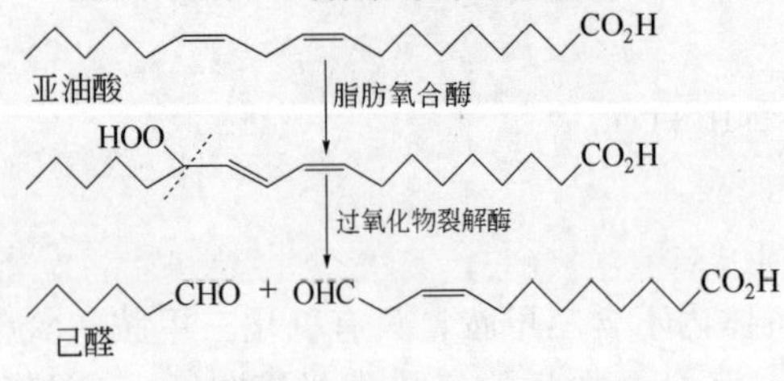

图 10-15 亚油酸氧化生成己醛

在植物组织中存在脂肪氧合酶，可以催化多不饱和脂肪酸氧化（多为亚油酸和亚麻酸），生成的过氧化物经过裂解酶等一系列不同酶的作用，生成相应的醛、酮、醇等化合物。己醛是苹果、草莓、菠萝、香蕉等多种水果的风味成分，它是以亚油酸为前体合成的（图 10-15）。大豆在加工中，由于亚油酸被脂肪氧合酶氧化产生的己醛是所谓“青豆味”的主要原因。2-反-己烯醛和 2-反-6-顺-壬二烯醛分别是番茄和黄瓜中的特征香气化合物，它们以亚麻酸为前体物质生成（图 10-16）。

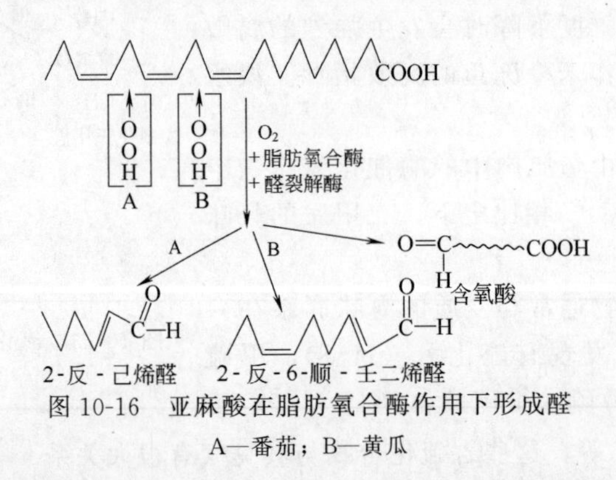

图 10-16 亚麻酸在脂肪氧合酶作用下形成醛

A—番茄；B—黄瓜

脂肪氧合酶途径生成的风味化合物中，通常 $C_6$ 化合物产生青草的香味，$C_9$ 化合物产生类似黄瓜和西瓜香味，$C_8$ 化合物有蘑菇或紫罗兰的气味。$C_6$ 和 $C_9$ 化合物一般为醛、伯醇，而 $C_8$ 化合物一般为酮、仲醇。

梨、桃、杏等在成熟时的令人愉快的香味，一般是由长链脂肪酸的 $\beta$-氧化生成的中等链长（$C_8$～$C_{12}$）挥发物引起的。如由亚油酸通过 $\beta$-氧化生成的 2-反-4-顺-癸二烯酸乙酯（图 10-17），是梨的特征香气化合物。在 $\beta$-氧化中还同时产生 $C_8$～$C_{12}$ 的羟基酸，这些羟基酸在酶作用下环化生成 $\gamma$-内酯或 $\delta$-内酮，$C_8$～$C_{12}$ 内酯具有类似椰子和桃子的香气。

### 10.3.1.2 支链氨基酸的降解

支链氨基酸是果实成熟时芳香化合物的重要风味前体物，香蕉、洋梨、猕猴桃、苹果等

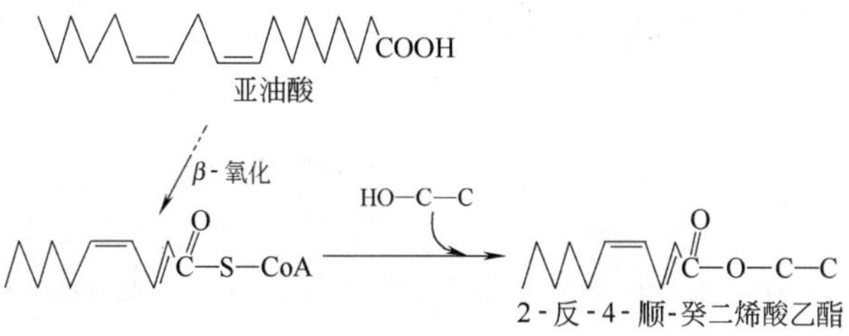

亚油酸

β-氧化

HO—C—C

2-反-4-顺-癸二烯酸乙酯

图 10-17　亚油酸的β-氧化

水果在后熟过程中生成的特征支链羧酸酯如乙酸异戊酯、3-甲基丁酸乙酯都是由支链氨基酸产生的（图 10-18）。

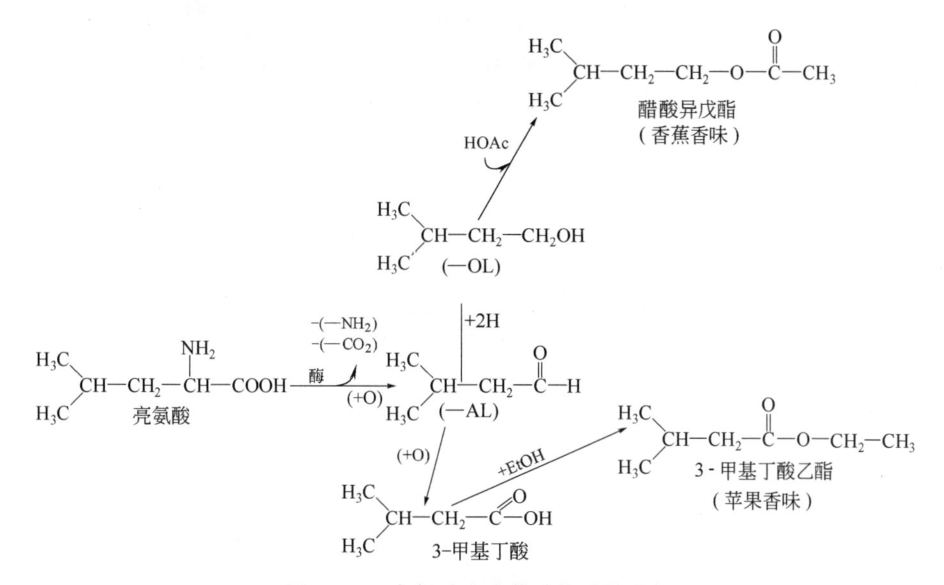


图 10-18　亮氨酸生成芳香物质的途径

### 10.3.1.3　莽草酸合成途径

在莽草酸合成途径中能产生与莽草酸有关的芳香化合物，如苯丙氨酸和其他芳香氨基酸。除了芳香氨基酸产生风味化合物外，莽草酸还产生与香精油有关的其他挥发性化合物。食品烟熏时产生的芳香成分，也有很多是以莽草酸途径中的化合物为前体而产生的，例如香草醛。肉桂醇是桂皮香料中的一种重要香气成分，丁子香酚是丁香中主要的香味和辣味成分。莽草酸途径中衍生物的一些重要风味化合物如图 10-19 所示。

### 10.3.1.4　萜类化合物的合成

在柑橘类水果中，萜类化合物是重要的芳香物质，萜类化合物还是植物精油的重要成分，在植物中由异戊二烯途径合成（图 10-20）。萜类化合物中，二萜分子大，不挥发，不能直接产生香味。倍半萜中甜橙醛、努卡酮分别是橙和葡萄柚特征芳香成分。单萜中的柠檬醛和苧烯分别具有柠檬和酸橙特有的香味。萜烯对映异构物具有很不同的气味特征，L-香芹酮［4(*R*)-(—)香芹酮］具有强烈的留兰香味，而 D-香芹酮［4(*S*)-(+)香芹酮］具有黄蒿的特征香味（图 10-21）。

### 10.3.1.5　乳酸-乙醇发酵中的风味

微生物广泛应用于食品生产中，但人们对它们在发酵食品风味中的特殊作用并不完全了

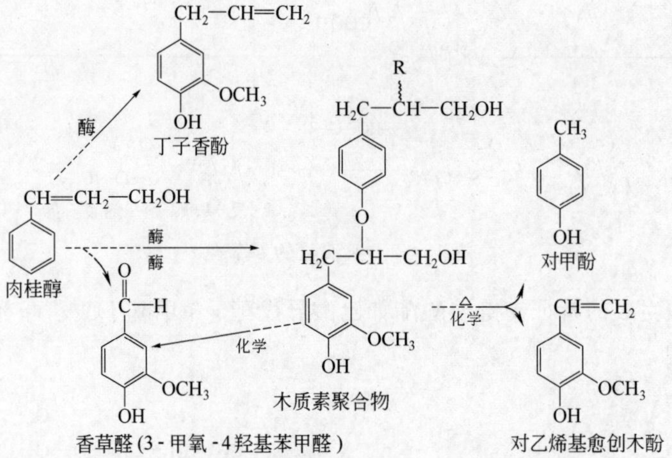

图 10-19　莽草酸途径中生成的一些风味化合物

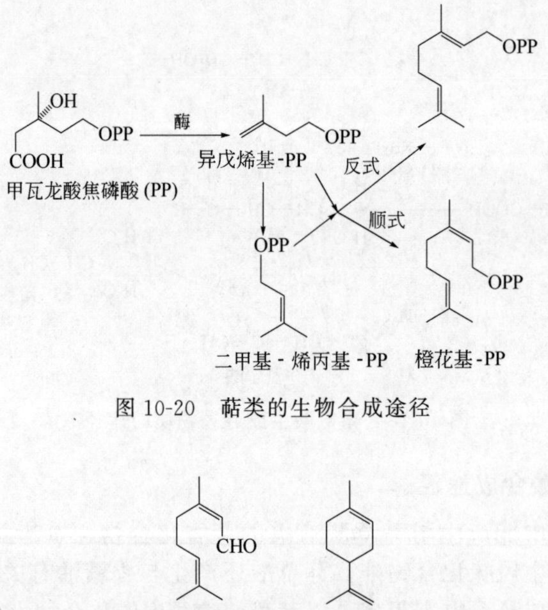

图 10-20　萜类的生物合成途径

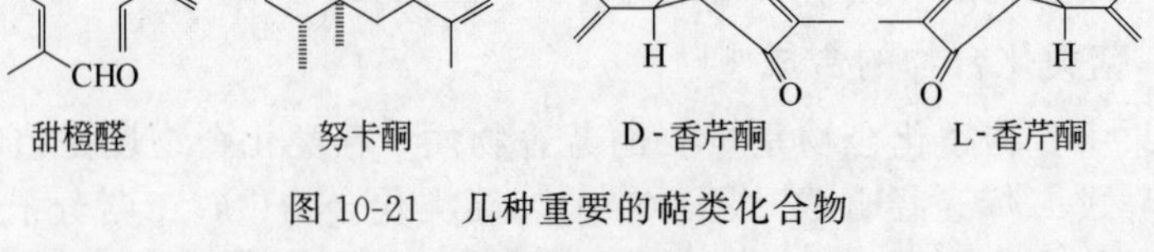

图 10-21　几种重要的萜类化合物

解，这可能是由于在很多食品中它们产生的风味化合物并不具有多大的特征效应。在发酵乳制品和酒精饮料生产中微生物发酵产生的风味成分对产品的风味非常重要。图 10-22 显示了异质发酵乳酸菌的一些发酵产物的产生途径，发酵时以葡萄糖或柠檬酸为底物，生成一系列风味化合物。

乳酸菌异质发酵所产生的各种风味化合物中，乳酸、丁二酮（双乙酰）和乙醛是发酵奶

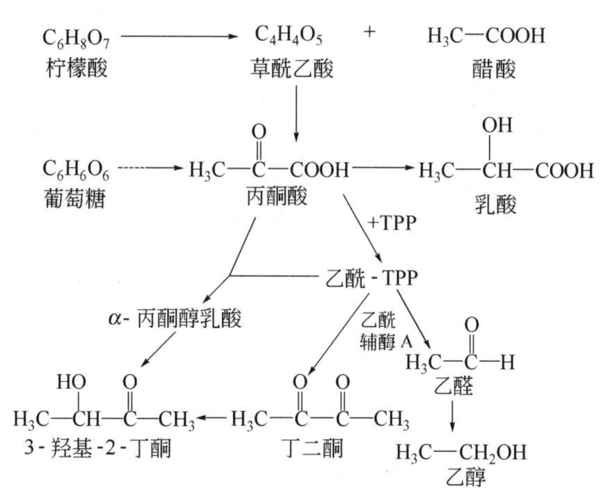


图 10-22　乳酸菌异质发酵代谢生成的主要挥发性物质

油的主要特征香味，而均质发酵乳酸菌（例如乳酸杆菌或嗜热杆菌）仅产生乳酸、乙醛和乙醇。乙醛是酸奶的特征效应化合物，丁二酮也是大多数混合发酵的特征效应化合物。乳酸不仅产生特殊气味，同时也为发酵乳制品提供酸味。

酒精饮料的生产中，微生物的发酵产物形成了酒类风味的主体。啤酒中影响风味的主要有醇、酯、醛、酮、硫化物等。啤酒酒香的主要成分是异戊醇、α-苯乙醇、乙酸乙酯、乙酸异戊酯、乙酸苯乙酯。而乙醛、双乙酰、硫化氢形成了嫩啤酒的生青味，在后发酵中要降低到要求范围，一般成熟的优质啤酒中乙醛含量＜8mg/L，双乙酰含量＜0.1mg/L，硫化氢含量＜5μg/L。中国白酒中醇、酯、羰基化合物、酚、醚等化合物对风味影响很大。醛类化合物（以乙醛为主）在刚蒸馏出来的新酒中较多，使酒带有辛辣味和冲鼻感；糠醛通常对酒的风味有害，但在茅台酒中却是构成酱香味的重要成分，含量达到 29.4mg/L；酯类对中国白酒的香味有决定性作用，对酒香气影响大的主要是 $C_2$～$C_{12}$ 脂肪酸的乙酯和异戊酯、苯乙酸乙酯、乳酸乙酯、乙酸苯乙酯等。

## 10.3.2　非酶促反应

食品中风味成分形成的另一途径是非酶促化学反应，在食品的烹调、加工和贮藏中这类反应常常和酶促反应共存或相互影响。

### 10.3.2.1　加热产生的风味成分

食品在加工中风味化合物的产生，一般认为在相当程度上是由于热反应（部分蔬菜和水果的风味则主要是酶反应的结果）的结果。如油炸食品的风味就是由热降解产生的低级的、不饱和的醇类和醛类构成的油脂香和热反应产生的吡嗪、吡啶、呋喃酮等含氧、含氮的杂环化合物所构成的焦糖、烘烤香，共同协调产生的。其食品中最基本的热降解反应有三种：①美拉德反应，特别是 Strecker 降解反应；②糖类、蛋白质、脂肪的热分解反应；③维生素的降解反应(特别是维生素 $B_1$)。美拉德反应在其中占有重要的地位，特别是对动物食品。

**(1) 美拉德反应**　美拉德反应的产物非常复杂，一般来说，当受热时间较短、温度较低时，反应主要产物除了 Strecker 醛类外，还有香气的内酯类、吡喃类和呋喃类化合物；当受热时间较长、温度较高时，还会生成有焙烤香气的吡嗪类、吡咯、吡啶类化合物。

吡嗪化合物是所有焙烤食品（烤面包或类似的加热食品）中的重要风味化合物，一般认为吡嗪类化合物的产生与美拉德反应有关，它是反应中生成的中间物 α-二羰基化合物与氨基酸通过 Strecker 降解反应而生成。反应中氨基酸的氨基转移到二羰基化合物上，最终通过分子的聚合反应形成吡嗪化合物（图 10-23）。反应中同时生成的小分子硫化物也对加工食品气味起作用，甲二磺醛是煮土豆和干酪饼干风味的重要特征化合物。甲二磺醛容易分解为甲烷硫醇和二甲基二硫化物，从而使风味反应中的低分子量硫化物含量增加。

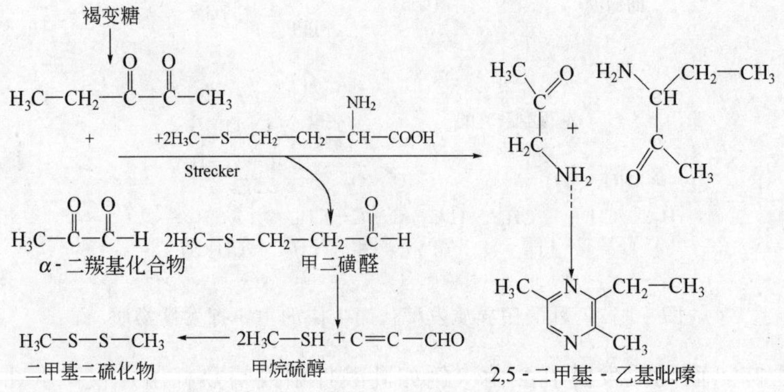

褐变糖

$$H_3C-CH_2-\overset{O}{\overset{\|}{C}}-\overset{O}{\overset{\|}{C}}-CH_3 + 2H_3C-S-CH_2-CH_2-\overset{NH_2}{\overset{|}{CH}}-COOH \xrightarrow[\text{Strecker}]{}$$

$$H_3C-\overset{O}{\overset{\|}{C}}-\overset{O}{\overset{\|}{C}}-H \quad 2H_3C-S-CH_2-CH_2-\overset{O}{\overset{\|}{C}}-H$$

α-二羰基化合物　甲二磺醛

$$H_3C-S-S-CH_3 \longleftarrow 2H_3C-SH + C{=}C-CHO$$

二甲基二硫化物　甲烷硫醇

H₃C—C(=O)—CH₂—NH₂ + H₂N—CH(CH₂—CH₃)—C(=O)—CH₃ → 2,5-二甲基-乙基吡嗪

图 10-23　吡嗪化合物的一种形成途径

在加热产生的风味化合物当中，通过 $H_2S$ 和 $NH_3$ 形成的含有硫、氮的化合物也是很重要的。例如在牛肉加工中半胱氨酸裂解生成的 $H_2S$、$NH_3$ 和乙醛，它们可以与美拉德反应中生成物羟基酮反应，产生煮牛肉风味的噻唑啉（图 10-24）。

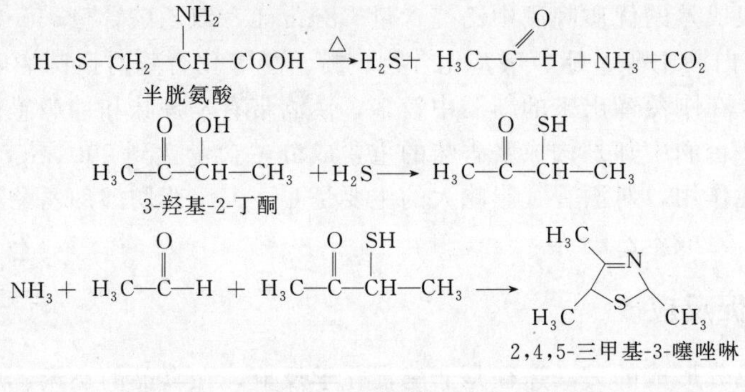

$$H-S-CH_2-\overset{NH_2}{\overset{|}{CH}}-COOH \xrightarrow{\triangle} H_2S + H_3C-\overset{O}{\overset{\|}{C}}-H + NH_3 + CO_2$$

半胱氨酸

$$H_3C-\overset{O}{\overset{\|}{C}}-\overset{OH}{\overset{|}{CH}}-CH_3 + H_2S \longrightarrow H_3C-\overset{O}{\overset{\|}{C}}-\overset{SH}{\overset{|}{CH}}-CH_3$$

3-羟基-2-丁酮

$$NH_3 + H_3C-\overset{O}{\overset{\|}{C}}-H + H_3C-\overset{O}{\overset{\|}{C}}-\overset{SH}{\overset{|}{CH}}-CH_3 \longrightarrow$$

2,4,5-三甲基-3-噻唑啉

图 10-24　蛋氨酸与羰基化合物生成噻唑啉

**(2) 糖类、蛋白质、脂肪的热分解反应**　糖类在没有胺类情况下加热，也会发生一系列的降解反应，生成各种风味成分。

单糖和双糖的热分解生成以呋喃类化合物为主的风味成分，并有少量的内酯类、环二酮类等物质。反应途径与 Maillard 反应中生成糠醛的途径相似，继续加热会形成丙酮醛、甘油醛、乙二醛等低分子挥发性化合物。

淀粉、纤维素等多糖在高温下直接热分解，400℃以下主要生成呋喃类和糠醛类化合物，以及麦芽酚、环甘素、有机酸等低分子物质。

蛋白质或氨基酸热裂解生成挥发性物质时，会产生硫化氢、氨、吡咯、吡啶类、噻唑类、噻吩类等，这些化合物大多有强烈的气味。脂肪也会因热氧化产生刺激性气味，可以参考第 4 章的内容。

**(3) 维生素的热分解反应**　维生素 $B_1$ 在加热时，生成许多含硫化合物、呋喃和噻吩，一些生成物具有肉香味。抗坏血酸很不稳定，在有氧条件下热降解，生成糠醛、乙二醛、甘油醛等低分子醛类。糠醛类化合物是烘烤后的茶叶、花生及熟牛肉香气的重要组成成分之一。

#### 10.3.2.2 脂肪的氧化

脂肪的非酶促氧化产生的过氧化物分解产生醛、酮化合物，使食品产生所谓的哈败味。但是在一些加工食品中，脂肪氧化分解物以适当浓度存在时，却可以赋予食品以需要的风味（例如面包）。脂肪的氧化机制参考第 4 章的有关内容。

## 参考文献


[1] 孙宝国主编．食品风味化学，北京：化学工业出版社，2012.

[2] 张聪等．油炸食品风味的研究进展．食品安全质量检测学报．2014，10：3086.

[3] 牛爽等．发酵干香肠中挥发性成分的分析．食品与发酵工业，2005，31（2）：101.

[4] 齐峰等．甜味剂的现状及发展趋势．化学工程师，2005（6）：46.

[5] 蔡华珍等．超声波处理对咸肉腌制影响的初步研究．食品与发酵工业，2005，31（12）：110.

[6] Bolzoni L，et al. Changes in volatile compounds of Parma Ham during maturation. Meat Science，1996，43：301.

[7] Dirinck P，et al. Flavour differences between northern and southern European cured hams. Food Chemistry，1997，59（4）：511.

[8] Flores M，et al. Correlations of sensory and volatile compounds of Spanish "Serrano" dry-cured ham as a function of two processing times. Journal of Agriculture and food chemistry，1997，45：2178.

[9] Mottram D S. Flavor formation in meat and meat products：a review. Food Chemistry，1998，62（4）：415.

[10] Sabio E，et al. Volatile compounds present in six types of dry-cured ham from south European countries. Food Chemistry，1998，61：493.

[11] Bettenhausena H M，et al. Influence of malt source on beer chemistry，flavor，and flavor stability. Food Research International，2018，113：487.

# 第11章 食品添加剂

**本章要点：** 食品添加剂使用原则、注意事项及一些常用的食品添加剂的结构、性质及作用，一些安全性好、功能性强的天然成分或新食品原料的性质、作用和注意事项等。

根据GB2760—2014，食品添加剂（food additive）的定义是：为改善食品品质和色、香、味，以及为防腐、保鲜和加工工艺的需要而加入食品中的人工合成或者天然物质。食品用香料、胶基糖果中基础剂物质、食品工业用加工助剂也包括在内。联合国粮农组织（FAO）和世界卫生组织（WHO）联合组成的食品法规委员会（CAC）以及美国、日本、欧盟对食品添加剂的定义略有不同。譬如，有的国家对食品添加剂的定义包括营养强化剂，有的不包括，有的包括食品助剂，有的不包括等。但就其定义的本质和食品添加剂的作用都是相同的。无论从各国关于食品添加剂的定义出发，还是从食品添加剂在食品工业中所起的实际作用看，食品添加剂都具有三方面的重要作用：①能够改善食品的品质，提高食品的质量，满足人们对食品风味、色泽、口感等享受性需要；②能够使食品加工制造工艺更合理、更卫生、更便捷，有利于食品工业的机械化、自动化和规模化；③能够使食品工业节约资源，降低成本，在极大地提升食品品质和档次的同时，增加其附加值和安全性，产生明显的经济效益和社会效益。

## 11.1 概 述

### 11.1.1 食品添加剂的种类

食品添加剂种类繁多，按其来源可分为天然食品添加剂和人工合成食品添加剂。按其功能可分成22个大类。具体包括：酸度调节剂、抗结剂、消泡剂、抗氧化剂、漂白剂、膨松剂、胶基糖果中基础剂物质、着色剂、护色剂、乳化剂、酶制剂、增味剂、面粉处理剂、被膜剂、水分保持剂、防腐剂、稳定剂和凝固剂、甜味剂、增稠剂、食品用香料、食品工业用加工助剂和其他。

### 11.1.2 食品添加剂使用原则

从食品安全性和加工工艺角度出发，在使用食品添加剂时，应遵循下述原则：

**(1)** 在允许使用的范围内，长期摄入后对食用者不引起慢性毒性反应。

**(2)** 不破坏食品的营养成分，不降低食品的质量；本身无毒，也不分解产生有毒物质。

**(3)** 同时加入 2 种及其以上食品添加剂时，不会有毒性协同作用。

**(4)** 不得以掩盖食品腐败变质或以掺杂、掺假为目的。

**(5)** 不允许以掩盖食品本身缺陷或加工过程中的质量缺陷为目的。

**(6)** 严格遵守国家规定的使用范围及使用量或残留量。

**(7)** 严格执行食品添加剂和食品工业用加工助剂的质量标准，包括物理性状、鉴别、杂质限度、纯度（即含量范围）及相应的检验方法。食品工业用加工助剂一般应在制成最后成品之前除去，有规定食品中残留量的除外。

## 11.2 常用人工合成的食品添加剂

目前，允许直接使用的人工合成的食品添加剂品种 4000 种左右，常用的 680 余种。下面介绍一些典型的常用人工合成的食品添加剂的特性及其使用方法。

### 11.2.1 酸度调节剂

酸度调节剂（acidity regulators）亦称 pH 调节剂，是维持或改变食品酸碱度的物质。主要有酸味剂、碱化剂以及具有缓冲作用的盐类。

酸味剂具有改善食品质量的功能特性，例如改变和维持食品的酸度并改善其风味；增进抗氧化作用，防止食品腐败；与重金属离子络合，具有阻止氧化或褐变反应、稳定颜色、降低浊度、增强凝胶特性等作用。各种酸味剂都具有给予食品酸味、增加香味、抑菌防腐、缓冲调节、肉制品护色保质、抗氧化，以及使食品膨松等功能。此外，酸味剂还有助于钙等许多矿物质和营养素的吸收。适宜的酸味与甜味比例组合，是构成食品水果风味和开发新食品风味的重要因素之一。酸味剂因其分子中羟基、羧基、氨基的有无、数量的多少及其在分子结构中所处的位置不同，会产生不同的风味，使得酸味剂不仅有酸味，有时还带有苦味、涩味等，如柠檬酸、抗坏血酸、葡萄糖酸有缓和回润的酸味，苹果酸稍带有苦涩味，盐酸、磷酸、乳酸、酒石酸、延胡索酸稍带有涩味，乙酸、丙酸稍带有刺激臭，琥珀酸、谷氨酸带有鲜味。酸味与甜味、咸味、苦味等味觉可以互相影响，甜味与酸味易互相抵消，酸味与咸味、酸味与苦味则难于抵消。而酸味与某些苦味物质或收敛性物质（如单宁）混合，则能使酸味增强。

目前，我国允许使用的酸度调节剂主要有柠檬酸及其钠、钾盐、富马酸、磷酸及其盐、乳酸及其钠、钙盐、己二酸、酒石酸、偏酒石酸、马来酸、苹果酸、乙酸、盐酸、氢氧化钠、碳酸钾、碳酸氢三钠、柠檬酸一钠等，其中产量最大的是柠檬酸和磷酸，乳酸、醋酸次之。

#### 11.2.1.1 柠檬酸（包括盐类）

柠檬酸（citric acid）又称枸橼酸，根据其含水量的不同，分为一水柠檬酸和无水柠檬酸（$C_6H_8O_7 \cdot H_2O$ 和 $C_6H_8O_7$），分子量分别为 210.14 和 192.12。柠檬酸由淀粉或糖质原料经发酵精制而成。外观呈无色半透明结晶或白色结晶状颗粒，味极酸，易溶于水和乙醇，微溶于乙醚。

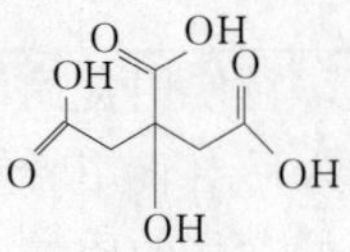

柠檬酸

柠檬酸主要用于碳酸饮料、果汁饮料、乳酸饮料等清凉饮料和腌制品，其需求量受季节气候的变化而有所变化。柠檬酸约占酸度调节剂总消耗量的2/3。在水果罐头中添加柠檬酸可保持或改进罐藏水果的风味，提高某些酸度较低的水果罐藏时的酸度（降低pH值），减弱微生物的抗热性，抑制其生长，防止酸度较低的水果罐头常发生的细菌性胀罐和破坏。在糖果中加入柠檬酸作为酸味剂易于和果味协调。在凝胶食品如果酱、果冻中使用柠檬酸能有效降低果胶负电荷，从而使果胶分子间氢键结合而胶凝。此外，还有抑制细菌、护色、改进风味、促进蔗糖转化等作用，有利于防止贮藏中发生蔗糖晶析而引起的发砂现象。在加工蔬菜罐头时，一些蔬菜呈碱性反应，用柠檬酸作pH调整剂，不但可以起到调味作用，还可保持其品质。

此外，柠檬酸具有螯合作用，能够清除某些有害金属。它与抗氧化剂混合使用，能钝化金属离子，起到协同增效的作用。

柠檬酸能够防止因酶催化和金属催化引起的氧化作用，从而阻止速冻水果变色变味。

柠檬酸可以减少贝类如蟹肉、虾、龙虾、蚝等罐头在罐装及速冻过程中的褪色和变味。罐装或速冻前将海产食品浸入0.25%～1%柠檬酸溶液中，可以螯合食物中的铜、铁等金属杂质，避免这些金属使食品变成蓝色或黑色。

柠檬酸所具有的螯合作用和调节pH值的特性，在速冻食品的加工中能增加抗氧剂的性能，抑制酶活性，延长食品保存期。

#### 11.2.1.2 乙酸

乙酸（acetic acid），$C_2H_4O_2$，分子量60.05，别名醋酸、冰乙酸、冰醋酸，是无色透明液体，有刺激性气味，熔点16.7℃，沸点118℃，黏度1.22mPa·s（20℃）。通常食用的乙酸含纯乙酸约30%，可与水、乙醇、甘油、乙醚等混合，p$K$值4.75。6%水溶液pH约2.4。可通过乙醇或乙醛氧化制得，也可采用溶剂萃取焦木油后分离制得。乙酸天然存在于动、植物组织中，是食品的正常成分，在脂肪酸和糖类代谢中均有涉及，并以乙酰辅酶A的形式出现。可用做酸度调节剂和酸化剂，也可作为其他添加剂的溶剂。它还是很好的抗微生物剂，这主要归因于其可使pH降低至低于微生物最适生长所需的pH。乙酸是我国应用最早、使用最多的酸味剂，主要用于复合调味料、配制醋、罐头、干酪、果冻等。以食醋作为酸味剂，辅以纯天然营养保健品制成的饮料称为国际型第三代饮料。

#### 11.2.1.3 乳酸

乳酸（lactic acid），$C_3H_6O_3$，分子量为90.08，为乳酸和乳酰乳酸（$C_6H_{10}O_5$）的混合物。无色到浅黄色固体或糖浆状澄明液体；几乎无臭，有特异收敛性，味微酸，酸味阈值0.004%，有吸湿性；纯乳酸熔点18℃，沸点122℃（1999.8Pa），水溶液呈酸性反应。与水、乙醇或乙醚能任意混合，在氯仿中不溶。

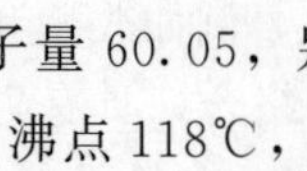

乳酸

乳酸（包括盐类）有独特的酸味，作为防止杂菌繁殖的液体酸味剂用于日本酒业。乳酸在啤酒生产中的应用主要是在糖化过程中调节 pH 值。乳酸是一种重要的有机酸，广泛地应用于食品加工业中，其衍生物乳酸盐和乳酸酯的应用更为广泛。如乳酸钙、乳酸亚铁和乳酸锌等，常作为锌的强化剂广泛应用于食品、医药和饮料行业。乳酸钠作为食品保鲜剂、调味剂、防冻剂、保湿剂等，已在国外部分替代苯甲酸钠作防腐剂应用于食品行业。乳酸甲酯用于松脆糕点，乳酸乙酯是常用的香料。硬脂酸乳酸钙和硬脂乳酸钠可以与面团中的谷蛋白结合，又可与面团中的淀粉发生化学反应，从而改变面包内部结构，使面包变得疏松、柔软。世界乳酸产量的 20%用于制备硬脂酸乳酸钙和钠。

#### 11.2.1.4 L-苹果酸

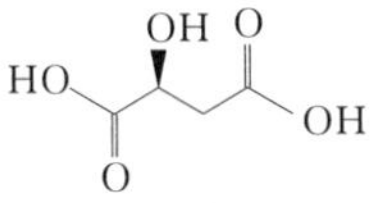

L-苹果酸

L-苹果酸（L-malic acid），$C_4H_6O_5$，分子量为 134.09，白色结晶体粉末，熔点 130℃，沸点 150℃，1%水溶液的 pH 为 2.40。有特异的酸涩味和较强的吸湿性，易溶于水、乙醇、氯仿，具有抗氧化作用。L 苹果酸的酸味柔和，持久性长。目前美国食品市场上的新型食品和饮料已主要使用苹果酸作为酸味剂。碳酸和非碳酸饮料、糖果、糖浆、蜜饯等食品中苹果酸的用量也有所增加。苹果酸不仅可用作清凉饮料的酸味剂和防止食品变质等，也可用于溶剂、祛臭剂、染色助剂等。苹果酸可与其他酸味剂复配使用，与柠檬酸合用可增强酸味。L-苹果酸天然存在于食品中，是三羧酸循环的中间体，可参与人体正常代谢。

#### 11.2.1.5 酒石酸

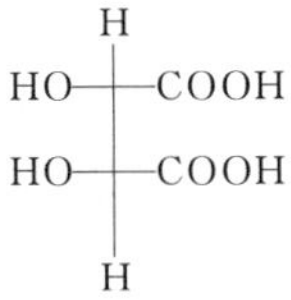

酒石酸

酒石酸（tartaric acid），$C_4H_6O_6$，分子量为 150.09。为无色结晶或白色结晶粉末，无臭、有酸味。结晶品中含有 1 分子结晶水。酸味阈值 0.0025%，酸味强度约为柠檬酸的 1.2～1.3 倍，口感稍涩，具有金属离子螯合作用，0.3%的水溶液的 pH 值为 2.4。可由马来酸或富马酸异钨酸盐为催化剂，用过氧化氢氧化制得，或由制造葡萄酒时所得的酒石生产。酒石酸广泛用于食品行业，如作为啤酒发泡剂、食品酸味剂等，主要用于清凉饮料、糖果、果汁、沙司、冷菜、发酵粉等，其酸味为柠檬酸的 1.3 倍，特别适用作葡萄汁的酸味剂，其添加量按生产需要适量使用。

#### 11.2.1.6 富马酸

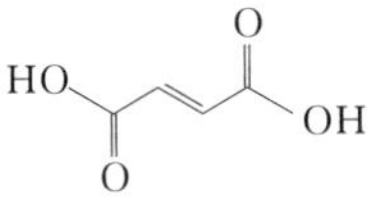

富马酸

富马酸（fumaric acid），$C_4H_4O_4$，分子量为 116.07，别名延胡索酸、反丁烯二酸，成品为白色颗粒或结晶性粉末，无臭，有特殊酸味，酸味强，约为柠檬酸的1.5倍。熔点287℃，沸点290℃，与水共煮生成DL-苹果酸。富马酸可由糖类经根霉发酵制的，也可由顺丁烯二酸异构化制得。富马酸（包括其盐类）是一种酸度高、吸湿性低、价格低廉的酸味剂，但有溶解度差的欠缺。在食品中主要用于肉制品、鱼肉加工制品、面包、糕点、饼干及碳酸饮料等。本品有强缓冲作用，以保持水溶液在pH3.0左右，并对抑菌防腐有重要作用，同时，它有涩味，是酸味最强的固体酸之一，吸水率低，有助于延长粉末制品等的保存期。当富马酸变为富马酸钠后，水溶性及风味均更好。

#### 11.2.1.7 琥珀酸

HO　　O　　OH

琥珀酸

琥珀酸（succinic acid），$HOOCCH_2CH_2COOH$，别名丁二酸，分子量为118.09，无色结晶体，味酸，可燃。有二种晶形（α型和β型），α型在137℃以下稳定，而β型在137℃以上稳定。在熔点以下加热时，丁二酸升华，脱水生成丁二酸酐。熔点188℃，沸点235℃（分解），溶于水、乙醇和乙醚，不溶于氯仿、二氯甲烷。

琥珀酸（包括盐类）可产生酸味，多用于豆酱、酱油、日本酒、调味料等。琥珀酸钠（$C_4H_4Na_2O_4 \cdot 6H_2O$）是有贝类特殊滋味的白色结晶粉末，用作合成医药及其他有机合成原料，在食品工业中用于调味剂、酸味剂、缓冲剂，用于火腿、香肠、水产品、调味液等。

总之，虽然我国批准可使用的酸度调节剂品种不少，但是，与国外许可使用的同类品种相比，尚有一定差距，主要是缺少各种有机酸的盐。

### 11.2.2 防腐剂

食品在贮存及流通中易受各种微生物的影响而腐败变质甚至产生有害成分。防止食品腐败变质的方法有多种，其中利用防腐剂来保持食品的鲜度和质量，是最常用的方法之一。防腐剂（preservatives）是一类能够抑制微生物的生长繁殖或杀灭微生物的成分。常用的防腐剂有：山梨酸及其盐、丙酸及其盐、苯甲酸及其钠盐、双乙酸钠和单辛酯甘油醇等。

采用防腐剂来保鲜食品，避免了热杀菌造成的食品色、香、味及质地等方面的损失，克服了传统的盐腌、糖渍、烟熏等保藏方法对食品风味和营养价值的破坏，与高压杀菌、高压电场杀菌、静电杀菌、感应电子杀菌、强光脉冲杀菌、X射线杀菌、紫外线杀菌、核辐射杀菌等新型冷杀菌方式相比，投资小，简便易行。因此，在科技发达的今天，防腐剂仍然是一类重要的食品添加剂。

#### 11.2.2.1 苯甲酸及其钠盐

O　OH

苯甲酸

苯甲酸（benzoic acid）$C_7H_6O_2$，又名安息香酸，分子量122.12，不溶于水，溶于乙醇、乙醚等有机溶剂。苯甲酸钠又名安息香酸钠，无臭或微带安息香气味，味微甜，有收敛性，易溶于水，在空气中稳定。苯甲酸及其钠盐属于酸性防腐剂，在酸性条件下对多种微生物（酵母、霉菌、细菌、食品有毒菌、芽孢菌）有明显抑菌作用，但对产酸菌作用较弱。作用机理是抑制微生物细胞呼吸酶的活性和阻碍乙酰辅酶的缩合反应，使三羧酸循环受阻，代谢受到影响，此外还会阻碍细胞膜的通透性，从而起到防腐作用。其作用效果与 pH 值有很大关系，在低 pH 条件下对微生物有广泛的抑制作用，但对产酸菌作用很弱，在 pH 值 5.5 以上时，对很多霉菌无抑制效果。苯甲酸的最适 pH 为 2.5～4.0，适用于酸化食品。苯甲酸常以游离或结合状态存在于一些植物材料中，肉类原料中一般不会含苯甲酸。苯甲酸及其钠盐在体内参与代谢，是较为安全的防腐剂。

#### 11.2.2.2 山梨酸及其钾盐

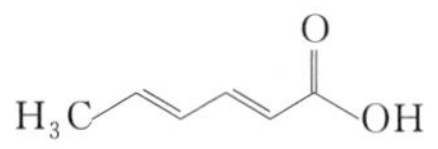

$H_3C-CH=CH-CH=CH-C(=O)OH$

山梨酸

山梨酸（sorbic acid），$C_6H_8O_2$，别名花楸酸，分子量 112.13。山梨酸钾（$C_6H_7KO_2$）别名 2,4-乙二烯酸钾，分子量为 150.22，无臭或臭气，在空气中不稳定，能被氧化着色，有吸湿性，易溶于水和乙醇。山梨酸理化性质类似山梨酸钾，是目前使用最多的防腐剂之一。它对霉菌、酵母菌和好氧细菌的生长发育有抑制作用，而对嫌氧细菌几乎无效。山梨酸及其钾盐能抑制微生物尤其是霉菌细胞内脱氢酶活性，并与酶系统中的巯基结合，从而破坏多种重要的酶系统，如细胞色素 C 对氧的传递，以及细胞膜表面能量传递的功能，抑制微生物增殖，达到抑菌防腐的目的。山梨酸钾的抑菌性受酸碱度的严格控制，pH 值低于 5.0～6.0 时其抑菌效果最佳。在微生物严重污染的食品中无抑菌作用。山梨酸钾的抑菌效果比苯甲酸钠高 5～10 倍，毒性仅为苯甲酸钠的五分之一，而且不会破坏食品原有的色、香、味和营养成分，是一种优良的化学防腐剂。

#### 11.2.2.3 对羟基苯甲酸酯

对羟基苯甲酸酯（para-hydroxybenzoate），$C_7H_9O_3$，又名尼泊金酯（nipagin ester），商品名对羟基安息香酸，分子量为 138.12，无臭无味，有麻舌感，易溶于热水和醇、醚、丙酮，微溶于冷水、苯，不溶于 $CS_2$。尼泊金酯类结构通式如下：

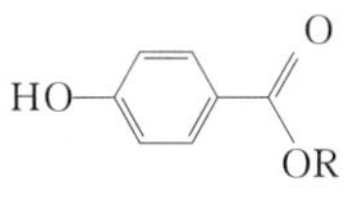

$HO-C_6H_4-C(=O)OR$

$R=-CH_3$；$-CH_2CH_3$；$-(CH_2)_2CH_3$；$-(CH_2)_3CH_3$；$-(CH_2)_6CH_3$

尼泊金酯的杀菌作用随着醇烷基碳原子数的增加而增加，而在水中的溶解度则随着醇烷基碳原子数的增加而降低，毒性则随着醇烷基碳原子数的增加而减轻。通常的方法是通过复配来提高溶解度，并通过增效作用来提高防腐能力。我国主要使用对羟基苯甲酸乙酯和丙酯，日本使用最多的为对羟基苯甲酸丁酯，常作为烟熏肉制品的防腐剂使用。尼泊金酯类的作用机理是破坏微生物的细胞膜，使细胞内的蛋白质变性，并抑制细胞的呼吸酶系和电子传递酶系的活性。尼泊金酯的抗菌活性主要是分子态起作用，由于其分子内的羧基已被酯化，不再电离，而对位酚羟基的电离常数很小，因此，尼泊金酯（钠）在较宽的 pH 范围内均有良好的抑菌效果。

尼泊金酯（钠）已在焙烤食品、脂肪制品、乳制品、水产品、肉制品、调味品、腌制品、酱制品、果蔬制品、淀粉糖制品、啤酒、果酒以及果蔬保鲜等多个领域得到应用。

尼泊金酯作为食品防腐剂具有以下优势：

第一，抑菌效果好，因而在食品中的添加量少。尼泊金酯特别是其中的长链酯对霉菌、酵母菌和革兰氏阴性菌的最小抑菌浓度通常只有苯甲酸钠和山梨酸钾的1/10。

第二，适用的pH范围广。尼泊金酯在pH值4～8范围内均有很好的抑菌效果，而苯甲酸钠和山梨酸钾均为酸性防腐剂，它们在pH值大于5.5时抑菌效果很差。

第三，使用成本低。在大多数食品中，尼泊金酯的使用成本和苯甲酸钠相当，约为山梨酸钾的1/3。

第四，使用方便。尼泊金酯生产成钠盐后，极易溶于水，便于生产中应用，克服了尼泊金酯不溶于水的缺陷。

第五，尼泊金酯的最大优势在于尼泊金酯的复配使用。不同碳链长度的尼泊金酯有不同的抗菌性能，复配使用不但可以起增效作用，还可以增加水溶性和扩大抗菌谱。

#### 11.2.2.4 丙酸及其盐类

丙酸（propionate），$C_3H_6O_2$，分子量74，常以其钠盐或钙盐作为防腐剂添加于食品中。它对霉菌有良好的防腐效果，而对细菌的抑制作用较小，如对枯草杆菌、八叠球菌、变形杆菌等只能延迟其发育约5d，对酵母无作用。丙酸是通过抑制微生物合成$\beta$-丙氨酸而起抑菌作用的。在丙酸钠中加入少量$\beta$-丙氨酸，其大部分抗菌作用即被抵消，但是对棒状曲菌、枯草杆菌、假单胞杆菌等仍有抑制作用。

丙酸钙无臭无味，易溶于水。据联合国粮农组织和世界卫生组织报道，它与其他脂肪酸一样可通过代谢作用被人体吸收，并供给人体必需的钙，这一优点是其他防腐剂所无法比拟的。丙酸钙为酸性防腐剂，对各种霉菌、需氧芽孢杆菌、革兰氏阳性杆菌有较强的抑制作用，对能引起食品发黏的枯草杆菌效果尤为显著，对防止黄曲霉素的产生有特效。

丙酸及其盐类属于酸性防腐剂，因此，必须在酸性环境中才能产生抑菌作用，其适宜的pH范围为5.0以下。

### 11.2.3 抗氧化剂

抗氧化剂（antioxidants）可防止食品被氧化变质、延长食品保质期。常用的有水溶性的异抗坏血酸钠和脂溶性的2,6-二叔丁基羟基甲苯（BHT）、叔丁基对羟基茴香醚（BHA）、叔丁基对苯二酚（TBHQ）、没食子酸丙酯（PG）、维生素E、维生素C等。异抗坏血酸钠特别适用于肉类制品的保鲜，具有明显的抗氧化和护色作用，价格便宜，发展前景广阔。TBHQ用于各种油脂食品，抗氧化效果是BHA、BHT、维生素E等的2～5倍，高温稳定，遇金属离子不变色。随着肉类制品和含油脂食品的增多，抗氧化剂的需求量不断增加，复配和使用增效剂产生协同效应的抗氧化剂将成为未来抗氧化剂的主流。荷兰已开发出用于肉禽保鲜的抗氧化剂L-乳酸盐，能抑制生鲜肉腐败菌生长，冷藏时又能抑制脂肪氧化，市场前景看好。我国生鲜肉禽类食品的防腐抗氧化剂尚未有生产，目前主要是采用冷藏，极易氧化变色，应加强这方面的研究开发。

#### 11.2.3.1 叔丁基对羟基茴香醚

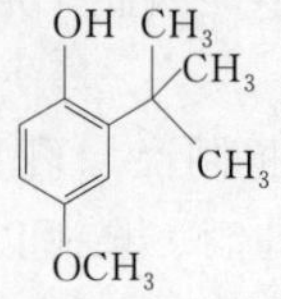

OH $CH_3$ $CH_3$ $CH_3$

$OCH_3$

叔丁基对羟基茴香醚

叔丁基对羟基茴香醚（butyl hydroxy anisole，BHA），$C_{11}H_{6}O_{2}$，分子量180.2。为白色或微黄色蜡样结晶性粉末，带有特殊的酚类的臭气及刺激性气味，熔点48～63℃，沸点264～270℃（98kPa），不溶于水，溶于油脂及有机溶剂中，对热相对稳定，是2-BHA和3-BHA两种异构体混合物。BHA具有抗氧化作用和抗菌作用。$200\times10^{-6}$的BHA可抑制饲料青霉黑霉孢子的生长，$250\times10^{-6}$可抑制黄曲霉的生长及黄曲霉毒素的产生。对植物油抗氧化活性弱，但在富含天然抗氧化剂植物油中或与其他抗氧化剂复配使用，具有抗氧化增效作用，抗氧化效果明显提高。由于BHA价格贵，目前BHA在我国消耗量已很小，已逐渐被新型抗氧化剂所替代。

#### 11.2.3.2　2,6-二叔丁基羟基甲苯

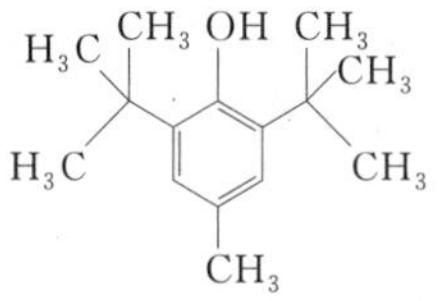

2,6-二叔丁基羟基甲苯

2,6-二叔丁基羟基甲苯（butyl hydroxy toluene，BHT），$C_{15}H_{24}O$，分子量220.35。

BHT为白色或浅黄色结晶粉末，基本无臭，无味，熔点69.7℃，沸点265℃，对热相当稳定。接触金属离子，特别是铁离子，不显色，抗氧化效果良好。具有单酚型特征的升华型，不溶于水、甘油和丙二醇，易溶于乙醇和油脂（例如易溶于动植物油），与金属离子作用不会着色，易受阳光、热的影响，是目前最常用抗氧化剂之一。与BHA、维生素C、柠檬酸、植酸等复配使用具有显著增效作用，可用于长期保存油脂和含油脂较高的食品及维生素添加剂。

#### 11.2.3.3　没食子酸丙酯

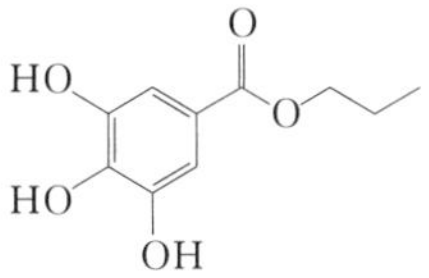

没食子酸丙酯

没食子酸丙酯（propyl gallate，PG），$C_{10}H_{12}O_{5}$，别名棓酸丙酯，分子量212.21。PG是没食子酸和正丙醇酯化而成的白色至淡褐色结晶性粉末或乳白色针状结晶，无臭，稍有苦味，水溶液无味，有吸湿性，光照可促进其分解；熔点146～150℃，对热较敏感，稳定性较差；难溶于水，易溶于乙醇、甘油，微溶于油脂，在油脂中溶解度随着烷基链长度增加而增大，是我国允许使用的一种常用的油脂抗氧化剂。它能阻止脂肪氧合酶酶促氧化，在动物性油脂中抗氧化能力较强，与增效剂柠檬酸复配使用时，抗氧化能力更强；与BHA、BHT复配使用时抗氧化效果尤佳；遇铁离子易出现呈色反应，产生蓝黑色；耐热性较差，在食品焙烤或油炸过程中迅速挥发掉。

#### 11.2.3.4　叔丁基对苯二酚

叔丁基对苯二酚（tert-butyl hydroquinone，TBHQ），$C_{10}H_{12}O_{4}$，分子量为166.22。

TBHQ为白色或微红褐色结晶粉末，有一种极淡的特殊香味，几乎不溶于水（约为0.5%），溶于乙醇、乙酸、乙酯、乙醚及植物油、猪油等。熔点126.5～128.5℃，沸点300℃。

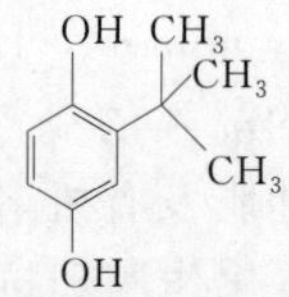

叔丁基对苯二酚

对大多数油脂均有防止腐败作用，尤其是植物油。遇铁、铜不变色，但如有碱存在可转为粉红色。在很多情况下，TBHQ对毛油和精炼油来说，较其他普通抗氧化剂能提供更有效的保护作用。TBHQ对油脂抗氧化能力比目前常用的BHA、BHT、PG大2～5倍。TBHQ能够防止胡萝卜素分解和稳定植物油中的生育酚。此外，TBHQ还具有抑制细菌和霉菌作用，食物中加入50mg/kg TBHQ可抑制枯草芽孢杆菌、金黄色葡萄球菌、产气短杆菌、白假丝酵母菌、大肠杆菌；50～280mg/kg TBHQ可抑制黑曲霉、黄曲霉、青曲霉、杂色曲霉、玉米赤霉、米曲霉、黑根霉、镰刀菌产生；500mg/kg TBHQ能明显抑制黄曲霉毒素$B_1$产生。

#### 11.2.3.5 L-抗坏血酸棕榈酸酯

L-抗坏血酸棕榈酸酯（L-ascorbyl palmitate），$C_{22}H_{38}O_7$，分子量414.54。

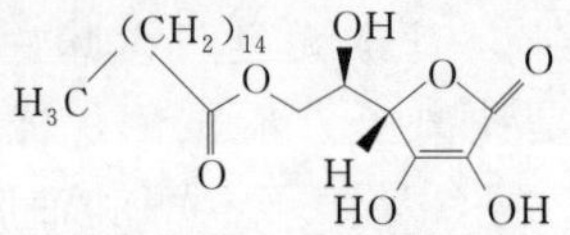

L-抗坏血酸棕榈酸酯

L-抗坏血酸棕榈酸酯为白色或黄色粉末，略有柑橘气味，难溶于水，溶于植物油，易溶于乙醇，熔点107～117℃。它是由L-抗坏血酸与棕榈酸酯化而成的一类新型营养性抗氧化剂，不仅保留了L-抗坏血酸的抗氧化特性，而且在动植物油中具有相当溶解度，被广泛应用于粮油、食品、医疗卫生、化妆品等领域。L-抗坏血酸棕榈酸酯是最强的脂溶性抗氧化剂之一，具有安全、无毒、高效、耐热等特点，可有效防止各类过氧化物形成，延缓动植物油、牛奶、类胡萝卜素等氧化变质，同时还具有乳化性质、抗菌活性。L-抗坏血酸棕榈酸酯作为抗氧化剂与L-抗坏血酸功能一样，都是作为氧的驱散剂、吸收剂，特别是在密闭系统中具有更好效果。它可驱散、吸收容器上方和溶液上方的氧气，从而起到抗氧化作用。另外，它可阻止自由基形成，防止油脂氧化酸败，延长油脂和含油食品货架期。在特定食品中可作为还原剂、多价金属离子螯合剂。

### 11.2.4 甜味剂

甜味剂（sweeteners）是指能赋予食品甜味的一类添加剂，是近期发展较快，销售额很大的一类添加剂。主要有糖精、甜蜜素、阿斯巴甜（APM）、安赛蜜、山梨酸糖醇、木糖醇及复配品种等。具有低热量、非营养、高甜度、口感好的合成甜味剂是未来甜味剂的主导。按国际营养学界的划分，化学品甜味剂包括食糖替代品和高倍甜味剂。

#### 11.2.4.1 食糖替代品即糖醇类产品

糖醇（sugar alcohols）是目前国际上公认的无蔗糖食品的理想甜味剂。甜度低，一般不引发龋齿，不升高血糖值，提供一定的热量，为营养性的甜味剂，可作为功能性食品的配料。用糖醇类产品替代食糖生产糖果，在欧、美等发达国家已很盛行，无糖口香糖即是用糖醇替代蔗糖生产的，在我国颇受青睐的清嘴含片、草珊瑚含片等即是用山梨醇替代蔗糖的新产品。糖醇类产品主要有麦芽糖醇、山梨醇、甘露醇、木糖醇、乳糖醇等。山梨醇是用量最大的糖醇产品，约占总量的1/3。

**(1) 麦芽糖醇** 麦芽糖醇（maltitol），$C_{12}H_{24}O_{11}$，分子量344.31，为白色结晶性粉末或无色透明的中性黏稠液体，熔点148～151℃，易溶于水，不溶于甲醇和乙醇。甜度为蔗糖的85%～95%，具有耐热性、耐酸性、保湿性和非发酵性等特点，基本上不起美拉德反应。可由麦芽糖经催化剂氢化制得，吸湿性低，对热稳定，能提供乳脂状组织感，可以用于替代食品中的蔗糖或脂肪。常用于无糖巧克力，在优质巧克力涂层、糖果、烘焙食品及冰淇淋中替代蔗糖，也适用于无糖果酱、色拉调味料、涂抹酱等。由于麦芽糖醇甜度接近蔗糖，通常并不需添加高甜度甜味剂。它在冷冻鱼糜制品中的最大使用量为0.5g/kg，而在调味乳、糖果、面包、糕点、饼干等食品中需按生产需要适量使用。

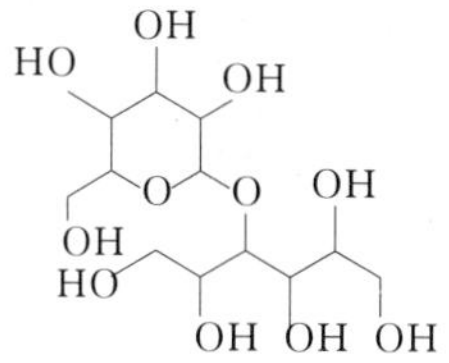

麦芽糖醇

**(2) 山梨糖醇** 山梨糖醇（sorbitol solution），$C_6H_{14}O_6$，分子量182.17，为白色吸湿性粉末或晶状粉末、片状或颗粒，无臭。依结晶条件不同，熔点在88～102℃范围内变化，相对密度约1.49。易溶于水（1g溶于约0.45mL水中），微溶于乙醇和乙酸。有清凉的甜味，甜度约为蔗糖的一半，热值与蔗糖相近。山梨糖醇液为清亮无色糖浆状液体，有甜味，对石蕊呈中性，可与水、甘油和丙二醇混溶。山梨糖醇是六碳糖醇，可由葡萄糖经催化剂氢化制得，溶解度好，吸湿性较强，口感温和，具有愉快风味，适用于糖果、烘焙制品及巧克力的制造。它十分稳定，耐高温，不参与美拉德反应，与其他食品组分如蔗糖、胶凝剂、蛋白质及植物油脂能够良好混合，也可用于胶姆糖、冷冻甜食等。它是一种营养性甜味剂、湿润剂、螯合剂和稳定剂。

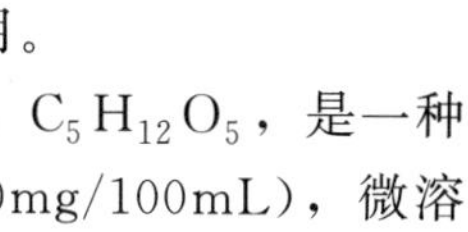

山梨糖醇

山梨糖醇（液）可按生产需要用于雪糕、冰棍、糕点、饮料、饼干、面包、酱菜、糖果。鱼糜及其制品使用量为0.5g/kg；豆制品工艺用、制糖工艺用、酿造工艺用、油炸小食品和调味料等，按生产需要适量使用。

**(3) 木糖醇** 木糖醇（xylitol），$C_5H_{12}O_5$，是一种白色粉末状的结晶，分子量152.15，为五碳糖醇。它极易溶于水（约160mg/100mL），微溶于乙醇和甲醇，熔点92～96℃，沸点216℃，热值16.72kJ/g（与蔗糖相同），可由木糖经催化剂氢化制得。溶解性良好，吸湿性低，化学性质不活泼，不参与美拉德反应，甜度与蔗糖相似。溶于水时吸热，故以固体形式食用时，在口中会产生愉快的清凉感。常用于非龋齿性无糖糖果制造，如无糖胶姆糖、无糖硬糖及无糖巧克力等。可代替糖按正常生产需要用于糖果、糕点、饮料。

**(4) 甘露糖醇** 甘露糖醇（mannitol），$C_6H_{14}O_6$，分子量182.17，无色至白色针状或斜方柱状晶体或结晶性粉末。无臭，具有清凉甜味。甜度约为蔗糖的57%～72%。每克产生8.37J热量，约为葡萄糖的一半。吸湿性极小，水溶液稳定。对稀酸、稀碱稳定，不被空气中氧氧化。溶于水（5.6g/100mL，20℃）及甘油（5.5g/100mL），略溶于乙醇（1.2g/100mL），几乎不溶于大多数其他常用有机溶剂。20%水溶液的pH值为5.5～6.5。甘露糖醇是六碳糖醇，可由果糖经催化剂氢化制得，吸湿性低，常被用作胶姆糖制造时的撒粉剂，以避免与制造设备、包装机械黏结，也用作增塑体系组分，使其保持柔和特性。还可用作糖片的稀释剂或充填物和冰淇淋及糖果的巧克力味涂层。具有愉快风味，在高温下不变色，化学性质不活泼。它的愉快风味及口感可遮掩维生素、矿物质及药草气味。它是一种很好的低热量甜味剂、胶姆糖及糖果的防粘剂、营养增补剂及组织改良剂、保湿剂。

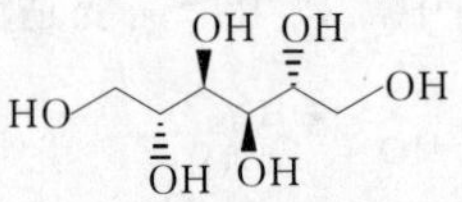

甘露糖醇

#### 11.2.4.2 高倍甜味剂

高倍甜味剂甜度高、无热量、非营养性，常用于无热量甜食中，在美国又称作低热值甜味剂。主要品种有糖精、甜蜜素、阿斯巴甜、安赛蜜等。我国是糖精和甜蜜素的生产和消费大国，消费量占食糖总甜度的60%。安赛蜜口感好，不被人体吸收，稳定性好，原料易得，具有发展前景，我国年产量约3000t。我国高倍甜味剂市场，甜度在500倍以下的较多，1000倍以上的较少，2000倍的阿力甜没有生产。

**(1) 安赛蜜** 安赛蜜（acesulfame potassium，ASK），$C_4H_4SKNO_4$，化学名为乙酰磺胺酸钾，分子量201.24。ASK为白色结晶状粉末，无臭，易溶于水（20℃，270g/L），难溶于乙醇等机溶剂，无明确的沸点。其甜度约为蔗糖的200倍，无热值，在水中很快溶解，味质很好，没有不愉快的后味，对热、酸十分稳定。含安赛蜜的饮料在巴氏杀菌时甜度不降低，在烘焙食品中的分解仅见于200℃以上温度，在一般pH范围内用于食品饮料其浓度基本无变化。与其他甜味剂可混合使用，特别是与阿斯巴甜及环已基氨基磺酸盐合用时效果较佳。它被广泛用于多种食品，如乳制品、糖果、烘焙食品及软饮料等，目前已在北美、南美、欧洲及非洲、亚洲一些国家批准使用。

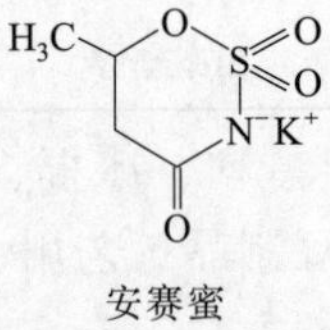

安赛蜜

安赛蜜在果冻、饮料、水果罐头、果酱、焙烤食品及加工的食用菌和藻类中的最大使用量为0.3g/kg，在风味发酵乳中的最大使用量为0.35g/kg，酱油与糖果中的最大使用量分别为1.0g/kg和2.0g/kg。

**(2) 阿斯巴甜** 阿斯巴甜（aspartyl phenylalanine methyl ester，AMP），$C_{14}H_{18}O_5N_2$别名天冬甜素、蛋白糖、甜味素，分子量为294.31，是由L-天冬氨酸（L-aspartic acid）与L-苯丙氨酸（L-phenylanine）两种氨基酸结合而成的缩二氨酸（dipeptide）的甲基酯，具有蔗糖样的风味，甜度为蔗糖的150～200倍，甜味阈值为0.001%～0.007%，如与食盐共用，甜度可达400～490倍，发热量为16.760kJ/kg，与蔗糖相同。但是，相同甜度下，用量只需蔗糖的1/180～1/200，因而是低热值、滋养性的甜味剂。具有蔗糖其风味，能增强多种食品及饮料的风味，能耐受乳制品、果汁的热处理、无菌操作、高温短时与超高温处理。高温时间较长易引起水解，使甜度降低。常用于碳酸饮料、果汁饮料、乳制品、糖果、果酱及谷物早餐等。

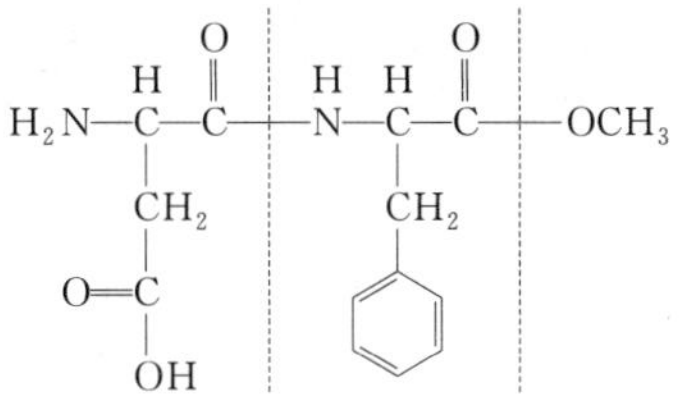

天冬氨酸　　苯丙氨酸　　甲酯

作为高倍甜味剂，APM主要有以下优势：

① APM属营养性甜味剂，在人体内可发生甲基酯水解，分解为天冬氨酸和苯丙氨酸，这两种氨基酸都是人体中必需的氨基酸，易被人体消化吸收。

② APM热量低，相同甜度下仅为蔗糖热量的1/180～1/200，若与食盐共用热量还能降低到1/400～1/490，所以是低热值的甜味剂。

③ APM甜度大，是蔗糖的180～200倍。相同甜度下用量一般只需蔗糖的1/200～1/180。但在不同食品系统中，APM的甜味强度有所差异，它与产品的配方、pH值、温度及风味特性有关，使用剂量不能以180～200倍的范围简单推算，而应以此为依据，反复试验品尝后再作调整。APM与蔗糖在甜度上最大的不同之处在于其甜味持久，还可采用某些盐或者调节APM的使用剂量以延长其可感觉的甜度。

④ APM属非糖类物质，幼儿食用后不产生龋齿，对细菌作用的稳定性好，属非龋蚀性甜味剂，尤其适用于幼儿食品。

⑤ APM味质纯正，其口感与天然甜味剂极相近，没有合成甜味剂所具有的后苦味、化学味、金属味和中草药味。

⑥ APM与蔗糖、葡萄糖、果糖等天然甜味物质具有很好的相容性，其混合后的甜味强度一般高于各自甜度之简单相加，甜味互补，可减少甜味剂使用量的10%～20%，从而降低成本。同时APM也常与合成甜味剂配合使用，具有甜味增强和矫味的作用。

⑦ APM对芳香有增强作用，对天然香料的影响常高于人工合成香料，尤其是对酸性的柑橘、柠檬、柚等，既能使香味持久，减少芳香物质的用量，又能降低成本。因此，APM是一种很好的食品风味强化剂。例如，口香糖中加入APM不仅能延长其甜味，而且能保持香味感觉，相当于4倍蔗糖所能达到的效果。

⑧ APM的稳定性是时间、温度、pH值和可利用水分的函数，其分解作用通常遵循简单的一级反应动力学。

**(3) 糖精钠**　糖精钠（sodium saccharin），$C_7H_4O_3N\text{-}Na \cdot 2H_2O$，分子量241.20。无色结晶粉末，无臭或微有香气，味浓甜带苦，在空气中缓慢风化，失去约一半结晶水而成白色粉末。甜味阈值0.00048%。易溶于水，略溶于乙醇。糖精钠可作低热量甜味剂，糖尿病患者可用糖精钠代替食糖。糖精钠甜度约为蔗糖的300～500倍，非常稳定，不含热值，可用于烹煮及烘焙加工。糖精及其钠盐的使用已有百年以上历史。目前世界上许多国家将糖精及其盐类用于碳酸饮料、果汁饮料、餐桌甜味剂、糖果及果酱等食品中。

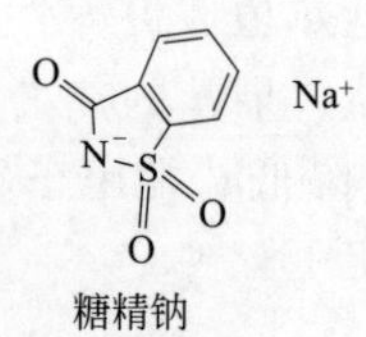

糖精钠

**(4) 环已基氨基磺酸盐** 环已基氨基磺酸钠（sodium cyclamate），$C_6H_{12}NNaO_3S$，又称甜蜜素，分子量 201.22。它为白色结晶或结晶性粉末，无臭。味甜，其甜度约为蔗糖的 30 倍，易溶于水，几乎不溶于有机溶剂，对热、酸、碱稳定。不含热值，包括钙盐和钠盐，能与其他甜味剂混合使用，可与各种食品配料、天然或合成增味剂、化学防腐剂混合，在高温及低温下十分稳定，能耐受广泛 pH 范围、光照及氧等。由于它能增强水果风味，即使在低浓度时也能掩蔽某些柑橘类水果的酸味，尤其适用于水果制品。其溶液的密度、渗透压较蔗糖溶液低，因而不会从水果中汲出水分。环已基氨基磺酸盐适用于饮料、果酱、果冻及低热值色拉调味料等，目前欧洲、亚洲、南美及非洲 50 多个国家批准使用。

环已基氨基磺酸盐

**(5) 三氯蔗糖** 三氯蔗糖（sucralose，TGS），$C_{12}H_{19}Cl_3O_8$，分子量是 397.64，是由英国 Johnson 和 Tate&Lyle 公司首先共同开发的新型蔗糖氯化衍生物，其甜度约为蔗糖的 600 倍，不提供热值，爽口且易感知甜味。因其甜度高、甜味特性好、安全性高、不参与人体代谢、对酸水解的稳定性比蔗糖大 10 倍等优点，目前已广泛应用于焙烤食品、饮料、口香糖、乳制品、冷冻点心、冰淇淋、蜜饯、布丁、果冻、果酱、糖浆等加工制品。干燥状态及液态时都具有优异的化学及生物稳定性，适用于蒸煮及烘焙工艺，多用于烘焙食品、乳制品、水果制品、餐桌甜味剂等。由于它的良好溶解度及液态时的稳定性，常以浓缩液形式供应。其使用量因制品所需甜度及配方不同而异。

三氯蔗糖

三氯蔗糖被认为是迄今为止人类已开发的一种最完美、最具竞争力的强力甜味剂，是一种白色或者接近白色的结晶粉，极易溶于水、乙醇，微溶于乙酸乙酯，熔点 125℃，相对密度 66（晶体 20℃）。三氯蔗糖对光、热、pH 值均很稳定，是所有强力甜味剂中性质最稳定的一种。

三氯蔗糖的优异特性主要表现在：甜度高，是糖的 600 倍，并且甜味十分纯正，没有任何异味苦涩味，甜味特性曲线几乎与蔗糖重叠，这是其他任何合成甜味剂所无法比拟的；不会引起龋齿，对牙齿健康十分有利；不参与人体代谢，能量值为零，不会引起肥胖、血糖波动等症状，可供肥胖症患者、心血管疾病患者、糖尿病患者和老年人等食用；食用安全，不存在任何毒理方面的疑问；具有很好的溶解性与稳定性，一般情况下不发生降解、脱氯等作用，可在食品配料系统与加工过程中使用；价格相对便宜，等甜度下价格只有蔗糖的 1/3～1/2。可用于饮料、酱菜、复合调味料、配制酒、饼干、面包、冰淇淋、冰棍、不加糖的甜罐头水果等。

## 11.2.5 膨松剂

膨松剂（bulking agents）在焙烤中的主要作用是提供所需气体，以使焙烤产品获得充气膨松的效果，增加体积并改善口感及外观质量。

事实上经膨松的产品柔软、多孔并呈海绵状，具有良好的组织结构，美味可口。另外，膨松剂用于油炸食品中的裹面包屑混合料或涂层稀面糊，能为产品提供理想的多空细胞结构和松脆性。食品膨松剂一般分为化学膨松剂和生物膨松剂两种类型。也可分为单一膨松剂和复合膨胀松剂，常用的单一膨松剂有碳酸氢钠、碳酸氢铵等，常用的复合膨松剂有发酵粉等。

碳酸氢钠（$NaHCO_3$）俗称小苏打，分子量84.01，为白色结晶性粉末，无臭，味咸，在潮湿空气或热空气中即缓慢分解，产生二氧化碳，加热至270℃是则失去全部二氧化碳。遇酸即强烈分解而产生二氧化碳。水溶液呈弱碱性，pH值为8.3（0.8%水液，25℃）。食品级碳酸氢钠可认为无毒，但过量摄取时有碱中毒及损害肝脏的危险，一次大量内服，可因产生大量二氧化碳而引起胃破裂。我国食品添加剂使用卫生标准规定，碳酸氢钠使用范围为饼干、糕点，最大使用量为按“正常生产需要”使用。

碳酸氢铵（$NH_4HCO_3$）俗称臭粉，分子量79.06，为白色粉状结晶，有氨味，对热不稳定，易分解成氨、二氧化碳和水，水溶液的pH值为7.8（0.8%水溶液，25℃）。碳酸氢铵在食品加工过程中生成二氧化碳和氨，两者均可挥发，在食品中残留很少，而二氧化碳和氨均为人体正常代谢产物，少量摄入，对健康无影响。我国食品添加剂使用卫生标准规定，碳酸氢铵使用范围为饼干、糕点，最大使用量为按“正常生产需要”使用。

碳酸氢钠和碳酸氢铵都是碱性化合物，受热分解产生气体。碳酸氢钠分解后残留碳酸钠，使成品呈现碱性，影响口味，使用不当时还会使成品表面呈黄色斑点。碳酸氢铵分解后产生气体的量比碳酸氢钠多，起发效力大，但容易造成成品过松，使成品内部或表面出现大的空洞。此外，加热时产生带强烈刺激性的氨气，虽然很容易挥发，但成品中还可能残留一些，从而带来不良的风味，所以使用时要适当控制其用量。一般将碳酸氢钠与碳酸氢铵混合使用，可以弥补各自的缺陷，获得较好的效果。

### 11.2.6 水分保持剂

水分保持剂（humectants），简称持水剂，可保持食品的水分，改善食品品质，大多为磷酸盐类物质，有30余种品种，主要有焦磷酸钠、三聚磷酸钠、磷酸三钠等，我国目前允许使用的有9种。磷酸盐既是持水剂，又是营养强化剂（可作钙、铁营养源应用于儿童食品和营养强化食品中），其复配产品复合磷酸盐功能多，应用面广，能满足食品的方便化、多样化和营养化的需要，宜加大磷酸盐复配产品开发力度。食品保水剂能够调节饺子、烧卖、春卷、丸子等带馅食品中的含水量，使其保持一定的水分，避免脱水、变形破损，提高耐加工特性，且不降低食品本来的质量，甚至还能有所改善。持水剂的多羟基可广泛与豆腐中大豆蛋白、粗纤维、多糖及油脂结合，形成部分结晶的致密体，并持有一定水分，因而口感良好，弹性变形应力保持在1.14$kgf/cm^2$[1]的较佳范围，既耐咀嚼，同时又使内部质构保持一定光泽，呈半透明致密状，使产品更具吸引力。

### 11.2.7 稳定剂和增稠剂

稳定剂和增稠剂（stabilizer and thickeners）是一类能够稳定乳状液、悬浮液和泡沫，提高食品黏度或形成凝胶的食品添加剂，也称增黏剂、胶凝剂、乳化稳定剂等。它们在加工

---

[1] $1kgf/cm^2=98.0665kPa$。

食品中的作用是提供稠性、黏度、黏附力、凝胶形成能力、硬度、脆性、紧密度、稳定乳化及悬浊体等。使用增稠剂后食品可获得所需的各种形状和硬、软、脆、黏、稠等各种口感。大多数稳定剂和增稠剂属多糖类物质，如瓜尔豆胶、阿拉伯胶、褐藻胶、卡拉胶、琼脂、淀粉、果胶及魔芋胶等。明胶是少数几种非碳水化合物稳定剂和增稠剂中的一种。所有有效的稳定剂和增稠剂都是亲水的，且以胶体分散在溶液中形成亲水胶体。绝大多数稳定剂和增稠剂来源于天然生物，但是有些稳定剂和增稠剂需经过化学改性以得到理想的特性，比如淀粉。

淀粉（starch）是我国肉制品生产中习惯使用的一种增稠剂。目前，越来越多的产品中开始使用变性淀粉。变性淀粉最大的优点就是保水性好，结构稳定，价格较低。它可以吸收自身重量二至四倍的水，加入肉制品中可大大降低肉原料的比例，同时它还改善了传统肉制品的不良口感（韧性太高、口感粗糙、粘牙、脆度不好等）。它还可以跟天然胶结合，起协同作用，能更好改善产品的性质和降低成本。淀粉糊化后黏度高，吸水性强，可以很好地结合肌肉组织中的流动水；同时由于变性淀粉有磷酸根、羧基等络合基团，可以与蛋白质结合，具有一定的缓冲、螯合、乳化作用，能大大提高制品的保水性。因为变性淀粉的成膜性好，会在肌肉组织表面形成胶状保护膜，可以阻碍肌肉中水分的大量流失，从而起到保水嫩化的作用。此外，变性淀粉糊化后，黏性好、结合力强、稠度高，能与肌肉蛋白紧密结合，形成致密结构。这也是添加变性淀粉后，肉制品切片性好，切片表面光滑，制品口感脆而细腻的原因。

目前，国内外几种常用于肉制品类的变性淀粉有磷酸酯淀粉、交联淀粉、醋酸酯淀粉、酸解淀粉、复合变性淀粉等。变性淀粉带有一定数量的极性基团，产品具有两亲性，有一定的乳化作用，在斩拌时能很好地与肉中的脂肪结合，形成均匀的分散体系，可防止加热时制品渗油的不良现象。同时由于变性淀粉有较好的成膜性，淀粉糊化后在制品的外表覆盖一层很薄的膜，不仅可以增强制品的表面光亮度，还可以赋予产品一定的光泽，同时还有保护膜的作用。变性淀粉的络合性强，能有效结合肉制品中的色素物质和风味物质，从而提高肉制品颜色的鲜艳和稳定性；它还可以延缓风味物质的释放，保持风味的长久性等诸多优点。为更好地改良和稳定肉制品的物理性质或组织状态，传统使用的增稠剂还有琼脂、食用明胶、脱脂奶粉及大豆蛋白等。

羧甲基纤维素钠（CMC-Na）也是冰淇淋中常用一种增稠剂，呈白色或微黄色粉末状，无臭无味，易溶于水成高黏度溶液，对热不稳定，其溶液黏度随温度升高而降低，也随温度下降而升高，同时其水溶液具有假塑性现象，即静置时溶液主观表现高黏度，当施加剪切力时，其黏度随剪切速率的增加而降低，但当停止施加剪切力时，便立即恢复到原有黏度，这一点在冰淇淋配料、均质、老化过程中有相当大的现实意义。一方面可以提高均质效率；另一方面冷却老化时黏度升高，有利于制品膨胀率的提高。同时，CMC可与某些蛋白质发生胶溶作用生成稳定的复合体系，从而大大扩展蛋白质溶液的pH范围，这一点在制作酸奶冰淇淋时显得尤为重要。通常情况下CMC与其他稳定剂并用，以降低成本并具有协同作用，尤其是和海藻酸钠并用时效果可大大增强。一般在冰淇淋中最大使用量不超过0.5%，使用时和砂糖或其他干粉状物料混合均匀后撒入水中。

### 11.2.8 其他

食品添加剂还有很多种，如使食品增加香气、香味，提高食欲的调味剂、香精香料和食用色素等，这些添加剂在我国都有一定的生产和应用。

**(1) 调味剂** 我国传统的调味剂（flavour enhancers）主要为酱油和味精，目前酱油产量达 450 万吨/年，且以 10%左右的速度增长。

**(2) 香料香精** 我国允许使用的香料香精（flavouring agent）约 742 种，总产量约 5.5 万吨/年，有的品种大量出口，如香兰素、麦芽酚等，前景看好，但香味不典型，香气不足，性能不稳定，质量有待改进。国际上允许使用的香料香精达 2000 余种。

**(3) 着色剂** 着色剂（pigment）是为改变食品颜色和外观而添加的物质。食品中使用的着色剂目前大多是人工合成的，全世界共有合成着色剂 58 多种，我国主要有苋菜红、胭脂红、新红、柠檬黄等九种。

**(4) 乳化剂** 乳化剂（emulsifiers）是一类具有亲水基和疏水基的表面活性剂。其亲水基一般是溶于水或能被水湿润的基团，如羟基；其亲油基一般是与油脂结构中烷烃相似的碳氢化合物长链，故可与油脂互溶。如最常见的单硬脂酸甘油酯，是世界上用量最大的乳化剂，占乳化剂用量的一半以上。它有两个亲水的羟基，一个亲油的十八碳烷基，因此能分别吸附在油和水两种相互排斥的相面上，形成薄分子层，降低两相的界面张力，从而使原来互不相溶的物质得以均匀混合，形成均质状态的分散体系，改变了原来的物理状态，进而改善食品的内部结构，提高质量。目前冰淇淋生产中一般多用分子蒸馏单甘酯，它为白色或乳白色粉末或细小颗粒，HLB 值约为 3.8，为油包水（W/O）型乳化剂，因其本身的乳化性较强，可作为水包油（O/W）型乳化剂。它是一种优质高效的乳化剂，具有乳化、分散、稳定、起泡、抗淀粉老化等作用。由于单甘酯是类脂，与油脂一样具有同质多晶现象。

## 11.3 常用天然的食品添加剂

### 11.3.1 防腐剂

#### 11.3.1.1 乳酸链球菌素

长期以来，食品防腐保鲜主要使用人工合成的防腐剂。但是，一些人工合成的防腐剂存在诱癌性、致畸性和易引起食物中毒等安全隐患问题，如苯甲酸盐可能会引起食物中毒现象，亚硝酸盐和硝酸盐可能会生成致癌的亚硝胺。随着人们生活水平的提高，人们对于防腐剂的要求也越来越高，不但要求防腐剂安全、无毒，而且要求防腐剂营养化、功能化。因此，广谱、高效、低毒、天然的食品防腐剂受到越来越广泛的关注，其中乳酸链球菌素（Nisin）就作为常用的防腐剂被批准应用。

乳酸链球菌素又称乳球菌肽或乳链菌肽，分子式 $C_{143}H_{228}O_{37}N_{42}S_7$，分子量 3348，是某些乳酸球菌代谢过程中合成和分泌的具有很强杀菌作用的小分子肽，是高效无毒的天然防腐剂。Nisin 能有效地延长食品变质期和货架寿命，对人体无毒无害。近来还发现 Nisin 可用于治疗胃和十二指肠溃疡、口腔溃疡和皮肤病，具有医药价值，因此，开发和利用 Nisin 对促进我国绿色食品的发展和保障人民健康具有重要的意义。

1990 年，Nisin 就被列入我国国标 GB 2780—86 的 1990 年增补品中。GB 2780—2014 中 Nisin 的 CNS（中国编码系统）是 17.019，INS（中国编码系统）是 234，为天然食品防腐剂。

**(1) Nisin 的特性与抑菌作用**

① Nisin 的分子结构　Nisin 是一种多肽类羊毛硫细菌素，成熟的分子仅含有 34 个氨基

酸残基。据报道，Nisin 有二聚体和四聚体分子，Nisin 的单体中含有 5 种稀有氨基酸：ABA（氨基丁酸）、DHA（脱氢丙氨酸）、DHB（$\beta$-甲基脱氢丙氨酸）、ALA-S-ALA（羊毛硫氨酸）、ALA-S-ABA（$\beta$-甲基羊毛硫氨酸），它们通过硫醚键形成 5 个分子内环。

② Nisin 的抑菌谱　Nisin 对许多革兰氏阳性菌，包括葡萄球菌属、链球菌属、小球菌属、乳杆菌属的某些种，大部分梭菌属和芽孢杆菌属的孢子有强烈的抑制作用，但不抑制革兰氏阴性细菌、酵母和霉菌。在加热、冷冻或调节 pH 的情况下，一些革兰氏阴性菌如假单胞菌、大肠杆菌等也对 Nisin 敏感。Nisin 不仅对细菌的营养细胞有抑制作用，而且对细菌所产生的芽孢同样有抑制作用。Nisin 能抑制芽孢的萌发而不是杀死芽孢。

③ Nisin 的抑菌机理　Nisin 之所以能抑制细菌的生长及芽孢的萌发是基于其对细胞表面的强烈吸附作用，进而引起细胞质的释放而发挥其抑菌作用。Nisin 是带有正电荷的疏水短肽，因而它可以作用在革兰氏阳性菌细胞壁带负电荷的阴离子成分如磷壁酸、糖醛酸磷壁酸、酸性多糖和磷脂上。相互作用的结果是与细胞壁形成管状结构，使得小分子量的细胞组成成分从孔道中泄漏出来，导致细胞内外能差消失，对蛋白质、多糖等物质的生物合成产生抑制作用。而 $G^-$ 和 $G^+$ 相比，其细胞壁成分复杂而且结构致密，Nisin 无法通过，因而对其不能发挥作用。但是，当经过适当处理改变了细胞壁通透性后，$G^-$ 同样对 Nisin 敏感。

④ 影响 Nisin 防腐性的因素　虽然 Nisin 具有很好的防腐性能，但是，它必须在一定的环境下才能发挥其最好的防腐能力。另外，Nisin 的生物活性、稳定性也受到诸多因素的影响，如 pH、盐和温度等。pH 值是一个非常重要的影响因素，Nisin 的生物活性随 pH 升高而下降，溶解度也随之下降，pH＞7 时，Nisin 几乎不溶解；在 pH 较低时，高温加热时活性几乎不发生改变，而 pH＞4 时，加热则会使其迅速失活。另外，由于 Nisin 是小分子肽，因而会受到一些酶制剂的影响，如 $\alpha$-胰蛋白酶、枯草杆菌肽酶会使 Nisin 失活。当 Nisin 与其他的因素如酸味剂、盐、热处理和冷冻等联合作用时，其抗菌活性大大增加。

**（2）Nisin 在食品工业中的应用**

目前，Nisin 已在 50 多个国家推广使用于牛奶、奶酪、罐装食品、鱼肉制品、啤酒、饮料、日用甜食和沙拉等的防腐保鲜。Nisin 在我国食品工业中的应用也越来越广泛。

① 乳制品　Nisin 可以用于食品或药品乳状液的乳化和稳定。Nisin 添加在消毒奶中解决了由于耐热性芽孢繁殖而变质的问题，而且只需较低浓度的 Nisin 便可以使其保质期大大延长。此外，Nisin 还可以改善牛乳由于高温加热而出现的不良风味。

② 果汁和酒精饮料　Nisin 能够抑制苹果汁、橘子汁和葡萄柚汁中的泛酸芽孢杆菌。在巴氏灭菌前添加适量的 Nisin 能有效地防止果汁饮料的酸败。酒精饮料工业中也可以利用 Nisin 防止杂菌的污染。由于 Nisin 对酵母不起作用，因而可在酒发酵过程中加入 Nisin 来抑制乳酸菌的生长，并在整个发酵过程中都有一定的抑菌作用，从而提高啤酒质量，保证口味的一致性。

③ 肉制品　山东农业大学罗欣等将鲜牛肉用不同浓度 Nisin 溶液浸渍真空包装，结果发现，在牛肉冷却肉的保鲜中，Nisin 有显著的抑菌作用，细菌总数明显降低，且保鲜效果随 Nisin 浓度的增加而增强，其有效保鲜浓度为 0.075g/kg，且与乳酸钠之间存在协同作用。据王光华试验结果显示，由 2%醋酸、2% Nisin、1%壳聚糖和 5%山梨酸组成的防腐液在酱牛肉常温保鲜中每克样品中细菌总数从原始的 5.92（标准值为 4.48～4.70），减少到 3.66（lgCFU/g）。酱牛肉表面上的杂菌数降低明显，在 30℃下，酱牛肉的货架期可以超过 24h。添加 Nisin 于香肠中可降低硝酸盐或亚硝酸盐的用量，又能有效地延长香肠的货架期。若添加 0.2g/kg Nisin，亚硝酸盐的添加量减少到 0.04g/kg，则香肠中的菌落总数降低到 3200 个/g，抑菌效果明显，香肠的色、香、味与传统的比较，没有明显的差别。孔京新等在火

腿切片中添加 Nisin，研究在非无菌化包装条件下，延长火腿切片的货架期。试验结果表明：添加 01042g/kg Nisin 和 21g/kg 乳酸钠，再加亚硝酸盐 01008g/kg，4℃下贮存，货架期则延长到 70d，比对照组提高 5 倍，较好地解决了西式火腿切片货架期短的问题。海鲜制品，因腐败速度快，且多冷食，控制半成品、成品中的细菌数显得十分重要。如李斯特氏菌也曾于海鲜制品中检出，它对人体会造成极大的危害。一般添加 0.1～0.15g/kg Nisin 就可抑制腐败细菌的生长和繁殖，延长产品的新鲜度和货架期。以生虾肉为主料，加工的半成品——虾肉馅，从工厂到零售点再到消费者需要 2d 时间。为保证水产品的质量，必须有 3d 以上的货架期。研究结果显示，若添加 0.5g/kg Nisin 就可使 2d 的货架期延长到 4d。若添加 0.3g/kg Nisin 再配合 0.5g/kg 山梨酸钾，货架期则可延长到 5d。

Nisin 可推动即食腊肉制品的开发。而开发生产即食腊肉制品的关键在于如何在保持腊肉本身应有的口感、色泽的同时防止脂肪酸败，保证产品在保质期内符合国家有关卫生标准。而腊肉水分含量较高，要保持腊肉独特的耐嚼感，杀菌强度就不能太高。采用生物防腐剂则可较好地解决这一问题。Nisin 能增加一些细菌对热的敏感性，且在小范围内也有辅助杀菌作用。用一定浓度的 Nisin 水溶液浸渍即食腊肉后再加热杀菌，在达到保质期的前提下，降低灭菌温度，缩短灭菌时间，可保持原有风格。Nisin 还能延长烤肉保质期。Nisin 在乳品、酿造、制药等领域中也有广阔的应用。我国是乳酸菌资源丰富的国家，但是对 Nisin 的研究还处于初级阶段，乳酸菌发酵活力低、成本高，产品应用不广泛，这也是食品工作者面临的机遇和挑战，大力进行乳酸菌素的基础研究和开发应用，利用当今先进的生物技术如蛋白质工程、基因工程、细胞工程等开发新的优良工程菌株，并通过深入研究 Nisin 的性质及其作用机理，使其作为天然生物防腐剂的应用更加广泛。

#### 11.3.1.2 纳他霉素

纳他霉素（natamycin），$C_{33}H_{47}NO_{13}$，分子量 665.73。微溶于水，难溶于大部分有机溶剂，pH 低于 3 或高于 9 时，其溶解度会有提高，但会降低纳他霉素的稳定性。

纳他霉素是一种由链霉菌发酵产生的天然抗真菌化合物，属于多烯大环内酯类，既可以广泛有效地抑制各种霉菌、酵母菌的生长，又能抑制真菌毒素的产生，可广泛用于食品防腐保鲜以及抗真菌治疗。

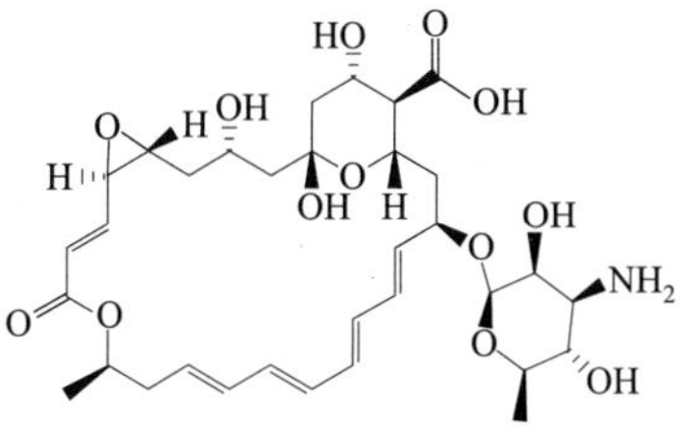

纳他霉素

纳他霉素依靠其内酯环结构与真菌细胞膜上的甾醇化合物作用，形成抗生素——甾醇化合物，从而破坏真菌的细胞质膜的结构。当某些微生物细胞膜上不存在甾醇化合物时，纳他霉素就对其无作用，因此纳他霉素只对真菌产生抑制，对细菌和病毒不产生抗菌活性，因此它不影响酸奶、奶酪、生火腿、干香肠的自然成熟过程。GB 2760—2014 规定那他霉素可用于乳酪、肉制品、肉汤、西式火腿、广式月饼等。

### 11.3.2 抗氧化剂

近年来，由于涉及人工合成的抗氧化剂食用安全性问题的报道日益增多，人们对人工合成抗氧化剂的疑虑和排斥与日俱增，导致天然抗氧化剂的研究和开发受到空前重视。

天然抗氧化剂是直接从天然生物中提取而得到的抗氧化剂，种类繁多，目前发现有抗氧化活性的天然物质上百种，但被卫生部批准使用的天然抗氧化剂并不多，主要有：维生素E（生育酚）、茶多酚、迷迭香提取物、竹叶抗氧化剂和茶黄素等。

#### 11.3.2.1 茶多酚

茶多酚（tea polyphenols，TP）是茶叶中特有的以儿茶素类为主体的多酚类化合物，俗名茶单宁、茶鞣质，又名维多酚。茶多酚为儿茶素类（黄烷醇类）、黄酮及黄酮醇类、花色素类和酚酸及缩酚酸类多酚化合物的复合体，是一种纯天然的抗氧化剂，具有优越的抗氧化能力，并具有抗癌、抗衰老、抗辐射、清除自由基、降血糖、降血压、降血脂及杀菌等一系列药理功能，在油脂、食品、医药、化妆品及饮料等领域具有广泛的应用前景。我国卫生部已批准了茶多酚为我国的食品添加剂之一。最大使用量：熟制坚果与籽类、油炸面制品、方便米面制品、即食谷物为0.2g/kg；糕点、腌腊肉制品类为0.4g/kg；酱卤肉制品类、熏烧烤肉类、油炸肉类为0.3g/kg。茶多酚中儿茶素类约占总量的80%，包括4种形式的儿茶素：没食子儿茶素没食子酸酯（EGCG）、没食子儿茶素（EGC）、儿茶素没食子酸酯（ECG）、儿茶素（EC）。其结构式如下：

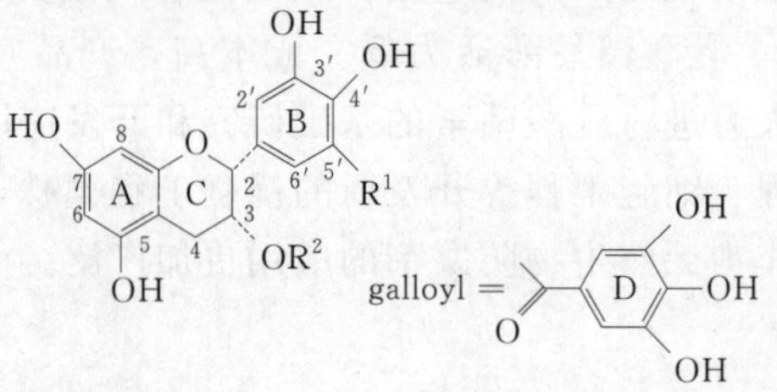

(1) $R^1=R^2=H$　儿茶素(epicatechin,EC)

(2) $R^1=OH,R^2=H$　没食子儿茶素(epigallocatechin,EGC)

(3) $R^1=H,R^2=galloyl$　儿茶素没食子酸酯(epicatechin gallate,ECG)

(4) $R^1=OH,R^2=galloyl$　没食子儿茶素没食子酸酯(epigallocatechin gallate,EGCG)

茶多酚纯品为白色无定形粉末，易溶于热水、乙醇、乙酸乙酯，微溶于油脂，难溶于苯、氯仿、石油醚。略有吸湿性。耐热性及耐酸性好，在pH2～7范围内均十分稳定。在碱性介质中不稳定，易氧化褐变。

**(1) 茶多酚的抗氧化机理**　儿茶素及其衍生物结构中的酸性羟基具有供氢活性，能将氢原子提供给不饱和脂肪酸过氧化自由基形成氢过氧化物，阻止脂肪酸形成新的自由基，从而中断脂质氧化过程。茶多酚用量并不是越多越好，而是要适度，因为抗氧化成分本身被氧化后产生过氧自由基同样可以诱发自由基的连锁反应。茶多酚被氧化的产物是邻醌，邻醌是一类强氧化剂，会促使油脂氧化，使油脂过氧化值（POV）上升。

**(2) 茶多酚的协同作用**　茶多酚各组分之间及与其他抗氧化剂之间存在协同作用，增强了茶多酚的抗氧化效果。这一作用基于氧化还原电位的偶联氧化机理。一方面偶联作用降低了直接反应的2种物质间的电位差，使反应易于进行；另一方面，偶联的抗氧化剂油水分配系数互为补充，在体系中合理分布，充分发挥了每一种抗氧化剂的功能。

① 茶多酚各组分间的协同作用　茶多酚对自由基的清除效率随儿茶素单体种类的增多而增加，即：四组分＞三组分＞二组分＞单体。各种混合物中，还原电位相近者协同增效作用更加明显，其中最佳组合为EGCG∶ECG∶EGC∶EC（摩尔比5∶2∶2∶1）。组合儿茶素的增效效果，既不是单组分儿茶素清除率的简单相加，也不是相乘作用，而是与儿茶素物

质的量浓度比例呈高度正相关。

② 茶多酚与维生素E的协同作用　茶多酚与维生素E具有协同抗氧化作用，当茶多酚与维生素E同时加入时，氢过氧化物的生成受到抑制，诱导期显著延长。

③茶多酚与维生素C的协同作用　当茶多酚和维生素C组合时，维生素C可以通过捕获过氧自由基，阻断链反应而抑制脂质氧化；另外维生素C具有极强的还原性，可使油脂中氧浓度降低。茶多酚可捕获过氧自由基生成TP·，由于维生素C的作用导致氧浓度的降低，使TP·与氧生成TPOO·的反应受抑制，进而使TP—OO·的生成速率远远小于TP·，从而有效降低了过氧化自由基的浓度。由于共振稳定的碳自由基（TP·）从多不饱和脂肪酸上夺取氢原子而传递反应，表现出（TP+维生素C）的抗氧化作用强于单独的维生素C和茶多酚。

④ 茶多酚与$\beta$-胡萝卜素的协同作用　茶多酚能防止亚油酸体系中$\beta$-胡萝卜素的氧化，其原因是茶多酚抑制了$\beta$-胡萝卜素的氧化分解，提高了体系中$\beta$-胡萝卜素的保存率。茶多酚通过保护$\beta$-胡萝卜素，使$\beta$-胡萝卜素发挥其独特的生理功能。在某些体系中，两者可以协同作用，增强抗氧化效果。

⑤ 茶多酚与脂溶性茶多酚的协同作用　茶多酚的水溶性好而脂溶性差，难于使油脂中的茶多酚达到有效浓度。因此，有人对茶多酚酚羟基进行部分酯化使其变为脂溶性的抗氧化剂。实验表明，茶多酚和脂溶性茶多酚都能显著降低脂质的过氧化值。在乳化体系中，茶多酚和脂溶性茶多酚联合使用的抗氧化作用显著高于茶多酚和脂溶性茶多酚单独使用。原因是抗氧化剂可以更加均匀地分布于乳化体系中，从而提高其抗氧化能力。另外，由于界面张力的作用，极性抗氧化物质在油脂中的分散在热力学上是不稳定的，容易被排斥至油/气界面上，而非极性抗氧化剂却极易分布于油/水界面。正是由于极性抗氧化剂和非极性抗氧化剂在抗氧化功能上的互补性，使茶多酚和脂溶性茶多酚联合使用时的抗氧化作用表现出显著的协同增效作用。

⑥ 茶多酚的应用　由于茶多酚的氧化还原作用很强，因而，可将其添加到油脂中，阻止和延缓不饱和脂肪酸的自动氧化分解，使油脂的贮藏期延长；也可用于肉制品加工，在肉制品上喷洒茶多酚，可防止肉制品酸败，抑制细菌的生成，防止腐败变质；还可用于鲜鱼保鲜，在冷冻鲜鱼时，加入茶多酚制剂，能改善鱼类的保鲜效果；也可以作为水果、蔬菜的保鲜剂。

茶多酚不仅具有抗氧化、清除体内超氧阴离子自由基的作用，还具有抗癌、防癌、降血脂等优异功能及纯天然、高效能、无毒副作用等显著特点，因而成为国际上研究开发热点，业内人士初步估算，茶多酚约有十几亿元的市场需求，亟待国内企业深入研究开发。我国茶多酚市场尚处萌芽阶段，但在饮料、化妆品、保健品等领域，茶多酚正逐步取代原来使用的化学添加剂。在日本、北美地区，茶多酚作为抗氧化剂的年平均增长率达到6.2%。其他发达国家和一些发展中国家也在食品工业中逐步淘汰合成抗氧化剂而采用天然抗氧化剂。

#### 11.3.2.2　维生素E

维生素E（Vitamin E）亦称生育酚，是人们最早发现的维生素之一，是生育酚、三烯生育酚及$\alpha$-生育酚活性衍生物的总称，迄今为止共发现8种同族体。植物油脂尤以小麦胚芽油中维生素E含量最高。维生素E属于酚类化合物，其氧杂萘满环上第六位羟基是活性基团，能释放其羟基上的活泼氢，捕获自由基，与ROO·或R·结合形成稳定化合物，从而阻断自由基链式反应。此外，还可通过生育酚自由基氧杂萘满环上O-C键断裂，结合·OH，直接清除自由基。多数情况下，维生素E抗氧化作用是与脂氧自由基或脂过氧自由基反应，向它提供H，使脂质过氧化链式反应中断，从而实现抗氧化效果，因此，天然维生素 E 是一种强力抗氧化剂。它在熟制坚果与籽类、油炸面制品、膨化食品、果蔬汁（肉）饮料、蛋白类饮料、植物饮料类及非碳酸饮料等的最大使用量为 0.2g/kg。

通常维生素 E 为淡黄色油状液体，在没有空气条件下对热和碱都很稳定，100℃以下与酸不发生作用，但易被氧化，在空气中经光照或用化学试剂均可将它氧化成醌衍生物。

#### 11.3.2.3 其他

① 迷迭香提取物　迷迭香是一种名贵的天然香料植物，原产于地中海沿岸，生长季节会散发一种清香气味，有清心提神的功效。它的茎、叶和花具有宜人的香味，花和嫩枝提取的芳香油，可用于调配空气清洁剂、香水、香皂等化妆品原料，并可在饮料、护肤油、生发剂、洗衣膏中使用。

迷迭香抗氧化作用的主要成分是迷迭香酚、鼠尾草酚和鼠尾草酸。迷迭香提取物具有高效、无毒的抗氧化效果，可广泛应用于食品、功能食品、香料及调味品和日用化工等行业中。

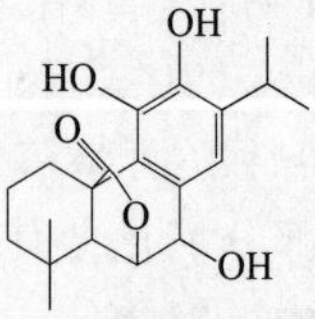

迷迭香酚 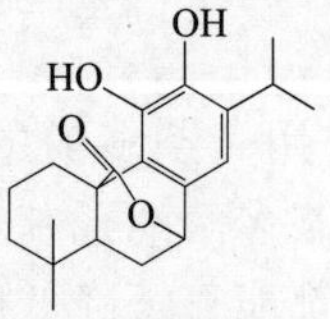　　鼠尾草酚 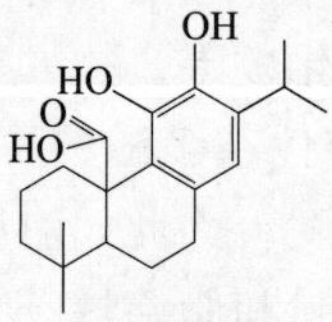　　鼠尾草酸

② 竹叶抗氧化剂　竹叶抗氧化剂是一种有独特竹香的天然抗氧化剂。其有效成分包括黄酮类、内酯类和酚酸类化合物。鉴于竹叶抗氧化剂性能优良、安全性高、不带异味、价格低廉，又兼有天然、营养和多功能，目前已被广泛应用于肉制品、含油脂食品、膨化食品、焙烤食品、果蔬汁饮料、茶饮料、油炸食品及其他食品中。

竹叶抗氧化剂能有效抑制热加工食品中丙烯酰胺的形成，同时不改变影响原有的加工方法，可以方便有效地防御这些谷物食品、油炸食品的丙烯酰胺危害。

③ 茶黄素　茶黄素和茶多酚都是从茶叶中提取而来的，区别是茶多酚主要来源于新鲜茶叶，而茶黄素主要来源于发酵的茶叶。茶黄素被誉为茶叶中的“软黄金”，素有降血脂的独特功能，不但能与肠道中的胆固醇结合减少食物中胆固醇的吸收，还能抑制人体自身胆固醇的合成。

茶黄素是由茶多酚经多酚氧化催化而成，是一类具有苯并䓬酚酮结构化合物的总称，其中茶黄素（theaflavin，TF1）、茶黄素-3-没食子酸酯（theaflavin-3-gallate，TF2A）、茶黄素-3′-没食子酸酯（theaflavin-3′-gallate，TF2B）和茶黄素-3，3′-双没食子酸酯（theaflavin-3，3′-digallate，TF3）是 4 种主要的茶黄素，其化学结构如下：

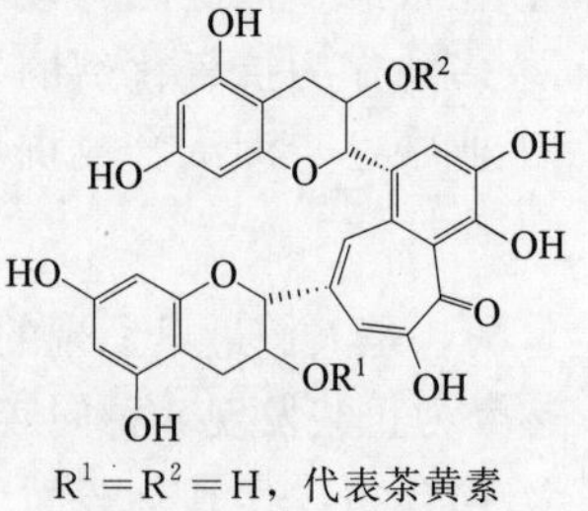

$R^1=R^2=H$，代表茶黄素

$R^1=H$，$R^2=$没食子酰基，代表茶黄素-3′-没食子酸酯

$R^2=H$，$R^1=$没食子酰基，代表茶黄素-3′-没食子酸酯

$R^1=$没食子酰基，$R^2=$没食子酰基，代表茶黄素-3,3′-双没食子酸酯

茶黄素纯品呈橙黄色针状结晶，熔点 237～240℃，易溶于水、甲醇、乙醇、丙酮、正丁醇和乙酸乙酯，难溶于乙醚，不溶于三氯甲烷和苯。茶黄素溶呈鲜明的橙黄色，水溶液呈弱酸性，pH 约 5.7，颜色不受茶提取液 pH 影响，但在碱性溶液中有自动氧化的倾向，且随 pH 的增加而加强。

2016 年 6 月 30 日茶黄素被正式列入食品添加剂，可广泛添加到焙烤食品、熟肉制品和茶制品等。茶黄素除具有抗氧化作用外，还有降血脂，预防脂肪肝、酒精肝、肝硬化等功用。

## 11.3.3 乳化剂

乳化剂是能够改善乳浊液中各种构成相之间的表面张力，使之形成均匀稳定的分散体或乳浊液的物质。所有乳化剂的分子中均含有亲水基和亲油基两个功能基团，亲水基能吸引水层，亲油基能包围油层。因此，在油水体系中加入乳化剂后，水和油就能相互混合，形成完全分散的乳浊液。不过，乳化剂的亲水性和亲油性一般是不平衡的，它们适用的场合也有所差异，一般地，亲水性强的乳化剂适用于 O/W 型乳浊液，亲油性强的乳化剂适用于 W/O 型乳浊液。乳化剂能稳定食品的物理状态，改进食品组织结构，简化和控制食品加工过程，改善风味、口感，提高食品质量，延长货架寿命，广泛应用于焙烤、冷饮、糖果等食品行业中。

目前，世界各国允许使用的乳化剂种类较多，如脂肪酸甘油酯、斯盘（Span）、吐温（Tween）、丙二醇酯、木糖醇酯、甘露醇酯、硬酯酰乳酸钠和钙、大豆磷脂、海藻酸丙二醇酯和可溶性大豆多糖等。我国主要以脂肪酸多元醇酯及其衍生物和天然乳化剂大豆磷脂为主。

### 11.3.3.1 磷脂

磷脂（phospholipid）是最常见的天然乳化剂。磷脂广泛分布于动植物界，既是一种天然的生物表面活性剂，也是人类及动植物组织细胞膜的组成成分。商品磷脂主要来源于大豆、蛋黄和玉米，其中大豆磷脂的含量和质量均超过一般的动植物，含量可达到全豆的 1.6%～2.0%，市售磷脂习惯上均称为卵磷脂。大豆磷脂作为性能良好的天然表面活性剂，由于它特有的化学结构而具有乳化、软化、润湿、分散、渗透、增溶、消泡及抗氧化等作用，广泛应用于食品、医药、化妆品、纺织、制革、饲料以及其他行业。

磷脂按其分子结构组成可以分为甘油醇磷脂（磷酸甘油酯）和神经醇磷脂（鞘磷脂）两大类，其中甘油醇磷脂主要有磷脂酰胆碱（PC，也称为卵磷脂）、磷脂酰乙醇胺（PE，也称为脑磷脂）、磷脂酰肌醇（PI）和丝氨酸磷脂（PS）等种类；神经醇磷脂不含甘油基，是神经氨基醇和脂肪酸、磷酸、胆碱的化合物。磷脂的化学结构因磷酸结合部位不同，分为 $\alpha$-和 $\beta$- 两种类型，在自然界多以 $\alpha$-型存在。从磷脂的分子结构看，在其分子中有亲水基团 $—NH_2$、$=NH$ 和—OH，也有亲油基团 R，所以具有良好的乳化性能。

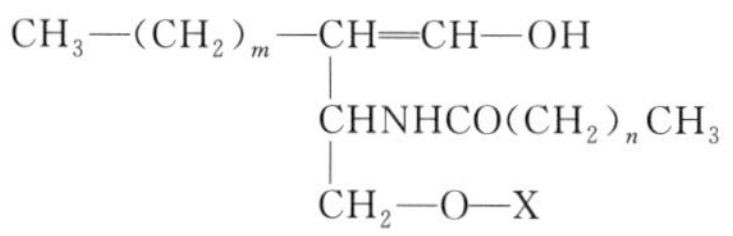

$$
\begin{array}{l}
CH_3—(CH_2)_m—CH{=}CH—OH \\
\qquad\qquad\qquad\quad | \\
\qquad\qquad\qquad\quad CHNHCO(CH_2)_nCH_3 \\
\qquad\qquad\qquad\quad | \\
\qquad\qquad\qquad\quad CH_2—O—X
\end{array}
$$

鞘磷脂结构通式

$$
\begin{array}{l}
\qquad\qquad\qquad\qquad\qquad\quad O \\
\qquad\qquad\qquad\qquad\qquad\quad \| \\
\qquad\quad O \qquad\quad CH_2—O—C—R^1 \\
\qquad\quad \| \qquad\qquad | \\
R^2—C—O—CH \qquad\qquad O \\
\qquad\qquad\qquad\quad | \qquad\qquad\quad \| \\
\qquad\qquad\qquad\quad CH_2—O—P—O—X \\
\qquad\qquad\qquad\qquad\qquad\qquad | \\
\qquad\qquad\qquad\qquad\qquad\qquad OH
\end{array}
$$

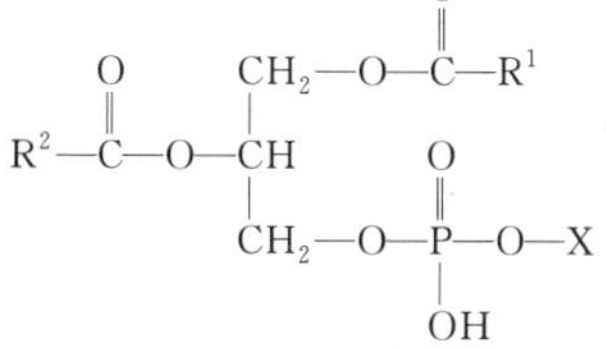

磷酸甘油酯结构通式

式中，$m$、$n$ 代表脂肪酸亚甲基数目；X 代表磷酸胆碱或磷酸胆胺；$R^1$、$R^2$ 代表脂肪酸残基。

大豆磷脂是从生产大豆油的油脚中提取的产物，是由甘油、脂肪酸、胆碱或胆胺所组成的酯，能溶于油脂及非极性溶剂。大豆磷脂的组成成分复杂，主要含有卵磷脂（约34.2%）、脑磷脂（约19.7%）、肌醇磷脂（约16.0%）、磷脂酰丝氨酸（约15.8%）、磷脂酸（约3.6%）及其他磷脂（约10.7%）。为浅黄至棕色的黏稠液体或白色至浅棕色的固体粉末。亲水亲油平衡值（HLB值）约为3.5，属亲油性乳化剂。大豆磷脂不仅具有较强的乳化、润湿、分散作用，还在促进体内脂肪代谢、肌肉生长、神经系统发育和体内抗氧化损伤等方面发挥很重要的作用。大豆磷脂也是唯一不限制用量的乳化剂。

磷脂在空气中易氧化酸败而变黑，但在油脂中却比较稳定。磷脂的耐热性能较好，但温度超过150℃会逐渐分解。磷脂在酸碱条件下易水解，其产物为脂肪酸、甘油、磷酸、氨基醇及肌醇等。

从粗大豆油中分离磷脂的方法很简单：将粗大豆油加热至50～60℃，然后再添加1%～3%的热水或直接通入蒸汽，缓慢搅拌，加热至95℃，继续搅拌20～30min，使大豆磷脂充分水合，然后用连续分离机分离水合磷脂，并在60℃下进行减压浓缩，即可得到浓缩大豆磷脂（或称粗大豆磷脂）。为了改善磷脂的色泽，工业上通常用过氧化氢或过氧化苯甲酰进行脱色。

粗大豆磷脂中油不溶性杂质含量较高。杂质主要是微细大豆粉残渣、碳水化合物及铁、镁、钙、铅、砷等金属盐类。这些杂质不仅降低了磷脂纯度，而且会导致磷脂变质，所以必须对粗大豆磷脂进行精制。工业上大豆磷脂的精制方法有两种。其一为过滤、澄清法，即将粗大豆油过滤、澄清后，再加入热水或蒸汽，使磷脂水合后分离、浓缩并脱色的方法。其二为溶剂提取法，主要有以下几种方法：①己烷精制法；②丙酮精制法；③乙醇-丙酮法。利用丙酮萃取法制取高纯度大豆磷脂的生产工艺如下：

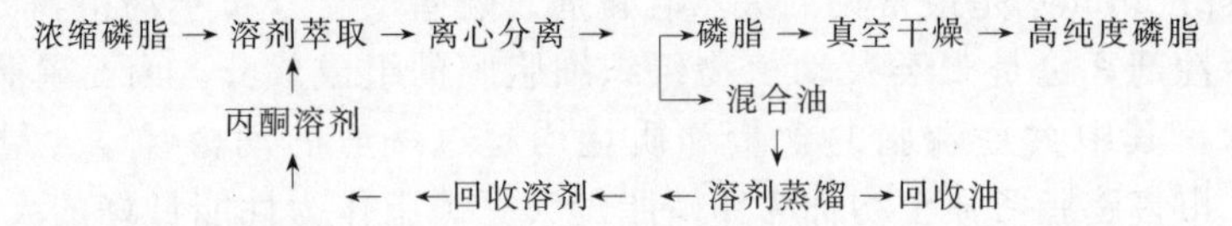


天然卵磷脂产品最广泛的用途是用于人造奶油和糖果。用于人造奶油时，卵磷脂是典型的乳化剂，用于油包水型乳状液，常用浓度是0.15%～0.5%。冰淇淋中添加0.01%～0.1%磷脂，可以缩短冰淇淋混合料的凝冻时间，同时也可使气泡和冰晶变小，使得冰淇淋组织细腻滑润。制造奶味硬糖、花生牛轧和牛奶软糖时加入脂肪总量0.2%～1%的磷脂，有助于糖、脂肪和水的混合，并能防止出现腻滑、砂粒化和成条等情况。在巧克力制造中加入0.3%～0.5%的磷脂，能明显降低巧克力的黏度，并可取代部分价格昂贵的可可脂，降低产品成本，并能改善巧克力的耐水性能，扩大巧克力加工的温度范围，还可以防止发生脂霜现象。

在烘烤面包、饼干、馅饼和蛋糕过程中，卵磷脂主要用作：①乳化剂（单独或与其他乳化剂结合），可以降低乳化成本，稳定乳液，促进油脂与水混合，改善耐水性，确保组分均一悬浮。②润湿剂，使粉状成分迅速润湿从而减少混合时间。③分离剂，可以使食品从模具中更快和更干净脱离。④抗氧剂，可使动、植物油更稳定，尤其是作为其他抗氧剂的增效剂。

几乎所有的婴儿食品都用亲水或去油卵磷脂作乳化剂。在速溶奶粉、速溶咖啡生产中，喷雾干燥后的粉末团粒表面喷涂一层磷脂薄膜，能明显提高产品的溶解速度，使产品速溶化，其用量多控制在总固形物的0.2%～0.4%。

去油卵磷脂可以作为罐装或冷冻食品中的一种主要成分，帮助乳化和固定动物脂肪，如罐装辣椒、肉汁及较高含量动物脂肪的其他食品。在香肠等肉制品中添加磷脂可以提高制品中淀粉的持水性、增加弹性、减少淀粉充填物的糊状感。

磷脂还在动物饲料、农药、涂料、化妆品、清洁剂、纺织、造纸、印刷、医药等领域中获得了广泛的应用。

#### 11.3.3.2 皂树皮提取物

皂树皮提取物（quillaia extract）是新型的乳化剂。它是以皂树（*Quillaja saponaria* Molina）的树皮、树干或枝条为原料，磨碎后使用水溶剂提取法提取，经净化、精制等工艺生产的食品添加剂。商品化的皂树皮提取物产品可为液体或粉末状，粉末状产品可含有例如乳糖、麦芽糖醇、麦芽糊精、糊精、聚葡萄糖等作为载体。液体产品可以使用苯甲酸钠或乙醇以便保存。

皂树皮提取物作为乳化剂用于饮料，并规定在碳酸水、碳酸饮料、果蔬汁（浆）类饮料、风味饮料、特殊用途饮料中的最大用量（按皂素计）为50mg/kg。

#### 11.3.3.3 其他

**(1) 海藻酸丙二醇酯（propylene glycol alginate，PGA）** 海藻酸丙二醇酯也称藻酸丙二醇酯、藻酸丙二酯。PGA主链是由α-L-古洛糖醛酸和β-D-甘露糖醛酸组成，这2种糖醛酸在PGA分子中的比例和位置都决定着PGA的黏度、胶凝性、对离子的选择等特性。PGA分子中的丙二醇基为亲脂端，可以与脂肪球结合；分子中的糖醛酸为亲水端，含有大量羟基和部分羧基，可以和蛋白质结合。PGA是食品用稳定胶体中唯一具有稳定和乳化双重作用的天然稳定剂。在食品和饮料的生产中可以被用作为一种性能优良的乳化剂。PGA溶液的亲脂性可有效地用作奶油、糖浆、啤酒、饮料及色拉油的稳定剂。

**(2) 可溶性大豆多糖（soluble soybean polysaccharide）** 可溶性大豆多糖是豆渣经过酶解提取、分离、精制、杀菌、干燥等工艺制成，由半乳糖醛酸聚糖和阿拉伯聚糖等组成，部分支链上聚合有蛋白质，因其特殊的自身结构，与其他生物多糖相比黏性较低，并具有分散性、稳定性、乳化性和黏着性等特点。食品行业中常被用作膳食纤维强化剂、增稠剂、乳化剂、被膜剂、抗结剂。

### 11.3.4 增稠剂

目前使用的食品增稠剂绝大多数是天然增稠剂，主要有海藻胶、果胶、明胶、卡拉胶、黄原胶及淀粉和改性淀粉等。

#### 11.3.4.1 黄原胶

黄原胶（xanthan gum）又称黄胶、汉生胶或黄杆菌胶，是野油菜黄单胞杆菌以碳水化合物为主要原料，经发酵工艺生产的一种用途广泛的微生物胞外多糖。类似白色或淡黄色粉末，可溶于水，不溶于多数有机溶剂。在低剪切速度下，即使浓度很低也具有高黏度。该多糖是一种多功能生物高分子聚合物，易溶于水，对温度、pH、电解质溶液及酶的作用不敏感，具有很高的黏度、流动触变性和稳定的理化性质，且无毒，作为添加剂在日用化学品领域具有广阔的市场前景，目前已广泛应用于食品、医药、采油、纺织、陶瓷、印染、香料、化妆品及消防等领域。

黄原胶是由D-葡萄糖、D-甘露糖、D-葡萄糖醛酸、乙酸和丙酮酸组成的“五糖重复单元”结构聚合体，各单元的分子摩尔比为28∶3∶2∶17∶（0.51～0.63），它的分子质量在$5\times10^{6}$u左右。黄原胶的分子结构如下：

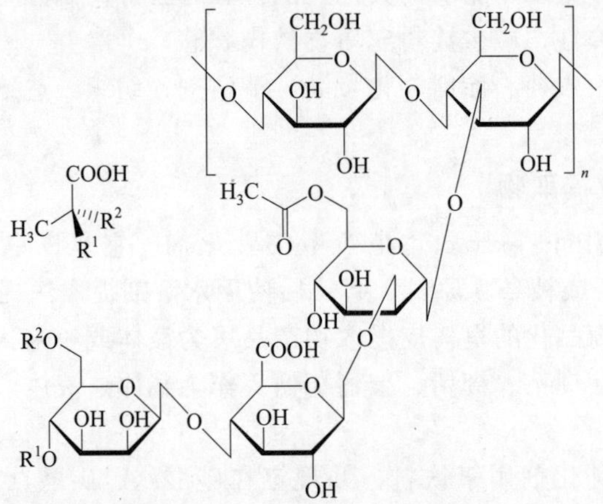

黄原胶分子的一级结构是由β-1,4-键连接的D-葡萄糖基主链与三糖单位的侧链组成，其侧链由D-甘露糖和D-葡萄糖醛酸交替连接而成。黄原胶的分子侧链末端含有丙酮酸，其含量对性能有很大影响。在不同溶氧条件下发酵所得到的黄原胶，其丙酮酸含量有明显差异。一般溶氧速率小，其丙酮酸含量低。黄原胶的二级结构是侧链绕主链骨架反向缠绕，通过氢键维系形成棒状双螺旋结构。黄原胶的三级结构是棒状双螺旋结构间靠微弱的非共价键结合形成的螺旋复合体。

黄原胶具有某些特殊功能。比如其水溶液静置时黏度很高，但当摇动或搅动时黏度随之下降，一旦撤去外力，其黏度很快恢复。这一特点有助于冰淇淋的输送和注模，同时使冰淇淋具有良好的感官性能。黄原胶与许多普通胶质相溶，和瓜尔豆胶有较强的内部反应，在冰淇淋中同时使用可提高黏度，并可形成凝胶。黄原胶作为一种阴离子表面活性剂，能与脂类物质相溶，具有很高的乳化性能，对形成均一、稳定的冰淇淋料液有重要作用。由于黄原胶是生物发酵制品，每批成品的黏度可能稍有不同，这一点在冰淇淋使用当中应注意检验。

黄原胶是食品工业中理想的增稠剂、乳化剂和成型剂等，用途极为广泛。黄原胶作为蛋糕的品质改良剂，可以增大蛋糕的体积，改善蛋糕的结构，使蛋糕的孔隙大小均匀，富有弹性，并延迟老化，延长蛋糕的货架寿命。奶油制品、乳制品中添加少量黄原胶，可使产品结构坚实、易切片，更易于香味释放，口感细腻清爽。用于饮料，可使饮料具有优良的口感，赋予饮料爽口的特性，使果汁型饮料中的不溶性成分形成良好的悬浮液，保持液体均匀不分层。加入啤酒中可极大地改善产泡效果。在焙烤食品中加入黄原胶，可保持食品的湿度，抑制其脱水收缩，延长贮存期。用于果冻，黄原胶赋予其软胶状态。加工填充物时，可使果冻的黏度降低从而节省动力并易于加工。在加工淀粉软糖和蜜饯果脯等配方中加入黄原胶和槐豆胶，能够改进加工性能，大大缩短加工时间。含有0.5～7.5g/L黄原胶的巧克力液体糖果，贮藏稳定性大为提高。方便面中加入黄原胶，可提高成品率，减少产品断碎干裂，改善口感。此外，它还广泛用于罐头、火腿肠、饼干、点心和肉制品等产品中。

#### 11.3.4.2 海藻酸盐

海藻酸盐包括海藻酸钠和海藻酸钙（2016年补充的食品添加剂新品种），又名褐藻酸钠和褐藻酸钙，化学组成为β-D-吡喃甘露糖醛酸（M）和α-L-吡喃古洛糖醛酸（G）的不规则聚合物。分子式为$(C_6H_7O_6Na/Ca)_n$，分子量约为$2.1\times10^{5}$。纯品呈白色至浅黄色纤维状或颗粒状粉末，几乎无臭、无味，溶于水形成黏稠状胶体溶液，不溶于乙醇、乙醚或氯仿。其溶液呈中性，与金属盐结合凝固。

海藻酸钠/钙来源于海藻，是将采集的海藻，洗净后切成细条状，再经温水洗净，并以纯碱溶液抽提，加酸调整其 pH 值，由此获得白色沉淀，再溶解于纯碱溶液，就得到海藻酸钠/钙。海藻酸钠/钙用在冰淇淋中，可使物料稳定均匀，易于搅拌和溶解，冷冻时可调节流动，使产品具有平滑的外观及抗融化特性，无需老化时间，产品膨胀率较高，产品口感平滑细腻，口味良好。目前，海藻酸钠可根据实际需要添加到生湿面制品、果蔬汁（浆）等食品中；海藻酸钙主要用于小麦粉制品和面包，最大使用量 5.0g/kg。

#### 11.3.4.3 明胶

明胶（gelatin）是胶原纤维的衍生物，它是构成各种动物的皮、骨等结缔组织的主要成分，分子量约为 1 万～10 万。食用明胶为白色或淡黄色，呈半透明状的薄片或粉粒，微带光泽，有特殊臭味，具有很强的亲水能力，能吸收 5～10 倍的水形成凝固并富有弹性的胶块。当它与冰淇淋料液中各种水分子结合在一起时，就形成了稳定的隐性网络结构，可提高料液的黏度，并以自身胶体性质使料液分子凝聚。因此，能使冰淇淋具有疏松而柔软的质地及细腻的口感，并较长时间保持产品形状及轮廓分明的外观，这一特性在生产切割成型冰淇淋时显得尤为重要。明胶在冰淇淋中的最大使用量一般不超过 0.5%，使用时既可以慢慢地干撒，也可以配成 5%溶液添加到配料溶液中。明胶是两性胶体和两性电解质，其溶液黏度因其分子量不同而不同。

### 11.3.5 溶菌酶

溶菌酶（lysozyme）又称胞壁质酶或 *N*-乙酸胞壁质聚糖水解酶，是一种比较稳定的碱性蛋白。溶菌酶大致可以分为以下几种：①*N*-乙酰己糖胺酶；②酰胺酶；③内肽酶；④$\beta$-1,3-和 $\beta$-1,6-葡聚糖和甘露聚糖酶；⑤壳多糖酶。

溶菌酶的作用机理是切断 *N*-乙酰胞壁酸和乙酰葡萄糖胺之间的 $\beta$-1，4-糖苷键，使得细胞因为渗透压不平衡而破裂，因此它能够溶解细菌细胞。溶菌酶具有多种药理作用，如抗感染、消炎、消肿、增强体内免疫机能等。溶菌酶可以用作婴儿食品的添加剂，它是婴儿生长发育所需的一种必需抗菌蛋白，对杀死肠道腐败菌、增强抗感染能力具有特殊作用。溶菌酶作为防腐剂在干酪、香肠、奶油、糕点等食品上的应用也有报道。单独使用溶菌酶作为防腐保鲜剂有一定的局限性，它只能分解产芽孢细菌的营养细胞，不能分解芽孢；它只对革兰氏阳性菌有较强的溶菌作用，而对革兰氏阴性菌没有太大作用。因此，在使用时需要添加其他的成分来促进它的防腐效果。陈舜胜以虾等水产品为试样采用保鲜液和溶菌酶复合保鲜，结果表明该复合保鲜剂的作用显著，在其他相同条件下，可以延长保鲜期约一倍时间。其在发酵酒中的最大使用量为 0.5g/kg，在干酪中按生产需要适量使用。

## 11.4 一些功能性食品添加物

食品中的成分除一些是动、植物及微生物体内原有的，在加工过程、贮藏期间新产生的，原料生产、加工或贮藏期间所污染的和包装材料所带来的外，有些是人为添加的。随着食品科技的进步，一些用食药两用的材料，通过提取及纯化得到的安全性好、功能性强的天然成分或复合物，也常有报道添加到食品中，以增强食品的营养性或改善其功能性等。它们虽达到了新食品原料的要求，但针对其营养性或功能性，目前又未列入 GB14880 或 GB2760 目录中。在此，特以功能性的食品添加物或新食品原料加以介绍。

## 11.4.1 具有抑菌作用的食品添加物

### 11.4.1.1 鱼精蛋白

鱼精蛋白（clupeidae protamine）是一种多聚阳离子，主要存在于各类动物的成熟精巢组织中，与核酸紧密结合在一起，以核精蛋白的形式存在，是一种小而简单的球形碱性蛋白质，分子量通常在一万以下，一般由 30 个左右的氨基酸残基组成，其中 2/3 以上是精氨酸。鱼精蛋白无臭、无味，热稳定性较好。在牛奶、鸡蛋、布丁中添加 0.05%～0.1%鱼精蛋白，能在 15℃下保存 5～6d，而对照组（不添加）4d 就开始变质。鱼精蛋白对延长鱼糕制品的有效保存期也有作用。鱼精蛋白与甘氨酸等配合使用，抗菌效果更好，食品防腐范围也更广。

鱼精蛋白虽然目前未列入 GB2760—2014，但自从二十世纪八十年代后期，就开始出现添加在食品中。它具有广谱抗菌性，能抑制枯草杆菌、巨大芽孢杆菌、地衣形芽孢杆菌等的生长；对革兰氏阳性菌、酵母、霉菌也有明显抑制效果，而且能有效地抑制肉毒梭状芽孢杆菌中的 A 型、B 型及 E 型菌的发育。王南舟等人发现在中性和偏碱性的条件下，鱼精蛋白的防腐效果更好。目前广泛使用的防腐剂多为酸性防腐剂，在中性和碱性条件下防腐效果不理想，所以鱼精蛋白拓宽了防腐剂的 pH 使用范围。鱼精蛋白作为一种天然物质，不仅具有很高的安全性和很强的抗菌活性，而且作为精氨酸含量丰富的蛋白质类物质，还具很高的营养性和功能性。具有强化生殖功能、强化肝功能、抗凝血和抑制血压升高等多方面的生理功能，因此，鱼精蛋白不仅在食品中得到了应用，而且在医学领域也得到了应用。

鱼精蛋白的抗菌机理是鱼精蛋白与菌体结合后，可抑制菌体细胞壁的肽聚糖合成并抑制其呼吸系统，导致溶菌。

### 11.4.1.2 抗菌肽

抗菌肽（antimicrobial peptides）是存在于生物体内的一类广谱抗菌活性多肽，也是先天免疫系统中重要的组成部分。目前已经从哺乳动物、昆虫及两栖动物和各种海洋生物中发现了几百种抗菌肽，并对其结构、活性和作用机理做了大量的研究。目前抗菌肽虽未列入 GB2760—2014，但它抗菌活性高、抗菌谱广、分子量小、热稳定好、带有正电荷，通过破坏细菌的细胞膜抑菌或杀菌，也有较多报道将抗菌肽用于防腐。

**(1) 柞蚕抗菌肽（cecropins）** 瑞典科学家 Boman 首次从惜古比天蚕蛹中诱导分离得到柞蚕抗菌肽，它分布广泛，目前已从鳞翅目和双翅目昆虫中分离出 20 多种 cecropins 类似物，甚至在猪肠中也发现了类似抗菌肽。它们可有效杀死革兰氏阳性和阴性菌，但对真核细胞无作用。作用机理是通过在细菌胞膜上形成电势依赖通道，改变细胞膜的通透性，使细胞内容物泄漏而杀菌。它含有 35～37 个氨基酸残基，分子质量为 4kDa，属阳离子型多肽。N 端和 C 端都有螺旋结构，N 端通常呈碱性，带正电荷、亲水；C 端酰胺化，中性或微酸性，不带电或带少量负电荷，疏水。进一步研究发现 cecropins 对某些革兰氏阳性菌如金黄色葡萄球菌和芽孢杆菌无抑制作用。这导致了一种新型抗菌肽——moricn 从家蚕体中被分离出来，该肽对革兰氏阳性菌具有较强的抗菌活性。

**(2) 防卫肽（defensins）** 根据其来源不同，防卫肽可以分成四类：$\alpha$-防卫肽、$\beta$-防卫肽、昆虫防卫肽和植物防卫肽。α-和β-防卫肽主要存在于哺乳动物的有关组织和细胞中，如兔的肺泡巨噬细胞、嗜中性白细胞的嗜天青颗粒、小肠 Paneth 细胞等。与 cecropins 相似，这类抗菌肽在分子中也形成两性分子的 α 螺旋结构，但在这类肽分子中含有 6～8 个半胱氨酸，并形成 3～4 对分子内二硫键，具有稳定的分子结构和广谱抗菌活性。

α-防卫肽、β-防卫肽及昆虫防卫肽对革兰氏阳性和阴性菌都有杀伤作用，比较而言，对革兰氏阳性菌的抑制作用更强些。而有些植物防卫肽无论是对革兰氏阳性菌还是阴性菌似乎均无明显的抑制作用。此外，α-防卫肽、β-防卫肽对许多真菌有抑制作用，某些哺乳动物的防卫肽还对被膜病毒有效。

实验表明，许多因素如溶液的 pH 值、离子强度、温度以及防卫肽分子的电荷性质等都会影响防卫肽对细菌的杀伤作用。一般地，在高盐浓度和酸性条件下，β-防卫肽将失去抗菌活性。

植物防卫肽在抑制真菌生长方面有其特殊的作用。比如芥属的 Rs-AFP1 和 Rs-AFP2 等可以抑制菌丝的伸长和促使菌丝分支增加；而紫菀属、蚕豆属、海马栗属等的植物防卫肽能够降低菌丝的伸长，但不诱导明显的形态畸变。另外，研究发现，昆虫防卫肽对真核细胞无作用。

许多 α-防卫肽如兔 NP1-2、人 HNP1-3、大鼠 RatNP-1、豚鼠 GPNP-1 等已被验证了对病毒具有杀伤作用。这些防卫肽对病毒的抑制作用是直接的，起作用的前提是防卫肽附着于病毒上。对病毒的抑制程度与防卫肽的浓度、分子内二硫键的紧密程度等因素有关，另外，作用时间、pH 值、温度、外加物质等因素也会影响防卫肽抑制病毒的效果。

在体外实验中还发现，防卫肽能够杀伤多种肿瘤细胞，特别是对抗肿瘤坏死因子的 U9TR 细胞系及抗 NK 细胞毒因子的 YAC-1 和 U937 细胞系具有杀伤活性。防卫肽杀伤作用依赖于剂量、时间等因素，约 3h 后可检出细胞毒作用，约 6h 后达到较高水平，而某些靶细胞需 4h 后达到平台，最佳作用是 6h 后，浓度为 25～100g/mL 时。但是，即使剂量小至 1g/mL，在 14h 后仍可有 50%的靶细胞溶解。另外，研究发现，过氧化氢与防卫肽有协同作用，且随过氧化氢浓度增加，协同作用增强。这可能是由于过氧化氢使防卫肽易于进入靶细胞膜或细胞内环境，并使防卫肽结合增加而造成的。不过，必须指出防卫肽的细胞毒活性是非肿瘤细胞特异的，它不仅对肿瘤细胞具有毒性作用，而且对人的淋巴细胞、PMNs、内皮细胞及小鼠甲状腺细胞和脾细胞也同样具有毒性作用，而且对人的淋巴造血细胞及实体瘤细胞作用更为显著。

目前对防卫肽的作用机理仅是推测。另外，对防卫肽的构效关系也不太清楚。一般认为六个半胱氨酸残基组成的三个分子内二硫键和富含精氨酸是其生物活性所必需的。但是，最近有报道，一些来自蝎毒中的蝎毒素具有与防卫肽相似的分子构造，比如均含有不足 50 个氨基酸残基，分子内均含有 3～4 个二硫键，且具有一个十分相似的空间构象图谱，然而两者的生物活性截然相反，这表明防卫肽构效关系中还存在尚未认识之处。昆虫体中与哺乳动物防御素高度同源的类似防卫肽称为昆虫防御素（insect defensins），它首次从肉蝇（*Phormia terranovae*）中分离得到，后来在麻蝇（*Sarcophaga peregrina*）体中也发现了这类抗菌肽，而被命名为 sapecins。Defensins 是在昆虫中诱导产生的最广泛存在的抗菌肽，在双翅目、鞘翅目、膜翅目、半翅目昆虫中都有发现。它们仅对革兰氏阳性菌有抗菌活性，对革兰氏阴性菌或真核细胞无作用。它可以抑制细胞膜上的 $Ca^{2+}$ 通道，激活 $K^{+}$ 通道。

## 11.4.2 具有抗氧化作用的食品添加物

### 11.4.2.1 抗氧化多肽

多肽（peptide）类具有降血压、抗菌、抗癌及增强免疫活性等功效已为人熟知，但是，它们的抗氧化活性却往往被人们忽视。实际上，肌肽、大豆肽及谷胱甘肽等多肽类具有良好的抗氧化作用，是一类极具发展前景的未来的天然抗氧化剂。

**(1) 肌肽 (carnosine)** 肌肽（β-Ala-His）是存在于动物肌肉中的天然抗氧化剂，它能够抑制由金属离子、血红蛋白、脂酶和单线态氧、$O_2^-$、OH·、ROO·催化的脂质氧化。Decker 和 Crum 添加不同浓度（0.5%、1.5%）的纯肌肽于绞碎猪肉中，并测其硫代巴比妥酸反应物（TBARs）值，并与三聚磷酸钠（STP）、α-生育酚及 BHT 等抗氧化剂做比较，测其对贮藏期间绞碎猪肉的保存效果。结果发现，添加 0.5%肌肽即可有效抑制加盐绞碎猪肉的氧化作用，添加 1.5%肌肽的抗氧化效果比添加 0.5%STP 或 α-生育酚（脂肪量的 0.02%）或 BHT（脂肪量的 0.02%）的抗氧化效果更佳，肌肽在颜色与风味的评分也较其他抗氧化剂高，具有稳定颜色的效果。赖颖珍在 25%脂肪、2%氯化钠的绞碎猪肉中加入 0.5%～2.0%的纯化肌肽，发现只要添加 0.5%肌肽即有很好的抗氧化效果。

**(2) 大豆肽 (soybean peptides)** 大豆肽是大豆蛋白水解得到的小肽。刘大川等人考察了大豆分离蛋白水解产物——分子量在 2000 以下的多肽的抗氧化活性。经硫氰酸铁法测定，添加大豆肽试样的吸光度小于对照组，这说明大豆肽具有明显的抗氧化性。另外添加 8%的大豆肽，抗氧化效果甚至比添加 0.02%TBHQ 的抗氧化效果还要高。沈蓓英将大豆分离蛋白经酸性蛋白酶水解，在最佳水解条件下制得具有抗氧化能力的多肽，分子量在 700 左右，水解度为 18%，多肽段的平均氨基酸残基数为 5.6。该大豆肽在含油脂食品的食物体系中，诱导期达 28d，而对照组的诱导期为 6d，表现了明显的抗氧化能力。H. Chen 选用来自芽孢杆菌的蛋白酶，制备具有抗氧化活性的短肽。指出具有抗氧化性的多肽片段由 5～16 个氨基酸残基组成，分子量在 600～1700 范围内。而任国谱等人认为分子量在 2500～3000 的肽类具有较理想的抗氧化活性。

**(3) 谷胱甘肽 (glutathione)** 谷胱甘肽是一种含巯基的三肽，它广泛分布于动植物中。谷胱甘肽在机体的生化防御体系中起着重要的作用，且具有多方面的生理功能。它在机体中的抗氧化作用主要表现在清除体内的自由基。它可与许多自由基（烷自由基、过氧自由基、半醌自由基）作用，表示如下：

$$R\cdot + GSH \longrightarrow RH + GS\cdot \quad 2GS\cdot \longrightarrow GSSH$$

谷胱甘肽的主要功能是保护红细胞免受外源性和内源性氧化剂的损害，除去氧化剂毒性。即：$2GSH + H_2O_2 \longrightarrow GSSG + 2H_2O$

谷胱甘肽也能清除脂类过氧化物。即：$ROOH + 2GSH \longrightarrow GSSH + ROH + H_2O$

#### 11.4.2.2 去甲二氢愈创木酸

去甲二氢愈创木酸（nordihydroguaiaretic acid，NDGA）是从沙漠地区拉瑞阿属植物中提取的一种天然抗氧化剂，在油脂中溶解度为 0.5%～1.0%，当油脂加热时溶解度增加。pH 值对 NDGA 抗氧化活性有明显影响，强碱条件下容易被破坏并失去活性。这种抗氧化剂对抗脂肪-水体系和某些肉制品中高铁血红素催化氧化具有很好效果。但是由于其价格较高，目前尚未得到广泛应用。

### 11.4.3 具有增味作用的食品添加物

近年来，随着国内外快餐食品、方便食品的迅猛发展，鲜味剂特别是营养性天然鲜味剂的产销量也快速增长。国外营养性天然鲜味剂主要包括动植物提取浸膏、蛋白质水解浓缩物和酵母浸膏等。

#### 11.4.3.1 酵母浸膏

酵母浸膏（yeast extract fermentation，YEF），又称酵母提取物、酵母抽提物或酵母浸出物，是一种国际流行的营养型多功能鲜味剂和风味增强剂，以面包酵母、啤酒酵母、原酵母等为原料，通过自溶法包括改进的自溶法、酶解法、酸热加工法等制备。酵母浸膏作为增鲜剂和风味增强剂，保留了酵母所含的各种营养，包括蛋白质、氨基酸、肽类、葡聚糖、各种矿物质和丰富的B族维生素等。添加到食品中，不仅可使鲜味增加，还可以掩盖苦味、异味，获得更加柔和醇厚的口感。但采用自溶法获得的酵母浸膏，因鸟苷酸和肌苷酸含量一般少于2%，鲜味较差。由于核苷酸呈味物质和谷氨酸共存时有增效作用，因此可将鸟苷酸和肌苷酸作为添加剂加入酵母浸膏中，以提高酵母浸膏的风味和鲜味。

酵母抽提物具有浓郁的肉香味，在欧美等国作为肉类提取物的替代物得到广泛应用。与其他调味料相比，它具有许多显著的特点：复杂的呈味特性，调味时可赋予浓重的醇厚味，有增咸、缓和酸味、除去苦味的效果，对异味和异臭具有屏蔽剂的功能等。酵母抽提物的上述特性主要来自它的氨基酸、小分子肽、呈味核苷酸和挥发性芳香化合物等成分的作用。

酵母抽提物含有18种以上的氨基酸，尤其是富含谷物中含量不足的赖氨酸，同时还含有Ca、Fe、Zn、Se等微量元素及维生素$B_1$、维生素$B_2$、维生素$B_{11}$、维生素$B_{12}$和泛酸等B族维生素。表11-1列出了一些酵母抽提物的游离氨基酸组成。从表11-1可以看出，不同的生产原料、不同的生产工艺以及不同的修饰调整方法，所制得的酵母抽提物的营养特性是不同的。对此，我国于2018年7月1日实施了GB/T 35536—2017酵母浸出粉检测方法，为众多酵母浸出粉生产企业与使用者提供统一的质控方法和产品指标的检测。

**表11-1 酵母抽提物的游离氨基酸组成（粉状）** 单位：g/100g

| 氨基酸种类 | 日本产品 | | | 欧美产品 | | |
|---|---|---|---|---|---|---|
| | A | B | C | D | E | F |
| 色氨酸 | 0.71 | 0.70 | 0.26 | 0.70 | 0.67 | 0.15 |
| 赖氨酸 | 5.99 | 8.58 | 2.21 | 4.22 | 3.14 | 2.02 |
| 组氨酸 | 1.49 | 1.26 | 0.55 | 0.92 | 0.84 | 0.25 |
| 精氨酸 | 2.47 | 微 | 2.38 | 2.30 | 2.07 | 0.54 |
| 天冬氨酸 | 2.82 | 3.40 | 0.56 | 2.40 | 1.75 | 0.48 |
| 苏氨酸 | 2.53 | 3.72 | 0.37 | 1.32 | 1.42 | 0.58 |
| 丝氨酸 | 3.61 | 4.12 | 0.66 | 2.51 | 2.46 | 0.89 |
| 谷氨酸 | 5.64 | 7.19 | 2.12 | 6.50 | 5.15 | 4.27 |
| 脯氨酸 | 1.46 | 1.68 | 0.70 | 1.24 | 1.08 | 0.47 |
| 甘氨酸 | 1.80 | 1.94 | 0.66 | 1.32 | 1.07 | 0.50 |
| 丙氨酸 | 4.39 | 4.68 | 2.46 | 3.85 | 3.67 | 2.31 |
| 半胱氨酸 | 微 | 微 | 微 | 微 | 微 | 微 |
| 缬氨酸 | 2.86 | 3.74 | 0.80 | 2.41 | 2.12 | 0.88 |
| 蛋氨酸 | 0.78 | 0.89 | 0.32 | 1.02 | 1.64 | 0.13 |
| 异亮氨酸 | 2.47 | 2.90 | 0.59 | 1.99 | 1.86 | 0.60 |
| 亮氨酸 | 3.47 | 3.93 | 1.00 | 2.98 | 3.68 | 0.83 |
| 酪氨酸 | 0.47 | 0.24 | 0.36 | 0.73 | 1.11 | 0.37 |
| 苯丙氨酸 | 1.90 | 1.92 | 0.55 | 1.77 | 1.69 | 0.46 |
| 合计 | 44.86 | 50.89 | 16.55 | 38.45 | 35.42 | 15.73 |

#### 11.4.3.2 水解蛋白

水解蛋白（protein hydrolysate）是一类新型功能性增味剂，有水解动物蛋白（hydrolyzed animal protein，HAP）和水解植物蛋白（hydrolyzed vegetable protein ，HVP）之

分。它们主要用于生产高级调味品和食品的营养强化，也是生产肉味香精的重要原料。

**(1) 水解动物蛋白** 水解动物蛋白是指在酶的作用下，水解富含蛋白质的动物组织得到的产物。富含蛋白质的动物原料主要有畜、禽的肉、骨及水产品等。这些原料的蛋白质含量高，且所含蛋白质的氨基酸构成接近人体的需要，属完全蛋白质，具有良好的风味。HAP除保留了原料的营养成分外，由于蛋白质被水解为小分子肽及游离的氨基酸，因此，它更易溶于水，更有利于人体消化吸收，原有风味也更为突出。

水解动物蛋白为淡黄色液体、糊状物、粉状体或颗粒，富含各种氨基酸，具有特殊鲜味物质和香味。糊状体水解动物蛋白的一般成分为：总氮量8%～9%，脂肪低于1%，水分28%～32%，食盐14%～16%。平均分子量为1000～5000。水解动物蛋白的质量指标如表11-2所示。

表 11-2 水解动物蛋白的质量指标

| 项目 | 指标 | 项目 | 指标 |
|---|---|---|---|
| 总氮 | ≥3.25% | 重金属(以Pb计) | ≤0.002% |
| α-氨基态氮 | ≥2.0% | 不溶性物质 | ≤1% |
| 砷 | ≤3mg/kg | 铅 | ≤10mg/kg |
| 天冬氨酸(以 $C_4H_7NO_4$ 计) | ≤6.0%;如以总氨基酸计则≤15% | 钠 | ≤25.0% |
| 谷氨酸(以 $C_5H_9NO_4$ 计) | ≤20.0%;如以总氨基酸计则≤35.0% | | |

**(2) 水解植物蛋白** 水解植物蛋白是指在酶的作用下，水解含蛋白质的植物组织所得到的产物。HVP不仅具有丰富的营养保健成分，而且具有较好的呈味特性。HVP作为一种高级调味品，是近年来迅速发展起来的新型调味剂。由于其氨基酸含量高，色、香、味俱佳，将成为取代味精的新一代调味品。另外，HVP的生产原料——植物蛋白来源丰富，成本较低，适合机械化、自动化的大规模生产，因此，其发展速度非常快，发展前景也十分广阔。

生产HVP的常用原料为大豆蛋白、玉米蛋白、小麦蛋白、菜籽蛋白、花生蛋白等。原料不同，水解产物的呈味成分也将有所差异。一般地，原料的脂肪含量越低越好。因此，许多工厂采用榨油之后的副产物如豆粕、菜籽饼、花生饼等作为原料。由于小麦蛋白的谷氨酸含量较高，导致其水解产物的游离谷氨酸含量也较高，呈现出强烈的增强风味的作用。不过，通常认为大豆蛋白是生产标准等级的HVP的原料，且随着水解反应的进行，将产生风味由弱到强（甚至出现烤肉风味）、颜色由浅到深的一系列风味物质。

水解植物蛋白为淡黄色至黄褐色液体、糊状体、粉状体或颗粒。糊状体含水量17%～21%，粉状或颗粒状含水量3%～7%。总氮量5%～14%（相当于粗蛋白25%～87%）。水溶液的pH为5～6.5。氨基酸组成依原料种类而异，鲜味物质的含量及呈味特性因原料和加工方法而异。水解植物蛋白的质量指标与水解动物蛋白的质量指标一致。

#### 11.4.3.3 水产抽提物

水产抽提物（aquatic product extraction）是以生产水产罐头、鱼粉以及煮干品的过程中所得到的煮汁为原料，经过浓缩、干燥而制成的天然调味料。也可直接用新鲜水产品作为原料，绞碎后于60～85℃下瞬间加热凝固成泥状物，然后离心分离，所得离心液浓缩后去掉油脂，经过脱色、脱臭后喷雾干燥而成。此类调味料在日本极为盛行，是日本人日常生活中不可缺少的佐餐佳品。主要产品有干松鱼提取物、蟹提取物、虾提取物、贝提取物等。

### 11.4.4 其他

美拉德反应产物是近年来受到较大关注的一类新型增味剂。食物中含有的糖类、蛋白质和脂肪，在加热过程中糖类降解为单糖、醛、酮及呋喃类物质，蛋白质分解成多种氨基酸，而脂肪则发生自身氧化、水解、脱水和脱酸，生成各种醛、酮、脂肪酸等，以上各种物质相互作用，从而产生出许多原来食物中没有的、具有独特香味的挥发性物质，称为美拉德反应产物。

目前市场上虽然还没有单纯的美拉德反应产物增味剂，但是，各种天然肉味香精等增味剂或多或少都利用了美拉德反应产物来提供特殊的肉香味。例如，孙丽平等利用鳕鱼皮蛋白制备热反应型肉香调味基料等。

自然界中的食物均有独特的鲜味，这主要取决于其所含有的呈味物质，比如海带的味道主要与其所含的谷氨酸钠相关，香菇的味道主要来源于鸟苷酸，贝类的特殊味道则主要是由琥珀酸盐带来的。利用新的萃取技术，用一定的溶剂（一般用水）提取这些食物中呈味物质，然后浓缩、喷粉制成复合调味料，既具有天然鲜味，同时又具有该食品的香气。利用特定的酶，作为风味物质生产中的生物催化剂，可增强食品风味或将风味前体转变成风味物质。也可以激活食品中内源酶以诱导合成风味物质，或钝化食品中的内源酶以避免异味的产生。利用生物技术，包括植物组织培养法、微生物发酵法、微生物酶转化法等生产风味物质，是人们获得天然风味物质的有效途径，也是目前该领域的研究热点。随着生物技术相关学科的飞速发展，利用生物技术生产天然风味物质将由实验室研究逐步走向大规模的工业化生产，不断满足人们对营养、健康和回归自然的需求。

## 参 考 文 献


[1] 孙宝国主编．食品添加剂．北京：化学工业出版社，2012.

[2] 蒋永福 等．天然防腐剂——乳酸链球菌素的研究进展．精细化工，2002，19（8）：453.

[3] 林世静 等．食品防腐剂的合成方法综述．北京石油化工学院学报，2004，12（3）：9.

[4] 刘翀 等．安全的天然食品防腐剂细菌素．食品科学，2005，26（7）：251.

[5] 刘艳群 等．食品乳化剂的发展趋势．食品科技，2005（2）：32.

[6] 栾金水 等．鲑鱼鱼精蛋白对食品防腐特性的研究．天然产物研究与开发，1999，12（3）：53.

[7] 杨虎清 等．天然肽类食品防腐剂研究进展．中国食品添加剂，2005，2：31.

[8] 孙丽平 等．利用鳕鱼皮蛋白制备热反应型肉香调味基料的研究．中国海洋大学学报：自然科学版，2009，39（2）：249-252.

[9] Santosa J C P，et al. Nisin and other antimicrobial peptides：Production，mechanisms of action，and application in active food packaging. Innovative Food Science and Emerging Technologies，2018，48：179.

[10] Foegeding E A，et al. Food protein functionality：A comprehensive approach. Food Hydrocolloids，2011，25：1853-1864.

[11] Colmenero F J，et al. Design and development of meat-based functional foods with walnut：Technological，nutritional and health impact. Food Chemistry，2010，123：959-967.

# 第12章 食品中有害成分

本章要点：过敏原、凝集素、植酸、河豚、贝类及蘑菇毒素、农药、兽药、重金属、微生物毒素、丙烯酰胺、氯丙醇、苯并[α]芘等性质、有害性及来源。

根据食品中有害成分的结构和对人体的生理作用，可将食品中有害成分分为有毒成分、有害成分和抗营养素。食品中有毒成分是指这类成分在含量很少时就具有毒性，食品中有害成分是指这类成分含量超标时就会对人体产生危害，食品中抗营养素是指这类成分能干扰或抑制食品中其他营养成分的吸收。当然定义某物质是有毒、有害成分或是抗营养素是相对的，随着分析手段的提高和科学的进步，现阶段定义为有害成分，可能在一定量时是有益成分；另外，某些成分定义为抗营养素是指在特定的情况下它具有抗营养作用，如食品中酚类物质，当它与蛋白质一道食用时，它对蛋白质的吸收有一定的抑制作用，这种情况下它是抗营养素；然而它有抗氧化、清除自由基等作用，它又是天然的抗氧化剂和保健成分。

根据食品中有毒、有害成分及抗营养素的来源，食品中有害成分又可分为内源性和外源性两大类。食品中内源性有毒、有害成分在一般情况下对人体的危害不明显，然而，在感受性较强的人身上，或未经正确地处理含量较多时，就会出现有害作用。食品中外源性有毒、有害成分如果在人体内不能及时排除，它们的残留总是对人体不利的。食品中常见的有毒、有害成分及抗营养素见表 12-1～表 12-3。

**表 12-1 食品中内源性有毒、有害成分**

| 有毒、有害成分 | 来源 | 对人体影响 |
|---|---|---|
| 芥子油苷类（致甲状腺肿物） | 十字花科种子、油料、介菜种子、羽衣甘蓝、萝卜、卷心菜、花生、大豆、木薯、洋葱等 | 甲状腺肿大，甲状腺素合成下降，代谢损伤，碘吸收下降，蛋白质消化下降等 |
| 生氰配糖体类 | 木薯、甜土豆、干果类、菜豆、利马豆（lima bean）、小米、黍等 | 阻断细胞呼吸、胃与肠道不适症、影响糖及钙的运转、高剂量使碘失活等 |
| 凝集素类 | 蝶形花科、谷物、黄豆及其他豆类 | 损伤消化道上皮细胞，影响营养成分吸收，抑制酶活性、维生素 $B_{12}$ 及脂类吸收利用等 |
| 配糖生物碱 | 马铃薯、番茄及未成熟果实 | 抑制维生素 B 酯酶（cholinesterase）活性、胃肠道不适症、血细胞溶解、影响肾功能等 |
| 棉酚 | 棉子 | 结合金属离子、铁离子吸收下降、抑制酶活性等 |
| 河豚毒素 | 河豚 | 麻痹神经细胞，重者造成呼吸困难而危及生命 |
| 贝类毒素 | 蛤蚌、紫贻贝、扇贝、文蛤等 | 神经麻痹和肝脏中毒症状 |

续表

| 有毒、有害成分 | 来源 | 对人体影响 |
| --- | --- | --- |
| 组胺 | 鲐鱼、金枪鱼、沙丁鱼等 | 脸红、头晕、呼吸急促等 |
| 蘑菇毒素 | 毒蘑菇 | 中毒表现较为复杂，通常表现为胃肠炎症状、神经精神症状、溶血症状、实质性脏器受损症状等 |

**表 12-2　食品中外源性有毒、有害成分**

| 有毒、有害成分 | 食物种类 | 对人体影响 |
| --- | --- | --- |
| 重金属 | 在污染的河流、海口及土壤处养殖种植的动、植物 | 对人体的危害多样性，常见的中毒症状有食欲不振、胃肠炎、失眠、头昏、肌肉酸痛、贫血等 |
| 有机磷农药等 | 污染的食物，如用装过农药的空瓶子盛放酱油、酒、食用油等食物；用同一车辆运输食品和农药；将刚喷洒过农药(尚未到安全间隔期)的蔬菜水果投放市场等 | 破坏体内某些酶活性，肌肉震颤(自眼睑、面部发展到全身)、痉挛、瞳孔缩小(占中毒人数的51%)、血压升高、心跳加快、呼吸困难、肺水肿(从口、鼻排出大量红色泡沫性液体)和昏迷 |
| 兽药 | 奶制品及肉制品 | 过敏反应、使人体产生耐药性、改变体内微生态环境、早熟、生理紊乱、加重某些慢性病病情等 |
| 微生物毒素 | 微生物污染的食品及原料，如发霉玉米碾制玉米粉或自制发酵食品 | 对人体的危害多样性，如伏马菌素引起马脑部重度水肿等 |

**表 12-3　食品中内源性抗营养素**

| 抗营养素 | 作物 | 对人体影响 |
| --- | --- | --- |
| 草酸 | 甜菜根、菠菜、粗根芹菜、大黄(rhubarb)、苋属植物、西红柿等 | 草酸钙结晶，影响钙、铁或锌等金属离子吸收，影响钙代谢等 |
| 酚类 | 蔬菜、水果、葡萄酒、谷类、黄豆、马铃薯、茶叶、咖啡、植物油 | 阻碍或破坏硫胺素的吸收、形成金属复合物影响其生物有效性等 |
| 植酸盐 | 蝶形花科、谷类及所有的植物种子等 | 与金属元素形成复合物，影响钙、镁、铁、锌、铜等金属离子的生物有效性，蛋白质及淀粉等利用率下降等 |
| 蛋白酶抑制剂 | 蝶形花科种子、花生、谷类、大米、玉米、马铃薯、苹果、甘薯等 | 抑制胰蛋白酶、胰凝乳蛋白酶、糖肽酶和淀粉水解酶活性，降低其生物利用率等 |
| 皂角苷 | 蝶形花科、菠菜、莴苣、甜菜、黄豆、茶叶、花生等 | 与蛋白质及类脂类形成复合物、溶血作用、肠胃炎，但多数皂角苷无害 |
| 单宁 | 广泛地存在于植物源食品中，如多数水果、茶叶及咖啡等 | 抑制胰腺酶类活性，硫胺素、蛋白质、钴胺素及铁利用率下降等 |
| 非蛋白质氨基酸 | 豆科植物、海藻等 | 干扰蛋白质代谢、骨质及神经中毒等 |

# 12.1　内源性有害成分

有害糖苷类、有毒氨基酸、凝集素、皂素、有毒活性肽及毒素等，是某些食物常见的有害成分。这些成分如果在加工或烹调过程中不加以除去或破坏，则对人类健康构成安全隐患。

## 12.1.1　过敏原

### 12.1.1.1　概述

过敏原 (allergen) 是指存在于食品中引起特定人群产生免疫反应的物质。由食品成分导致的人体免疫反应主要是由免疫球蛋白 E (immunoglobin E，IgE) 介导的速发过敏反应。

其过程首先是B淋巴细胞分泌过敏原特异的IgE抗体，敏化的IgE抗体和过敏原在肥大细胞和嗜碱性粒细胞表面交联，使肥大细胞释放组胺等过敏介质，从而产生过敏反应。正常情况下，大量的抗原在消化过程中被降解成单糖、氨基酸和低级脂肪酸，并被专门细胞以无抗原活性形式有选择地吸收。然而完全抗原（过敏原）能穿过肠壁进入体内，从而激发免疫反应。

当人们食用某些食品几小时后，如出现皮肤瘙痒、胃肠功能紊乱等不良反应，这就是过敏症状的表现。能引起上述症状的食物就是因为其中含有过敏原，而含有过敏原的食品就为过敏性食品。现在发现许多食品中都含有能使人过敏的过敏原，只是不同的人群对其敏感性不同。因此，对食品过敏原的理解在不同的国家和地区也各不相同，公众对它的认同也有较大的差异。

食物过敏的流行特征表现在：

**(1)** 婴幼儿（4%～8%）及儿童（2%～4%）的发病率高于成人（1%～2%）。

**(2)** 发病率随年龄的增长而降低。一项对婴儿牛奶过敏的前瞻性研究表明，56%的患儿在1岁、70%在2岁、87%在3岁时对牛奶不再过敏。但对花生、坚果、鱼虾则多数为终生过敏。

**(3)** 人群中的实际发病率较低。目前有160多种食品含有可以导致过敏反应的食品过敏原，其中90%食物过敏的发生与下列食物有关：牛奶、蛋、坚果（如杏仁、花生、腰果、核桃）、鱼类（如鳕鱼、比目鱼）、贝类、大豆和麦类等。

#### 12.1.1.2 食物过敏原的特点

过敏原存在以下几个特点：

**(1) 多数食物都可引起过敏性疾病** 小儿常见的食物过敏原有牛奶、鸡蛋、大豆等，其中牛奶和鸡蛋是幼儿最常见的过敏原，它们有很强的致敏作用。致敏食物也因各地区饮食习惯的不同而有相当的差异。花生既是小儿也是成人常见的过敏原。海产品是诱发成人过敏的主要过敏原。虽然多数食物都能引起过敏反应，但约90%的过敏反应是由少数食物引起。

**(2) 食物中仅部分成分具致敏原性** 例如鸡蛋中蛋黄含有相当少的过敏原，在蛋清中含有23种不同的糖蛋白，但只有卵清蛋白、伴清蛋白和卵黏蛋白为主要的过敏原。

**(3) 食物过敏原的可变性** 加热可使得一些次要过敏原的过敏原性降低，但主要的过敏原一般都对热不甚敏感，有些还会增加。一般情况下，酸度的增加和消化酶的存在可减少食物的过敏原性。

**(4) 食物间存在交叉反应性** 许多蛋白质可有共同的抗原决定簇，使过敏原具有交叉反应性。如至少50%的牛奶过敏者也对山羊奶过敏，对鸡蛋过敏的患者可能对其他鸟类蛋也过敏。植物的交叉反应比动物明显，如对大豆过敏的患者也可能对豆科类的其他植物如扁豆等过敏。

### 12.1.2 有害糖苷类

#### 12.1.2.1 氰苷

许多植物源食品（如杏、桃、李、枇杷等）的核仁、木薯块根和亚麻籽中含有氰苷(cyanogentic glycosides)，如苦杏仁中的苦杏仁苷（amygdalin）、木薯和亚麻籽中的亚麻苦苷（linamarin）。表12-4、表12-5表明了氰苷分布的作物种类及含量变化范围。

氰苷的基本结构是含有$\alpha$-羟基腈的苷，其糖类成分常为葡萄糖、龙胆二糖和荚豆二糖，由于$\alpha$-羟基腈的化学性质不稳定，在胃肠中由酶和酸的作用水解产生醛或酮和氢氰酸，氢氰酸被机体吸收后，其氰离子即与细胞色素氧化酶中的铁结合，从而破坏细胞色素氧化酶传递氧的作用，影响组织的正常呼吸，引起机体中毒死亡。

$$\text{亚麻苦苷}\xrightarrow[H_2O]{\beta\text{-葡萄糖酶}}\text{葡糖糖}+\text{2-氰基-2-丙醇}\xrightarrow[H_2O]{\text{醇腈酶}}\text{氢氰酸}+\text{丙酸}$$

氰苷在酸的作用下也可水解产生氢氰酸，但一般人胃内的酸度不足以使氰苷水解而中毒。加热可灭活使氰苷转化为氢氰酸的酶，达到去毒的目的；由于氰苷具有较好的水溶性，因而也可通过长时间用水浸泡、漂洗的办法除去氰苷。

**表 12-4 食品原料中的主要有害糖苷类**

| 糖苷 | 食物原料 | 水解后的分解物 |
|---|---|---|
| 苦杏仁苷和野黑樱苷 | 苦扁桃和干艳山姜的芯 | 龙胆二糖＋ 氢氰酸 ＋ 苯甲醛 |
| 亚麻苦苷 | 亚麻籽种子及种子粕 | D-葡萄糖 ＋ 氢氰酸 ＋ 丙酮 |
| 巢菜糖苷 | 豆类(乌豌豆和巢菜) | 巢菜糖 ＋ 氢氰酸 ＋ 苯甲醛 |
| 里那苷 | 金甲豆(黑豆)和鹰嘴豆、蚕豆 | D-葡萄糖 ＋ 氢氰酸 ＋ 丙酮(产物还未完全确定) |
| 百脉根苷 | 牛角花属的 *Arabicus* | D-葡萄糖 ＋ 氢氰酸 ＋ 牛角花黄素 |
| 蜀黍氰苷 | 高粱及玉米 | D-葡萄糖 ＋ 氢氰酸 ＋ 对羟基苯甲醛 |
| 黑芥子苷 | 黑芥末(同种的 *Juncea*) | D-葡萄糖 ＋ 异硫氰酸盐丙酯 ＋ $KHSO_4$ |
| 葡萄糖苷 | 各种十字花科植物 | D-葡萄糖 ＋ 5-乙烯-2-硫代噁唑烷，或是致甲状腺肿物 ＋ $KHSO_4$ |
| 芸薹葡萄糖硫苷 | 各种十字花科植物 | 各种硫化氢化合物 ＋ $H_2SO_4$＋ $KHSO_4$ |
| 荚豆苷 | 野豌豆属植物 | 荚豆二糖 ＋ 氢氰酸 ＋ 苯甲醛 |
| 洋李苷 | 蔷薇科植物，包括桂樱等 | 葡萄糖 ＋ 氢氰酸 ＋ 苯甲醛 |

**表 12-5 典型的蔬菜中硫氰酸盐的含量**

| 蔬菜名称 | 硫氰基(鲜叶可食部分)/(mg/100g) | 蔬菜名称 | 硫氰基(鲜叶可食部分)/(mg/100g) |
|---|---|---|---|
| 花白菜变种卷心菜 | 3～6 | 花白菜变种球茎甘蓝 | 2～3 |
| 花白菜变种皱叶甘蓝 | 18～31 | 欧洲油菜 | 2.5 |
| 花白菜变种汤菜 | 10 | 瑞典芜菁 | 9 |
| 花白菜变种硬花甘蓝、菜花 | 4～10 | 莴苣、菠菜、洋葱、芹菜根及叶、菜豆、番茄、芜菁 | <1 |

### 12.1.2.2 硫苷

硫苷又称硫代葡萄糖苷（glycosinolates），它是具有抗甲状腺作用的含硫葡萄糖苷，存在于十字花科的植物中，是食物中重要的有害成分之一。

**(1) 硫代葡萄糖苷的基本结构和主要种类** 硫代葡萄糖苷是$\beta$-硫葡糖苷-*N*-羟基硫酸盐（也称为*S*-葡萄糖吡喃糖基硫羟基化合物），带有一个侧链及通过硫连接的吡喃葡萄糖残基（图 12-1）。各种天然含硫糖苷已被鉴定的大约有 70 种。

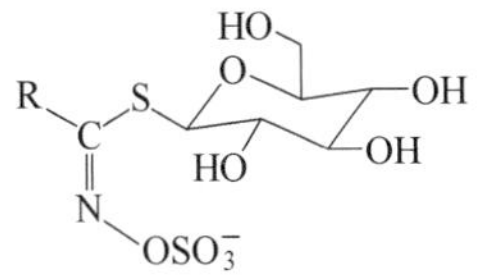

图 12-1 硫代葡萄糖苷的基本结构

硫代葡萄糖苷结构上侧链 R 基可为含硫侧链、直链烷烃、支链烷烃、烯烃、饱和醇、酮、芳香族化合物、苯甲酸酯、吲哚、多葡萄糖基及其他成分。目前发现的硫代葡萄糖苷中，约三分之一的硫代葡萄糖苷属含硫侧链族，硫以各种氧化形式（如甲硫烷、甲基亚硫酰烷、甲基硫酰烷）存在。目前为止，研究最多的是在十字花科植物中发现的侧链为烷烃、$\omega$-甲基硫烷、芳香族或杂环的硫代葡萄糖苷。

**(2) 硫代葡萄糖苷的酶解及在加工中的变化** 硫代葡萄糖苷是非常稳定的水溶性物质，相对无毒，但在硫代葡萄糖苷酶作用下可水解出多种产物（图 12-2），有些有一定毒性。咀嚼新鲜的植物（如蔬菜）或在种植、采收、运输和处理过程中由于擦伤或冷冻解冻导致组织受损，也可导致硫代葡萄糖苷通过硫代葡萄糖苷酶（myrosinase，EC 3. 2. 3. 1）产生异硫氰酸酯。几乎所有来自十字花科植物对哺乳动物化学防护作用就归功于这些异硫氰酸酯。在以十字花科植物等为食物进行加工，或直接食用过程中都有较大数量的异硫氰酸酯形成。因为植物组织中的硫代葡萄糖苷酶与硫代葡萄糖苷分处组织的不同部位，当细胞破裂后，酶水解作用发生，导致不同的降解反应，最终水解成糖苷配体、葡萄糖和硫酸盐。

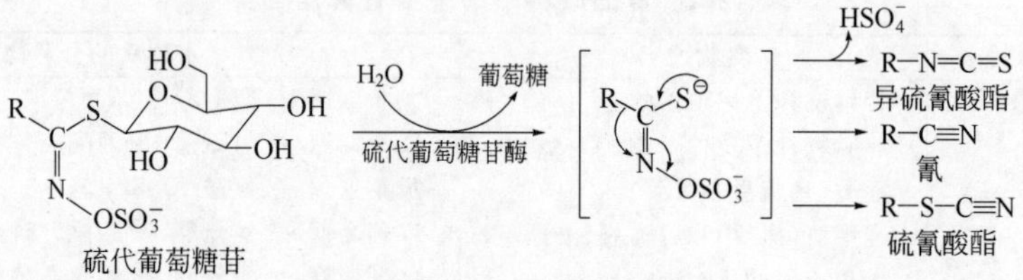

图 12-2　硫代葡萄糖苷在硫代葡萄糖苷酶作用下的水解示意图

硫代葡萄糖苷及其一些水解物是水溶性的。在烧煮过程中约有 50%以上损失，其余部分会进入到水中。但不同类别的蔬菜，不同品种及同品种内的加工损失有所不同。例如，制作色拉时，无论烧煮或发酵，卷心菜通常要切成片。尽管在卷心菜切割过程中要释放出芥子酶，但硫代葡萄糖苷含量却有所增加，如吲哚硫代葡萄糖苷，特别是芸薹葡糖硫苷（glucobrassicin）在切碎后增加了 4 倍。这一现象的可能解释是切碎卷心菜触发了一个防御系统，该系统在植物受伤或受到昆虫侵害后也会起作用。

硫代葡萄糖苷酶可被抗坏血酸激活。在很多例子里，如抗坏血酸缺乏，硫代葡萄糖苷酶几乎没有活性。激活作用不是依赖于抗坏血酸的氧化还原反应，而可能是由于抗坏血酸提供了一个亲核基团。抗坏血酸的活性激活作用是“不完全的”，抗坏血酸提高了对硫代葡萄糖苷底物的 $v_{max}$ 和 $K_m$。

#### 12.1.2.3　皂素

皂素是一类结构较为复杂的成分，由皂苷和糖、糖醛酸或其他有机酸所组成。这类物质可溶于水形成胶体溶液，搅动时会像肥皂一样产生泡沫。大多数的皂素是白色无定形的粉末，味苦而辛辣，难溶于非极性溶剂，易溶于含水的极性溶剂。食品中的皂素对人畜在经口服时多数没有毒性（如大豆皂素等），也有少数剧毒。某些皂素（如茄苷）对消化道黏膜有较强的刺激性，可引起局部充血、肿胀及出血性炎症，以致造成恶心、呕吐、腹泻和腹痛等症状。

皂素广泛存在于植物界，在单子叶植物和双子叶植物中均有分布。有关皂素中毒报道愈来愈多。如芸豆又称四季豆，是我国常用的一种食物。食用芸豆不当常会引起中毒现象，就与芸豆中含有多种有害成分有关，其中皂素就是其一。目前对皂素结构、组成及生理生化特性研究较多的是茶叶皂素。

**(1) 皂素的基本结构和化学组成** 皂素的基本结构是配基和配糖体及有机酸三部分，依其配基的结构分为甾体皂素和三萜类皂素。茶叶皂素的配基目前认为主要有以下四种：①$R_1$-黄槿精醇（$R_1$-barrigenol）；②茶皂草精醇 B（theasapogenol B）；③茶皂草精醇 D（theasapogenol D）；④$A_1$-黄槿精醇（$A_1$-barrigenol）。其中 $R_1$-黄槿精醇和 $A_1$-黄槿精醇仅存在于茶叶皂素中，在茶籽皂素中不存在。它们的结构及化学性质详见图 12-3 和表 12-6。

从基本结构可知，不论是茶叶皂素还是茶籽皂素，它们均属于三萜类皂素。

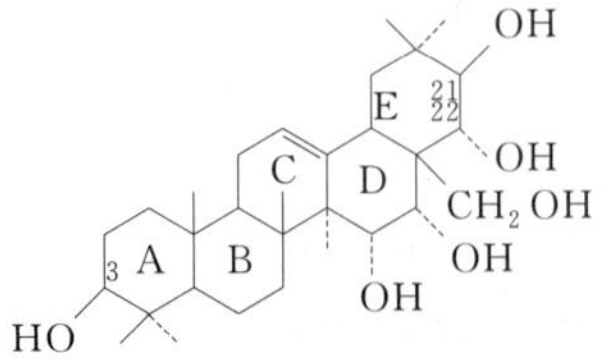

$R_1$-黄槿精醇 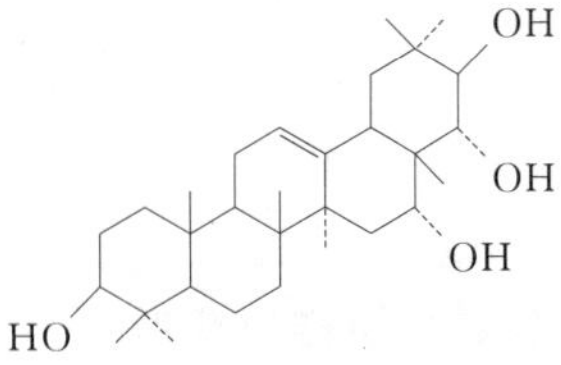　　茶皂草精醇 B

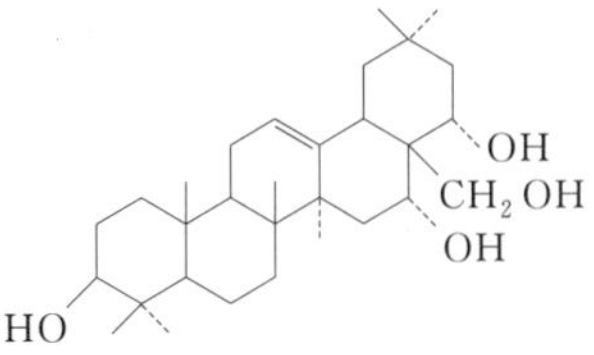

茶皂草精醇 D 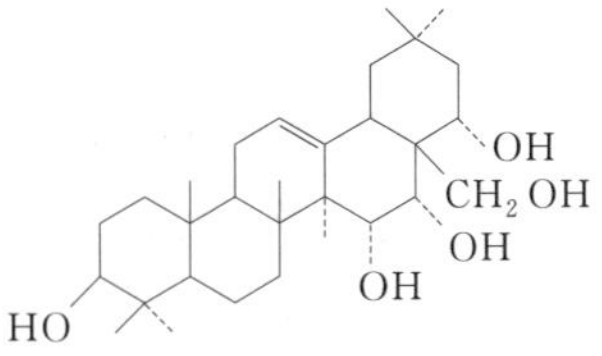　　$A_1$-黄槿精醇

图 12-3　茶叶皂素配基结构

**表 12-6　茶叶皂素的化学性质**

| 配基名称 | 熔点/℃ | 分子量 | 分子式 |
| --- | --- | --- | --- |
| $R_1$-黄槿精醇 | 303～308 | 506 | $C_{30}H_{50}O_6$ |
| 茶皂草精醇 B | 284～288 | 490 | $C_{30}H_{50}O_5$ |
| 茶皂草精醇 D | 285～286 | 474 | — |
| $A_1$-黄槿精醇 | 285～287 | 490 | — |

皂素配基除上述四种已知结构外，还有三种，但目前尚不清楚其结构。有机酸目前较清楚的是茶籽皂素中有机酸为当归酸、顺芷酸（惕各酸，tiglic acid，反式-2-甲基-2-丁烯酸）和醋酸；茶叶皂素中有机酸为当归酸、顺芷酸和肉桂酸。构成茶叶皂素和茶籽皂素的配糖体主要是阿拉伯糖、木糖、半乳糖和葡萄糖醛酸（图 12-4）。

**(2) 茶皂素的理化性质及毒性**　茶皂素是一种无色的微细柱状结晶体，不溶于乙醚、氯仿、苯等非极性溶剂，难溶于冷水、无水甲醇和无水乙醇，可溶于温水、二硫化碳、醋酸乙酯，易溶于含水乙醇、含水甲醇、正丁醇及冰醋酸、醋酐、吡啶等极性溶剂中。5-甲基苯二酚盐酸反应为绿色，其水溶液对甲基红呈酸性反应。

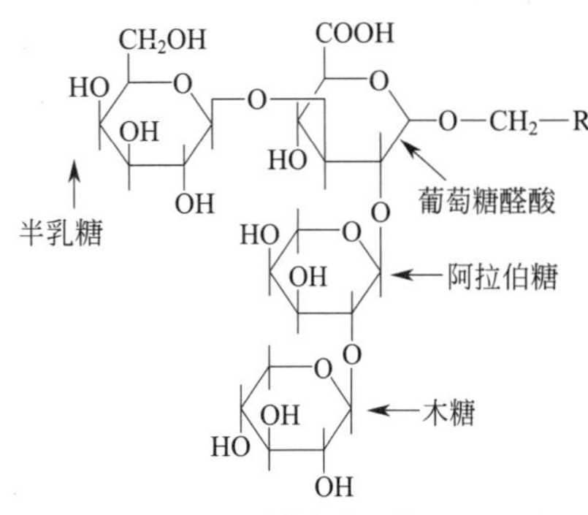


图 12-4　茶皂素的配糖体结构

通常所说的皂苷毒性，就是指皂苷类成分有溶血作用。茶皂素对动物红细胞有破坏作用，产生溶血现象，但对白细胞则无影响。其溶血机理据认为是茶皂素引起含胆固醇的细胞膜的通透性改变所致，最初是破坏细胞膜，进而导致细胞质外渗，最终使整个红细胞解体。发生溶血作用的前提是茶皂素必须与血液接触，因此在人畜口服时是无毒的。

茶皂素对冷血动物毒性较大，即使在浓度较低时对鱼、蛙、蚂蟥等同样有毒。以健壮的丁斑鱼为材料，对茶、茶梅和山茶三种山茶科植物皂素进行了鱼毒试验，结果表明，茶梅皂素的鱼毒活性最高，山茶皂素最低，茶皂素居中。它们的半致死剂量 $LD_{50}$ 分别是：0.25mg/L、4.5mg/L 和 3.8mg/L。水质的盐度能促进茶皂素的鱼毒活性，反映在淡水鱼上茶皂素的致死浓度较高（约为 5mg/L），对海水鱼的致死浓度一般小于 1mg/L。相同浓度的茶皂素，因渗透压因素，在0.4%～1%盐度区间，鱼类死亡速度比较缓慢，低于或高于这一浓度区域时死亡均较快，其趋势呈一抛物曲线。此外，茶皂素的鱼毒活性随水温的升高而增强，因而在水温高时鱼死亡速度也加快。茶皂素在碱性条件会水解，并失去活性。海水是微碱性的，所以茶皂素在海水中48 h以后即自然降解而失去活性，因此它不会污染海水。据研究，茶皂素的鱼毒作用机理：首先是破坏鱼鳃组织，然后由鳃进入微血管，从而引起溶血，导致鱼中毒死亡。茶皂素对同样以鳃呼吸的对虾无此作用，其原因在于：虾鳃是由角质层发育而来的角质层区，表皮的主要成分是几丁质和蛋白质，与鱼鳃的结构及成分截然不同；另一方面，鱼的血液中携氧载体为血红素，其核心为$Fe^{2+}$，而对虾血液携氧载体为血蓝素，其核心为$Cu^{2+}$。茶皂素的鱼毒作用已经应用在水产养殖上作为鱼塘和虾池的清池剂，清除其中的敌害鱼类。经东海、黄海、渤海三大海域的海岸线数百公顷对虾塘应用，均取得了良好的效果。

### 12.1.3 有害氨基酸及其衍生物

有害氨基酸主要是指一些不参与蛋白质合成的稀有氨基酸，如高丝氨酸、今可豆氨酸及5-羟色氨酸等。在这类氨基酸中有些是氨基酸的衍生物，如$\alpha$,$\gamma$-二氨基酪酸和$\beta$-氰-L-丙氨酸等；有些是亚氨基酸成分，如2-哌啶酸和红藻酸等。非蛋白质氨基酸多存在于特定的植物中。如茶氨酸只在山茶属中存在，茶种中含量最高，达干重的1%左右；又如5-羟色氨酸在豆科中存在，在Griffonic种中含量可高达干重的14%。

并不是所有的非蛋白质氨基酸都是有害的，如茶氨酸、蒜氨酸等不仅是无毒的，而且还赋予食品特色和保健作用。但有些则是有害的，如埃及豆中毒主要是由于含有$\beta$-氨基丙腈及$\beta$-*N*-乙酰-$\alpha$,$\beta$-二氨基丙酸之故；又如刀豆氨酸，存在于大豆等17种豆类中，由于它是精氨酸的拮抗物，从而影响蛋白质的代谢。在豆类中发现的一些游离有害氨基酸及衍生物见表12-7。

表12-7 豆中天然存在的有害氨基酸及衍生物

| 毒性氨基酸及衍生物 | 来源 | 毒性 |
|---|---|---|
| L-$\alpha$,$\gamma$-二氨基丁酸和$\gamma$-*N*-草酰衍生物 | 宿根山黧豆(*L. latifoliug*)、林生山黧豆(*L. sylbeatris*)、橙色野豌豆(*V. aurantica*)和10种山黧豆 | 神经毒 |
| $\beta$-氰基丙氨酸和$\gamma$-谷氨酸-$\beta$-氰基丙氨酸 | 野豌豆(*V. sativa*)、窄叶野豌豆(*V. augustifolia*)和其他15种山黧豆 | 神经毒 |
| $\beta$-(*N*-$\gamma$-谷氨酰)-氨基丙腈 | 矮山黧豆(*L. pusillus*)、山黧豆、硬毛山黧豆(*L. hirsutus*)和粉红山黧豆(*L. roseus*) | 骨毒 |
| $\beta$-(*N*)-草酰-$\alpha$,$\beta$-二氨基丙酸(ODAP)或$\beta$-(*N*)-草酰氨基-L-丙氨酸(BOAA) | 草山黧豆(*L. sativus*)、扁荚山黧豆(*L. clymenum*)、宿根山黧豆、林生山黧豆及其他18种山黧豆 | 神经毒 |
| 刀豆氨酸(canavanine) | 洋刀豆(*Canavalia ensiformis*)和17种蚕豆 | 抑制链孢霉属和其他微生物生长 |
| 金龟豆酸(djenkolic acid) | 裂叶猴耳环(*Pithecolobium lobatum*,金龟豆)、威氏相思树(*Acacia willardiana*)和其他含羞草科植物 | 肾毒 |
| 含羞草氨酸、$N^{\beta}$-(3-羟-4-吡啶酮)-L-氨基丙酸 | 含羞草(*Mimosa leucoene*)、白含羞草(*Mimosa pudica*)和银合欢(*Leucaena glauca*) | 与酪氨酸和苯丙氨酸竞争 |
| $\alpha$-氨基-$\varepsilon$-脒基己酸 | 扁荚山黧豆、草山黧豆 | 腭裂致畸性 |
| 同型精氨酸,$\alpha$-氨基-$\varepsilon$-胍基己酸 | 穗序木兰(*Indigofera spicata*) | 大肠杆菌和小球藻属的生长抑制物 |
| $\beta$-硝基丙酸 | 铺地槐兰(*Indigofera endecaphylla*) | 肝毒、神经毒 |

据有毒氨基酸及衍生物的毒性，可将其毒性分为神经毒、骨毒和抗代谢毒。其结构与毒性之间的关系可大体归纳如下：①氨基酸的草酰氨酸衍生物、末端有氰基的氨基酸和谷氨酸型的结构等化合物能引起神经毒性作用；②氨基氰化物、巯基胺等有骨毒性；③必需氨基酸的结构同类物起抗代谢物作用。

## 12.1.4 凝集素

### 12.1.4.1 凝集素的种类

凝集素（lectins）广泛分布于植物、动物和微生物中。外源凝集素又称植物性血细胞凝集素（hemagglutinins），是一类选择性凝集人血中红细胞的非免疫来源的多价糖结合蛋白，简称凝集素。一般说来，凝集素能特异性可逆结合单糖或寡糖。已知凝集素大多为糖蛋白，含糖量为4%～10%，其分子多由2或4个亚基组成，并含有二价金属离子。如刀豆球蛋白为四聚体，每条肽链由237个氨基酸组成，亚基中有$Ca^{2+}$和$Mn^{2+}$的结合位点和糖基结合部位。有些凝集素对实验动物有较高的毒性，如连续7d给小白鼠经口大蒜凝集素（剂量为80mg/kg），结果发现不仅小白鼠的食欲下降，体重也有明显减轻。因此推测凝集素的作用是与肠壁细胞结合，从而影响了肠壁对营养成分的吸收。

到目前为止已发现多种不同特性的凝集素，但还没有统一的标准对其分类。有根据物种来源分类，如动物凝集素、植物凝集素和微生物凝集素；有根据凝集素的整体结构分类，如部分凝集素（merolectin）、全凝集素（hololectin）、嵌合凝集素（chemerolectin）和超凝集素（superlectin）；有根据对糖的专一性对凝集素进行分类，如岩藻糖类、半乳糖/*N*-酰半乳糖胺类、*N*-酰葡萄糖胺类、甘露糖类、唾液酸类和复合糖类；有根据凝集素来源分类，如豆科凝集素类、甘露糖结合凝集素类、几丁质结合凝集素类（chitin-binding lectins）、2型核糖体失活性蛋白质类（type-2 ribosome-inactivating proteins，RIP）和其他作物中凝集素类；有根据凝集素对红细胞凝集情况，将凝集素分为特异型和非特异型等。按进化及结构相关性可将凝集素分为七大家族。这七大家族凝集素的结构、对糖的结合专一性及在作物中分布见表12-8。

**表12-8 植物凝集素七大家族的性质及在作物中分布**

| 凝集素家族 | 结构 | 专一性 | 分布 |
| --- | --- | --- | --- |
| 豆科凝集素 | β-sandwich | Man/Glc Gal/Gal NAc (GlcNAc)$_n$<br>Fuc Siaα2,3 Gal/GalNAc complex | 豆科 |
| 单子叶植物甘露糖结合凝集素 | β-barrel | Man | 兰科、百合科、石蒜科、天南星科、葱科、凤梨科、鸢尾科 |
| 含橡胶素结构域的几丁质结合凝集素 | Hevein domain | (GlcNac)$_n$ | 禾本科、陆商科、茄科、罂粟科、荨麻科、桑寄生科 |
| 2型核糖体失活性蛋白质类 | β-trefoil | Gal/GalNac<br>Siaα2,6 Gal/GalNAc | 大戟科、忍冬科、桑寄生科、鸢尾科、毛茛科、樟科、西番莲科、百合科、豆科 |
| 葫芦科韧皮部凝集素 | Unknown | (GlcNac)$_n$ | 葫芦科 |
| 木菠萝凝集素 | β-prism | Gal/T-antigen<br>Man | 桑科、旋花科、菊科、芭蕉科、禾本科、十字花科 |
| 苋科凝集素 | β-trefoil | GalNAc/T-antigen | 苋科 |

W. J. Peumans等将作物中已知的凝集素分为五大类，它们分别是：①豆科凝集素类，这类凝集素仅存在于豆科作物中，它们对糖结合的专一性较宽；②甘露糖结合凝集素类，这类凝集素目前至少在5种作物中被发现，这类凝集素有相似的分子结构和对糖结合的专一性；③几丁质结合凝集素类（chitin-binding lectins），这类凝集素分布在分类学上互不关联

的5种作物中，尽管这类凝集素在分子结构上有些不同，但它们有相似的结构域和相对结合专一性；④2型RIP类，这类凝集素分布在分类学上互不关联的12种作物中，所有的2型RIP都是一些稀有蛋白质，它们都由二条链组成，其一是具有催化活性的A链，其二是与糖结合的B链，这二条链通过二硫键相结合，这类凝集素除接骨木果中的外，都对半乳糖和*N*-乙酰基半乳糖胺有高度的专一性结合；⑤其他植物凝集素类。

#### 12.1.4.2 凝集素的含量及某些性质

W. J. Peumans等将上述5类凝集素在各作物中含量、热稳定性及对人类有害性进行了归纳（表12-9～表12-13）。

**表12-9 豆科凝集素类**

| 品种名称 | 组织 | 浓度/(g/kg) | 食用毒性 | 热稳定性 | 对相应食品的有害性 | |
|---|---|---|---|---|---|---|
| | | | | | 原物 | 食品 |
| 落花生 | 种子 | 0.2～2 | 轻微 | 不稳定 | 是 | 是 |
| 大豆 | 种子 | 0.2～2 | 轻微 | 较低 | 是 | 未测 |
| 小扁豆 | 种子 | 0.1～1 | 轻微 | 不稳定 | 是 | 未测 |
| 红花菜豆 | 种子 | 1～10 | 较高 | 中等 | 是 | 可能 |
| 利马豆 | 种子 | 1～0 | 较高 | 中等 | 是 | 可能 |
| 宽叶菜豆 | 种子 | 1～10 | 较高 | 中等 | 是 | 可能 |
| 腰豆 | 种子 | 1～10 | 较高 | 中等 | 是 | 可能 |
| 豌豆 | 种子 | 0.2～2 | 轻微 | 不稳定 | 可能 | 未测 |
| 蚕豆 | 种子 | 0.1～1 | 轻微 | 不稳定 | 可能 | 未测 |

注：热稳定性是指纯品凝集素水溶液，耐90℃为热稳定性很高，耐80℃为热稳定性高，耐70℃为热稳定性中等，耐60℃为热稳定性较低，60℃以下失活为不稳定（表12-10～表12-13同）。

**表12-10 甘露糖结合凝集素类**

| 品种名称 | 组织 | 浓度/(g/kg) | 食用毒性 | 热稳定性 | 对相应食品的有害性 | |
|---|---|---|---|---|---|---|
| | | | | | 原物 | 食品 |
| 冬葱 | 球茎 | 0.01～0.1 | 无毒 | 中等 | 无 | 无 |
| 洋葱 | 鳞茎 | <0.01 | 无毒 | 中等 | 无 | 无 |
| 韭 | 叶 | <0.01 | 无毒 | 中等 | 无 | 无 |
| 大蒜 | 鳞茎 | 0.5～2 | 无毒 | 中等 | 无 | 无 |
| 阔叶葱 | 鳞茎 | 1～5 | 无毒 | 中等 | 无 | 无 |

**表12-11 几丁质结合凝集素类**

| 品种名称 | 组织 | 浓度/(g/kg) | 食用毒性 | 热稳定性 | 对相应食品的有害性 | |
|---|---|---|---|---|---|---|
| | | | | | 原物 | 食品 |
| 大麦 | 种子 | <0.01 | 未测 | 高 | 是 | 可能 |
| 稻谷 | 种子 | <0.01 | 未测 | 高 | 是 | 可能 |
| 黑麦 | 种子 | <0.01 | 未测 | 高 | 是 | 可能 |
| 小麦 | 种子 | <0.01 | 中度 | 高 | 是 | 是 |
| 小麦 | 芽 | 0.1～0.5 | 中度 | 高 | 是 | 是 |
| 苋属植物种子 | 种子 | 0.1 | 无毒 | 很高 | 不清楚 | 不清楚 |
| 新西兰番茄 | 种子 | <0.01 | 未测 | 不清楚 | 不清楚 | 不清楚 |
| 西红柿 | 果实 | <0.01 | 无毒 | 高 | 可能 | 可能 |
| 马铃薯 | 块茎 | 0.01～0.05 | 无毒 | 高 | 不直接食用 | 可能 |

**表12-12 2型核糖体失活性蛋白质类**

| 品种名称 | 组织 | 浓度/(g/kg) | 食用毒性 | 热稳定性 | 对相应食品的有害性 | |
|---|---|---|---|---|---|---|
| | | | | | 原物 | 食品 |
| 蓖麻籽 | 种子 | 1～5 | 致死 | 不稳定 | 不食用 | 无 |
| 接骨木果 | 果实 | 0.01 | 未测 | 中等 | 是 | 可能 |

表 12-13　其他植物凝集素类

| 品种名称 | 组织 | 浓度/(g/kg) | 食用毒性 | 热稳定性 | 对相应食品的有害性 | |
|---|---|---|---|---|---|---|
| | | | | | 原物 | 食品 |
| 苋属植物种子 | 种子 | 0.1～0.5 | 无毒 | 不稳定 | 无 | 无 |
| 木菠萝 | 种子 | 0.5～2 | 未测 | 未测 | 不清楚 | 不清楚 |
| 南瓜 | 果实 | <0.01 | 未测 | 未测 | 可能 | 不清楚 |
| 香蕉 | 果实 | <0.01 | 未测 | 未测 | 不清楚 | 不清楚 |

从上述 5 类凝集素的食用毒性大小可知，豆科凝集素类中，红花豆（runner bean）、利马豆（lima bean）、宽叶菜豆（tepary bean）和菜豆（kidney bean）中的凝集素不仅含量较高，而且对其相应食物有较高的毒性。因此，豆类制品如果处理不当，如加热不够，往往会引起中毒，这与豆类含有大量凝集素有一定的关系。试验表明，给鼠喂食含有凝集素的粗豆粉，重者造成肠细胞破裂，引起肠功能紊乱，轻者影响肠胃中水解酶活性，减少了肠胃对营养素的吸收，从而抑制摄取者的生长。

## 12.1.5　水产食物中有害成分

### 12.1.5.1　水产食物中主要有害毒素

**(1) 河豚毒素（tetrodotoxin，TTX）**　河豚毒素是豚毒鱼类中的一种神经毒素，主要存在于河豚卵巢、肝、肠、皮肤及卵中，为氨基全氢喹唑啉型化合物，分子式 $C_{11}H_{17}O_8N_3$，分子量 319.27。TTX 是无色、无味、无臭的针状结晶，微溶于水、乙醇和浓酸，在含有醋酸的水溶液中极易溶解，不溶于其他有机溶剂。把河豚的卵巢浸泡于水、醋酸和氢氧化钡溶液中，结果发现经过 24h 后，用水可浸出 30%的 TTX，用 0.5%的醋酸可浸出 73%的 TTX，用 1%的醋酸可浸出 100%的 TTX，用 1%的氢氧化钡可浸出 50%的 TTX。因 TTX 是一种生物碱，它在弱酸中相对稳定，在强酸性溶液中则易分解，在碱性溶液中则全部被分解为河豚酸，但毒性并不消失。TTX 对紫外线和阳光有强的抵抗能力，经紫外线照射 48h 后，其毒性无变化，经自然界阳光照射一年，也无毒性变化。对盐类也很稳定。用 30%的盐腌制 1 个月，卵巢中仍含毒素。在中性和酸性条件下对热稳定，能耐高温。将卵巢毒素在 100℃加热 4h，115℃加热 3h，能将毒素全部破坏。同样 120℃加热 30min，200℃以上加热 10min，也可使其毒性消失。家庭的一般烹调加热 TTX 几乎无变化，这是食用河豚中毒的主要原因。TTX 是一种毒性极强的天然毒素，经腹腔注射对小鼠的 $LD_{50}$ 为 8.7 μg/kg，其毒性是氰化钠的 1000 多倍。TTX 的毒理作用非常相似于岩藻毒素，都是专一性地堵塞为产生神经冲动所必需的钠离子向神经或肌肉细胞的流动。TTX 的毒性，主要表现在使神经中枢和神经末梢发生麻痹，最后因呼吸中枢和血管运动中枢麻痹而死亡。

**(2) 麻痹性贝类中毒（paralyfric shellfish poissoning，PSP）**　PSP 是一类对人类生命健康危害最大的海洋生物毒素。PSP 是一类四氢嘌呤的衍生物，其母体结构为四氢嘌呤，致病的活性基团是 7，8，9 位的胍基及附近 C12 位的羟基，为非结晶、水溶性、高极性、不挥发的小分子物质。到目前为止，已经证实结构的 PSP 有 20 多种。根据基团的相似性，PSP 可以分为 4 类：氨甲酰基类毒素（carbamoyl compounds），如石房蛤毒素（saxiltoxins，STX）、新石房蛤毒素（neosaxitoxins，neo STX）、膝沟藻毒素 1～4（gonyautoxins，GTX1～4）；*N*-磺酰氨甲酰基类毒素（*N*-sulfocarbamoyl compounds），如 C1-4、GTX5、GTX6；脱氨甲酰基类毒素（decarbamoyl compounds），如 dcSTX、dcneoSTX、dcGTX1-4；脱氧脱氨甲酰基类毒素（deoxydecarbomyl compounds），如 doSTX、doGTX2，3 等。PSP

易溶于水，可溶于甲醇、乙醇，且对酸、对热稳定，在碱性条件下易氧化失活，降解为芳香簇的氨基嘌呤衍生物，毒性消失。*N*-磺酰氨甲酰基类毒素在加热、酸性等条件下会脱掉磺酰基，生成相应的氨甲酰类毒素，而在稳定的条件下则生成相应的脱氨甲酰基类毒素。PSP中毒致死率很高，对人体的中毒量为600～5000 MU（15min内杀死体重20g小白鼠的平均毒素量），致死量为3000～30000 MU，中毒状况还与患者的年龄和生理状况有关，目前尚无对症解毒剂。PSP的毒性为$LD_{50}$ 184.1μg STX/kg。世界卫生组织规定可食贝类的PSP限量为80μg STX/100g。PSP是一类神经和肌肉麻痹剂，其毒理主要是通过对细胞内钠通道的阻断，造成神经系统传输障碍而产生麻痹作用。中毒的临床症状首先是外周麻痹，从嘴唇与四肢的轻微麻刺感和麻木直到肌肉完全丧失力量，呼吸衰竭而死。症状通常在5～30min出现，12h内死亡。

**(3) 西加鱼毒（ciguatera fish poisoning，CFP）** CFP中毒又称肌肉毒鱼类中毒，是指由西加鱼毒素、刺尾鱼毒素和岩沙海葵毒素等中毒而引起的食物中毒。其中最主要的是西加鱼毒素（雪卡毒素），是一种由底栖微藻类分泌产生的神经性毒素。这些毒素经过食物链向上层积聚，从而影响到人。

CFP是目前赤潮生物产物的主要毒素之一，已从有毒鱼类和赤潮生物中分离出三种西加鱼毒毒素：西加毒素（ciguatoxins，CTXs）、刺尾鱼毒素（maitotxin，MTX）和鹦嘴鱼毒素（scaritoxin，SCTX）。其中CTXs和MTX为主要组分。

CTXs是由13个连接醚环组成的聚醚毒素，它是一种无色、耐热、非结晶体、极易被氧化的物质。它能溶于极性有机溶剂如甲醇、乙醇、丙酮中，但不溶于苯和水中。该毒素是一种高毒性的化合物，小鼠腹腔注射实验表明其$LD_{50}$为0.45μg/kg小鼠，其毒性强度比TTX大20倍。CFP引起人体中毒症状有消化系统症状、心血管系统症状和神经系统症状。消化系统症状包括恶心、呕吐、腹部痉挛、腹泻等，部分患者口中有金属味；心血管系统症状包括心律低（40～50次/min）或过快（100～200次/min），血压降低；神经系统症状包括口、唇、舌、咽喉发麻或针扎感，身体感觉异常，有蚁爬感、瘙痒、温度感觉倒错，其中温度感觉倒错具有特征性，可与急性胃肠炎、细菌性食物中毒作鉴别。一般在食用有毒鱼类1～6h出现上述某些中毒症状，特殊情况下在食用有毒鱼类30min或48h后也可以出现某些中毒症状。西加鱼类中毒偶尔可能是致命的，急性死亡病例发生于血液循环破坏或呼吸衰竭。

MTX也是聚醚类化合物，是一种由甲藻门中的岗比甲藻（*Gambierdiscus toxicus*）产生的剧毒物质。这种化合物是目前人类发现的毒性最强的非蛋白质类毒素，对小鼠的$LD_{50}$仅为50ng/kg，只需0.13μg/kg的腹膜注射便可致死。后来人们发现它实际上是由岗比甲藻产生的，经食物链蓄积于鱼类体内。

MTX的分子为32个环组成的稠环结构，具有32个含氧杂环（环醚）、22个甲基、28个羟基和两个硫酸酯基，其中硫酸酯基有着重要的生物学效应，对其毒性起到了决定性的作用。它是由生物产生的非蛋白质、非多糖分子中最大的，最复杂的物质之一。它是一种高极性化合物，可以溶于水、甲醇、乙醇、二甲基亚砜，但不溶于氯仿、丙酮和乙腈。MTX为白色固体，极易被氧化，在1mol/L盐酸溶液或氢氧化铵溶液中加热，毒性不受影响。

SCTX是一种脂溶性毒素，其某些化学性质、色谱性质与西加毒素相似，但经DEAE纤维素柱色谱和TLC分析，它们的极性有所差异。在波长220nm以上的紫外线范围内均无吸收，由于其结构复杂，至今尚未确定它的完整结构。

**(4) 腹泻性贝类毒素（diarrhetic shellfish poison，DSP）** 海洋中分布很广的赤潮生物

可以分泌腹泻性贝毒，这种毒素通过食物链的传递，并在贝类体内累积。如果误食了这些贝类就会引起中毒。中毒的主要症状为腹泻和呕吐，所以又称为腹泻型贝毒。DSP是一类脂溶性物质，其化学结构是聚醚或大环内酯化合物。根据这些毒素的碳骨架结构，可以将它们分为三组。

其一是具有细胞毒性的大田软海绵酸（okadaic acid，OA）和其天然衍生物轮状鳍藻毒素（dinophysistoxin，DTX）。大田软海绵酸是 $C_{38}$ 聚醚脂肪酸衍生物，轮状鳍藻毒素1（$DTX_1$）是35-甲基大田软海绵酸，轮状鳍藻毒素2（$DTX_2$）则为7-*O*-酰基-37-甲基大田软海绵酸。OA是无色晶体，熔点156～158℃，$[\alpha]_D^{20}=23°$（$C=0.043$，$CHCl_3$）。它能溶于甲醇、乙醇、氯仿和乙醚等有机溶剂，不溶于水。$DTX_1$ 是白色无定形固体，熔点134℃，$[\alpha]_D^{20}=28°$（$C=0.046$，$CHCl_3$），其薄层色谱 $R_f$ 值为0.42。$DTX_2$ 的薄层色谱 $R_f$ 为0.57，在酸性和碱性溶液中不稳定。

其二是聚醚内酯蛤毒素（pectenotoxins，PTXs），包括 $PTX_{1\sim6}$。$PTX_1$ 是白色晶体，熔点为208～209℃，$[\alpha]_D^{20}=17.1°$（$C=0.41$，$CH_3OH$），$\lambda_{max}=235nm$。$PTX_1$、$PTX_2$、$PTX_3$ 和 $PTX_4$ 的薄层色谱的 $R_f$ 值分别为0.43、0.71、0.49和0.53。

其三是硫酸盐化合物，即扇贝毒素（yessotoxin，YTX）及其衍生物45-OH扇贝毒素。另外1995年在爱尔兰Killary的贝类中又分离到一种新的毒素（$C_{47}H_{71}NO_{12}$），这种毒素导致人类不明原因的中毒症状，当时暂命名为Killary毒素-3或KT3，后来重命名为azaspiracid。

目前研究人员利用现代化学分离和分析技术从受有毒赤潮生物污染的贝类体内和有毒赤潮生物细胞中已分离出23种DSP成分，确定了其中21种成分的化学结构。

三组毒素的毒理作用各不相同。OA对小鼠腹腔注射的半致死剂量为160μg/kg，会使小鼠或其他动物发生腹泻，并且具有强烈的致癌作用。PTX对小鼠的半致死剂量为16～77μg/kg，主要作用是肝损伤。扇贝毒素对小鼠的半致死剂量是100μg/kg，主要破坏动物的心肌。

#### 12.1.5.2 有毒活性肽

**(1) 海葵毒素** 海葵是一种腔肠动物，属珊瑚虫纲六珊瑚亚纲，是丰富的近海动物之一，在热带和温带海域中广泛存在，中国海域中存在的海葵品种主要有华丽黄海葵（*Anthopleura elegantissina* Brandt）、蛇海葵（*Anemonia sulcata* Pennant）、巨突海葵（*Condylactis gigantean* Weinland）等。海葵触手中含有丰富的肽类毒素。

从海葵毒素一级结构来看，大部分为46～49个氨基酸，称为长链神经毒素，分子质量在7kDa左右；另一些分子质量小于3kDa的多肽，称为短链多肽毒素。这种毒素皆由46～49个氨基酸残基组成，存在12个相同的氨基酸残基（包括6个cys）；所有的毒素C末端都是亲水性氨基酸残基；至今发现的所有海葵毒素都存在三对二硫键。

从海葵中已分离出60余种细胞溶素类毒素，分子质量在15～20kDa之间，它们作用于专一性受体，选择性地与细胞膜的脂质结合，引起疼痛、炎症及肌肉麻痹等。研究最多的是刺海葵素，分子质量为17kDa，结构特征是N末端有1个长的β折叠疏水段和5个短的β折叠疏水段，其中60%～70%氨基酸间构成氢键，因此形成特殊的跨膜蛋白结构。C末端为强极性区段，位于膜外，在膜上构成通道。

**(2) 芋螺毒素（CTX）** 芋螺科动物属于腹足纲软体动物，分布于热带海洋中的浅水区，全世界共有500多种芋螺，我国有60～70种，主要分布在海南岛、西沙群岛和台湾海峡。每种芋螺的毒液中含有50～200种活性多肽，被称为芋螺毒素（conotoxin，CTX）。它们是由10～41个氨基酸残基组成的富含半胱氨酸（Cys）的动物神经肽毒素。目前，已阐明结构的CTX有100多种。CTX对人有很强的毒性和高度选择性活性。其毒性的选择性与芋螺的生活习性密切相关，食鱼、食贝、食虫的不同种的芋螺产生的毒素对鱼、哺乳动物、人、软体动物等有显著不同的选择毒性。所以，人们根据芋螺的食物简单地将其分为：食鱼芋螺，如地纹芋螺（*Conus gegraphus* Linnaeus）、线纹芋螺（*Conus striatus* Linnaeus）等；食螺芋螺，如织棉芋螺（*Conus textile* Linnaeus）、黑芋螺（*Conus marmoreus* Linnaeus）等；食虫芋螺，如象牙芋螺（*Conus eburneus* Hwass）、方斑芋螺（*Conus tessulatus* Born）等。来源于地纹芋螺的CTX对人的毒性最大。根据芋螺毒素作用于生物体内的不同靶位，可将芋螺毒素分为α、ω、μ、δ等多种亚型。α-CTX专一性地作用于神经末端的乙酰胆碱受体，起阻断作用；ω-CTX专一阻断神经末梢突触前的电压敏感型$Ca^{2+}$通道；μ-CTX和δ-CTX专一作用于电压敏感型$Na^{+}$通道，μ-CTX在活化相起作用，δ-CTX在非活化相起作用。由于它们有选择性地作用于离子通道而使脊椎动物和无脊椎动物的神经系统被麻醉，从而成为表征神经功能的重要配体。

芋螺毒素具有如下特点：分子量小，富含二硫键；前导肽高度保守而成熟肽具有多样性；作用靶点广且具有高度组织选择性。芋螺毒素常被作为探针用于各种离子通道和受体的类型及亚型的分类和鉴定，也极有可能直接开发成药物或作为先导化合物用于新药的开发。

**(3) 蓝藻毒素** 蓝藻毒素按化学结构可分为环肽、生物碱和脂多糖（LPS）内毒素。蓝藻毒素中常见的是环肽类蓝藻毒素。蓝藻毒素由微囊藻属、鱼腥藻属、颤藻属和念珠藻属等多个藻属产生。蓝藻毒素被认为是肝毒素，还是强促癌剂。

# 12.2 外源性有害成分

食品中生源性成分及按正常要求添加的食品添加剂是食品中的主要成分，它赋予了食品的营养和风味，但在食品加工、包装及贮运中所污染的成分和环境污染所残留成分，都不是食品所需要的，多数都对食品的安全性构成隐患，它们统称为外源性有害成分（非法加入的非食用物质不在此范围中）。

## 12.2.1 食品中有害金属元素

种养殖的动植物与环境、肥料或饲料有密切的关系。当环境、肥料或饲料中金属元素缺乏或较多时，动植物体内金属元素也必然缺乏或超标，然后通过食物链影响人体中各元素的含量，缺乏或过多都会造成某些疾病的产生。人体中有害金属元素的含量除受水体、空气等影响外，主要受食物中金属元素含量的影响，如低硒地带的居民常有克山病和大骨结病的发生就与食物中缺乏硒有关。同样，如果人们饮食高含量的某些元素，尤其是重金属元素就会引起中毒，如震惊世界的日本水俣病就是由于汞、镉污染所致。除食品污染领域中的重金属，如铅、镉、汞、铬、锡、镍、铜、锌、钡、锑、铊等外，轻金属铍、铝，非金属元素氟、砷、硒等，它们有些不是生命的必需元素，有些安全阈值很低，可归于“有害金属”这一类。它们摄入过量都会对人体造成食源性危害，国家对此进行限量规定，详见GB2762—2017。

#### 12.2.1.1 金属元素的来源

食品原料含有的一些金属元素的主要来源如下：

**(1) 自然环境** 如果土壤、水或空气中某些金属元素含量较高，在这种环境里生长的食品原料内往往也有较高的量。

**(2) 加工及贮藏** 食品生产加工在加工时所使用的机械、管道、容器或加入的某些食品添加剂中的金属元素及其盐类，在一定条件下会影响其在食品中的含量。例如，酸性食品可从上釉的陶、瓷器中溶出铅和镉，机械摩擦可使金属尘埃掺入面粉等。

**(3) 生产过程** 食品原料在生产过程中使用的农药或兽药、化肥或饲料等含有有害金属，在一定条件下，可造成食品原料中的残留。

来自食品中的有害金属经消化道吸收，通过血液分布于体内组织和脏器。不少含有害金属化合物可在生物体内蓄积，随着蓄积量的增加，机体便出现各种反应。各种金属在体内的吸收、代谢、排泄和蓄积的途径各不相同，停留时间长短有别，故毒性作用也有差异。它们逐渐经肾脏和肠道排泄，有些还可经毛发、汗液和乳汁排出。

#### 12.2.1.2 金属元素的含量与毒性

不管什么金属元素，一般来说，在含量较多时均表现出有害性或有毒性；但在含量较少时，必需的金属元素的缺乏就会表现出生长迟缓、繁殖衰退，直至死亡，在缺乏早期，补充被缺乏的金属元素，生长及繁殖等功能恢复，缺乏症消失；非必需的金属元素的缺乏，对生命体将无影响。

金属元素的毒性除与其相应的含量、价态等有关外，还与其他金属元素的存在也有一定的关系。这种关系多数都是对复杂的代谢过程影响的结果。例如，铜可增加汞的毒性，但可降低钼的毒性；而钼也能显著降低铜的吸收，引起铜的缺乏；镉也能干扰铜的吸收，而低铜状态可减少镉的耐受性。

对于非必需元素，在量极少时，对生命体表现不出中毒症状，一旦有少量积累就会表现出中毒症状，如 Be、Hg、Pb 及 Sb 等金属元素。

#### 12.2.1.3 金属元素中毒机制

金属元素的中毒机制较为复杂，除与金属元素在体内的含量有关外，还与金属元素侵入途径、溶解性、存在状态、金属元素本身的理化性质、参与代谢的特点及人体状态等有关。一般说来，金属元素中毒的可能机理如下：

**(1) 金属元素破坏了生物分子活性基团中的功能基**。如，Hg（Ⅱ）、Ag（Ⅰ）等金属元素与酶中半胱氨酸残基的—SH 结合，从而阻断了由—SH 参与的酶促反应，引起中毒。

**(2) 置换了生物分子中必需的金属离子**。金属酶的活性与金属元素有密切的关系，由于不同的金属元素与同一大分子配体的稳定性不同，稳定性常数大的金属元素往往会取代稳定性常数小的金属元素，从而破坏了金属酶的活性。例如，Be（Ⅱ）可以取代 Mg（Ⅱ）激活酶中的 Mg（Ⅱ），由于 Be（Ⅱ）与酶结合的强度比 Mg（Ⅱ）大，因而它会阻断酶的活性。

**(3) 改变了生物大分子构象或高级结构**。生物大分子的功能与它的构象或高级结构有密切的关系。金属元素不同，与它结合的生物大分子，如蛋白质、核酸和生物膜等构象或高级结构也会不同，从而影响了相应的生物活性。例如，多核苷酸是遗传信息的保存及传递的单位，一旦它的结构被改变，可引起严重后果，这也是重金属元素常常是致癌致畸的原因之一。

在生物分子中，蛋白质、磷脂、某些糖类和核酸都具有许多能与金属离子结合的配体原子。如咪唑（组氨酸）、$—NH_2$（赖氨酸等）、嘌呤和嘧啶碱基（DNA及RNA）中的氮原子，羟基（丝氨酸、酪氨酸等）、$COO^-$（谷氨酸、天冬氨酸等）和$PO_4^{3-}$（磷脂、核苷酸等）中的氧原子，巯基（半胱氨酸）和SR（蛋氨酸、CoA等）中的硫原子等。它们都是金属元素的有利配基。上述三种中毒机理，其实都是以金属元素对生物分子中的配基结合能力大小为基础的。

在金属激活酶中，必需的金属元素往往结合得不太牢，因此，非必需的金属元素的置换作用容易破坏它的生物功能。这种破坏作用只与金属离子对生物分子的亲和力有关。在金属酶中，原酶中的金属离子结合较牢固，其他金属离子的转换不易发生；但酶合成过程中必需的金属元素也易被非必需的金属元素转换。

细胞壁、细胞膜及其他细胞器膜是金属元素进入生物体内或细胞器的主要屏障。一般说来，金属离子所带电荷越小，亲脂性越大，它就越容易透过生物膜。$CH_3Hg^+$的通透性大于$Hg^{2+}$，而$(CH_3)_2Hg$的通透性又大于$CH_3Hg^+$。由此可以判定[$M^{2+}$（有机的L—）]$^0$会比[$M^{2+}$ $(H_2O)_n$]$^{2+}$更容易进入细胞内。

金属元素还能引起膜通透性的改变，膜通透性的改变将随金属离子对膜上配体的化学亲和性大小而变化。某些金属离子可能像电离辐射或自由基诱导物一样，能促进膜中的酯类氧化，引起膜的通透性变化。细胞膜及亚细胞器膜结构脂类过氧化降解对生命系统将是致命性的。例如，红细胞脂类的过氧化降解与红细胞通透性增高及溶血有关。总之，脂类过氧化作用是细胞损害的一种特殊形式，发生于膜脂类的多不饱和脂肪酸侧链。在正常情况下，少量的金属离子的这种侵害，可被活细胞体系内一些成分进行损伤修补，如维生素E、含硒的谷胱甘肽过氧化物酶等。

## 12.2.2 农药残留

目前农药按用途分为杀（昆）虫剂、杀（真）菌剂、除草剂、杀线虫剂、杀螨剂、杀鼠剂、落叶剂和植物生长调节剂等类型。其中最多的是杀虫剂、杀菌剂和除草剂三大类。按化学组成及结构可将农药分为有机磷、氨基甲酸酯、拟除虫菊酯、有机氯、有机砷、有机汞等类型。目前食品标准中对农药残留都有严格的限量要求，因此，有必要了解一些农药的化学性质，努力减少其残留。

### 12.2.2.1 有机氯农药

有机氯农药可分为：滴滴涕（DDT）及其同系物；六六六（HCH）类；环戊二烯类及有关化合物；八氯二丙醚及有关化合物。各类中化合物的化学结构及药理作用有些相似，但毒性却有较大差别。其中滴滴涕及其同系物和六六六类农药不仅毒性较大，而且性质稳定，脂溶性强，残留期长。目前多数已禁用。

### 12.2.2.2 有机磷农药

由于有机磷农药对于防治农业虫害具有经济、高效、方便等特点，现阶段为提高农作物的产量和质量，农业生产还需要用有机磷农药防治病虫害。有机磷农药是一类有相似结构的化合物，它们的通式为 $\begin{matrix} R^1 & & O \\ & \diagdown & \| \\ & & P—X \\ & \diagup & \\ R^2 & & \end{matrix}$ ，$R^1$和$R^2$为简单的烷基或芳基，二者可直接与磷相连，或$R^1$、$R^2$通过—O—或—S—与磷相连，或$R^1$直接与磷相连和$R^2$通过—S—或—O—与磷

相连。在氨基磷酸酯中，C 通过 NH 基与磷相连。X 基可通过—S—或—O—将脂族、芳族或杂环接于磷上。根据有机磷的结构，目前商品化合物主要有 3 类：磷酸酯类（不含硫原子），如敌敌畏、敌百虫；单硫代磷酸酯类（含一个硫原子），如杀螟硫磷、丙硫磷；双硫代磷酸酯类（含二个硫原子），如乐果。有机磷农药大多为酯类。因此，有机磷农药的生物活性及生化行为，在很大程度上取决于酯的特征。

**(1) 水解反应** 磷酰基化合物由于 P ═O（S）强极性键的存在，磷原子上具有一定的有效正电荷，亲电子性强，容易与亲核试剂取代反应。有机磷农药由于其结构的不同，对在碱性、中性和酸性条件下的水解敏感性也有所不同。水解的结果往往造成 P—O—C 键或 P—S—C 键的断裂，最终使有机磷农药失去活性。

磷酸酯类有机磷农药都含有磷酸酯键 P—O—C。P—O—C 在水解时，存在有 P 和 C 两个亲电子中心，按路易斯酸碱理论，前者为硬酸，后者为软酸。作为硬碱的—OH 基优先进攻 P 原子，使 P—O 键断裂；作为软碱的水优先进攻 C 原子，引起 O—C 键断裂。

磷酸酯类有机磷农药在中性或酸性介质中的水解反应较为缓慢。硫（酮）代磷酸酯比相应的磷酸酯类对水解稳定得多，这主要是硫的电负性比氧小的缘故。

**(2) 磷酰化性质** 磷酰基化合物与亲核试剂的取代反应，可以区分为两类，当亲核进攻发生在磷原子上时，得到磷酰化产物；当亲核进攻发生在 $\alpha$-碳原子上时，得到烷基化产物（图 12-5）。

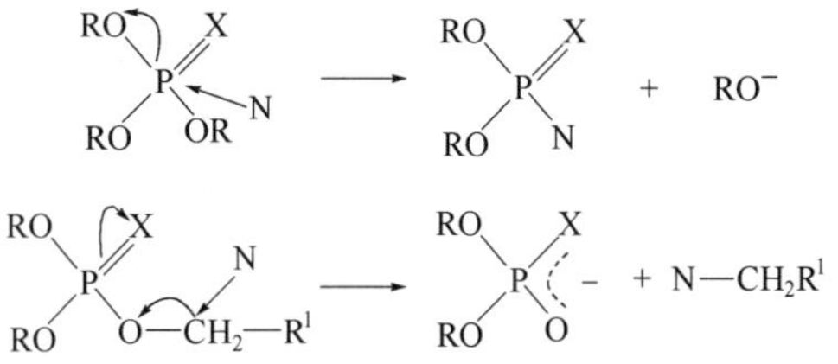

图 12-5 磷酰基化合物与亲核试剂的取代反应

磷酰化反应实质上是一类范围广泛的磷原子上的亲核取代反应。通常在亲核试剂中，与氧、硫、氮相连的氢原子被磷酰基取代形成新的磷酰基化合物。因此，它在磷酰基化合物，特别是在天然的磷酰基化合物的制备上和生物化学方面均有重要意义。如有机磷农药抑制酯酶的活性、对动物的毒力等都归因于磷酰化反应。

**(3) 烷基化性质** 前面提到的亲核进攻发生在磷酸酯基的 $\alpha$-碳上时，引起磷酸酯的脱烷基反应，得到磷酸酯阴离子和烷基化产物。能与磷酰基化合物发生烷基化的亲核试剂种类很多，胺类和碘化钠常用以制备有机磷农药的去甲基衍生物，许多类型的硫化合物，如二硫代磷酸盐、二硫代氨基甲酸盐、硫醇、硫醚、硫氰酸盐、硫脲等均可用于磷酸酯的脱烷基试剂。

**(4) 氧化还原反应** 在有机磷农药中，P ═S 氧化成 P ═O 的反应是一个重要的反应，它可以使反应活性增加，变为强有力的胆碱酯酶抑制剂。常用于这一反应的氧化剂有硝酸、氢氧化物、溴水以及各种过氧化物。这些氧化剂与 P ═S 酯的反应往往不是单一地生成 P ═O 酯，酯基及侧链上的某些第三基团也容易受氧化。

还原作用一般能使有机磷农药失去活性。在 48% 的溴酸中煮沸时，P ═S 键上硫原子被还原成硫化氢，使之和二甲基对苯二胺及三氯化铁反应，可转化为亚甲基蓝。二嗪农、乐果及保棉磷的残留分析可利用此反应进行。

对硫磷、杀暝松、苯硫磷等农药分子中苯环的硝基，容易还原成胺，使其失去作用。

**(5) 光解与热解** 日光具有足够的能量促使有机磷农药发生化学变化。如，氧化硫代磷酰基和硫醚基、断裂酯键、P ═S 重排为 P—S—、顺反异构的转化和聚合等。影响光解的因素主要有：光的强度、波长、时间、农药所处的状态、介质或溶剂的性质、pH 值、是否与水或空气共存、是否添加了光敏剂等。

甲基对硫磷、乐果及苯硫磷等均能发生光化学反应，使 P ═S 基变成 P ═O 或重排为 P—S—；侧链硫醚基受光催化氧化生成亚砜及砜。各种二烷基硫醚（甲拌磷、乙拌磷、硫吸磷)、烷基芳基硫醚（倍硫磷、三硫磷）及二芳基硫醚（双硫磷）均已发现能进行光解反应。

紫外线照射可诱发顺反异构体的转化，如速灭磷易受光催化，无论从 *Z* 体或 *E* 体出发，均得到 30%的 *E* 体和 70%的 *Z* 体混合物。紫外线在有水分并存时，能使磷酸酯发生水解，水解部位也是在具有酸性的酯基上。毒死蜱生成三氯羟基吡啶，进一步水解成多羟基吡啶，后者不稳定，最终分解为二氧化碳（图 12-6）。

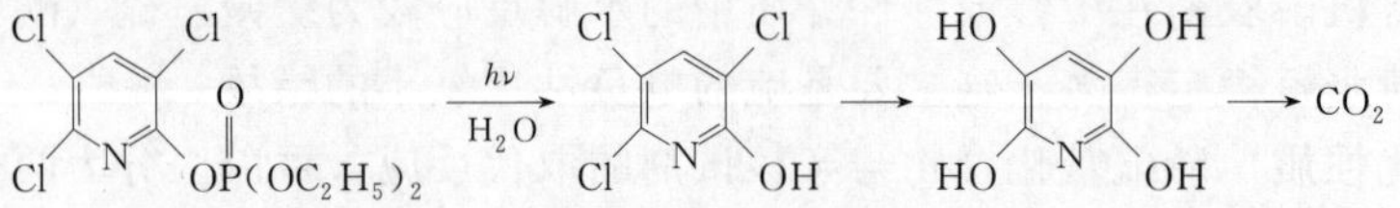

Cl Cl Cl N O OP$(OC_2H_5)_2$ $\xrightarrow[H_2O]{h\nu}$ Cl Cl Cl N OH $\longrightarrow$ HO OH HO N OH $\longrightarrow$ $CO_2$

图 12-6 毒死蜱的光降解历程示意图

由此可见，有机磷农药性质不稳定，尤其是在碱性条件、紫外线、氧化及热的作用下极易降解。除此之外，磷酸酯酶对有机磷农药也有很好的降解作用。有机磷农药在酶的作用下可被完全降解，如酸性磷酸酶、微生物分泌的有机磷水解酶等。在食品加工过程中可利用有机磷农药对热的不稳定性和酶的作用，可有效降低有机磷农药残留。如同样茶叶原料，加工工艺不同，有机磷农药残留量也不同，红茶中有机磷农药残留少于绿茶是与红茶工艺有密切关系。在红茶加工工艺中酸性磷酸酶的活性比绿茶高，作用时间也长得多。

#### 12.2.2.3 拟除虫菊酯类

拟除虫菊酯类可用作杀虫剂和杀螨剂，它属于高效低残留类农药，20 世纪 80 年代以来开发的产品有溴氰菊酯（敌杀死、凯素灵）、丙炔菊酯、苯氰菊酯、三氟氯氰菊酯（功夫）等，有效使用量甚至低于 $10g/hm^2$。在环境中的降解以光解（异构、酯键断裂、脱卤等）为主，其次是水解和氧化作用。拟除虫菊酯类农药按其化学结构和作用机制可分为两种类型：Ⅰ型不含氰基，如丙烯菊酯（必那命)、联苯菊酯（天王星)、胺菊酯、醚菊酯、氯菊酯等。其作用机制是引起复位放电，即动作电位后的去极化电位升高，超过阈值即引起一连串动作电位。Ⅱ型含氰基，如氰戊菊酯（速灭杀丁)、氯氰菊酯（灭百可、安绿宝)、溴氰菊酯、氟氯氰菊酯（百树得、百治菊酯)、三氟氯氰菊酯等，其作用机制是引起传导阻滞，使去极化期延长，膜逐渐去极化而不发生动作电位，阻断神经传导。另外，拟除虫菊酯还具有改变膜流动性（Ⅰ型使膜流动性增加，Ⅱ型使膜流动性降低)，增加谷氨酸、天冬氨酸等神经介质和 cGMP 的释放，干扰细胞色素 c 和电子传导系统的正常功能等作用。拟除虫菊酯类农药分天然和合成两大类，合成的有光不稳定和光稳定两种。它们的化学结构较复杂，有旋光异构体和顺反式立体异构体，不同的异构体的药效和毒性有很大的差异，其中顺式和右旋者活性通常较大。

#### 12.2.2.4 氨基甲酸酯类

氨基甲酸酯类农药的主要品种有稠环基氨基甲酸酯类、取代苯基类和氨基甲酸肟类。此类农药主要作杀虫剂（常用的品种有西维因、涕灭威、混戊威、克百威、灭多威、残杀威等），某些品种（如涕灭威、克百威）还兼有杀线虫活性。氨基甲酸酯类农药的优点是药效快、选择性较高，对温血动物、鱼类和人的毒性较低，易被土壤微生物降解，且不易在生物体内蓄积。大部分氨基甲酸酯类农药毒性作用机制与有机磷类似，也是胆碱酯酶抑制剂，但其抑制作用有较大的可逆性，水解后酶的活性可不同程度的恢复。也有一些和传统氨基甲酸酯杀虫剂不同，如，茚虫威为钠通道抑制剂，而并非胆碱酯酶抑制剂，故无交互抗性。茚虫威主要通过阻断害虫神经细胞中的钠通道，使靶标害虫的协调受损，出现麻痹，最终致死。

### 12.2.3 二噁英及其类似物

二噁英（dioxin）包括多氯代二苯并-对-二噁英（polychlorodibenzo-*p*-dioxin，PCDD）和多氯代二苯并呋喃（polychloro-dibenzofuran，PCDF）。二噁英和多氯联苯（polychlorinated biphenyl，PCB）的理化性质相似，是已经确定的有机氯农药以外的环境持久性有机污染物（persistent organic pollutant，POP）。世界卫生组织（WHO）和联合国环境署（UNEP）将环境中难以降解的有毒、有害物质称为持久性有机污染物，它们具有一些共同特征：有机化合物（包括金属有机物）、在环境中降解缓慢、生物富积和具有毒性。由于二噁英和 PCB 都是亲脂性的 POP，它们的化学性质极为稳定、难于为生物降解，能够通过生物链富积，在环境中广泛存在，并且在生物样品和环境样品中通常同时出现，被称为二噁英及其类似物（dioxin-like compound）。基于生物化学和毒理学效应的相似性，二噁英及其类似物还包括其他一些卤代芳烃化合物，如氯代二苯醚、氯代萘、溴代二苯并-对-二噁英/呋喃（PBDD/Fs）和多溴联苯（PBB）及其他混合卤代芳烃化合物。

#### 12.2.3.1 二噁英

二噁英通常指具有相似结构和理化特性的一组多氯取代的平面芳烃类化合物，属氯代含氧三环芳烃类化合物，二噁英化合物苯环上的 1～4 位和 6～9 位可以分别被氯取代，生成相应的一氯代至八氯代化合物，包括 75 种多氯代二苯并-对-二噁英（polychlorodibenzo-*p*-dioxin，PCDD）和 135 种多氯代二苯并呋喃（polychloro-dibenzofuran，PCDF），缩写为 PCDD/Fs。研究最为充分的有毒二噁英为 2 位、3 位、7 位、8 位被氯原子取代的 17 种同系物异构体单体（congenor），其中，2，3，7，8-四氯二苯并-对-二噁英（2，3，7，8-TCDD）是目前所有已知化合物中毒性最强的二噁英单体（经口 $LD_{50}$ 仅为 1μg/kg 体重），且还有极强的致癌性（致大鼠肝癌剂量 10pg/g 体重）和极低剂量的环境内分泌干扰作用在内的多种毒性作用。这类物质既非人为生产又无任何用途，而是燃烧和各种工业生产的副产物。目前，木材防腐和防止血吸虫使用氯酚类造成的蒸发、焚烧工业的排放、落叶剂的使用、杀虫剂的制备、纸张的漂白和汽车尾气的排放等是环境中二噁英的主要来源。

#### 12.2.3.2 多氯联苯

PCB 有 209 种同系物异构体单体，其中大多数为非平面的化合物（图 12-7）；然而，有些 PCB 同系物异构体单体为平面的“二噁英样”（dioxin-like）化学结构，而且在生化和毒理学特性上与 2,3,7,8-TCDD 极其相似。PCB 的纯化合物为晶体，混合物为油状液体。一般的工业品为混合物，含有共平面（coplanar）和非共平面（nonplanar）的同系物异构体单体。PCB 的理化性质高度稳定，耐酸、耐碱、耐腐蚀和抗氧化，对金属无腐蚀、耐热和绝缘性能好、阻燃性好。PCB 被广泛用于工业和商业等方面已有多年，尽管在 20 世纪 70 年代大多数国家已经禁止 PCB 的生产和使用，但由于曾经使用的 PCB 还有进入环境的可能，另外，由焚烧废弃物产生少量的 PCB 及二噁英样 PCB 也有进入环境的可能，由此，PCB 在食品中残留的可能隐患还是存在的。

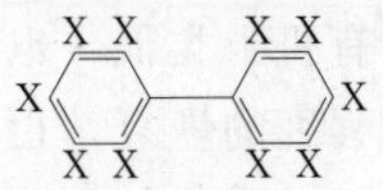

多氯联苯 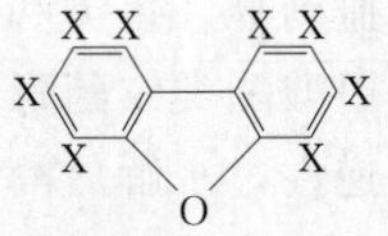　　　　氯化二苯呋喃

图 12-7　PCB 示意图（X 为氯可取代位置）

#### 12.2.3.3　化学特性

PCDD/Fs 的物理化学特性相似：无色、无臭、沸点与熔点较高、具有亲脂性而不溶于水。PCDD/Fs 极其稳定，仅在温度超过 800℃时才会被降解；温度要在 1000℃以上才能大量降解。PCDD/Fs 的蒸气压极低，除了气溶胶颗粒吸附外，大气中分布较少，在地面可以持续存在。PCDD/Fs 亲脂性极强，在辛烷/水中分配系数的对数值（$\lg K_{ow}$）极高，为 6 左右。因此，PCDD/Fs 可经过脂质在食物链中发生转移及富积。PCDD/Fs 对于理化因素和生物降解具有抵抗作用，因而可以在环境中持续存在。尽管紫外线可以很快破坏 PCDD/Fs，然而在大气中 PCDD/Fs 主要吸附于气溶胶颗粒，可以抵抗紫外线破坏。一旦进入土壤环境，PCDD/Fs 对于理化因素和生物降解具有抵抗作用，平均半衰期为 9 年，因而可以在环境中持续存在。

#### 12.2.3.4　二噁英及其类似物的毒性

二噁英可以使动物中毒死亡。PCDD/Fs 具有极强的毒性，其中 2,3,7,8-TCDD 对豚鼠的经口 $LD_{50}$ 为 1μg/kg 体重。与一般急性毒物不同的是，动物染毒 PCDD/Fs 后死亡时间长达数周。中毒特征表现为，染毒几天内出现体重急剧下降，并伴随肌肉和脂肪组织的急剧减少等“消廋综合征”症状。低于致死剂量染毒也可引发体重减少，而且呈剂量-效应关系。由于 2,3,7,8-TCDD 染毒组与对照组粪便中丢失的能量相当，与胃肠道吸收能力无关，这可能是 2,3,7,8-TCDD 通过影响丘脑下部的垂体进而影响进食量，从而使大鼠、小鼠和豚鼠体重下降。

在二噁英非致死剂量时，可引起实验动物的胸腺萎缩，主要以胸腺皮质中淋巴细胞减少为主。二噁英毒性的一个特征性标志是氯痤疮，它使皮肤发生增生或角化过度、色素沉着。

二噁英还有肝毒性，在较大剂量时，二噁英可使受试动物的肝脏肿大，进而变性与坏死。另外，二噁英还有生殖毒性和致癌性。

### 12.2.4　兽药

食品中兽药残留是指既包括原药，也包括原药在动物体内的代谢产物。另外，药物或其代谢产物与内源大分子共价结合产物称为结合残留。动物组织存在的共价结合产物（共价残留）则表明药物对靶动物具有潜在毒性作用。目前，在动物源食品中较容易引起兽药残留量超标的兽药主要有抗生素类、磺胺类、呋喃类、抗寄生虫类和激素类药物。其中抗生素类及激素类药物残留对人类健康的影响最大，是食品中较大的安全隐患之一。抗生素类主要包括 β-内酰胺类抗生素（即青霉素类）、四环素类、磺胺类、庆大霉素等，激素类药物残留主要是性激素类、皮质激素类和盐酸克仑特罗等。

#### 12.2.4.1　常见的抗生素类的化学性质

**(1) 青霉素的化学性质**　青霉素（penicillin）是含有青霉素母核的多种化合物的总称，

青霉素发酵液中至少含有5种以上的不同的青霉素：青霉素F、青霉素G、青霉素X、青霉素K和二氢青霉素F等。青霉素的结构通式如图12-8。

青霉素是一元酸，可与钾、钠、钙、镁等金属形成盐类。青霉素易溶于醇、酮、醚、酯等有机溶剂。青霉素盐类易溶于水。青霉素游离酸或盐类的水溶液均不稳定，极易失去药效，青霉素不耐热，但青霉素盐的结晶纯品，在干燥条件下可在室温下保存数年。

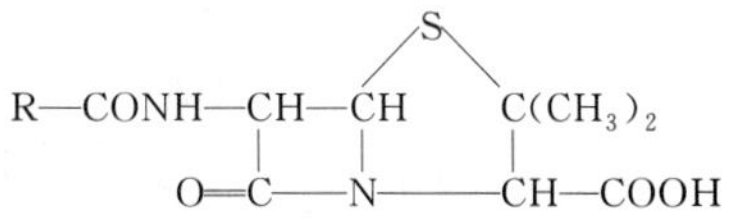

S
R—CONH—CH—CH　　$C(CH_3)_2$
O═C——N———CH—COOH

图 12-8　青霉素结构通式示意图

青霉素的抗菌效力与其分子中的内酰胺环有关，酸、碱、重金属或青霉素酶（penicillinase）等可使肽键断裂，使青霉素失去活性。图12-9及图12-10是青霉素在酸碱条件下水解反应历程。

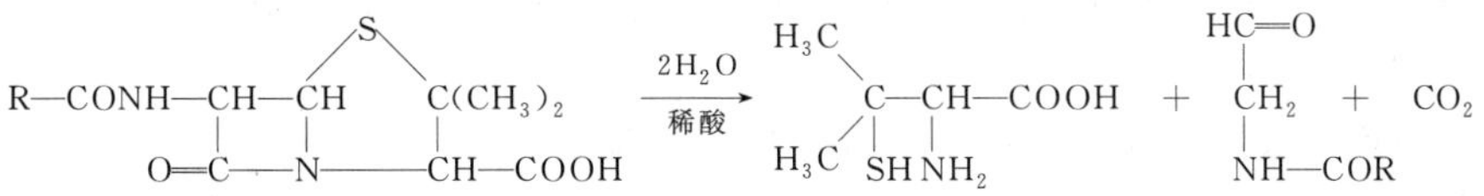

S
R—CONH—CH—CH　　$C(CH_3)_2$　$\xrightarrow[稀酸]{2H_2O}$　$H_3C$　　　　　　　　HC═O
O═C——N———CH—COOH　　　C—CH—COOH　+　$CH_2$　+　$CO_2$
$H_3C$　SH $NH_2$　　　NH—COR

图 12-9　青霉素在酸性条件下水解反应历程示意图

S　　　　　　　　　　　　　　　　　　　　　　　　　S
R—CONH—CH—CH　　$C(CH_3)_2$　$\xrightarrow[稀碱]{H_2O}$　R—CONH—CH———CH　　$C(CH_3)_2$
O═C——N———CH—COOH　　　　COOH　N———CH—COOH

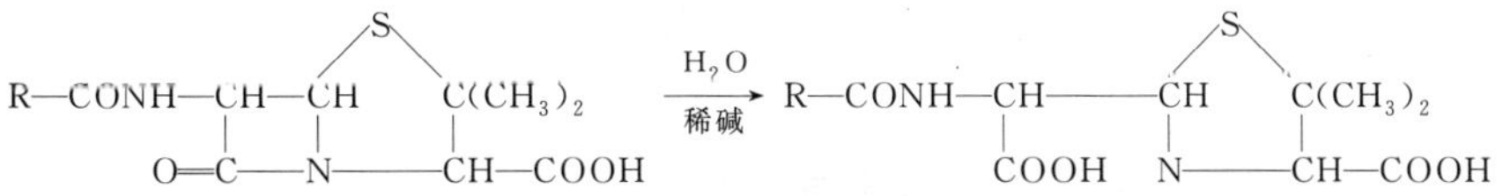

图 12-10　青霉素在碱性条件下水解反应历程示意图

青霉素的母核可用化学或生物化学的方法进行改造，获得一些新的青霉素，如α-氨苄青霉素（ampicillin）、先锋霉素Ⅰ或称头孢金素（cephalothin）、先锋霉素Ⅱ或称头孢利定（cephaloridine）。

**(2) 链霉素和氯霉素的化学性质**　链霉素（streptomycin）是氨基环醇类抗生素的一种，其分子中含有一个环己醇型配基，以糖苷键与氨基糖（或中性糖）相结合，这类抗生素主要有链霉素、新霉素、卡那霉素、庆大霉素等，它也是多成分的混合物，其共同的结构式如图12-11所示。

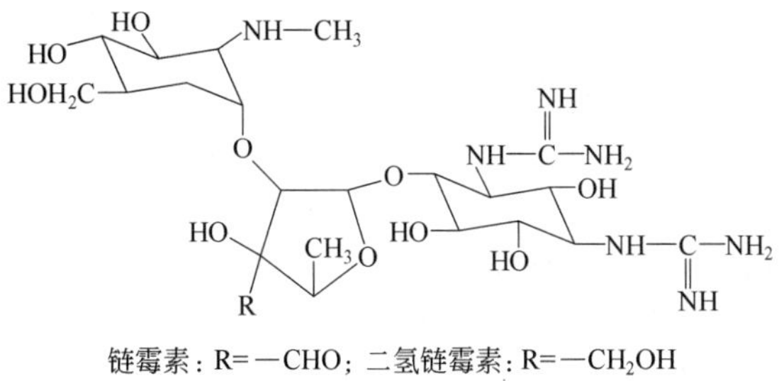

HO　NH—$CH_3$
HO
$HOH_2C$　　　　　　　　NH
O　　　　　NH—C—$NH_2$
O　　OH
HO　$CH_3$　O　HO　HO　NH—C—$NH_2$
R　　　　　　　　NH

链霉素：R=—CHO；二氢链霉素：R=—$CH_2OH$

图 12-11　链霉素与二氢链霉素的共同结构式

链霉素的分子结构由链霉胍（streptidine）和链霉胺（streptobiosamine）两部分所组成，后者系由链霉糖（streptose）和2-甲氨基葡萄糖所构成。链霉糖中的醛基是链霉素抗菌效能成分，它易被半胱氨酸、维生素C、羟胺等破坏，使链霉素失效。二氢链霉素无此醛基，不受这些试剂影响，所以后者比前者稳定。链霉素为氨基环醇化合物，碱性较强，且不稳定，而它与盐酸或硫酸形成的盐较稳定，因此，链霉素多以其盐的形式存在。链霉素及其盐类均易溶于水，而不溶于有机溶剂，如醇、醚、氯仿等。

氯霉素（chloramphenicol）分子中含有对位硝基苯基基团、丙二醇和二氯乙酰胺基（图12-12）。由于氯霉素分子中有二个不对称碳原子，所以氯霉素有4个光学异构体，其中只有左旋异构体具有抗菌能力。氯霉素为白色或无色的针状或片状结晶，熔点149.7～150.7℃，易溶于甲醇、乙醇、丙醇及乙酸乙酯，微溶于乙醚及氯仿，不溶于石油醚及苯。氯霉素极稳定，其水溶液经5h煮沸也不失效。

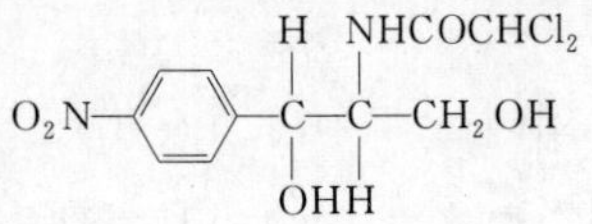

图12-12　氯霉素分子结构式

**(3) 四环素族抗生素的化学性质**　四环素族抗生素主要包括有金霉素（aureomycin）、土霉素（terramycin）和四环素（tetracyclin）。四环素族抗生素有共同的化学结构母核（图12-13）。四环素是这一族抗生素中最基本的化合物，金霉素和土霉素都是四环素的衍生物，前者是氯四环素（chlortetracyclin），后者是氧四环素（oxytetracyclin）。

四环素族均为酸碱两性化合物，本身及其盐类都是黄色或淡黄色的晶体，在干燥状态下极为稳定，除金霉素外，其他的四环素族的水溶液都相当稳定。四环素族能溶于稀酸、稀碱等，略溶于水和低级醇，但不溶于醚及石油醚。

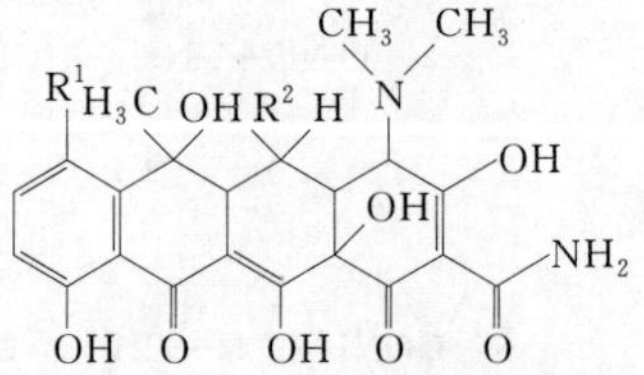

图12-13　四环素族抗生素的化学结构母核

$R^1=R^2=H$ 时为四环素；

$R^1=H$、$R^2=OH$ 时为土霉素；

$R^1=Cl$、$R^2=H$ 时为金霉素

### 12.2.4.2　常见的激素类兽药的化学性质

典型的动物激素包括甲状腺素、肾上腺素、雌激素、雄激素等。在此重点介绍近年来对我国动物源食品有安全隐患的人工合成的激素物质甲状腺激素和雌激素、雄激素。

**(1) 甲状腺激素**　在甲状腺过氧化酶及过氧化氢的作用下，细胞内碘离子被氧化成活性碘，活性碘与甲状腺球蛋白中酪氨酸残基作用产生一碘酪氨酸残基，进而产生3，5-二碘酪氨酸残基。碘化酪氨酸残基之间进一步反应，并通过甲状腺球蛋白的水解形成了三碘甲腺原氨及甲状腺素。甲状腺激素对动物的作用是多样而强烈的，它刺激糖、蛋白质、脂肪和盐的代谢，促进机体生长发育和组织的分化，对中枢神经系统、循环系统、造血过程及肌肉活动等都有显著作用。

**(2) 雌激素**　雌激素有两类：其一是卵泡在卵成熟前分泌的雌二醇等；其二是排卵后卵泡发育成为黄体，黄体分泌孕酮（也称黄体酮，progesterone）。雌激素是由18个碳原子组成的甾体激素，A环上有三个双键，C3酚羟基是与受体结合必需的，而C17的羟基或酮基对生物活性也是重要的。

**(3) 雄激素**　睾丸的间质细胞分泌的雄激素称为睾酮（testosterone），这是体内最主要的雄性激素。它的主要代谢产物是雄酮，雄酮还可转化为脱氢异雄酮。

在上述雄性激素中睾酮的活性最大，约是雄酮的6倍；脱氢异雄酮的生理活性最低，只有雄酮的三分之一。

雄激素和雌激素在机体内作用虽然不同，但它们的结构却十分相似，都是由胆固醇衍生而成，可以相互转变，并在生物体保持一定的比例。在雄性体内平衡偏向雄激素，所以雄畜的尿中排出较多的是雌激素；而在雌性体内，平衡偏向雌激素，所以雌畜的尿中排出较多的是雄激素。

### 12.2.4.3　动物源食品中的兽药残留

兽药在动物体内的分布与残留与兽药投放时动物的状态（如食前、食后）、给药方式

(是随饲料投喂还是随饮水投喂，是强制投喂还是注射等）和兽药种类都有很大的关系。兽药在动物中不同的器官和组织含量是不同的。在一般情况下，对兽药有代谢作用的脏器，如肝脏、肾脏，其兽药浓度高。而在鸡蛋卵黄中，药物则向细胞内蓄积，与蛋白质结合率高的脂溶性药物容易在卵黄中蓄积，且可能向卵白中迁移。

理论上讲，兽药在动物体内的浓度是逐渐降低的。兽药在 24h、12h、6h 内的半衰期随兽药的种类和动物的个体而不同。比如鸡通常所用的药物其半衰期大多数在 12h 以下，多数鸡用药物的休药期为 7d。一般按规定的休药期给药的动物源食品食用是安全的。但如果人长期摄入含兽药残留超标的动物源食品后，兽药不断在体内蓄积，当浓度达到一定量后，就会对人体产生毒性作用。如磺胺类药物可引起肾损害，特别是乙酰化磺胺在酸性尿中溶解降低，析出结晶后损伤肾脏。另外，儿童如果食用了含有促生长激素和性激素残留超标动物源食品，就有导致性早熟的可能。

#### 12.2.4.4 渔药

渔药即渔用药品的简称，它是兽药的一种。渔药大多是由人药、畜禽药、农药移植而来，少部分是水产专用药。渔药虽然在一定程度上与人、兽药相似，它们在药物研制开发过程中对原料、安全性、分析方法的要求以及基本法规等方面的要求也有类似之处，但由于渔药作用的对象与人、兽有较大的区别（如温血性与变温性的区别），渔药的使用方式、作用过程与作用效果等与兽药有较大的不同，它们在代谢、残留等方面有其特殊性。其应用对象主要是水产养殖动物，其次是水生植物以及水环境。

由于渔药的药理研究尚不充分，目前渔药尚不能按药理作用分类，通常是按使用目的进行分类：①环境改良剂；②消毒剂；③抗微生物药物（抗生素类、磺胺类、呋喃类）；④杀虫驱虫药；⑤代谢改善和强壮药（激素类）；⑥中草药；⑦生物制品；⑧其他。按药物制品分为四类：化学药品、生物制品、生化制品、饲料药物添加剂。

由于在养殖过程中滥用药物的现象时有发生，加上对药物的使用方法、用量和休药期的忽视，部分发病率较高、经济价值又高的养殖品种的药物残留超标的问题还时有发生，如在饵料中超量添加促生长剂和抗生素等。但按正常用药和严格遵守休药期，渔药残留很小，食用安全。

## 12.3 微生物毒素

根据食品中常见的微生物毒素（microbial toxins）情况，可分为细菌毒素和霉菌毒素两大类。前者是根据 GB 29921—2013 标准检测食品中能产生有害毒素的致病菌，后者是根据 GB 2761—2017 直接检测食品中霉菌毒素。

### 12.3.1 霉菌毒素

霉菌毒素是霉菌分泌的次级代谢物，分子量一般小于 500。FAO 资料显示，全球 30% 以上的谷物都不同程度地存在霉菌毒素，它们主要来源于曲霉属（黄曲霉毒素、赭曲霉毒素、杂色曲霉毒素）、镰刀霉属（单端孢霉烯族化合物、玉米赤霉烯酮、丁烯酸内酯、串珠镰刀菌毒素）和青霉属霉菌（黄绿青霉素、岛青霉素、黄变米毒素、橘青霉毒素）。几种重要的霉菌毒素的化学结构见图 12-14 。

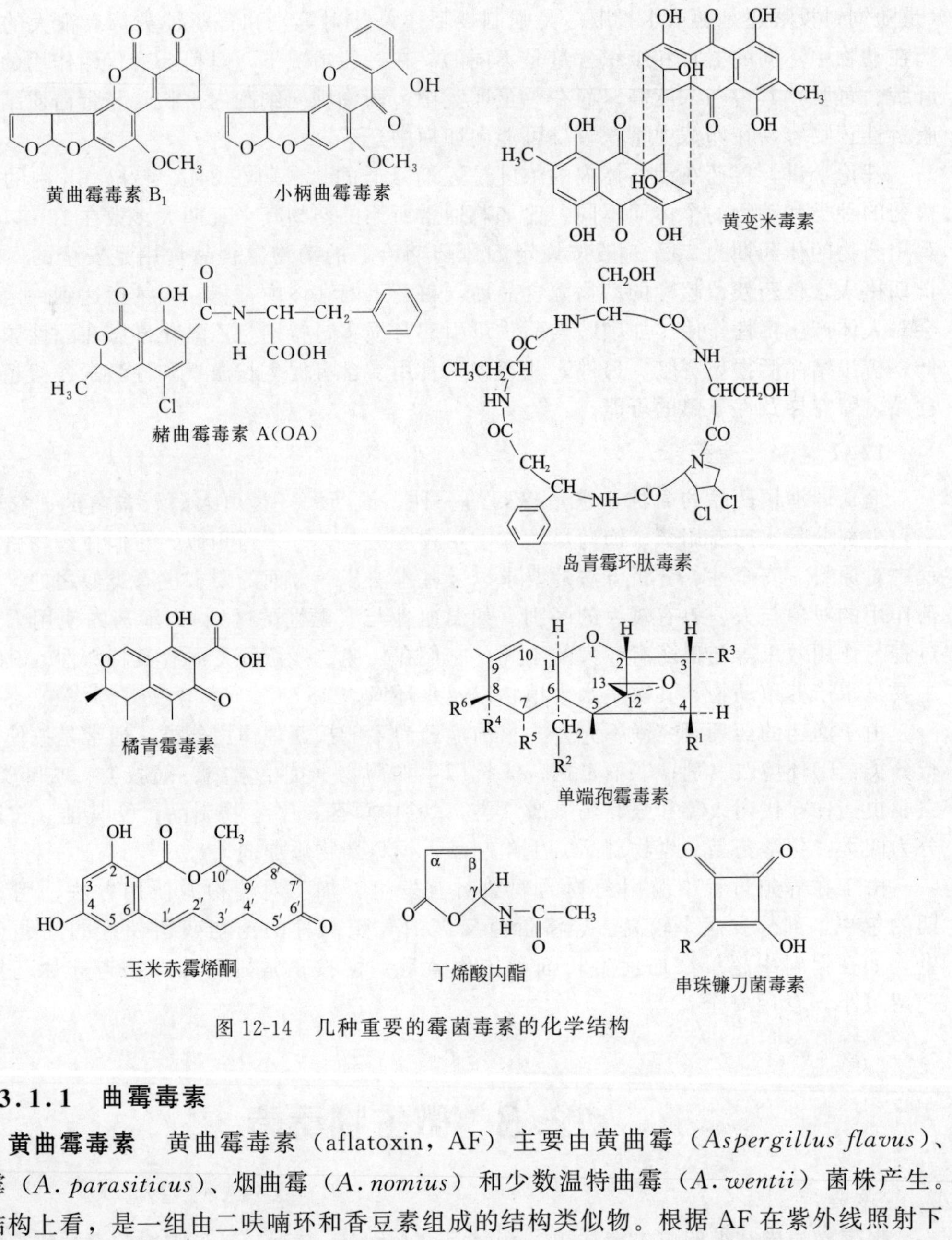

黄曲霉毒素 $B_1$　　小柄曲霉毒素　　黄变米毒素

赭曲霉毒素 A(OA)　　岛青霉环肽毒素

橘青霉毒素　　单端孢霉毒素

玉米赤霉烯酮　　丁烯酸内酯　　串珠镰刀菌毒素

图 12-14　几种重要的霉菌毒素的化学结构

#### 12.3.1.1　曲霉毒素

**(1) 黄曲霉毒素**　黄曲霉毒素（aflatoxin，AF）主要由黄曲霉（*Aspergillus flavus*）、寄生曲霉（*A. parasiticus*）、烟曲霉（*A. nomius*）和少数温特曲霉（*A. wentii*）菌株产生。从化学结构上看，是一组由二呋喃环和香豆素组成的结构类似物。根据 AF 在紫外线照射下所发出荧光的颜色不同而分为 B 族和 G 族两大族，目前已分离鉴定出 $B_1$、$B_2$、$G_1$、$G_2$ 以及由 $B_1$ 和 $B_2$ 在体内经过羟化而衍生成的代谢产物 $M_1$、$M_2$ 等 20 多种，其中以 $B_1$ 毒性最大。各种 AF 的分子量为 312～346，熔点 200～300℃，难溶于水、已烷和石油醚，可溶于甲醇、乙醇、氯仿、丙酮和二甲基甲酰胺等溶剂。耐热性强，加热到熔点温度时开始裂解，在一般烹调温度下很少被破坏。在碱性环境下不稳定，氢氧化钠可使 AF 的内酯六元环开环形成相应的钠盐，溶于水，用水可被洗去。AF 污染严重的农作物包括大豆、稻谷、玉米和棉子，另外各种坚果，如花生、杏仁和核桃等也是 AF 容易污染的对象。

1993 年，AF 被 WHO 癌症研究机构划定为Ⅰ类致癌物，其毒性相当于氰化钾的 10 倍，砒霜的 68 倍。其中 $AFB_1$ 又是 AF 中致癌性最强的天然物质，尤其对动物肝脏具有极强致癌性。目前，世界上约有100个国家对食品中AF提出了严格限量要求。

**(2) 赭曲霉毒素** 赭曲霉毒素（ochratoxins，OT）是由赭曲菌（*Asperegillus alutacells*）和纯绿青霉（*Penicillium viridicatum*）产生的有毒代谢产物。从化学结构上看，OT是异香豆素联结L-苯丙氨酸在分子结构上类似的一组化合物，包括OA、OB、OC、OD等七种结构类似物，其中以OA为主，毒性也最大，OB是OA的脱氯衍生物，OC是OA的乙基酯。OA的分子量为404，熔点169℃，为无色晶体，易溶于有机溶剂（三氯甲烷和甲醇）和稀碳酸氢钠溶液，微溶于水。在紫外线照射下OA呈绿色荧光，最大吸收峰为333nm。动物实验表明，OA具有肾毒性、免疫毒性和致癌、致畸、致突变性。该化合物相当稳定，一般的烹调和加工方法只有部分破坏。但γ射线对水溶液中的OA有显著的降解效果，在4 kGy的辐照剂量下，水溶液中的OA的降解率可达90%；玉米中OA经过辐照后，含量明显降低，在10kGy的辐照剂量下，降解率可达50%。

自然界中产生OA的菌种类繁多，如赭曲霉、淡褐色曲霉（*A. alutaceus*）、硫色曲霉（*A. sulphureus*）、菌核曲霉（*A. sclerotium*）、蜂蜜曲霉（*A. melleus*）、洋葱曲霉（*A. alliaceus*）、孔曲霉（*A. ostianus*）及圆弧青霉（*P. cyclopium*）、变幻青霉（*P. variabile*）等，近来又有人报道金头曲霉（*A. auricomus*）也能产生OA。而其中以纯绿青霉、赭曲霉和炭黑曲霉为主，近年来研究表明炭黑曲霉为OA主要产生菌。

**(3) 杂色曲霉毒素** 杂色曲霉毒素（sterigmatocystin，ST）是由杂色曲霉（*A. versicofor*）、黄曲霉、构巢曲霉（*A. nidulans*）、细皱曲霉（*A. rugulosus*）等真菌产生的次级代谢产物。ST也是一类化学结构很近似的化合物，目前有十多种已确定结构，其基本结构是由二呋喃环与氧杂蒽醌连接组成，与AF结构相似。ST为淡黄色针状结晶，不溶于水，微溶于甲醇、乙醇等多数有机溶剂，易溶于氯仿、乙腈、吡啶和二甲亚砜。以苯为溶剂时，其最高吸收峰波长为325nm，摩尔吸收系数$E$为15200。分子式为$C_{19}H_{14}O_6$，分子量324，熔点247～248℃，在紫外线照射下具有砖红色荧光。

ST毒性仅次于AF，可诱发肝癌、肺癌及其他肿瘤。同时，ST可以对很多实验动物的脏器造成急性毒性损伤，并且具有种属及器官特异性。Purchase等人发现ST经口大鼠$LD_{50}$为166 mg/kg（雄性）和120 mg/kg（雌性），腹腔注射为60 mg/kg。小鼠经口$LD_{50}$大于80 mg/kg。ST污染非常普遍，广泛存在于玉米、小麦、大豆、咖啡、坚果、面包等人类食物和动物饲料中，是最常见的霉菌毒素污染物之一。

#### 12.3.1.2 青霉毒素

**(1) 岛青霉毒素** 稻谷在收获后如未及时脱粒干燥就堆放很容易引起发霉。发霉谷物脱粒后即形成“黄变米”或“沤黄米”，这主要是由于岛青霉（Penicillium islandicum）污染所致。黄变米在我国南方、日本和其他热带和亚热带地区比较普遍。小鼠每天经口200g受岛青霉污染的黄变米，大约一周可死于肝肥大；如果每天饲喂0.05g黄变米，持续两年可诱发肝癌。流行病学调查发现，肝癌发病率和居民过多食用霉变的大米有关。岛青霉除产生岛青霉素（islanditoxin）外，还可产生环氯素（cyclochlorotin）、黄天精（luteoskyrin）和红天精（erythroskyrin）等多种霉菌毒素。

① 黄变米毒素 又称黄天精，是双多羟二氢蒽醌衍生物，结构和AF相似，分子式为$C_{30}H_{22}O_{12}$，熔点为287℃，溶于脂肪溶剂，毒性和致癌活性也与AF相当。小鼠日服7 mg/kg体重的黄天精数周可导致其肝坏死，长期低剂量摄入可导致肝癌。

② 环氯素　为含氯环结构的肽类，纯品为白色针状结晶，溶于水，熔点为251℃。对小鼠经口 $LD_{50}$ 为6.55 mg/kg体重，有很强的急性毒性。环氯素摄入后短时间内可引起小鼠肝的坏死性病变，小剂量长时间摄入可引起癌变。

③ 岛青霉环肽毒素　也称岛青霉素。是由β-氨基苯丙氨酸、2分子丝氨酸、氨基丁酸及二氯脯氨酸组成的含氯环肽。与环氯素理化性质类似，是作用较快的肝毒素。

**(2) 橘青霉素**　橘青霉素也叫橘霉素（citrinin），是青霉属和曲霉属的某些菌株产生的真菌毒素，它的分子式是 $C_{13}H_{14}O_5$，分子量为250。其化学命名是（3*R*,4*S*)-4,6-二氢-8-羟基-3,4,5-三甲基-6-氧-3*H*-2-苯吡-7羧酸。纯品橘青霉素在常温下是一种柠檬黄色针状结晶物质，熔点为172℃。在长波紫外灯的激发下能发出柠檬黄色荧光，其最大紫外吸收在319nm、253nm和222nm。该毒素能溶于无水乙醇、氯仿、乙醚等大多数有机溶剂，极难溶于水，在酸性及碱性溶液中加热可溶解。

橘青霉素主要是一种肾毒性毒素，它能引起狗、猪、鼠、鸡、鸭和鸟类等多种动物肾脏病变。大鼠的 $LD_{50}$ 是67 mg/kg，小鼠的 $LD_{50}$ 是35 mg/kg，豚鼠的 $LD_{50}$ 是37 mg/kg。另外，橘青霉素还能和其他真菌毒素（如赭曲霉素、展青霉素等）起协同作用，增加对机体的损害。

**(3) 黄绿青霉素**　黄绿青霉素（citreoviridin）主要是由黄绿青霉产生，赭鲑色青霉等多种青霉也能产生。纯品黄绿青霉素为橙黄色结晶，熔点107～110℃，分子量402，溶于丙酮、氯仿、冰醋酸、甲醇和乙醇，微溶于苯、乙醚、二硫化碳和四氯化碳，不溶于已烷和水。在紫外线照射下可发出金黄色荧光。黄绿青霉素加热至270℃时可失去毒性，经紫外线照射2h毒性也会被破坏。黄绿青霉素是一种神经毒素，主要抑制脊髓和延脑的功能，而且有选择性地抑制脊髓运动神经元及联络神经元，也可抑制延脑运动神经元。动物中毒特征为中枢神经麻痹，继而导致心脏麻痹而死亡。

#### 12.3.1.3　镰刀菌毒素

**(1) 单端孢霉毒素**　单端孢霉毒素（triehotheeenes，TS）是由头孢菌属（*Cephalosporium*）、镰孢菌属（*Fusarium*）、葡萄状穗霉属（*Staehybotrys*）和木霉菌属（*Triehoderma*）等代谢产生的一组四环倍半萜烯结构有毒代谢产物，已知有40余种同系物，均为无色结晶，微溶于水，性质稳定，用一般烹调方法不易被破坏。TS可分为A和B两类。TS A包括T-2毒素、HT-2毒素、新茄病镰刀菌烯醇和蛇形霉素（DAS）；TS B包括呕吐素（DON）和雪腐镰刀菌烯醇（NIV)。

TS的靶器官是肝脏和肾脏，且大多都属于组织刺激因子和致炎物质，因而可直接损伤消化道黏膜。畜禽中毒后的临床症状一般表现为食欲减退或废绝、胃肠炎症和出血、呕吐、腹泻、坏死性皮炎、运动失调、血凝不良、贫血和白细胞数量减少、免疫机能降低和流产等。

**(2) 玉米赤霉烯酮**　玉米赤霉烯酮（zearalenone，ZEN）又称F-2霉素，是污染玉米、大麦等粮食最常见的玉米赤霉菌产生的代谢产物，此外还有三线镰刀菌、木贼镰刀菌、雪腐镰刀菌、粉红镰刀菌等也可产生该毒素。有些菌株在完成生长后需要经过低温（低于12℃）阶段才能产生ZEN，而另一些菌株在常温下就能产生ZEN。

ZEN分子式为 $C_{18}H_{22}O_5$，分子量为318，熔点164～165℃，已知其衍生物有15种以上。ZEN不溶于水、二硫化碳和四氯化碳，溶于碱性水溶液、乙醚、苯、氯仿、二氯甲烷、乙酸乙酯、乙腈和乙醇等。一些酶可使其失活，内酯酶可断裂ZEN的内酯环。酶通过分解霉毒素的功能性原子组，使这些毒素降解成非毒性的代谢物，从而被消化排出，不引起副作用。

ZEN 具有强烈的雌激素作用，作用强度约为雌激素的 1/10，但作用时间长于雌激素。研究认为，玉米中 ZEN 的含量达到 0.1 mg/kg 时，就会产生雌激素过多症。当饲料中含有 1 mg/kg 以上的 ZEN 时就足以引起猪的雌激素中毒症。

**(3) 丁烯酸内酯** 丁烯酸内酯（butenolide）的化学名称为 4-乙酰胺基-4-羟基-2-丁烯酸-γ-内酯（4-acetamid-4-hydroxy-2-butenoic acid-γ-lactone），呈一棒状结晶。分子式为 $C_6H_7NO_3$，分子量 138，从醋酸乙酯一环己烷结晶出来，其熔点为 116～118℃。易溶于水，微溶于二氯甲烷和氯仿，不溶于四氯化碳，在碱性水溶液中极易水解。其水解产物为顺式甲酰丙烯酸（cis-formylacrylic acid）和乙酰胺（acetamide）。

目前已从下列菌属中分离提取到了丁烯酸内酯：三线镰刀菌（*Fusarium tricinctum*）、木贼镰刀菌（*Fusarium equseti*）、拟枝镰刀菌（*Fusarium sporotrichiodes*）、半裸镰刀菌（*Fusarium semitectum*）、粉红镰刀菌（*Fusarium roseum*）、禾谷镰刀菌（*Fusarium graminearum*）、砖红镰刀菌（*Fusarium tateritium*）、雪腐镰刀菌（*Fusarium nivale*）及梨孢镰刀菌（*Fusarium poae*）。

丁烯酸内酯属血液毒素，能使动物皮肤发炎、坏死。在我国黑龙江和陕西的大骨节病区所产的玉米中发现有丁烯酸内酯存在。

**(4) 串珠镰刀菌素** 串珠镰刀菌毒素（moniliformin，MON）的主要产毒菌株除了串珠镰刀菌外，还有串珠镰刀菌胶胞变种（*Fmoniliforme* var. *subglutinus*）、禾谷镰刀菌（*Fgraminearum*）、半裸镰刀菌（*Fsemitectum*）、本色镰刀菌（*Fconcolor*）、燕麦镰刀菌（*Favenaceum*）、木贼镰刀菌（*Fequiseti*）、锐顶镰刀菌（*Facuminatum*）等 30 余种。

串珠镰刀菌素通常以钠盐和钾盐的形式存在于自然界中，分子式为 $C_4HO_3R$（R＝Na 或 K），化学名称为 1,2-二酮-3-羟基环丁烯（3-hydrox ycyclobutene-1，2-dione）。其游离酸为强酸，$pK_a$ 为（0.0±0.05）～1.7，化学性质属于半方酸阴离子，与无机酸性质类似，故从结构上也可将串珠镰刀菌素命名为半方酸钠（或钾）。通常为淡黄色针状结晶，易溶于水和甲醇，不溶于二氯甲烷和三氯甲烷。由串珠镰刀菌素钠盐的紫外扫描图可知，串珠镰刀菌素在 227nm 处有最大吸收峰，在 256nm 处有次级吸收峰；而红外光谱表明串珠镰刀菌素在 $1780cm^{-1}$、$1709cm^{-1}$、$1682cm^{-1}$、$1605cm^{-1}$、$1107cm^{-1}$ 和 $846cm^{-1}$ 处均有吸收。串珠镰刀菌素在水溶液中以单体形式存在，并在 pH 值为 7 时最稳定；另外，在 pH 值为 10 时也较稳定。Abramson 等的试验结果显示，串珠镰刀菌素在 100℃且 pH 值为 4 的溶液中加热 60min 不会遭到破坏，冷冻干燥也不会影响串珠镰刀菌素的稳定性，但碱法蒸煮能够部分或者完全将其破坏，破坏程度依赖加工的温度和时间。在串珠镰刀菌素的水溶液中通入 $O_3$ 曝气 15min，其四元环会被打开形成 2,3-二羟基-2,3-环氧-丁二酸和 2-羰基-3-羟基-丁二酸。

串珠镰刀菌素作为污染玉米、小麦和燕麦等粮食作物的霉菌毒素之一，主要与伏马菌素等镰刀菌素形成毒素的联合污染。串珠镰刀菌素对动物的毒害作用主要表现在心脏和免疫力上，并且其能够对细胞产生细胞毒性，其毒性作用机理主要体现在抑制三羧酸循环的正常运转，导致机体能量供应不足。

#### 12.3.1.4 去除霉菌毒素方法

目前，去除霉菌毒素方法主要有物理方法、化学方法和生物方法三大类。

① 物理方法脱毒包括：热处理、微波、γ 射线、紫外线、水洗、脱胚处理（主要用于玉米的脱毒）及添加吸附剂等措施。目前，最常用的物理方法是通过在日粮中添加营养惰性

吸附剂来降低霉菌毒素对动物的危害。

② 化学方法消除霉菌毒素是利用毒素化学特性，在强酸强碱或氧化剂作用下，使之转化为无毒的物质，因使用化学试剂的不同而方法较多，常用的有酸处理法、碱处理法、氨处理法及有机溶剂处理法等。

③ 霉菌毒素的生物脱毒主要是采用微生物或其产生的酶来进行脱毒，现已研究发现许多微生物能或多或少转化霉菌毒素，从而降低其毒性。

④ 其他。除此之外，研究还发现某些农作物具有抗微生物特性，现已发现抗黄曲霉玉米；有些中草药也具有去毒特性；在饲料中添加硒具有保护肝细胞不受损害和保护肝脏生物转化功能的作用，从而减轻黄曲霉毒素的危害；此外添加蛋氨酸也可以减轻霉菌毒素特别是黄曲霉毒素对动物的有害作用。

## 12.3.2 细菌毒素

污染食物的细菌毒素最主要的是沙门氏菌毒素（Salmonella toxins）、葡萄球菌肠毒素（staphylococcus enterotoxins）及肉毒杆菌毒素（botulinum toxins）。所有的细菌毒素均可根据其存在于胞内或分泌在胞外的特性分为外毒素（exotoxin）和内毒素（endotoxin）两大类。外毒素是细菌的一种代谢产物，化学成分主要为蛋白质，在细菌的生长和增殖过程中分泌在胞外的培养基中，也有多种外毒素是在细菌裂解后释放出来的。内毒素是革兰氏阴性菌细胞壁外膜中的脂多糖成分，一般在细菌溶溃或杀死后被释放出来。

### 12.3.2.1 沙门氏菌毒素

在细菌性食物中毒中最常见的是沙门氏菌引起的食物中毒。沙门氏菌是重要的人畜共患病病原菌之一，其本身不分泌外毒素，但会产生毒性较强的内毒素。沙门氏菌内毒素是类脂、碳水化合物和蛋白质的复合物。最常见的有鼠伤寒沙门氏菌、肠炎沙门氏菌、猪霍乱沙门氏菌和丙型副伤寒沙门氏菌等。

由沙门氏菌引起的食物中毒，一般需暴露大量病菌才能致病，病菌仅见于肠道中，很少侵入血液，菌体在肠道内破坏后放出肠毒素引起症状，潜伏期较短，一般为8～24h，有的短到2h，一般症状为发病突然、恶心、呕吐、腹泻、发热等急性胃肠炎症状，病程很短，一般在2～4d可复原，严重者偶尔也可致死。

沙门氏菌引起中毒多由动物源食物引起。由于此菌在肉、乳、蛋等食物中滋生，却不分解蛋白质产生吲哚类臭味物质，所以熟肉等食物被沙门氏菌污染，甚至已繁殖到相当严重程度，通常也无感官性质的改变。因此对于存放较久的食物，应注意彻底灭菌。加热杀菌可以较容易地将沙门氏菌杀死，一般在温度达80℃，12min即可将病原菌杀死。

### 12.3.2.2 葡萄球菌肠毒素

葡萄球菌肠毒素（staphylococcal enterotoxins，SEs）是由金黄色葡萄球菌（*Staphylococcus aureus*）和表皮葡萄球菌（*S. epidermidis*）分泌的一类结构相关、毒力相似、抗原性不同的胞外蛋白质，属革兰氏阳性热原外毒素。因其主要作用于胃肠道，故称为肠毒素。SEs是重要的超抗原之一，现已发现的肠毒素类超抗原依据其血清型不同分为A、B、C、D和E等5种血清型，根据等电点的不同，又将C分为C1、C2和C3等3种类型。其后又报道了F型，F型SEs重新命名为毒素休克综合征1型毒素（TSST-1）。后来Ren等和Su等发现了H型肠毒素蛋白，Munson等又发现了G和I型肠毒素蛋白。到目前为止，已知有A、B、C1、C2、C3、D、E、G、H和I等10种血清型，其中A及D型比较常见。

各型SEs的分子质量相近，约为27.5～30.0ku，都是小分子蛋白质，易溶于水和盐溶液，等电点为pH7.0～8.6，对蛋白酶有抵抗作用，在胃中不能立即被灭活，有充足的时间通过胃黏膜而发挥其毒素作用。所有SEs的氨基酸组成都已测定，分子中赖氨酸、天冬氨酸、谷氨酸、亮氨酸和酪氨酸等较集中。除TSST外，所有SEs含有2个半胱氨酸残基形成的大约有20个氨基酸的胱氨酸环，在这个区域靠分子羧基端SEA、SEB和SEC1有明显的相似性。由此推测此区域含有催吐部位。TSST在化学上完全不同于其他肠毒素，它不含半胱氨酸，氨基酸排列顺序与其他肠毒素不完全一致，它含有188个氨基酸残基，末端氨基酸为丝氨酸。

各种肠毒素在不同程度上对热都有一定的抵抗力。当加热到60℃时，SEB在pH 7.3的溶液中保持16h仍有生物活性；SEA在pH 6.85的溶液中保持20min，则活力减少50%；SEC1保持30min没有任何变化，但超过1h后，溶液变浑浊。SEC2的水溶液在温度52℃时就已变浑浊，在100℃ 1min内破坏80%。SEB在99℃持续90min才能完全灭活。SEA在100℃不到1min即被完全破坏。Smith等发现加热损伤的金黄色葡萄球菌修复后其后代仍能产生肠毒素。

#### 12.3.2.3 肉毒杆菌毒素

肉毒杆菌毒素（botulinum toxin，BTX）也被称为肉毒毒素或肉毒杆菌素，是由肉毒梭菌在厌氧环境中产生的一种毒性极强的外毒素，为肉毒梭菌的主要致病因子，可导致人和动物发生以肌肉麻痹为主要特征表现的肉毒中毒（botulism）。肉毒毒素是150kDa的多肽，它由100kDa的重（H）链和50kDa轻（L）链通过一个双硫链连接起来。依其毒性和抗原性不同，分为A、B、C、D、E、F、G7个类型，其中A、B、E经常与人类肉毒杆菌中毒有关。肉毒毒素是毒性最强的天然物质之一，也是世界上最毒的蛋白质之一。纯化结晶的肉毒毒素1mg能杀死2亿只小鼠，对人的半致死量为40IU/kg。

BTX并非由活着的肉毒杆菌释放，而是先在肉毒杆菌细胞内产生无毒的前体毒素，在肉毒杆菌死亡自溶后前体毒素游离出来，经肠道中的胰蛋白酶或细菌产生的蛋白酶激活后方始具有毒性。BTX作用的机理是阻断神经末梢分泌能使肌肉收缩的乙酰胆碱，从而达到麻痹肌肉的效果。人们食入和吸收这种毒素后，神经系统将遭到破坏，将会出现头晕、呼吸困难和肌肉乏力等症状。

BTX对酸有特别强的抵抗力，胃酸和消化酶短时间内无法将其破坏，故可被肠胃道吸收，从而损害身体健康。但是BTX对碱不稳定，在pH7以上条件下分解，游离的毒素可被胃酸、消化酶所分解。此外BTX对热不稳定，可在加热80℃，15min后被破坏，所以在加工食品的加热过程中或大多数通常的烹饪条件下就能使它失活。

## 12.4 抗营养素

动、植物为了它们的生长和繁殖需要，免遭微生物及其他动物等损害，已形成了一套行之有效的防护系统，如形态学保持机制、化学保持机制（如产生小分子量的对非体系有害成分等）等；作物还有一种防护系统是在其种子或可食部位积累一些蛋白质或蛋白质复合物，如蛋白酶抑制剂、淀粉酶抑制剂和糖结合蛋白等。它们在食品中存在较多时就会影响食品中有效成分的吸收和利用。因此，上述成分又统称为抗营养素。

## 12.4.1 植酸及草酸

植物源食品中微量元素的生物利用度（bioavailability）要比动物源食品的低，这主要与植物源食品中存在植酸、草酸等抗营养素有关。

### 12.4.1.1 植酸

植酸（phytic acid）又称肌酸、环已六醇磷酸酯，化学命名为 1,2,3,4,5,6-hexakis (phosphonooxo) cyclohexane，即 1,2,3,4,5,6-六全亚磷酸氧环已烷，分子结构如图 12-15 所示。它主要存在于植物的籽、根干和茎中，其中以豆科植物的籽、谷物的麸皮和胚芽中含量最高。植酸既可与钙、铁、镁、锌等金属离子产生不溶性化合物，使金属离子的有效性降低；还能够结合蛋白质的碱性残基，抑制胃蛋白酶和胰蛋白酶的活性，导致蛋白质的利用率下降。除此以外，它还能结合内源性淀粉酶、蛋白酶、脂肪酶，降低这几种酶的活性，使消化受到影响。

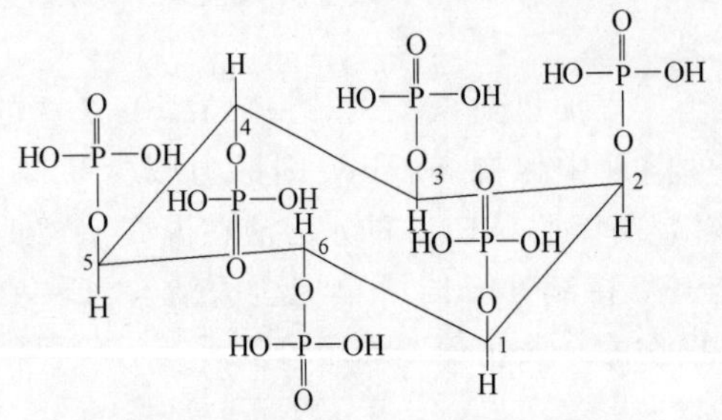

图 12-15 植酸的分子结构示意图

植酸具有 12 个可解离的酸质子，其中 6 个是强酸性（$pK_a=1.84$），在水溶液中是完全解离的，两弱酸基团（$pK_a=6.3$）和 4 个很弱的酸基团（$pK_a=9.7$），它可以与大多数的金属离子生成络合物或配合物（complex）。络合物的稳定性与食物的酸碱性及金属离子的性质有密切的关系。一般在 pH7.4 时，一些必需的矿物质与植酸生成络合物的稳定性顺序为：$Cu^{2+}>Zn^{2+}>Co^{2+}>Mn^{2+}>Fe^{3+}>Ca^{2+}$。当植酸与蛋白质结合后与 $Ca^{2+}$、$Mg^{2+}$ 结合时，通常生成不溶性的化合物。有 $Ca^{2+}$ 存在时，钙离子可促进生成锌-钙-植酸混合金属络合物，这种三元络合物在 pH3～9 的范围内溶解度非常小，以沉淀形式析出。其中在 pH6 时溶解度最小。然而，在作为小肠吸收必需微量元素主要部位的十二指肠和空肠的上半部内，pH 是 6 左右。更为重要的是，植酸在单胃动物中并不为小肠的细菌所降解，在整个小肠内仍然完整地保持着，然后经大肠排出体外。

植酸除了影响食品中微量元素的吸收外，由于它在植物源食物中含量较多，未被络合的植酸还会结合由胰液、胆汁等各种脏器向小肠分泌排出的内源性锌、铜等元素。由此可见，植酸不但影响了食物源中微量元素的利用度，同时还阻碍了内源性微量元素的再吸收。

植酸是一种强酸，具有很强的螯合能力，其 6 个带负电的磷酸根基团，除与金属阳离子结合外，还可与蛋白质分子进行有效的络合，从而降低蛋白质的消化率。当 pH 低于蛋白质的等电点时，蛋白质带正电荷，由于强烈的静电作用，易与带负电的植酸形成不溶性复合物；蛋白质上带正电荷的基团，很可能是赖氨酸的 ε-氨基、精氨酸和组氨酸的胍基。当 pH 高于蛋白质等电点时，蛋白质的游离羧基和组氨酸上未质子化的咪唑基带负电荷，此时蛋白质则以多价阳离子如 $Ca^{2+}$、$Mg^{2+}$、$Zn^{2+}$ 等为桥，与植酸形成三元复合物。植酸、金属离子及蛋白质形成的三元复合物，不仅溶解度很低，而且消化利用率大为下降。而植酸酶是催化植酸及其盐类水解为肌醇和磷酸的一类酶的总称。植酸酶不但能提高食物及饲料对磷的吸收利用率，还可降解植酸蛋白质络合物，减少植酸对微量元素的螯合，提高人和动物对植物蛋白的利用率及植物饲料的营养价值。例如，酪蛋白在 pH 为 2 时能 100％溶解，如果在

pH 为 2 的酪蛋白溶液中加入植酸，则会使酪蛋白几乎不溶解，但当加入植酸酶后，则可大大提高其溶解度。来自玉米、葵花籽、豆粕及细米糠等蛋白质也同酪蛋白一样，当存在有植酸时，它们的溶解度都大为下降，而将植酸酶加入破坏了植酸后，溶解度又大大提高，有的蛋白质的溶解度甚至还有所提高，如细米糠及菜籽的蛋白质。

#### 12.4.1.2 草酸

**(1) 草酸的化学性质** 草酸又名乙二酸，广泛存在于植物源食品中。草酸是无色的柱状晶体，易溶于水而不溶于氯仿、石油醚等有机溶剂。草酸分子中没有烃基，它除了能参与一元酸的一些反应外，还有以下化学性质。

① 容易脱水和脱羧 草酸加热到 150℃时，将发生脱水和脱羧反应，结果草酸全部被分解。

$$\begin{matrix}COOH\\|\\COOH\end{matrix}\xrightarrow[150℃]{}CO_2+CO+H_2O$$

② 有还原性 草酸具有一定的还原性，在酸性条件下，可将一些氧化态的金属离子还原成低价态，如：

$$5(COOH)_2+2MnO_4^-+6H^+\longrightarrow 2Mn^{2+}+8H_2O+10CO_2$$

③ 对金属元素的络合作用 草酸根有很强的络合作用，是植物源食品中另一类金属螯合剂。当草酸与一些碱土金属元素结合时，其溶解性大大降低，如草酸钙几乎不溶于水溶液（$K_{sp}=2.6\times10^{-9}$），因此草酸的存在对必需的矿物质的生物有效性有很大影响。但当草酸与一些过渡金属元素结合时，由于草酸的络合作用，形成了可溶性的配合物，其溶解性大大增加。如：

$$Fe^{3+}+3C_2O_4\rightleftharpoons[Fe(C_2O_4)_3]^{3+}\ (K_f=1.06\times10^{20})$$

**(2) 草酸的有害性** 草酸的有害性体现在两个方面，其一是食用含草酸含量较多的食品有造成尿道结石的危险，其二是使必需的矿质元素的生物有效性降低。

从草酸的化学性质可知，当草酸与一些必需的矿质元素结合后，矿质元素的生物有效性将大大下降。当植物源食品中草酸及植醇含量较高时，一些必需的矿质元素生物活性就要认真考虑，尤其是用消化法测定必需矿质元素含量时，还应考虑草酸及植醇螯合的影响。

### 12.4.2 多酚类化合物

在植物源食物中多酚类化合物分布广、含量差异大、种类多。多酚类化合物由于含有较多的羟基，易被氧化，是食品中天然的抗氧化剂。另外，多酚类化合物还有清除自由基、抑菌、抗癌等功能。因此，多酚类化合物还是很好的食品功能性成分。但由于多酚类化合物对一些必需的微量元素有络合作用、对蛋白质有沉淀作用、对酶活性有抑制功能，因此，从这一层面上多酚类化合物又是食品的天然抗营养剂。

#### 12.4.2.1 多酚类的组成、结构及性质

多酚类化合物是食品中一大类成分，可根据其结构和生物合成途径，分为黄烷醇类、花色苷类、黄酮类、酚酸类及其他，目前科学界已经分离鉴定出八千多种多酚类物质。多酚类化合物的核心结构是 2-苯基苯并吡喃（图 12-16）。

一般来说，黄酮类结构中 C3 位易羟基化，形成一个非酚性羟基，与其他位置的酚性羟基不同，形成黄酮醇，黄酮醇是类黄酮中主要的一类成分，如图 12-16 中当 $R^1=R^2=H$、

$R^3$=OH 时，为山柰素；当 $R^1$=H、$R^2$=$R^3$=OH 时，为槲皮素；当 $R^1$=$R^2$=$R^3$=OH 时，为杨梅素。

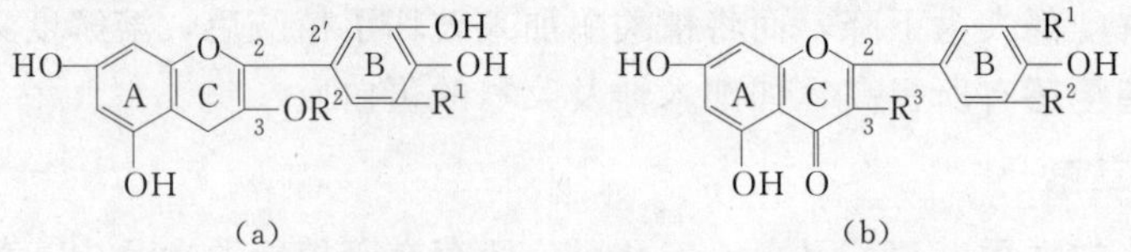

(a)　　(b)

图 12-16　黄烷醇类（a）黄酮类（b）的结构示意图

另一类不及黄酮醇普遍的化合物是黄酮，包括芹菜素（apigenin，5,7,4′-三羟基黄酮）、樨草素（luteolin,5,7,3′,4′-四羟基黄酮）和 5,7,3′,4′,5′-五羟黄酮（tricetin）。这些化合物的结构与花葵素、花青素等相似。除上述化合物外，已知其他配基有 60 种之多，它们是黄酮醇和黄酮的羟基和甲氧基衍生物。

在植物源食物中黄酮类常以糖苷的形式存在，糖配基通常是葡萄糖、鼠李糖、半乳糖、阿拉伯糖、木糖、芹菜糖或葡萄糖醛酸。

#### 12.4.2.2　多酚类的理化性质

多酚类物质一般能溶于热水，它们的苷类易溶于水；多酚类在有机溶剂如乙酸乙酯、乙醇、甲醇等中有较高的溶解度，但难溶于苯、氯仿等溶剂中。

多酚类具有较强的抗氧化特性，多酚类中不同的成分其氧化能力与它的结构有密切的关系。一般是图 12-16 中 B 环上 3′,4′羟基、C4=O、C3 上羟基取代及 C2=C2′等结构与抗氧化性能关系最为密切。

多酚类结构中色原酮部分本无色，但在 C2 上引入苯环后便成了交叉共轭体系，通过电子转移、重排，使共轭链延长而呈现一定的颜色。黄酮及黄酮苷类多呈现淡黄色或黄色。如果 C2 和 C3 位双键被氢饱和，则不能组成交叉共轭体系或共轭很小，此类成分的呈色性下降，如黄烷醇类。

多酚类的稳定性与其结构关系密切。如分子中羟基数目增加则稳定性降低，而甲基化及糖基化程度提高则增加稳定性。花色素苷分子中吡喃环的氧原子是四价的，所以它在酚类产品中是最活泼的成分之一。多酚类成分通常不稳定。pH 值愈大、温度越高和氧浓度越大，多酚类的结构就愈易破坏；其次是氧化酶、氧化剂、金属离子等也影响多酚类的稳定性。有关多酚类更详细的性质，请参阅有关专业文献。

#### 12.4.2.3　多酚类的抗营养性及有害性

**(1) 多酚类的抗营养性**

① 对必需金属元素的络合作用。某些花色素苷因为具有邻位羟基，能和金属离子形成复合物，根据这一原理，可利用 $AlCl_3$ 能与具有邻位羟基的花青素-3-甲花翠素和翠雀素形成复合物，而与不具邻位羟基的花葵素、芍药色素和二甲花翠素区别开来。多酚类是天然的抗氧化剂。其抗氧化的机理之一是多酚类能络合过渡金属离子而抑制自由基的形成。人们曾对能产生蓝色的花色素苷的结构进行了大量研究，认为颜色的产生是由于花色素苷与许多成分形成的复合物有关。从分离出的许多这类复合物中鉴定发现，它们含有阳离子，例如 $Al^{3+}$、$K^+$、$Fe^{2+}$、$Fe^{3+}$、$Cu^{2+}$、$Ca^{2+}$ 和 $Sn^{2+}$ 等。多酚类对不同的必需的过渡金属元素的络合作用表现出以下顺序：$Al^{3+}>Zn^{2+}>Fe^{3+}>Mg^{2+}>Ca^{2+}$，从而影响它们的生物有效性。

② 对蛋白质及酶的络合沉淀作用。多酚类与蛋白质的相互结合反应主要通过疏水作用和氢键作用。由于多酚类对酶蛋白的络合沉淀作用是进行酶活性分析前必须考虑的重要环

节，这是在酶提取液中要加不溶性聚乙烯吡咯烷酮（polyvinylprrolidone，PVP）、还原剂或用硼酸盐缓冲剂的原因；在阻碍多酚类物质与蛋白质的反应方面，也可以在反应液中加入少量的吐温 80（Tween 80）防止多酚类对酶蛋白的络合作用。

多酚类与蛋白质、淀粉及消化酶形成复合物后就降低了食品的营养性。多酚对食品利用率的抑制作用，可能有两方面的原因：其一是多酚能明显地抑制消化酶，从而影响了多糖类、蛋白质及脂类等成分的吸收；其二是在消化道中多酚与一些生物大分形成了复合物，降低了这些复合物的消化吸收。

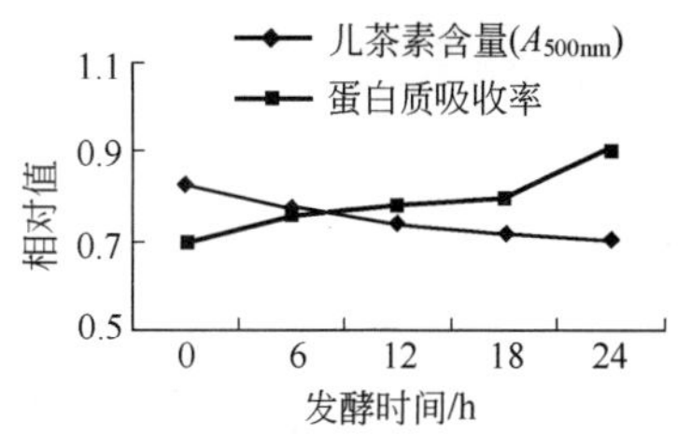

图 12-17　高粱发酵制品中儿茶素含量与蛋白质吸收率的关系

用发酵法除去一部分高粱中儿茶素，然后测定蛋白质的吸收率。结果发现，随着发酵的进行，儿茶素的含量逐渐减少，蛋白质的吸收率逐渐增加（图 12-17）。

另外，多酚与唾液蛋白结合，使唾液失去润滑性，舌上皮组织收缩，产生涩味。适当的涩味是食品的风味组成之一，过重则降低了食物的可食性。当食物中多酚含量较高时，会影响人体对蛋白质、纤维素、淀粉和脂肪的消化，降低食物的营养价值，严重时甚至导致中毒、消化道疾病和牲畜死亡。

**（2）多酚类的有害性**　在 20 世纪 70 年代中期，J. B. Harborne 等在《黄酮类化合物》一书中，最早提出多酚类成分具有有害性，这种有害性就是指黄酮类在离体的情况下对一些酶系统有抑制作用，如槲皮黄素在 $10^{-3}$mol/L 时可 100%地抑制这种酶。

越来越多的报道证实，多酚类也同维生素 C、维生素 E 及胡萝卜素一样，除具有抗癌、防止心血管等疾病外，还有很强的抗氧化及清除自由基等作用，是含量丰富的天然抗氧化剂。多酚类常被作为食品的功能成分和添加剂，使人们更多地接触到多酚类成分。流行病学调查发现，大量使用多酚类也会产生潜在的有害性。这主要是多酚类在还原其他氧化物、脱氧或清除自由基的同时，本身被氧化呈高氧化态如醌型结构形式或自由基形式。这种醌型结构形式或自由基形式非常不稳定，从而引起其他成分的氧化或产生新的自由基。如图 12-18 所示，黄酮类在酶促及自动氧化作用下，产生黄酮类半醌自由基（flavonoid semiquinone radical），黄酮类半醌自由基可被 GSH 还原再生，在 GSH 还原黄酮类半醌自由基的同时产生了谷胱甘肽的含硫自由基（thiyl radical）。含硫自由基与 GSH 反应产生二硫阴离子自由基（disulfide radical anion），二硫阴离子自由基会迅速还原分子氧，产生超氧阴离子自由基。

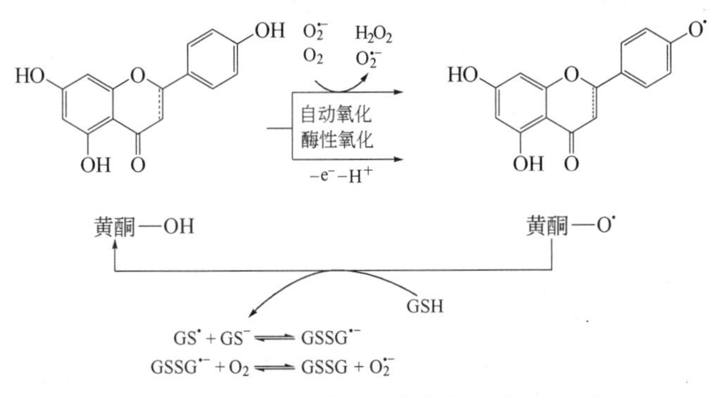

图 12-18　酚型黄酮过氧化物促氧化示意图

当黄酮类分子结构中 B 环上 3′,4′位连接有羟基时，它极易在酶促及自动氧化作用下形成醌型氧化物，而醌型氧化物易与 GSH 形成复合物。反应历程如图 12-19 所示。

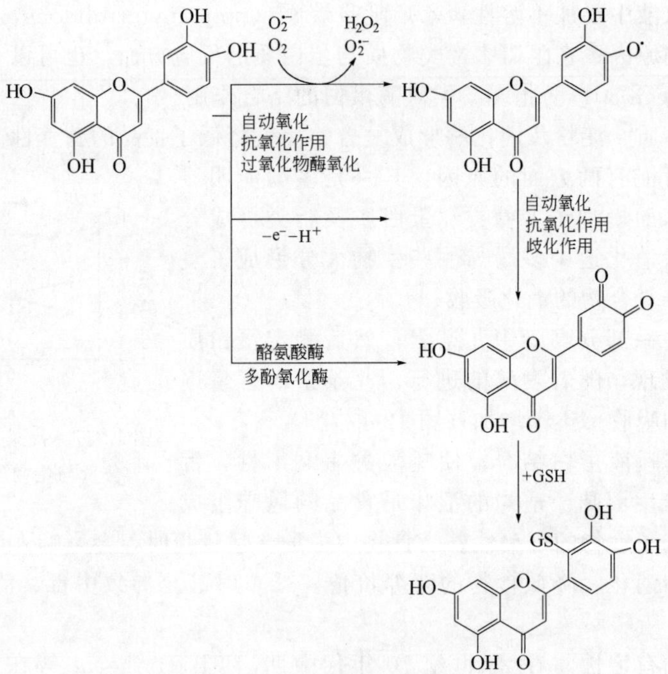

图 12-19　儿茶型黄酮类过氧化物促氧化示意图

## 12.4.3　消化酶抑制剂

消化酶抑制剂主要有胰蛋白酶抑制剂（trypsin inhibitor，LTI）、胰凝乳蛋白酶抑制剂（chrymotrypsin inhibitor）和α-淀粉酶抑制剂（α-amylase inhibitor）。胰蛋白酶抑制剂和胰凝乳蛋白酶抑制剂又常常合称为蛋白酶抑制剂。从进化的角度，这些酶的抑制剂对植物体本身是有益的，但从营养的角度，这些抑制剂的存在就抑制了人体对营养成分的消化吸收，甚至危及人体的健康，如食用生豆或加热不完全的豆制品会引起恶心、呕吐等不良症状。

### 12.4.3.1　消化酶抑制剂的组成和性质

蛋白酶抑制剂广泛存在于微生物、植物和动物组织中。根据与蛋白酶抑制剂相结合的蛋白酶活动中心的氨基酸种类不同，蛋白酶抑制剂分为四大类：丝氨酸蛋白酶抑制剂、半胱氨酸蛋白酶抑制剂、天冬氨酸蛋白酶抑制剂和金属蛋白酶抑制剂。豆科种子中蛋白酶抑制剂含量较丰富。来自豆科种子中蛋白酶抑制剂一般分为二类：Kunitz 型和 Bowman-Birk 型。Kunitz 型蛋白酶抑制剂分子质量较大，约为 20kDa，它与胰蛋白有专一性结合作用部位。Bowman-Birk 型蛋白酶抑制剂分子质量较小，约为 9kDa，它有两个结合部位，能同时抑制两个丝氨酸蛋白酶、胰蛋白酶或胰凝乳蛋白酶。Kunitz 型蛋白酶抑制剂热稳定性差，而 Bowman-Birk 型蛋白酶抑制剂的热稳定性强。

蛋白酶抑制剂来源不同，其化学性质也有不同。尽管化学性质上有些差别，但不同来源的蛋白酶抑制剂的氨基酸组成上有很大的相似性：半胱氨酸含量特高，其次是天冬氨酸、精氨酸、赖氨酸和谷氨酸。半胱氨酸含量特高，有利于形成分子内二硫键，这是蛋白酶抑制剂高度耐热、耐酸的原因所在。

### 12.4.3.2　消化酶抑制剂的作用机理

消化酶抑制剂为什么能对蛋白酶活性有较强的抑制作用？其作用机理是什么？目前报道

不多，一般认为消化酶抑制剂与消化酶（蛋白酶或淀粉酶）的活性点相结合形成稳定的酶-抑制剂复合物从而使消化酶失去活性。

LTI 主要存在于豆科植物 *Leucaena leucocephala* 中，LTI 是大豆胰蛋白酶抑制剂 Kunitz 型（LTI）家族中的一种。对 LTI 的生物化学性质研究发现，LTI 能阻碍有关血凝固及纤维蛋白溶解的某些酶活性。

**(1) LTI 与胰蛋白酶复合物的结构** LTI 具有一个暴露的作用环，不像其他的抑制剂，这个环不受 LTI 分子中二硫键及其他二级结构因子的约束（图 12-20）。豆科 LTI 与胰蛋白酶结合复合物的结构尽管有很大的相似性，但在以下方面有所不同：①P1 的结合方向。②其中大豆胰蛋白酶抑制剂（STI）与猪胰蛋白酶结合的复合物的正交方晶和四方晶之间一些修饰性氨基酸也有不同（图 12-21），STI 分子上有 12 个氨基酸参与了与猪胰蛋白酶的正交方晶复合物的形成，这 12 个氨基酸分别是 Asp1、Phe2、Asn13、Pro61（P3）、Tyr62（P2）、Arg63（P1）、Ile64（P1′）、Arg65（P2′）、His71、Pro72、Trp127 和 Arg119；在四方晶复合物结构中有上述三个氨基酸（His71、Trp127 和 Arg119）未参与其复合物的形成，STI 分子上有 7 个氨基酸残基参与了与猪胰蛋白酶的四方晶复合物的形成（Asp139、Asn136、Pro60、Tyr61、Arg62、Ile63 和 Leu64）。

LTI 与胰蛋白酶的结合位点有二个：其一是反应中心处（P3、P2、P1、P1′和 P3′）；其二被认为是 Asp139 和 Asn136 侧链。

LTI 结构以实心的带表示，胰蛋白酶以灰色细线表示，LTI 上结合环的作用位点 P1、P2、P3、P1′和 P3′以球棒表示（图 12-20）。

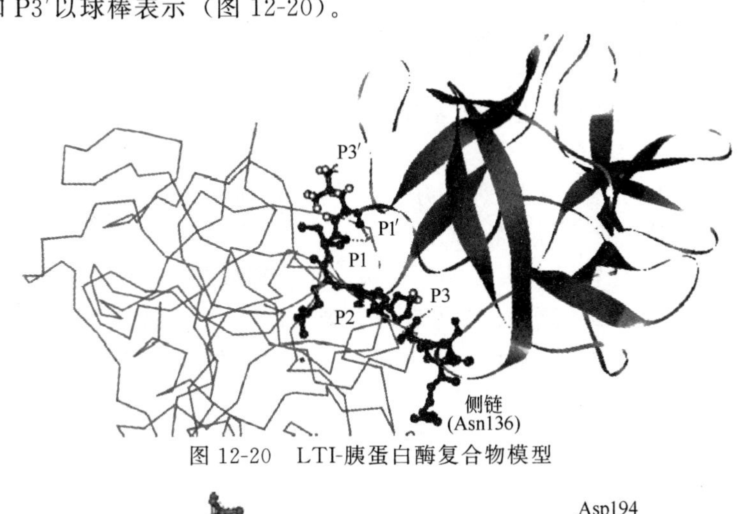


图 12-20　LTI-胰蛋白酶复合物模型

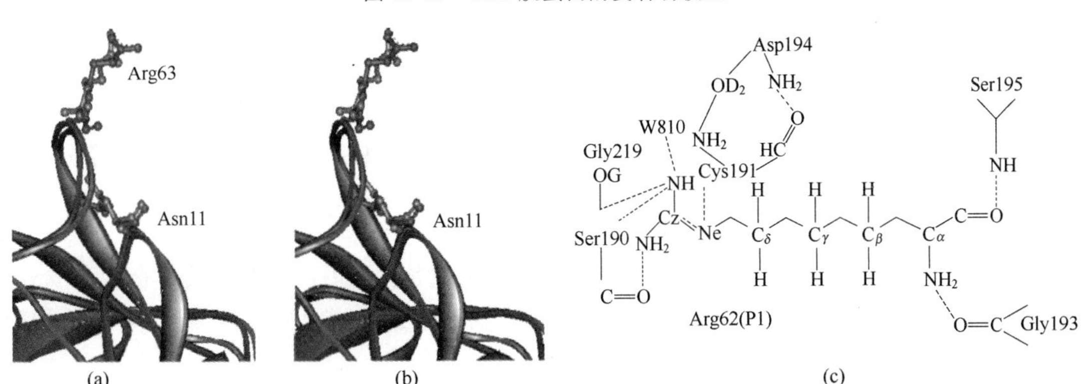


图 12-21　以 $C_\alpha$ 原子显示的 STI（a）和 LTI（b）作用位置立体示意图（这里仅显示了 Arg63 和 Asn11 的作用位置）及 LTI 上 Arg62（P1）与胰蛋白酶相互作用的位点示意图（c）

**(2) 消化酶抑制剂的作用机理** 消化酶抑制剂与其靶酶的作用机理是近年才研究清楚的。两者之间的作用方式主要分为 3 种：

① 互补型 抑制剂占据靶酶的识别位点与结合部位，并与酶的活性基团形成氢键而封闭靶酶的活性中心。像胰蛋白酶抑制剂就属于这一类型的抑制剂。

② 相伴型 抑制剂分子不占据靶酶的识别位点，而是与酶分子并列“相伴”，并在与酶的活性基团形成氢键的同时封锁酶与底物的结合部位。如凝血酶抑制剂（水蛭素）。

③ 覆盖型 抑制剂以类似线性分子的形式覆盖到靶酶活性中心附近的区域上，从而阻止酶的活性中心与底物接触。如木瓜蛋白酶抑制剂。

# 12.5 加工及贮藏中产生的有毒、有害成分

## 12.5.1 烧烤、油炸及烟熏等加工中产生的有毒、有害成分

烧烤及油炸制品是目前人们消耗最多的食品之一。由于烧烤油炸制品食用方便、香高味浓，尤为中国及东亚人们喜爱。但由于高温的作用，食物中一些成分尤其是脂类极易发生氧化及热聚合等作用产生有毒、有害成分。

油脂的氧化及其加热变性不仅对食用安全性及含油食品的烹调风味、色泽及可贮性等有重要的影响，而且对脂肪氧化及加热产物和许多疾病有密切关系。

### 12.5.1.1 油脂自动氧化产物及其毒性

在氧气的存在下，油脂易发生自由基反应，产生各类氢过氧化物和过氧化物，继而进一步分解，产生低分子的醛、酮类物质。在过氧化物分解的同时，也可能聚合生成二聚物、多聚物。少量的脂类氧化产物是含脂食品的风味成分，但过多氧化不但使油脂营养价值降低，气味变劣，口味差，还会产生毒性物质。

① 过氧化物 过氧化物可使机体的一些酶，如琥珀酸脱氢酶和细胞色素氧化酶遭到破坏，油脂中的维生素 A、维生素 D、维生素 E 等失去活性，并使机体因缺乏必需脂肪酸而出现病症。动物实验表明，用过氧化产物喂老鼠，少量时老鼠发育受阻，多量时老鼠会死亡。过氧化物值与其毒性有较明显正相关。

② 4-过氧化氢链烯醛 这是油脂氧化产生的二次氧化产物，其毒性比氢过氧化物强，用含有 4-过氧化氢链烯醛的油脂饲喂小白鼠，结果 2h 内小白鼠死亡。原因是因为分子量小，更易被肠道吸收，并使酶失活更为显著。

### 12.5.1.2 油脂的加热产物及其毒性

油脂在 200℃以上高温中长时间加热，易引起热氧化、热聚合、热分解和水解等多种反应，使油脂起泡、发烟、着色、贮存稳定性降低。变劣后的油脂，营养价值降低，并可能产生毒物。如：

① 甘油酯聚合物 这种物质在消化道内会被水解成甘油二酰酯或脂肪酸聚合物类成分。脂肪酸聚合物很难再分解，直接被动物体吸收，进而转移到与脂代谢有关的组织，与各种酶形成共聚物，阻碍酶的作用。

② 环状化合物 其环状单聚体毒性极强，二聚体以上的热聚物因不易吸收而毒性较小。如己二烯环状化合物（图 12-22），将这种环状化合物分离，以 20%的比例加入基础

饲料中饲喂大鼠，3～4d即死亡，以5%或10%的比例掺入饲料，大鼠有脂肪肝及肝增大现象。

—CH—CH═CH—C═CH—
|　　　　　　　　|
$CH_2$——————CH—CHO

图12-22　己二烯环状化合物

#### 12.5.1.3　多氯联苯

多氯代二苯并-对-二噁英（polychlorinated dibenzo-*p*-dioxins，PCDDs）及多氯代二苯并呋喃类（polychlorinated dibezofurans，PCDFs）是两类有害成分。在油炸及烧烤制品中也会产生这类成分。

PCDDs及PCDFs在油炸及烧烤制品中的含量，目前有国际毒性评价（toxic equivalent，TEQ）标准。根据Y. Kim等对两种常见的快餐食品中PCDDs和PCDFs的含量分析可知，汉堡包及炸鸡肉中PCDDs含量分别约是TEQ标准的14倍和7倍，汉堡包及炸鸡肉中PCDFs含量分别约是TEQ标准的7倍和10倍。

#### 12.5.1.4　苯并［*a*］芘

某些食品经烟熏处理后，不但耐贮，而且还带有特殊的香味。所以，不少国家、地区都有用烟熏贮藏食品和食用烟熏食品的习惯。我国利用烟熏的方法加工动物源食品历史悠久，如烟熏鳗鱼、熏红肠、火腿等。而且近年来，烧烤肉制品及油炸食品备受人们的青睐。然而，人们在享受美味的同时，往往忽视了烟熏、烧烤及油炸食品所存在的卫生问题对健康造成的危害。据报道，冰岛人的胃癌发病率居世界首位，原因是常年食用过多的熏肉熏鱼，特别是用木材烟火熏色。

烟熏、烧烤、油炸类食品中含有苯并芘的多环芳烃类有机物，正常情况下它在食品中含量甚微，但经过烟熏、烧烤或油炸时，含量显著增加。苯并芘是目前世界上公认的强致癌、致畸、致突变物质之一。

**(1) 理化性质**　苯并［*a*］芘，简称B(*a*)P，是由多个苯环组成的多环芳烃（polycyclic aromatic hydrocarbons，PAH），它是常见的多环芳烃的一种，对食品的安全影响最大。多环芳烃是含碳燃料及有机物热解的产物，煤、石油、煤焦油、天然气、烟草、木柴等不完全燃烧及化工厂、橡胶厂、沥青、汽车废气、抽烟等都会产生，从而造成污染。目前对这类物质的研究发现，有致癌作用的多环芳烃及其衍生物有200多种，其中一部分已证明对人类有强致癌和致突变作用（常见的多环芳烃的结构如图12-23）。其中3,4-苯并芘的致癌性较强，污染最广，一般以它作为这类物质的代表。苯并［*a*］芘分子式为$C_{20}H_{12}$，分子量为252。苯并［*a*］芘常温下呈黄色结晶，沸点310～312℃（10mmHg，即1333.22Pa），熔点178℃。在常温下，苯并［*a*］芘是一种固体，一般呈黄色单斜状或菱形片状结晶，不论是何种结晶，其化学性质均很稳定，不溶于水，而溶于苯、甲苯、丙酮等有机溶剂，在碱性介质中较为稳定，在酸性介质中不稳定，易与硝酸、高氯酸等起化学反应，但能耐硫酸，对氯、溴等卤族元素亲和力较强，有一种特殊的黄绿色荧光，能被带正电荷的吸附剂如活性炭、木炭、氢氧化铁等吸附，从而失去荧光，但不能被带负电荷的吸附剂吸附。

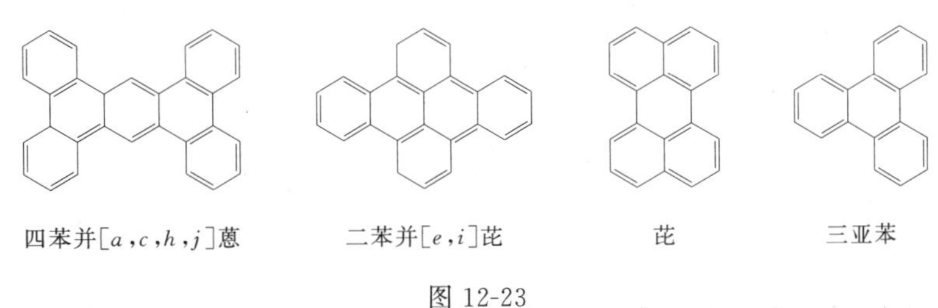


图12-23

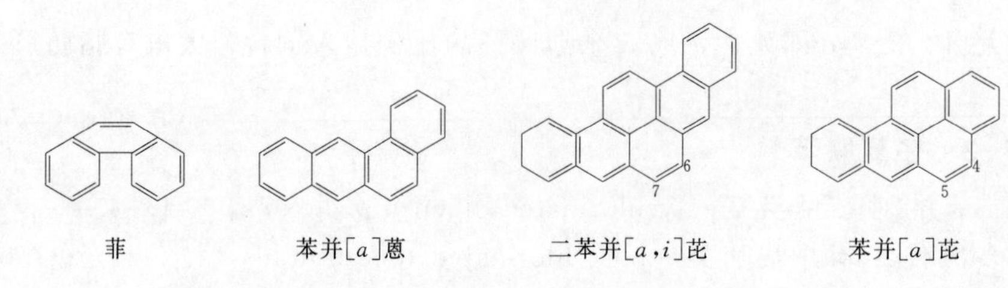


图 12-23　常见的多环芳烃的结构示意图

**(2) 苯并［a］芘的危害性**　实验证明，经口饲喂 3,4-苯并［a］芘对鼠及多种实验动物有致癌作用。随着剂量的增加，癌症发生率可明显提高，并且潜伏期可明显缩短。给小白鼠注射 3,4-苯并［a］芘，引起致癌的剂量为 4～12μg，半数致癌量为 80μg。日本研究者用苯并［a］芘涂在试验兔的耳朵上，40d 后兔耳上便长出了肿瘤。

多环芳烃类化合物的致癌作用与其本身化学结构有关，三环以下不具有致癌作用，四环者开始出现致癌作用，一般致癌物多在四、五、六、七环范围内，超过七环未见有致癌作用。苯并芘等多环芳烃化合物通过呼吸道、消化道、皮肤等均可被人体吸收，严重危害人体健康。B(a)P 对人类能引起胃癌、肺癌及皮肤癌等癌症。鉴于苯并芘对健康的危害，欧盟、世界卫生组织和我国对食物中苯并芘的含量有严格的限制。

#### 12.5.1.5　杂环胺类物质

在食品的热加工过程中可以形成杂环胺类化合物（heterocyclic aromatic amines，HCA)，尤其是在富含蛋白质、氨基酸的食品中。到目前为止已经有 20 多种食品衍生杂环胺类化合物被分离出来，它们具有强烈的致突变性，与人类的大肠、乳腺、胃、肝脏和其他组织的肿瘤发病率增加有关，研究表明它们的致癌靶器官主要为肝脏，并且还可以转移至乳腺而存在于哺乳动物的乳汁中。

从化学结构上杂环胺可分为包括氨基咪唑氮杂芳烃（aminoimidazo azaaren AIA）和氨基咔啉（amino-carboline congener）两大类。①AIA 又包括喹啉（quinoline congener IQ）、喹喔类（quinoxaline congener IQx）、吡啶类（pyridine congeners）和苯并噁嗪类，陆续鉴定出新的化合物大多数为这类化合物。AIA 均含有咪唑环，其上的 α 位置有一个氨基，在体内可以转化成 N-羟基化合物而具有致癌、致突变活性。因为 AIA 上的氨基能耐受 2mmol/L 的亚硝酸钠的重氮化处理，与最早发现的 AIA 类化合物 IQ 性质类似，又被称为 IQ 型杂环胺。②氨基咔啉包括 α-咔啉（AαC，α-carboline congener)、γ-咔啉和 δ-咔啉。氨基咔啉类环上的氨基不能耐受 2mmol/L 的亚硝酸钠的重氮化处理，在处理时氨基会脱落变成 C-羟基而失去致癌、致突变活性，称为非 IQ 型杂环胺。常见杂环胺的化学结构如图 12-24，其理化性质见表 12-14。

**表 12-14　常见杂环胺的理化性质**

| 化合物 | 分子量 | 元素组成 | $UV_{max}$ | $pK_a$ |
|---|---|---|---|---|
| IQ | 198.2 | $C_{11}H_{10}N_4$ | 264 | 3.8,6.6 |
| 4-MeIQ | 212.3 | $C_{12}H_{12}N_4$ | 257 | 3.9,6.4 |
| 8-MeIQ | 213.2 | $C_{11}H_{11}N_5$ | 264 | <2,6.3 |
| 4-MeIQ | 213.2 | $C_{11}H_{11}N_5$ | 264 | <2,6.3 |
| 4,8-diMeIQ | 227.3 | $C_{12}H_{13}N_5$ | 266 | <2,6.3 |
| PhIP | 224.3 | $C_{13}H_{12}N_4$ | 315 | 5.7 |
| AαC | 183.2 | $C_{11}H_9N_3$ | 339 | 4.6 |
| MeAαC | 197.2 | $C_{12}H_{11}N_3$ | 345 | 4.9 |

续表

| 化合物 | 分子量 | 元素组成 | $UV_{max}$ | $pK_a$ |
|---|---|---|---|---|
| Trp-P-1 | 211.3 | $C_{13}H_{13}N_3$ | 263 | 8.6 |
| Trp-P-2 | 197.2 | $C_{12}H_{11}N_3$ | 265 | 8.5 |
| Glu-P-1 | 198.2 | $C_{11}H_{10}N_4$ | 364 | 6.0 |
| Glu-P-2 | 184.2 | $C_{10}H_8N_4$ | 367 | 5.9 |
| Phe-P-1 | 170.2 | $C_{11}H_{10}N_2$ | 264 | 6.5 |

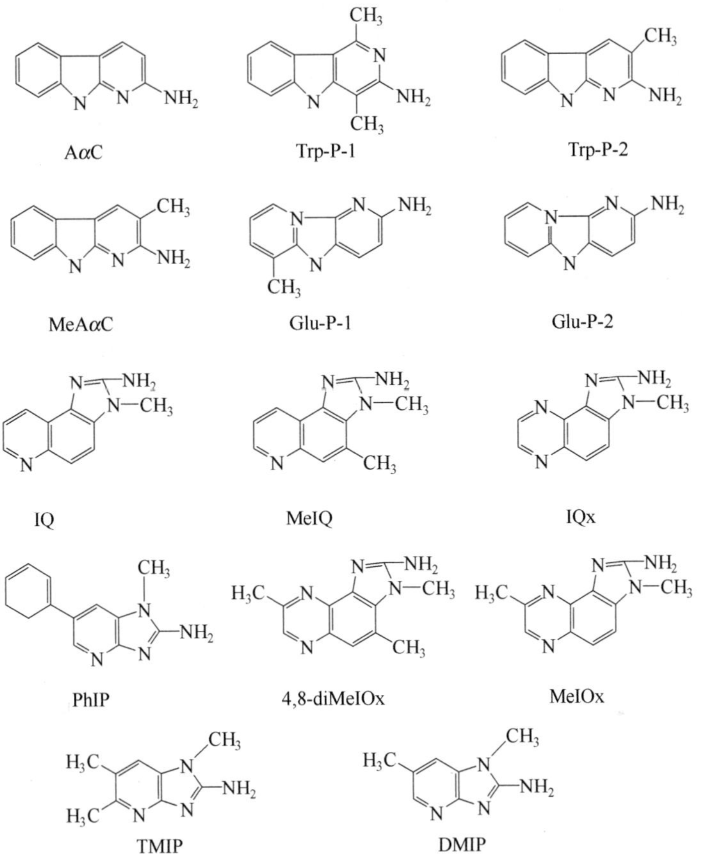

AαC Trp-P-1 Trp-P-2

MeAαC Glu-P-1 Glu-P-2

IQ MeIQ IQx

PhIP 4,8-diMeIOx MeIOx

TMIP DMIP

图 12-24 常见杂环胺的化学结构示意图

AαC—2-氨基-9*H*-吡啶并吲哚；MeAαC—2-氨基-3-甲基-9*H*-吡啶并吲哚；Trp-P-1—2-氨基-1,4-二甲基-9*H*-吡啶并［4,3-*b*］吲哚；Trp-P-2—2-氨基-1-甲基-9*H*-吡啶并［4,3-*b*］吲哚；Glu-P-1—2-氨基-6-甲基-9*H*-吡啶并［1,2-*a*：3′,2′-*d*］咪唑；Glu-P-2—2-氨基-二吡啶并［1,2-*a*：3′,2′-*d*］咪唑；IQ—2-氨基-3-甲基咪唑并［4,5-*f*］喹啉；MeIQ—2-氨基-3,4-二甲基咪唑并［4,5-*f*］喹啉；IQx—2-氨基-3-甲基咪唑并［4,5-*f*］喹喔啉；PhIP—2-氨基-1-甲基-6-苯基-咪唑并［4,5-*b*］-吡啶；4，8-diMeIQx—2-氨基-3,4,8-三甲基咪唑并［4,5-*f*］喹喔啉；MeIQx—2-氨基-3,8-二甲基咪唑并［4,5-*f*］喹喔啉；TMIP—2-氨基-*N*,*N*,*N*-三甲基-6-苯基-咪唑并［4,5-*b*］-吡啶；DMIP—2-氨基-*N*,*N*-二甲基-6-苯基-咪唑并［4,5-*b*］-吡啶

#### 12.5.1.6 丙烯酰胺

丙烯酰胺（acrylamide）是制造塑料的化工原料，为已知的致癌物，并能引起神经损伤。一些普通食品在经过煎、炸、烤等高温加工处理时也会产生丙烯酰胺，如油炸薯条、土豆片等含碳水化合物高的食物，经 120℃以上高温长时间油炸，在食品内检测出含有致癌可能性的丙烯酰胺。油炸食品中丙烯酰胺含量一般在 1000μg/kg 以上，炸透的薯片达

12800μg/kg。

**(1) 丙烯酰胺的理化性质** 丙烯酰胺为结构简单的小分子化合物，分子量71.09，分子式为$CH_2CHCONH_2$（图12-25），沸点125℃，熔点87.5℃。丙烯酰胺是聚丙烯酰胺合成中的化学中间体（单体）。丙烯酰胺是相当活泼的化合物，分子中含有氨基和双键两个活性中心，其中的氨基具有脂肪胺的反应特点，可以发生羟基化反应、水解反应和霍夫曼反应；双键则可以发生迈克尔型加成反应。丙烯酰胺以白色结晶形式存在，极易溶解于水、甲醇、乙醇、乙醚、丙酮、二甲醚和三氯甲烷中，不溶于庚烷和苯。在酸中稳定，而在碱中易分解。在熔点它很容易聚合，对光线敏感，暴露于紫外线时较易发生聚合。固体的丙烯酰胺在室温下稳定，热熔或氧化作用接触时可以发生剧烈的聚合反应。

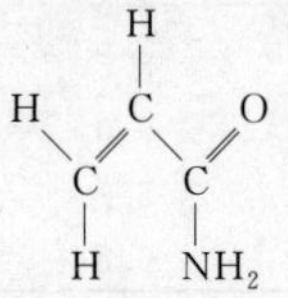

图12-25 丙烯酰胺分子结构

**(2) 食品中丙烯酰胺的产生** 据报道几乎所有的经长时间高温处理的食品中都含有丙烯酰胺，对200多种经煎、炸或烤等高温加工处理的食品进行的多次重复检测结果表明：炸薯条（片）中丙烯酰胺含量平均1000μg/kg；一些婴儿饼干含丙烯酰胺600～800μg/kg。我国生活饮用水卫生标准（GB 5749—2006）规定其最高限量为0.5μg/L。显然，经高温加工处理的食品中丙烯酰胺含量高过饮用水限量数千倍（表3-11）。

食品中丙烯酰胺主要产生于高温加工食品中，食品在120℃下加工即会产生丙烯酰胺。如炸薯条、炸薯片、部分面包、可可粉、杏仁、咖啡、饼干等。

丙烯酰胺产生的机理尚未完全阐明，目前认为，丙烯酰胺主要通过美拉德反应产生，可能涉及的成分包括碳水化合物、蛋白质、氨基酸、脂肪以及其他含量相对较少的食物成分。可能反应和途径如下：

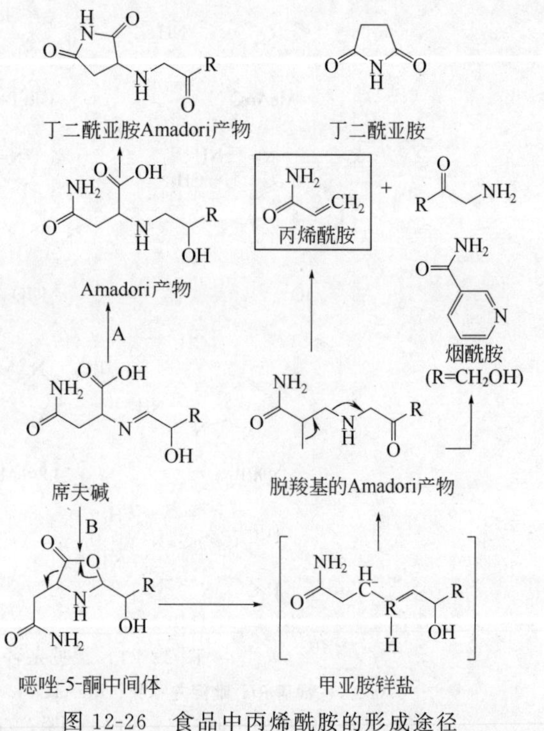

图12-26 食品中丙烯酰胺的形成途径

① 美拉德反应产生丙烯醛，丙烯醛氧化产生丙烯酸，丙烯酸和氨或氨基酸反应形成丙烯酰胺（图12-26）。这是丙烯酰胺生成的主要途径，丙烯醛或丙烯酸是丙烯酰胺生成的直接反应物，反应过程中的$NH_3$主要来自含氮化合物的高温分解。其中可以发生此反应的氨基酸包括天冬氨酸、蛋氨酸、谷氨酸、丙氨酸、半胱氨酸等。游离天冬酰胺的量和最终可能生成的丙烯酰胺的量关系密切。

② 油脂类物质反应生成丙烯酰胺。油脂在高温加热过程中分解、脱水，可产生小分子物质丙烯醛，而丙烯醛经由直接氧化反应生成丙烯酸，丙烯酸再与氨作用，最终生成丙烯酰胺。

③ 食物中含氮化合物自身的反应。丙烯酰胺可通过食物中含氮化合物自身的反应，如水解、分子重排等作用形成，而不经过丙烯醛过程。

④ 直接由氨基酸形成。天冬酰胺脱掉一个二氧化碳分子和一个氨分子就可以转化为丙烯酰胺。

目前很难断定哪一种途径发挥主要作用，很可能是多途径的共同结果，且取决于食品组成及其加工方法。研究发现，淀粉含量高的食品中丙烯酰胺含量相对较高，而蛋白质含量高的食品含量相对较低。初步结论如下：①氨基酸在高温下热裂解，其裂解产物与还原糖反应产生丙烯酰胺；②美拉德反应的初始反应产物 *N*-葡萄糖苷在丙烯酰胺的形成过程中起重要作用；③Sterecker 降解反应有利于丙烯酰胺形成，因为该反应释放出一些醛类；④自由基也可能影响丙烯酰胺的形成；⑤丙烯酰胺形成的机制可能不止一种。

除了食品本身形成之外，丙烯酰胺也可能有其他污染来源，如以聚丙烯酰胺塑料为食品包装材料的单体迁出，食品加工用水中絮凝剂的单体迁移等。

**(3) 影响丙烯酰胺形成的因素** 丙烯酰胺的生成受多种因素的影响，如食品加工温度、时间、食品中还原糖种类和游离氨基酸的种类及含量、褐变程度、pH 值、含水率等。紫外线照射、二氧化碳超临界萃取及添加阿魏酸、硫酸氢钠、碳酸氢钠等添加剂可抑制丙烯酰胺的生成。

① 温度 加工温度需在 120℃以上才能产生丙烯酰胺。用等摩尔（0.1mol）的天冬酰胺和葡萄糖加热处理，发现 120℃时开始产生丙烯酰胺，随着温度的升高，丙烯酰胺产生量增加，至 170℃左右达到最高，而后下降，185℃时检测不到丙烯酰胺。

② pH 值 食品原料中的 pH 对丙烯酰胺的生成有一定影响。pH 在 6～8 的中性条件下丙烯酰胺的生成量最高，当 pH 值低于 5 时，丙烯酰胺的生成量最少。

③ 时间 加热时间对丙烯酰胺也有较大影响。将葡萄糖与天冬酰胺、谷氨酰胺和蛋氨酸在 180℃下共热 5～60min，发现这 3 种氨基酸产生丙烯酰胺的情形表现不同，天冬酰胺产生量最高，但 5min 后随反应时间的增加而下降；谷氨酰胺在 10min 时达到最高，而后保持不变；蛋氨酸在 30min 前随加热时间延长而增加，而后达到一个平稳水平。

④ 碳水化合物 天冬酰胺与还原糖几乎都能反应产生丙烯酰胺，以葡萄糖、果糖、木糖、丙二醇、丙三醇形成量最高，但蔗糖、鼠李糖几乎不产生丙烯酰胺。这与 Mottram 和 Stadler 等在“Nature”上发表的文章结论十分相似，他们认为食物中的丙烯酰胺形成于氨基酸和还原糖之间的美拉德反应，而反应过程中最重要的反应物就是天冬酰胺和葡萄糖。也有研究发现，脂肪氧化产生的羰基化合物也能促进丙烯酰胺的形成。

⑤ 氨基酸 碳水化合物和氨基酸单独存在时加热不产生丙烯酰胺，只有当两者同时存在时加热才有丙烯酰胺形成。天冬酰胺最易与碳水化合物反应形成丙烯酰胺，它与葡萄糖共热产生的丙烯酰胺量高出谷氨酰胺和蛋氨酸的数百倍到 1000 多倍，这也就是为什么油炸土豆片丙烯酰胺含量高的主要原因。其次是谷氨酸、蛋氨酸、半胱氨酸等，其他种类氨基酸产生量很少。

⑥ 食品含水量 丙烯酰胺形成似乎属于表面反应，食品含水量是重要影响因素。含水量较高有利于反应物和产物的流动，产生的丙烯酰胺量也多。Stadler 等发现，如果用水合天冬酰胺代替天冬酰胺或者是往天冬酰胺/还原糖无水反应体系加入少量的水，则丙烯酰胺的量会显著提高，是无水反应体系生成量的三倍多。但也不是含水量越高越利于丙烯酰胺的产生，因为水过多使反应物被稀释，反应速度下降。这与热加工中的褐变（Maillard 反应）类似，两者之间的关系有待研究。

⑦ 添加剂种类 抗氧化剂 TBHQ、碳酸氢钠、碳酸氢铵、维生素 C 等对丙烯酰胺的形成有较明显的抑制作用。

#### 12.5.1.7 其他热处理污染物

热处理是食品工业常用处理技术，在热处理过程产生了多种成分，有些对其色、香、味和形有益，有些则有安全隐患。目前对于一些热诱导的有毒化合物，称为热处理污染物，如丙烯酰胺、苯并芘、呋喃、糠氨酸（ε-*N*-2-呋喃甲基-*L*-赖氨酸）等。

呋喃和糠氨酸都是热转化产物。糠氨酸也称“呋喃素”，它是蛋白质在高温条件下与乳糖发生“美拉德反应”所产生的热处理污染物之一，已被证实为有害物质。鲜奶里的糠氨酸含量微乎其微，加热后糠氨酸会大量增加。因此，糠氨酸含量是判断鲜奶和还原奶，以及相关食品安全性指标之一。

呋喃是一种杂环有机化合物，天然食物成分会发生热降解，从而在许多加热食物中形成。在氨基酸和/或糖模型系统中，核糖丝氨酸模型含有最大量的呋喃，最高达 4931.9 ng/mL。在所有 Maillard 二元反应模型中，温度显示出对呋喃形成有促进作用。

### 12.5.2 硝酸盐、亚硝酸盐及亚硝胺

#### 12.5.2.1 硝酸盐、亚硝酸盐及 *N*-亚硝基化合物的性质

纯硝酸是一种无色透明的油状液体，除少数金属（如 Au 和 Pt 等）外，许多金属都能溶于硝酸，而生成硝酸盐。碱金属和碱土金属的硝酸盐受热分解为亚硝酸盐和氧气。

硝酸盐在哺乳动物体内可转化成亚硝酸盐，亚硝酸盐可与胺类、氨基化合物及氨基酸等形成 *N*-亚硝基化合物类。硝酸盐一般是低毒的，但亚硝酸盐及 *N*-亚硝基化合物类对哺乳动物有一定的毒性，因此对硝酸盐的安全评价必须考虑到硝酸盐的上述转化。

亚硝酸是一弱酸，$K_a=4.6\times10^{-4}$，亚硝酸极不稳定，仅存在于稀的水溶液中，但它的盐类较为稳定，也易溶于水。亚硝酸盐既有氧化性又有还原性，以氧化性为主。如：

$$2NaNO_2+2KI+2H_2SO_4 = 2NO+I_2+K_2SO_4+Na_2SO_4+2H_2O$$

当有较强的氧化剂存在时，亚硝酸盐可被氧化成硝酸盐：

$$2KMnO_4+5NaNO_2+3H_2SO_4 = K_2SO_4+2MnSO_4+5NaNO_3+3H_2O$$

$$Cl_2+KNO_2+H_2O = 2HCl+KNO_3$$

由于亚硝酸盐在还原剂存在时，可被还原成硝酸盐，减少了亚硝酸盐的积累及转化，能极大地提高食品的安全性，因此，提倡在腌制中加入亚硝酸盐的同时加入维生素 C 或维生素 E，这不仅可减少亚硝酸盐的用量，还能提高食品的质量与安全。

*N*-亚硝基化合物是一类具有 $\rangle N-N=O$ 结构的有机化合物。根据 *N*-亚硝基化合物的结构，*N*-亚硝基化合物可进一步分为 *N*-亚硝胺类和 *N*-亚硝酰胺类。根据 *N*-亚硝基化合物的挥发性，*N*-亚硝基化合物又可分为挥发性 *N*-亚硝基化合物和非挥发性 *N*-亚硝基化合物。

*N*-亚硝胺的基本结构是 $(R^1)(R^2)N-N=O$，$R^1$ 和 $R^2$ 可以是相同的基团，此时为对称性亚硝胺；如果 $R^1$ 和 $R^2$ 是不相同的基团则称为非对称的亚硝胺。$R^1$ 和 $R^2$ 可以是烷基，如 *N*-亚硝基二甲胺（NDMA）、*N*-亚硝基二乙胺（NDEA）；$R^1$ 和 $R^2$ 可以是芳烃，如 *N*-亚硝基二苯胺（NDPhA）；$R^1$ 和 $R^2$ 可以是环烷基，如 *N*-亚硝基吡咯烷（NPRY）、*N*-亚硝基吗啉（NMOR）、*N*-亚硝基哌啶（NPIP）及 *N*-亚硝基哌嗪；$R^1$ 和 $R^2$ 可以是氨基酸，如 *N*-亚硝基脯氨酸（NPRO）、*N*-亚硝基肌氨酸（NSAR）等。

低分子量的亚硝胺在常温下为黄色液体，高分子量的亚硝胺多为固体；除了少量的 *N*-亚硝胺可溶于水外（如 NDMA、NDEA 及某些 *N*-亚硝基氨基酸），大多不溶于水；*N*-亚硝胺均能溶于有机溶剂。*N*-亚硝胺较稳定，在通常情况下不发生自发性水解。参与体内代谢后有致癌性。

*N*-亚硝酰胺类的基本结构是 $\mathrm{R^1(YCX)N{-}N{=}O}$，这类成分较多，如 *N*-亚硝基甲酰胺、*N*-亚硝基甲基脲、*N*-亚硝基乙基脲、*N*-亚硝基氨基甲酸乙酯、*N*-亚硝基甲基脲烷、*N*-亚硝基-*N'*-硝基甲基胍、*N*-亚硝基咪等。

*N*-亚硝酰胺类较不稳定，能够在作用部位直接降解成重氮化合物，并与 DNA 结合而发挥直接的致癌性和致突变性。

硝酸盐及亚硝酸盐可转化为 *N*-亚硝基化合物。因此，硝酸盐、亚硝酸盐及 *N*-亚硝基化合物的毒理动力学及代谢途径是紧密相连的，这种转化联系是人们摄入硝酸盐后对人体危害的关键。

#### 12.5.2.2 食品中硝酸盐及亚硝酸盐的来源

食物中硝酸盐及亚硝酸盐的来源一是由于加工的需要，二是施肥过度由土壤中转移到植物源食物中。由于亚硝酸盐和肉制品中的肌红蛋白反应生成亚硝酸基肌红蛋白，使肉制品的颜色在加热后保持红色，另外，亚硝酸盐还可延缓贮藏期间肉制品的哈味形成，所以加入亚硝酸盐可提高其商业价值。因此，目前亚硝酸盐作为发色剂仍在使用。在适宜的条件下，亚硝酸盐可与肉中的氨基酸发生反应，也可在人体的胃肠道内与蛋白质的消化产物二级胺和四级胺反应，生成亚硝基化合物（NOC），尤其是生成 *N*-亚硝胺和 *N*-亚硝酰胺这类致癌物，因此也有人将亚硝酸盐称为内生性致癌物。

造成腌熏制品中亚硝酸盐含量较高除直接添加外，还与植物源腌制品中硝酸盐在硝酸还原酶的作用下转化为亚硝酸盐有关。影响硝酸还原酶的因素较多，除植物源食物原料体内的硝酸还原酶外，沾染的微生物，如大肠杆菌、白喉棒状杆菌、金黄色葡萄球菌等都含有高活性的硝酸还原酶。因此，在腌制过程中，条件不同，对上述来源的硝酸还原酶活性的影响不同，则腌制品亚硝酸盐含量也不同。

### 12.5.3 氯丙醇

随着人们对调味品需求量的增加，酱油工艺近年来发生了很大的变化。水解蛋白被应用于酱油工业提高了产量，降低了成本，但如果采用的水解工艺不对，也会引入有害物质氯丙醇。氯丙醇会引起肝、肾脏、甲状腺等的癌变，并会影响生育。因此，氯丙醇是继二噁英之后食品污染物领域的又一热点问题。

#### 12.5.3.1 氯丙醇的理化性质

氯丙醇（chloropropanols）是甘油（丙三醇）上的羟基被氯取代 1～2 个所产生的一类化合物的总称。氯丙醇化合物均比水重，沸点高于 100℃，常温下为液体，一般溶于水、丙酮、苯、甘油乙醇、乙醚、四氯化碳或互溶。因其取代数和位置的不同形成 4 种氯丙醇化合物（图 12-27）：单氯取代的氯代丙二醇——3-氯-1,2-丙二醇（3-chloro-1,2-propanediol 或 monochloropropane-1,2-diol，3-MCPD）和 2-氯-1,3-丙二醇（2-chloro-1,3-propanediol 或 monochloropropane-1,3-diol，2-MCPD）；双氯取代的二氯丙醇——1,3-二氯-2-丙醇（1,3-

dichloro-2-propanol，1,3-DCP 或 DC2P）和 2,3-二氯-1-丙醇（2,3-dichloro-1-propanol，2,3-DCP 或 DC1P）。

天然食物中几乎不含氯丙醇，但随着应用盐酸水解蛋白质，就产生了氯丙醇。这是由于蛋白质原料中不可避免地也含有脂肪，在盐酸水解过程中形成氯丙醇物质。由于多种因素的影响，一氯丙醇生成量通常是二氯丙醇的 100～10000 倍，而一氯丙醇中 3-MCPD 的量通常又是 2-MCPD 的数倍至十倍。所以水解蛋白的生产过程，以 3-MCPD 为主要质控指标。

另外，在同样条件下，热处理工艺，如加热温度、时间、含水量等对氯丙醇的生成有重要影响。

| 3-MCPD | 2-MCPD | 1,3-DCP | 2,3-DCP |
|---|---|---|---|
| $H_2C—OH$ | $H_2C—OH$ | $H_2C—Cl$ | $H_2C—OH$ |
| $HC—OH$ | $HC—Cl$ | $HC—OH$ | $HC—Cl$ |
| $H_2C—Cl$ | $H_2C—OH$ | $H_2C—Cl$ | $H_2C—Cl$ |

图 12-27　4 种氯丙醇类结构示意图

#### 12.5.3.2　氯丙醇的有害性

目前人们关注氯丙醇是因为 3-氯-1,2-丙二醇（3-MCPD）和 1,3-二氯-2-丙醇（1,3-DCP）具有潜在致癌性，其中 1,3-DCP 属于遗传毒性致癌物。由于氯丙醇的潜在致癌、抑制男子精子形成和肾脏毒性，目前，我国对动、植物蛋白水解物的生产和应用都有严格的要求和规定。

### 12.5.4　容具和包装材料中的有毒有害物质

食品在生产、加工、贮存和运输等过程中，接触各种容器、工具和包装材料，容器和包装材料中的某些成分可能混入或溶解于食品中，以致造成食品的化学污染，给食品带来安全隐患。

我国传统使用的食品容具和包装材料有很多种类，例如竹木、金属、玻璃、搪瓷和陶瓷等。多年使用的实践证明，大部分对人体较为安全。但随着食品工业的发展和化学合成工业的发展，出现了很多新型合成材料，例如塑料、涂料、橡胶等。但这些合成材料中包括很多种化学物质，其中有些进入食品中，可能对人具有一定的安全隐患。

#### 12.5.4.1　塑料

塑料是以合成树脂为主要原料，另外还有一些辅助材料。合成树脂是以煤、石油、天然气、电石等为原料，在高温下聚合而成的高分子聚合物。塑料以及合成树脂都是由很多小分子单体聚合而成，常见的单体有氯乙烯、苯乙烯、丙烯腈、乙烯、丙烯、异氰酸酯、双酚 A、二环氧甘油醚等，这些单体大部分是有毒或低毒物质。单体的分子数目越多聚合度越高，则塑料性质越稳定，与食品接触时向食品中移溶的可能性就越小。由一种单体聚合而成的聚合物称为均聚物；由两种以上单体聚合而成的称为共聚物。常用塑料中两者都有。

塑料包装材料内部残留的有毒有害物质迁移、溶出而导致食品污染，主要有以下几方面。

**(1) 树脂本身所具有的毒性**　树脂中未聚合的游离单体、裂解物（氯乙烯、苯乙烯、酚类、丁腈胶、甲醛）、降解物及老化产生的有毒物质对食品安全均有影响。这些有害物质对食品安全的影响程度取决于材料中这些物质的浓度、结合的紧密性、与材料接触的食物性质、时间、温度及在食品中的溶解性等。

**(2) 塑料包装表面污染** 因塑料易带电，易吸附微尘杂质和微生物，从而对食品形成污染。

**(3) 塑料制品在制造过程中添加的稳定剂、增塑剂、着色剂等助剂的毒性** 聚氯乙烯是一种常用的塑料，但其生产使用了添加剂如以邻苯二甲酸二丁酯作增塑剂，用这种包装的食品，就会发生慢性铅中毒。稳定剂是除增塑剂外塑料中最为常用的添加剂，环氧化植物油，如大豆油（ESBO）等，常被用作食品塑料包装材料的热稳定剂，ESBO 作为一种无毒添加剂，其使用量仍然受到限制，如聚偏二氯乙烯、聚氯乙烯和聚苯乙烯等材料中 ESBO 的质量分数不得超过 2.7%。

**(4) 油墨污染** 油墨中主要物质有颜料、树脂、助剂和溶剂。油墨厂家往往考虑树脂和助剂对安全性的影响，而忽视颜料和溶剂间接对食品安全的危害。有的油墨为提高附着牢度会添加一些促进剂，如硅氧烷类物质，此类物质会在一定的干燥温度下使基团发生键的断裂，生成甲醇等物质，而甲醇会对人的神经系统产生危害。在塑料食品包装袋上印刷的油墨，因苯等一些有毒物不易挥发，对食品安全的影响更大。

**(5) 复合薄膜用黏合剂** 在我国使用的溶剂型黏合剂有 99% 是芳香族的黏合剂，它含有芳香族异氰酸酯，用这种袋装食品后经高温蒸煮，可使它迁移至食品中并水解生成芳香胺，是致癌物质。对此，我国在食品包装材料和容器用黏合剂等方面都制定有相关标准（GB/T 33320—2016）。

用塑料袋包装食品是司空见惯的事，可是人们时常忽视有的塑料对人体有毒这样一个事实，随手抄起一只塑料袋就用来装食品。建议：①聚氯乙烯制品与乙醇乙醚等溶剂接触会析出铅，所以用聚氯乙烯塑料制品存放含酒精类食品是很不合适的。②聚氯乙烯遇含油食品时其中铅就会溶入食品，所以很不适宜包装含油食品。③聚氯乙烯塑料使用温度高于 50℃ 时就会有氯化氢气体缓慢析出，这种气体对人体健康有害。④废旧塑料回收再制品，因原料来源复杂难免带有有毒成分，也不可作食品包装。⑤一定要用专用的食品袋，绝不可乱用。⑥少用或尽量不用塑料袋包装食品。

另外，与食品接触的物品和饮用器皿中常使用的聚碳酸酯塑料和环氧树脂中可能有双酚 A [2,2-二（4-羟基苯基）丙烷，又称为二酚基丙烷，BPA] 它是一种内分泌干扰物质，对人体的生殖和发育有一定影响，尤其对处于生长发育过程中的婴幼儿童影响最大。对于双酚 A 在食品容器中的使用，目前我国已制备了严格的规定（溶出量不大于 0.05mg/L）。

#### 12.5.4.2 其他包装材料

陶器、瓷器表面涂覆的陶釉或瓷釉称为釉药，其主要成分是各种金属盐类，如铅盐、镉盐。同食品长期接触容易溶入食品中，使使用者中毒，特别是易溶于酸性食品如醋、果汁、酒等。

包装纸的卫生问题主要是应不用荧光增白剂处理过的包装纸，并要防止再生纸对食品的细菌污染和回收废品纸张中有毒化学物质残留对食品造成污染。此外，浸蜡包装纸中所用石蜡必须纯净无毒，所含多环芳烃化合物不能过高。

金属包装材料是传统包装材料之一，金属作为食品包装材料最大的缺点是化学稳定性差，不耐酸碱性，特别是用其包装高酸性食品时易被腐蚀，同时金属离子易析出，从而影响食品风味。有关食品包装材料和食具容器中的金属污染已越来越受到人们的关注。铁制容器的安全问题主要是镀锌层接触食品后锌会迁移至食品引起食物中毒。不锈钢制品中加入了大量镍元素，受高温作用时，使容器表面呈黑色，同时其传热快，容易使食物中不稳定物质发生糊化、变性等，还可能产生致癌物；不锈钢不能与乙醇接触，乙醇可将镍溶解，导致人体慢性中毒。铝制材料含有铅、锌等元素，长期摄入会造成慢性蓄积中毒；铝的抗腐蚀性很差，易发生化学反应析出或生成有害物质；回收铝的杂质和有害金属难以控制。易拉罐已广泛应用于食品和饮料包装。据 Joanna Mastowska 对食品包装材料中的金属污染情况的评述，听装百事可乐中金属离子浓度高于瓶装。据艾军报道用感应耦合等离子体原子发射光谱法（ICP-AES）测定易拉罐用铝合金中有害元素的实验结果表明，目前市场上饮料易拉罐包装所用铝合金中均含有较高的有害元素，尤其是 Pb、Cd、Cr、Sn，这些元素如果溶入食品中无疑是对人体有害的。食品包装铝合金材料中有害元素的含量越高，则它们被转移到所盛食物中的可能性就越大。因此如何控制食品包装材料中各类金属元素的含量，降低其中有害元素对人体健康的潜在危害，应引起人们的重视和思考。

目前食品过包装现象较为严重，包装物的“价值”往往比食品的价值高得多。这不仅造成包装材料对食品构成了潜在污染，而且也无谓浪费了可贵资源，造成包装废异物的污染。应引导消费者崇尚有纸包装、可降解塑料包装、生物包装材料等。

## 参 考 文 献


[1] 唐除痴等．农药化学．天津：南开大学出版社，1998.

[2] 汪东风主编．食品中有害成分化学．北京：化学工业出版社，2005.

[3] 吴永宁主编．现代食品安全科学．北京：化学工业出版社，2003.

[4] 王民等．烹炸时油和油炸品中苯并芘及脂肪酸含量变化的实验研究．中国卫生检验杂志，1997，7（1）：17-19.

[5] 艾军等．ICP-AES法测定易拉罐铝合金中的有害元素．武汉化工学院学报，2001，23（2）：10-12.

[6] 王劼等．植物蛋白中的抗营养因子．食品科学，2001，22（3）：91-95.

[7] 王新禄．烟熏烧烤类食品对人体健康的危害．肉品卫生，2000，（4）：41.

[8] 张杭君等．麻痹性贝毒素的毒理效应及检测技术．海洋环境科学，2003，22（4）：76-78.

[9] 刘智勇等．各国贝类水产品中麻痹性贝类毒素限量标准的比对．中国热带医学，2006，6（1）：175.

[10] 黄大川．食品包装材料对食品安全的影响及预防措施探讨．食品工业科技，2007，4：188-190.

[11] GB 2761—2017 食品中真菌毒素限量．

[12] GB 2762—2017 食品中污染物限量．

[13] Aletor V. A，et al. Nutrient and anti-nutrient components of some tropical leafy vegetables. Food Chemistry，1995，53：375-379.

[14] Ali R，Shalaby. Significance of biogenic amines to food safety and human health. Food Research International，1996，29：675-690.

[15] Abramson D，Mccallum B，Smith D M，et al. Moniliformin in barley inoculated with Fusarium avenaceum. Food Additives and Contaminants，2002，19（8）：765-769.

[16] Bell E A，Nonprotein amino acids of plants：significance in medicine，nutrition，and agriculture. Agric. Food Chem，2003，51：2854-2865.

[17] Chung K T，et al. Are tannins a double-edged sword in biology and health? . Trends in Food Science & Technology，1998，9：168-175.

[18] Clemente，et al. The effect of variation within inhibitory domains on the activity of pea protease inhibitors from the Bowman-Birk class. Protein Expression and Purification，2004，36（1）：106-114.

[19] Ekholm P. et al.，The effect of phytic acid and some natural chelating agents on the solubility of mineral elements in oat bran. Food Chemistry，2003，80：165-170.

[20] Emmett SE，et al. Perceived prevalence of peanut allergy in Great Britain and its association with other atopic conditions and with peanut allergy in other household members. Allergy，1999，54（4）：380-385.

[21] Eppendorfer W H，et al. Free and total amino acid composition of edible parts of beans kale spinach cauliflower and potatoes as influenced by nitrogen fertilization and phosphorus and potassium deficiency. Sci. Food Agric，1996，71：449.

[22] Fenton N B, et al. Purification and structural characterization of lectins from the cnidarian Baunodeopsis antillienis. Toxicon, 2003, 42: 525-532.

[23] Friedman M. Mechanism of Formation of Acrylamide in Food Products. Notes from Conference Call, May 23, 2002.

[24] Jaime E, et al. Determination of paralytic shellfish poisoning toxins by high-performance ion-exchange chromatography. Chromatography A, 2001, 929: 43-49.

[25] Karen T A. The Protease Inhibitors. Prim Care Update Ob/Gyns, 2001, 8: 59-64.

[26] Kim Y, et al. Level of PCDDs and PCDFs in two kinds of fast foods in Korea. Chemosphere, 2001, 43: 851-855.

[27] Kinlen, et al. Tea consumption and cancer. Brit. J cancer, 1988, 58: 397-401.

[28] Leung, et al. Identification and molecular characterization of Charybdis feriatus Tropomyosin, the major crab allergen. J Allergy Clin Immunol, 1998, 102: 847-852.

[29] Loris R. Principles of structures of animal and plant lectins. Biochemica et Biophysica Acta, 2002, 1572: 198-208.

[30] Letertre C, Perelle S, Dilasser F, et al. Identification of a new putative enterotoxin SEU encoded by the egc cluster of Staphylo-coccus aureus. J Appl Microbiol, 2003, 95 (1): 38-43.

[31] Minagawa S, et al. Isolation and amino acid sequences of two kunitz-type protease inhibitors from the sea anemone Anthopleura aff. Xanthogrammica. Comp. Biochem. Physiol, 1997, 2: 381-386.

[32] Mottram D S, et al. Acrylamide is formed in the Mailard reaction. Nature, 2002, 419: 448.

[33] Navarro B F, et al. Purification and strucral characterization of lectins from the cnidarian Bunodeopsis antillienis. Toxicon, 2003, 42: 525-532.

[34] Neil C E O, et al. Seafood allergy and Seafood allergens: A review. Food Technology, 1995, 49 (10): 103-116.

[35] Novak W K. et al. Substantial equivalence of antinutrients and inherent plant toxins in genetically modified novel foods. Food and chemical Toxicology, 2000, 38: 473-483.

[36] Osman M A. Changes in sorghum enzyme inhibitors, phytic acid, tannins and in vitro protein digestibility occurring during Khamir (local bread) fermentation. Food Chemistry, 2004, 88: 129-134.

[37] Omoe K, et al. Characterization of novel staphylococcal enterotoxin-like toxin type p. Infect Immun, 2005, 73 (9): 5540-5546.

[38] Ono H K, et al. Identification and characterization of two novel staphylococcal enterotoxins, types S and T. Infect Immun, 2008, 76 (11): 4999-5005.

[39] Peumans W J, et al. Prevalence, biological activity and genetic manipulation of lectins in foods. Trends in Food Science & Technology, 1996, 7: 132-138.

[40] Pennington J A T. Dietary exposure models for nitrates and nitrites. Food Control, 1998, 9 (6): 385-395.

[41] Rietjens I M, et al. The pro-oxidant chemistry of the natural antioxidants vitamin C, vitamin E, carotenoids and flavonoids. Environmental Toxicology and Pharmacology, 2002, 11: 321-333.

[42] Rosa D, et al. Detection of diarrhetic shellfish toxins in mussels from Italy by ionspray liquid chromatography-mass spectrometry. Toxicon, 1995, 33 (2): 1591-1603.

[43] Rosa M, et al. Phytic acid content in milled cereal products and breads. Food Research International, 1999, 32: 217-221.

[44] Sattar R, et al. Molecular mechanism of enzyme inhibition: prediction of the three-dimensional structure of the dimeric trypsin inhibitor from Leucaena leucocephala by homology modeling. Biochemical and Biophysical Research Communications, 2004, 314: 755-756.

[45] Schafer T, et al. Epidemiology of food allergy/food intolerance in adults: associations with other manifestations of atopy. Allergy, 2001, 56 (12): 1172-1179.

[46] Song H K, et al. Kunitz-type soybean trypsin inhibitor revisited: refined structure of its complex with porcine trypsin reveals an insight into the interaction between a homologous inhibitor from Erythrina caffra and tissue-type plasminogen activator. Mol Biol, 1998, 275: 347-363.

[47] Stadler R H, et al. Acrylamide from Mailard reaction products. Nature, 2002, 419: 449.

[48] Stadler R H, et al. Acrylamide from Maillardreaction products. Nature, 2002, 419: 449-450.

[49] Sorrentino G, et al. Membrane depolarization in LA-N-1 cells. The effect of maitotoxin is $Ca^{2+}$-and $Na^{+}$-dependent. Molecular and chemical neuropathology/sponsored by the International Society for Neurochemistry and the World Federation of Neurology and research groups on neurochemistry and cerebrospinal fluid. 1997, 30 (3): 199-211.

[50] Tornquist M, et al. Acrylamide: A cooking carcinogen? . Chemical Research in Toxicology, 2002, 13: 517.
[51] Verkerk R, et al. Effects of processing conditions on Glucosinolates in cruciferous vegetables. Cancer letters, 1997, 114: 193-194.
[52] Varoujan A, et al. Why Asparagine Needs Carbohy-drates To Generate Acrylamide. J Agric Food Chem, 2003, 51: 1753-1757.
[53] Yasumoto, T. The chemistry and biological function of natural marine toxins. The Chemical Record, 2001, 1 (3): 228-242.
[54] Israr B, et al. Effects of phytate and minerals on the bioavailability of oxalate from food. Food Chemistry, 2013, 141: 1690-1693.

# 附录　主要英文期刊及主要网站介绍

## 一、国外主要英文核心期刊

1. Journal of Food Science（JFS）《食品科学杂志》

美国食品工艺师协会（Institute of Food Technologists，IFT）编辑出版，1936年创刊，双月刊，主要发表与食品科学各个方面相关的一些原创性研究报告和重要评论。年发表论文量超过500篇，其中包括3000多页的原创性研究和科学评论。JFS是一个国际性论坛，刊登来自90多个国家的食品研究人员在食品科学领域中的重要研究和发展，其读者遍及50多个国家。JFS的相关研究领域包括：食品化学、食品中有害成分、食品工程、食品物质属性、微生物学、食品安全、食品感官研究和营养学。

网址：http：//members. ift. org/IFT/Pubs/JournalofFoodSci/

2. Food Chemistry《食品化学》

英国应用科学出版社出版，1966年创刊，季刊，主要发表一些原创性研究论文，这些论文涉及主题广泛，主题包括：食品化学分析，化学添加剂和有害成分，与食品微生物学、感官、营养学、生理学等各方面相关的化学；食品加工和储藏过程中分子水平的结构改变；农用化学品的使用对食品的直接影响；食品工程与工艺的化学本质等。另外，杂志还特设分析、营养及临床方法部分，涉及食品和生物样本中微量营养素、常量营养素、添加剂及污染物的测量。读者对象为食品工艺师、食品科学家和化学家等。

网址：http：//www. elsevier. com/locate/foodchem

3. Journal of Agriculture and Food Chemistry《农业及食品化学杂志》

美国化学会出版，1953年创刊，主要发表关于农业及食品化学和生物化学方面的研究报告，较为关注体现完整性和创新性的研究。主要内容包括化学及生物化学成分、食品加工过程对食品成分的影响、食品安全、饲料及其他农业产品（包括木材及其他生物基础材料、副产品和废渣）。具体内容包括研究杀虫剂、兽药、植物生长调节剂、肥料及其他农用化学品的化学，以及研究它们在生物体中的新陈代谢、毒物作用和环境命运。另外，涉及营养、风味和香味的化学加工方法在《农业及食品化学杂志》上也经常被刊登。

网址：http：//pubs. acs. org/journals/jafcau/index. html

4. LWT-Food Science and Technology《食品科学与工艺》

瑞士食品科学与工艺协会编辑出版，双月刊，是国际食品科学与工艺协会的官方出版物。内容包括：生物化学领域的食品组成、酶化学、工业酶应用、分析方法、碳水化合物和蛋白质代谢、食品色素和天然着色剂等；食品加工过程中的食品保藏、工业问题、加工方法对产品质量和物质属性的影响等；微生物学领域中的由微生物引起的食品变质、食品发酵、微生物及由微生物产生的毒素的探测与判断等；营养学领域中的食品加工过程的影响、饮食组成、氮生物分子的新陈代谢和食品中的饮食纤维等方面原创性的论文。接收英语、德语及法语等多种语言的投稿。

网址：http：//www.academicpress.com/lwt

5. Food Technology《食品工艺》

美国食品工艺师协会（Institute of Food Technologists，IFT）编辑出版，1947年创刊，月刊，主要发表有关食品原料、产品和加工过程中调节、安全、质量、应用、发展的分析报告和新闻。读者对象为食品科学家及对食品科学有兴趣的供应商、政府官员、学者等。

网址：http：//members.ift.org/IFT/Pubs/FoodTechnology/

6. Food Research International《国际食品研究》

原为加拿大食品科学与工艺协会学报。在原有杂志的质量基础上，《国际食品研究》已经发展成为一个真正的食品科学研究交流的国际性论坛。主要发表具有原创性的研究论文，旨在为能及时将食品科学与工艺及其相关的各种学科的重要研究快速公开化而提供一个国际性的交流论坛。内容包括：食品品质属性、微生物学、化学及分析、加工科学、食品安全、食品质量、感官研究、营养特性等。另外，该杂志还包含评论性文章、评论新兴技术的应用技术部分、关于主题论点的讨论区、书籍评论和会议日程等部分。

网址：http：//www.cifst.ca/

7. Journal of the Science of Food and Agriculture（JSFA）《食品科学与农业杂志》

英国化学工业协会编辑，1950年创刊，月刊，主要刊登农业与食品科学领域原创性的研究和评论性文章，特别强调食品与农业的相互作用和学科间研究。JSFA主要涵盖了基础性及应用性研究，内容包括：人类食品和动物饲料的生产和加工，食品、饮料和酒类的原料特性、营养质量、感官分析、风味、质地及有害成分，植物和动物管理、生理学、产量和质量，工业原料的农业化生产，林农业和环境的相互作用，生物工艺学和植物遗传工程，动物及微生物对农业、食品生产及加工的影响，发酵科学等。

网址：http：//www.soci.org/publications/jsfa.htm

8. Journal of Food Engineering《食品工程杂志》

爱思唯尔（Elsevier）公司出版，主要发表一些有关于食品与工程交叉学科的原创性研究调查和评论性论文，特别是那些与工业生产相关的内容，主要包括：食品的工程学特性，食品的物理化学性质，食品的加工、测量、控制、包装、储藏和分布状态，新兴食品的生产和设计，食品服务业和公共饮食业的工程学研究，食品加工、车间和设备的设计和运作，食品工程经济学等。尤其是在食品工程领域中的重大成就的说明性文章极具价值。

网址：http：//www.elsevier.com/wps/find/journaldescription.cws_home

9. Journal of Food Composition and Analysis《食品成分与分析杂志》

该杂志为INFOODS（International Network of Food Data Systems）的官方出版物，其共同主办人还有联合国大学和联合国粮农组织，主要致力于人类食品成分组成的科学研究，强调食品分析的新方法。内容还包括食品成分的数据及其汇编、分发、生产应用的研究；数据和数据系统的统计学及分布状态研究；以及与数据相关的研究，包括营养型流行病学、临床研究调查、农业生物多样性、食品安全与食品贸易等。该杂志主要以发表营养成分的研究报告为主，但是同时也强调食品中具有生物活性的非营养物质和抗营养物质的重要作用。内容形式主要有：原创性调查研究、简报、评论、研究专栏评论、注释等。内容涉及研究领域有：新型快速分析分解方法；营养、非营养和抗营养成分的数据资料；野生及未充分利用型食品的数据资料；与食品成分数据库发展、管理及利用直接相关的计算机技术和信息系统理论；食品构成成分化验中的质量控制程序和标准参照样；涉及食品成分数据利用和准备的统计学和数学处理等。

网址：http：//www.elsevier.com/wps/find/journaldescription.cws _ home

10. Food and Chemical Toxicology（FCT）《食品和化学有害成分》

主要发表一些在人类及动物中自发或由人类环境合成化学品导致毒性作用的原创性的研究报告和偶发事件的解释性评论，还有一些关于食品、水及其他消费产品和工农业化学制品及医药品的研究论文。此外，FCT 的内容领域还包括新兴食品的安全评估、实际生产用生物技术和营养与有害成分间相互作用等。确切地说，几乎所有生物体内毒物学都被包含其中，如特定器官系统的系统性反应、免疫功能的运作、致癌作用和畸形生长机制等。

网址：http：//www.elsevier.com/locate/foodchemtox

11. European Food Research and Technology《欧洲食品研究与技术》

由 Springer 科学出版社及欧洲化学会联盟（Federation of European Chemical Societies，FECS）/食品化学部出版，发表有关食品化学、食品科学、食品（生物）技术的具有原创性的研究论文及评论文章。杂志覆盖基础应用研究和发展领域，尤其注重食品科学、食品分析、食品检验、食品成分和污染物、食品加工及储藏中化学反应等方面的研究。另外，所刊论文内容还涉及食品添加剂、食品有害成分、食品生产中的质量保证、食品分析、食品安全、食品微生物学、食品包装、营养学、感官分析学、人类食品的风味和质地、饮料及酿酒等。该杂志为 FECS/食品化学部的官方机构，所以也刊登 FECS/食品化学部的通告及事件备忘等信息。

网站：http：//link.springer.de/link/service/journals/00217/index.htm

12. Food Control《食品控制》

对于食品安全和食品加工管理领域而言，《食品控制》提供了一个基本的信息工具。关于最新研究、技术、立法及良好的实践应用的独特内容使读者能够掌握食品检验领域关于食品生产、消费的国际性发展的及时信息，以了解、反馈不断变化的消费者需求趋势来维持和改善食品安全和质量。该杂志内容广泛，主要发表原创性研究论文、简报、报道食品检验领域最新发展的评论性文章、权威性评论、专利报告、会议日程、书籍评论、会议报告及读者信件等。其内容涉及：危害分析、HACCP 和食品安全目标，危险估计，质量保障及检验，制造实践，食品加工系统的设计和管理，分析和探测的快速方法，感官工艺，环境安全与管理，新兴食品与加工，实践经验，立法及国际间合作，消费者质疑，教育与培训。

网址：http：//www.elsevier.com/wps/find/journaldescription.cws _ home

13. Journal of Cereal Science《谷物科学杂志》

1983 年创刊，国际性杂志，发表谷类科学相关领域涉及谷物及其制品功能与营养质量的高水平原创性研究论文。另外，该杂志还发表一些评价谷类科学特定领域状况和未来发展趋势的简报和评论性文章，以及一些研究领域中重要进展的及时通讯，致力于对尖端事件进行及时且全面的报道。内容包括：谷物的成分与分析，谷物相应的功能营养特性的形态学、生物化学、生物物理学研究，谷物功能性和营养性成分（如多糖、蛋白质、油脂、酶、维生素和矿物质）的结构及物理化学属性的研究，谷物的储藏及其对营养功能质量的影响，与谷物的最终用途相关的谷类农作物遗传学、农学、病理学研究，以谷物为原料的食品、饮料功能与营养的各个方面，人类食品与动物饲料生产技术，谷物的工业产品和技术。

网址：http://www.academicpress.com/jcs

14. Trends in Food Science & Technology《食品科学与技术趋势》

欧洲食品科学与技术联盟（the European Federation of Food Science and Technology，EFFoST）和国际食品科学与技术协会（the International Union of Food Science and Technology，IUFoST）联合出版，国际性刊物。杂志内容主要为食品分析、发展、制造、储藏及销售的科学与技术，通过研究食品工程加工的原材料、新型加工方法、自动化、质量控制与保障、储藏和包装技术、微生物安全问题和感官分析，从分子结构水平对食品研究做出简洁的评论性的概括。用一种易读的、科学的且精确的方式集中关注最新研究进展及其现有或潜在的食品工业应用前途，起到减小专业性重要期刊与一般性大众杂志之间差距的作用。发表形式有评论精选、观点荟萃、会议报告、书籍评论及未来会议日程、课程日程及展览会一览等。但是并不发表研究性论文。另外，该杂志独创性地提供基础科学研究进展与食品工业应用之间的信息链接。

网址：http://www.elsevier.com/wps/find/journaldescription.cws_home

15. Carbohydrate Polymers《高分子碳水化合物》

主要报道一些当前具有或潜在具有发展可能的工业应用领域中高分子碳水化合物的研究与开发，内容包括：食品、纺织品、纸制品、木材、黏合剂、生物降解、医药品和石油回收等。该杂志主要发表评论性论文、原创性研究论文、简报及书籍评论等。

网址：http://www.elsevier.com/locate/carbpol

16. Carbohydrate Research《碳水化合物研究》

1965年创刊，覆盖碳水化合物化学和生物化学的所有方面，发表文章的内容涵盖糖类及其衍生物、核苷等，具体内容有化学合成、结构及立体化学的研究、反应及机制、天然物的分离、物力化学研究、大分子动力学、分析化学、生物化学、酶反应、免疫化学、工艺学等。杂志所刊文章包括正规长度研究论文、小评论、注释、快讯、书籍评论及有关碳水化合物会议的日程等。

网站：http://www.elsevier.com/locate/carres

17. Chemistry and Physics of Lipids（CPL）《脂质物理化学》

发表分子生物学领域有关脂质物理化学方面的研究论文和评论性文章。内容包含：脂质的合成及分析方法及其进展，独立结构的化学物理特性，脂质装配的热力学、相位行为、拓扑学及动力学，脂蛋白、天然及模型膜中脂质之间、脂质与蛋白质之间相互作用的物理化学研究，跨膜及膜间脂质的移动，细胞内脂质的迁移，结构与功能的关系及导出脂质第二信使的性质，自由基导致脂质的化学物理及功能的变化，脂质在膜依赖性生物过程调节中起到的作用。

网址：http://www.elsevier.nl/locate/chemphyslip

18. Food Hydrocolloids《食品胶体》

发表食品系统中的原创性基础研究、属性功能的应用及大、高分子的利用。所谓水状胶体包括多聚糖、被修饰的多聚糖和蛋白质，或与其他食品成分的混合物如增稠制剂、胶状制剂或表面活性制剂等。杂志内容包括天然和模型食品胶体（悬浮液、乳状液和泡沫）及与其相关的化学物理稳定性现象（乳状上层、沉淀、絮凝和接合）。另外，该杂志特别包含有水状胶体反应的详尽活动范围，如离析程序；最终食品的分析和物理化学特性；确定食品水状胶体的结构特性等。

网址：http：//www. elsevier. com/wps/find/journaldescription. cws _ home

19. Food Quality and Preference《食品质量与嗜好》

发表原创性研究、评论、时事及实践特写和注释，另外，还会就一些重要时事和有关感官及消费科学的重要会议而发表特邀评论。杂志旨在将研究与应用联系起来，让读者和作者集合起来。内容包括感官动机研究，文化、感官及环境因素对食品选择的影响，创新的消费与市场调查，有关食品偏好的地域、文化和个人差异，有关质量的专家或非专家感知，感官与工具的相互关系，食品加工、储藏及运输过程中感官与质量的变化，涉及感官和消费者评定的质量保障，有关食品认可度和食品质量的数学建模等。

网址：http：//www. elsevier. com/wps/find/journaldescription. cws _ home

20. Comprehensive Reviews in Food Science and Food Safety《食品科学与食品安全的综合性评论》

美国食品工艺师协会（Institute of Food Technologists，IFT）的在线杂志，2002 年创刊，季刊。主要发表评论性论文给予一个详细的、精确的主题深入的观察，这个主题通常是有关食品科学或食品安全的，包括营养学、工程学、微生物学、感官评价、生理学、遗传学、经济学、历史学等。

网址：http：//www. ift. org/cms

21. Innovative Food Science and Emerging Technologies《新型食品科学与技术》

该杂志为欧洲食品科学与技术联盟（the European Federation of Food Science and Technology，EFFoST）的官方科学期刊，已被收入 ISI。主要发表最高质量的有关新型食品科学与技术的原创性论文。所刊文章内容涉及食品保险期、食品工程、营养学、食品安全、食品经济学和食品加工工艺中能量的节省及环境保护。每篇文章都对特定的科学与技术领域做出明确的深入的理解，涉及食品科学所有分支的创新和进步内容。主题包括：食品的结构与功能关系，营养与加工的相互作用，食品中微生物灭活的动力学机制，食品的最小限度加工，食品的高压处理，食品电脉冲，食品微波及射频加热，食品超声波学，食品的非加热处理，食品的零度以下处理，蛋白质利用，食品安全及食品质量保障，食品的免疫学属性，食品的物理化学属性，食品的营养学属性等。

网址：http：//www. elsevier. com/wps/find/journaldescription. cws _ home

22. International Journal of Food Microbiology《国际食品微生物杂志》

该杂志为国际微生物协会（the International Union of Microbiological Societies，IUMS）和国际食品微生物学及卫生学委员会（the International Committee on Food Microbiology and Hygiene，ICFMH）的官方刊物。发表涉及食品微生物安全、食品质量和食品可接受性的原创性论文、简报、评论和书籍评论。内容包括：食品质量保障，受微生物存活和生长影响的食品的内在和外在参数，检验食品微生物和免疫功能的方法，食品卫生质量的指标，食品微生物的种类和影响范围，食品变质、食品保藏的微生物影响，微生物相互作用，预防微生物学，微生物引起的食品疾病，新兴食品的安全，食品中微生物的自动控制和快速检验方法新成果等。另外，还刊登一些与食品微生物学相关的会议记录等。

网址：http：//www. elsevier. com/wps/find/journaldescription. cws _ home

23. Nutrition《营养学》

该杂志主要发表一些营养学研究领域的研究及其进展，向读者呈现一些新兴的技术及临床营养学实践的新资料，鼓励将研究成果投入应用，分析病患者与营养关系，提高人类饮食营养水平。

网址：http：//www.elsevier.com/wps/find/journaldescription.cws_home

24. Nutrition Research《营养学研究》

发表与基础及应用营养学相关的研究论文、通讯和评论，为全球营养学及生命科学的研究交流提供场所。内容包括生长发育、生育、运动、衰老及疾病中营养素的研究，特别是饮食构成对人体健康状况的影响。本期刊重点刊载评价生物化合物对饮食成分及人类健康影响的原创性成果，鼓励提交应用动物模型、细胞培养等方法所进行了生物化学、免疫学、分子生物学、毒理学及生理学方面原创性论文，本期刊还刊载营养和植物化学成分摄入等方面的流行病学及新的营养成分分析方法。

网址：http：//www.elsevier.com/wps/find/journaldescription.cws_home

25. Journal of Functional Foods《功能性食品杂志》

发表健康食品和生物活性食品成分基础研究和应用研究的成果，涵盖的内容有：植物生物活性、膳食纤维、益生菌、功能性脂类、生物活性肽、维生素、矿物质和植物提取物及其他功能性食品添加物等。与功能性食品和饮料的开发有关的营养和技术方面是该杂志的核心兴趣所在。仅涉及食品结构和成分的分析和表征的论文、侧重于单一生物活性的吸收动力学的论文及与食品无关的纯化合物的论文，本杂志将不感兴趣。

网址：https：//www.journals.elsevier.com/journal-of-functional-foods

26. Food and Function《食品与功能》

《食品与功能》于2010年创刊，现已是食品界较有影响的刊物。该杂志侧重于食品和食品在健康方面的作用，内容有：食品的物理性质和结构，食品化学成分，生化和生理作用，食品营养方面等，如，营养释放和吸收的分子特性以及食物成分（新成分、食物替代品、植物化合物、生物活性、过敏原、香味）的分子特性和生理效应。以下领域该杂志不刊载：纯粹与食品分析和生物活性等。

网址：http：//www.rsc.org/journals-books-databases/about-journals/food-function

## 二、主要网站

### （一）中国政府官方网站

1. 国家卫生健康委员会/http：//www.nhc.gov.cn/
2. 农业农村部/http：//www.moa.gov.cn
3. 国家食品药品监督管理总局CFDA食品板块/http：//www.sfda.gov.cn/WS01/CL1029
4. 国家质量监督检验检疫总局/http：//www.aqsiq.gov.cn
5. 国家食品安全评估中心/http：//www.cfsa.net.cn
6. 中国物品编码中心/http：//www.ancc.org.cn/
7. 中国国家认证认可监督管理委员会/http：//www.cnca.gov.cn/
8. 中国食品安全网/http：//www.cfsn.cn/
9. 国家标准化委员会/http：//www.sac.gov.cn
10. 农产品质量安全网/http：//www.aqsc.agri.cn/

### （二）食品专业网站

1. 食品伙伴网/http：//www.foodmate.net/
2. 海峡食品安全网/http：//www.cfqn12315.com/

3. 中国技术性贸易措施网/http：//www. tbt-sps. gov. cn/
4. 中国连锁经营协会 /http：//www. ccfa. org. cn/
5. 中国饮料工业协会 /http：//www. chinabeverage. org/
6. 中国食品科学技术学会/http：//www. cifst. org. cn/Index. aspx
7. 中国包装联合会 /http：//www. cpta. org. cn/
8. 中国食品商务网/http：//www. 21food. cn/
9. 中国肉类协会/http：//www. chinameat. org/
10. 中国食品产业网/http：//www. foodqs. cn/
11. 食安中国 /http：//www. cnfoodsafety. com/
12. 中国食品工业协会 /http：//www. cnfia. cn
13. 食品工业科技/http：//www. spgykj. com/

### （三）国际主要官方网站

1. 世界卫生组织（WHO）/http：//www. who. int/en/
2. 联合国粮农组织（FAO）/http：//www. fao. org/
3. 国际标准化组织（ISO）/https：//www. iso. org/home. html
4. 国际食品法典委员会（CAC ）/http：//www. fao. org/fao-who-codexalimentarius/
5. 国际食品信息交流中心（IFIC）/http：//www. foodinsight. org/
6. 国际食品保护协会（IAFP ）/http：//www. foodprotection. org/
7. 美国食品及药品管理局（FDA）/https：//www. fda. gov/
8. 美国农业部（USDA）/https：//www. fsis. usda. gov/wps/portal/fsis/home
9. 欧洲食品安全局（EFSA）/http：//www. efsa. europa. eu/
10. 日本厚生劳动省（MHLW）/http：//www. mhlw. go. jp/
11. 美国疾病预防控制中心（CDC）/https：//www. cdc. gov/
12. 美国环保署（USEPA）/https：//www. epa. gov/
13. 德国联邦风险研究所（BfR）/http：//www. bfr. bund. de/
14. 澳新食品标准局（FSANZ）/http：//www. foodstandards. gov. au
15. 英国食品标准局（FSA）/https：//www. food. gov. uk/
16. 爱尔兰食品安全局（FSAI）/http：//www. fsai. ie/
17. 法国食品安全局（AFSSA）/https：//www. anses. fr/en
18. 加拿大食品检验局（CFIA）/http：//www. inspection. gc. ca/
19. 美国食品安全现代化法案（FSMA）/https：//www. fda. gov/food/guidanceregulation/
20. 有机消费者协会（OCA）/https：//www. organicconsumers. org/

### （四）数据库查询

1. 食品安全国家标准数据检索平台/http：//bz. cfsa. net. cn/db
2. 食品安全地方标准数据检索平台/http：//bz. cfsa. net. cn/db
3. 欧盟法规查询/http：//eur-lex. europa. eu/content/help/faq/linking. html
4. 营养实验室可查询多种食品的营养成分 /https：//ndb. nal. usda. gov/ndb/
5. 欧盟农药数据 /http：//ec. europa. eu/food/plant/pesticides/eu-pesticides-database/
6. 美国农药免费查询/https：//www. globalmrl. com
7. 美国 FDA 21CFR 法/https：//www. accessdata. fda. gov/scripts/cdrh/cfdocs/cfcfr

8. 欧盟食品和饲料安全预警/https：//webgate. ec. europa. eu/rasff-window/portal/
9. 食品标准查询/http：//www. food580. com
10. 食品伙伴网标准库/http：//down. foodmate. net/standard/index. html
11. 食品安全标准/http：//www. eshian. com/
12. 产品检测方法查询/http：//www. eshian. com/sat/producttesting/index

**（五）国际食品安全标准官方网站**

1. GlobalG. A. P/http：//www. globalgap. org/uk-en/
2. BRC/https：//www. brcglobalstandards. com
3. IFS/https：//www. ifs-certification. com/index. php/cn
4. SQF/http：//www. sqfi. com/about-sqf
5. FSSC22000/http：//www. fssc22000. com
6. GFSI/http：//www. mygfsi. com
7. AIB/http：//www. aibchina. org
8. NSF/http：//www. nsf. org/regulatory/regulator-nsf-certification
9. MSC/https：//www. msc. org
10. BSI/https：//www. bsigroup. com/en-GB